ACCOMPAGNER L'ENTRÉE EN RECHERCHE

Le séminaire *« episteme »*

Acteurs de la Science
Fondée par Richard Moreau,
professeur honoraire à l'Université de Paris XII
Dirigée par Claude Brezinski et Roger Teyssou

La collection Acteurs de la Science est consacrée à des études sur les acteurs de l'épopée scientifique moderne ; à des inédits et à des réimpressions de mémoires scientifiques anciens ; à des textes consacrés en leur temps à de grands savants par leurs pairs ; à des évaluations sur les découvertes les plus marquantes et la pratique de la Science.

Dernières parutions

Frédéric VIOUX, *La physique pour ceux qui n'aiment pas ça*, 2022.
Paul AVAN, *Giuseppe Tartini et le troisième son,* 2022.
Michel DUBUISSON, *Pierre-Charles-Alexandre Louis (1787 - 1872). Un médecin à l'aube de la médecine scientifique,* 2022.
Hugo PIERRARD, *La Pression atmosphérique et la santé. Une histoire de bulles*, 2021.
Guillaume REY, *Les stations en primatologie. Etude des cas de Makokou et Paimpont (1962-1989),* 2021.
Michel PINAULT, *Noël Bernard (1874-1911). Du maître des orchidées au pionnier de la symbiose végétale,* 2021.
Monica GINNAIO, *Sur les antidotes contre la peste, Écrits médicaux sur la peste XIVe-XVIIe siècles*, 2021
AMIC, *L'équilibre*, 2021.
Daniel BOIS, *L'information du vivant au numérique. L'homme face à la complexité*, 2020.
Frédéric TOURNIER, *Une vie à chercher*, 2020.
Robert LOCQUENEUX, *Les commencements du monde, de Moïse à Buffon*, 2020.
Alain MARMONIER, *Le Dr Melchior Marmonier,1813-1891.Vie et œuvre du promoteur de la transfusion sanguine en Grésivaudan,* 2020.
Claudio GRIMALDI, *Les Éloges de Fontenelle. La création du discours sur la science*, 2020.
Benoît LINEL, *Le docteur Vitalien. Le médecin de Ménélik II*, 2020.
Joël MARCOVITCH, *L'embryon, mémoire de l'humanité*, 2020.
Christiane VILAIN, *Où va la physique ? De la physique mécaniste à quelques élaborations contemporaines,* 2019
Vincent LAFORGE, *La chair et le plomb*, 2019.

Philippe Deshayes, Gérard Engrand,
Augustin Mouze, Jean-Pierre Richard

ACCOMPAGNER L'ENTRÉE EN RECHERCHE

Le séminaire *« episteme »*

L'Harmattan

5-7, rue de l'Ecole-Polytechnique, 75005 Paris
http://www.editions-harmattan.fr
ISBN : 978-2-14-026151-0
EAN : 9782140261510

Remerciements à…

Nos 390 étudiantes et étudiants (entre 25 et 30 par an sur 15 ans).

Clarisse Angelier, de l'ANRT et Sophie Pellegrin, de l'ABG, pour leur soutien et leur participation constructive au séminaire *episteme.*

Thao Lang, de l'ABG, pour ses interventions fidèles et efficaces au long des années du séminaire ; son idée de traduire les représentations de nos élèves en nuages de mots est d'ailleurs reprise dans l'ouvrage.

Claire Bélart, sociologue à Centrale Lille, pour sa participation régulière au séminaire et ses apports toujours pertinents sur la construction des enquêtes de nature sociologique.

Émilie Jamain, enseignante de philosophie, pour son aide à l'écriture et ses nombreuses relectures.

Claudine Bourdrel, des services administratifs de Centrale Lille, pour son aide à retrouver des étudiants des premières années du séminaire.

Virginie Devaux, responsable du service recherche-valorisation-innovation à Centrale Lille pour son apport régulier sur les aspects institutionnels de la valorisation et de l'aide à l'innovation.

Jean Dorey, ancien directeur de l'école Centrale Lyon et de l'école Centrale de Pékin, pour sa relecture attentive et ses nombreuses et précieuses remarques et suggestions.

Perrine Fourgeaud, des éditions L'Harmattan, pour sa disponibilité, ses conseils et la pertinence de ses remarques et suggestions pour la mise en forme du manuscrit définitif et son édition.

Sommaire

Avant-propos

> « *Je crois que le principe de juxtaposer des fragments disparates est fécond pour la création. Pas seulement pour elle ; aussi dans le domaine de la pensée. Il introduit la polyphonie dans celle-ci. Ce dont la pensée souffre, ce qui lui brise les ailes, c'est la constante aimantation qu'exerce sur elle l'univoque. Cette aimantation ankylose. La polyphonie l'en libère. C'est de pluralité simultanée qu'a besoin la pensée pour voler à l'aise. Pluralité d'optiques, pluralités de visée, sans souci qu'elles s'opposent* [...] *La pensée s'exerce sur plusieurs rails qui se chevauchent et se contrecarrent, et non sur un rail unique comme s'obstine à la confiner la culture traditionnelle. Il faudrait lui restituer sa multiplicité* ».
>
> Jean Dubuffet, *Bâtons rompus*, Éditions de Minuit, Paris, 1986, p. 16.

Chaque année, un nombre non négligeable d'étudiantes et d'étudiants envisage de s'engager sur le terrain de la recherche au moment même où s'achèvent leurs études dans un établissement d'enseignement supérieur à vocation professionnelle (écoles d'ingénieur, écoles d'architecture, conservatoires, écoles d'art, de commerce ou de management, etc.). Pourquoi un tel choix d'orientation qui s'inscrit, le plus souvent, à la marge de la vocation principale de l'établissement ? Quels en sont les éléments déclencheurs ? Comment d'autres ont-ils décidé, par le passé, de poursuivre vers une thèse de doctorat ?

Est-ce l'intérêt intellectuel pour la recherche en tant que telle ou pour une « matière », au sens d'un champ disciplinaire ? L'exemple d'un proche engagé dans ce type de métier ? La rencontre avec un enseignant ou un laboratoire ? Une offre opportune de travail associant un sujet (de thèse), un financement (un contrat doctoral) et un laboratoire ? L'envie de prolonger une sorte de vie d'étudiant ? Une hésitation – sinon une crainte – à l'idée d'entrer soudainement dans « la vie active » ? La confiance dans une certaine imagerie

de liberté et d'auto-organisation du chercheur ? Une certaine foi dans les bienfaits de la science ou dans la science elle-même ?
Et, de façon plus générale, comment ces étudiants se représentent-ils l'activité de recherche : qu'est-ce qui caractérise un *geste* de « recherche », une posture de chercheur ?

C'est un fait que les établissements d'enseignement supérieur à vocation professionnelle communiquent régulièrement sur l'existence de laboratoires de recherche associés ouvrant la possibilité d'une formation *à* et *par* la recherche. Ceci est présenté – aux étudiants, aux entreprises, aux tutelles – comme un facteur important de la qualité de l'établissement. Pourtant, la formation liée à la recherche est le plus souvent difficile à mettre en œuvre, quand – hors exceptions notoires – elle n'est pas négligée. Le principal argument de ce délaissement, lorsqu'il a lieu, est de considérer que le monde économique, à commencer par les entreprises, est le débouché principal de ces formations. Consacrer un précieux temps de formation à des questions liées à la recherche ne serait donc pas primordial et, en une sorte de « compensation », la proximité des laboratoires garantirait l'excellence du corps enseignant. Même si, depuis plusieurs années, le monde de l'entreprise évolue et tient compte, dans ses recrutements, d'une certaine familiarité des étudiants envers la recherche, les formations, de leur côté, ont encore souvent une difficulté à intégrer pleinement cette préparation dans leur cursus. Il nous paraît pourtant que la qualité d'une formation supérieure, qu'elle soit à vocation professionnelle ou non, doit aujourd'hui impérativement passer par une telle préparation, à défaut de se prolonger en thèse par une formation *par* la recherche. Mais comment créer un tel possible ?

Cet ouvrage est une invitation à la réflexion sur une telle possibilité et, de manière plus générale, à une réflexion sur les pratiques et la posture du chercheur.
Il s'appuie sur l'expérience d'un séminaire de sensibilisation et d'ouverture à la recherche mené – sur un mode particulier d'accompagnement – de 2003 à 2019 avec des étudiants de dernière année d'études d'ingénieur. Il est une invitation à la réflexion car il traite plus largement de la dimension intellectuelle et matérielle du travail du chercheur, des représentations et questionnements d'étudiants à ce sujet et des finalités de nos formations supérieures, à commencer par celles liées à l'idée de professionnalisation.

Le public du séminaire est celui d'étudiants ayant choisi de suivre, en complément de leur option disciplinaire de dernière année d'école d'ingénieur, une filière dite « métier » correspondant à environ 150 heures de formation et intitulée « Recherche ». Dans ce cadre, ces étudiants doivent être sensibilisés aux différents aspects du métier de chercheur et suivent parallèlement un Master 2 universitaire (M2), correspondant ainsi à une « formation *à* la recherche ». Le plus souvent, ces M2 comprennent une partie de cours et une partie de stage en laboratoire ou dans le département recherche et développement d'une entreprise (R&D). La partie de cours ne change pas vraiment la posture intellectuelle habituelle de l'apprenant, prêt à recevoir des connaissances, posture que l'on peut associer à sa position physique, assise devant l'enseignant, en attente. A contrario, le stage est une façon de rencontrer des chercheurs dans leur contexte professionnel et ainsi de passer d'une position assise à une position (presque) debout, symbolisée par le fait de se retrouver en capacité de produire de la connaissance ou, tout au moins, d'y participer, de la voir en cours de fabrication, de l'appréhender – dans le sens premier d'avoir la sensation de la saisir au corps, de la toucher. Cependant, cet « apprentissage par immersion » n'est pas nécessairement explicite pour l'étudiant : sans un regard plus distancié sur soi-même, sans formulation de questions pertinentes, le stage peut aisément être confondu avec une nouvelle posture de récepteur de connaissance. Il peut également se limiter à une simple application des connaissances reçues dans l'enseignement.

Mais alors, comment initier l'étudiant – bientôt chercheur ? – à sa future activité ? Comment lui permettre de ne pas se focaliser seulement sur le contenu de sa recherche, son « sujet scientifique », mais aussi de questionner son contexte, ses gestes, ses choix... en un mot, ce qui constitue « le métier de chercheur » ? Comment l'initier à l'interdisciplinarité, de plus en plus fréquente dans l'activité de recherche ? Si l'on est capable d'enseigner l'exploitation, l'organisation, l'efficacité... qui, pour les élèves-ingénieurs, renvoient en grande partie à la transmission (et à l'apprentissage) de modèles d'ordre quantitatif et décisionnel, on sait qu'il est beaucoup plus difficile de rendre compte d'autres aspects plus qualitatifs comme l'intuition, le doute, le « savoir-faire », le « savoir-être » dans ce contexte lié à la recherche... A fortiori, enseigner le *métier* de chercheur – comme sans doute enseigner tout autre métier – n'est guère possible.

De ces constats sont issues l'idée et la stratégie d'un séminaire pour *accompagner l'entrée en recherche* de nos élèves. C'est de ce séminaire mensuel qu'il sera question dans cet ouvrage : nous l'avons nommé « le séminaire *episteme* ». Le mot « *episteme* » ne veut rien dire, il se contente d'évoquer. Il n'existe pas en tant que tel en français et il lui manque quelques accents pour exister en grec – épistémè ou plutôt *ἐπιστήμη*, qui signifie savoir ou connaissance. Si le concept d'*épistémè*, au sens de Michel Foucault, décrit « les conditions de possibilité des connaissances », il ne s'agira pourtant pas directement, dans ce séminaire, d'épistémologie des sciences qui, bien que pouvant paraître pertinente pour ce public, risquerait de n'aboutir qu'à un cours magistral de plus. Le terme retenu d'*episteme* se contente donc d'évoquer cette dimension épistémologique et d'inviter à une *réflexivité* sur la pratique de production de connaissances et de savoirs qu'est la recherche.

Concrètement, il s'agit d'un rassemblement mensuel d'environ 25 à 30 élèves bientôt-ingénieurs par an, et de quatre enseignants-chercheurs issus de domaines très variés (de la philosophie aux mathématiques en passant par l'ingénierie, l'architecture et l'automatique) mais réunis par une certaine vision et des expériences variées de l'activité de recherche qui ne sauraient se réduire aux seules exigences de rigueur et de méthode. Ces derniers protagonistes sont les auteurs du présent ouvrage, tous quatre sont simplement *chercheurs*.

Ce rassemblement est donc devenu un livre à cinq voix : celle des étudiants, que nous avons délibérément essayé d'agréger, et les quatre nôtres. Autrement dit, le caractère collectif de l'ouvrage inclut une « composition » des paroles, parfois entremêlées, de chacune de ces voix.

Le résultat écrit est organisé en quatre parties, chacune venant en appui aux autres. La première et la troisième partie sont le fruit d'une écriture collective. Les textes à l'appui de la deuxième et de la quatrième partie ont été plus particulièrement rédigés à l'origine par l'un d'entre nous. Chacun de nous, à la lumière de son expérience scientifique, de son itinéraire de recherche et de sa culture épistémique, a cependant revu les textes des autres, a procédé à des relectures attentives, a discuté tel ou tel point, a proposé telle ou telle modification ou tel rajout. Ces suggestions et relectures successives ont suscité de multiples discussions et enrichissements et, jusqu'à un certain point, des inflexions. Chacun de ces écrits ainsi discutés est devenu, de fait, un écrit commun.

La première partie interroge les notions de capacité et de compétence professionnelle et développe l'idée d'un séminaire, sa motivation (comment ? pourquoi ?) dans l'objectif partagé de *réflexivité sur la recherche* (matérialisé dans des travaux d'enquêtes sur diverses pratiques et situations de recherche, retracés dans la troisième partie). La deuxième partie expose, quant à elle, des problématiques qui nous sont apparues cruciales pour la capacité à « entrer en recherche » : qu'entendre, dans ce contexte de la recherche scientifique, par problématiser ? ; par imaginer ? ; par raisonner ? ; par modéliser... ? La troisième partie rend compte des travaux d'enquête des étudiants ainsi que de leurs représentations et questions. Menés en sous-groupe, ces travaux portent sur des questionnements choisis, formulés et reformulés progressivement par les étudiants pendant les premières séances et qui restent le fil rouge du séminaire. Ils portent aussi bien sur des questions existentielles que sur des interrogations humaines et sociétales et des préoccupations « métier ». Enfin, la quatrième partie développe divers ingrédients (et arguments) d'ordre scientifique, épistémologique et méthodologique ayant contribué aux discussions et relances à différents moments du séminaire. Les thématiques de la complexité, du travail de conceptualisation, du doute et de la scientificité y sont notamment privilégiées.

Selon les sections de cet ouvrage, l'une ou l'autre des trois entrées suivantes est ainsi privilégiée :

- Une certaine « philosophie » de la recherche, la nôtre, et les sens que nous avons donnés au séminaire *episteme* en lien avec cette philosophie. Il s'agit moins d'une transmission d'informations concrètes sur « le métier de chercheur » que d'une aide à la réflexion des étudiants sur les pratiques de la recherche. Une sorte d'éveil à une posture de chercheur.
- La parole des étudiants, leurs appréhensions et questions vis-à-vis des métiers et pratiques de la recherche au sens large, via leurs enquêtes et leurs interviews de chercheurs issus de l'université, de centres de recherche ou d'entreprises et via, également, leurs explorations bibliographiques. De manière sous-jacente apparaît alors une ébauche de leur propre regard sur le monde de la recherche.
- L'énoncé de nos propres soubassements, ceux qui sont à l'œuvre dans notre accompagnement, nos interventions et relances, le choix des conférenciers, les références que nous avons mises en avant au cours des différentes années du séminaire. Ces relances et références sont liées à nos itinéraires respectifs et disparates de recherche ainsi qu'aux obstacles que chacun de nous a pu rencontrer dans sa pratique d'enseignement. Elles sont autant d'échos que ces différents aspects ont pu à la fois révéler et susciter lors du séminaire mais aussi tout au long des nombreux échanges ayant accompagné la préparation de ce livre.

Situés en fin d'ouvrage, plusieurs outils donnent accès à différents modes de lecture. Une table détaillée des matières permet ainsi au lecteur d'accéder plus directement aux thématiques et aux questionnements susceptibles de l'intéresser en propre. Un index des notions et une table des apartés (encadrés dans certains chapitres) viennent compléter cette possibilité. Enfin, les multiples notes de bas de page procèdent, quant à elles, tantôt de la nécessité de référer (et, parfois, de contextualiser) notre propos et, tantôt, de proposer des incises ou des ouvertures.

On l'aura compris, cet ouvrage se donne autant comme un livre à lire *in extenso* qu'en tant que recueil à entrées multiples, à réfléchir de manière éventuellement fragmentaire selon les points de vue et pôles d'intérêt du lecteur : étudiant, doctorant, chercheur, enseignant-chercheur, directeur de thèse, mais aussi responsable d'établissement de formation, d'école doctorale, de programmes ou d'actions de recherche, d'institutions ou d'associations liées à la recherche, de départements R&D en entreprise, ou simplement... curieux.

Ire PARTIE

Le séminaire « episteme » (I) : Le pourquoi et le comment

Rappelons d'abord les questions par lesquelles nous avons commencé notre avant-propos :

Pourquoi un étudiant envisage-t-il de s'engager sur le terrain de la recherche au moment même où s'achèvent ses études dans un établissement d'enseignement supérieur à vocation professionnelle ? Quels sont les éléments déclencheurs ? Est-ce l'intérêt intellectuel pour la recherche en tant que telle ou pour une « matière », au sens d'un champ disciplinaire ? L'exemple d'un proche engagé dans ce type de métier ? La rencontre avec un enseignant ou un laboratoire ? Une offre opportune de travail associant un sujet (de thèse), un financement (un contrat doctoral) et un laboratoire ? L'envie de prolonger une sorte de vie d'étudiant ? Une hésitation – sinon une crainte – à l'idée d'entrer soudainement dans « la vie active » ? La confiance dans une certaine imagerie de liberté et d'auto-organisation du chercheur ? Une certaine foi dans les bienfaits de la science ou dans la science elle-même ?
Et, de façon plus générale, comment ces étudiants se représentent-ils l'activité de recherche : qu'est-ce qui caractérise un geste de « recherche », une posture de chercheur ?

Ces questions sont soulevées chaque année par des étudiants constituant un peu plus de 10% de chacune de nos promotions d'élèves-ingénieurs, qui envisagent de poursuivre leurs études ou de s'engager professionnellement autour de la recherche : faire une thèse, être recruté comme ingénieur de recherche dans une entreprise ou une organisation, avoir une activité de recherche / développement...
La dernière année de leur formation d'ingénieur est alors cruciale : elle correspond à un moment qui, lors de la formation et de l'apprentissage, voit se cristalliser une maîtrise disciplinaire avancée et se dessiner fortement les contours d'une professionnalisation.

C'est dans ce contexte que fut créée, à Centrale Lille, en 2003, une filière « recherche » [1] *: une formation d'environ 150h offerte aux étudiants de dernière année par ailleurs inscrits dans un Master 2 à caractère recherche, associant des enseignements disciplinaires transversaux avancés (notamment autour de la modélisation et des mathématiques) et un séminaire d'accompagnement visant à leur permettre d'appréhender diverses facettes de l'activité de recherche.*
Autrement dit, 390 étudiants ont suivi cette formation sur les quinze dernières années et il nous paraît utile (sinon nécessaire) de rendre compte de ce séminaire d'accompagnement au moment de sa réorganisation dans le cadre d'une filière elle-même transformée[2] *: son pourquoi (au double sens des raisons de sa mise en place et de ses finalités) et son comment (son dispositif et ses modalités).*

---

[1] La 3ème année de l'École centrale de Lille s'organise autour d'options à visée « disciplinaire » et de filières à visée « métier ». Chaque étudiant doit suivre une option et une filière.
[2] Depuis 2019, l'intitulé de la formation dont nous parlons est devenu la « filière métier *Chercheur* ». Elle s'articule toujours autour de ce dispositif de séminaire et de Master 2, ainsi que de périodes d'immersion en laboratoire. Cette évolution est discutée plus en détail autour de la thématique de la « professionnalisation » (*infra*, I.4).

I. 1.

Penser la notion de recherche

Précisons d'abord que nous employons le terme « recherche » en ses sens pleins et ouverts de la recherche scientifique et non pas en un sens restreint au travers de telle ou telle incarnation professionnelle. Nous n'envisageons pas, par exemple, de privilégier la R&D et la recherche appliquée du fait de notre public d'élèves-ingénieurs, en regard de ce que serait une recherche plus « fondamentale » pour des universitaires. Nous ne préjugeons pas, non plus, d'un domaine de recherche défini (tel ou tel champ scientifique). Autrement dit, nous considérons la notion de « *recherche scientifique* » aussi bien dans les sciences fondamentales, les sciences physiques pour l'ingénieur, les sciences du vivant ou les sciences humaines, économiques et sociales.
Ce séminaire a pour principal objectif de faire découvrir un univers professionnel et ses galaxies de "chercheurs", ses pratiques, ses finalités, ses principaux « outils » de travail et d'aider l'étudiant dans ses choix d'insertion professionnelle. Va-t-il s'orienter vers des métiers liés à la filière suivie ou, au contraire, va-t-il décider de s'en éloigner ?

Les deux pieds du chercheur

La « posture » que nous avons adoptée vis-à-vis de ce séminaire d'accompagnement nous est propre : il y a sans doute d'autres approches d'accompagnement (notamment disciplinaires ou « métier ») qui sont tout aussi légitimes et nous ne proposons donc pas « la » forme générique d'initiation et d'apprentissage de la recherche. Il s'agissait pour nous de trouver une façon d'aller au-delà de la partie extérieure du métier de chercheur, de ne pas négliger la partie solitaire, intérieure de son « geste » et de sa pensée, celle qui n'est sans doute pas la plus visible ni la plus dicible.
Nous avons donc conscience que, pour mener ce séminaire, nous nous sommes entre autres appuyés sur une représentation de la recherche qui n'existe peut-être plus : nous voulons parler ici de l'image du créateur solitaire. Celle qui prévaut peut-être encore auprès du grand public, mais où les chercheurs ont tendance à ne plus se reconnaître, eux dont la situation

quotidienne fait tellement appel à l'équipe et au projet. Activité solitaire du chercheur, un métier disparu ou qui plutôt, et c'est notre hypothèse, constituerait un ingrédient caché mais nécessaire. Comme le sel dans la soupe : tellement bien dissout, il n'y apparaîtrait pas au premier regard. Laisser s'évaporer le liquide pour montrer les cristaux est peut-être un travail progressif du séminaire.

Car aujourd'hui, la solitude et l'incertitude, la part proprement intellectuelle du travail scientifique ne sont plus vraiment mises en avant dans l'image que les chercheurs ou leurs commanditaires vous donneront de ce métier. Dans son activité « diurne »[3], tout comme dans les dossiers qu'il soumettra à ses financeurs, le chercheur exerce un métier qui se rapproche de plus en plus de celui d'ingénieur : exigence de résultat (identification de verrous scientifiques, stratégie pour les ouvrir), temporalité contrainte[4] (définie par des « jalons », un calendrier, des échéances et des livrables), concurrence au sein de la meute [5] , montages financiers et organisationnels, autant d'ingrédients qui s'ajoutent au positionnement scientifique. Pour que sa recherche soit soutenue, le chercheur est appelé à « monter son projet », et on se doute que pour être convaincant il lui sera conseillé de montrer comment l'assemblage des différentes compétences et partitions de chacun conduira à la symphonie attendue. Mais aussi de mettre l'accent sur une apparente efficacité de raisonnement – le *déductif* – et de passer sous silence l'aspect *intuitif*, l'inductif, les tâtonnements et les multiples essais[6].

---

[3] Ce terme renvoie à François Jacob, *Science de jour, science de nuit*, Communication à l'Académie des sciences morales et politiques, 26 janvier 1987. Également développé dans *La statue intérieure* » (Odile Jacob, 1988) et dans « Le courage du chercheur » (2005, séance solennelle de rentrée de l'Institut de France, en hommage à Pierre Messmer). Cette dualité jour/nuit et le texte de F. Jacob seront plus directement discutés en Partie IV.3.

[4] Ainsi de la biologiste Barbara McClintock pour qui « *la cadence de la recherche, à l'heure actuelle, semble incompatible avec l'esprit de réflexion* », citée par E. Fox Keller in *L'intuition du vivant, la vie et l'œuvre de Barbara McClintock*, Ed. Tierce, Paris, 1988 (Freeman, USA, 1983), p.258. Et « l'heure actuelle » où elle écrit se situe… il y a 40 ans.

[5] À propos de cet effet de 'meute', citons Isabelle Stengers (La Recherche, 01/09/2003) : « *Comme dit l'historien des sciences Gerald Holton, les experts d'un sujet de pointe 'chassent en meute' et le groupe se maintient grâce aux interactions rapides entre tous ceux qui courent dans la même direction, en évitant tout ce qui pourrait ralentir, c'est-à-dire faire penser* ». D'ailleurs, en lien avec cet effet de meute, I. Stengers ajoute que « *c'est en cela que la science actuelle est pour moi décevante : elle produit de moins en moins d'intelligence collective. J'entends par là une conscience des multiplicités et une pratique des échanges frontaliers qui font que, lorsqu'on étudie une question, on sait qu'elle intéresse d'autres groupes et on l'aborde sur un mode qui n'ignore pas l'intérêt des autres, qui ne rêve pas de les disqualifier, qui leur permet d'intervenir. Ce type d'intelligence est victime des modes de production scientifique dominants* » .

[6] Cette recherche « par projet » fait l'objet de multiples critiques, notamment par son aspect fléché (orienté *a priori*) et la multiplication de tâches autres que la recherche elle-même (dossiers de réponse à des appels d'offre, comptes rendus, etc.). Jacques Monod est allé jusqu'à dire que la recherche ne peut pas avancer « par projet » …

Pourtant, faire des tentatives qui échouent est constitutif de la recherche[7]. En contrepoint avec la « symphonie attendue » d'il y a quelques lignes, Miroslav Radman[8] déclarait que « *dans notre travail de recherche de l'inconnu, on travaille un peu comme dans le style d'un jazz-band. On ne sait pas ce qu'on va jouer. Mais si vous avez de très bons joueurs, ils vont vous stimuler et vous allez les stimuler* ». Et, ailleurs : « *on est beaucoup plus proche des artistes* ».

Mais l'intuition ne fait pas sérieux ni ne rassure, ce qui explique que la recherche de type 'jazz band' soit si mal financée, à l'opposé d'une recherche 'orchestre symphonique', celle où on tient déjà l'idée originale, où sa faisabilité est éprouvée, et où le besoin n'est 'plus que' de disposer d'une grande plateforme technologique et de suffisamment d'ingénieurs. « *Pourtant, si 10%, ou même 3% du budget pouvaient aller dans la recherche jazz band !* ». Le chercheur solitaire, le musicien improvisant en jazz band, n'est pas rentable *à court terme*, il est plutôt un investissement à très fort risque. Cependant, sans lui, inutile d'espérer *faire du neuf*. Inutile aussi de vouloir faire d'un laboratoire une 'pépinière d'idées' sans investir à long terme sur quelques artistes aussi prometteurs qu'incertains, car si le temps de la germination est long, celui de la mutation ou du croisement vers un autre type de semence l'est encore plus. Il leur arrivera bien sûr de ne jamais « trouver » et on pensera alors qu'ils ont été financés à perte, on parlera de saupoudrage inutile de crédits... Sauf si l'on se rend compte que *faire du neuf* nécessite de risquer des frottements de talents et des improvisateurs intuitifs.

Même si l'on sait combien les objets, les conditions et les pratiques de la recherche évoluent, on ne peut pas pour autant dire que cette recherche 'intérieure' que nous évoquerons souvent (la 'science de nuit') n'existe plus. Au-delà des mathématiciens qui, pour beaucoup, s'y retrouveraient néanmoins, chaque chercheur de l'orchestre ou de la meute a, pourtant, lui aussi besoin d'être face à lui-même dans son activité de recherche, de parvenir à « sortir des sentiers battus » et de faire émerger des questionnements qui lui soient propres. En proportions variables, les postures comme l'activité de recherche intègrent donc ces deux ingrédients : production de connaissances

---

[7] Mettre en avant les échecs constitutifs ne doit cependant pas nous empêcher d'évoquer aussi ces moments de grâce où une idée nouvelle s'impose à l'esprit : ces moments rares qui font le bonheur du chercheur, qui restent dans sa mémoire et, peut-être, motivent ou justifient ses choix scientifiques autant que professionnels.

[8] Professeur à l'Université de Paris V, chercheur en biologie cellulaire à l'Inserm, membre de l'Académie des Sciences, auteur de '*Au-delà de nos limites biologiques*' (Plon, 2011), interviewé sur France Culture le 5 avril 2012 (rediffusion 27/07/2013). Citons aussi, dans cette même émission, Philippe Even, Président de l'Institut Necker : « *L'État met beaucoup d'argent sur la table mais cet argent sert à paralyser la recherche fondamentale* [...] *Un mode de raisonnement limité à la déduction ne peut que rapetisser. Sans l'intuition associative qui est créatrice, il ne se passe rien* ».

et réflexion, pour une part, applicabilité et valorisation, pour une autre part. Il y a le besoin de ces « deux pieds » dans la recherche.
Et ces deux types d'ingrédients sont omniprésents dans l'esprit de nos étudiants : le plus souvent, d'ailleurs, ils apparaissent sous forme d'opposition binaire sur laquelle nous aurons l'occasion de revenir (*infra,* III.4 et III.5).

Quelle recherche ?

Face à cette dualité entre connaissance et application, force est de constater que c'est la recherche en relation à la technologie qui anime une majorité de nos élèves-ingénieurs. Effectivement, la technologie et les possibilités d'application guident une part de plus en plus large de la recherche, et ceci même si une recherche que l'on qualifie de fondamentale perdure[9].
Ce phénomène n'est pas nouveau : on parle de recherche appliquée, de besoins sociétaux et de « *pilotage par l'aval* » depuis des décennies. La plupart des modes importants de financement de la recherche et des équipements associés partent en effet d'une idée identifiée comme développable, une « graine à faire germer » issue de cette pépinière d'idées que nous avons évoquée et qu'il s'agit de faire croître vers l'un ou/et l'autre des secteurs civils ou militaires d'application.
Par contre, si cette tendance s'accentue au point d'être parfois plus que majoritaire, une part notable de la recherche technologique conduit à de nouveaux instruments qui modifient cet enjeu de valorisation : une évolution vers ce que l'on appelle la « *big science* », qui s'accompagne alors d'une transformation des métiers scientifiques liée au gigantisme de plus en plus présent dans les dispositifs expérimentaux. Ces nouveaux instruments, en effet, se distinguent de la recherche dite « appliquée » en ce qu'ils conduisent à de nouvelles possibilités, sinon à de nouveaux champs dans la recherche fondamentale.
Au-delà, tout semble se passer comme si l'essor des acquis de la science et des technologies associées, notamment dans les domaines de la biologie, des nanosciences et de l'intelligence artificielle (pour ne citer que ceux-là) démultipliait aujourd'hui le phénomène : comme si un trop-plein de connaissances fondamentales s'accumulait grâce aux nouvelles possibilités induites par ces technologies, qu'il s'agirait, dès lors, de valoriser dans une vaste diversité d'applications, qui à leur tour accompagneront (anticiperont ?)

---

[9] Sur cette évolution, le lecteur pourra se référer au portrait qu'a pu en dresser J.-F. Picard autour de l'histoire du CNRS (Picard, 1990), notamment dans les chapitres 1 et 7. Le premier témoigne des deux courants entrelacés d'évolution de la recherche : une recherche de plus en plus appliquée du fait des retombées technologiques de la science et une recherche de plus en plus orientée vers des « besoins » de la société. Le chapitre 7, quant a lui, témoigne des enjeux relatifs à une « professionnalisation » des acteurs de la recherche.

une évolution des pratiques sociales. Mais aussi, plutôt qu'un trop-plein de connaissances fondamentales, on pourrait parler d'un trop-plein de résultats expérimentaux[10]...
Dans cette transformation, le rôle et la place de l'ingénieur apparaissent de plus en plus concurrents du rôle et de la place du chercheur. L'ingénieur lui-même est mis en situation de devoir articuler sa pratique d'ingénieur à une posture de chercheur.

Mais cette articulation n'est pas sans soulever des difficultés à la fois pratiques et épistémologiques dont témoignent, notamment, les significations diverses apportées à la notion de R&D. D'un côté, en effet, le curseur varie fortement, selon les entreprises et les secteurs d'activité, entre les pôles « Recherche / chercheur / concept » et « Développement / ingénieur / produit ». Ainsi, par exemple, il y a encore peu, le directeur de la recherche d'un grand constructeur automobile regrettait de ne pas avoir assez de chercheurs alors qu'à l'inverse, le directeur de la recherche d'un grand groupe pharmaceutique regrettait, lui, de ne pas avoir assez d'ingénieurs.
Or cette même notion de R&D, selon l'acception de l'OCDE reprise par la plupart des organismes de recherche, englobe les différentes activités de recherche que sont la recherche fondamentale, la recherche appliquée et le développement expérimental[11]. Autrement dit, d'un côté, la notion de R&D

---

[10] Sous l'avalanche de résultats expérimentaux, on peut effectivement penser que les connaissances fondamentales restent plutôt à la traîne. Ainsi, Henri Atlan expliquait en 2001 sur France Culture (émission « à voix nue ») qu'après la physique et la chimie, la biologie accomplissait sa propre révolution : « *La biologie est en développement permanent parce que les techniques vont beaucoup plus vite que la théorie. Et ça, c'est un des aspects de la révolution biologique actuelle, où l'accumulation des techniques et des découvertes au niveau moléculaire est tellement grande que la théorie a du mal à suivre, si j'ose dire* ». Pour lui, les performances extraordinaires des biotechnologies nous font expérimenter de nouveaux possibles, sans que le champ de la connaissance ne les ait précédés.

[11] Cette acception du terme renvoie au *manuel de Frascati* de l'OCDE (base pour la comparabilité des informations sur la recherche entre les pays membres de l'organisation). Celui-distingue trois aspects dans l'activité de recherche : la recherche fondamentale, la recherche appliquée et le développement expérimental (OCDE, 2016). Selon ce manuel, la recherche fondamentale « *consiste en des travaux expérimentaux ou théoriques entrepris principalement en vue d'acquérir de nouvelles connaissances sur les fondements des phénomènes et des faits observables, sans envisager une application ou une utilisation particulière* ». La recherche appliquée « *consiste également en des travaux originaux entrepris en vue d'acquérir des connaissances nouvelles. Cependant, elle est surtout dirigée vers un but ou un objectif pratique déterminé* ». Le développement expérimental, quant à lui, « *consiste en des travaux systématiques fondés sur des connaissances existantes obtenues par la recherche ou l'expérience pratique, en vue de lancer la fabrication de nouveaux matériaux, produits ou dispositifs, d'établir de nouveaux procédés, systèmes et services ou d'améliorer considérablement ceux qui existent déjà* ». On notera ici que l'intitulé « développement expérimental » est retenu par l'OCDE au détriment de celui, fréquemment utilisé, de R&D. Ce dernier introduirait-il un risque de confusion entre l'idée de recherche et celle de développement ?

distingue le développement de la recherche alors que, d'un autre, elle englobe l'ensemble.

On doit indiquer que cette discussion est apparue lors de la création de notre filière « recherche » : certains souhaitaient, en effet, qu'elle se dénomme « R&D » et non « Recherche ». Le choix qui, finalement, a été fait a voulu témoigner de l'importance de la *posture* de chercheur plutôt que du champ de sa professionnalisation. C'est d'ailleurs pour souligner l'importance d'une telle posture – les deux pieds du chercheur – que le séminaire *episteme* s'est mis en place.
En effet, pour une large population d'ingénieurs, devant l'acronyme R&D, le plus souvent, le sigle R disparaît au profit du seul sigle D, le *développement*. Et cette situation liée, pour une part notable, à la formation des ingénieurs, est également celle de nombreux laboratoires qui évoluent de la recherche vers le « développement »[12] ou d'un nombre croissant de chercheurs qui sont, à titre individuel, tentés par la création d'une *start-up*.
Cette évolution, comme celle de la « *big science* », est particulièrement sensible (et audible) pour un public d'élèves ingénieurs. Et cela d'autant plus que, au-delà de la notion de développement, nombre d'entre eux assimilent aussi recherche et innovation[13] et peuvent d'autant plus avoir un sentiment d'inutilité de s'aventurer dans une posture de chercheur et d'y consacrer un long temps d'apprentissage, notamment par le biais d'une thèse.
Quand ce n'est pas l'entreprise elle-même, par son recrutement, qui, d'une certaine manière, ne valorise pas la thèse : selon le dernier rapport (2016) sur l'emploi scientifique en France, 54% des chercheurs en entreprise ont en effet un diplôme d'ingénieur, pour 12% de docteurs[14].

---

[12] Ainsi du constat fait, par exemple, par le biologiste Jacques Testart (*Rêveries d'un chercheur solidaire*, La Ville Brûle, 2016).

[13] Ceci alors que, par exemple, le manuel d'Oslo (OCDE, 2005) précise, pour les entreprises, la distinction entre innovation et R&D : « *une innovation est la mise en œuvre d'un produit (bien ou service) ou d'un procédé nouveau ou sensiblement amélioré, d'une nouvelle méthode de commercialisation ou d'une nouvelle méthode organisationnelle dans les pratiques de l'entreprise, l'organisation du lieu de travail ou les relations extérieures* ».

[14] Cette faible présence des docteurs en entreprise qui était, semble-t-il, une tendance assez spécifiquement française semble s'inverser. L'article « Doctorat et PhD, des valeurs sûres à l'international » dans *Le Monde Campus* (07/03/2017) cite l'exemple de l'École polytechnique où 28% de chaque promotion poursuit en thèse. *Les Échos* (11/01/2018) : « Le doctorat enfin un passeport pour l'entreprise », constatent l'intérêt croissant des entreprises en France pour les docteurs, soutenu par leur meilleure reconnaissance de la valeur ajoutée du doctorat et par les dispositifs d'incitation publics (Cifre, Crédit impôt recherche) : « *On observe depuis ces dix dernières années une vraie prise de conscience de la plus-value du doctorat, toutes disciplines confondues, pour les entreprises. Elles savent désormais que l'innovation, qui détermine en grande part leur succès sur les marchés, passe par la présence dans leurs équipes de docteurs, parce que le doctorat, qui est un apprentissage de la recherche par la recherche, les a formés à cela* [...] *Savoir aussi bien interagir avec une administration tatillonne qu'un laboratoire étranger, se constituer un réseau international, organiser son temps et ses ressources sur les*

Au-delà encore, de nouvelles offres de financement de « jeunes apprentis chercheurs » issues de milieux industriels ou de fondations hors contexte universitaire viennent renforcer ce sentiment. C'est par exemple le cas de la fondation Thiel qui, aux USA, propose depuis 2010 de financer des jeunes sous le slogan « *The Thiel Fellowship gives $100000 to young people who want to build new things instead of sitting in a classroom* ». Quelques exemples célèbres de chercheurs reconnus n'étant pas passé par cet itinéraire de la thèse (par exemple, des lauréats de prix Nobel comme Maurice Allais ou Koichi Tanaka – économie, Jack Kilby ou Guglielmo Marconi – physique, Tu Youyou – médecine) viennent d'ailleurs à l'appui de cette imagerie. Cela s'accompagne aussi d'une certaine recomposition (voire revalorisation) de la figure de l'autodidacte, y compris dans les sciences (Bill Gates).

De la dimension sociale de la recherche vers un questionnement d'ordre épistémologique

Nous avons évoqué plus haut la distinction à faire entre les deux choses que sont, d'une part, le geste de pensée propre à tout chercheur (celle qui n'est sans doute pas la plus visible ni la plus dicible) et, d'autre part, la recherche en solitaire. Quels que soient les « gestes de pensée », la recherche en solitaire semble en effet disparaître de plus en plus au profit d'une dimension collective du travail de recherche.
Et cette dimension collective va au-delà de la notion d'équipe (au sein des laboratoires ou inter-laboratoires), de partenariat entre tel laboratoire ou entreprise et tel autre, ou de programmes internationaux mobilisant plusieurs laboratoires de par le monde. Elle va effectivement au-delà, fruit d'interactions multiples entre le chercheur et son environnement scientifique au sens large, au point que certains vont jusqu'à parler d'une intelligence collective.

Elle s'illustre, par exemple, dans des coopérations informelles (une sorte de veille) *via* des colloques, des séminaires, des « clubs » qui s'autoalimentent de confrontations entre membres (sociétés savantes ou autres collectifs transverses réunissant de larges parties prenantes d'un domaine de recherche).

---

trois ans impartis pour boucler la thèse, forger ses propres protocoles d'expériences, défendre son point de vue dans des colloques en anglais... Autant de compétences appréciées par les entreprises, au-delà de l'expertise pointue sur un sujet donné ». Le doctorat et la formation par la recherche ne débouchent d'ailleurs pas que sur des métiers de chercheur ou ingénieur R&D. Hors de France, la situation pour les ingénieurs non-docteurs est sensiblement équivalente à celle d'un diplômé de Master : la notion de « grande école » ne bénéficie pas de la même visibilité qu'en France, sauf peut-être dans le cas de quelques écoles exceptionnellement visibles à l'international.

Elle passe également par les réseaux sociaux permettant une « *open science* » entre chercheurs (en accès libre ou *via* des sites spécialisés).

Ces situations sont connues qui concernent l'organisation de la recherche. Elles conduisent à renouveler les manières de faire de la recherche mais n'affectent pas vraiment, hormis dans certains contextes de multidisciplinarité, les pratiques scientifiques (de modélisation, d'expérimentation, etc.) ni les postures individuelles des chercheurs.

Ces situations restent néanmoins internes au monde scientifique, à ce que l'on désigne généralement comme la « communauté scientifique ». Or cette communauté est de plus en plus interpellée par la société, qu'il s'agisse de question d'éthique, d'environnement, de santé humaine (génétique, OGM), de nouvelles technologies (nanotechnologies), etc. Ainsi, « *d'une part, le chercheur aurait la curieuse tâche de se dégager de la société. Dans cette visée, on l'invite plutôt à s'en distancier, à promouvoir une forme d'autonomie dans l'exercice libre de sa profession, et à servir d'autres valeurs comme le savoir, la vérité et la collégialité. D'autre part, le chercheur a la tâche de s'engager dans la société. Dans cette visée, il est invité à participer à la construction du bien commun, à respecter les valeurs promues au sein de la collectivité et à se plier aux contraintes que cette dernière tente de lui imposer* »[15].

Face à ces défis, la philosophe I. Stengers a proposé de distinguer trois modalités relationnelles de la communauté scientifique avec le « public »[16] : *a)* le scientifique enfermé dans sa tour d'ivoire, qu'elle soit individuelle ou collective : il pratique la science sans se préoccuper pour autant des conséquences que pourraient avoir ses avancées, voire ses découvertes ; *b*) le scientifique « responsable » : il a conscience des conséquences de ses actes, mais pense être le seul à même d'en juger ; *c*) le scientifique « concerné » : il a conscience des problèmes induits et est prêt à les entendre. Il a volonté d'en discuter avec le public pour aider à les résoudre[17].
Cette approche, qui conduit le chercheur « concerné » à soumettre les orientations de la recherche à des « discussions publiques » et permettre ainsi

---

[15] In J.-F. Sénéchal, *Le rôle social du chercheur en science,* Thèse de l'Université de Laval, Québec, 2012 (p. *iii*).

[16] In Stengers I., *Une autre science est possible ! Manifeste pour un ralentissement des sciences*, Paris, Empêcheurs de penser en rond, Ed. La Découverte, 2013.

[17] I. Stengers évoque l'exemple de J. Testart qui, mettant en garde contre la possible contribution de ses recherches en matière de fécondation *in vitro* à des projets eugénistes, s'est posé en « scientifique responsable ». Néanmoins, avec ses écrits plus récents, ses prises de positions et autres fonctions associatives, on peut penser qu'il soit devenu un scientifique « concerné » : un chercheur non seulement soucieux d'expliquer le sens et les directions des recherches mais soucieux d'en soumettre les orientations à la discussion publique et de permettre, sinon de les redéfinir, du moins d'en maîtriser les prolongements.

d'en redéfinir (éventuellement) les contours et les contenus, suppose néanmoins l'existence d'une certaine intermédiation entre lui et un grand public qui n'est pas nécessairement au fait des contenus et méthodes d'une science avancée. I. Stengers en appelle ainsi à des « connaisseurs » pour permettre cette intermédiation. Mais quels seraient-ils alors ? Des « médiateurs » se substituant aux « experts » ? Des amateurs « éclairés » ? Des praticiens réflexifs (au sens que D. Schönn a pu donner à cette expression[18]) ? Et jusqu'où envisager le pouvoir d'influence (et d'inflexion) de ces « connaisseurs », sans oublier l'enjeu de leur indépendance envers tel ou tel paradigme scientifique ou tel ou tel groupe d'influence sinon de pression ? I. Stengers va, quant à elle, jusqu'à envisager une *« intelligence publique des sciences »* qui engagerait des changements profonds jusque dans l'organisation, les finalités et les temporalités de la recherche, notamment dans des prises de distance envers des exigences de résultats et de l'industrie : une « *slow science* ».

Toute autre est l'implication de « non professionnels de la recherche » qui s'instaurent (ou sont mobilisés) comme autant de nouvelles parties prenantes pour une science « citoyenne » ou une recherche « participative ». Cette implication soulève de multiples et nouvelles questions relatives, à la fois, aux pratiques et aux postures de recherche.
Jusqu'à présent les domaines concernés sont généralement limités aux recherches d'inventaire sur la biodiversité, sur le changement climatique, et aux sciences sociales et politiques centrées sur les phénomènes de participation et d'engagement public. Néanmoins, des organisations et plusieurs publications cherchent à étendre ces secteurs à des domaines comme la santé, les géosciences, l'agriculture, l'astronomie, etc. Au-delà, enfin, des particuliers mettent à disposition du matériel et, par exemple, du temps « machines » ou des capteurs de leurs téléphones pour collaborer à des programmes de recherche en sciences fondamentales. Cette mise à disposition concerne néanmoins des données ou des équipements plutôt que de la « cogitation ».

Dans ce nouveau contexte, il convient néanmoins de distinguer les publics (le plus souvent bénévoles ou issus d'ONG liées à des problématiques élaborées) qui cherchent à contribuer à un projet de recherche par l'apport de données essentiellement issues de l'observation, d'avec des publics constitués d'« experts profanes » dont les contributions s'appuient sur des « *savoirs*

[18] D. Schönn définit ainsi ce qu'il dénomme un « praticien réflexif » en opposition à un « expert » : « *I know things but I am not alone to know them. My uncertainties may be a source of teaching for me and others / I must make my way through to the thoughts and feelings of the other : give him the opportunity to discover my knowledge before he can respect it / Given that I do not need to put on airs and graces, I must try to be free to act with the other openly* » (in *Le praticien réflexif*, Ed. Logiques, Québec, 1994).

expérientiels », non issus d'une recherche scientifique *stricto sensu* mais néanmoins savoirs, qui s'invitent désormais à la table des experts[19]. Ces réseaux mobilisent l'opinion et se manifestent de diverses manières. On pourrait prendre pour exemple le poids des associations de parents sur les dernières recommandations de l'Académie de médecine concernant la prise en charge des enfants autistes. On pourrait aussi évoquer les mesures en attente sur la PMA et sur les conditions de fin de vie, où il ne s'agit plus seulement de soignants ou d'accompagnants de malades mais de groupes d'opinion. La Haute Autorité de la Santé a énoncé que le malade, ses proches, sont détenteurs d'expertises spécifiques qui doivent être prises en compte par la médecine. Mais cette reconnaissance des savoirs expérientiels s'élargit désormais, bien au-delà des sciences de la vie et de la santé, à tout ce qui touche à l'aménagement du territoire, à l'écologie, aux technologies...

Au-delà des aspects participatifs et des enjeux de société (voire d'éthique) sous-jacents et visant la reconnaissance d'une telle expertise profane et des savoirs expérientiels qui leur sont liés, comment l'expertise scientifique peut-elle, dans ces nouveaux contextes, accueillir cette profusion de bénévoles et d'*experts profanes*[20] ?

Le paysage de la production, de la réception et de la reconnaissance du travail scientifique s'est donc profondément transformé : les laboratoires ne sont plus protégés par ce caractère de quasi-extra-territorialité que leur conférait le statut de producteurs de la connaissance et du progrès scientifiques. Mais la qualification de « sciences citoyennes » peut légitimement inquiéter les chercheurs. Initiés par certains courants, notamment issus des mouvements écologistes, des formules comme « le pouvoir de dire non », « science et démocratie », « recherche participative », « labos hors les murs », semblent habitées par une grande défiance à l'égard de ce qu'ils nomment la « recherche académique », vocable qui semble vouloir disqualifier toute pratique institutionnelle de la science et récusant en tout cas toute gouvernance institutionnelle de ces pratiques. Nos étudiants s'interrogent aussi sur ces nouvelles pratiques liées à la recherche et parfois, en conséquence, sur la

---

[19] Ainsi, par exemple, dans le domaine de la santé, Madeleine Akrich et Volona Rabeharisoa nous indiquent que « *la notion d'expertise profane renvoie à l'idée que (i) des personnes sans formation académique sur un sujet – mais concernées par ce sujet parce qu'elles en ont une expérience personnelle – sont capables de développer des connaissances et des analyses spécifiques ; et que (ii) ces connaissances et ces analyses peuvent et doivent être prises en considération dans les processus de décision, que ces décisions concernent des individus, l'élaboration de protocoles, l'organisation du système de soins ou les politiques de santé en général » (in «* L'expertise profane dans les associations de patients, un outil de démocratie sanitaire », Revue *Santé publique*, Suisse, 2012/1, vol.24 (pp. 69-74).

[20] Dans le domaine des sciences sociales, qu'il indique comme étant particulièrement exposé aux discours d'opinion, Pierre Bourdieu consacre un long développement à cette question (P. Bourdieu, *Sur l'État*, Seuil, 2012, pp. 283 *sq*.).

nécessité – ou non – de s'engager dans une thèse restant alors perçue comme « académique ».

Ce contexte réveille le besoin de caractériser ce qui est de l'ordre de la connaissance scientifique. Ce besoin n'est pas nouveau et correspond à l'une des branches majeures de la philosophie : l'épistémologie. Gaston Bachelard ou Pierre Duhem vis-à-vis de la physique, Georges Canguilhem vis-à-vis du vivant, Karl Popper, Thomas Kuhn... permettent une réflexion sur les énoncés, distinguant ce qui est de l'ordre de la connaissance scientifique, en l'opposant à ce qui serait de l'ordre de la croyance, de l'opinion : qu'est-ce qui permet d'affirmer (contextes, modalités de production, présupposés, développements...) qu'un énoncé est scientifique ?
L'épistémologie philosophique s'était ainsi auto-investie d'une unique mission : l'édification d'une démarcation franche entre la connaissance (fondée, légitimée par la pratique scientifique) et le croire, l'imaginer, le « penser » ..., elle seule s'autorisait une réflexion sur les procédures, les périmètres de ce que nous nommons « connaissance » (à un moment nommé). Il fut un temps – pas si lointain – où le tracé de cette frontière semblait simple et sûr : dans une émission de la télévision scolaire, l'épistémologue français Georges Canguilhem avait pourtant scandalisé les étudiants en philosophie en proclamant que l'expression « connaissance scientifique » était « *un pléonasme* », assénant, comme s'il avait peur de ne pas être entendu, qu'« *il n'y a de connaissance que scientifique* ». Il n'y aurait aucune commune mesure entre ce qui a statut de connaissance, de savoir, et toutes les autres formes du penser. Les controverses scientifiques ne concernaient donc que les scientifiques et seul un savoir dûment étiqueté « produit par la science » y avait droit de cité. Canguilhem eut, sans état d'âme, appliqué à la science l'aphorisme lapidaire que Nietzsche adressait aux « amateurs » de musique : « *le profane n'existe pas. Le sourd n'est pas une espèce d'entendant* ».
Manifestement, nous n'en sommes plus là. Les scientifiques (et même les sciences) ne sauraient aujourd'hui revendiquer « le monopole de la connaissance ».

Ces multiples bouleversements des contextes sociaux et intellectuels contemporains de production et de réception du travail scientifique incitent alors à renforcer l'importance de la réflexion épistémologique, d'autant que l'accélération du développement de la science renforce elle-même cette interrogation sur les frontières entre savoirs et croyances : beaucoup de connaissances nouvelles sont publiées et livrées au grand public alors qu'elles ne sont encore que « très faiblement » – c'est même probablement un euphémisme – consolidées... En second lieu beaucoup de « connaissances » nouvelles sont aujourd'hui issues de sciences « faiblement contrôlables », alors même qu'elles se présentent comme dotées d'un appareil mathématique apparemment rigoureux (pensons à l'économie !) … Les pratiques de modélisation n'ont pas, dans le grand public, la force de certitude quasi magique qu'avait l'expérimentation. Les frontières du savoir scientifique n'apparaissent plus aussi sûres, aussi étanches que naguère et, surtout, le caractère bénéfique et « progressiste » de la science n'apparaît plus comme une évidence.

De 1934 à 1937, Jean Perrin, prix Nobel de physique, entouré de nombreux éminents chercheurs, avait conçu Le Palais de la Découverte, à Paris. Il s'agissait de « *montrer la science en train de se faire* », d'ouvrir les laboratoires, et – citons ici J. Perrin – « *de rendre manifeste la part déterminante que la Science a prise dans la création de notre civilisation et faire comprendre que nous ne pouvons espérer rien de vraiment nouveau, rien qui change la destinée, que par la recherche et la découverte* ». Même si la Cité des sciences s'est depuis adjointe à ce Palais de la Découverte, cette évidence d'époque n'est plus suffisante.

I. 2.

Entrer en recherche

Caminante no hay camino	*[Toi qui marches, il n'existe pas de chemin]*
[...]	*[...]*
Caminante, son tus huellas el camino y nada más ;	*[Toi qui marches, ce sont tes traces qui font le chemin, rien d'autre ;]*
caminante, no hay camino,	*[toi qui marches, il n'existe pas de chemin,]*
se hace camino al andar.	*[le chemin se fait en marchant.]*
Al andar se hace camino	*[En marchant on fait le chemin]*
(Antonio Machado, Chant XXIX, *in Proverbios y cantares*, 1912, El Pais, Madrid, 2003).	*(Traduction de José Parets-LLorca)*

La recherche s'inscrit dans une tension permanente entre des prédécesseurs qui ont construit des chemins et la création, par le chercheur, de nouveaux chemins. Pour nos étudiants en fin d'études d'ingénieurs, s'engager vers la recherche suppose aussi de quitter certains chemins auxquels ils ont été habitués (voire soumis ?) : les classes préparatoires ont généré des formatages, la professionnalisation dans une école oriente vers l'innovation souvent plus que vers la recherche, leur habitude d'un découpage disciplinaire de la science les oriente vers la spécialisation… et la perspective d'une thèse se profile souvent par comparaison avec les canons d'un mémoire de fin d'étude.
Sortir de ces sentiers battus pour construire son chemin pas à pas est ainsi l'une des raisons d'être du séminaire.

Sentier 1 - Les étudiants dont nous parlons ici ont été formés, ou plutôt formatés, selon des objectifs initiaux bien cadrés. Issus pour la plupart de classes préparatoires scientifiques, ils y ont reçu une structuration scientifique de base, solide et rigoureuse, avec une légère sensibilisation à l'aspect pluridisciplinaire. Arrivés en école d'ingénieurs, la formation revêt certes un aspect beaucoup plus ouvert, pluridisciplinaire et même transdisciplinaire, même s'ils reçoivent un supplément d'enseignement scientifique plus avancé sur certains aspects le plus souvent choisis[21]. Cependant, ils sont marqués par l'aspect à la fois très rigoureux de leur formation scientifique initiale, et ainsi très cadrés, installés dans des itinéraires construits par d'autres et fortement balisés. Une forme de dépaysement intellectuel est ainsi souhaitable, voire de mise.

Sentier 2 - Dans le même temps, ils commencent à préparer leur insertion professionnelle et sont sans cesse amenés, au long de leur formation, à être au plus près du marché du travail : recherche de stages, forums, conférences d'entreprises, finalités applicatives des enseignements, etc. Une proximité quasi consanguine s'établit avec les milieux économiques et, compte tenu de la place encore faible de la formation par la recherche dans les milieux d'entreprise en France, cela les rend extérieurs au monde de la recherche au sein de leurs écoles… Assez peu de contacts prolongés avec les laboratoires, pas vraiment d'autres relations avec les enseignants-chercheurs que sous l'angle du « maître à élève », peu de sollicitations vers la recherche de la part des entreprises et des responsables RH qui sont, le plus souvent, leurs premiers interlocuteurs. Mais aussi des entreprises pour qui, la plupart du temps, le mot « innovation » se substitue à celui de « recherche » ... Pour les étudiants, ce terme d'innovation renvoie alors à un processus causal simple : une idée, un marché, une mise en œuvre… La recherche devient, de ce fait, associée au seul débouché d'enseignant-chercheur (ou de chercheur type CNRS), se connotant alors de Fonction Publique dans un univers déjà fortement connoté, quant à lui, par l'économie « libérale » …

Sentier 3 - Le public étudiant qui a choisi la filière Recherche de Centrale Lille et qui, de ce fait, participe au séminaire *episteme* n'est pas, lui non plus, exempt des remarques précédentes. Inscrits en Master 2 à caractère recherche parallèlement à leur 3e année d'école d'ingénieur, leur perspective est, le plus souvent, celle d'un double diplôme à court terme. Le M2 est vécu comme l'apport d'une spécialisation (plus ou moins « pointue ») à côté de leur diplôme d'ingénieur généraliste. La valeur de ce second diplôme n'est donc pas tant du côté de la recherche que du côté d'une stratégie de différenciation sur le marché du travail de l'ingénieur… sauf à dire que ce diplôme M2 de spécialité leur permet de comprendre qu'ils peuvent avoir un niveau « suffisant » pour entrer en recherche (niveau scientifique) alors que le seul diplôme d'ingénieur généraliste ne leur laisse pas nécessairement le penser…

Sentier 4 - Pour entrer dans un travail de type « recherche », il faut aussi arriver à se dégager, pour partie, du travail de fin d'études d'ingénieur (un rapport sur, le plus souvent, une expérience en entreprise), d'une démarche de

[21] Les enjeux et modalités de la pluridisciplinarité, de l'interdisciplinarité et de la transdisciplinarité sont plus longuement abordés dans les parties II et IV.

type « projet » (un travail collectif assez axé sur le management d'équipe), du raisonnement de l'ingénieur (résoudre un problème, même mal posé, au sens où l'on cherche une solution sans s'interroger sur le bien-fondé du problème lui-même, ni se questionner sur l'existence d'autres solutions), de l'objectif d'une valeur performative des connaissances (innovation)...

Dans chacun de ces sentiers il s'agit de lutter contre plusieurs habitudes mentales : tant celles de nos élèves ingénieurs que celles que l'on rencontre aussi du côté de la recherche. Contre ce qu'Edgar Morin désigne comme « *le trop grand besoin de sécurité mentale des jeunes chercheurs* », le plus souvent en attente de schémas et de programmes bien posés à l'avance, à la fois au titre de ce besoin de sécurité mentale mais aussi, au-delà, pour des raisons d'efficacité, de gain de temps... Et ce besoin de sécurité et d'efficacité du chercheur junior va jusqu'à créer une situation de « *méfiance à l'égard de leur subjectivité (qui) les conduit à se méfier de leurs dons professionnels* »[22].

Par ces dépaysements, par leur émergence au fil des discussions du séminaire et leurs prolongements ici, dans les textes qui suivent, nous invitons nos étudiants, nous-mêmes et, peut-être, le lecteur, à regarder différents types de rationalité, à questionner sinon à revoir nos modèles de pensée.
Bref, à parvenir à une certaine souplesse intellectuelle permettant d'accepter de quitter des chemins tracés pour affronter l'inconnu inhérent à la recherche : je me dépayse non pas seulement pour changer de paysage en y perpétuant mes modèles mais aussi – et surtout – pour interroger mes modèles à la lumière de cet autre paysage.

Chercher ou produire ?

Pour des étudiants d'écoles à vocation professionnelle, l'alternative en fin d'études paraît simple : chercher (s'engager dans la recherche) ou produire (s'engager dans l'entreprise) ? « *Je conçois maintenant comme tu as pu hésiter entre le construire et le connaître* » faisait dire Paul Valéry à Phèdre dans son dialogue avec Socrate[23]. Et Socrate d'accentuer cette opposition en répondant à Phèdre : « *Il faut choisir d'être un homme, ou bien un esprit* ».

---

[22] E. Morin précise par ailleurs que ce risque de subjectivité inhérent à une plus grande autonomie intellectuelle (et délibérative) donnée aux jeunes chercheurs doit être compensé par une plus grande vigilance dans la rigueur des raisonnements et une implication plus grande du « directeur de recherche » (E. Morin, « De la méthode : une démarche multidimensionnelle », in *Commune en France, la métamorphose de Plodemet*, Paris, Fayard, 1967, pp. 284-285).
[23] Paul Valéry, *Eupalinos ou l'Architecte*, Paris, 1921, p. 63.

Ces deux approches opposées apparaissent dans l'esprit de la plupart des étudiants : hésitation entre l'acceptation de l'ouverture aux cheminements parfois imprévus (voire imprévisibles) du connaître ou le recours aux outils et méthodologies du faire (du construire). La plupart du temps, ces outils se fondent sur des recettes acquises permettant de prétendre résoudre (utilement et rapidement) des problèmes.
Force est aussi de constater l'existence d'obstacles (voire les résistances) que rencontrent les étudiants des Grandes Écoles vis-à-vis de l'idée de recherche, notamment du fait de l'orientation « appliquée » de leur cursus de formation et de l'enseignement. Même si des actions sont menées dans l'institution (visites de laboratoires, rencontres avec des chercheurs, etc.) et même si des opportunités d'insertion de plus longue durée leur sont proposées (stages ou année de césure orientés recherche, etc.), la visée « utilitariste », l'orientation vers des applications, la promotion de techniques de travail permettant l'action, l'induction vers des recettes acquises pour résoudre des problèmes… ne sont sans doute pas pour rien dans ces obstacles.

Pourtant les choses ne sont pas si simples ni, surtout, aussi binaires.

Nous avons évoqué précédemment, autour de la science citoyenne, la possibilité qui s'offrirait, pour certains, d'articuler recherche et action.
Faire de la recherche « *autrement* » – au-delà des modèles canoniques de la thèse, de l'université, des grands organismes, etc. – est plus qu'une tentation. Et l'on peut comprendre que certains étudiants – dont les élèves ingénieurs au même titre que tout étudiant issu de formations à vocation professionnelle – soient particulièrement sensibles à cette « autre dimension », en particulier à son caractère citoyen et bénévole. Ce caractère « citoyen » permet en effet d'envisager une articulation entre une certaine capacité à « faire de la recherche » en même temps qu'à être « dans l'action »[24].

Au-delà de cette possibilité, une autre dimension peut, dans l'esprit des étudiants, associer l'idée de recherche au désir d'action : il s'agit des activités professionnelles liées à l'innovation, à la conception de produits, systèmes ou organisations. Ici, le terme de recherche est pris dans son sens immédiat : se mettre en quête de quelque chose *qui n'existe pas encore*. Or cette idée d'innovation fait aussi partie des représentations véhiculées par le terme « recherche » : entrer en recherche signifierait alors s'engager dans des

---

[24] Le bénévolat, de son côté, est un autre facteur d'attrait. N'oublions pas, en effet, que près de 3,5% du PIB et 10% de l'emploi privé en France, sont du ressort du monde associatif et que de plus en plus de jeunes diplômés souhaitent s'engager dans des bénévolats liés à ces circuits (sources Tchernonog V., Prouteau L, 2019). Par ailleurs, outre qu'un tel engagement permet de nouveaux rapports à la scientificité – ce que certains appellent de leurs vœux –, il peut aussi apparaître comme une façon d'esquiver l'obstacle d'un long apprentissage de l'activité de recherche, notamment par la thèse.

pratiques et des postures mettant en avant des cadres (ou des pratiques) de pensée ouverts à l'incertitude, à la complexité, à l'inconnu sans pour autant souscrire à une certaine scientificité.

Sur plus de quinze années d'existence du séminaire *episteme*, notre public s'est fréquemment inscrit dans cette ambiguïté relative au terme de recherche : alors que, pour certains, le choix d'entrer dans la recherche scientifique s'est affirmé, pour d'autres c'est plutôt celui d'entrer en quête de quelque chose qui n'existe pas encore qui a été mis au centre du questionnement.

Au-delà des choix d'orientation eux-mêmes, il faut souligner que ce qui peut apparaître comme une extension abusive du sens – et des implications – donnés au terme de recherche trouve néanmoins son intérêt dans de multiples travaux relatifs à l'exercice de l'intelligence humaine. Dans la lignée des réflexions d'un Paul Valéry sur les *fonctions de l'esprit*[25], des travaux d'un Jean Piaget sur l'intelligence, ceux engagés à partir de Herbert Simon (les développant ou s'inscrivant de manière critique vis-à-vis d'eux) et ceux, encore plus récents, des sciences de la cognition s'intéressent aux proximités entre l'intelligence à l'œuvre dans la recherche scientifique et l'intelligence à l'œuvre dans l'activité de conception : résolution de problèmes mal définis, planification sans but final, *sérendipité*, créativité (scientifique), processus d'inférence… pour ne prendre que ces quelques exemples questionnés par ces travaux[26].

Néanmoins, comme a pu le remarquer P. Valéry dans son *Introduction à la méthode de Léonard de Vinci*, du côté de l'activité de conception, « *l'étonnement dépasse tout, lorsqu'on s'aperçoit que l'auteur, dans l'immense majorité des cas, est incapable de se rendre lui-même compte des chemins suivis et qu'il est détenteur d'un pouvoir dont il ignore les ressorts. Il ne peut jamais prétendre d'avance à un succès* [...] *Par quelle série d'analyses obscures la production d'une œuvre est-elle amenée ?* ». Autrement dit, l'artiste n'est pas en situation de devoir rendre explicite ses démarches intellectuelles et n'en a d'ailleurs pas la nécessité (il en entretient

---

25 Nous reprenons ici le titre donné à un ouvrage réunissant plusieurs scientifiques (biologistes, médecins, mathématiciens, physiciens, philosophes, etc.) autour de la pensée de P. Valéry : *Fonctions de l'esprit, 13 savants redécouvrent Paul Valéry* (Judith Robinson-Valery, *ed.*, Hermann, Paris, 1983).

26 La philosophe et épistémologue A.-F. Schmid va même jusqu'à considérer que : « *en épistémologie, le XXe siècle s'est achevé avec la conviction qu'il n'y avait plus de critère universel des sciences permettant de distinguer celles-ci des autres pratiques de pensée. Que ce soit la vérification (Rudolf Carnap et le Cercle de Vienne), la réfutation (Karl Popper), la mise en programmes (Imre Lakatos), voire l'anarchie dans l'usage de la méthode (Paul Feyerabend), aucun critère ne pouvait plus caractériser de façon universelle et définitive les sciences, même si les distinctions élaborées à leur occasion étaient très riches et peuvent trouver leur réinterprétation dans les questions contemporaines* » (Schmid, 2013).

d'ailleurs souvent le mystère) alors que le chercheur scientifique est, lui, en situation de devoir les expliciter. C'est d'ailleurs l'une des conditions majeures de la légitimité de son travail.

À la différence de l'engagement dans le faire, l'entrée en recherche (scientifique) suppose ainsi un apprentissage portant sur cette forme de réflexivité. Sa mise en évidence devient alors un objet d'attention important pour le séminaire *episteme*. Important, pour reconnaître chez le chercheur l'usage de l'imaginaire, de l'intuitif et des phases de chaos qui y sont associées. Important, ensuite, pour, à son tour, ne pas s'interdire cet usage lorsqu'il se présente. Important, enfin, pour s'autoriser dans le futur des situations qui le favorisent[27].

Faire (ou non) un doctorat ?

Il nous est apparu que, dans l'esprit de nos étudiants, le mot « thèse » représente à la fois un engagement, un modèle canonique et un cliché.

L'engagement est à la fois celui de la durée (au moins 3 ans) et celui de l'entrée dans une sorte de cheminement initiatique d'ascèse scientifique : pour certains, "entrer *en* recherche" est, parfois, affaire de "foi" en la science tout comme, pour un architecte comme Le Corbusier, "s'adonner à l'architecture c'est comme entrer en religion". Nous verrons cependant plus loin qu'une telle religiosité ne saurait pas pour autant être exclusive. Cette double dimension n'est pourtant pas sans provoquer quelque appréhension. On en tiendrait pour preuve que le renoncement, en cours de thèse, est généralement perçu comme un échec – comme renoncer à ses vœux, dirions-nous pour filer la métaphore religieuse... Ceci alors que, dans le monde de l'entreprise, le renoncement à un emploi, au cours des trois premières années d'expérience professionnelle, peut être le fait d'une offre plus satisfaisante (en qualité et, parfois, en rémunération) et est, cette fois, perçu comme un succès.

Le modèle canonique, quant à lui, peut se résumer à « un sujet, un directeur (de thèse), un laboratoire, 3 ans ». Ceci sans parler du fait que, dans l'esprit de beaucoup (du moins en France), la thèse consisterait avant tout à former de

[27] Par ses très nombreuses citations sur des thématiques comme la notion de méthode, l'intuition, la beauté, la simplicité, etc., le livre de C. Brezinski « *Comment l'esprit vient aux savants* » (2007) témoigne de ce que de très nombreux scientifiques (et pas des moindres) ont une certaine *réflexivité* relativement à leur travail. Néanmoins, cette réflexivité reste le plus souvent empirique, notamment liée à leur expérience individuelle, de l'ordre de l'introspection. Notre séminaire et, en l'occurrence, le présent ouvrage, s'efforcent d'aller au-delà de cette introspection, invitant à un travail cherchant à rendre plus explicite (de manière plus générique sinon plus approfondie) cette réflexivité.

futurs enseignants-chercheurs dont la carrière serait prédéfinie : maître de conférences, professeur…
Enfin, c'est aussi un cliché du fait de l'antinomie entre ce que recouvrent l'*idée de la thèse* (spécialisation extrême, entrée en ascèse, art de questionner, prendre le temps de pousser à maturité un questionnement, etc.) et *celle d'action*, notamment en entreprise (saisir des occasions, être opportuniste, répondre de la manière la plus rapide et économique possible, etc.). Ce cliché perdure alors même que l'on sait que la thèse s'inscrit souvent dans des enjeux économiques (transfert, valorisation, application, finalisation) et doit conduire à des « résultats » alors que, de son côté, l'entreprise a aussi besoin de questions, de temps, et de « chercheurs » pour s'adapter sinon innover.

La plupart des étudiants ont ainsi une représentation unifiée de l'accès à la recherche qui les renvoie à une réponse très administrative pouvant se résumer à : 36 mois pendant lesquels le doctorant est à la fois salarié (par décret du 23 avril 2009, le contrat doctoral apporte toutes les garanties sociales d'un contrat de travail conforme au droit public : employeur, rémunération minimale indexée, cotisation retraite...) et étudiant (ce qui permet de bénéficier d'un encadrement et... de réductions au cinéma). Tout aussi extérieurement, l'encadrement peut être vu comme un engagement mutuel de moyens, régi pour certains par une charte cosignée entre le doctorant, le directeur du laboratoire et celui de l'école doctorale représentant les établissements délivrant le grade de Docteur.
Autrement dit, l'accès à la recherche correspondrait à une trajectoire balisée, indifférente aux façons de faire de la recherche (les pratiques) pourtant essentielles.

Face à ces ressentis, il nous faut préciser ici ce que notre expérience d'encadrement de doctorants nous permet de résumer – très sommairement – à propos de ces 1100 jours d'une thèse[28] :

- Une première année assez inconfortable, alternant plaisir (d'exercer sa curiosité en s'imprégnant du sujet et de son contexte) et doute (sur sa capacité à produire du neuf dans ce monde déjà tellement exploré par d'autres) ; exaltation (d'avoir une idée nouvelle) d'une part, et découragement (de voir que cette idée nouvelle était... déjà publiée) d'autre part. Pendant cette année, l'accompagnement du directeur de thèse et de l'équipe est déterminant. Le doctorant n'a pas encore acquis le « flair » pour trouver les correspondances avec d'autres travaux et les

[28] On trouvera, dans les *Carnets de thèse* de Tiphaine Rivière (2015), un tout autre portrait de ce déroulé, à partir du vécu d'une thèse, certes liée à un autre contexte académique (la littérature) et à des conditions matérielles toutes différentes, notamment en matière de financement de thèse. Dans un tout autre domaine (celui des mathématiques) mais dans un même registre fait de sérieux et d'humour, citons également le pastiche réalisé par G. Taviot (et *al.*) à partir de dessins de J.-J. Sempé : *Le petit Nicolas en thèse.*

discussions avec des chercheurs plus expérimentés sont une aide irremplaçable dans la maturation d'un cheminement... initiatique ?

- La deuxième année est en principe plus rassurante : le projet de recherche est bien positionné, le doctorant s'est approprié des questions bien posées. On sait où on va, on a encore le temps d'y aller. Devant l'apparition des premiers résultats, la jubilation du chercheur commence à être perceptible. Cette irruption intuitive, cette *sensation* de voir les idées se mettre en place d'elles-mêmes, témoigne sans doute d'un moment caractéristique qui signe le "devenu-chercheur". Elle est peut-être assimilable au *satori* du moine japonais, à l'illumination des anachorètes, ou au coup de foudre des amoureux ! En tout cas, elle peut devenir addictive et constituera alors un moteur irremplaçable pour la suite. Vient aussi la fierté de voir publiés ses premiers résultats, le trac – étrangement agréable – de les présenter en conférences devant un public international...
- Enfin, une troisième et dernière année où le stress revient, face à tant de choses qui restent à faire en si peu de temps : finaliser des publications solides (et en particulier, répondre aux questions des '*reviewers*' qui ont critiqué les résultats soumis en journaux ou revues), régler les problèmes expérimentaux de dernière minute, rédiger un mémoire, prendre des contacts pour un post-doctorat, trouver une structure de présentation pour la soutenance orale... Mais ce stress-là se gère pourtant bien en général, car il correspond à une récolte et se vit dans l'action.

Au-delà, même si la thèse en 3 ans (universitaire) reste un modèle canonique en France, il convient, à rebours, de mentionner les renouvellements nombreux d'un tel contexte et de ses modalités.
Il faut d'abord mentionner les thèses en convention Cifre[29], qui se sont historiquement substituées au Doctorat d'ingénieur et à la thèse « professionnelle » et qui permettent de créer de nouveaux liens entre l'aspect académique de la thèse et un contexte économique et industriel.
Bien plus rares, on constate aussi quelques trajectoires de jeunes professionnels ayant repris leurs études de doctorat soit en parallèle avec une activité professionnelle, soit par un congé sabbatique.
L'université, les laboratoires « légitimes » (académiques) restent néanmoins incontestablement réticents à cette dernière démarche (hors les écoles de management qui produisent un nombre élevé de « PhD » dans ce contexte[30]).

[29] Conventions Industrielles de Formation par la REcherche, dispositif qui depuis 1981 subventionne toute entreprise de droit français qui embauche un doctorant pour le placer au cœur d'une collaboration de recherche avec un laboratoire public. Ce dispositif est étendu à certains pays dans le contexte des Cifre « internationales ».

[30] Certaines écoles de commerce ou d'ingénieurs françaises proposent de tels cursus de PhD, qui mènent à l'enseignement et à la recherche sans pour autant (sauf certains cas les associant à des universités) être reconnues par les ministères de l'enseignement supérieur. À noter également le cas particulier des professions de santé qui s'achèvent par une « thèse d'exercice »

Enfin, qui connaît la « *VAE Doctorat* » (doctorat *via* la validation des acquis de l'expérience, ou possibilité d'obtention du doctorat « *tout au long de la vie* »), pourtant effective dans certaines universités et mise en place depuis 2015 au-delà du seul CNAM qui avait entamé cette démarche en 2013 ? Il est à cet égard significatif de constater – *a posteriori* – l'absence complète de référence à cette voie au cours du séminaire *episteme*. Aucun des quatre auteurs n'a évoqué cette piste pourtant potentiellement pertinente pour des ingénieurs diplômés qui sont susceptibles de rejoindre un contexte de recherche en entreprise comme premier débouché professionnel sans immédiatement s'engager dans une thèse. Aucun de nos étudiants, sur les quinze années du séminaire, n'a été confronté à cette possibilité au cours des entretiens effectués auprès de chercheurs ou d'ingénieurs de recherche, ni au cours des enquêtes ou des travaux d'ordre bibliographique. Finalement, aucun organisme intervenant dans le séminaire, pourtant lié à l'aide à l'orientation vers la recherche (ANRT et ABG[31]) n'a évoqué cette piste.

Reste que, et peut-être surtout, le choix du laboratoire et du directeur de thèse s'avère « le » sujet sensible pour les étudiants. Et, dans ce contexte, il faut noter qu'apparaît un certain « état » que l'on pourrait qualifier de lassitude à l'idée de rester dans la même institution pour trois années de plus. Ceci engage un nombre significatif d'étudiants à rechercher des potentiels sujets et directeurs ailleurs que dans l'institution d'origine. Cette ouverture est favorisée par les annonces postées sur le web et les réseaux sociaux, le carnet d'adresses de leurs enseignants, les rencontres faites lors des stages... L'international est alors un facteur d'attrait qui les questionne : faire une thèse au Danemark ou en Finlande (dans le froid, mais aussi le soleil de minuit !), au Brésil (une autre vision des rapports à l'innovation), au Japon (associant culture lointaine et innovation à l'occidentale), en Chine (le pays de demain ?) ou, plus traditionnellement vis-à-vis de notre fascination française envers les USA, le Canada ou l'Australie (sortes d'icônes de la modernité) n'est pas une moindre expérience personnelle et est compatible avec un engagement aventureux de quelques années et l'enrichissement d'un *curriculum vitae* par une mobilité longue.

---

qui, bien qu'associé au troisième cycle des études de médecine, ne sont pourtant pas des doctorats.

[31] Créée en 1953, l'Association Nationale Recherche Technologie (ANRT) est une association privée régie par la loi du 1er juillet 1901 et qui déploie le dispositif de thèses Cifre en agissant par délégation du ministère de l'Enseignement Supérieur, de la Recherche et de l'Innovation (MESRI). L'Association Bernard Gregory (ABG) a été fondée en 1980 et œuvre au niveau national pour l'évolution professionnelle des docteurs (PhD), la capacité d'innovation des entreprises et la valorisation des compétences issues de la formation par la recherche. L'ABG est soutenue par le MESRI et a de nombreux partenaires (dont l'ANRT).

I. 3.

De *la* recherche à *des* pratiques de recherche

Nous avons évoqué plus haut la diversité d'orientations scientifiques de nos étudiants : ils sont inscrits dans l'une des différentes options scientifiques de dernière année de leur école et suivent, parallèlement, un Master 2 recherche pouvant dans certains cas relever d'un champ disciplinaire distinct, voire totalement déconnecté de celui relevant de leur formation d'ingénieur. Mais cette diversité de champs scientifiques ne doit pas masquer une autre diversité, celles des pratiques des chercheurs au sein même d'un champ scientifique. Ainsi, par exemple, notre futur nano technologue passera de la lecture d'articles de physique théorique à la combinaison isolante de la salle blanche et l'apprenti mécanicien de la soufflerie à la simulation numérique d'équations de Navier-Stokes. Le biologiste sera confronté à la fois à des pratiques de laboratoire, des pratiques d'observation (de terrain), des pratiques de modélisation, des pratiques d'expérimentation, voire des pratiques de simulation. Cette diversité de pratiques vaut aussi en sciences humaines et sociales, où l'on se questionnera en plus sur l'observation participante pouvant aller jusqu'à la recherche-action…

Autrement dit, derrière l'idée de « recherche » se profile une extrême variété de modes d'exercice, de pratiques et d'horizons d'attentes.

Ceci nous renvoie au *travail* du chercheur : or, malgré cette diversité liée aux pratiques de recherche, ce qui ressort du travail des étudiants ne s'appuie pas sur leurs différences (leurs enrichissements mutuels potentiels voire leurs hybridations) mais renvoie, tout au contraire, à une recherche d'unité : ce qui leur serait commun, tant dans les finalités que dans les modalités d'apprentissage de la recherche.

L'effort d'unité, ici, masque néanmoins la diversité. Tout comme, par exemple, la condition humaine, concept général, masquerait la diversité de conditions particulières, telles, par exemple, la condition féminine, la condition ouvrière (agricole, etc.) ou la condition militaire.

S'agissant de pratiques de recherche, n'oublions pas, enfin, que toute pratique d'observation ne prend réellement de sens qu'à partir du moment où certains « modèles » (représentations) leur permettent d'organiser la connaissance et qu'à rebours toute pratique de modélisation ne prend réellement de sens qu'à partir de sa confrontation avec un certain « terrain » : une empirie.

Que recouvre le terme de « pratiques » ?

Explorant le mathématicien au travail, mais aussi le linguiste et le spécialiste des sciences de l'homme, l'épistémologue G. G. Granger (1988) soulève la dualité d'un contexte *à la fois* matériel (concret) et intellectuel (certains réduiraient aujourd'hui ce contexte intellectuel au seul champ cognitif) associable à tout *travail*. Mais ce double contexte s'articule également au vécu. Ainsi, par exemple, G. G. Granger montre-t-il qu'un même objet mathématique peut se construire différemment selon l'individu (le mathématicien).
Autrement dit, vécu individuel, contexte matériel et contexte intellectuel sont autant de parties prenantes du travail du chercheur.

En prolongement de cette remarque, on distinguera ici trois niveaux relatifs aux pratiques, à la fois distincts dans leurs finalités et modes d'exercice et entremêlés dans la réalité d'un travail de recherche.
Le premier d'entre eux renvoie à l'*espace d'expérience* du chercheur, à son vécu, à son immersion (sociale, professionnelle, etc.), à l'organisation de son travail. Ceci se manifeste notamment dans les rapports à la « commande » (projet de recherche), à la « vie de laboratoire » (académiques, industriels, etc.), aux enjeux sociaux et professionnels (les temporalités, les contraintes de publication, les réseaux, la concurrence, la formation, etc.).
Le second niveau renvoie à l'*horizon d'attente* du chercheur, ses visées, ses objectifs « non immédiats », ses distances vis-à-vis du vécu (l'éthique, l'idéal, l'ambition, etc.), sa capacité à se sortir de « la tête dans le guidon ». Il correspond au *sens* que le chercheur donne (ou voudrait donner) à son travail[32].
Le troisième niveau renvoie à son *champ de recherche* (les énoncés, les légitimités, les crédibilités, les autonomies, les doctrines), aux règles qui en définissent son organisation et son fonctionnement scientifique : les contextes de traçabilité et de cumulativité, la compétition, les formes de collaboration, les protocoles, les rituels de discussions, d'évaluation, de publication/publicité, de réaction à d'éventuelles réfutations Ainsi, par exemple, des protocoles qui impliquent une exigence de traçabilité, de possibilité de reproduire les expérimentations, qui sont nécessaires au fonctionnement du champ et à l'accord de crédit à tel ou tel résultat, mais non nécessaires au travail de production de recherche lui-même[33].

---

[32] Les expressions d'*espace d'expérience* et d'*horizon d'attente* sont empruntées à l'historien R Kossselek. Nous les reprenons ici dans le champ des pratiques pour indiquer que celles-ci se construisent sur un « déjà-là » et s'inscrivent dans une « perspective » : « *pas d'attente sans expérience, pas d'expérience sans attente* » (R. Koselleck, 1990, p. 309).
[33] L'enchevêtrement de ces trois niveaux relatifs aux pratiques peut se rencontrer dans l'ouvrage de B. Latour et S. Woolgar, *Labory life. The social construction of scientific facts,*

Dans chacun de ces niveaux, il faut ajouter des rapports variés à une temporalité d'ordre chronologique, rapports qui peuvent inscrire ou orienter le chercheur vers (et dans) des mondes différents : entre l'inscription dans des programmes de recherche soumis à des échéances de résultats (recherche par projet, par exemple) et des travaux soumis à des rythmes lents du fait même des objets de recherche (certains phénomènes naturels, par exemple) ou des possibilités expérimentales (grands programmes, grands instruments), chacun de ces niveaux affecteront différemment le travail de recherche (et son organisation).

De quelles marges de manœuvre, d'initiative, d'adossement critique dispose-t-on alors (ou peut-on disposer) en regard de ces « niveaux de pratiques » et, surtout, de leur encadrement qui peut se révéler comme autant d'obstacles, de carcans, pour le développement de la science ?
Comment, par exemple, sortir de certaines formes de normativité du champ de recherche ou du contexte vécu, comment envisager l'accueil de problématisations pouvant paraître par trop iconoclastes et, au-delà même de l'accueil, comment envisager la possibilité de tester telle ou telle nouvelle hypothèse ?
Nous pensons ici – plus que métaphoriquement – au passage de la maternelle à l'enseignement primaire : passage d'un lieu consacré au jeu, à la découverte, à une situation de créativité jugée favorable au développement de l'enfant à un lieu de normativité, d'apprentissage du légitime, avec tout ce que cela peut comporter de contraintes, de carcans et d'encadrement.

Des pratiques aux postures

Derrière le terme de *posture*, les questions relatives à la prise de position du chercheur vis-à-vis de son objet de recherche (son objectivité et/ou sa réflexivité) et celles relatives à son engagement (aussi bien personnel que méthodologique ou sociétal) sont généralement soulevées[34]. On parle ainsi de « posture intellectuelle », de « posture méthodologique », voire de « posture épistémologique ». Cette approche générale de l'idée de posture nous renvoie à des insertions (sinon des prises de position) parfois argumentées sinon

1979 (trad. Fr., 2012) et dans la biographie de la biologiste B. McClintock par E. Fox Keller (1988).

[34] Nous ne parlons évidemment pas, ici, de posture en tant qu'attitude du corps, même si les rapports entre corps et esprit doivent être envisagés, y compris dans l'activité de recherche. On peut ainsi penser aux dialogues entre F. Jacob et J. Monod (évoqués par F. Jacob dans la *Statue intérieure*) qui sont de nature différente lorsqu'ils sont, dans la journée, assis dans leurs bureaux ou devant une paillasse ou, lors de leurs déjeuners collectifs avec tout le laboratoire ou encore la nuit, installés dans de confortables fauteuils ou autour d'un verre…

théorisées mais qui, la plupart du temps, sont restées assez générales au sein du séminaire *episteme*.

Ainsi, malgré la proximité homonymique – celle qui rapproche notre néologisme *episteme*, du terme grec *ἐπιστήμη* d'Aristote, du concept d'épistémè de M. Foucault et de l'épistémologie en général –, malgré la présence, parmi nous, d'un enseignant labellisé philosophe et s'adressant à des étudiants aspirant à devenir chercheurs, notre choix n'a pas été de faire du séminaire *episteme* un cours d'épistémologie. C'eut été un cours magistral de plus, avons-nous dit dans l'avant-propos. Nous avons donc préféré laisser les étudiants construire leur réflexion personnelle et, le cas échéant, rencontrer de telles interrogations épistémologiques pour mieux en débattre ou leur indiquer quelques « saines » lectures.

Les postures intellectuelles (manière de considérer les choses, les phénomènes et le monde) n'ont pas, de leur côté, fait l'objet de discussions particulières. Tout au plus, avons-nous pu remarquer, chez nos étudiants, quelques postures communes telles celles consistant à vouloir s'évertuer à donner une définition à chaque chose (le recours au dictionnaire étant un réflexe courant), à considérer qu'il y a nécessairement une (bonne) réponse à une question, à considérer, également, que l'analyse est l'approche la plus efficace…
Au-delà de ces quelques exemples, la plupart des positionnements intellectuels constatés renvoient, de manière entremêlée, aux séquences que le psychologue américain G. W. Perry avait pu mettre en évidence et proposer comme autant de stades dans l'apprentissage universitaire[35] : l'inscription du savoir dans une logique binaire de type vrai/faux (un dualisme), la capacité de chacun, au nom de son expérience personnelle, d'énoncer ce qu'il pense être vrai ou faux (un subjectivisme), le fait d'admettre la possibilité de coexistence de plusieurs interprétations selon les contextes (du relativisme) et l'affirmation de ses valeurs personnelles, de ses ambitions, de son identité (un engagement personnel influencé par les traditions culturelles et par les croyances).
Par contre, la rencontre avec la notion de « posture méthodologique » s'est plus directement invitée autour de discussions sur les orientations méthodologiques à prendre dans le travail d'enquête demandé aux étudiants (cf. *infra*, IIIe partie) : approche qualitative via des entretiens en face-à-face auprès de chercheurs, ou bien enquêtes quantitatives par questionnaire ?

---

[35] Ces séquences ont été observées et étudiées par W. G. Perry pendant 15 ans auprès d'étudiants de premier et second cycle de Harvard (in Perry, W. G., *Forms of intellectual and ethical development in the college years : A scheme.* New York, Holt, Rinehart, and Winston, 1970).

Sans pour autant évacuer cet ordre de questionnement mais, compte tenu de notre public d'élèves ingénieurs, la focalisation du séminaire *episteme* a porté sur le passage d'une posture d'ingénieur à une posture de chercheur : comment passer d'une posture privilégiant l'acquisition de connaissances pour résoudre des problèmes à une posture privilégiant le doute et le questionnement ? Or, en termes de posture, l'ingénieur se situe du côté de l'expertise, de celui qui, sur la base des connaissances qu'il a acquises, propose des solutions, apporte des réponses.
À ceci près qu'un expert – dans ses fonctions sociales – est expressément payé pour être myope : il expertise le domaine (limité) qu'on lui demande d'expertiser. Répondant à une demande, l'expert « *ne sait traiter celle-ci que dans les limites de sa technicité propre, pour la rendre plus conforme à des "modèles", en fonction de cadres préexistants* » (Ardoino, 2000, p. 76). Il est rétribué pour répondre à la question qui lui est posée. Si sa position (sociale) peut le distinguer de l'ingénieur, sa posture est finalement similaire tant elle est du côté de la réponse, de la résolution de problème, de la solution, alors que la posture du chercheur est plus du côté du doute et du questionnement. Ainsi, même si, comme l'évoque également J. Ardoino, le chercheur entretient une certaine *familiarité* envers son domaine d'inscription, familiarité que certains vont d'ailleurs jusqu'à appeler une « expertise »[36], son travail l'amène à relier ce déjà connu à « *du jusque-là inconnu, insu, impensé* » (Ardoino, *op.cit.*, p. 75).

Posture d'Expert	Posture de Chercheur
Du côté de la réponse (être porteur de chemins sûrs, aider à décider par la preuve et la certitude) : il y a dans nos têtes beaucoup plus de « *réponses sans questions que de questions sans réponses* » ...	Du côté de la question (douter, qui est différent de « redouter », « *n'oubliez pas que l'erreur a aussi son mérite* », Voltaire).
Principe d'économie : Gagner du temps (vélocité, appréhension du temps comme une contrainte exogène).	« *Donner du temps au temps* » (porter une question, accepter des temporalités multiples, non homogènes ni continues) [en avoir la possibilité, ce qui n'est pas toujours – loin s'en faut – le cas].
Ramener au conventionnel (faire appel au connu, admissibilité sociale, prudentiel).	Créer… suppose de s'intéresser à ce que l'on ne sait pas encore (travailler aux limites, aux marges de ses savoirs).

Tableau 1 : Posture d'expert et posture de chercheur

36 Aujourd'hui, avec un doctorat effectué en trois ans, le jeune chercheur est déjà, souvent, considéré comme un expert dans son domaine…

Au-delà de cette familiarité pouvant conduire à une impression d'expertise, il convient de souligner à nouveau que, dans le contexte lié à la R&D[37], le travail théorique ne viendrait alors qu'en aval de l'expérimentation. Il perdrait ainsi momentanément son aspect dynamique et vectorisant (dans ce sens qu'il donne une orientation). Dans de nombreux domaines scientifico-techniques, que ce soit sous l'effet d'une politique de l'offre (d'innovations) ou d'urgences sociétales (de santé, par exemple), toute hypothèse prometteuse, tout espoir de résultat doit être immédiatement testé, valorisé[38]. Dans ce contexte, le chercheur rejoint, sous une certaine forme, une position d'ingénieur : il doit trouver des solutions. La demande sociale, ici, l'emporte alors sur la dimension questionnante de la recherche comme nous le rappelle, par exemple, la célèbre formule : " *Des chercheurs qui cherchent, on en trouve. Des chercheurs qui trouvent, on en cherche*" !

Or changer de posture, c'est changer ses réflexes, sa manière de poser les questions, de capter une information, de regarder un environnement. Au-delà des pratiques, c'est être en situation, tant matérielle qu'intellectuelle, de construire, de mettre en place une problématique de recherche, impliquant une « posture de recherche » : un point de vue, un regard, une manière, des affects… vis-à-vis de problèmes posés (ou que je me pose). Comment me mobiliser avant de commencer (et pendant) le travail ? Comment me positionner vis-à-vis de certains « modèles » (des « types idéaux ») ? Comment fabriquer de la cohérence (et des va-et-vient) entre ces deux plans ? Autrement dit, le passage d'une posture d'ingénieur à celle de chercheur concernera chacun des trois niveaux des pratiques évoqués précédemment (l'espace d'expérience, l'horizon d'attente, le champ de recherche). Et, dans chacun de ces niveaux de pratiques, ceci affectera aussi bien la part spéculative du travail (*via* des langages) qu'une part concrète faite de gestes, de démarches, de méthodes.

Dès lors, comment, non seulement informer nos étudiants sur ce déplacement mais, surtout, le leur faire ressentir par eux-mêmes ? Car il s'agit de leur permettre de se rendre compte que, devenir chercheur, c'est en quelque sorte quitter (sans la renier pour autant) cette posture d'ingénieur à laquelle ils sont formés depuis plusieurs années.

---

[37] Voir le §. « Quelle recherche ? » (*supra*) sur cette question de l'enjeu technologique lié à la R&D.

[38] Le biologiste Jacques Testart – père en France de l'AMP (l'assistance médicale à la procréation) – s'inquiète de ce qu'il n'y a, selon lui, quasiment plus de chercheurs dans le domaine, mais presque uniquement des ingénieurs. Cette inquiétude n'est pas la manifestation d'un réflexe corporatiste, mais le constat que les équipes de recherche en ce domaine (quel que soit leur statut d'origine) ne sont plus prioritairement employées à produire de nouvelles connaissances, mais à optimiser des produits, des instruments et des protocoles.

I. 4.

Professionnaliser ?

Les interventions, dans le séminaire episteme, de Clarisse Angelier (déléguée générale de l'ANRT) en 2012 et de Sophie Pellegrin (responsable du pôle formations innovantes et accompagnement ABG) en 2013 ont apporté un éclairage nourri de 30 ans d'enquêtes auprès des docteurs formés. Cl. Angelier (citant Le Monde du 18/11/2010) distinguait ainsi les rôles : les ingénieurs résolvent les problèmes – les docteurs posent des questions qui font avancer les problèmes... Pour l'ANRT, qui gère les doctorants en Cifre, l'atout d'une formation en thèse pour l'ingénieur est de permettre de passer de l'expertise à un questionnement entremêlant questionnement scientifique et enjeux professionnels[39] *: conduite de projet complexe, attitude réflexive, gestion de l'incertitude, intelligence des situations, ouverture internationale... Les docteurs passés par le dispositif Cifre entre 2000 et 2011 témoignent ainsi de ce que l'on attend d'eux : savoir travailler hors du champ d'expertise, de façon interdisciplinaire (88%) ; en équipe (88%) ; en réseau (75%) ; à l'international (66%) ; construire une vision pour l'entreprise ou l'institution (58%).*

Mais quelles compétences, quelles capacités, quels savoir-faire, quels savoir-être, une thèse apporte-t-elle ? On imagine qu'un doctorat apporte surtout des compétences très pointues et signe l'apparition d'un spécialiste... Mais, étonnamment, pour les doctorants en Cifre, il semblerait plutôt que les qualités les plus appréciées dans l'entreprise soient liées à leur capacité de gérer des sujets à l'interface, de travailler hors de leur champ d'expertise et en équipe. Autrement dit, la formation par et à la recherche s'inscrit dans un spectre élargi, allant de compétences scientifiques à des compétences que, faute de mieux, on qualifiera de professionnelles.

De son côté, pour ABG-intelli'agence, les qualités développées grâce au doctorat sont nombreuses : créativité, curiosité intellectuelle, vivacité d'esprit, débrouillardise, adresse manuelle, persévérance, motivation, engagement, capacité à gérer la pression. Quant aux compétences : mener une veille, poser des hypothèses, conduire un projet de recherche, modéliser,

---

[39] Le doctorant, dans le contexte d'une Cifre, se construit une posture de recherche s'articulant à une posture professionnelle liée aux demandes de l'entreprise dans laquelle il se situe.

concevoir et mener des expériences, identifier et mobiliser les compétences d'experts, rédiger des articles, présenter ses résultats en congrès / séminaire.

Comment tenter, ne serait-ce que cela, d'y voir clair entre cette visée de compétence, d'un côté, et celle, d'un autre côté, de capacités ou d'aptitudes ? Et, surtout, comment permettre à nos étudiants de s'y retrouver dans ces méandres ?

Compétences *vs* capacités ? Professionnelles *vs* scientifiques ?

La plupart des travaux de sciences sociales sur « l'apprenti-chercheur » témoignent du fait que c'est essentiellement le champ disciplinaire (scientifique) qui est privilégié dans la décision d'effectuer une thèse et par là, de s'engager en recherche. Un choix disciplinaire avec, en regard de celui-ci, la qualité du laboratoire d'accueil et la personnalité du (futur) directeur de thèse (ou de Master). Pourtant, parallèlement, certains travaux interrogent les « dispositions » des étudiants à faire de la recherche, cette fois sous l'angle professionnel. Ces travaux déploient ainsi des inventaires de compétences et de capacités développées *via* la formation par la recherche et attendues d'un jeune chercheur en activité.

Pour commencer, il importe néanmoins de distinguer entre compétences et capacités. Citons ici J.-M. Barbier : « *Les capacités sont des construits attribués à des sujets sociaux. Parler d'une capacité c'est qualifier un sujet en faisant l'hypothèse qu'il détient les caractéristiques ainsi conférées. Cette caractéristique explique que l'on passe sans cesse du registre de l'être au registre de l'avoir* ». Et, plus loin : « *Le terme compétence tend à se développer au contraire dans des contextes liant l'engagement des sujets dans des actions productrices de biens et services, ou d'utilités sociales, et construction des sujets dans ces mêmes actions* »[40]. Ainsi les compétences s'infèrent à partir des performances (espérées, voulues) et, de ce fait, de l'aval professionnel, tandis que les capacités, quant à elles, s'infèrent à partir du sujet : son potentiel. Cette distinction est d'autant plus cruciale à poser que l'idée de professionnalisation tend, indistinctement et souvent sans discernement, à privilégier les approches en termes de compétences.

Si l'on prend l'exemple de l'ABG (2017) et celui de l'étude menée en 2010 par le cabinet de conseil Deloitte pour l'APEC (Association pour l'emploi des cadres), force est ainsi de constater une certaine confusion entre ces deux visées malgré la distinction faite entre compétences et qualités « à

[40] J.-M. Barbier, « Savoirs, connaissances, capacités, compétences : une question sociale et politique ? » in *The Conversation France*, Février 2018.

développer » d'un côté et, de l'autre côté, entre compétences et aptitudes « attendues ».

Compétences à développer *via* la formation par la recherche (source, T. Lang, ABG, 2018)	Compétences attendues d'un jeune chercheur (source, étude APEC-Deloitte, 2010)
• Expertise scientifique et technique • Travail prospectif et pensée analytique • Gestion de l'incertitude et du changement • Gestion de projet • Interdisciplinarité et pluriculturalisme • Communication	*Compétences scientifiques* • Connaissances scientifiques • Capacité à formuler une problématique de recherche • Capacité d'analyse et maîtrise des outils informatiques à haut niveau de technicité *Compétences en gestion de projet et d'équipe* • Capacité à travailler en équipe • Compétences en communication • Compétences linguistiques • Culture d'entreprise et compétences en gestion • Capacité en compte la pertinence de la recherche et son impact sur l'environnement

Tableau 2 : Compétences pour la recherche.

Qualités à développer par la formation par la recherche (source, T. Lang, ABG, 2018)	Aptitudes personnelles, savoir-être attendus d'un jeune chercheur (source, étude APEC-Deloitte, 2010)
• Créativité • Curiosité intellectuelle • Vivacité d'esprit • Débrouillardise • Adresse manuelle • Persévérance • Motivation • Engagement • Capacité à gérer la pression	• Créativité • Ouverture d'esprit • Motivation / Implication • Adaptabilité

Tableau 3 : Capacités et autres aptitudes pour la recherche.

Au-delà de ces compétences et capacités, d'autres inventaires s'établissent pour l'activité de recherche elle-même. Ainsi, dans un premier temps, la formation à la recherche, au-delà d'une certaine préparation professionnelle, serait, selon l'ABG, une formation favorisant une préparation à :

- *de l'incertitude*

- *de la complexité*
- *de la concurrence internationale*
- *de nouveaux cadres de pensée*
- *de l'indépendance*
- *du dépassement des échecs*

Or, lorsqu'on examine en détail chacune de ces compétences et capacités précédentes, force est de remarquer que, hormis la compétence de formulation d'une problématique scientifique, les autres, pour la plupart sinon pour la majorité d'entre elles, ne sont pas vraiment spécifiques de l'activité de recherche. L'ingénieur, le vétérinaire, le médecin, le consultant peuvent tout aussi bien s'y retrouver.

Nous avons fait, en début de cette partie, la distinction entre compétences (inférées par les besoins du métier, en aval de la formation) et capacités (potentiel du sujet lui-même). En effet, plutôt que de se baser sur le potentiel, c'est bel et bien l'aval qui, de manière quelque peu rétroactive (dans un contexte de rétroaction évidemment négative), conduit, le plus souvent, à des référentiels de formation et génère leurs modalités, leur progression et leur organisation. Cette démarche, qui consiste à raisonner en termes de performances à atteindre pour définir à rebours les modalités permettant d'y arriver, fait écho au modèle de pensée que le philosophe et sinologue François Jullien qualifie d'occidental, en regard de la pensée chinoise : une fin étant définie, nous nous attacherions à déterminer les moyens à mettre en œuvre (et leurs séquences opérationnelles) pour y parvenir : un *plan d'action*. Ceci à la différence d'une pensée chinoise traditionnelle qui mettrait à profit, avant tout, le potentiel impliqué dans (et par) une situation donnée[41]. Or, savoir s'il vaut mieux orienter nos formations vers des capacités ou vers des compétences n'est pas une question purement théorique (ou rhétorique) : lors d'une conférence donnée devant des universitaires, l'historien et philosophe Yuval Noah Harari a montré comment l'ère du numérique, dont nous ne ressentons aujourd'hui que les premiers effets, allait accélérer la mutabilité des métiers : autrement dit, les métiers de demain n'existent pas encore aujourd'hui. Comment, alors, piloter par l'aval dès lors qu'on ignore ce que seront les métiers de demain ? À l'issue de cette conférence, il a été invité à répondre à la question suivante : « *Comment préparer nos étudiants si les métiers qu'ils exerceront n'existent pas encore ?* ». Sa réponse fut alors : « *il faut leur apprendre comment apprendre, la flexibilité mentale, l'intelligence émotionnelle par le moyen d'une formation tout au long de la vie* » (ou, plus exactement, en anglais, « *re-training and life-long education* »)[42].

[41] François Jullien, *Traité de l'efficacité*, Le Livre de Poche, 2002.

[42] La conférence « *The AI revolution* » (KU Leuven, 29/01/2020) portait sur la progression accélérée de la capacité de certains algorithmes de « pirater l'humain ». Des algorithmes

Préparer au(x) métier(s) de *chercheur* ?

Ce premier registre des compétences (liées à un aval professionnel) en fait questionner un second, plus réduit dans le spectre des finalités, à savoir le seul contexte concret (matériel) de cette insertion : le « métier ».
La mise en regard de la formation et du métier est un enjeu qui s'inscrit dans une histoire déjà ancienne des tensions affectant l'enseignement supérieur : les écoles d'ingénieur se sont créées dans un tel contexte distinguant enseignement supérieur « universitaire » et enseignement supérieur « professionnel ».
Dès le XVIe siècle, en France, l'État a progressivement confié la formation supérieure de ses cadres techniques et militaires (constituant les « grands corps de l'État ») à un système professionnel extra-universitaire, celui des « grandes écoles ». On vit ainsi ces écoles suivre la progression des techniques : marine marchande 1571, militaire 1679, industrie 1780, commerce 1819, agronomie 1824, chimie 1878, textile 1889, travaux publics 1891, électricité 1894, aéronautique et automobile 1925… Suivant cette évolution, le terme « professionnel » a progressivement renvoyé aux entreprises et au secteur privé, et le monde universitaire à l'académique et au secteur public.
Or cette distinction entre enseignement universitaire et enseignement professionnel a tendance à se dissoudre aujourd'hui tant semble prévaloir, dans l'un comme dans l'autre de ces systèmes, l'enjeu d'une « professionnalisation » de toutes les formations : permettre une insertion « professionnelle » satisfaisante des diplômés, tant de l'université que des écoles. Cet enjeu est d'ailleurs devenu une quasi-obsession depuis quelques années...

Ce même enjeu affecte tout particulièrement la recherche : d'un côté, produire des connaissances (désintéressées ou fondamentales), et/ou, d'un autre côté,

---

prédisant nos choix (ciblage non supervisé en e-commerce), manipulant nos désirs (addiction, *retargeting*), prenant des décisions à notre place (*trading* en finance) existent d'ores et déjà : on doit envisager la génération suivante, celle *des algorithmes qui nous connaîtront mieux que nous ne nous connaissons nous-mêmes*. Autre effet secondaire, notre difficulté croissante à conceptualiser le futur... Les remèdes à mettre en place passent sans doute par l'éducation : les ingénieurs qui apprennent et apprendront à concevoir ces algorithmes ne devraient-ils pas être formés en éthique et en politique ? N'oublions pas que les mêmes technologies peuvent aussi contrôler la corruption (?), bloquer les infox (*fake news*), décrypter les étiquettes des produits alimentaires… Une autre gamme de remèdes passe par la meilleure connaissance de soi : une façon de ne pas perdre, face aux algorithmes, la course à la connaissance de nous-mêmes. Mieux savoir où vont mes désirs, avant qu'ils ne soient identifiés par une machine qui ne demande qu'à orienter les contenus web pour encore mieux capter mon attention ; mieux ressentir mes alertes physiologiques pour que mon stress inconscient ne puisse lui donner un levier efficace… Bref connaître mes propres faiblesses avant qu'elles ne soient détectées et utilisées, comme promis, par des calculateurs hyper-informés nourris d'objets hyper-connectés en 5G, puis 6G, puis nG. L'avenir ?

produire des acquis susceptibles d'applications et d'évolutions dans l'industrie et les services et, au-delà, dans la société ?
Il s'est évidemment présenté lors de la création de notre filière « recherche », en 2003. Une discussion assez significative a ainsi émergé lors de la définition de son intitulé (et donc des finalités comme des contenus). L'acceptation d'une appellation « Recherche » a été assez longue à obtenir et s'est vue longtemps trouvée mise en défaut face à une appellation « Recherche et Développement » qui dans un contexte d'école d'ingénieur, aurait privilégié la dimension « développement » en regard d'une recherche dite « fondamentale ».
Et ceci bien que, pour l'OCDE, comme on l'a vu plus haut, le terme de R&D englobe recherche fondamentale, recherche appliquée et développement expérimental. Et ceci aussi, bien que les protagonistes de cette discussion fussent eux-mêmes, majoritairement, des enseignants-chercheurs. Enseignant-chercheurs en grande école certes, mais de statut universitaire. Certes, aussi, bien souvent, docteurs-ingénieurs de formation.
La vocation d'une école étant de former des ingénieurs, la recherche n'était sans doute pas envisagée comme un vrai débouché, R&D sonnant alors plus sérieux dans un tel contexte. Le débat fut instructif et, finalement, suffisamment convaincant puisque deux filières distinctes en sont nées : « Recherche », d'une part, et, d'autre part, « Conception de produits innovants »[43].

Mettre en situation professionnelle ?

Or, au moment où nous écrivions ces lignes, une nouvelle discussion était engagée, une fois de plus, autour de l'avenir de cette filière « Recherche ». Avec, notamment, la décision de donner une orientation « métier(s) » encore plus affirmée à l'ensemble des filières de dernière année de Centrale Lille... Cette fois, le débat sur l'existence d'une filière dédiée aux métiers de la recherche fut bref, probablement grâce au constat d'une demande régulière d'une telle filière par nos élèves. Cette orientation « recherche » fut donc rapidement agréée par la direction des études. Par contre, la demande initiale fut celle d'une formation copilotée entre un enseignant-chercheur (interne à l'école) et un représentant (externe) du « monde professionnel », en l'occurrence un ingénieur tourné vers le développement. Considérer qu'un universitaire est aussi un professionnel de la recherche n'est pas toujours chose naturelle... ! Au final, le projet fut construit par un groupe

[43] Il ne nous est pas possible, ici, de retracer les éléments de ce débat, et cela d'autant plus que de nombreux acteurs ont été impliqués, des enseignants-chercheurs aux décideurs de la direction et du conseil d'administration de l'établissement en passant par des conseils extérieurs, d'entreprises ou d'organismes de recherche.

d'enseignants-chercheurs (pluridisciplinaires), de professionnels (CEATech, comme partie d'un établissement public à caractère industriel et commercial) et d'associations spécifiques de l'accompagnement des jeunes chercheurs pendant et à la sortie de leur doctorat (ABG, ANRT). Son pilotage est assuré par des (enseignants-) chercheurs.

Aujourd'hui, la filière ne s'intitule donc plus « Recherche » mais « Chercheur », ce glissement sémantique allant dans le sens d'un plus grand affichage de la professionnalisation. Il s'articule à une volonté de renforcement de la part d'apprentissage « *par le faire* », certains considérant en effet qu'une préparation au « métier » de chercheur peut se structurer autour des deux seules polarités que sont une série d'enseignements avancés dans le secteur disciplinaire choisi par l'étudiant et une mise en situation d'assez longue durée dans un projet de recherche au sein d'un laboratoire[44]. Un schéma proche de celui de la deuxième année de Master.

Cependant, la part réflexive de l'étudiant s'interrogeant sur son avenir professionnel ne peut, selon nous, se limiter à l'acquisition de connaissances scientifiques avancées et à une autoformation au cours de laquelle sa réflexivité serait, au mieux, intériorisée. Outre que cette intériorisation serait liée au vécu d'une expérience disciplinaire unique, elle n'impliquerait pas, sauf tutorat approprié[45], une réflexivité sur la diversité des pratiques de recherche (*via*, par exemple, des échanges avec d'autres étudiants ayant vécu une autre expérience) ni une interrogation sur la posture du chercheur et la diversité des « métiers » liés à la recherche.

C'est pourquoi les membres du groupe de travail ont reconnu que la modalité du séminaire *episteme* restait nécessaire. De plus, le séminaire permet de continuer d'attirer un public étudiant qui, intéressé par l'idée de recherche dans ses représentations les plus ouvertes (allant, comme on a pu l'évoquer

---

[44] Cette conjonction nous renvoie à la dualité existante entre enseignement (qui se décline au travers de programmes et de contenus disciplinaires) et apprentissage (qui se décline via l'interaction d'un être et du milieu dans lequel il vit). L'hypothèse étant alors que l'enseignement permettrait, en quelque sorte, de « canaliser » l'apprentissage vers des formes de raisonnement, d'aptitudes et d'action jugées scientifiquement et socialement légitimes : « *l'enseignement, c'est l'ensemble des interventions qui se proposent d'agir sur un apprentissage, soit pour empêcher qu'apparaissent certains comportements ou pour les faire disparaître, soit pour tenter d'orienter l'apprentissage vers un modèle défini de comportements, soit pour laisser l'apprentissage se développer de la manière la plus favorable en lui apportant une aide mais sans viser de normes* » (J. Foucambert, in Revue *Communication et langages*, n°32, 1976, pp. 7-17). Cette dualité nous renvoie parallèlement à l'hypothèse d'une meilleure articulation entre déduction (de la théorie à la pratique) et induction (partir de la pratique et de l'observation pour aller vers la conceptualisation) dont, par exemple, les « FabLabs » se veulent être un écho dans l'enseignement supérieur.

[45] De plus, un tel tutorat serait difficile à mettre en place et, par ailleurs, risquerait d'entrer en compétition avec le tutorat scientifique du stage en laboratoire.

précédemment, de la recherche scientifique à la recherche de *choses qui n'existent pas encore*), ne se limite pas à ceux qui sont d'emblée motivés par le seul métier de chercheur[46].

La « nouvelle » filière Chercheur est alors, aujourd'hui, présentée aux étudiants de seconde année de l'établissement en deux points.

Tout d'abord, au travers d'une citation de F. Jacob (qui sera reprise plusieurs fois au long de cet ouvrage) :

« *Contrairement à ce que j'avais pu croire, la démarche scientifique ne constituait pas simplement à observer, à accumuler des données expérimentales et à en tirer une théorie. Elle commençait par l'invention d'un monde possible, ou d'un fragment de monde possible, pour le confronter, par l'expérimentation, au monde extérieur. Et c'était ce dialogue sans fin entre l'imagination et l'expérience qui permettait de se former une représentation toujours plus fine de ce qu'on appelle "la réalité"* ».

François Jacob (prix Nobel de médecine 1965), in *La statue intérieure*, Éd. Odile Jacob 1987, (pp. 250-251).

Ce qui est en jeu, dans cette citation, nous paraît correspondre aux trois niveaux de pratiques que nous avons pu évoquer précédemment : le champ de recherche lui-même (le champ disciplinaire), l'espace d'expérience, et l'horizon d'attente.

La seconde partie de la présentation s'appuie sur un schéma (repris ci-dessous) présentant la filière au travers de la conjonction des trois modes de formation que sont l'approfondissement disciplinaire, l'immersion effective dans une équipe de recherche et un séminaire d'accompagnement (en l'occurrence le séminaire *episteme*), ce triptyque étant censé permettre de mieux appréhender la complexité des pratiques et postures de la recherche (sinon des métiers) au travers d'éclairages complémentaires.

Ces trois axes ont chacun leurs finalités de formation et leurs pédagogies.

L'approfondissement disciplinaire est rendu possible par l'inscription des étudiants dans une formation de Master 2 du domaine scientifique de leur choix avec la visée d'appréhender ces domaines dans une perspective d'approfondissement mais également sous l'angle d'un corpus scientifique en train de s'élaborer : comprendre comment une discipline évolue et se construit.

L'immersion en laboratoire a pour visée de permettre aux étudiants d'avoir une expérience personnelle de recherche, menée avec l'accompagnement d'un

---

[46] Il y a ici un risque de voir une filière affichant un objectif résolument « métier » dissuader ceux des étudiants qui, tout en envisageant l'idée de la recherche, ne se reconnaîtraient pas d'emblée attirés par « un » métier de chercheur… C'est aussi pourquoi nous avons proposé que l'intitulé de la filière ne se dénomme plus « Chercheur » à l'avenir mais « Chercheur ? ».

chercheur-tuteur. Le travail scientifique relève de la discipline choisie et inclut une partie bibliographique (lecture et analyse, recherche de références, positionnement, etc.), une partie de construction (idées alternatives, expérimentation, production, etc.) et un travail d'observation et de réflexion personnelle sur les pratiques de recherche dans le contexte du laboratoire et de l'équipe dans lesquels l'étudiant s'insère.

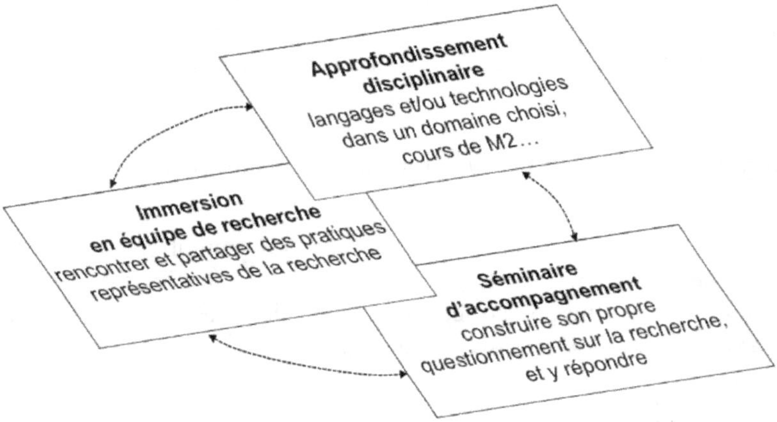

Fig. 1 : Schéma de la pédagogie mise en œuvre dans la filière-métier Chercheur de Centrale Lille depuis 2019.

Ces deux premiers axes ont ainsi pour visée de confronter les étudiants à *la science en train de se faire* au sein d'un domaine scientifique donné, domaine qui est choisi par les étudiants.

La question reste néanmoins celle d'une capacité de s'adosser à ces approfondissements et à cette expérience personnelle pour aller vers une réflexivité qui aille au-delà d'une simple observation intériorisée. Ainsi, par exemple, du dilemme « immersion-distanciation » rencontré dans la pratique de l'observation participante en sciences sociales. Comme cela sera plus longuement développé plus loin (*infra*, II.4, « *Vous avez dit modèle ?* »), il ne suffit pas de « percevoir » (ni de pratiquer) pour comprendre et se fabriquer une représentation explicite : la perception (par les cinq sens mais aussi par l'intelligence) et la pratique effective (dans son espace d'expérience autant que dans son horizon d'attente) nécessitent d'être interprétées et contextualisées, puis même réinterprétées et recontextualisées[47].

---

[47] D'une certaine manière, cette approche d'une connaissance via l'immersion rejoindrait, sous réserve d'un tutorat approprié, les objectifs (sinon les problématiques) de « l'observation participante » en sciences sociales : « *l'observateur participant, tout en prenant part à la vie collective de ceux qu'il observe, s'occupe essentiellement de regarder, d'écouter et de converser avec les gens, de collecter et de réunir des informations* » (Lapassade, 2001, p. 9). On retrouve ce même dilemme « immersion-distanciation » dans le contexte des thèses en

C'est ici le sens du séminaire d'accompagnement, troisième axe de la filière, qui reprend les orientations et les démarches du séminaire *episteme*, tel que nous en rendons compte dans cet ouvrage.

Il faut alors, pour conclure ce paragraphe, envisager une nouvelle question : faut-il « former » nos étudiants à ce qui peut être considéré comme des métiers de la recherche (le plus souvent pris au singulier selon tel ou tel interlocuteur, chercheur lui-même, expert, responsable, consultant...) ou bien faut-il construire des dispositifs permettant de « préparer » à une diversité de pratiques sinon à une diversité de postures de recherche(s) ?

Former *vs* Préparer à des métiers qui n'existent pas encore

À ces évolutions, il convient d'ajouter les mutations qui affectent simultanément la science et les pratiques de recherche. En effet, la notion de « discipline » constitue une structuration forte des métiers de la recherche et pèse probablement plus essentiellement encore sur les structures de l'enseignement supérieur scientifique. Or, cette structuration disciplinaire est en pleine mutation : ce qui se passe aux frontières devient un enjeu majeur et, par ailleurs, la « révolution numérique » engage les chercheurs vers des coopérations interdisciplinaires inédites.
Ainsi, par exemple, dans le domaine de la science des matériaux, la filière disciplinaire a d'abord, historiquement, considérablement évolué en associant progressivement chimistes et physiciens puis, aujourd'hui, en y associant des biologistes avec, notamment, l'introduction de composants végétaux, tandis que l'électronique, les nanotechnologies, la révolution numérique et l'intelligence artificielle ouvrent de nouveaux contours pour la science des matériaux autour de multiples « applications », dans des domaines comme, par exemple, la médecine, le textile, la robotique souple ou la construction.
Ce double phénomène est encore plus frappant (et plus rapide) dans les domaines des sciences du vivant. Ainsi, il y a encore quinze ans l'endocrinologie constituait une discipline propre. Puis on s'avise que le cerveau sécrète des hormones, et qu'il est lui-même affecté par l'effet de nombreuses hormones. Apparaît la neuroendocrinologie. Plus récemment, on découvre comment les signaux émis et reçus par le cerveau gèrent un « soi » à la fois physiologique et psychologique, qui affecte ou commande le système nerveux, le système endocrinien et le système immunitaire. C'est la création de la psycho-neuro-immuno-endocrinologie.
Les avancées se font ici aux frontières et leur soubassement, qui est celui de la recherche sur la signalisation cellulaire, s'accompagne de la création de

---

Cifre : s'immerger dans les enjeux d'innovation et de développement de l'entreprise tout en se fabriquant une distance « scientifique ».

plates-formes d'imagerie et de génomique et de l'apparition de nombreux autres outils numériques qui imposent des coopérations entre différents spécialistes et imposent également à chaque spécialiste d'être initié et formé au-delà de son seul domaine de référence.

Il semble ainsi que les métiers de la recherche sont passés, pour une part significative, d'une organisation quasi « paroissiale » (tout se passait au plus près du chœur des laboratoires, à proximité immédiate du haut clergé, seuls les fidèles – les disciples zélés – jouant un rôle dans la production du savoir et de la doctrine), à une logique qu'on pourrait qualifier de « transfrontalière » sinon de « militaire » : l'essentiel se passe désormais aux frontières, aux marges et lisières. Les chercheurs sont passés du rôle de gardes-frontières (qui protégeraient jalousement l'autonomie des frontières disciplinaires) à celui de frontaliers – un pied dedans, un pied dehors – qui partagent, troquent et se volent langages, coutumes, monnaies.
Face à la logique disciplinaire, on peut craindre que, en termes de métiers, cela ne conduise à une balkanisation encore plus redoutable : des zones que l'on se dispute en permanence.
Par contre, celui qui invente est très fréquemment, tel l'enfant prodigue, celui qui a osé se séparer, s'écarter et revient porteur d'une altérité féconde ; celui qui permet de sceller de nouvelles alliances. Sans pour autant jamais perdre de vue d'où il vient. La porosité, l'hybridité lui deviennent vertus essentielles face aux défenses disciplinaires du spécialiste qui les envisage comme autant de braconnages, sinon de razzia.
Qu'est-ce, d'ailleurs, qu'un *spécialiste* de psycho-neuro-immuno-endocrinologie ? Cette question se pose d'autant plus qu'il lui faut aussi être pas mal familier avec l'informatique, la modélisation mathématique, les probabilités, etc.
Pour autant, ces constats de l'instabilité nécessaire des cadres disciplinaires de la recherche ne devraient-ils pas infléchir nos organisations, tant pour les cadres et contenus de nos laboratoires, que pour la structuration de nos filières d'enseignements (voire de nos critères de recrutement) ? Nous n'avons plus seulement à former des « spécialistes » ni même des « généralistes », mais des *omnipraticiens* à l'adaptation rapide : on se souvient de la question posée à Y.N. Harari : « *Comment préparer nos étudiants si les métiers qu'ils exerceront n'existent pas encore ?* ». Ainsi, plutôt que de parler d'interdisciplinarité, ne devrait-on pas promouvoir l'*indisciplinarité* ? Nous reviendrons sur ce sujet, au cours de cet ouvrage, notamment à propos des mathématiques (*infra* II.2).

Comment ces questions se posent-elles dans les écoles d'ingénieurs et dans l'enseignement supérieur classique ? Comment préparer à une maîtrise disciplinaire avancée tout en permettant de telles mobilités intellectuelles et scientifiques ainsi que l'acquisition de nouvelles et pluri-compétences ?

Comment gérer la tension entre cette idée d'*omnipraticien* et le découpage disciplinaire qui est un pivot important de l'enseignement supérieur jusque dans le recrutement de ses enseignants-chercheurs ?

Les orientations « métier » se heurtent elles-mêmes à de nombreuses ambiguïtés selon le sens et l'importance donnés au terme de métier par les différentes parties prenantes des dispositifs de formation : enseignants, entreprises, pouvoirs publics, syndicats, etc.[48], selon leurs poids respectifs dans les processus de décision autant que de leurs ambiguïtés en matière de finalités (et d'horizon d'attente), elles-mêmes plus ou moins explicites.
Alors qu'avec l'expression R&D se déclinait une variété de pratiques de recherche, avec le terme de métier (de chercheur), ne se trouve-t-on pas confronté à une variété de statuts, de qualifications, voire de certifications ? Chercheur type CNRS, enseignant-chercheur, chercheur dans l'industrie, ingénieur de recherche, etc. Et selon les secteurs d'activité, selon la nature et la taille des entreprises, des organisations et des institutions, ces dénominations se déclinent de façons différentes. De même, avec les possibilités professionnalisantes des thèses de type Cifre, ne se trouve-t-on pas dans l'ambiguïté d'une quête de contrat industriel pour le laboratoire simultanée (et parfois concurrente) de la formation par la recherche voulue pour l'étudiant ?
Comme on a déjà pu le mentionner plus haut, il y a encore peu, lors d'une table ronde commune, le directeur de la recherche d'un grand constructeur automobile regrettait de ne pas avoir assez de chercheurs alors, qu'à l'inverse, le directeur de la recherche d'un grand groupe pharmaceutique regrettait, lui, de ne pas avoir assez d'ingénieurs. Mais, derrière ces regrets, s'agissait-il, pour l'un, de regretter de ne pas avoir des chercheurs « estampillés », à temps plein et, pour l'autre, de ne pas avoir assez d'ingénieurs de recherche permettant essentiellement du développement ?

Ainsi, face à notre public d'élèves-ingénieurs, au-delà de l'enjeu relatif à la nature de l'activité de recherche (recherche *vs* R&D), se pose la question, plus générale, d'une préparation à l'exercice d'un métier, en l'occurrence celui de chercheur. Jusqu'où un enseignement (un enseignement supérieur) peut-il se professionnaliser sans y perdre en ouverture, sans devenir un apprentissage à tel ou tel métier prédéfini ? Comment *préparer* à exercer un métier dans ses diversités d'occurrence et permettre des trajectoires individualisées et non pas *former* à tel ou tel métier dans ce qui serait alors une spécificité d'exercice ? Nous connaissons tous des cas d'étudiants ayant bifurqué vers des domaines improbables : volcanologue, prêtre, compositeur d'opéra, animateur d'ONG,

[48] Sur ce sujet on peut, par exemple, se référer à l'article de F. Maillard, « La professionnalisation des diplômes : des définitions plurielles, une reconnaissance inégale », in Actes du colloque *Ce que l'école fait aux individus*, CENS & CREN, Nantes, Octobre 2008.

etc. Même si ceux-là sont des cas particuliers, d'autres déclinent leur formation scientifique sur des thématiques non prévues : de l'énergie fossile vers le développement durable, du management hiérarchique vers la participation, de l'ingénierie vers la recherche… Ceci suppose une certaine dissociation entre l'approche de formation globalement professionnalisante vers des métiers canoniques et l'adaptabilité de cette même formation en regard de projets individuels pouvant « sortir du moule »[49].
Il nous faut d'autant plus insister, ici, sur cette distinction « préparer *vs* former » que nous nous adressons à des étudiants en situation de propédeutique vis-à-vis de l'activité de recherche et non en situation de formation au métier de chercheur *via*, par exemple, les années de thèse.

[49] Et ceci nous paraît d'autant plus important, aujourd'hui, que nombre d'étudiants sont sensibles à la part du secteur associatif dans l'économie qui, rappelons-le, concerne autour de 10% des emplois privés.

I. 5.

Accompagner l'entrée en recherche

Dans la plupart des formations préparatoires à la recherche, le modèle obligé est celui consistant à plonger l'étudiant dans un laboratoire pour lui permettre d'acquérir des sortes de savoirs expérientiels liés à la recherche : un stage.
Notre choix, lors de la création de la filière « recherche » en 2003, fut celui d'articuler des enseignements avancés (2e année de Master) à un séminaire d'accompagnement à l'entrée en recherche, plutôt qu'à une formation expérientielle. À cette époque, maintenir ces deux options n'était pas possible au vu de limites de temps accordées à cette formation et une priorisation s'était avérée nécessaire[50]*.*
Pour quoi notre choix de privilégier le séminaire avant l'expérientiel ?
Le premier argument tient à la situation de nos étudiants : notre objet était d'aider les étudiants à prendre une décision d'orientation, non de les y engager a priori.
Le second argument, qui procède du précédent, tient à la nécessaire distinction entre formation et préparation. La formation conduit, inéluctablement, à une certaine irréversibilité : elle est dirigée vers quelque chose de prédéfini. Une préparation, elle, ouvre tout aussi nécessairement à une capacité réflexive pouvant induire de la réversibilité : des passerelles, des ouvertures, des changements d'orientation parties prenantes dans le temps du cursus.

Tutorat, préceptorat, accompagnement ?

Nous avons évoqué en avant-propos le fait que, dans les établissements d'enseignement supérieur à vocation professionnelle (écoles d'ingénieur, écoles d'architecture, conservatoires, écoles d'art, de commerce ou de management, etc.), la formation liée à la recherche est souvent difficile à mettre en œuvre, quand elle n'est pas négligée. Outre l'articulation étroite

[50] C'est ce qui a été possible à partir de 2019, comme on l'a indiqué plus haut, avec la nouvelle filière « chercheur » et non plus « recherche », qui intègre aujourd'hui des aspects expérientiels (« immersion »), moyennant un temps de filière plus long.

avec des laboratoires de recherche et le temps spécifique de formation qu'elle suppose, les débouchés liés à la recherche ne sont en effet pas toujours considérés comme primordiaux. On peut cependant identifier trois tendances distinctes selon les établissements.

La première se satisfait de l'existence de laboratoires associés et d'enseignants-chercheurs dans son corps enseignant sans pour autant intégrer de formation *à* ou *par* la recherche dans ses cursus au-delà de la transmission, dans l'enseignement, de connaissances issues de la recherche. Tout en étant considérée comme gage de qualité pour l'établissement, la recherche n'y est pas considérée comme un vecteur de formation ni comme un débouché spécialement important. On conçoit aisément que certaines écoles de management se donnent comme objectif principal de former des « managers », que les écoles d'architecture se donnent pour vocation première de former des architectes ou qu'un conservatoire supérieur de musique vise avant tout à former des instrumentistes ou des compositeurs. Certaines écoles d'ingénieur se positionnent aussi dans ce contexte : former des ingénieurs[51] ! Le monde économique est alors l'orientation principale. Si l'on peut parler d'un « environnement recherche », la formation *à* et *par* la recherche est, au mieux, reportée au niveau doctoral.

La seconde tendance introduit dans les cursus des dispositifs permettant plus explicitement aux étudiants de se « frotter » à la recherche et d'éventuellement valoriser leur apprentissage dans ce sens. Ces dispositifs sont généralement des projets en laboratoire, des opportunités de stages ou l'articulation de la dernière année d'études à des « Master 2 (M2) » universitaires. Il ne s'agit pas ici, à proprement parler, d'une formation *par* la recherche mais d'une « synergie recherche-formation » comme l'intitule un récent dossier de la Conférence des directeurs des écoles françaises d'ingénieur (CDEFI)[52]. Ces dispositifs sont généralement dépendants de la capacité des laboratoires à les organiser et, bien évidemment, tous les secteurs de la science présents dans l'établissement ne sont pas nécessairement concernés. Par leur courte durée, le plus souvent inférieure à un semestre, ils ne permettent pas vraiment un cursus de formation étroitement imbriqué avec la recherche. Les débouchés visés sont néanmoins ouverts à la recherche mais au même titre que les métiers de la production, du management, du conseil, de l'innovation, etc. La priorité donnée à la recherche sera donc variable selon, en particulier, l'intérêt des

[51] Une réflexion plus approfondie sur la notion d'ingénieur s'imposerait ici mais déborderait largement du contexte du présent ouvrage.

[52] CDEFI, « La synergie Formation-Recherche en école d'ingénieurs », in *Perspectives ingénieur*, n°1, juin 2019. Ce dossier recense dans son annexe différents dispositifs mis en place par divers établissements offrant de telles possibilités.

étudiants. Là encore, la formation *à* et *par* la recherche est, au mieux, reportée au niveau M2 ou au niveau doctoral.
Ces dispositifs et le tutorat associé se heurtent, par ailleurs, au risque d'une certaine confusion entre recherche et innovation. Le *geste* de recherche, tel que nous avons pu l'envisager jusqu'à présent, ne peut en effet se réduire à la seule résolution de problèmes, aussi complexes ou sophistiqués soient-ils, et ne consiste pas seulement « *à partir d'un verrou technologique, à remonter à la recherche fondamentale, puis à redescendre vers une solution technologique* », comme en parle le document de la CDEFI précédemment cité[53]. Dans ces situations, les stages ou les projets dits « recherche » risquent de n'être qu'une instrumentalisation de connaissances issues de la recherche (des « super travaux pratiques (TP) » ?) sans permettre aux étudiants d'accéder à la conscience d'une posture de chercheur, distincte de celle de l'ingénieur.

La troisième tendance correspond à la mise en place de réels cursus de formation *par* la recherche. Dans ces établissements, certes peu nombreux, la part principale de formation se situe au sein des laboratoires et dans la mise en œuvre associée de projets de recherche d'une durée substantielle, dès le début du cursus, épaulés par un tutorat individuel renforcé[54]. Outre que cette approche soutient que la formation *par* la recherche est le gage de la qualité d'avenir, elle vise plus explicitement des débouchés de chercheurs académiques (dans l'université ou dans les centres de recherche du secteur public) ou de ce que P.-G. de Gennes a pu appeler des « chercheurs industriels », à savoir des chercheurs dans des entreprises à forte valeur ajoutée via la recherche[55]. Ce sont généralement des entreprises (petites, moyennes ou grandes) pour lesquelles la R&D est essentielle ou des *start-up* prometteuses (existantes ou à créer).

Faut-il alors, dans ce contexte, parler de tutorat comme dans toute synergie formation–recherche ou, comme a pu le nommer l'école de physique et chimie industrielle de Paris (ESPCI Paris), d'un « préceptorat » ? Le tutorat, généralement, s'articule autour de trois orientations : un tutorat scientifique lié au travail de recherche en cours, un tutorat méthodologique transmettant des pratiques de rigueur scientifique et le respect de protocoles du laboratoire et un tutorat humain lié au vécu individuel de l'étudiant dans et

---

[53] CDEFI, *op.cit.*, pp. 6-7.

[54] La durée de tels cursus peut couvrir le cycle complet des trois années d'études ou une partie de ce cycle, généralement d'une durée de 18 mois. Cette organisation peut concerner une promotion entière ou s'ouvrir à un contingent d'étudiants au sein d'une même promotion. Dans ces contextes, la proportion d'étudiants continuant leur formation par une thèse est alors très supérieure à la moyenne française des écoles d'ingénieur (parfois plus de 50% d'une promotion).

[55] P.-G. de Gennes et J. Badoz, *Les objets fragiles*, Plon, Paris, 1994 (pp. 150-152).

autour de son travail. Ce tutorat qui, effectivement, accompagne les étudiants dans leur travail et leur progression, reste néanmoins, dans tous les cas, focalisé sur un sujet ciblé et sur le respect des démarches propres au laboratoire. Sa visée est performative et, comme nous le rappelait J. Foucambert à propos de l'enseignement magistral, il vise à « *orienter l'apprentissage vers un modèle défini de comportements* » vis-à-vis de la science.

En outre, il convient d'évoquer le rapport au temps, à l'optimisation sinon à l'urgence dans lequel les étudiants s'inscrivent depuis les classes préparatoires (trouver une solution rapidement, gérer son temps, optimiser, etc.). Or le temps de la recherche est d'une autre nature. La durée d'une formation *par* la recherche doit ainsi prendre en compte cette temporalité différente et parallèlement, dès lors qu'il prend de l'ampleur temporelle, le tutorat peut s'élargir jusqu'à devenir un « préceptorat ». Deux exemples peuvent faire sentir l'importance de la nuance. Le premier témoigne de l'incitation à une réflexion sur la scientificité elle-même par la mise en place d'exercices d'analyse critique de publications scientifiques au cours de la formation. L'objectif est d'amener l'étudiant à prendre du recul par rapport à ces publications et de s'interroger sur leur scientificité[56]. Le second exemple porte sur le rapport de l'étudiant envers des protocoles ou méthodologies établis en l'amenant à imaginer et à définir par lui-même un protocole expérimental pertinent pour son objet de recherche ou, autrement dit, à définir un terrain de recherche pertinent pour sa problématique[57]. Dans ces deux exemples, il s'agit d'amener l'étudiant à construire un questionnement (critique ou expérimental en l'occurrence) et non plus à chercher à trouver des réponses. Tout en maintenant les parts de suivi du vécu et du scientifique propres au tutorat, ils illustrent l'extension de la notion de tutorat vers celle de « préceptorat ». Ils témoignent de situations permettant à l'étudiant d'accéder à une prise de conscience de ce qu'est une posture de recherche.

Mais cette prise de conscience est-elle de l'ordre du seul vécu (un ressenti susceptible d'être reproduit) ou de l'ordre du réflexif (susceptible d'être explicitement énoncée, questionnée) ? C'est là, pour nous, l'un des enjeux importants de l'accompagnement[58].

---

[56] Au-delà de cette idée « d'analyse critique » d'un texte, article ou autre, nous distinguerons plus précisément, plus loin (*infra*, II.1.) la « lecture du chercheur » de celle de l'étudiant.

[57] Exemples repris de l'article de Sophie Blitman « Écoles d'ingénieurs : comment elles vous forment (aussi) à la recherche », in Journal *L'Étudiant,* 30 avril 2013.

[58] Nous avons dit plus haut qu'il ne suffisait pas de pratiquer pour comprendre et se fabriquer une représentation explicite de cette pratique. Dans le domaine des sciences de l'éducation, et à la lumière des travaux de J. Piaget, d'E. Morin et de D. Schön, Catherine Guillaumin est allée jusqu'à envisager « *la réflexivité comme compétence* » permettant ainsi, selon elle, de « *sortir du paradigme des sciences appliquées pour penser l'accompagnement en formation et s'engager dans une ingénierie complexe* » (Guillaumin, 2009).

Remarquons aussi que, dans ces situations, l'étudiant est généralement confronté à la seule pratique du laboratoire dans lequel il s'inscrit ou, au mieux, dans des champs scientifiques connexes. Il n'est pas vraiment confronté à d'autres pratiques de recherche liées à d'autres champs scientifiques et, de ce fait, sa conscience du travail de recherche repose sur une expérience unique.

Or, ce qui se différencie sensiblement dans notre vision de l'accompagnement, et qui a contribué à fonder le séminaire *episteme*, a procédé de ces ressentis.

En premier lieu, pour nous et à la différence des enjeux du tutorat ou du préceptorat, l'objet de l'accompagnement est moins le *sujet* ou l'*objet* (scientifique) de recherche que l'*activité* de recherche, même si nos étudiants sont effectivement mis en situation d'engager une pratique (sinon un travail) de recherche tel qu'on le décrira plus loin (cf. *infra*, IIIe partie).

En second lieu, il réunit des étudiants relevant de domaines scientifiques variés (génie civil, sciences de l'information, génie chimique, mathématiques, génie électrique, etc.[59]) permettant, par la confrontation de leurs réflexions sur la particularité de la recherche dans chacun de ces domaines, une approche nécessairement plus réflexive et ouverte.

Enfin, en troisième lieu, il réunit, comme on l'a dit dans notre avant-propos, quatre enseignants-chercheurs issus, chacun, d'une trajectoire de recherche différente, tant par le champ disciplinaire que par la « culture épistémique » [60].

Parce qu'il est ainsi à plusieurs voix, cet accompagnement s'est alors volontairement (sinon nécessairement) centré sur les manières – de fait variées et suscitant discussions et, parfois, controverses – de s'emparer d'une question, de problématiser, de cheminer dans la fabrique d'un travail de recherche et non sur l'apport et les retentissements de telle ou telle connaissance scientifique produite ou identifiée. Cette conjonction est ici un élément clé pour la richesse d'un accompagnement permettant à la réflexivité de quitter, comme le dit E. Morin, « [...] *la prévalence disciplinaire, séparatrice,* [qui] *nous fait perdre l'aptitude à relier, l'aptitude à contextualiser, c'est-à-dire à situer une information ou un savoir dans son contexte* [...] » (E. Morin, 1997).

Ainsi, même si cet accompagnement s'est inscrit à un moment où une étudiante, un étudiant, achève ses études supérieures en envisageant de s'engager sur le terrain de la recherche et non pas en début ou en cours de cursus, on peut suggérer qu'un tel séminaire puisse aussi concerner des étudiants suivant des parcours intégrés de formation *par* la recherche et peut-être, qui plus est, au-delà des seuls domaines des sciences de l'ingénieur.

---

[59] Rappelons que nous nous situons dans une école d'ingénieur. La tableau 7 présentant les champs de recherche des chercheurs interviewés par nos étudiants au long des années du séminaire (*infra* III.2) témoigne, néanmoins, d'une certaine variété débordant le strict domaine des sciences de l'ingénieur.

[60] Nous reviendrons plus loin (*infra* II.3 et III.2) sur l'importance de cette notion que nous empruntons à la sociologue américaine K. Knorr Cetina (1999 et 2015).

La forme séminaire

Dans l'enseignement supérieur, le séminaire est une forme d'enseignement qui cherche à rendre l'étudiant actif dans un contexte de découverte plus ou moins guidé au sein d'un groupe centré sur une thématique de recherche, réuni autour d'un ou de plusieurs enseignants.
Ce contexte prend, généralement, la forme d'une sorte de dialogue (ou maïeutique) socratique entre le ou les enseignants et le groupe d'étudiants concerné : non plus un processus de transmission de savoirs par l'enseignant mais « *un processus de formation au sein duquel autrui est appelé à assumer et à légitimer sa propre pensée, ses convictions et ses orientations de vie à l'aide de sa raison* »[61].
Dans un tel séminaire, chaque étudiant s'est donné une tâche (généralement un travail de recherche) et, au fur et à mesure du déroulé des séances, est mis en situation d'énoncer aussi explicitement que possible à l'ensemble du groupe – enseignants compris –, les questions, démarches et autres méthodologies qu'il se pose et/ou qu'il retient (ou évacue) dans l'avancement de son travail. Dans ce contexte collectif et de libres échanges, chaque étudiant peut alors profiter des apports comme des contradictions, insuffisances sinon erreurs des uns et des autres.
Fréquente dans les domaines des sciences humaines et sociales, cette forme séminaire l'est moins dans les sciences physiques pour l'ingénieur et les écoles correspondantes. Lorsqu'il y est question de séminaire, le plus souvent cette appellation renvoie à des séances articulant exposé d'un conférencier puis discussion entre le conférencier et les participants.

Cette situation (ce dispositif) n'est pas non plus de l'ordre de l'accompagnement particulier entre un étudiant et un contexte de recherche constitué d'un « patron » (directeur de thèse, directeur de recherche, etc.), d'un « sujet de recherche » (pris dans un champ plus large et déjà plus ou moins balisé) et d'un cadre d'activité (laboratoire, équipe de recherche, commanditaire, etc.).

Notre accompagnement veut susciter l'émergence d'un questionnement permettant une réflexivité vis-à-vis de l'activité de recherche avant même toute pratique dans un champ scientifique donné : permettre à chaque étudiant de formuler personnellement ses questionnements sur la recherche et ses métiers, sur la thèse, etc.
Dans la mesure où ce séminaire *episteme* a pour objectif d'aider chaque étudiant à (se) construire une réflexion lui permettant de commencer à se

---

[61] Tardif M., « Socrate éducateur », in Gauthier C. et Tardif M. (dir.), *La pédagogie. Théories et pratiques de l'Antiquité à nos jours*, Québec, 1996, Ed. Gauthier Clermont, Paris, 2005.

représenter la recherche dans sa diversité et dans sa complexité, la forme retenue est celle du dialogue socratique.
Il s'agit alors d'amener progressivement les étudiants à se construire une problématique faisant des liens entre différents aspects relatifs aux pratiques de recherche et d'en approfondir certaines qui les intéresseraient (ou les concerneraient) plus personnellement. Chaque année, régulièrement, nous leur demandons de vérifier que le sujet de questionnement auquel chacun va consacrer du temps de travail soit quelque chose qui leur « tient à cœur ». Cette expression renvoie à leur questionnement personnel, à une réelle appropriation du sujet.
Comment, en effet, pour un étudiant envisageant une entrée en recherche (sans nécessairement l'avoir décidé), s'y retrouver et se fabriquer des repères et tisser des liens face à (et entre), notamment, des enjeux variés, relatifs aux milieux (recherche en milieu industriel *vs* académique, par exemple), à des statuts (ingénieur de recherche *vs* chercheur), à des compétences (plus ou moins explicites), à des contextes (relationnels, financiers, sociaux, etc.), à des savoirs (ou des connaissances), à des savoir-faire, à des capacités (penser, questionner, modéliser, problématiser, poser des hypothèses, etc.), sans parler de questions relatives aux « savoir-être » (rapport à la vie émotionnelle et familiale pour le chercheur, débrouillardise, curiosité, persévérance, etc.) ?

La forme retenue n'implique pas d'évacuer la dimension « professionnelle » de la recherche : cette aspiration (l'insertion socio-économique) reste, pour une part, largement au cœur des préoccupations des étudiants. Par contre, même dans la mesure où ils ne sont pas en situation de recherche, il s'agit néanmoins de les y confronter : le séminaire, dans la construction progressive d'un questionnement, les met, sinon dans une situation de recherche, du moins dans une posture de recherche leur permettant d'en appréhender la diversité de ses enjeux, tant « professionnels » qu'intellectuels.
Certains étudiants vont donc, au cours du séminaire, s'intéresser aux compétences, aux capacités, aux aptitudes pour la recherche, alors que d'autres vont privilégier les enjeux de qualification (aux modalités d'accès au monde de la recherche), alors que d'autres, encore, vont se centrer sur les savoir-être d'un chercheur. Ainsi, ne ciblant pas de thématique particulière à choisir pour les étudiants, celles-ci vont varier (ou se répéter pour certaines), d'une année sur l'autre.

Nous posons, cependant, une seule injonction aux étudiants : compte tenu du nombre restreint des séances et du nombre d'étudiants, nous leur demandons de s'organiser en sous-groupes, chacun devant se donner – rapidement – une thématique qui se transformera en un appareil organisé de questions[62].

---

[62] De la sorte, environ cinq à six sous-groupes sont chaque année, mis en place Ces sous-groupes sont auto-constitués au cours du séminaire avec un *reporting* régulier puis une

Notre disponibilité, comme personnes-ressources, s'élabore alors en fonction des groupes, de leurs pôles d'intérêt autant que de leurs résistances[63]. Plusieurs modes sont utilisés : lors des séances, chaque intervenant va discuter avec un groupe, ou bien tous les intervenants auditent un groupe (ce que nous avons appelé, pour détendre la rencontre, « opération confessionnal »). Entre deux séances, des échanges par e-mail sont possibles, et il est aussi arrivé qu'un intervenant soit interviewé – cette fois en tant que chercheur – par un groupe.

Accompagner l'entrée en recherche n'est donc pas « enseigner » des choses jugées nécessaires à l'entrée en recherche mais mettre en place une situation (un « dispositif ») permettant à l'étudiant de rencontrer et de se rendre compte d'un certain nombre de choses pouvant le décider d'y plonger – ou non. Il s'agit d'un rôle de « médiation » plutôt que d'un enseignement consistant à transmettre des informations, des connaissances ou des savoirs. Mais un rôle de médiation associant, à la fois, l'enjeu de « mettre sur le chemin » (suivre des sentiers déjà « battus ») et celui de leur permettre de s'en écarter, voire de fabriquer, d'ouvrir, de se frayer de nouveaux chemins jusqu'ici inconnus.
Le terme d'accompagnement contient ainsi une critique de l'idée d'une certaine forme (canonique) du rapport au savoir, rapport qui est particulièrement crucial au niveau de la recherche… en effet, ne s'agit-il pas, pour un directeur de thèse, de « diriger » un travail de recherche tout en accompagnant le doctorant… ?

Cet accompagnement n'est cependant pas neutre. Selon les thématiques retenues par les étudiants, nos réparties, relances ou autres interventions pourront souligner tel ou tel aspect de la recherche. Au-delà, nous pourrons

---

production finale. La constitution des groupes se fait progressivement, par affinité sur un ensemble de questions, mais surtout, chaque membre d'un groupe doit être motivé à titre personnel par les questionnements mis en commun. Au départ du séminaire, une expression libre des questionnements de chacun est mise en place, soit par une discussion où chacun s'exprime en tour de table, à tour de rôle, soit par une formulation écrite sur des *post'it* qui sont ensuite affichés. Ainsi, chaque étudiant peut identifier ceux qui ont un questionnement proche et connaît l'ensemble des questionnements du séminaire. Sur cette base, des groupes provisoires sont constitués, qui peuvent ensuite changer de périmètre, certains étudiants pouvant changer de groupe, des groupes de grande taille pouvant également se scinder pour mieux se centrer sur une thématique de questionnement plus restreinte, etc. Le séminaire s'étalant sur un semestre, la stabilisation s'effectue généralement avant la mi-parcours.

[63] L'expérience du séminaire nous a fait vivre certaines des situations qu'avait pu remarquer A. C. Martinet (in Avenier M.-J., *L'ingénierie des pratiques collectives*, pp. 385 *sq.*) sur l'accompagnement : 1) Une *posture* complexe : un processus récursif ; un processus de médiation. 2) Une situation de *danger, de vulnérabilité et de précaution* : renoncement à la maîtrise des variables de commande et des effets de l'action ; exposition au risque d'affirmations non fondées, d'argumentaires limites ; mise en liberté des sujets. 3) Une *stratégie* à tenir associée à des questionnements, à de la modestie, à un engagement : remise en question de ses propres axiomatiques ; penser selon le réel de la situation. 4) Une exposition aux *dimensions mythiques* du savoir : solliciter l'affect autant que le cogito.

associer, ponctuellement, certaines interventions spécifiques sur tel ou tel autre aspect ou questionnement. Ainsi, des intervenants de l'association ABG (formation « avant-thèse »), des interviews (en vidéo) de chercheurs, des interventions de sociologues seront mobilisées, sans parler des retours en séance de certains aspects de travaux antérieurs d'étudiants[64]. Ainsi, par exemple, d'un « micro-trottoir » réalisé par eux en 2012-2013, qui met en situation une certaine représentation sociale de l'activité de recherche. Il introduit par ailleurs une certaine naïveté qui fait sourire et permet de « dégeler » l'ambiance toujours un peu solennelle d'un début de cours (ou, ici, de séminaire). Il permet ainsi, en tout début de séminaire, de créer un climat détendu et propice au déblocage et à l'ouverture de la parole des élèves[65].

Le travail final demandé à chaque groupe est de produire une note de problématique liée à ces postures et pratiques sans, évidemment, s'engager dans un vrai travail de recherche d'ordre sociologique, anthropologique ou historique[66]. Chaque séance du séminaire doit ainsi permettre, à la fois, d'amener chaque sous-groupe d'étudiants à construire cette problématique autour de leurs questions initiales, de rendre compte des obstacles et de l'avancement du travail de chacun, et de relancer ce travail[67].

---

[64] Ces interventions spécifiques ont d'abord été le fait de chercheurs ou enseignants-chercheurs. On citera notamment l'interview filmée de J.-P. Kahane sur la recherche en mathématiques (Kahane, 2008, interrogé par V. Vassallo) ou nos propres interventions dont les textes à l'appui du présent ouvrage témoignent pour une part. Outre cette dimension qui procédait, directement ou indirectement, de champs de recherche particuliers, plusieurs autres interventions ont concerné des aspects plus spécifiques en lien avec les objectifs du séminaire comme l'entrée en thèse, la valorisation et l'innovation. Ainsi des interventions régulières de Mme Sophie Pellegrin et de Mme Thao Lang de l'association ABG, de Mme Clarisse Angelier de l'ANRT, et de Mme Virginie Devaux chargée du soutien à la valorisation et à l'innovation à Centrale Lille. Enfin, des interventions annuelles (notamment par Claire Bélart, enseignante en sciences sociales à Centrale Lille) ont porté sur la préparation et la mise en œuvre d'enquêtes à caractère sociologique en soutien direct au travail demandé aux étudiants.

[65] Cette vidéo « micro-trottoir » fut réalisée par un des groupes de travail de 2012-2013 (F. Tempez, M. Dupont, S. Coutelou, S. Belghiti, S. Dorey, V. Sauvé, L. Boile, J. Morin). Ce groupe d'étudiants s'était questionné sur la *valeur* du doctorat en France et, sur cette vidéo, certains passants interviewés « dans la rue » pensaient qu'une Cifre était peut-être une danse orientale…

[66] Le sens et les ingrédients d'une telle note de problématique sont présentés plus loin (*infra*, II.1).

[67] D'un point de vue concret, ces séances nécessitent une salle de taille et de mobilité suffisantes pour pouvoir s'asseoir tous autour d'une même grande table, de se répartir par petits groupes de discussion, d'écouter un conférencier ou de suivre la projection d'un film ou d'une interview. Il faut également souligner qu'un tel dispositif est aussi le fruit de nombreux échanges antérieurs et de coopérations diverses, tant en enseignement et recherche, entre nous quatre. Un partage des objectifs (le pourquoi et le comment) ainsi qu'une situation de confiance et de reconnaissance des apports, des complémentarités, mais aussi des points de divergence est un premier socle.

La séance finale est constituée de deux moments : une présentation de chaque problématique construite et de ce que chacun a pu tirer de ce travail, notamment sur ses choix – ou non – d'entrer en recherche ; puis un débriefing global sur le séminaire lui-même (son organisation, etc.). Ainsi, dans tous les cas, chaque groupe présentera son travail devant les autres, ne serait-ce que pour permettre de mutualiser les questionnements et les pistes de réponses correspondantes.

Résistances

Apparaît, en premier lieu des résistances et pour nombre d'étudiants, la question de l'efficacité (ou de l'efficience) d'un tel séminaire.
Pour *l'homme pressé*[68], il y a le sentiment d'une perte de temps à « discuter » (ce que semble représenter un tel dispositif pédagogique) et à « apprendre par soi-même », au détriment d'un apport direct d'informations, de « faits » ; sans parler d'une sorte d'*a priori* quant à l'idée de créer, ce faisant, une situation de « conversation de bistrot ».
Certes, cette confusion entre de telles conversations (de bistrot) et le débat (scientifique) repose pour une grande part sur l'absence d'expérience en la matière, héritée d'une formation reposant sur des « cours magistraux », des « travaux dirigés » ou des « travaux pratiques », mais pas sur des séminaires au sens de la forme que nous venons de présenter. La *disputatio* est donc parfois vécue comme la confrontation de discours d'opinion, sans plus.
Simultanément, il y a cette dimension liée à l'idée d'une certaine perte de temps. Or, pour l'élève ingénieur, le rapport à une économie de temps, sinon à l'urgence, est une dimension constitutive de sa formation comme de son environnement : son éducation, notamment *via* les classes préparatoires, ainsi que l'exigence d'être rapidement diplômé (et professionnellement inséré) à des âges indépendants de sa maturité personnelle sont des caractéristiques de notre système de formation[69].

---

[68] Pour reprendre le titre du roman de Paul Morand publié en 1941.
[69] On doit noter, en particulier, qu'en France, 50 % des 19-20 ans étaient déjà inscrits dans l'enseignement supérieur en 2017 pour une moyenne de 37 % dans les pays de l'OCDE (source OCDE, *Regards sur l'éducation : Les indicateurs de l'OCDE*, 2019). Ainsi, comme le disait Le Monde de l'Éducation en 2011à partir de l'Observatoire de la Vie Étudiante (OVE), « *les Français sont les plus jeunes avec un âge moyen de 21,5 ans, car, dès le bac en poche, ils se pressent aux portes des établissements supérieurs pour décrocher le plus vite possible un diplôme, sésame de l'entrée dans la vie professionnelle. À l'opposé, les Danois sont les plus vieux avec une moyenne d'âge de 26,6 ans, suivis par les Anglais (26 ans) puis les Suédois (25,5 ans)* » (*Le Monde de l'Éducation*, 15 décembre 2011). De nombreux rappels confortent cette sorte de culture de l'urgence, qu'il s'agisse des paliers d'insertion professionnelle liés aux âges dans la fonction publique ou de la culture des Écoles et de nombreux DRH, culture pouvant aller jusqu'à déconsidérer ou rejeter toute voie de diplomation tardive.

Cela dit, comment passer, *de manière convaincante,* de la temporalité (lente) de cette *disputatio* et d'un tel registre d'opinion à celui d'une discussion se construisant (dans le temps) et étayée (scientifiquement) ? C'est à cette double question que la forme séminaire se confronte progressivement.

En second lieu, il y a une sorte de tentation du refus ou, plus radicalement parlant, une certaine réfutation de l'idée même d'un « débat » : cela reviendrait à se remettre en question, à mettre en question des certitudes sur ce qui fonde, finalement la formation, à savoir la scientificité.
Même si l'on doit tenir compte du fait que cela correspond peut-être, d'un côté, à une situation générationnelle récusant nécessairement l'autorité (pour exister sinon « s'affirmer), cela implique, d'un autre côté, la revendication, dès le niveau Bac+5 (voire avant), du statut d'expert : la formation de « professionnels » (dont l'ingénieur) conduit à une attitude récusant la discussion, la mise en question, au nom d'un certain savoir.

Tout cela, sans que les choses puissent être vraiment explicitables sans recherches plus approfondies, conduit à des réticences en matière de prise de parole ainsi qu'à des réticences sur l'écriture : la projection de diapositives (le *power-point*) permet d'énoncer (rapidement et visuellement) des synthèses et autres certitudes… sans autre forme de procès.

Au-delà encore, notre visée d'accompagnement et ces positionnements des étudiants se heurtent à d'autres *difficultés* indiscutables en école d'ingénieur. Comment faire accepter de quitter le « cantonnement » de l'enseignant à un rôle unique de transmission d'un savoir (qui plus est restreint à son domaine de compétence) au profit de l'accompagnement qui n'est pas (ou qui est si rarement) dans les habitudes de l'école d'ingénieur ? Comment amener l'élève-ingénieur à aller au-delà d'une visée d'expertise, dont rend compte généralement le TFE (« travail de fin d'études ») qui est une fin en soi et doit témoigner d'une « expertise » scientifique, technique, voire technico-économique en marquant la fin d'un parcours socio-cognitivement envisagé comme un tout (Classes Préparatoires / Concours / École d'ingénieur / Diplôme) ?

Il faut, par exemple, souligner la mise en question (sinon une récusation plus ou moins affirmée) d'une certaine légitimité et de la position institutionnelle du corps professoral dès lors qu'il n'appartiendrait pas aux sciences « nobles » que sont les « sciences dures » ... (en l'occurrence les SPI – sciences pour l'ingénieur) ou ne serait pas, lui-même, docteur *ès* sciences ou chercheur réputé.
Autant, vis-à-vis d'une pratique professionnelle future de l'ingénieur, il semble bien qu'il y ait une certaine demande de SHS (sciences humaines et sociales), autant cette attitude se limite souvent à des apports

« instrumentaux » et disparaît (sauf exceptions individuelles) vis-à-vis de la recherche : pour beaucoup, les SHS ne seraient pas, vraiment, des « sciences » ! Face au quantitatif sous-jacent aux SPI, seules les « sciences dures », au sens de la modélisation et de l'univers du mesurable, semblent (éventuellement) trouver crédit. Notons toutefois que si nous avons pu constater – parfois – un certain déficit de considération par quelques-uns de nos élèves pour des « sciences douces » (sociologie, sciences de la conception, etc.), la philosophie a le plus souvent su préserver ses lettres de noblesse : peut-être parce qu'elle se distingue nettement des « sciences » dans leur esprit et garde l'attrait d'une discipline lointaine ? On ne se conteste jamais si bien qu'entre proches…

Mais cette question de la légitimité du corps enseignant a aussi une portée plus générale : « *je reçois mieux l'interview d'un "savant" que le commentaire d'un prof !* ». Ainsi, un universitaire, dans le cadre d'un cours régulier, garde, à leurs yeux, le seul statut d'enseignant alors que les intervenants extérieurs – voire leur enseignant en situation d'interview – sont perçus comme chercheurs, leur parole n'ayant alors pas la même portée. Au-delà, il faut noter la difficulté d'entendre le discours du « professeur », son discours rationnel (celui de la science « froide » selon F. Jacob), et associer cette difficulté à l'envie d'exister « pour soi », quitte à devenir « irrationnel ».
Enfin, l'accent mis sur la professionnalisation génère, progressivement, un déplacement de la confiance des étudiants (mais aussi de l'institution) vers des enseignants issus du monde de l'entreprise au détriment des enseignants « professionnels ». Nous avons déjà commenté cette dérive en faveur de l'entreprise lorsqu'il a été question du copilotage de la filière.

On doit cependant noter que ces résistances ont pu faire l'objet de nouveaux échanges et sont le plus souvent apparues comme facteurs de dynamiques dans les discussions, voire dans la construction de la réflexion des groupes. Nous y reviendrons plus loin (*infra*, II.2). Au-delà, dans la mesure où l'objet du séminaire, mais aussi les discussions internes au séminaire portent sur les postures et pratiques, nous avons eu le sentiment que les étudiants (voire l'institution d'accueil) ont reconnu l'intérêt d'une inscription dans le champ des sciences humaines et sociales, qu'il y ait, ou non, un lien avec leur objet et leur champ de recherche.

IIe PARTIE

Textes à l'appui (I) : Faire de la recherche

II. 1.

Problématiser ?

« *Contrairement à ce que j'avais pu croire, la démarche scientifique ne constituait pas simplement à observer, à accumuler des données expérimentales et à en tirer une théorie ? Elle commençait par l'invention d'un monde possible, ou d'un fragment de monde possible, pour le confronter, par l'expérimentation, au monde extérieur. Et c'était ce dialogue sans fin entre l'imagination et l'expérience qui permettait de se former une représentation toujours plus fine de ce qu'on appelle « la réalité* ».

François Jacob, *La statue intérieure*, O. Jacob, Paris, 1987, pp. 250-251

EXCURSIONS

« [...] *Il faut plusieurs lieux en soi pour garder quelque chance d'être soi* ».

Dominique Noguez, *Je n'ai rien vu à Kyoto, Notes Japonaises (1983-1996),* Éditions du Rocher, 1997.

Des vertus du dépaysement...

Un éloge de l'*excursion* (autant dire : l'échappée-belle, la récréation), en préambule d'un séminaire d'initiation à la recherche d'une Grande École scientifique, peut paraître extravagant. Mais il « annonce la couleur » ; pour le dire sans précaution : « *entrer en recherche* » ce n'est surtout pas « *entrer en religion* » (malgré la référence qui y a été faite plus haut au travers de l'architecte Le Corbusier). Devenir chercheur est un choix orgueilleux et coûteux. Il exige une mobilisation de ses facultés, de ses forces de travail qui peut paraître héroïque, mais qui ne saurait pour autant devenir permanente et exclusive.

Dominique Noguez, écrivain et philosophe, est amené à effectuer de nombreux séjours au Japon de 1983 à 1996. Il publie dès 1997 un essai qu'il intitule « *Je n'ai rien vu à Kyoto*[70] ». Ce titre se veut bien sûr provocation à penser : il « *n'a rien vu à Kyoto* », ni à *Tokyo*, ni dans aucune ville japonaise, et pourtant, à chacun de ses retours, Paris lui semble avoir changé. Plus exactement, il remarque des choses qu'il n'avait jamais remarquées auparavant ; il *prend conscience* de lieux, de détails, de comportements, et de situations auxquels, malgré sa grande familiarité avec Paris – ou sans doute même *à cause* d'elle – il n'avait jamais prêté attention... Mais cette sensation, à chaque retour, de *réalité augmentée* est le produit de son étrange manière de voyager : « *Je vais au Japon le temps d'avoir la nostalgie de la France, pour, une fois rentré, connaître la nostalgie du Japon*[71] ». Comme pour entretenir en lui – en permanence – un sentiment d'étrangeté.

« *Das Unheimliche* » : c'est le mot par lequel Freud évoque le sentiment d'étrangeté qui l'étreint face à l'une des sculptures les plus connues de Michel Ange. Ce mot n'a pas d'équivalent en français et les traducteurs ont forgé la locution « *inquiétante étrangeté* ». L'expérience même de Freud devrait pourtant nous conduire à interroger cette assimilation de l'étrangeté à l'inquiétude : si inquiétude il y eut, le moins qu'on puisse constater, c'est qu'elle ne fut pas paralysante ! La première rencontre de Freud avec le Moïse de Michel-Ange date de 1901. Dès lors, à chacun de ses voyages à Rome, il retournera la voir « chaque jour ». En 1912, donc plus de 10 années après la rencontre, il annonce à un ami (psychanalyste également) sa volonté d'écrire un livre à propos de cette sculpture. Un premier essai, *Le Moïse de Michel-Ange*, paraît en 1914[72], un second, *L'homme Moïse et le monothéisme*, ne sera publié qu'en 1939. La puissance du bouleversement ressenti en 1901 est loin de se réduire à une « *inquiétude* ». C'est un ébranlement qui occupera – « *travaillera* » – Freud pendant près de quarante ans. Rien ne dit d'ailleurs qu'il se soit éteint après la parution du second essai, puisque Freud eut longtemps le projet de poursuivre sa réflexion sur le personnage de Moïse[73].

---

[70] Dominique Noguez, *Je n'ai rien vu à Kyoto, Notes Japonaises (1983-1996)*, Éditions Du Rocher, 1997.

[71] *Idem*, p. 75.

[72] Cependant, ce n'est qu'en septembre 1912 que Freud se met à l'écriture de ce premier *Moïse* : « *Pendant trois semaines de solitude,* [...] *je suis resté debout dans l'église, en face de la statue, l'étudiant, la mesurant, la dessinant, jusqu'à ce que s'éveille en moi cette compréhension...* ». Freud publie son essai anonymement, tant cela peut paraître loin de son travail analytique, craignant probablement d'entacher la crédibilité de celui-ci (*in*, *L'Inquiétante étrangeté et autres essais*, Gallimard, 1985).

[73] Ces précisions sont empruntées à l'ouvrage de la psychanalyste Brigitte Lemérer, *Les deux Moïses de Freud*, Éditions Érès, 2002. Les deux essais que Freud a consacrés à *Moïse* sont séparés d'un quart de siècle ! Ajoutons qu'après 1939, un médecin juif installé à Vienne et découvreur d'une discipline aussi sulfureuse (aux yeux du national-socialisme) que la psychanalyse avait probablement des préoccupations – c'est un euphémisme – particulièrement cruciales à régler. Mais on trouve des échos, contrecoups et répliques du séisme que provoqua la rencontre de la sculpture romaine dans toute l'œuvre ultérieure de Freud.

Il est peu probable que les essais de Freud aient apporté beaucoup à l'histoire de l'art. Ils ont cependant impulsé une réflexion sur la représentation, la construction des mythes qui s'étendra bien au-delà de la seule psychanalyse. Au vu de la fécondité de cette rencontre romaine, ne conviendrait-il pas de parler plutôt *d'excitante étrangeté*, voire *d'excitante inquiétude,* pour qui sait exploiter l'étonnement et la surprise ?

Des bénéfices de « l'étrangeté »

Notre prochaine – et dernière – excursion est plus bizarre encore : il s'agit un voyage dans l'univers de la peinture – dans un ouvrage du peintre et dessinateur Paul Klee – invités et guidés par un musicien – le compositeur et chef d'orchestre, Pierre Boulez. Dépaysement *au carré,* en quelque sorte.
Pierre Boulez est déjà un compositeur reconnu par ses pairs quand il croise le chemin d'un compositeur allemand déjà célèbre, Karlheinz Stockhausen. Stockhausen lui tend un livre en lui disant de le travailler. « *Vous verrez, Klee est le meilleur professeur de composition* » ajoute-t-il. Il s'agit d'un manuel que Klee a édité à l'usage de ses étudiants du Bauhaus. Boulez est pour le moins sceptique : il a suivi maints cours de composition musicale et il a déjà pas mal composé. Plus improbable encore : il ne lit alors que très difficilement la langue allemande (ce que sait Stockhausen) et doit se contenter d'une promenade laborieuse dans les nombreuses gravures de l'ouvrage et leurs légendes. Et pourtant, la récolte fut fructueuse…

> « *Plus je m'efforçais d'approfondir ce livre, plus je prenais conscience que Stockhausen avait tout à fait raison. Les exemples que j'étais en train de déchiffrer avaient rarement à voir avec la musique, souvent rien, mais il y avait toujours des conséquences à en tirer pour mon propre travail* ».
>
> Pierre Boulez, *Le pays fertile, Paul Klee,* Gallimard, 1989.

Boulez étudie pragmatiquement les théories de la perspective, de l'ornementation que Klee explicite au bénéfice de ses élèves et, à partir d'elles, il revisite des partitions musicales qu'il connaît très bien (Schönberg et Debussy par exemple) et tant la lecture des partitions que l'écoute des œuvres en sont profondément transformées.

> « *Les leçons de Klee sur la perspective m'ont permis d'élucider ce problème que j'avais entrevu dans les partitions de Schönberg ou de Debussy, mais d'une façon exclusivement musicale. Jusqu'à ma rencontre avec Klee je ne raisonnais qu'en musicien, ce qui n'est pas toujours le meilleur moyen de voir clair. C'est parce qu'un problème identique était simplifié de manière exemplaire par Klee que j'ai été amené à réfléchir autrement, sous un autre angle* ».
>
> P. Boulez, *ibid.* [C'est nous qui soulignons].

Trois excursions de natures bien différentes. Et, pourtant chacun de nos trois exemples rejoue à sa manière la parabole biblique du fils prodigue : toute expérience de dépaysement peut être féconde, à condition de rentrer au pays, de revenir sur ses pas…

« *On ne voyage pas pour s'enrichir…* » clament ces grands anarchistes du savoir que sont Becket et Michaux. « *Non, non, pas acquérir. Voyager pour t'appauvrir. Voilà ce dont tu as besoin*[74] ». On voyage aussi – pour Michaux, on voyage d'abord – pour *désapprendre*, pour *se déprendre* d'habitudes, de manières de voir, se déprendre de l'ankylose du familier. Pour voir et dire autrement ce qui nous est devenu inconnaissable tant il nous est familier : *Inquiétante étrangeté ?* Ne devrions-nous pas plutôt nous inquiéter de la *dangereuse familiarité ?* Dangereuse pour la pensée en ce que justement elle n'inquiète, ni ne surprend, en ce que n'interrompant rien, elle n'inaugure rien. Quelle que soit son origine (le dépaysement géographique ou la puissance d'une œuvre d'art), l'étrangeté dissipe la quiétude dans laquelle nous enracine le familier. Le familier – « *ce que je connais sans le connaître* », écrit Pierre Bourdieu[75] – est dangereux pour la pensée en ce qu'il entretient benoîtement le *déjà-là*, le conforte toujours, anesthésiant ainsi notre capacité de le questionner.

Pierre Boulez nous l'a fait découvrir : raisonner exclusivement sur la musique en musicien « *ce* […] *n'est pas toujours le meilleur moyen de voir clair* ». Le dépaysement de pensée que lui impose Stockhausen, au moyen de Paul Klee, lui fait entendre des notions aussi usuelles pour le musicien qu'ornementation, polyphonie, variations, à partir d'un éclairage mental tout à fait nouveau et à coup sûr fécond pour son activité de compositeur. Les impératifs de calendrier, de publication, de carrière d'un chercheur l'invitent à s'équiper plus ou moins consciemment « *d'œillères mentales* », s'interdisant toute curiosité et tout intérêt extra-disciplinaires, c'est-à-dire parasites. Pour le moins du temps perdu.
Se dépayser, « *changer d'air* » : c'est aussi bénéfique pour la santé intellectuelle que pour la santé physique. Paraphrasons Boulez sans vergogne : raisonner sur la recherche exclusivement en chercheur n'est probablement « *pas toujours le meilleur moyen d'y voir clair* ». C'est pourquoi ce chapitre sur les *commencements* invitera des poètes, des peintres, des architectes, des designers, des philosophes, des détectives privés… mais aussi, rassurez-vous, quelques scientifiques.

---

[74] Henri Michaux, *Poteaux d'angle,* Gallimard, 1981, p.11.
[75] Pierre Bourdieu, *Esquisse pour une auto-analyse,* Éditions Raisons d'agir, Paris, 2004.

COMMENCEMENTS

On ne commence pas « par *le commencement* »

À la tête d'un petit groupe de chercheurs travaillant sur la conception architecturale, j'interviewe l'architecte Daniel Libeskind à propos du Musée Juif de Berlin qui vient juste d'être inauguré. Ne reculant devant aucune platitude (il faut bien commencer, n'est-ce pas), j'ouvre par une question pour le moins « banale », mais après tout pertinente : « *Daniel, est-ce que vous pourriez nous raconter comment ce travail a commencé pour vous ?* ». Il observe un long silence, nous balaie d'un regard gentiment ironique et enfin enchaîne : « *et bien, ça a dû commencer la première fois que ma mère m'a lu les dix commandements* ». Nous prenons immédiatement conscience de la stupidité de la question. Libeskind est âgé d'une cinquantaine d'années, il est né en Pologne, dans une famille de juifs pratiquants qui a dû fuir la Shoah, il a étudié la musique en Israël. Élevé dans une famille juive et pieuse, on peut supposer que l'architecte a entendu parler des Dix Commandements vers l'âge de quatre ou cinq ans. Nous savions cela, et notre question supposait pourtant implicitement que le travail de conception d'un Musée juif, à Berlin, avait commencé pour lui lorsqu'il avait reçu les documents administratifs ouvrant la consultation des architectes ! Daniel Libeskind énonçait là un paradoxe rencontré par les chercheurs qui ont tenté de décrire et formaliser les processus de conception : tout travail de conception semble être précédé d'une phase, obscure, plus ou moins longue, qui ne saurait être décrite en termes de méthode et qui interdit d'assigner un point d'origine, un commencement, au travail du concepteur. Plusieurs auteurs tentent de décrire paradoxalement cette période comme une phase de *préconception,* tout en sachant pertinemment que celle-ci participe pour une large part de la richesse de la conception. La métaphore biologique de l'incubation est couramment employée pour évoquer ces phases et phénomènes quasiment inobservables – en tout cas non modélisables – ne semblant dépendre que des parcours et tempéraments singuliers de chacun. Ce sont pourtant ces phases de *pré-recherche*, que nous prétendons tenter de décrire sous ce vocable de *commencements.* Dans son dialogue avec Jean-Pierre Changeux, le mathématicien Alain Connes utilise le terme d'incubation – sans doute repris de Jean Hadamard – pour évoquer les prémices de l'invention mathématique : « *Il faudrait comprendre quel type de fonction d'évaluation entre en jeu, au cours de la période d'incubation, pour sélectionner la solution du problème*[76] » (*in* Changeux, Connes, *Matière à penser*, 1989).

[76] Notons que l'*incubation* d'Alain Connes ne recouvre pas celle qu'évoque la boutade de Daniel Libeskind. Connes nomme ainsi la durée plus ou moins longue qui précède le travail assignable à une méthode, à de la rigueur. Le mathématicien est déjà au travail, mais ce travail n'est assimilable à aucune démarche analysable. Libeskind ajoutait que cette durée mobilise –

« *Une source est un processus fort complexe, elle ne « commence » pas en un seul point de la montagne, elle résulte de multiples écoulements ; de multiples bifurcations et de multiples sédimentations ; c'est donc une identité erratique et fluide, une multiplicité qui donne lieu à la rivière. Elle ne détermine pas directement, mais 'surdétermine' la singularité qui en naît*[77] ».

Georges Didi Huberman, « La condition des images », in *L'expérience des images,* Éditions de l'INA, 2011.

Le lieu que nous appelons source de la rivière est le lieu de son baptême, pas de sa naissance. La rivière est le produit d'un lent travail, obscur et souterrain, aux déterminations contingentes, mais, pourtant, « orientées » par une pente résultante issue de mouvements de terrains et de sédimentations non homogènes.
La métaphore de la rivière ne nous éloigne guère du fonctionnement de la pensée : on ne commence pas par le commencement, encore moins au commencement. Parler de source – au singulier – c'est ignorer les cheminements inconscients d'une idée, de l'émergence soudaine d'un mot, ou d'une image mentale. Chaque pensée est confluence de multiples mouvements enchevêtrés, masqués, de coalescences improbables et difficilement identifiables. Certes, nous identifions aisément ce que nous pensons. Mais quant à savoir « d'où cela nous vient ? », voilà qui supposerait un tout autre travail, aux résultats pas si assurés. Le psychologue Alfred Binet[78] écrivait, non sans humour, que « *la pensée est une activité inconsciente de l'esprit* » !

Si l'on ne commence pas par le commencement, c'est que celui-ci n'est jamais donné : **il est à construire**. Commencer, ce n'est pas poursuivre, continuer. « *Tout commence par une interruption* » écrivait Paul Valéry[79]. On n'hérite pas d'un commencement : on hérite d'une *situation.* Le travail que nous nommons ici « commencements » (insistons lourdement sur le pluriel : ces tentatives se déploient nécessairement sur plusieurs lignes) d'une pratique de recherche (comme d'un projet de conception ou d'invention) consiste à **se doter d'un commencement propre**, qui puisse porter – soutenir – une recherche jusqu'à un terme défini, à partir d'un « état des lieux », de

---

réveille – tout un acquis obscur, intellectuel et affectif, qui précède de loin le moment d'émergence de la question (pour lui de la commande).

[77] Georges Didi Huberman, « La condition des images », *in L'expérience des images,* Éditions de l'INA, Paris, 2011, p. 97.

[78] Alfred Binet (1857-1911) a joué un rôle majeur dans la naissance d'une psychologie expérimentale. Il est l'auteur d'une « Échelle métrique de l'intelligence » qui est à l'origine de la notion « *d'âge mental* » et engendrera la plupart des tests qui se proposent de mesurer le *quotient intellectuel.*

[79] Paul Valéry, *Mauvaises pensées et autres,* Gallimard, Paris (1942), recueil composé pour beaucoup de fragments (plus ou moins remaniés) tirés du chantier de réflexions quotidiennes que sont ses *Cahiers*.

l'intelligence des potentiels et des obstacles qu'offre cette *situation*. Ce n'est que la construction d'un commencement fiable qui autorise le choix et la mise en œuvre d'une démarche méthodique.
La question « Par où commencer ? » est une question métaphysique, postulant un point d'accrochage et une méthode évidents. La seule question pertinente – bien plus pragmatique et plus dynamique – serait selon nous : comment « **entrer dans la danse** » ?

Commencer : « un travail *à même* la langue » ?

Il est nécessaire d'ouvrir en énonçant ce qui devrait apparaître comme une évidence, mais qui pourtant ne l'est plus : « le langage » – ce langage, que nous qualifions bien imprudemment de « naturel », non formalisé (mathématiquement par exemple), ce langage dont nous usons à chaque instant – constitue néanmoins un outil essentiel de tout travail intellectuel, de tout travail de pensée, y compris d'une pensée qui se veut scientifique. Le travail intellectuel du chercheur, quel que soit son domaine d'activité, prend aussi la forme d'un travail dans la langue, d'un combat avec la langue, d'un travail « *à même* la langue » écrivait le philosophe Jacques Derrida.

Il convient en effet de rompre avec l'idée – malheureusement prégnante dans l'enseignement des grandes écoles scientifiques (et des écoles de commerce) – que la langue est d'abord un instrument de « communication » (c'est-à-dire de partage, d'exposition, d'influence, de séduction), voire ne participe que de la « culture générale ». *La langue est d'abord instrument de pensée, et ce n'est que parce qu'elle est instrument de pensée qu'elle peut servir à la communication.* C'est parce que, recevant un énoncé, nous sommes immédiatement tentés (et capables) de le mettre à l'épreuve d'un travail de pensée : questionner sa pertinence, sa cohérence, interroger l'articulation de ses propositions, voire – plus simplement encore – substituer à un terme un autre qui nous paraît plus juste... Suspecter un « non-dit » (des intentions masquées par exemple, ou un aspect non perçu, occulté par le locuteur)... Bref, passer spontanément d'un enregistrement qui serait totalement objectif et passif d'une phrase – ce qui n'est jamais le cas –, à un travail de pensée sur ce qui a été énoncé. Penser, c'est raturer mentalement des énoncés (y compris ceux que nous-mêmes venons de prononcer ou penser) : biffer, corriger, annoter, réarticuler mentalement ; contester la pertinence d'un terme, l'articulation syntaxique de deux propositions. Nous souscrivons sans réserve au postulat de l'écrivain Paul Valéry pour qui tout travail intellectuel sérieux commence nécessairement par « *un nettoyage de la situation de langage* »[80].

[80] L'aphorisme « un bon schéma vaut mieux qu'un long discours » signifie seulement qu'un bon schéma peut porter et aider à mémoriser un long discours. Mais un schéma n'a d'autre pertinence que celle des énoncés qu'il illustre ou dont il est l'origine.

Dans un article très didactique, destiné à inviter ses étudiants à *se bricoler* des outils et méthodes – nous parlerions plutôt de protocoles, de ruses ou de rites de travail – qui leur soient propres, pour aborder, commencer à « penser » un matériel scientifique, l'ethnologue américain Gregory Bateson ne s'embarrasse pas de précautions oratoires : « *rien ne commence par de la rigueur* ». L'essentiel des questionnements inauguraux de la science se fait pour lui « en langage naturel », dans le jeu incessant entre « *pensées décousues* » et « *pensées rigoureuses* ».

> « *Le progrès en sciences provient toujours d'une combinaison de pensées décousues et de pensée rigoureuses ; et, à mon sens, cette combinaison est notre outil le plus précieux* »[81] .
>
> Gregory Bateson, « Comment penser sur un matériel ethnologique », *in Vers une écologie de l'esprit*, Seuil, Paris, 1977, p. 90.

On a besoin d'oser mobiliser ses idées les plus aventureuses, ses intuitions les plus sauvages, (voire son imagination et sa fantaisie ?), à condition de les soumettre à des tentatives multiples de formalisations rigoureuses[82].

Il me faut maintenant vous persuader qu'en focalisant ainsi sur le langage et les pratiques d'écriture je ne me trompe pas de public. Il n'y a pas erreur d'adressage. Je sais (on m'a prévenu) que je m'adresse à des étudiants qui ne feront pas profession d'écrire, mais qui devront pourtant nécessairement user de notes écrites diverses, pour échanger, publier bien sûr, mais aussi – quelle que soit leur discipline – dans leur travail même de penseur et chercheur user de cette aptitude à *nettoyer et maîtriser les situations de langage*. Nous ne nous proposons pas de former des écrivains, mais des *écrivants* (mot de Roland Barthes) ou, des *écriveurs* (c'est le mot que choisira Valéry). Deux substantifs que la langue française n'a pas retenus. Vous avez été « dressés » à vous plier sans réticence à la nécessité impérative de la *méthode*, mais il n'y a pas de méthode pour penser. Il ne s'agira donc pas ici de vous fourguer

---

[81] Le mot anglais traduit par « décousues » est *loose*, ce qui signifie également usées, éculées. On dira d'un vieux vêtement déchiré, décousu, mais auquel on tient qu'il est *loose*. On peut penser « dans » de vieilles habitudes : le premier exemple que donne Bateson est une hypothèse qu'il bricole à partir d'anciens travaux de son père dans un tout autre champ disciplinaire (la génétique). Cette analogie sauvage lui permettra pourtant de commencer à penser dans un domaine où il n'a ni expérience ni connaissance.

[82] L'écrivain et humoriste, Georges Courteline a intitulé un essai *Philosophie,* dont le cinquième chapitre s'ouvre par un titre qui devrait étonner : « *où l'auteur ne sait s'il plaisante ou s'il parle sérieusement, n'étant pas tout à fait fixé sur ce qu'il doit penser de sa pensée* » (Courteline, *Œuvres complètes, Philosophie suivie de Pochades et Croquis*, François Bernouard éditeur, Paris, 1927, p. 40). Perplexité très saine et non sans vertu : se méfier de « ce qui nous arrive », certes, mais sans pour autant nous en débarrasser trop hâtivement L'épistémologue Georges Feyerabend, défenseur de « l'anarchisme méthodologique » se donnait pour devise « *all is good* », ce qu'il convient de traduire, à notre avis, moins « *tout est bon* », que « *tout peut servir* ».

subrepticement une méthode ou une théorie de l'écriture, mais de vous proposer d'inventer une *pragmatique* de l'écriture en travail qui vous soit propre ; pragmatique qui vous conduise à vous *bricoler* des protocoles, des habitudes, des rituels féconds : bref, une *manière* qui vous appartienne.

« Un questionnement qui donne prise »

« *Socrate fut grand en séparant ce qu'il savait de ce qu'il ne savait pas* ». C'est par cette formule incroyablement lapidaire que Kierkegaard s'autorise à résumer – avec force et justesse – l'apport majeur de Socrate à la philosophie. Nous apprendre à *séparer ce que l'on sait de ce que l'on ne sait pas.* Que désigne ce « *ce qu'il ne savait pas* » ? Ce qu'il ignorait, l'inconnu, le mystère certes, mais aussi – d'abord, serions-nous tentés d'écrire – une multitude de pensées, d'énoncés qui occupent sa cervelle sans pour autant mériter le statut de savoir. Nous pensons assez spontanément que notre cerveau est « *plein de questions sans réponses* » : détrompons-nous. Les questions sans réponses sont probablement beaucoup moins nombreuses que les « *réponses sans questions* », c'est-à-dire pléthore d'énoncés, plus ou moins formalisés, dont nous avons hérité et dont nous usons sans qu'ils n'aient jamais réellement été questionnés. Un « déjà-là », qui n'a jamais été soumis à un questionnement rigoureux, comme la plupart de nos convictions et certitudes. Des *croyances, des convictions*... Ce que Socrate « *ne sait pas* », c'est moins ce qu'il ignore, que ce qu'il croit, ce qu'il craint, ou souhaite, ce qu'il espère, rêve, imagine... ses opinions, ses croyances (et celles de la cité) ; ce qui se pense, se dit, s'échange, sans jamais avoir été soumis à aucun « *nettoyage de la situation de langage*[83] » et ne saurait être en conséquence étiqueté comme savoir ou connaissance[84].

Comment passe-t-on de l'échange à la table familiale ou de la conversation entre amis sur « le temps qu'il fait », la « fiabilité des saisons », à la *climatologie* ? ; du « je crois que, j'espère que, je souhaite que, ne pensez-vous pas que... ? » à des énoncés qui méritent d'être labellisés *connaissance*, des énoncés auxquels on puisse réellement se fier. « *Se fier à... sans croire*

---

[83] Métaphore presque commune à Valéry et à Wittgenstein.

[84] Il convient de se méfier de ce que la philosophie et la littérature appellent notre « *for intérieur* ». Celui-ci serait comme une « citadelle imprenable ». Formule orgueilleuse et fausse : notre *for intérieur* est poreux, traversé par de multiples voix emmêlées, non univoques. Voix et images familières de la *doxa*, les opinions entendues, lues, récoltées au hasard des rencontres, du *net*... Cette injonction à la vigilance ne signifie pas pour autant que nous pouvons, dans la vie sociale et la quotidienneté, nous passer d'opinions, de croyances, de convictions, mais qu'on ne saurait les importer sans examen rigoureux dans un travail qui se donne pour objectif de produire des connaissances. Remarquons que le rapport à la connaissance scientifique de celui qui n'est pas initié à la discipline d'origine de cette connaissance est de la nature de la croyance et non du savoir : il s'agit de faire confiance à un label institutionnel, *se fier à* et non *connaître*.

en... », éclairante formule du psychanalyste Jean-Bertrand Pontalis, qui pose là une distinction qu'il nous faudrait examiner plus avant. Une connaissance fondée sur une argumentation scientifique, consolidée par une vérification, ayant été soumise maintes fois à la critique.
Nous postulerons donc ici que la fonction initiatrice et motrice de notre intelligence, sa partie féconde, créatrice, capable de produire de la différence, d'inventer, c'est celle qui questionne et non celle qui répond, ne serait-ce que parce que la pertinence et la fécondité de la seconde est tributaire de la sagacité et de l'audace de la première. Ceci vaut tant pour la pensée scientifique, que pour toute forme de pensée.

LIRE, ÉCRIRE, PARLER

Il y a écriture et écriture. Nous ouvrirons ce préambule en posant une distinction cruciale pour notre propos : ce que nous appelions à l'école écrire – apprendre à écrire – ne recouvre pas un exercice unique ni même univoque. Nous postulons ici une dichotomie radicale entre ce que nous appellerons *l'écriture en travail* (au travail) et une *écriture d'exposition* (rédactionnelle). Nous appelons écriture en travail, une écriture qui n'est pas faite pour être partagée, mais intime. De soi à soi... Pour soi. C'est une écriture de production de tout travail intellectuel. Écriture de chantier, écriture *en* chantier, aux formes multiples – notations, notes, fiches... – vouées à « *l'avenir* » de sa pensée, à l'émergence et à l'élaboration de celle-ci : cette écriture est moyens, outils de production. L'écriture d'exposition en revanche, est destinée à rendre compte à des tiers du « *passé* » de celle-ci : elle constitue le produit de votre travail.
L'*écriture d'exposition* est l'exercice scolaire que nous connaissons sous de multiples noms et formes : rédaction, exposé, dissertation ou composition... Rédiger à l'usage de tiers, qu'il s'agisse de pairs (la thèse, mais aussi les articles et « communications » qui la précèdent ou l'accompagnent), ou de publics intéressés à des titres divers aux résultats de vos travaux. C'est un travail dans lequel sera appréciée votre capacité à publier – au sens noble de ce terme : rendre public, partager le produit de votre travail –, c'est-à-dire à communiquer, parce que c'est évidemment là qu'il faudra en arriver. L'école incline souvent à confondre ces deux processus d'écritures dans la figure du brouillon. L'écriture en travail ne serait que la première étape nécessaire de toute écriture d'exposition, *son* brouillon. Mais le brouillon ne désigne que les préparatifs d'une forme d'exposition : c'est le brouillon d'une dissertation, d'un article ou d'un exposé... Or l'écriture en travail ne suppose aucune anticipation de forme : elle glane, recueille, et élabore le matériau d'où émergera une pensée qui vous soit propre.

Posant pédagogiquement une différence de nature radicale entre les deux modalités d'écriture distinguées ci-dessus, nous postulons que l'invention d'une stratégie d'*écriture en travail* qui vous soit propre est cruciale quant à la pertinence et la qualité de ce que vous serez en mesure de publier. Mais cette distinction ne signifie en aucun cas que nous n'attribuons aucune vertu créatrice au travail d'exposition. Nous n'en faisons pas un exercice de *communication* purement « mercenaire » : construire et entretenir sa notoriété, sa visibilité sur un marché encombré et difficile. Mémoires, articles, interventions diverses (en y comprenant bien sûr l'enseignement) constituent des jalons absolument nécessaires pour « baliser », maîtriser son itinéraire intellectuel, pour apprécier, mesurer le chemin parcouru et identifier les obstacles franchis. Marquer des étapes, sans pour autant tenter de clore : rester « en devenir » mais en sachant « *tenir le pas gagné* »[85].

La distinction produite ici au sein de ce que nous appelons écrire, marque une différence radicale entre les enjeux de ces deux exercices, différence d'enjeux qui exige des formes de mobilisation mentales, des outils et des protocoles radicalement différents[86].

Nous parlons ici des commencements de la recherche. Or, cela commence presque toujours par de la lecture : un livre – rarement –, le plus souvent un ou – mieux – deux ou trois articles dont vous pensez (ou dont quelqu'un a pensé pour vous) qu'ils constituaient un bon « *état des lieux* » de la question qu'il vous est demandé de traiter. On pense hériter d'une question dont on suppose qu'elle se situe bien sûr *en aval* de ce qui est déjà publié.

Autorisons-nous donc un détour apparemment paradoxal, en ouvrant ce développement sur l'écriture par l'interrogation des modes de lecture du chercheur : il n'y a pas de distinction à opérer entre lire et penser, lire et écrire ;

---

[85] Cette formule péremptoire, sonne comme l'ukase d'une règle de la méthode : elle est pourtant d'un poète : Arthur Rimbaud (« Adieu » dans *Une saison en enfer*). « *Tenir le pas gagné* » dans l'élaboration d'un poème, comme dans celle de l'œuvre entière, ou dans la conduite de sa vie : ne pas reculer d'un pas quand on a avancé d'un pas.

[86] Dans *La fabrique de l'impuissance*, la philosophe Charlotte Nordmann constate cette même dichotomie dans l'enseignement secondaire : « *l'écriture n'est que très marginalement l'objet d'un travail : elle n'est pas un matériau à pétrir et à modeler dont on explorerait les potentialités, ou qu'il faudrait s'appliquer à forger méthodiquement pour parvenir au résultat visé ; elle n'est pas non plus un moyen de mise à l'épreuve et de clarification de sa pensée, le lieu d'élaboration d'une pensée propre. Elle n'est qu'un outil qu'on utilise avec plus ou moins de dextérité pour « exposer » sa pensée, la rendre visible, sans que jamais ne soit éprouvé le fait que dans cette pratique* quelque chose peut se passer, *du nouveau advenir* [...] *L'écriture est conçue uniquement comme la transcription d'un déjà pensé, déjà élaboré, comme l'activité qui fait apparaître au dehors ce qui était déjà présent, tel quel, au-dedans* » (in *La fabrique de l'impuissance 2, l'école entre domination et émancipation*, Éditions Amsterdam, 2007, pp. 72-73).

lire est la meilleure manière d'amorcer l'écriture, et lire sans un crayon en mains pour souligner, annoter et noter c'est probablement se perdre d'une part cruciale des bénéfices de la lecture. Julien Gracq a titré un journal d'écriture *En lisant en écrivant*, sans aucun signe de ponctuation, pour bien marquer la solidarité intellectuelle de ces deux activités.

La lecture du chercheur : un autre objet de lecture

> « *Sur quoi,* matériellement, *Marx écrit-il ?*
> *Son bureau est encombré, surchargé même :* [...] *des livres de philosophie allemande, les œuvres de Proudhon, et, de plus en plus, de la documentation et des statistiques. C'est par-dessus tout cela qu'il écrit pour l'absorber, pour le résorber aussi ? Mais il faut faire un peu de vide sur la table et parvenir à glisser un sous-main qui réserve un espace libre où Marx puisse poser sa propre feuille et écrire en son nom* ».
>
> Patrice Loraux, *Les sous-mains de Marx,* Hachette, 1986, pp. 11-12.

Et encore, s'il ne s'agissait que de l'encombrement de son bureau ! L'encombrement de la cervelle du chercheur est bien plus pernicieux, plus invalidant, que celui de son bureau. Aucun chercheur n'a, tel Robinson Crusoé, à tout réinventer[87]. Il ne se trouve jamais, loin s'en faut, devant une page blanche qui n'attendrait que sa plume. Il hérite au contraire d'un espace encombré, saturé, dans lequel il lui faut s'inscrire, bon gré mal gré, trouver place, se faire une place (à la fois « entre », et « à la place de ») : continuer, poursuivre tout en s'efforçant de « faire du propre », « *d'écrire en son nom* ». Et cela suppose qu'il s'invente des modes de lecture spécifiques : entrée en recherche, mais aussi style propre.

- TROIS FIGURES DE LECTEURS

Paul Valéry : Lire, c'est s'approprier.

> « *Un livre vaut à mes yeux par le nombre et la nouveauté des problèmes qu'il crée, anime ou ranime dans ma pensée.* [...] *j'attends de mes lectures qu'elles me produisent de ces remarques, de ces réflexions, de ces arrêts subits qui suspendent le regard, illuminent des perspectives et réveillent tout à coup notre curiosité profonde, des*

[87] Encore que... Si nous lisons bien Daniel Defoe, Robinson Crusoé n'invente pas grand-chose : ce n'est jamais qu'un pilleur d'épave qui bricole ingénieusement au moyen de ce qu'il parvient à sauver. Il n'invente rien : il tente de reproduire avec les moyens du bord et quelques ingrédients empruntés à l'ile, un mode de vie britannique. Dans *Vendredi ou les limbes du Pacifique,* Michel Tournier campe, avec humour, un Robinson qui n'accepte d'inventer que quand tout ce qu'il a récupéré de l'épave est détruit par l'explosion de sa réserve de poudre, le condamnant à « apprendre » auprès de Vendredi les rudiments de la vie sauvage.

intérêts particuliers de nos recherches personnelles, et le sentiment de notre présence toute vive ».

Paul Valéry, in *Œuvres*, Tome 1, Bibliothèque de la Pléiade, n°127, Gallimard, Paris, 1957, p. 871.

Qu'attend Paul Valéry d'une lecture ? Manifestement pas des réponses, ni des connaissances, mais des problèmes. Des questionnements qui mobilisent sa pensée au risque probable d'enrayer sa lecture. Il attend de la rencontre d'un livre qu'elle sollicite sa réflexion propre. Qu'elle le « *force à penser* » ce qu'il n'a pas encore pensé, ou à repenser – *à nouveaux frais* – ce qu'il avait déjà pensé.

Judith Robinson-Valéry et Brian Stimpson qui commentent ce passage[88] insistent sur un autre point : pour Valéry, la lecture – qu'il s'agisse d'un livre ou d'un article – est occasion de notations, de réactions écrites qui sont des actes de préhension, voire de prédation. « *La lecture ou, plus exactement l'acte d'annotations de la lecture est pour Valéry, surtout un acte d'identification et d'appropriation, plutôt que d'instruction* ». Valéry mesure la richesse, la *puissance* d'un livre aux mécanismes de pensée que sa lecture déclenche en lui, à la puissance d'ébranlement intellectuel de l'ouvrage. Loin de constituer une réception respectueuse et passive, sa lecture est activité, engagement. Ses annotations et notes portent moins sur le texte qu'il lit que sur ce que ce texte « lui donne à penser ». La vertu d'une lecture féconde c'est de *donner à penser.* Le chercheur ne lit plus pour *s'instruire*, mais pour être provoqué, bousculé, suspendu dans ses élans. Il lit en prédateur. Un livre non annoté, sans marquage (soulignement, traits et annotations en marge) serait un livre qui n'a été que *lu*, c'est-à-dire l*u* d'une lecture sans bénéfice pour sa pensée, pour « ses recherches personnelles ».

Louis Althusser : la lecture symptômale.

Louis Althusser a théorisé la relecture de Marx qu'il entreprit avec ses étudiants de l'ENS sous la figure de la *lecture symptômale.* L'adjectif symptômale renvoie métaphoriquement au regard du médecin qui cherche « ce qui ne va pas ». Il s'agit d'entendre dans le texte même, ce que le texte tait ; pas ses bévues, ses erreurs, mais ce qu'il tait ou manque *nécessairement* en raison du dispositif intellectuel et pratique dont il est le produit. Une lecture *symptômale* sagace donne à entendre ce « sous-texte » du texte lu « *au moins comme possible* », écrit Althusser dans Lire le Capital[89].

À propos de la préface de cet ouvrage, J.-M. Vincent écrit :

---

[88] in *La bibliothèque de Valéry : traces de lectures, catalogue et corpus des notes marginales*, Bibliothèques d'écrivains, dirigé par Paolo d'Iorio et Daniel Ferrer, CNRS Éditions, 2011.

[89] Louis Althusser, *Lire Le Capital*, tome 1, François Maspero, Paris, 1965, pp. 11- 89.

> « *On ne peut manquer d'être frappé par l'importance que prend la notion de lecture symptômale, lecture qui ne cherche pas à être une lecture entre les lignes ou ce qui pourrait être une simple lecture du soupçon, mais entend interroger les textes sur ce qu'ils doivent à ce qu'ils ne maîtrisent pas. Un texte n'est pas seulement intéressant par ce qu'il organise logiquement, par les argumentations qu'il développe de façon apparemment rigoureuse, mais aussi par tout ce qui désorganise son ordre, par tout ce qui l'affaiblit* ».
>
> Jean-Marie Vincent, « La lecture symptômale chez Althusser », in revue *Multitudes*, décembre 1993.

J.-M. Vincent poursuit cette idée en précisant alors que « *la notion de lecture symptômale ne doit donc pas être prise dans un sens essentiellement psychanalytique – les bévues de l'auteur –, mais dans une acceptation beaucoup plus large : les difficultés subjectives (comment dire ce que l'on a du mal à comprendre) et objectives (la complexité du contexte) à situer et à cerner une problématique explicite dans toutes ses implications. Comme le dit très bien Althusser, il ne peut y avoir de lecture véritablement féconde qu'à condition de renoncer à une lecture à livre ouvert en s'enfermant dans les limites d'une écriture qui serait révélation* ».

Le premier argument est d'évidence : la lecture du chercheur doit se déprendre de tout sentiment d'autorité *a priori* de la chose écrite. Le texte à lire est un matériau qui est à traiter (et donc maltraiter) comme tout matériau. Admiration et révérence sont à exclure (au moins momentanément). Mais le ressort majeur de la lecture symptômale est ailleurs. Toujours selon Vincent, « *on présuppose que c'est le 'logos' lui-même qui écrit et, dans la lecture, on se soumet à son verdict. L. Althusser sait quant à lui qu'il n'y a pas de lecture innocente qui donnerait immédiatement le sens de ce qui s'écrit et se lit. La limpidité du texte et de sa réception est une illusion d'ordre idéologique qu'il faut combattre à tout prix. Il faut au contraire se convaincre qu'il ne peut y avoir de lecture linéaire, de lecture qui ne questionnerait pas les silences des textes, leurs bévues, les réponses sans questions qu'ils peuvent contenir* ».

Ainsi, pour J.-M. Vincent *« la lecture symptômale doit en quelque sorte produire un autre texte qui éclaire et déplace le premier, rend lisible ce qui autrement aurait été illisible. Elle ne produit pas pour autant un nouveau texte plus parfait qui se contenterait de combler des manques conceptuels. Elle fait apparaître de nouvelles problématiques et de nouveaux objets à travailler. Surtout, elle fait entrevoir une nouvelle façon de concevoir la théorie et de faire de la théorie* ».

Le chercheur ne trouvera donc pas sa question propre et sa problématique, en aval de sa lecture, là où les chercheurs qui l'ont précédé ont abouti. La lecture symptômale suppose de régresser volontairement en amont du texte lu ; de mettre à jour ses sous-textes, de mettre en évidence le dispositif – théorique et pratique – qui l'a produit. Interroger tant ses sources – *d'où il vient* – que « *ses*

fréquentations » (nous utilisons ici une distinction posée par Julien Gracq). Ne pas se laisser capter par la seule perspective de poursuivre, d'aller au-delà, plus loin, que les auteurs que nous lisons, mais de trouver dans le texte des voies d'accès non testées, de possibles divergences qui conduiront non plus loin, mais ailleurs. Michaux écrit que la pensée est « *une machine à faire des remous dans le passé* »[90] : commencer ce n'est pas s'inscrire dans un sillage, prendre le problème là où ceux qui l'ont abordé avant nous l'ont laissé. C'est prendre pieds en amont, rouvrir des degrés de liberté dans un *avant*, dans un passé, que l'on croyait définitif, forclos. Prendre conscience de ses propres préoccupations en mettant à l'épreuve celles de l'auteur lu.
Enfin, une lecture symptômale, armée d'un point de vue propre et/ou de connaissances que n'avaient pas les auteurs lus, peut permettre de glaner dans un article des connaissances que leurs auteurs ne savaient pas y avoir mises. Freud explique avoir trouvé chez trois auteurs différents, et non des moindres, l'axiome fondateur de la psychanalyse (axiome dont lui-même ne prendra conscience que plusieurs années plus tard) ; cependant aucun de ces précurseurs n'avait reconnu comme connaissance, encore moins comme source possible d'une nouvelle discipline. « *Ils m'avaient livré une connaissance qu'eux-mêmes, à strictement parler, ne possédaient pas* »[91].

Empruntons à Pierre Macherey – qui fut partie prenante du travail d'élaboration du concept de lecture symptômale – la conclusion provisoire de ce chapitre concernant les modalités de lecture du chercheur : « *Qu'est-ce qu'une lecture symptômale ? C'est une lecture qui* ***fait dire*** *à un texte ce que, précisément, il ne dit pas de lui-même : pour y arriver, elle le contraint à parler, elle lui arrache, hors du strict alignement de ses mots et de ses phrases, quelque chose qui relève d'un impensé et qui y figure sous la forme de son absence* ». Et de préciser à la suite que, *« pour pratiquer ce type de rapport à un texte, il faut briser l'illusion de sa complétude, qui fait juger que rien ne peut lui manquer, donc que, ce qu'il énonce, dans les limites d'une exposition qui serait par définition achevée, et à laquelle il n'y aurait en conséquence rien à soustraire ou à ajouter* » [92].

Savoir se libérer de ces préjugés, « ***quelle que soit la nature du texte lu*** »[93], est condition nécessaire d'une lecture ouverte et libre, d'une lecture vive.

Michel Foucault : l'interprétation, la reprise.
Michel Foucault a étudié – c'est-à-dire lu et relu – Nietzsche. Non pour disserter sur la philosophie de Nietzsche, la commenter, l'enseigner, mais

---

[90] H. Michaux, « L'étranger parle », in *Face aux verrous*, IX, (1954), Gallimard, Paris, 1992.
[91] S. Freud, *Contribution à l'histoire du mouvement psychanalytique*, NRF, Paris, 1931, p. 15.
[92] Pierre Macherey, *S'orienter*, Éditions KIMÉ, 2017, p. 198-199.
[93] *Idem.*, P. Macherey nous donne deux exemples : Emmanuel Kant et Jules Verne !

pour produire à partir de Nietzsche, au moyen de Nietzsche, un travail philosophique propre : pour écrire « du » Michel Foucault. Pour en user ; pour analyser de multiples objets issus de ses propres recherches. Il a lu et relu Nietzsche, y compris pour « retourner » contre Nietzsche, les armes de Nietzsche. Pour philosopher « en son nom propre ».
Foucault n'utilise d'ailleurs pas le terme lecture pour décrire ce travail sans cesse repris. Il le nomme interprétation :

> « [...] *interpréter, c'est s'emparer, par violence ou subreption d'un système de règles qui n'a pas en soi de signification essentielle, et lui imposer une direction, le ployer à une volonté nouvelle, le faire entrer dans un autre jeu et le soumettre à des règles secondes* [...]
>
> « *Moi, les gens que j'aime, je les utilise. La seule marque de reconnaissance qu'on puisse témoigner à une pensée comme celle de Nietzsche, c'est précisément de l'utiliser, de la déformer, de la faire grincer, crier. Alors, que des commentateurs disent si l'on est ou non fidèle, cela n'a aucun intérêt* ».
>
> Michel Foucault, « Nietzsche, Freud, Marx », *Cahiers du Royaumont 6*, Éditions de Minuit, Paris, 1967, p.158.

Il est clair que l'interprétation n'est pas pour Foucault l'exercice d'une piété de disciple : c'est un sport de combat, une permanente polémique. Une tentative de *dissidence* que Daniel Liotta théorise sous la figure de la **reprise**.

> « *Elle* [la reprise] *apparaît comme une forme mixte qui unit la répétition et la différence. Reprendre est à la fois se tourner vers ce qui est antérieur et engager un avenir, c'est maintenir et inventer* ».
>
> Daniel Liotta, *Qu'est-ce qu'une reprise ? Deux études sur Foucault*, Transbordeurs, Marseille, 2007, p. 49.

La reprise est une pratique qui noue inextricablement le fait de continuer et le fait de commencer. S'adosser à une pensée jusqu'à la déformer, la contredire. *Dissider,* « faire du propre », c'est-à-dire du *mien*.
On peut penser la reprise comme « expérience de pensée[94] », comme un exercice de rivalité fraternelle, d'agressivité admirative. Apprendre à penser « dans la tête d'un autre ». Avec lui, au-delà de lui. Avec lui, contre lui ... Ne

[94] Au sens que la mécanique a donné à cette figure, de l'introduction de cette notion par Ernst Mach dans son ouvrage *La mécanique* (1883) à la mécanique quantique avec, par exemple, *le chat de Schrödinger* : « *comme dans la recherche expérimentale appliquée, ces expériences recourent à la variation, la comparaison et la sélection de paramètres, à cette différence près que leurs hypothèses restent souvent empiriquement invérifiables ou irréalisables. Libérées des contraintes matérielles, elles sont en mesure de frayer la voie à de nouveaux horizons de recherche* », in Florence Vatan, « L'aventure de la pensée », in *Revue de métaphysique et de morale*, n° 79, Paris, 2013 (pp. 336-337).

pas juger ce qu'il apporte, mais le mettre à l'épreuve en multiples tentatives de subversion (déplacements, greffes inattendues, renversements...). La reprise est un exercice (au sens sportif ou scolaire de ce terme, Valéry dirait un « *athlétisme intellectuel* ») qui noue intimement lecture et écriture, qui assume tant le lignage que la volonté de produire de la différence, de *dissider*, de s'inscrire en faux contre celui dont on a pourtant emprunté le chemin. Les linguistes nous ont appris qu'« *être significatif, c'est être distinctif* »[95]. Interprétations, reprises, n'ont pas pour objectif une quête de *la* vérité (qui s'opposerait à *la* vérité énoncée par ce que nous lisons) : elles ne valent que comme ouvertures de sens, ouvertures de possibles non encore énoncés.

La reprise nous apprend l'exercice de la bifurcation : « *passer du chemin à suivre au chemin à frayer* », figure par laquelle le romancier Julien Gracq décrit la ruse cruciale de toute création. À la fin du XVIIIe siècle, Bichat définit la vie comme « *l'ensemble des fonctions qui résistent à la mort* ». En 1979, le biologiste H. Atlan écrit dans *Le Cristal et la fumée* : « *la vie c'est l'ensemble des phénomènes qui sont capables d'utiliser la mort* ». Formulation qui marque l'inscription dans le courant de la pensée de la biologie, mais qui exprime dans un même geste, le bouleversement radical opéré en un siècle et demi par la biologie[96].

Contrairement à la lecture symptômale, l'interprétation est un travail de lecture qui se projette délibérément en aval du texte lu. Ce n'est pas une lecture « critique » : elle ne cherche pas à confirmer, infirmer ou transformer les propositions énoncées dans le texte ; activité de nature spéculative, constructiviste, elle est en quête de possibles non exploités.
Ne pensons pas l'interprétation comme une pratique intellectuelle qui serait dévolue à la seule littérature, ou aux études de l'art. L'exercice de l'interprétation constitue ce que l'on appelle aujourd'hui une méta-compétence, au même titre que l'analyse. Tout fait nouveau, surprenant, toute rencontre inattendue est d'abord objet d'interprétations. Le travail d'interprétation (construction d'interprétations multiples, hétérogènes, concurrentes) nous semble devoir être compris comme une pratique **d'actualisation**[97]**,** et ce dans un double sens :

---

[95] « *Chaque signe a en propre ce qui le distingue d'autres signes. Être distinctif, être significatif, c'est la même chose* », J. Benveniste, *Problèmes de linguistique générale II*, Gallimard, Paris, 1974, (pp. 222-223).

[96] En particulier les travaux sur l'*apoptose,* mort cellulaire programmée durant tout le cours de la vie (et nécessaire à celle-ci) in Jean-Claude Ameisen, *Le suicide cellulaire ou la mort créatrice,* Seuil, 1999.

[97] Yves Citton, *Lire, interpréter, actualiser. Pourquoi les études littéraires*, Éd. Amsterdam, Paris, 2017.

- il s'agit d'abord de tentatives de **contextualisation :** inscrire dans des ensembles construits par nos propres pertinences, nos objectifs et visées, l'appareillage intellectuel que nous pouvons mobiliser.
- en second lieu, il s'agit d'une pratique d'**actualisation**. Actualiser, évidemment non pas au sens que la presse donne à ce terme (« être » ou « ne pas être d'actualité »), mais au sens fort de ce terme : *mettre ou remettre en acte* dans notre pensée, re-*mobiliser* – remettre en mouvement – des schémas antérieurs de pensée, les réévaluer, tenter d'en faire ce que Nietzsche appelle de « *nouveaux gestes de pensée* ».

- LA LECTURE D'UN CHERCHEUR N'EST PLUS CELLE D'UN ETUDIANT

Lire *en* chercheur, ce n'est pas lire *en* étudiant. Pour paraphraser Kant, le chercheur serait un étudiant dont l'objectif serait moins d'enrichir ses savoirs, que d'en finir avec « *l'état de tutelle* ». S'il n'est pas encore totalement émancipé, il lui faut utiliser les exercices de Master et la thèse pour attester d'une réelle autonomie, démontrer sa capacité à « faire du propre ». L'étudiant ne lisait pas en construisant explicitement un point de vue propre : en quête de connaissances nouvelles, il lisait en s'efforçant d'adhérer au point de vue de l'auteur, en postulant la docte *autorité* de celui-ci (rien que le fait de penser à rapprocher les deux mots « *auteur* » et « *autorité* » – invite au soupçon). Le chercheur ne fait pas la fine bouche sur la rencontre de connaissances nouvelles (« *accumulons, accumulons…* »), il n'en fait pas pour autant l'objet de son travail de lecture.
Posons un premier paradoxe : le chercheur est moins en quête de réponses qu'en quête de questions. En quête de questions à poser au texte, et, pour ce faire, il lui faut construire un point de vue propre. En quelque sorte – même quand il rencontre un texte pour la première fois – il s'agit moins d'une lecture que d'une *re-lecture.*
Mais, **être en quête de nouvelles questions à poser, c'est aussi être en quête de nouveaux moyens à mettre en œuvre, de nouveaux « gestes de pensée » disait Nietzsche.** En quête de questions qui lui permettraient d'inaugurer ses propres investigations, en quête de moyens de « faire du propre », c'est-à-dire à produire de la différence[98]. À la recherche de voies d'accès nouvelles, de nouveaux angles d'attaque, de nouvelles *prises* possibles : il lui faut pour cela mettre en œuvre une lecture polémique, attentive à toute opportunité de dissidence, de **mettre en question.** L'expression est ici à entendre au double sens de *contester* (une autorité, une notoriété : c'est « mettre en doute » sans souci de respect), mais c'est aussi, tout simplement, construire une forme interrogative, tenter de récuser ou interroger une assertion en posant un point d'interrogation réfléchi, délibéré. Nous postulons ici que la partie la plus

[98] Rappelons encore une fois ce que la linguistique nous apprend qu'« être significatif », c'est « être distinctif ».

créative d'une intelligence, c'est celle qui questionne, qui « *voit des problèmes là où personne n'en voit*[99] », ou qui transforme, malmène, bouleverse les problèmes dont il hérite.

> « *Quel que fût le domaine nouveau où il entrait, qu'il s'intéressât aux vignes ou au ver à soie, au choléra des poules ou à la rage, Pasteur cherchait chaque fois à transformer le problème, à le traduire en d'autres termes, à le rendre accessible à l'expérimentation. Aujourd'hui, on ne procède pas différemment. Toute l'activité des biologistes tend à reformuler les problèmes les plus variés en questions accessibles au laboratoire. Tous leurs efforts visent à poser des questions à quoi peut répondre l'expérience* ».
>
> François Jacob, *Un conquérant nommé Pasteur*, Le Monde, 22/04/2013.

Dans cet éloge de Pasteur, François Jacob insiste d'une part sur le fait que la pensée scientifique commence toujours par cette volonté de « transformer le problème », de construire de nouveaux questionnements ; mais il insiste sur la solidarité entre poser de nouvelles questions, des questions qui « transforment le problème », mais qui, ce faisant, le rendent accessible à d'autres travaux de laboratoire, à d'autres protocoles d'expérimentation[100]. Les nouveaux questionnements construits anticipent immédiatement des gestes expérimentaux inédits ; comme si la conception d'un nouveau questionnement dessinait un possible non encore envisagé, qui nouait quasi immédiatement pensées et gestes, spéculations et opérations d'expérimentation ou de formalisation.

La lecture du chercheur ne se traduit pas par l'exercice scolaire de la « note de lecture » : rendre compte d'un livre ou d'un article le plus objectivement et le plus exhaustivement possible. Il s'agit plutôt d'y « faire son marché », d'y capturer avec sagacité des éléments de formes diverses : une hypothèse, un exemple, une référence, qui seront le plus souvent dispatchés dans des dossiers séparés. Lorsque l'article vous semble le mériter, il peut apparaître nécessaire d'écrire une note qui porte globalement sur l'article ou le livre que vous avez lu. Mais cette note porte moins sur l'article même, que sur la lecture que vous en avez faite : ce qui vous agrée pour l'instant sans trop de problèmes, mais surtout ce sur quoi il vous faudra revenir, ce qu'il conviendrait de vérifier, de

---

[99] C'est ainsi qu'il arrive à Poincaré de se décrire : il est celui qui « *voit des problèmes là où personne n'en voit* », et « *refuse d'en voir* » là où tout le monde semble les trouver.

[100] Louis Althusser ne nous éloigne pas de cet éloge de Pasteur en décrivant les « *mutations* » de la science : « *là où on attendrait de nouvelles réponses, la science commence par changer les questions* [...] *L'avènement d'une science coïncide ainsi avec une mutation dans le système des questions que la science pose à la nature, dans le système des problèmes qu'elle affronte : une mutation de la problématique* », L. Althusser, *Initiation à la philosophie pour les non-philosophes,* PUF, 2014 (pp. 132-133).

réfuter ou d'amodier après telle expérience ou telle future lecture. Ce qui suscite en vous quelque soupçon, quelque sentiment – même vague – d'insatisfaction ou de déception ; si par exemple vous vous êtes arrêté sur un mot, une formulation en vous disant que « vous ne l'auriez probablement pas écrit comme ça » c'est cette hésitation, qu'il convient de noter et souligner même si elle fut fugace et non étayée ; un « retour » ultérieur sur ce soupçon pourrait fournir l'occasion d'une relance féconde. Les notations et notes que vous prenez pendant ces commencements sont partiales et partielles, partisanes, mais en sachant garder en tête que ce ne sont que des moments d'un *work in progress*. Que l'on travaille dans le précaire.

- LIRE (TRAVAILLER ?) ENTRE : ENTRE LES LIVRES, ENTRE LES ARTICLES ?

En ouvrant ce chapitre, nous avions semblé hésiter : lire un ou deux articles, (en manifestant toutefois une timide préférence pour le pluriel) ? Lire, *à la fois,* deux articles bien choisis ouvre non pas deux, mais trois espaces de travail. Deux articles – même très proches – ne sont jamais totalement congruents ; proximités et différences, même – voire surtout – si elles sont ténues, induisent des recouvrements et des espaces de pensée interstitiels. Lire *entre* deux livres ou articles – proches donc adverses – c'est comme s'inviter dans une conversation ou chaque interlocuteur vous aide à vous distancier de l'autre. Lire l'un avec les yeux de l'autre, avec le point de vue de l'autre, c'est apprendre à « *s'orienter dans la pensée* », selon la formule de Kant. C'est ruse pour se conquérir subrepticement une place « entre » des pensées constituées (et *autorisées,* puisque publiées). S'inscrire dans le déjà-là, dans le *déposé.* Commencer une recherche c'est tenter de s'inscrire dans des espaces saturés : aucune *place*, aucune page blanche, n'attend la contribution de quiconque. On vous parlera souvent de votre bibliographie ; mais la bibliographie est un produit d'ouvrage achevé, témoignage d'un chemin de croix obligé souvent inerte ; au cours du travail, *en chantier*, il vous faut penser *situation*, *état des lieux* : espaces interstitiels, et *co-bordismes* aventureux (que vous construisez), espaces intermédiaires où poser vos jalons, vos points d'interrogation. On ne « trouve » pas une place : on « *prend place* ». Notre « *place* » – la place où, tel Marx en son temps, « *poser son sous-main* » – est à libérer et à aménager.

En 1784, un journal allemand interpelle les penseurs en leur demandant de répondre à la question « Qu'est-ce que « les Lumières » ? », et donc, corrélativement, que signifie l'expression « siècle des Lumières » ? Emmanuel Kant, s'inscrit dans ce débat. Il définit « les Lumières » comme « *la sortie de l'homme de sa minorité, dont il est lui-même responsable. Minorité, c'est-à-dire incapacité de se servir de son entendement sans la direction d'autrui* […] ». Il poursuit en empruntant une formule d'Horace :

« *Ose savoir* ». « *Aie le courage de te servir de ton propre entendement. Telle est la devise des Lumières* ».
Nous ne naissons pas majeurs. Ni physiquement, ni intellectuellement. La minorité intellectuelle n'est pas seulement le produit de la soumission à l'autorité des maîtres, mais aussi le produit de l'autorité consentie aux habitudes, aux préjugés, à la doxa...
Les auteurs que vous lisez ne sont plus vos professeurs. Au mieux, il faut les penser comme des « intercesseurs », au sens que Gilles Deleuze donnait à de terme : tantôt des complices, tantôt des passeurs, tantôt des adversaires... La lecture est affaire de capture (Deleuze encore). La lecture, l'écriture du jeune chercheur ne sont plus celles de l'étudiant : elles se revendiquent nécessairement comme une quête de majorité, d'autonomie, de capacité à « remettre en question », à « s'inscrire en faux », à produire des écarts, des différences. Des « différends ».

L'écriture en travail

Entrons maintenant dans les pratiques et exercices d'écriture qui participent de ce que nous appelons « Écriture en travail ». Ne craignons pas de nous répéter : il ne s'agit pas – après avoir proclamé qu'il n'existe pas de « méthode pour penser » – d'édicter clandestinement d'autres « règles de la méthode ». Il n'y a pas de méthode (protocoles sûrs et sereins, à l'enchaînement nécessaire, répétables). Il s'agit de décrire quelques postures pratiques d'écriture. À chacun de réinventer, de bricoler les ruses et cheminements, les rythmes, qui lui conviennent.

Nous proposons de distinguer quatre familles d'exercices, qu'il appartiendra à chacun d'apprivoiser et de singulariser, tel le grand cuisinier qui revisite les plats canoniques de nos grand-mères : le bœuf bourguignon, la poule au pot certes, mais « *à ma façon* ».

- NOTER

« Tel quel »
Lorsque Bruno Latour et Steve Woolgar s'installent en ethnologues pendant environ deux ans dans le laboratoire de neuroendocrinologie du Salk Institut, ils sont surpris de constater que la plupart des chercheurs disposent, sur la paillasse ou le bureau, mais toujours à portée de main, d'un carnet, d'un cahier ou de feuillets sur lesquels ils prennent scrupuleusement des notes. Ils enregistrent, consignent, tout ce qui se passe durant les expérimentations[101].

---

[101] Latour B., Woolward S., *Labory life. The social construction of scientific facts.* London, Beverly Hills, Sage Publications, 1979 (trad. Fr., *La Vie de laboratoire : la Production des faits scientifiques,* Ed. La Découverte, Paris, 2012).

Mémoires discontinues de moments, archives de pensées et d'observations de toutes sortes au fil du travail (*notations*).

Ces *notations* ne viennent pas s'ajouter chronologiquement les unes aux autres ; leur succession est contingente : elles ne se suivent pas, ne se somment pas, elles se « recoupent », empiètent les unes sur les autres, laissent entre elles des lacunes, telles des pièces de puzzle qui ne trouveraient jamais simplement « leur » place – aucune image globale ne préexiste –, mais supposeraient de sans cesse remanier l'ensemble du tableau[102].
Tel quel : au ras de ce que l'on voit, au ras de ce que l'on pense[103]. La notation n'est pas – il faut s'en garder à tout prix – un travail d'écriture : l'écriture commencera *on second thoughts*, avec la rature, avec la biffure (la rature : un geste inaugural possible de la reprise). Il ne s'agit pas d'énoncer : simplement consigner, enregistrer, transcrire avec une minutie de notaire zélé, tant ce qui se produit, ce qui se voit, que des affleurements de pensée, des émergences, du fugace, des hésitations, des presque-riens et des « je-ne-sais-quoi… ». Sans jamais *forcer sa pensée*.
Ces cahiers, carnets ou feuillets ne sont pas tenus pour être donnés à lire. Notations privées, ils n'ont de pertinence que pour leur auteur. Ils comprennent donc des abréviations, des schémas, des accolades, des soulignements intempestifs, des marquages en marges, des couleurs, des signes, tout ce qui vous sera utile pour dynamiser et personnaliser votre récolte…
Ne pas chercher à nommer – cela viendra en son temps –, mais à *décrire*. Ne pas rechercher une précision de langage : ce que l'on a voulu trop préciser n'est plus ce que l'on a observé, ou ce que l'on a pensé initialement : c'est déjà un *on second thoughts*. Noter tel que cela « vous est venu ». Prenons dès maintenant acte que l'imprécision du langage naturel (sa non-univocité, le recouvrement entre substantifs, les définitions « poreuses » ...) ne constitue pas à ce stade de la pensée un obstacle mais fonctionne au contraire comme des *starters* ou des *embrayeurs* possibles pour un travail d'interprétation.

Il s'agit moins de chercher des *mots* (des mots « *justes* ! », donc des « définitions », prématurées et dès lors encombrantes), que des *phrases*, tels des gestes de description, protégeant la dynamique de la pensée. Le mot (le plus souvent un substantif) est borne, buttoir ; la phrase, par ses verbes, est geste, trajectoire. Quand on butte sur un mot qui se refuse (ou qui s'impose alors que nous sentons sa non-adéquation), ne cherchons pas un autre mot : cherchons une phrase qui contourne la difficulté, la fait disparaître. Dans le travail de la langue, le mot est ce qui arrime, ce qui arraisonne, et l'on a besoin

[102] La métaphore du puzzle vient presque naturellement sous la plume.
[103] On reprend ici l'intitulé d'un ouvrage de P. Valéry dans lequel il réunit des fragments de son journal intime déjà publiés.

de points d'arrimage ; la phrase est ce qui meut la pensée, l'entraîne, l'invitant sans cesse à son dépassement.

Quittons ce chapitre par un détour par le roman policier. Aux USA cette fois. À l'issue d'une journée probablement aussi épuisante que décevante, le détective privé, Phillip Marlowe[104] rejoint sa voiture. Il s'installe au volant, en route pour son lit ou, plus probablement, pour son bar préféré... Il suspend soudain son geste de mettre le contact : « *Il me vint une idée... Je décidais de lui prêter l'oreille* ».
Prêter l'oreille à sa pensée, voilà une bonne et belle idée... Et qui ne nous vient pas si souvent. Qu'est-ce que « *prêter l'oreille à sa pensée ?* » C'est d'abord se faire surprendre, et « prendre » par une pensée. S'étonner de ce qui se pense dans notre propre cervelle. C'est prendre conscience que toutes nos pensées ne sont pas maîtrisées, qu'elles ne sont pas toujours le produit de conduites conscientes. Nous ne sommes pas l'auteur de toutes nos pensées. Il y a sans doute un pilote dans l'avion, mais celui-ci est loin d'avoir en mains toutes les commandes, et de pouvoir déprogrammer tous les processus de pilotage automatique. « *Prêter l'oreille* » : la métaphore est à *entendre* au premier degré. Le travail de notation est d'abord **une forme d'écoute,** et non une forme d'expression. Comme un braconnage dans sa propre pensée ; glanage de bribes, de soupçons, d'émergences encore à l'état naissant. Écoute dont le produit possible est à objectiver par la notation, produit qui serait perdu sans elle. Le moins imaginatif d'entre nous brûle chaque jour des dizaines d'idées dont il ne saura jamais si elles étaient idiotes ou potentiellement fécondes puisqu'elles furent mort-nées. La pensée est fluide et fugace, plus fugace encore que le parfum.
« *Il me vint une idée...* » Mais d'où venait-elle ? Par quels chemins ?

Écoutons ce qui a pu apparaître comme une boutade de Nietzsche : « *le plus souvent quand on dit « je pense », on devrait dire « il pense », comme on dit « il pleut* ». Les modes de penser sont multiples, et pas nécessairement conscients. Prêter une oreille attentive et complice à tout ce qui *se* pense en nous est donc crucial.

Pourquoi noter ?
Pour objectiver les produits de cette observation et/ou de cette écoute de sa propre pensée en *notations*. En faire un matériau empirique, immédiatement disponible. Matériau amendable, falsifiable, qui peut être enrichi, raturé, subverti par quiconque est armé d'un clavier ou d'une simple mine de graphite. Le mot *notations* au pluriel dit le discontinu, l'éparse, l'hétéroclite... Refus de la perte : *retenir* l'éphémère en l'enregistrant. La notation est un appareil de capture : on *prend* des notes. Mais ces « *prises* », ne sont pas

[104] Il s'agit de l'enquêteur préféré de Raymond Chandler.

simplement écrites : elles sont *transcrites* et, à peine transcrites, font émerger des « notations sur la notation », tels des codicilles, dès lors « *pensés* » et non plus simplement observés.

Pourquoi tout noter ?

Deux raisons, qui tiennent au fonctionnement même de notre pensée.

- **En premier lieu**, parce que ce que nous appelons une pensée ne se présente pas à nous comme *le produit d'un travail de la pensée*, comme un « *pensé* ». Paradoxalement elle se donne d'abord comme idée encore « *impensée* », qui justement serait « *à penser* ».

> « *Tout penser est un re-penser* [...] *La première fois est comme une pensée déjà-là, mais pas encore pensée ; la seconde est cet impensé qui revient et demande à être pensé, mais quand la première fois n'y est plus* ».
>
> Jean-François Lyotard, *Pérégrinations,* Galilée, Paris, 1990, p. 26.

« *Einmal ist keinmal* » disent les Allemands, ce que l'on peut traduire par « la première fois ne compte pas ». Penser en propre serait toujours un *après-coup*, le retour d'une idée qui nous *est venue*, mais qui justement, est passée sans avoir été pour autant *pensée.* Là où nous disons « *à bien y réfléchir* », la langue anglaise se contente pragmatiquement d'un « *on second thoughts* ». La « première fois » ne peut être saisie, parce que, non inscrite dans une chaîne de pertinence, elle apparaît dénuée de signification. Mais il semblerait qu'elle ne disparaît pas pour autant de la pensée.

Les romans policiers font un usage immodéré de ces « pensées-non pensées », qui « travaillent » pourtant la pensée sous forme d'un lancinement, d'un malaise tant physique que mental, d'origine inexplicable. Le héros de Fred Vargas – le commissaire Adamsberg – s'agace de ce sentiment d'avoir manqué ou perdu quelque chose qui eut dû constituer un indice « *Je dois aller chercher des pensées que j'ai pensées et que j'ai oublié de penser* »[105]. Dans un roman ultérieur, il parlera de l'importance de ses « proto-pensées ».

Cette figure mentale paradoxale du souvenir d'un oubli est le ressort le plus classique de l'élucidation ultime des énigmes policières. Le commissaire Wallander (Henning Mankell) peut en être tourmenté jusqu'à « en être malade » sur plusieurs dizaines de pages : « *En même temps, une autre pensée s'était insinuée en lui. Un détail qu'il aurait négligé, une conclusion qu'il aurait dû tirer, une hypothèse qu'il aurait dû formuler... Ce n'était pas très clair, mais ça le rongeait. Tout au long du trajet, il chercha fébrilement sans parvenir à mettre le doigt dessus* ». Le souvenir perdu surgira soudainement quand Wallender se posera une question qui lui conférera une pertinence.

---

[105] Fred Vargas, *Temps glaciaires,* Flammarion, Paris, 2015, p. 255.

- **Le second argument** est épistémologique. Pourquoi une telle attitude de thésaurisateurs avaricieux ? Parce qu'à ce stade du travail (sans problématisation arrêtée) rien ne peut être éliminé, rien ne peut être décrété *a priori* non signifiant.
Dans leur ouvrage sur *La pertinence*, Dan Sperber et Deirdre Wilson énoncent avec vigueur un principe *de précaution* qui nous semble on ne peut plus sain :

> « *Il n'existe pas de données (aussi étrangères au problème puissent-elles sembler), ni d'hypothèses (aussi peu plausibles soient-elles) dont il soit a priori exclu qu'elles se révèlent pertinentes* ».

Dan Sperber et Deirdre Wilson, *La pertinence. Communication et cognition,* Éditions de Minuit, 1989, p. 104.

Autorisons-nous un nouveau détour par le roman policier. La plupart d'entre eux sont construits autour d'un renversement brutal de l'enquête aux deux tiers du livre, voire quelques pages avant la fin : l'élection d'*une* piste, parmi toutes celles qui ont été soulevées pendant l'enquête. Avant d'avoir élu **une** piste, on n'a pas vraiment de piste. Tout peut avoir valeur d'indice et il est impossible d'éliminer quoi que ce soit, puisque l'on ne sait pas ce que l'on cherche. Or, « *Quand on ne sait pas ce que l'on cherche, on ne comprend pas ce que l'on trouve* », selon l'ukase célèbre de Claude Bernard. Rien ne serait plus dangereux que de focaliser son attention sur un protagoniste ou un mobile possible, avant d'avoir élu, sur une base rigoureuse, *la* piste à suivre. « *Tant que les soupçons ne portent pas sur une personne précise, tous les indices ont valeur égale. Voilà une vérité archi-usée qu'il ne faudrait pas perdre de vue* » rappelle le commissaire Wallander. Tout enregistrer, avec le même degré d'attention – donc d'inattention – c'est s'interdire de s'obnubiler prématurément sur ce qui semble conforter nos attentes et manquer ce qui pourrait les infirmer ou les fragiliser. Les neurosciences montrent que ce que nous appelons « faire attention » consiste pour l'essentiel en un processus d'inhibition, de fermeture du champ mental. Il existe pourtant d'autres formes d'attention que cette hyperfocalisation que l'institution scolaire assimile à l'attention. Ce que nous appelons vigilance par exemple suppose de garder un spectre d'attention large, au cadrage encore lâche. De ne pas se focaliser sur des attentes possibles, de rester sensible à l'étendue.

Nous avons déjà cité ce texte dans lequel Freud dit avoir trouvé chez trois auteurs différents des « *connaissances [qu'eux-mêmes] ne possédaient pas* ». Mais un second point de cette citation devrait également nous arrêter : « *Ces trois informations identiques, qui avaient été accueillies sans que je les comprisse, avaient sommeillé en moi pendant des années jusqu'au jour où elles se réveillèrent en tant que connaissance apparemment originale* ». Freud lui-même a rencontré ces informations sans en faire des « *connaissances* », et il ne saurait dire ce qui a pu réveiller chez lui la *dormance* de ces

« informations » et les transformer, pour lui et non pour leurs auteurs initiaux, en paradigme fondateur d'une nouvelle discipline : la psychanalyse. Ce fait de la *dormance* participe probablement des deux arguments évoqués ci-dessus : quand Freud les rencontre pour la première fois ces informations n'étaient dotées pour lui d'aucune pertinence. On peut penser que ce soudain effet de pertinence est le produit d'une autre « rencontre » dont Freud ne se souvient pas[106].

- *ÉCHAFAUDER : TENTATIVES DE PROBLÉMATISATION*

Les notations prises au vol – observations et pensées mêlées – n'esquissent aucun fil de lecture. Elles indiquent à la fois des convergences et des contradictions obligeant à des retours en arrière, à remettre en question ce que l'on croyait acquis. Ces proximités incertaines, douteuses [107], souvent accidentelles, ces lacunes, les « trous » qui semblent s'être creusés entre des notations, peuvent donner lieu à la production de multiples *notes* : tentatives de formalisations par bribes, « exercices » de nouaisons, de rapprochements hypothétiques, d'aboutements hasardeux, partiaux, partiels, locaux...Nous parlons de *tentatives* parce qu'il s'agit d'une écriture spéculative, « à crédit », c'est-à-dire non encore étayée sur des faits probants, mais fondée sur des intuitions, des supputations. Multiplier les tentatives, sans avarice, sans retenue, sans peur qu'une relecture – quelques heures ou quelques jours plus tard – ne s'achève en éclat de rire... « *Pour voir* », en quelque sorte, « *à blanc* ».

Il s'agirait de réinventer la forme intellectuelle du bricolage (du « *braconnage* » disait Michel de Certeau, ce qui ajoute au bricolage le sel de l'illicite). Quels sont les deux impératifs du bricolage : « *Faire avec* » (avec ce que l'on a ce dont on dispose), et « *faire tenir ensemble* » (« composer [108] »). Et que cela tienne, se tienne. Exercices risqués, incongrus, d'assemblage, de montage (presque au sens cinématographique de ce terme : simplement « abouter » pour voir quel effet est obtenu). Échafauder, c'est trivialement tenter de « faire tenir ensemble », en une phrase, deux ou trois notations ; Deleuze parlerait d'**agencements** : nouages expérimentaux, locaux et précaires pour en constater et éprouver les effets.

Chercher des idées : restons chez Deleuze (paraphrasant ici Godard) : « *Cherchez des idées : pas des idées justes, juste des idées* »[109] ; il importe

---

[106] Freud, *op.cit.*

[107] Mais toute proximité n'est-elle pas douteuse ? Le proche n'est-il pas ce qui « se ressemble » pour l'essentiel de sa nature, sans pourtant pouvoir être inscrit comme un « même » ? Le proche recèle toujours un critère de différenciation, d'autant plus signifiant qu'il est ténu.

[108] Notons que les polysémies convergentes des verbes « composer » et « disposer » sonnent bizarrement dans ce contexte.

[109] in *Pourparlers,* réunion d'entretiens effectués entre 1972 et 1990 (paru aux éditions de Minuit en 1990).

selon Deleuze de « *ne pas juger ce qui vous vient* », or chercher des « idées justes » enclenche immédiatement un processus d'autocensure, de « retenue à la source » qui ralentit et tarit celle-ci ; des idées « pour voir ». « Pour voir ce que cela va donner ». On est plus proche du jeu de construction que d'une réflexion maîtrisée. C'est la métaphore musicale de l'improvisation qui nous vient immédiatement à l'esprit pour tenter de décrire cet exercice. Improviser c'est se soumettre à une dynamique en cours. Soumission à ce que le faire apporte, à « ce qui vous vient ». L'exécution est pilotée « *les yeux fixés sur le modèle* » (F. Jullien[110]), comme rétrospectivement, téléologique. Une bonne « *impro* » est produite à partir de l'amont, de ce qui précède... Improviser, c'est coltiner, tout ce qui vous arrive[111], embrayer au moyen de tout ce qui se présente.

La syntaxe ne manque pas de ce que nous appellerons des « **embrayeurs de possible** » :
- « **Et si...** » amorce, émergence encore obscure, d'un sens possible (et qui comporte souvent une dimension de récusation d'un *déjà-là* : « Et si, au lieu de [faire ceci, faire comme ceci...], je [je faisais ceci, je faisais comme ceci...] ».

- « **Autrement dit...** » : ne pas se laisser prendre par le côté « gentillet », et patelin, de cette expression. Même sans intention maligne, le résultat n'est jamais de simplement « dire mieux », préciser, peaufiner à la marge un énoncé, apporter quelque nuance rhétorique, ou stylistique. « *Dire autrement* » c'est aussi être tenté – et tenter – de se réapproprier un énoncé et, ce faisant, de *voir autrement*, construire un autre point de vue, donc d'autres possibles : « *autrement dire* », pour « *autrement voir* ». Et même si aucune tentation de ce type ne vous habite consciemment, l'effet sera toujours celui-là : toute tentative de « *dire autrement* » produit du déplacement, du *glissement*, de la différence.

- « **Tout se passe comme si...** » : cette formulation fréquente revendique de fait – inconsciemment ou consciemment – un changement radical de perspective, sinon de terrain. On examinait et commentait des « faits », des

---

110 Expression reprise du titre du premier chapitre de l'ouvrage de F. Jullien, *Traité de l'efficacité*, Grasset, Paris, 1996.

111 On pourrait inscrire la figure de l'*empirage* de S. Beckett comme un exemple paradigmatique de l'improvisation : « *D'essayé. De raté. N'importe. Essayer encore. Rater encore. Rater mieux* ». (in *Cap au pire,* 1991). Accepter, consentir à *ce qui vous est venu*, d'autant plus que cela vous surprend, vous heurte, contredit votre intention initiale, « L*es sacro-saintes intentions de l'auteur* » que vilipendaient les surréalistes. L'empirage fonctionne chez Beckett comme une fidélité à la rencontre, une opportunité d'être « *déçu en bien* ». Prémonition de ce que l'on nomme aujourd'hui sérendipité ? (Ces deux notions seront plus amplement introduites en partie IV.2 et IV.3).

données (des mesures, des résultats statistiques), dans la posture de celui qui constate, qui analyse ; cette locution nous transporte soudainement *dans le ciel des idées*, dans la spéculation. Écrire « *tout se passe comme si …* », c'est récuser « c'est ainsi ». Cette formulation ouvre sur une interprétation, elle nous fait entrer dans une pensée échafaudant une hypothèse, esquissant une modélisation mentale. On pourrait presque parler d'« *expérience de pensée* ».

Et que dire des conjonctions de coordinations les plus banales : **mais, toutefois, néanmoins, à ceci près que, or, pourtant… ?**
À la fois basculement de phrase et de pensée : passage d'un constat, ou d'un « donné », à un nouvel agencement de pensée ; à une mise en question, à la spéculation d'un possible. Une telle phrase ça se dessine, ça se « gesticule » : les deux mains mimant le mouvement oscillant des plateaux d'une balance Roberval. C'est un jeu rhétorique banal de contrepied intellectuel.
Les phrases articulées par ces conjonctions fonctionnent de fait comme des tentatives de capture, des « *reprises* ».

- *NOMMER*

Se mettre « en défaut de langage »
Autorisons-nous un nouveau *dépaysement.* Quelques grandes écoles, scientifiques ou de commerce, ont choisi ces derniers temps de confronter leurs étudiants à l'art contemporain. De quoi s'agit-il ? D'accroître leur culture générale ? Peut-être, comme on dit, « cela ne peut pas faire de mal ». Mais il est probable que l'intérêt essentiel est à chercher bien au-delà de ce seul bénéfice. Nous pouvons trouver là un excellent exemple de la figure du dépaysement que nous souhaitions mettre en œuvre en introduction du séminaire *episteme*.
Dans un essai titré « *Essayer voir* », le philosophe et historien d'art Georges Didi-Huberman décrit sa stupéfaction (au sens fort de ce terme : un état de stupeur, un sentiment d'hébétude, de stupidité), son impuissance à trouver des mots devant une installation vidéo de l'artiste irlandais James Coleman. Et la tentation immédiate de lever hâtivement cette suspension du langage, qui vous laisse « coi » de surprise. De *passer outre,* ou de tenter d'apprivoiser la surprise en essayant de rabattre la nouveauté sur du connu, ou plutôt du « reconnu » : « ça ressemble à… » ne se traduit-il pas dans le langage courant par « on dirait… » ?

L'art moderne, comme l'image, ont en commun leur polysémie et leur complexité. Ils n'affichent aucun message de l'auteur. Une œuvre d'art ne dit pas : elle produit des effets, elle affecte. L'œuvre, l'image ne se prêtent donc pas à la quête d'*une* vérité, d'*un* sens, dont ils seraient porteurs. Elles obligent à l'interprétation, *à de multiples* interprétations : divergentes, hétérogènes, dont la richesse n'est pas de se rapprocher d'une légitimité (conférée par

l'auteur ou par des commentateurs autorisés) mais d'expérimenter où, et jusqu'où – telle la vague du surfeur – elles peuvent vous *porter*. À quoi elles vous conduiront.
Didi-Huberman tente de dire l'expérience de manquer de mots, ou de ne disposer que de termes manifestement inadéquats, impropres à exprimer la force de cette rencontre. Toute émergence de nouveauté, tout phénomène réellement inattendu, ne produit-il pas cette sensation de soudaine carence du langage ? La force d'ébranlement d'une rencontre ne pourrait-elle se mesurer à cette soudaine « *suspension du sens* », elle-même attestée par la suspension du langage, qu'elle produit en nous ?

> « *Je suis resté* coi [...] *Regarder cette œuvre me mettait en défaut de langage, mais défaut n'est pas absence irrémédiable* [...] *: le défaut dénote bien plutôt une incomplétude en mouvement, donc une virtualité, une puissance. –* [...] *Là où manquent les mots dans l'expérience* [...] *là même s'ouvre un horizon pour inventer des paroles nouvelles, des phrases, des pensées jusqu'alors in-envisagées ».*
>
> Georges Didi-Huberman, *Essayer voir*, Éditions de Minuit, Paris, 2014, p. 52.

Pour autant, il n'existe pas pour Didi-Huberman « *d'expérience muette* » :

> « [...] *car une muette* expérience *(cet instant- là) ne fera jamais une véritable* expérience *(l'éventuelle sagesse ou science que l'on peut tirer de cet instant-là)* [...] *Trouver les mots* malgré tout *pour cette expérience, trouver les jeux de langage capables d'accorder* malgré tout *cette expérience à notre pensée ? L'image ne vaut que pour autant qu'elle est capable de modifier notre pensée, notre connaissance du monde ».*
>
> Georges Didi-Huberman, *ibid.*

L'expérience ne réside pas seulement dans la stupéfaction de la rencontre, mais dans la capacité à inscrire celle-ci dans nos schémas mentaux et à modifier ceux-ci pour accueillir l'expérience. « *Le difficile n'est pas de trouver,* écrit Paul Valéry dans *Monsieur Teste, mais de s'ajouter ce que l'on trouve* », et cela passe toujours peu ou prou par le langage et, paraphrasant G. Didi Hubermann qui parle d'un « essayer voir », par le travail d'un *« Essayer dire ».* Et, tant l'image que l'art moderne, ont ceci en commun de ne pas se laisser prendre aisément dans les rets du langage. « *Quand les mots manquent,* écrit Jean-Bertrand Pontalis, *c'est qu'à son insu on s'apprête à toucher un autre sol* »[112].

[112] Jean-Bertrand Pontalis, *L'amour des commencements,* Gallimard, 1986, p. 103.

Permettez-nous de rapprocher de ces citations de poètes, d'écrivains, un jugement qui pourrait vous convaincre bien plus directement : « *Un fait n'est rien par lui-même, il ne vaut que par l'idée qui s'y rattache, ou par la preuve qu'il fournit. Nous avons dit ailleurs que, quand on qualifie un fait nouveau de* découverte, *ce n'est pas le fait lui-même qui constitue la découverte, mais bien l'idée nouvelle qui en dérive* ». Ces mots sont extraits de *l'Introduction à l'étude de la médecine expérimentale*, écrite en 1865 par *Claude Bernard.* Le fait ne vaut que par l'énonciation nouvelle qu'il permet.

Le dernier *item* du *Tractatus* – passage le plus connu du livre le plus connu (mais pas le plus lu !), de Wittgenstein – dit : « *Ce dont on ne peut parler, il faut le taire* ». « *Ce dont on ne peut parler* » désigne pour Wittgenstein ce que l'on ne peut nommer avec précision, ce que l'on ne peut expliciter rigoureusement. « *Mais non.* – lui rétorque pourtant l'épistémologue Gilles-Gaston Granger, *c'est précisément parce qu'il rencontre à chaque instant ce dont il n'a pas les moyens immédiats de parler que l'homme improvise une science, invente un nouveau langage, et annexe de nouveaux objets* ». Le *défaut* du langage – au sens économique de ce terme : sa faillite – est à l'origine du recours aux langages formalisés des sciences.

> « *Qu'est-ce que* l'*originalité*, s'interroge Nietzsche ? Voir *quelque chose qui ne porte pas encore de nom, que l'on ne peut pas encore dénommer, bien que tout le monde l'ait sous les yeux. Les hommes étant ce qu'ils sont habituellement, seul le nom leur rend une chose visible. – Les originaux ont été aussi la plupart du temps les inventeurs de noms* »[113].
>
> Nietzsche, *Le gai savoir*, 1882, Fragment 261.

Mais les mots forgés et posés ne sont pas pour autant des réponses ou des garanties de connaissance. Il ne s'agit que d'outils intellectuels. Poser un mot sur un ensemble d'objets, c'est comme greffer une poignée à un objet qui n'en portait pas. Le psychiatre Janet disait d'un nom désignant un trouble ou un ensemble de troubles psychiques, qu'il ne s'agissait que d'un *panier.* Un cabas pour faire tenir et transporter ensemble aisément un certain nombre de symptômes. Rendre l'ensemble intellectuellement appréhendable, discutable. Objectif strictement pragmatique donc. Cette prétention de nommer ne saurait donc aller sans une perpétuelle interrogation sur le langage que nous avons forgé. Mais l'effet de nomination est réel : derrière la multiplicité des symptômes on verra désormais une maladie. Le travail clinique du médecin se résumant dès lors à une imputation dans une catégorie *a priori.*

---

[113] Nietzsche utilise bien sûr les mots originalité, original, dans leur sens étymologique : « être à l'origine de… » et non « être original ».

Le photographe Cartier Bresson disait « *les gens ne regardent pas, ils identifient* ». C'est-à-dire qu'ils assignent hâtivement à un substantif, à un nom, leurs incertitudes, leur perplexité devant la complexité d'une photographie. Ils s'estiment quittes de tout devoir d'interrogation et d'interprétation dès lors qu'un « nom » est posé sur des observations. Bresson est « wittgensteinien » sans le savoir : « *voir, c'est voir comme…* ». Nos yeux regardent, mais ce ne sont pas nos yeux qui « voient ». Nos oreilles perçoivent sons et bruits, mais ce ne sont pas les oreilles qui « entendent » : c'est notre cerveau qui voit, qui entend, par le truchement des yeux, des oreilles et ce, au moyen du langage. Voir c'est chercher et trouver des mots, c'est chercher et trouver des phrases, les modifier, les amodier tant que possible.

> « *Les mots nous barrent la route.*
> *Partout où les premiers hommes plaçaient un mot, ils croyaient avoir fait une découverte. Combien il en allait autrement, en vérité ! – ils avaient effleuré un problème et, croyant l'avoir* résolu *ils avaient construit un obstacle à sa solution. – Maintenant, dans tout effort de connaissance, on trébuche sur des mots pétrifiés, éternisés, et le choc rompra plus facilement la jambe que le mot* ».
>
> Nietzsche, *Aurore,* 1881, fragment 47.

N'omettons pas de remarquer en passant qu'il s'agit là en quelque sorte d'un somptueux exercice de *reprise* que Nietzsche applique à sa propre pensée ; Nietzsche pensant contre lui-même pour nourrir sa pensée. Mais prenons garde : la reprise ne vaut en aucun cas abrogation de la première occurrence[114]. G. Colli, l'un des meilleurs lecteurs de Nietzsche – estimait bien dangereux de fonder une position, sur une citation de ce philosophe : on trouvera toujours disait-il, ailleurs dans l'œuvre, un fragment, qui énoncera son contraire. Aucune citation philosophique ne devrait pouvoir servir de *mantra*, d'incantation. Avant d'être écrivain, Nietzsche est un penseur, c'est-à-dire un « *écrivant* » : son écriture est un *work in progress.* Chaque énoncé constitue un moment de pensée qu'un autre énoncé, inscrit dans un autre contexte, venu à la pensée dans une autre perspective peut contredire, sans pour autant le rendre définitivement caduc.

Dans l'exemple ci-dessus, il convient bien sûr d'user ensemble de ces deux citations, de travailler « entre elles », pour penser à la fois la nécessité intellectuelle de nommer – il est vrai que celui qui nomme « *voit* », et dès lors « *donne à voir* » ce qui ne se voyait pas – mais aussi les dangers d'entendre dans ces nominations – surtout si on les baptise *concepts* – autre chose que des abstractions précaires et conventionnelles, dont on ne peut user que dans le cadre précis d'une théorie spécifique.

---

[114] Notre propre logique d'exposition nous a d'ailleurs conduit à inverser l'ordre chronologique des deux fragments qui sont distants d'à peine plus de cinq ans.

Perdre la capacité d'interroger le langage et ses coups de force – nommer est un coup de force –, c'est risquer de transformer une dynamique en dogme, une tentative en doctrine.

Quand « les mots nous barrent la route »

« *Je crains plus le connu que l'inconnu* », écrivait, dans ses *Cahiers,* Paul Valéry qui n'est pourtant pas le plus passéiste et le plus conservateur des penseurs. Peut-on entendre dans cette assertion plus qu'une boutade ou une provocation ? Il s'agit d'une mise en garde qui renverse l'attitude habituelle selon laquelle il n'y aurait pas à se méfier (à *douter*) de ce qui nous est donné comme connaissance. Il convient bien sûr de s'assurer que celui qui prononce cette phrase n'avance pas pour « connu » ce qui ne serait qu'une opinion propre. Mais cela ne saurait suffire.

Il n'est pas iconoclaste d'appliquer ce principe de Valéry à la pratique scientifique. Les notions de gène et de génétique sont familières en biologie depuis le début du XXe siècle. Le terme d'*épigénétique* (le préfixe *épi* veut dire *sur* : qui surdétermine le gène, modifie ses effets, modifie la « lecture » qu'en fait chaque cellule) désigne une nouvelle branche de la biologie. L'expression « *programme génétique* » apparaît (presque toujours entre guillemets) dès la publication des travaux de Jacob, Monod et Wolf (qui leur vaudront le prix Nobel). Filant la métaphore informatique, les auteurs sont passés – sans plus s'interroger – de la notion de *codage* (indéniable) à celle de *programme*, sans prendre conscience de la dimension strictement déterministe, et finaliste, que cette notion réintroduit en biologie. Au fil du temps les guillemets tombent. Le *programme* génétique devient pour 30 ans le dogme de la biologie. Les coûts et le temps nécessaires au décodage du génome humain conduisent à une stratégie du « tout génétique » qui assèche quasiment la recherche en épigénétique. Le terme ne réapparaîtra qu'au début des années 90. Voilà une interprétation possible de la phrase de Valéry : la science ne véhicule pas que de la connaissance. Pour Valéry, l'inconnu le plus dangereux c'est celui qui voyage en contrebande dans ce qui est réputé connu ; dans les bagages d'une théorie dûment labellisée « savoir », que les certitudes qu'apporte cette théorie protègent et assument en leur sein des zones d'ombre. Insoupçonnable, il ne peut être débusqué de l'intérieur : il suppose de penser *out of the box.*

Posséder et cultiver le *sens du précaire*, est l'une des vertus canoniques du chercheur, et surtout la garantie de dynamique. La pensée est une *dynamique non linéaire* : il importe donc de savoir profiter de ses changements de rythmes, de ses « catastrophes ». Gregory Bateson demandait à ses étudiants d'« *apprendre à écrire en faisant des nœuds à leur mouchoir* »[115]. La métaphore est osée mais elle frappe juste. Il s'agissait surtout d'apprendre à

[115] Gregory Bateson, *op.cit.*

nommer, mais à nommer avec prudence, en forgeant des termes dont la forme même atteste qu'ils sont des abstractions. Les concepts ne sont pas des vérités : ce ne sont que des moyens, des outils intellectuels, abstraits et conventionnels, qui n'ont d'ailleurs de sens (nous le verrons plus loin) que dans une construction théorique spécifique ; il importe de ne jamais les confondre avec les objets ou les événements qu'ils désignent dans ces théories.

Répétons-nous : on n'est jamais trop méfiant avec les substantifs. Ils « arriment », arraisonnent (mot appartenant au vocabulaire juridique de la marine : obliger à jeter l'ancre, à « mettre en panne ») la pensée, alors que les verbes fonctionnent comme invitations, relais, « passages », mise en mouvement de la pensée. Ils sont garants de la fluidité et de la dynamique du travail de pensée[116].

Conceptualiser / problématiser

Poser un concept ne constitue en aucun cas apporter une réponse aux questions que l'on se pose : c'est un outil qui doit nous permettre de transformer ces questions initiales en questionnement scientifiques, en problématique. De les circonscrire, de les rendre intellectuellement maniables, de construire des dispositifs de vérification empirique adéquats. Ouverture et non clôture. L'épistémologue Étienne Balibar distingue les concepts-méthodes et les concepts-problèmes.
Michel Serres décrit le concept comme une île, isolée, à fortifier et protéger, qui ne vaudrait que par la qualité de ses frontières ; pour Gilles Deleuze et Félix Guattari en revanche, le concept est un carrefour, un *nœud* aux frontières poreuses, qui vit pour l'essentiel de la richesse de ses « *vicinalités* ». Nous ne trancherons pas ici ce différend. « *Il n'y a pas de concept du concept* » nous rappelle Étienne Balibar[117]. Un concept joue des rôles différents dans les divers systèmes théoriques qui en usent, et il change de fonction (et de sens parfois) au cours de la vie de ces théories. Il est des moments dans le procès de constitution et de consolidation d'une discipline où le concept doit être

---

[116] Bachelard : « *les mots* [les substantifs] *sont obscurs comme séjours, éclairants comme passage* ». Pour lui, un concept n'a jamais autant de force que « *quand il change de sens* ». Dans son *Traité des Couleurs*, dès le début du XIXe siècle, Goethe s'était inquiété de cette prééminence des substantifs en allemand comme en français, regrettant amèrement la victoire du latin sur le grec : la langue latine est structurée sur les substantifs, des *concepts* alors que « *Le grec est beaucoup plus naïf, beaucoup plus propre à un exposé naturel, lumineux, intelligent, esthétique. Cette manière de parler par verbes, surtout avec des participes et des infinitifs, rend chaque expression souple ; à proprement parler, rien n'est déterminé, cloué, fixé par le mot* […] *Au contraire, la langue latine, en utilisant les substantifs, décide et commande. Le concept est solidement catalogué dans le mot, il se solidifie dans le mot ; avec lequel, dès lors, se comporter comme s'il s'agissait d'un être réel* ».
[117] Étienne Balibar, *Lieux et noms de la vérité,* Éd. de l'Aube, Paris, 1994.

défendu, fortifié comme une île, une ville assiégée, où le chercheur mute en garde-frontière implacable – moments où l'intransigeance est vertu – et d'autres où il lui faut se métamorphoser en frontalier qui manipule aisément les langues, les monnaies et les coutumes étrangères, qui emprunte, importe et exporte, transforme pour son propre usage sans vergogne, des moments où la *passibilité*[118], la porosité sont vertus.
Selon Julien Gracq, le choix d'un mot est pour l'écrivain « *affaire de frontières* ». Il en est pratiquement de même pour « l'écrivant » qu'est le chercheur. Nommer un concept, c'est évoquer et révoquer des mots proches, les mots qui seront – plus ou moins délibérément – récusés…

Que demande-t-on à un concept ? Essentiellement, qu'il **distingue** (« *être significatif, c'est être distinctif* » : nous avons déjà rencontré cet axiome de la linguistique). D'où un travail initial de définition qui tente de dessiner des frontières nettes entre ce qui entre dans le concept et ce qui ne saurait y trouver place. Il n'y a que deux chemins possibles pour *circonscrire* un concept : « par *x* (le concept que l'on entend construire) j'entends … et non pas… », ou « par *x* j'entends non pas … (la liste des entités dont le concept veut s'écarter) mais … ». Ce second chemin est probablement le plus fréquent, car le chercheur travaille dans des univers saturés, où aucun espace vide ne l'attend ; pour Paul Valéry, tout travail intellectuel commence, on l'a déjà évoqué, par « *le nettoyage de la situation de langage* ». Le philosophe Wittgenstein a mis en évidence le fait que « *voir* » est toujours la construction inconsciente d'un « *voir comme…* ». La perception – ici, voir – s'offre toujours comme nouée peu ou prou à du langage, à de la mémoire, à des savoirs ou des croyances antérieures. Produire une césure significative (volonté d'invention ou de création) suppose de **récuser** un « *voir comme …* » classiquement usité, déjà sur le marché. Il s'agit alors de « *voir non plus comme … mais comme …* ». Nous parlons de récusation et non de réfutation car, à ce stade de la pensée, il n'existe pas encore d'argumentation construite contre les concepts.

« Essayer dire »[119]

Et d'abord : **« Trouver à qui parler »**
Nous ne pensons pas ici à l'arène des pairs et collègues à qui on expose régulièrement – avec prudence cependant – des résultats, voire ses difficultés.

---

[118] Terme utilisé par J.-F. Lyotard pour désigner la jouissance de la pure réceptivité (in *L'Inhumain : causeries sur le temps*, 1988).
[119] Nous transformons ici la formule de G. Diddi-Huberman « Essayer voir »… Didi-Huberman précise néanmoins que, face à l'émotion du voir, il y a – du moins pour le chercheur – le dire : « *nous, historiens ou historiens d'art, nous qui désirons savoir, nous qui nous réveillons chaque matin avec le sentiment d'une visualité du rêve souveraine mais oubliée, il ne reste que l'écriture ou la parole pour faire de cet oubli un support éventuel de notre savoir, son point de fuite surtout, son point de fuite vers le non-savoir* » (Didi-Huberman, *Devant l'image : question posée aux fins d'une histoire de l'art*, Éd. de Minuit, coll. « Critique », Paris, 1990),

Ni à ceux – collègues, concurrents – à qui il faut « *se mesurer* », avec qui il faut *disputer* ; exercice obligé que Nietzsche – évoquant les discussions, disputes, controverses mais aussi « banquets des philosophes grecs – décrivait comme « la lice érotique » : affrontements, tournois, dangereux, où l'on ne met en jeu que des acquis assurés, sans risques[120].

« ***Parler, c'est marcher devant soi*** », écrit Raymond Queneau[121].
Bizarre et somptueuse maxime, comme si la prise de parole publique opérait une dissociation du sujet. De fait, m'adressant à un public, de quelque nature qu'il soit *je* parle. Mais ce faisant, *je* m'entends parler, *je* m'écoute parler. *Je me parle. Je tente de suivre la progression de* mon propre discours, voire *de le rattraper, de le contrôler. Penser*, c'est *discourir. Discourir* c'est *parcourir.* Mon attention à ce qui se dit par ma parole, est à la fois un « *aller* » : elle est guidée, part une visée échafaudée *a priori*, elle tente de suivre un chemin. Mais c'est aussi un « *être emporté* » : toute parole tâtonne, se cherche ; elle bute contre un mot qui se refuse ou un mot qui s'impose, alors qu'à l'évidence, il n'est pas satisfaisant. Valéry écrit dans ses *Cahiers* « *la mémoire, si elle fut fidèle, ne nous servirait à rien* » ; je suis souvent tenté de paraphraser cette phrase pour évoquer notre rapport à la langue : « *la langue, si elle fût précise, ne nous servirait à rien* ». Pensée et langue luttent, *se cherchent* ; combien de fois, même dans une conversation banale, ne disons-nous pas : « *excusez-moi, je voulais dire…* », ou « *j'ai voulu dire…* » ? Ceci prouve bien qu'il n'est pas si aisé de dire ce que l'on veut dire, et peut-être plus encore, de *ne dire* ***que*** *ce que l'on voulait dire.* « *Je voulais dire…* », « *j'ai voulu dire…* » : l'usage d'un mode passé est d'ailleurs ici fallacieux. Il n'existait pas dans ma tête, avant que je prenne la parole, une formulation mentale correcte trahie par ce qui a été – plus ou moins péniblement – énoncé. C'est ce que l'on s'est entendu dire qui produit – « *on second thoughts* » en quelque sorte – une reprise plus satisfaisante, puis une autre plus satisfaisante encore … Parler c'est aussi converser avec soi-même. L'important est moins ce que nous disons à l'instant *t* que ce que cela nous fera penser à l'instant *t+1... t+n...* Tentatives et reprises, trouvailles, mais aussi défaillances et ratés de la langue. « Le grand secret est là : *la pensée se fait dans la bouche* » écrivait Tristan Tzara dans l'un des *Sept manifestes dada.* Pour le philosophe Pierre Alféri, penser ce n'est autre chose que « *chercher une phrase* »[122].

Il s'agit de trouver vos auditeurs. Pas de sélectionner nécessairement de possibles interlocuteurs ni des experts de votre champ de recherche ; surtout

---

[120] François Jacob, par exemple, parle même des pièges et des affres des rencontres scientifiques.
[121] in *Les œuvres complètes de Sally Mara*, cité dans B. Arnaud, *Raymond Queneau, La pataphysique,* éditions Alias, 2003, p.52.
[122] Pierre Alféri, *Chercher une phrase,* Christian Bourgois, 1991.

divers et de confiance, qui ne vous inhiberont pas. L'important c'est moins ce qu'ils pourraient vous apporter que le travail d'élucidation qu'ils vous obligeront à faire pour engager le dialogue. Le fait que leurs profils intellectuels, leurs types d'écoute, vous conduiront à énoncer ces questions sous d'autres angles, pour exposer des difficultés, des moments difficiles, des sensations de piétinement, de marasme. Vous n'attendez d'eux que leur écoute. Il ne s'agit en aucun cas de les convaincre, mais de s'assurer que l'on « *se fait comprendre* » et – corrélativement – de se mieux comprendre soi-même : la séduction d'un auditoire – même muet, même celle d'un seul auditeur – induit (suppose ?) une auto-séduction. Même quand les auditeurs ne sont pas des interlocuteurs – qu'ils n'interviennent pas – leur présence, leur écoute induisent en vous l'émergence d'une dynamique d'énonciation.

DE L'ENTRÉE EN THÈSE (LA NOTE DE PROBLÉMATIQUE)

La « *fin des commencements* »

Moment d'élection (hasardeuse), parmi tous les « possibles » *levés* dans le travail initial d'exploration, de quelques questionnements, organisables en système, en problème scientifique, coup d'envoi décisif qui oriente vers des choix et des modes de contrôle qui s'avéreront fabriquer de la recherche « scientifique » (ce n'est qu'au bout du travail que l'on peut dire « c'est de la science »), elle désignerait ce que l'on pourrait résumer, dans une sentence quelque peu philosophique, par « *la fin des commencements* ». Premier document écrit (donc à *écrire*) susceptible d'être donné à lire, la note de problématique est à la fois pari, engagement, et point de conversion radical.

- **Un pari**, car on ne saurait affirmer que le travail d'exploration tâtonnante des *commencements* est achevé. On ne saurait assigner à ce travail un point d'achèvement : il pourrait se poursuivre encore longtemps (indéfiniment probablement) et mettre en évidence d'autres « possibles », d'autres agencements spéculatifs féconds qui mériteraient une recherche (une autre recherche). Simplement on est convaincu de disposer de matériaux intellectuels qui peuvent nous *porter* sur la longue haleine d'une recherche, qui permettent d'engager un travail d'un tout autre type.

- **Un engagement** (auprès de son directeur de thèse, du responsable du laboratoire, d'un organisme financeur, ou d'une instance d'évaluation…), parce que, à partir de cette note de problématique, un plan de travail et un calendrier prévisionnel des tâches sont élaborés. Cela ne veut pas dire que des choix initiaux ne devront pas être amendés : des manques apparaîtront, certains pans de travail devront être abandonnés (infructueux ou trop coûteux en temps pour ce qu'ils apportent). Une « note de problématique II » sera peut-être nécessaire, sans pour autant bouleverser l'économie générale du travail, ni modifier – si ce n'est à la marge – la problématique.

- **Un lieu de conversion radicale vers la posture du chercheur**, de ses modes de mobilisation intellectuelle, car à partir de ce point il devient possible et nécessaire de rompre avec les parcours erratiques des commencements pour engager une *démarche* c'est-à-dire un trajet linéaire, maîtrisé, cumulatif ; ce parcours est anticipé dans la note de problématique en tant que méthodologie. Le chercheur se doit dès lors de suivre l'injonction du Christ à ses fidèles : « *ne te retourne pas* ». Il s'est fait pour un temps (qui peut être long, mais qui a désormais un terme) le prisonnier de ses propres idées et il lui faut assumer ce nouveau statut.

Mais, tout en étant « légère » (5-10 pages maximum) et susceptible d'être reprise au cours du travail de recherche, elle permet de « tenir en mains » une ébauche globale de la recherche.

Ingrédients de la note de problématique

1- Une « Situation »

Il ne s'agit en aucun cas d'une bibliographie mais plutôt d'un lieu (bizarre et énigmatique interjection poïétique de Rimbaud : « *le lieu et la formule* »[123]), dans lequel on s'insère (héritage intellectuel et théorique des recherches antérieures) au-delà de ce que serait un « état de l'art » (références), comme un point d'insertion.
Il s'agit en quelque sorte d'un « *État des lieux* » : état des lieux qui explique – légitime – tant les questions, que l'on pose *à nouveaux* frais, que l'angle d'attaque et les voies d'accès que l'on compte frayer, état des lieux qui montre la place que l'on veut essayer de « se » faire dans cet univers (saturé), les continuités auxquelles on tient, les discordances. Par rapport aux recherches qui précèdent, il s'agit alors de « se faire » et occuper une place. Cette place n'existe pas : elle est à construire dans les interstices ou les zones de recouvrements obscurs de pensées canoniques, dans le déjà-là (par exemple dans le travail sur les *cobordismes* des sciences physiques et chimiques contemporaines, les découvertes ne se font plus au cœur des paroisses scientifiques mais à leurs frontières).
L'état des lieux est tout sauf un procès objectif : deux instances de mauvaise foi s'affrontent pour construire un compromis qui est le produit d'un rapport de force, mais l'ensemble doit cependant paraître honnête. Ce que l'on attend d'un chercheur c'est qu'il fabrique de la différence (encore « *être significatif,*

---

[123] Ainsi se termine le poème « Vagabonds » : « *et nous errions, nourris du vin des cavernes et du biscuit de la route, moi pressé de trouver le lieu et la formule* » (*Illuminations*, 1873-1875), in *Poésies – Une saison en enfer – Illuminations,* Gallimard, Paris, 1973.

c'est être distinctif »). Ainsi une citation est nécessairement point d'appui, pour faire du propre.

Quoi qu'il doive nous en faire croire, à ce stade le chercheur ne travaille pas encore *sur* : il travaille encore *à partir de* et *entre…*

2- Une « problématique »

C'est la construction d'un objet scientifique, d'un problème, et ceci de manière théorique (ce qu'un corps de concepts construit comme domaine d'investigation, – où chercher, où ne pas chercher – un idéaltype, nécessitant de faire le deuil de plein de choses au profit d'une autre…) ET aussi de manière expérimentale ou empirique (le terrain, les gestes techniques, les démarches, les dispositifs), tout en restant ouvert à la remise en question (en particulier des hypothèses de travail, des « angles d'attaque », des « pertinences », de la « focalisation »).

3- Une méthodologie : Comment ?

Il s'agit à la fois d'une esquisse de l'empirie (travail concret, expérimentations à mener, corpus empirique, matériaux à réunir…) pour valider et/ou falsifier et de se circonscrire un lieu d'intervention, un « champ opératoire ». En quelque sorte, on délimite les limites du « terrain des opérations » pour traduire l'objet scientifique en « démarches » d'investigation.

Il s'agit ensuite d'élaborer un corpus « raisonné », en énoncer la logique de construction (on a déjà une certaine idée de la façon dont on envisage de l'exploiter), les opérations, gestes techniques possibles et pertinents, les « protocoles » méthodologiques. Il s'agit encore de s'interroger sur les frontières entre travail conceptuel et empirisme et de réunir un *matériau* qui permette la validation, la réfutation des concepts, des idées avec pour méthode l'instrumentation intellectuelle, les traitements (systémiques, systématiques et/ou spécifiques) de l'objet scientifique et du corpus empirique.

> *« Quel que fût le domaine nouveau où il entrait, qu'il s'intéressât aux vignes ou au ver à soie, au choléra des poules ou à la rage, Pasteur cherchait chaque fois à transformer le problème, à le traduire en d'autres termes, à le rendre accessible à l'expérimentation. Aujourd'hui, on ne procède pas différemment. Toute l'activité des biologistes tend à reformuler les problèmes les plus variés en questions accessibles au laboratoire. Tous leurs efforts visent à poser des questions à quoi peut répondre l'expérience ».*

François Jacob, *Un conquérant nommé Pasteur*, Le Monde, 22/04/2013.

C'est donc un travail de traduction, de transcription des concepts et hypothèses (le ciel des idées) en des opérations (gestes et protocoles). L'exigence majeure : une congruence absolue entre ce qui se passe dans « le ciel des idées » et ce qui se passe sur « le théâtre des opérations », entre problématique et méthodologie. Il faut qu'apparaisse telle une évidence que le matériau empirique réuni et les opérations qui seront mises en œuvre sont à la fois les plus pertinents et les plus économiques pour mettre à l'épreuve les hypothèses de la recherche (l'économie des moyens mis en œuvre est vertu, comme un autre nom de l'élégance).

4- Des résultats escomptés

Il s'agit enfin de préciser les résultats espérés (justification a priori de la pertinence du travail proposé par la note de problématique), les formes probables d'aboutissement, les perspectives et objectifs à venir en lien avec des critères d'évaluation (académiques, sociaux, etc.).

II. 2.

De la discipline à l'indiscipline : heuristique des mathématiques

On s'interroge : quelles tonalités peut-on donner à cette partie ? Est-ce un propos sur « l'identité » d'une discipline ? Un propos sur le rapport de l'étudiant à un champ disciplinaire lors de l'entrée en recherche (avec ce que les mathématiques apportent de ce point de vue, son heuristique), ou plus généralement encore, l'heuristique des mathématiques vis-à-vis d'une logique, d'une rigueur liée à l'activité intellectuelle et à la pratique de recherche (discipline / indiscipline de l'esprit) ? La question n'aura jamais été tranchée, l'indiscipline a pris le dessus : ce sera sans doute un peu tout cela à la fois...

Dans le travail d'enquête effectué au cours du séminaire *episteme*, nos étudiants s'interrogent sur la recherche : interrogations humaines et sociétales, interrogations sur les pratiques de recherche ou interrogations sur les métiers de la recherche et surtout le métier de « chercheur ». On renvoie ici le lecteur à la troisième partie de l'ouvrage. Néanmoins le cas de la recherche en mathématiques, et ainsi des mathématiques, dont l'imagerie de la recherche reste souvent assez « fondamentale », peut sembler décalé en regard de leur orientation en école d'ingénieurs souvent plus soucieuse d'applicabilité (recherche appliquée, R&D...). Qu'est-ce donc que la recherche en mathématiques ? Et, d'abord, quel est ce « métier » en l'occurrence, celui de mathématicien, de chercheur en mathématiques ? À quelle(s) activité(s) la recherche en mathématiques correspond-elle ? Quels rapports peut-il exister entre cette pratique de recherche et celle d'autres chercheurs, dans d'autres domaines, dans d'autres *disciplines ?* Pour ces étudiants, qui cherchent à comprendre le monde de la recherche ou, au moins, essaient de l'appréhender, la façon de faire de la recherche dépend intrinsèquement de la *discipline* de recherche. Cette certitude, beaucoup d'entre eux la remettront en question, certains parfois en se demandant ce qui définit et caractérise une discipline. C'est cette mise en perspective, à travers l'exemple des mathématiques, qui va nous intéresser dans la suite.

Discipline : le mot même comporte un caractère ambigu. Étymologiquement, il vient du latin *disciplina*, qui représente l'action de s'instruire, au sens large, c'est-à-dire l'action de développer des facultés à la fois morales, physiques et intellectuelles. Ainsi, dans cette lignée étymologique, dans l'ancien français, selon le Petit Robert, le terme discipline signifiait « instruction, direction morale, influence ». Il faut noter que le mot discipline était aussi employé à cette époque pour parler d'une sorte de fouet utilisé pour se flageller dans un but de mortification et de pénitence. Un instrument de torture en quelque sorte, qui serait devenu une torture de l'esprit. Actuellement ce nom commun a plusieurs significations qui en découlent, il peut être interprété à la fois comme une « branche de la connaissance » et aussi comme une « règle de conduite destinée à faire régner le bon ordre ». Le rapport implicite, finalement, qui est fait entre l'ordre et la connaissance peut être lourd de sens. Ici, on s'intéressera d'abord à la discipline en tant que « branche de la connaissance » en choisissant d'ajouter, comme complément à la définition, « pouvant donner matière à enseignement ». Mais les différentes acceptions du mot ne sont peut-être pas si éloignées. Aborder et pratiquer la connaissance, et même l'enseigner, nécessitent sans doute des principes, des règles de vie, du bon ordre, de la discipline, voire, parfois, une douleur. Du point de vue de la connaissance, si l'on suit Dominique Vinck[124], une discipline se définit par plusieurs champs interreliés, associant un cœur disciplinaire (concepts, objets, méthodes, etc.) à un contexte d'autorégulation et de reproduction : réseaux et sociétés, institutions, revues, filières de formation.

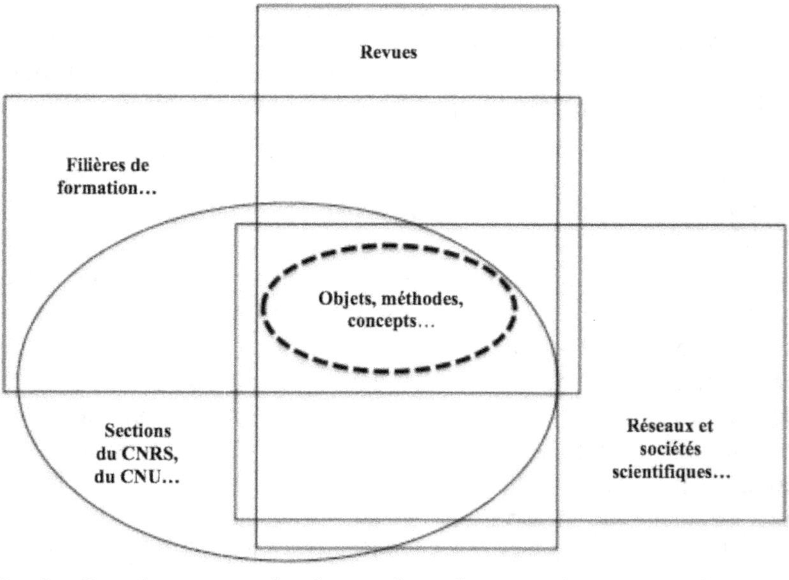

Fig. 2 : Représentation du champ disciplinaire (d'après Vinck, 2000)

[124] *Pratiques de l'interdisciplinarité*, Dominique Vinck, 2000.

Comme nous l'avons dit ailleurs, si « *cette représentation, ce modèle en quelque sorte, étend la discipline (les objets, méthodes, concepts) à un contexte qui paraît élargi, celui-ci reste néanmoins étroitement lié au cœur disciplinaire : les revues, les réseaux, les institutions, les filières de formation restent focalisées sur ce qui constitue le cœur disciplinaire* »[125]. Selon Edgar Morin, le concept de « discipline scientifique » fait référence à « *une catégorie organisationnelle au sein de la connaissance scientifique ;* [...] *qui tend naturellement à l'autonomie, par sa délimitation de ses frontières, le langage qu'elle se constitue, les techniques qu'elle est amenée à élaborer ou à utiliser, et éventuellement par les théories qui lui sont propres* »[126]. Une discipline donnée se définit aussi en regard des autres, par rapport aux autres et se développe avec les autres. On parle alors d'inter-multi-pluri-trans-disciplinarité. L'interdisciplinarité prend appui sur des socles disciplinaires pour ensuite les dépasser, voulant accéder à de nouvelles applications, en ayant pour perspective la production de concepts nouveaux. C'est l'image d'une randonnée, d'une curiosité ou d'un brassage perpétuel, comme pourrait le dire Michel Serres qui défendait un grand brassage des savoirs, avec l'enjeu d'une indiscipline[127]. Ce concept d'indiscipline renvoie, en quelque sorte, à l'idée d'exploration hors des sentiers battus.
Par ailleurs, D. Vinck met en avant deux séries complémentaires de questions associant des problématiques méthodologiques (les méthodes), épistémologiques (nature et valeur des connaissances produites) et sociologiques (les conditions et contextes socio-professionnels) :

- Comment faire ? Quelles sont les démarches possibles ? Comment choisir entre elles ? Quels dangers éviter ? Comment ceux qui s'en sortent s'y prennent-ils ?
- Quel est le sens de telles démarches ? Quelles en sont les conditions de faisabilité et de validité ? Quels sont les processus engagés ? Quels sont les effets qu'ils induisent ?

« *La recherche, par définition, est une forme d'action dans l'incertain. Lorsqu'elle s'engage en dehors des cadres de la discipline, l'incertitude est encore accrue. Il faut alors l'accompagner de nouveaux dispositifs permettant des apprentissages collectifs, entre enseignants par exemple.* [...] *Le dispositif contribue au cadrage résultant des disciplines et de filières d'enseignement. Le dispositif doit rendre possible la confrontation des logiques et des points de vue des acteurs sans briser, entre eux, le lien social et la volonté de poursuivre l'échange* »[128] affirme D. Vinck, appuyant sur la nécessité de

---

[125] « *Arguments pour une méta-modélisation* », Philippe Deshayes, in Bot L., Vitali M.-L., *Modélisation et activités des ingénieurs*, L'Harmattan, Paris, 2011.
[126] « *Sur l'interdisciplinarité* », Edgar Morin, Bulletin interactif du Centre international de recherche et études transdisciplinaire, CIRET, n°. 2, Juin 1994.
[127] D. Vinck, *op. cit*, p. 57.
[128] D. Vinck, *op. cit*, pp. 104-105.

privilégier d'abord le lien social et culturel entre les chercheurs : « *Le dispositif doit rendre possible la confrontation des logiques et des points de vue des acteurs sans briser, entre eux, le lien social et la volonté de poursuivre l'échange. Il s'agit aussi de veiller à la cohérence des montages institutionnels, organisationnels et expérimentaux mobilisés par les acteurs en présence* »[129]. Toujours selon D. Vinck, ce dispositif mis en place « *doit permettre la reformulation des enjeux, des difficultés, des acquis et des finalités. À cette condition, il est en mesure de favoriser les apprentissages collectifs et l'élaboration de nouveaux points de vue ainsi que des procédures et instruments de coopération. De tels projets supposent toutefois d'être inscrits dans la durée. L'interdisciplinarité au coup par coup est désastreuse. Il importe donc de construire un consensus portant sur des mécanismes de régulation du travail conjoint* »[130].

Selon D. Vinck, l'interdisciplinarité ne peut s'inscrire que dans la durée, pour un travail en profondeur, sans doute pour avoir une connaissance, une compréhension et une maîtrise suffisante de « l'entre-deux » étudié. Le processus en jeu s'effectue sur un temps long. N'y a-t-il pas alors la possibilité (de création) d'une nouvelle discipline ?
De plus, D. Vinck met en avant plusieurs points cruciaux pour vivre et pratiquer l'interdisciplinarité [131] . La plupart du temps, les réflexions épistémologiques sur l'interdisciplinarité conduisent à l'idée que les chercheurs doivent avant tout s'accorder sur les concepts, sur des modèles et sur un langage commun. Ceci serait une condition *sine qua non*. « *Or, lorsqu'on réunit effectivement quelques collègues de différentes disciplines autour de la table, on découvre très rapidement à quel point la convergence conceptuelle et langagière est difficile à obtenir. La chose est si peu évidente que les chercheurs s'y épuisent et finissent par renoncer* »[132].
Il invoque alors quatre pratiques *locales* de l'interdisciplinarité : la complémentarité, la circulation, la fusion et la confrontation. La *complémentarité* met en scène différents spécialistes travaillant de manière conjointe sur un phénomène donné. Tout en travaillant dans leur domaine respectif, ils explorent les points d'articulation entre leurs savoirs. La *circulation* renvoie à l'idée d'emprunt de concepts ou méthodes d'une discipline pour enrichir l'autre. L'autre discipline ou le spécialiste de cette autre discipline est alors convoqué pour nourrir l'acteur principal qui, de son côté, doit comprendre l'autre, entrer dans ses problématiques, et s'en approprier et réimporter ou traduire certains aspects qui lui semblent pertinents dans la situation locale qui est la sienne. Cette situation d'emprunt

---

[129] Ibid.
[130] Ibid.
[131] D. Vinck, *op. cit.* pp. 85-97.
[132] D. Vinck, *op. cit.* p. 9.

soulève une certaine capacité de poly-compétence du chercheur mais met en exergue de multiples difficultés scientifiques et épistémologiques dès lors qu'on tente d'étendre la situation locale dans laquelle elle est pertinente à la discipline étendue sinon entière. Il faut bien distinguer cette idée d'emprunt de celle d'application – ou exportation ? – qui ne suppose aucune appropriation, ou en tout cas une appropriation plus lointaine. La *fusion* correspond au regroupement de chercheurs sur un objet de recherche, sans distinction de leur discipline d'origine. Il y a mobilisation de savoirs disciplinaires différents et reconfiguration de ces savoirs en un nouveau tout pertinent par rapport aux problèmes appréhendés. Il y a bel et bien, ici, l'idée de concepts intégrants et transversaux. La *confrontation* correspond à un enrichissement mutuel de points de vue disciplinaires donnés par le dialogue et la confrontation des résultats, des concepts et des méthodes. Il y a mise en contact sans concession. L'objectif est de faire évoluer ces points de vue disciplinaires sans les remettre en question. Concrètement, cette situation permet des dialogues avec des disciplines parfois très éloignées l'une de l'autre en apparence. Mais la problématisation de l'inter-multi-pluri-trans-disciplinarité ne concerne pas que « la discipline » ! Il faut aussi envisager l'inter-multi-pluri-trans-disciplinarité au-delà des savoirs, sous l'angle des relations et croisements entre savoir-faire, savoir-être, faire-savoir différents. Dans tous les cas, ce sont des « dispositifs » à animer et non d'un projet disciplinaire.

Cependant, avant de rentrer dans cette forme d'indiscipline qu'est l'interdisciplinarité, il s'agit d'être capable de connaître, d'aborder et de pratiquer une discipline. Chaque discipline a ses caractéristiques, ses finalités qui lui sont propres, liées au « cœur disciplinaire » et à ses « frontières ». Ici on ne répondra sans doute pas à la question générale : qu'est-ce qu'une discipline ? – en tout cas pas directement. On essaiera plutôt de donner quelques clés pour comprendre cette notion assez générique de discipline, et cela à l'aide du cas particulier – d'une sorte de fil rouge – des mathématiques, discipline très ancienne, apparue sans doute avant même l'écriture. Celle-ci semble difficile selon les uns, voire mystérieuse, et indispensable par son universalité selon d'autres ou encore, de manière totalement antagoniste, inutile pour les non-initiés. Elle est parfois aussi qualifiée de « belle ». En tout état de cause, les mathématiques ne laissent pas indifférent, et sont souvent un sujet polémique. Récemment encore, dans une longue tribune publiée au New York Times, Andrew Hacker expose son questionnement sur la place trop importante et de fait discriminante des mathématiques à l'école dans un article au titre provocateur « *Is algebra necessary ?* »[133]. Tous ces sentiments divers, et bien souvent contradictoires et tranchés, suscités rien qu'à l'évocation du mot mathématique révèlent déjà l'extrême complexité d'aborder cette

[133] *Is algebra necessary*? Andrew Hacker, New-York Times, July 28, 2012.

discipline. Mais, de manière plus générale, il est déjà difficile de comprendre la notion même de discipline.

Abordons donc directement les mathématiques pour appréhender cette notion de discipline, cette discipline de recherche, et pour comprendre à travers elle certains ressorts de l'activité de recherche en général.

Origines et fondements

Pour comprendre une discipline, l'appréhender, il s'agit déjà d'essayer de comprendre son origine, son identité, comment et pourquoi elle est apparue. S'agissant des mathématiques, les origines et fondements sont déjà soumis à questionnement. La mathématique est-elle

- D'origine empiriste ? Née à partir d'observation ?
- Purement constituée par l'esprit humain ? Aurait-elle une origine que l'on pourrait qualifier d'idéaliste ?

Plus loin encore, les mathématiques dérivent-elles de manière logique d'un certain nombre de règles ? Ou, au contraire, trouvent-elles leur essence dans un cadre intuitionniste ? Un cadre qui serait au départ en dehors de tout cadre logique ?

On ne prétend bien évidemment pas apporter une réponse définitive à ces questions. Mais la construction de ce questionnement donne déjà une idée de la difficulté de définir cette discipline (et une discipline en général !).

On peut aussi s'interroger sur son positionnement : quel est l'objet de cette science par rapport aux autres sciences ? Il s'agit là de situer, voire de définir, une discipline par rapport aux autres. D'ailleurs, dans le cas des mathématiques, on peut même se demander si cette discipline particulière se range dans la catégorie de science ? Est-ce un art ou une science ? La frontière peut être ténue. Est-ce un jeu de l'esprit ? Un art devenu science ? Ou même plutôt un langage ? Peut-être est-ce tout cela à la fois, une science conceptuelle, une sorte de philosophie scientifique ; philosophie ici dans le sens du savoir systématique, d'une recherche de la vérité, d'une recherche de certitudes.

Toutes ces questions méritent que l'on apporte un éclairage particulier sur la discipline elle-même, ses pratiques et ses liens avec son environnement.
Pour se forger un début d'opinion sur ces interrogations fondamentales, il semble donc utile d'avoir un aperçu de l'histoire de la discipline, c'est-à-dire

de son *contexte*. L'introduction de Dieudonné, dans son *Abrégé d'Histoire des mathématiques*[134], est concise et constitue une excellente base de lecture et de réflexion à ce sujet.
Ainsi, sur la question proprement dite de l'origine de la discipline mathématique, Dieudonné ressort trois grandes hypothèses, dans un ordre qui n'est pas nécessairement relié à leur importance :

- D'une part, on peut imaginer une demande d'origine applicative.
- Ensuite, l'attrait pour les jeux, dans l'ère grecque par exemple, et en particulier pour les jeux de l'esprit ne doit pas être sous-estimé. Les mathématiques apparaîtraient alors, dans leur genèse, comme un défi pour l'esprit humain.
- Enfin, on peut effectuer un parallélisme ou même une corrélation entre le développement des mathématiques et le développement du monde qui nous entoure.

Concernant la première hypothèse, l'origine applicative, celle-ci ne peut de toute façon pas être exclusive. Une discipline ne peut pas trouver son fondement uniquement dans l'utilitarisme sinon elle s'éteint peu à peu, perdant son sens global. En quelque sorte, l'utilitarisme tarit la source. Plus généralement, il n'y a pas de recherche sans un certain espace de liberté. La deuxième hypothèse semble alléchante, le défi à la fois ludique et intellectuel pour l'esprit humain proposé par les petits problèmes logiques ou mathématiques a été sans nul doute un élément moteur dans l'apparition et le développement des mathématiques. Mais ne conserver que cette seule hypothèse pour expliquer l'origine des mathématiques serait assez réducteur. Quant à la troisième assertion proposée, est-il possible d'affirmer sans se tromper beaucoup que, de manière plus générale, le développement d'une discipline est intimement lié à la société ambiante ?

Dans un témoignage réunissant des dialogues autour de la création mathématique, Denis Feyel explique sa venue aux mathématiques par à la fois leur côté ludique, esthétique et aussi visionnaire[135], ce qui est exactement un mélange des deux derniers alinéas précédents, avec en plus l'introduction de manière totalement explicite de l'idée de beauté. Ce concept de beauté ramène directement à une question évoquée auparavant : les mathématiques sont-elles un art ou une science ?

---

[134] *Abrégé d'histoire des mathématiques*, Jean Dieudonné, Herrmann, 1978.
[135] in *Dialogues autour de la création mathématique*, réunis par N. Bouleau, édité par l'Association Laplace-Gauss.

Art ou science ?

« *Les mathématiciens sont des artistes qui ne cherchent à plaire qu'à leurs pairs* » selon Denis Feyel. Des artistes donc, mais qui s'adressent seulement à ces mêmes artistes. Une singularité. Une sorte de paradoxe avec l'art, qui souvent essaie de toucher un large public et pas uniquement un groupuscule d'initiés, à travers les sens, les sentiments, et qui prend chacun à l'endroit où il se trouve, touche, choque, apprend à voir, à regarder, fait réfléchir, questionne aussi notre profondeur. Malgré cette contradiction initiale, les codes et les préceptes de l'art semblent ici s'appliquer. Dieudonné parle de courants de pensées ou d'écoles de pensées de la même manière que l'on parle de courants ou d'écoles de peinture[136]. Le parallélisme est frappant. Il présente de manière implicite les mathématiques comme un art en empruntant tout un pan du champ lexical lié aux domaines artistiques pour les décrire. Dans le même esprit, on peut aussi parler de *style* en mathématique. Le style du résultat d'abord, qui évolue d'une époque à l'autre, avec des théories plus ou moins structurées et dépendant des thèmes abordés. Dieudonné l'évoque aussi en filigrane dans sa remarquable introduction de l'*Abrégé d'Histoire des mathématiques*. Mais aussi, ensuite, le style d'écriture qui est différent à la fois à travers le temps et selon les auteurs. On peut reconnaître l'époque de la publication ou un auteur parfois à la simple lecture des premières pages d'un article. Il est à noter que G. G. Granger, dans son ouvrage *Essai d'une philosophie du style*, met en évidence l'existence d'un style dans tout processus de construction mathématique, et plus généralement dans toute démarche scientifique[137]. C'est exactement ce que défend F. Jacob lorsqu'il écrit « *Il y a un style en science. Comme en art, en littérature ou en peinture. Pas seulement une manière de regarder le monde, mais aussi de l'interroger. Une façon d'agir en regard de la nature et d'en parler. De concocter des expériences, de les réaliser, d'en extraire des conclusions, de formuler des théories. De les mettre en forme pour en tirer une histoire à raconter ou à écrire* »[138]. Et F. Jacob continue, opposant des styles derrière lesquels on imagine bien une multitude de psychologies à l'œuvre : « *Il y a une variété infinie de styles. Style direct ou alambiqué. Style concis ou à facette. Style de tâcheron ou de hussard. D'aigle ou de taupe. De visionnaire ou de suiveur. De grand seigneur ou de gagne-petit. De paranoïaque ou de mélancolique* »[139].

Au-delà de ces observations sur la forme que prend la construction scientifique, et même qui l'accompagne, la question initialement soulevée, à

---

[136] *Abrégé d'histoire des mathématiques*, Jean Dieudonné, Herrmann, 1978.
[137] *Essai d'une philosophie du style*, Gilles Gaston Granger, Odile Jacob, 1988.
[138] *La statue intérieure*, François Jacob, Odile Jacob, 2016 (p. 323).
[139] Ibid.

savoir si les mathématiques sont assimilables à un art, pourrait trouver une partie de sa réponse principalement dans la définition même de l'art. Il s'agit d'une sorte d'inversion de questionnement : au lieu de se demander si les mathématiques sont un art, il s'agit déjà de comprendre toutes les notions et acceptions que véhicule le terme art lui-même. Plus précisément, selon le Petit Robert, au 10e siècle le mot art était synonyme de science, de savoir. D'ailleurs l'usage du mot « art » au sens de science a perduré bien au-delà du 10e siècle dans, par exemple, la dénomination particulière de certaines grandes écoles comme le Conservatoire National des Arts et Métiers créé par la Révolution ou encore l'École Centrale des Arts et Manufactures fondée en 1829. Évidemment, sous cette acception, il semble que les mathématiques soient alors un art. Quoique, il n'est pas clair que les mathématiques soient réellement une science. Georges Guilbaud défend d'ailleurs l'idée que « *ce n'est pas une science au sens où on ne l'apprend pas.* [...] *On n'apprend pas les mathématiques, on en fait* »[140]. Néanmoins dans cette dernière phrase, on pourrait remplacer les mots « les mathématiques » par « un art », celle-ci garderait tout son sens mais resterait à discuter aussi. Dans l'évolution de la langue française, l'art semble défini comme opposition à la nature, conçue comme puissance produisant sans réflexion. L'art est défini comme une forme d'expression à caractère esthétique, par des œuvres. L'art aurait pour objectif d'atteindre une certaine idée de la beauté, un idéal (subjectif) de beauté et de nous apprendre à la percevoir. Il faut ici peut-être préciser que « beau » n'est pas nécessairement joli, ni agréable, mais peut par exemple être lié à l'étrange, à ce qui trouble. Au sujet d'un de ses tableaux, Picasso disait que « *c'est volontairement que j'ai peint les nez de travers. Voyez-vous, j'ai fait ce qu'il fallait faire pour forcer les gens à voir un nez* ». Or cette notion d'esthétique, de rapport au beau, au vrai, revient régulièrement en mathématique. En ce sens, les mathématiques resteraient un art, mais un art profondément abstrait. Un art de l'esprit. Jean-Pierre Kahane, éminent mathématicien, se définit lui-même « *un amateur des mathématiques comme on parle d'amateur d'art* »[141]. Paul Lockhart défend d'ailleurs l'idée que puisque les mathématiques sont un art, elles doivent s'enseigner en tant que tel pour favoriser la curiosité, l'attraction pour la création et pour l'esthétique du résultat final[142].

Il y a une obsession de l'esthétique. Certains comparent mathématiques et poésie dans ce rapport au beau. Le mathématicien anglais A. Cayley se plaisait à dire que « *As for everything else, so for a mathematical theory : beauty can*

[140] « *La mathématique et le social* », entretien avec G. T Guilbaud, Gérer et comprendre, mars 2002, no. 67.

[141] « *La passeggiata, battements d'aile au jardin du Luxembourg* », interview filmé dans le cadre du colloque Qu'est-*ce que la recherche en mathématique aujourd'hui ?*, Maubeuge, 2008.

[142] "*A mathematician's lament*", Paul Lockhart, Bellevue Literary Press, USA, 2009.

be perceived but not explained», c'est-à-dire « pour une théorie mathématique la beauté peut être perçue mais non expliquée ». Dans la suite, on essaiera de montrer que l'esthétisme joue vraiment un rôle fonctionnel non seulement dans l'élaboration des mathématiques mais aussi dans leur développement.

« *La mission de l'art n'est pas de copier la nature, mais de l'exprimer* » écrivait Balzac. Les mathématiques expriment-elles la nature ? Au-delà de cet exemple particulier, une discipline peut-elle alors être un art ? Plus généralement, une discipline n'est-elle pas l'expression de la nature ?

Du développement. Création ? Ou récréation ?

Comment une discipline se développe-t-elle ? C'est une question sans doute intimement liée à son histoire. Concernant les mathématiques, l'histoire est très ancienne. Elle a traversé les civilisations babyloniennes, égyptiennes, mésopotamiennes, indiennes, chinoises, grecques, arabes… Mais il semble que ce soit dans l'ère de la Grèce antique que les mathématiques ont quitté le domaine de l'utilitaire pour entrer dans celui de l'abstraction. Les mathématiques deviennent une façon de penser. On ne se contente plus de montrer mais il s'agit de *démontrer*. La géométrie et l'arithmétique deviennent une immense aire de jeu. La *pensée mathématique* s'installe. Les mathématiques s'accompagnent alors du qualificatif de *fondamentales*, et deviennent de l'abstraction pure aux accents parfois philosophiques. Elles ne sont alors pas si éloignées d'un langage en tant que système de signes et non d'une langue avec la complexité qu'elle véhicule, comme cela a été mentionné auparavant.
Ensuite, les mathématiques restent associées aux penseurs et prennent lentement leur essor intellectuel. Ainsi, jusqu'au 18e siècle, il n'y a pas vraiment d'enseignement proprement dit des mathématiques. Plutôt un enseignement tourné vers les besoins : le calcul pour le commerce ou la géométrie sans doute pour la conception architecturale. Il n'y avait donc pas de mathématiciens professionnels. Il est d'ailleurs intéressant de remarquer que, par exemple, Fermat, Pascal, Descartes n'étaient pas des professionnels des mathématiques. Depuis, le siècle des Lumières fit son œuvre et le développement des mathématiques coïncide avec la création des Écoles et Universités, prenant un spectaculaire envol avec le développement du calcul des probabilités, du calcul infinitésimal qui ouvre la voie à l'analyse, mais aussi de la mécanique ou de l'astronomie. C'est aussi l'apparition des énigmes et conjectures arithmétiques dont certaines sont encore sans réponse (comme, par exemple, la simplissime – par son énoncé – conjecture de Goldbach : « *tout nombre pair strictement supérieur à 2 est la somme de deux nombres*

premiers »). On retrouve alors toutes les hypothèses précédentes de Dieudonné dans le développement de la discipline : l'origine applicative, les jeux de l'esprit et le lien avec le développement du monde environnant. Et les mathématiques deviennent alors l'apanage des mathématiciens. Mais qui est mathématicien ou reconnu en tant que tel ? Il existe plusieurs définitions de mathématicien. En premier lieu, on trouve celle relative à celui qui « fait » des mathématiques : toute personne ayant publié des articles référencés dans les bases de données internationales reconnues (il s'agit principalement de *Zentralblatt für Mathematik* ou des *Mathematical Reviews*). Selon Jean Dieudonné, un mathématicien serait quelqu'un « *qui a publié au moins la démonstration d'un problème non trivial* »[143] . Sans discuter ici ce qu'est un problème non trivial, chose qui relève de la perception mathématique, la définition de Dieudonné s'apparente à un « statut social » renvoyant à l'exclusive des pairs et *in fine* réduit le mathématicien à la communauté scientifique de la recherche en mathématique déjà installée, alors que la communauté mathématicienne réunit des thésards, des enseignants du supérieur, comme en classes préparatoires mais aussi des enseignants des classes secondaires voire primaires. Tous sont « mathématiciens » dans le sens où ils transmettent des mathématiques même si, comme le fait remarquer l'enseignante Claudie Asselain-Missenard à l'occasion d'une note de lecture de l'ouvrage de C. Villani, *Théorème vivant*, « *il faut avouer que, tout prof de maths que nous sommes, nous n'avons qu'une assez vague idée de ce qu'est ce métier, dont nous dépendons pourtant étroitement* »[144]. Ainsi « toute personne liée aux mathématiques par l'enseignement ou la vulgarisation par exemple », pourrait être aussi une définition alternative du mot mathématicien. Et la juxtaposition de ces deux définitions donne sans doute une idée de ce que peut être et même faire un mathématicien. D'ailleurs celles-ci sont intimement liées. Il est difficile de faire sans transmettre. Transmettre aide à faire. La transmission est un rouage essentiel dans le développement d'une discipline. Lorsqu'on parle de création mathématique, on s'attache principalement à la première définition. Mais l'enseignement mathématique et aussi la vulgarisation peuvent être sources de *création*.

Le mot création est lourd de sens. La création mathématique reste un mystère pour le grand public. Peut-être même un mystère pour le mathématicien lui-même ! Selon Aragon, « *chacun raconte sa vie à sa manière mais qui peut trouver moyen de raconter sa tête ?* »[145]… Au passage, on perçoit là encore le lien avec l'art. Quel récit peut rendre compte du travail de recherche ? Ceci

---

[143] *Pour l'honneur de l'esprit humain*, Jean Dieudonné, Hachette, 1987.

[144] Bulletin de l'association des professeurs de mathématiques de l'enseignement, APMEP – PLOT n° 41, 2013.

[145] L. Aragon, *Je n'ai jamais appris à écrire ou les Incipit*, Paris, Flammarion (Champs), 1981.

n'est d'ailleurs pas nécessairement propre aux mathématiques, ni même aux métiers dits de la pensée. Par exemple l'ébéniste, face à la restauration ou à la conception d'un meuble, rumine à chaque instant, dans sa tête, son « projet » : vers quoi veut-il aller ? Comment s'y prendre ? Quels outils, etc. ? Ceci avant (ou en parallèle à) son travail matériel. Mais peut-il pour autant exprimer ce questionnement ? Retraçant l'histoire de la conception et de la fabrication d'une automobile, Christophe Midler parle en effet, à propos des ingénieurs, techniciens et autres opérateurs concernés, du « *silence des métiers* »[146]. Ce silence n'est en l'occurrence pas lié à une quelconque confidentialité d'entreprise qui tiendrait au caractère innovant d'un nouveau produit mais est introduit comme un véritable obstacle pour rendre compte de ce qu'est un métier, obstacle lié au caractère souvent tacite des savoirs mis en jeu et au caractère souvent « indicible » du savoir-faire.

D'abord, il faut souligner que la création mathématique, ou plutôt le créateur, n'a pas d'âge. Il n'y a pas vraiment de période propice, celle-ci peut s'étendre quasiment de la fin de l'adolescence à la maturité. Les exemples de Gauss ou Galois, même s'ils sont assez exceptionnels, le premier ayant déjà à 19 ans démontré comment partager une tarte en 17 parts égales à l'aide des seuls règle et compas, ce qui était un problème ouvert depuis les Grecs, et le second publiant son premier article à 17 ans, où il démontre un théorème sur les fractions continues périodiques, montrent que dès le plus jeune âge, l'esprit humain est capable de faire des mathématiques, faire y compris au sens de fabriquer, façonner, modeler.

Ensuite, il faut noter que le mathématicien, comme tout créateur, ne donne à voir que des œuvres achevées, où les processus pour y aboutir sont largement cachés. Sans doute cela est-il pour une part dû à l'extrême rigueur de la discipline, la discipline de la discipline serait-on tenté d'écrire. On ne doit montrer, donner à voir, que des résultats bien structurés, obtenus par le cheminement le plus direct possible, sans fioriture. Cette façon de faire nécessite au lecteur déjà mathématicien une lecture attentive, souvent crayon en main, des résultats et démonstrations pour pouvoir peut-être comprendre la profondeur des résultats annoncés, les éléments clés. Ceci entretient donc le mystère le plus entier sur le développement de la discipline et lui donne en apparence un caractère inaccessible. Et pourtant, ce qui se passe « dans la cuisine », dans « l'arrière-boutique », est primordial pour comprendre un résultat et pour le faire évoluer, pour en extraire toute la puissance et obtenir

---

[146] *L'auto qui n'existait pas*, Ch. Midler, Dunod, 2012. De son côté, Ph. Boudon s'est confronté à la difficulté à rendre compte des *opérations* intellectuelles et figuratives du travail de conception de l'architecte, son métier de base. En écho à la proposition 7 et conclusive du *Tractatus* de L. Wittgenstein (« *Ce dont on ne peut parler, il faut le taire* »), il avait conclu l'enchaînement logique et discursif d'une série de 106 propositions visant à rendre compte de ces opérations par la formule : « *Ce dont on ne peut parler, il faut le faire* » (Boudon, 1975, pp. 77-89).

des développements futurs. Le cheminement est en quelque sorte bien plus intéressant, et bien plus fécond, que le résultat en lui-même. Il est source de *développement.*

De plus, il faut aussi observer que chaque discipline a, en quelque sorte, ses codes internes, son langage. Les mathématiques ne dérogent pas à la règle. À la différence des autres sciences, les mathématiques n'ont pas besoin de se confronter avec l'expérience et peuvent se situer au niveau d'un pur langage. Elles peuvent aussi s'appuyer sur le monde qui l'entoure et à ce titre être considérées comme une science. Mais, si les mathématiques ne se limitent pas qu'à un langage, en tout cas elles bénéficient de leur propre langage. Le mot langage est pris ici à la fois au sens propre, c'est-à-dire fait de symboles, comme au sens figuré, c'est-à-dire assimilable à ses codes, sa manière d'exprimer les choses. Cette codification semble essentielle pour leur diffusion et la pérennité de leur développement. Néanmoins, ce langage propre est ce qui confère aussi aux mathématiques leur caractère inaccessible en apparence. Il devient une barrière, à la différence près qu'on ne franchit pas la barrière pour faire ensuite des mathématiques, c'est-à-dire on n'apprend pas le langage avant de faire des mathématiques : on apprend le langage chemin faisant. Pour le mathématicien-chercheur, quel que soit son « statut », les entités sur lesquelles il travaille sont des « *objets de pensée* », même s'ils sont généralement transcrits en systèmes de signes et de symboles. Ceci introduit la nécessité d'envisager la recherche en mathématiques comme, à la fois, une pratique opératoire dans ces systèmes de signes et de symboles et un travail de la pensée. Il y a ce que les acquis mathématiques des prédécesseurs permettent de faire et ce que le chercheur est capable de « cogiter ». Des expressions comme celles de « *par conséquent* », « *il s'ensuit que* », « *donc* », présentes dans nombre de démonstrations mathématiques témoignent autant de ce que les mathématiques « veulent » et « permettent » que de la cogitation du chercheur et l'articulation de sa pensée. Et, même si les questions travaillées peuvent souvent être en correspondance avec des questions soulevées dans le « réel » (la physique, l'économie, etc.[147]), le travail du mathématicien s'inscrit dans un univers de références, de signes et de symboles qui lui est propre et le plus souvent peu accessible au commun des mortels et dans lequel il raisonne, imagine, explore, problématise, produit[148]. Ce n'est sans doute pas un hasard si un ouvrage du mathématicien J. Dieudonné déjà cité ici s'intitule « *Pour l'honneur de l'esprit humain* » et met en exergue général une citation du mathématicien Jacobi portant, justement, sur cette coupure entre la visée opératoire et la dimension intellectuelle du travail scientifique : « *M. Fourier avait l'opinion que le but principal des*

---

[147] Pensons aux travaux de G. Guilbaud en lien avec l'économie ou à ceux de H. Poincaré en lien avec la physique.

[148] Le terme de « transmutation » peut rendre compte de ce travail extérieur au réel tout en ayant pour finalité de pouvoir, à terme, lui correspondre (cf. *infra* IV.2).

mathématiques était l'utilité publique et l'explication des phénomènes naturels ; mais un philosophe comme lui aurait dû savoir que le but unique de la science, c'est l'honneur de l'esprit humain et que, sous ce titre, une question de nombres vaut autant qu'une question de système du monde »[149]. Avec les mathématiques, c'est bien l'activité intellectuelle, sinon cognitive, qui est en jeu dans la pratique de recherche autant que le savoir mathématique lui-même. À l'intelligence *axiomatique*, celle qui permet de se mouvoir – avec plus ou moins d'aisance – dans l'organisation des concepts, savoirs et connaissances établis, viennent s'adjoindre et fonctionner en même temps d'autres formes ou manifestations de l'intelligence : une intelligence *délibérative*, celle qui permet, par exemple, de débattre de la genèse complexe des savoirs acquis et de les prolonger, une intelligence *polémique*, celle qui vient en discussion avec cet existant, et une intelligence *créatrice*, celle qui ouvre de nouveaux horizons[150]. L'inscription dans une « discipline » s'articule ainsi à des formes d'indiscipline !

Cela nous amène maintenant au cœur de la problématique : le créateur. Le mathématicien a l'image d'un homme isolé, d'un ermite, travaillant seul, souvent en dehors du monde. Cette image n'en donne qu'une représentation partielle, alimentée par quelques histoires de génie isolé, si plaisantes à raconter à un public aimant les romans improbables, comme celle du mathématicien russe Perelman qui a résolu dans son coin la conjecture de Poincaré et refusa même le prix alléchant promis à celui qui trouverait la solution à ce problème majeur resté sans réponse pendant près d'un siècle. Même si ces histoires ne reflètent pas la réalité d'un monde de scientifiques qui n'ont de cesse que de communiquer les uns avec les autres, sous toutes les formes possibles, quelle que soit l'époque, il n'en reste pas moins que le mathématicien est d'abord confronté à lui-même. La solitude de la réflexion, le besoin de solitude du créateur sont, à un moment donné, des éléments moteurs dans le processus de création. Il s'agit de savoir se soustraire, s'abstraire du monde ambiant, pour ne se concentrer que sur une seule chose, une seule obsession. Laurent Schwartz disait « *Si j'étais enfermé sur une île déserte comme Robinson Crusoé sans espoir d'en sortir, je crois que j'y ferais des mathématiques et même de l'enseignement !* »[151]. Mais cette solitude doit être rompue, par intervalles, et aussi par nécessité. En effet, le récent lauréat de la médaille Fields franco-brésilien Artur Avila décrit les choses de la façon

---

[149] Jacobi, *Lettre adressée* à Adrien-Marie Legendre, 1830.

[150] Pour l'enseignement (et l'enseignant, chercheur ou non), la mobilisation de ces formes d'intelligence dépend cependant du niveau de formation auquel il est confronté : l'enseignement primaire ou même secondaire fera moins appel à l'intelligence délibérative ou polémique que l'enseignement supérieur qui, selon que l'on est en premier, second ou troisième cycle, fera plus ou moins appel à l'intelligence créatrice…

[151] *Dialogues autour de la création mathématique*, réunis par N. Bouleau, édité par l'Association Laplace-Gauss.

suivante : « *j'aime apprendre directement en parlant avec mes confrères. À Paris, on se voit dans leur bureau ou au café, et on échange nos points de vue* »[152] ou encore « *j'aime bien faire des maths à la plage. On marche, on réfléchit, on échange...* »[153]. Ces illustrations résument bien ce besoin de communication, de transmission, essentiellement de *confrontation*, des mathématiciens, jusqu'à ensuite la confrontation avec eux-mêmes. La solitude devenant alors un face-à-face crucial.

Un exemple célèbre du besoin de communication réside dans la coopération particulière des mathématiciens anglais Hardy et Littlewood qui se fit uniquement par correspondance. Cette confrontation donne aussi tout son sens au développement à partir du dix-septième siècle des journaux mathématiques, puis à la création de séminaires et enfin des congrès internationaux des mathématiciens. Les premiers séminaires réguliers apparurent au milieu du dix-neuvième siècle, les toutes premières publications des Académies quant à elles ont commencé vers la fin du dix-septième siècle, alors que les premiers journaux à diffusion internationale datent des années 1825/1830.

Cette confrontation n'est pas en contradiction avec le travail isolé des mathématiciens : paradoxalement le mot *communauté* prend toute sa place dans l'isolement du mathématicien. Le mathématicien travaille souvent seul, mais a besoin des échanges avec les autres, sous différentes formes, pour continuer à avancer : il s'agit en cela d'une certaine forme de coopération indispensable à l'évolution de la discipline. Jean-Pierre Kahane assure que « *la découverte est inséparable de la communication* » et que cette dernière devient souvent le « *germe de nouvelles découvertes* »[154]. Le séminaire peut remplir ce rôle. Même si celui-ci a parfois un cadre formel et ses codes, certains mathématiciens le voient comme un lieu d'échange où tout le monde peut parler.

Cet isolement de l'esprit trouve son paroxysme dans l'anecdote suivante relatée par J. Dieudonné : la mise au concours par l'Académie des Sciences de Paris, en les personnes d'Hermite et Jordan, en 1880, d'un problème de théorie des nombres qui avait été résolu vingt ans auparavant par un Anglais. Peut-être que Hermite et Jordan ne lisaient pas l'anglais mais toujours est-il que le fait que le problème en question n'était plus un problème ouvert leur avait échappé. L'apparition des journaux puis des ouvrages didactiques ont marqué le début de la diffusion à une échelle moins discrète de la recherche

---

[152] Le journal du CNRS, août 2014.

[153] *ibid.*

[154] « *La passeggiata, battements d'aile au jardin du Luxembourg* », interview filmé dans le cadre du colloque *Qu'est-ce que la recherche en mathématique aujourd'hui ?* Maubeuge, 2008.

mathématique. Mais, tout comme on a remarqué que transmettre aide à faire, l'écriture ne sert pas qu'à consigner les résultats d'une recherche, elle entre dans le processus même de la recherche. « *Le rôle de l'écriture n'est pas de consigner les résultats d'une recherche, mais bien le processus même de la recherche* » écrivait Grothendieck[155]. Certes on n'écrit que lorsque la réflexion est bien avancée. Or il faut d'abord comprendre. Écrire permet aussi de comprendre.

Un autre élément moteur dans le développement se trouve du côté de la chose abstraite et subjective : l'*esthétique.* Le philosophe Alain Badiou relie d'ailleurs directement mathématiques et esthétique dans son *Éloge des mathématiques,* qui est un dialogue entre lui et un autre philosophe, Gilles Haéri. Ainsi, dans sa réponse à la première question du livre, dans laquelle Gilles Haéri lui demande d'où vient ce rapport très fort aux mathématiques, Alain Badiou évoque immédiatement ce rapport au beau : *« Je dois dire que ce qui m'a véritablement captivé, c'est le sentiment que, lorsque l'on fait des mathématiques, c'est un peu comme si l'on suivait un chemin extrêmement tordu et complexe, dans une forêt de notions et de concepts, et que ce chemin conduise quand même, à un moment donné, à une sorte d'éclaircie magnifique. Ce sentiment quasi esthétique des mathématiques m'a frappé très tôt. »*[156]. Il ajoute qu'« *Aristote considérait en fait les mathématiques comme une discipline, non pas tant de la vérité, que de la beauté* ».

Ici, dans le cadre de la discipline qui nous intéresse, l'esthétique a aussi un rôle fonctionnel. Tel un art ! D'ailleurs, l'intérêt d'un résultat mathématique est souvent jugé à travers plusieurs facteurs comme :

- son esthétique,
- son étrangeté : l'aspect surprenant ou contre-intuitif suscite encore plus l'attrait,
- sa profondeur, mesurée par le temps, qui permet en quelque sorte de comprendre, digérer le résultat et en saisir toute sa portée à travers, par exemple, des applications dans le champ mathématique ou même dans un autre champ scientifique.

Il est difficile de ranger ces critères dans un ordre croissant de priorité, tant la subjectivité y est présente (au moins sur les deux premiers points). Le temps pourrait être en quelque sorte un juge de paix, mais il est infini. L'aspect surprenant d'un résultat donné réside souvent dans le fait que ce qui était connu auparavant n'augurait pas de l'obtention de ce résultat. Cet aspect reste

---

[155] *Récoltes et semailles, Réflexions et témoignage sur un passé de mathématicien*, Alexandre Grothendieck.
[156] *Éloge des mathématiques*, Alain Badiou, avec Gilles Haéri, Flammarion, 2015.

quand même relié à un certain esthétisme. L'inattendu est beau, en tout cas en mathématique. Enfin, l'esthétique semble être aussi un facteur prépondérant dans l'évaluation d'un résultat mathématique. On juge une œuvre d'art à travers son esthétique, l'émotion qu'elle suscite en nous. Tel un art, les mathématiques ne dérogent pas à la règle. Et, ainsi, consciemment ou inconsciemment, l'esthétique peut aussi guider l'intuition, qui est un des principaux moteurs de la création mathématique, comme on tentera de le montrer dans la suite. On peut alors lier *intuition et esthétique.*

Enfin, et c'est encore un rapport au temps, il est important de s'interroger sur, en quelque sorte, la *filiation* des développements des mathématiques. En réalité, ceux-ci sont surtout d'origine interne à la discipline elle-même, et non forcément d'origine externe. Implicitement, on retrouve l'idée sous-jacente de l'utilitarisme qui tarit la source, idée que l'on a évoquée précédemment. Bien évidemment, il ne s'agit pas de nier par exemple le rôle de la physique dans le développement des mathématiques, ou même de questions liées à des domaines plus inattendus : par exemple, André Weil raconte que Claude Lévi-Strauss s'était heurté à un problème inextricable dans son « *vaste travail de sociologie théorique sur les structures élémentaires de la parenté* »[157]. En particulier, ce dernier souhaitait obtenir une description complète des lois de mariage d'une tribu aborigène du nord de l'Australie. Ces lois comportaient un mélange de règles endogamiques et exogamiques qui complexifiaient énormément l'aspect combinatoire du problème et rendaient alors impossible une énumération exhaustive de tous les cas possibles : « *le système était d'une telle ingéniosité que Lévi-Strauss n'arrivait plus à en dérouler les conséquences* ». André Weil, à qui la question fut posée, résolut le problème en utilisant la très abstraite théorie mathématique des groupes. Ce problème dit de Murngin a ensuite connu de nombreux développements. Il est aussi intéressant de noter qu'à propos de cette résolution André Weil écrivit que « *le plus difficile pour le mathématicien, lorsqu'il s'agit de mathématique appliquée, est souvent de comprendre de quoi il s'agit et de traduire dans son propre langage les données de la question* » et dans le cas présent « *le système qui à première vue menaçait d'être d'une complication inextricable devient ainsi assez facile à décrire dès lors qu'on introduit une notation convenable* »[158].

La transcription à la discipline mathématique du problème venant d'une autre discipline fut d'abord une transcription de langage, langage qui ensuite permit la compréhension du problème et ainsi sa résolution. On retrouve ici que chaque discipline a sans doute son propre langage et que celui-ci joue un rôle

---

[157] *De la métaphysique aux mathématiques*, André Weil, Œuvres scientifiques, Springer, 1979, vol. 1.
[158] *Ibid.*

essentiel dans son développement. Les questions mathématiques peuvent donc être d'origine externe à la discipline, elles peuvent même devenir sources de développement, faut-il encore savoir en quelque sorte les traduire pour y répondre. Cependant les mathématiques ne sont pas un simple outil de résolution, ne se réduisent pas à une discipline au service d'autres disciplines. Cette conception « *aurait sans doute étouffé dans l'œuf la plupart des domaines conquis* [...] *par la mathématique, et même probablement ceux auxquels tiennent le plus les utilitaristes d'aujourd'hui* » fait remarquer Dieudonné dans l'introduction de l'*Abrégé d'Histoire des mathématiques.* Artur Avila, déjà cité précédemment, déclara, en réponse à la question des applications à ses travaux : « *Je n'y travaille pas. Tant mieux s'il y en a, mais ce qui m'intéresse ce sont uniquement les mathématiques* »[159]. Le sociologue Bernard Zarca analyse cela comme un « *signe de l'éloignement des mathématiciens du monde social* »[160]. Les mathématiques sont une discipline à part entière, qui se nourrit d'abord d'elle-même. Les questions amènent d'autres questions, les réponses aussi. La non-résolution d'un problème (ou une réponse négative) est une réponse en soi et peut amener aussi à la découverte d'un pan des mathématiques. L'exemple donné par Dieudonné, dans son *Abrégé d'Histoire des mathématiques*, du mathématicien Évariste Galois qui prouva la non-résolution par radicaux des équations de degré supérieur ou égal à cinq, conduisant à « *la découverte d'une branche entièrement nouvelle des mathématiques* », est sous ce nouveau regard frappant. La théorie de Galois est née. L'échec est aussi un succès – et, parfois, un immense succès.

Plus généralement, la formalisation – entre autres, celle des hypothèses – est un rouage essentiel dans le développement d'une discipline. Tel un jardin que l'on cultive, après avoir défriché, il faut réarranger, et même entretenir. Poincaré écrivait alors, au sujet de cette formalisation, qui mène à la rigueur « *Mais croit-on que les mathématiques aient atteint la rigueur absolue sans faire de sacrifice ? Pas du tout, ce qu'elles ont gagné en rigueur, elles l'ont perdu en objectivité. C'est en s'éloignant de la réalité qu'elles ont acquis cette pureté parfaite. On peut parcourir librement tout leur domaine, autrefois hérissé d'obstacles, mais ces obstacles n'ont pas disparu. Ils ont seulement été transportés à la frontière et il faudra les vaincre de nouveau si l'on veut franchir cette frontière pour pénétrer dans le royaume de la pratique* »[161].

---

[159] Le journal du CNRS, août 2014.

[160] *L'ethos professionnel des mathématiciens*, Bernard Zarca, Revue française de Sociologie, Vol. 50, 2009.

[161] *Science et méthode*, Henri Poincaré, Flammarion, Paris, 1908.

Invention ou découverte ?

On ne peut parler d'une discipline, d'un objet d'études en général, et en particulier des mathématiques, sans évoquer la controverse entre fabrication et découverte : est-ce que l'on *fabrique* de la connaissance, ou est-ce que l'on *découvre* une chose qui est intimement liée à la nature ? « *Le travail du mathématicien est donc une invention dans un schéma global inconnaissable puisque sa découverte est impossible à l'homme. Le théorème que l'on cherche existe de toute éternité, mais pour le formuler puis le découvrir il faut inventer un chemin* », selon Gustave Choquet. On retrouve ici l'idée du chemin à débroussailler évoquée dans la première partie du présent ouvrage[162]. Et l'invention et la découverte ne semblent pas antinomiques, selon Choquet. Cette citation interroge : si on accepte le concept d'« éternité », alors, peut-être que les théorèmes sont des idées, des réalités supérieures au sensible et alors préexistent. Mais peut-on fabriquer du théorème ? Invention ou découverte sont en ce sens une question d'a priori. Mais, c'est le processus qui reste fondamental et que l'on peut appeler *création* ou même *récréation* car cela reste un formidable jeu de l'esprit. La tâche est ardue et, tel l'alpiniste qui gravit une montagne, entrevoir le sommet qui se rapproche est une aide précieuse pour réussir. « *Il arrive souvent, dans un problème, qu'évaluer à quelle distance se trouve la solution facilite la tâche. C'est précisément cette intuition grossière du chemin qui reste à parcourir qui, même si les questions étudiées peuvent paraître très bizarres, aide à résoudre le problème* » défend Alain Connes dans un dialogue avec Jean-Pierre Changeux sur la création mathématique[163].

De son côté, Hadamard décrit de manière explicite le travail, la création, du mathématicien selon le schéma suivant : *préparation, incubation, illumination*[164]. Il évoque le fait d'essayer de « gouverner l'inconscient » en quelque sorte. Poincaré semblait partager ce point de vue. C'est le terme *incubation* qu'utilisera aussi Alain Connes pour évoquer les prémices de l'invention mathématique : « *il faudrait comprendre quel type de fonction d'évaluation entre en jeu, au cours de la période d'incubation, pour sélectionner la solution du problème* »[165]. Alain Connes y ajoute une phase de *vérification*[166]. C'est sans doute la phase la plus douloureuse, la plus

---

[162] Cf *supra* partie I.2.

[163] *Matière à pensée*, Jean-Pierre Changeux, Alain Connes, Éditions Odile Jacob, 2000.

[164] *Essai sur la Psychologie de l'invention dans le domaine mathématique,* Jacques Hadamard, Paris, Librairie scientifique, Albert Blanchard, 1959.

[165] *Matière à pensée*, Jean-Pierre Changeux, Alain Connes, Éditions Odile Jacob, 2000.

[166] Claude Brezinski, dans son livre *Comment l'Esprit vient aux Savants* (Éditions L'Harmattan, Paris, 2007), décrit bien les quatre étapes (préparation, incubation, illumination, vérification) dans le processus intellectuel qui mène à la découverte et attribue cette formalisation, basée sur les réflexions du physicien Helmholtz, à un psychologue anglais Graham Wallas. Ce processus,

angoissante. Beaucoup de mathématiciens diront qu'ils leur arrivent souvent de rester longtemps bloqués après la phase d'illumination, ne voulant pas entamer la phase de vérification, par peur que tout s'effondre. Les phases de préparation et incubation du schéma d'Hadamard sont un passage obligé. C'est tout le *travail disciplinaire,* toute *la formation disciplinaire* puis l'appropriation des problèmes, des questions, qui laissent des traces indélébiles dans le conscient et l'inconscient. Mais ensuite ? « *Il faut libérer la pensée de telle sorte que le travail subconscient puisse se produire* »[167].

Dans son livre *Théorème vivant*, Cédric Villani raconte ses rêves. C'est sans doute une façon implicite (ou inconsciente ?) de montrer l'importance du travail subconscient. Le rêve fait partie de la construction de la pensée, ou plus précisément, de sa mise en place. Maigret, le célèbre commissaire imaginé par Georges Simenon, aussi rêve, ou laisse travailler son subconscient : « *Cependant, il rêvait. Mais n'arrive-t-il pas qu'en rêve on ait soudain l'intuition qu'on n'aurait pas à l'état de veille ? Ne se peut-il pas que, certaines fois, l'esprit s'aiguise au lieu de s'assoupir ? Cela lui était bien arrivé une fois, quand il était étudiant. Il avait pâli toute la soirée sur une question difficile et soudain, au milieu de la nuit, il avait trouvé la solution en rêve. Quand il s'était éveillé, il ne l'avait pas retrouvée tout de suite mais il avait fini par y réussir.* [...] *L'important c'était de ne pas oublier sa découverte. D'abord, il fallait se la mettre dans la tête, nettement, pas seulement comme une vague lueur. Il se comprenait. En une ou deux phrases. Les seules vérités sont courtes. Qui avait dit ça ? Peu importe. Une phrase. Puis se réveiller et... Il ouvrit les yeux, soudain, dans l'obscurité de la chambre, et tout de suite fronça les sourcils. Son rêve n'était pas tout à fait terminé. Il avait l'impression qu'il pouvait encore ressaisir la vérité* » écrivait Simenon[168]. Ce moment où tout se met en place, cette illumination évoquée par Hadamard, intimement lié aux phases de préparation et d'incubation, on ne peut le contrôler, à peine l'apercevoir. Ce fonctionnement déborde le domaine du conscient. « *Après de nombreux tâtonnements, à l'occasion d'une nouvelle observation ou d'une nouvelle combinaison de règles formelles, il peut se produire une sorte de "cristallisation" d'un ensemble de pré-représentations, qui envahit l'espace de travail conscient. À ce moment précis, des éléments qui étaient dispersés dans le cerveau une fraction de seconde auparavant se trouvent mis en relation d'un seul coup. Voilà l'illumination dont parle Hadamard dans le cas de la création mathématique* »[169]. Le mathématicien André Weil décrit cette phase d'illumination par « *ces états*

---

souvent présenté de manière linéaire, chaque étape s'enchaînant temporellement à la suite de la précédente, est néanmoins à envisager avec de nombreuses récursivités internes (bouclages). Plutôt que d'étapes il conviendrait alors, sans doute, de parler de « moments ».

[167] *Ibid.*

[168] *Un échec de Maigret*, Georges Simenon, 1956, Le Livre de Poche 2013, pp.147-148.

[169] *Science et méthode*, Henri Poincaré, Flammarion, Paris, 1908.

d'exaltation lucide où les pensées s'enchaînent comme par miracle, et où l'inconscient [...] *paraît aussi avoir sa part* »[170].
Le lien, qui vient d'être fait, entre recherche et enquête policière semble flagrant. Il a été mis en évidence dans un très bel article[171]. D'autres illustrations seront d'ailleurs données dans la suite du texte.

Intuition et rigueur

Cette illumination est juste préparée en partie par l'*intuition*. L'*intuition* est souvent opposée à la *rigueur* formelle mais les deux notions sont pertinentes. On pourrait dire que la préparation, la vérification sont du registre de la rigueur, alors que l'incubation, l'illumination sont du registre de l'intuition. L'intuition est décisive, toute construction d'objet ou de théorèmes mathématique nécessite une intuition en tant que telle, en amont. La rigueur doit venir confirmer l'intuition. Elle n'apparaît qu'en dernier recours, mais c'est elle qui transformera – comme on transforme un essai au rugby – l'intuition en théorème. La rigueur rentre dans la phase de vérification mentionnée plus haut. Elle permet une forme d'aboutissement. Ces étapes et cette dualité entre intuition et rigueur, Grothendieck les énonce et les décrit de manière lumineuse et merveilleuse : « *Quand les choses elles-mêmes nous soufflent quelle est leur nature cachée et par quels moyens nous pouvons le plus délicatement et le plus fidèlement l'exprimer, alors que pourtant beaucoup de faits essentiels semblent hors de la portée immédiate d'une démonstration, le simple instinct nous dit d'écrire simplement noir sur blanc ce que les choses nous soufflent avec insistance, et d'autant plus clairement que nous prenons la peine d'écrire sous leur dictée !* »[172]. Et Grothendieck poursuit ainsi, montrant l'importance de se laisser porter par l'intuition d'abord : « *Point n'est besoin de se soucier de démonstrations ou de constructions complètes – s'encombrer de telles exigences à ce stade-là du travail reviendrait à s'interdire l'accès de l'étape la plus délicate, la plus essentielle d'un travail de découverte de vaste envergure – celle de la naissance d'une vision, prenant forme et substance hors d'un apparent néant. Le simple fait d'écrire, de nommer, de décrire – ne serait-ce d'abord que décrire des intuitions élusives ou de simples soupçons réticents à prendre forme – a un pouvoir créateur.* [...] *Dans la démarche de la découverte en ces choses-là, ce travail en est l'étape créatrice entre toutes, qui toujours précède*

---

170 *Souvenirs d'apprentissage*, André Weil, Bâle, Birkhäuser, 1991.

171 Gérard Engrand, « D'une forme de pensée considérée comme une sécrétion urbaine », in *Les Cahiers de Philosophie* n°17, Lille, 1993.

172 Alexandre Grothendieck, *Récoltes et semailles, Réflexions et témoignage sur un passé de mathématicien*, Université des sciences et techniques du Languedoc et Centre national de la recherche scientifique, Montpellier, 1985.

la démonstration et nous en donne les moyens – ou pour mieux dire, sans laquelle la question de démontrer quelque chose ne se pose même pas, avant que rien encore de ce qui touche l'essentiel n'aurait été formulé et vu »[173]. C'est ici, toujours selon Grothendieck, qu'apparaît une phase de formulation, lien entre intuition et rigueur : « *Par la seule vertu d'un effort de formulation, ce qui était informe prend forme, se prête à examen, faisant se décanter ce qui est visiblement faux de ce qui est possible, et de cela surtout qui s'accorde si parfaitement avec l'ensemble des choses connues, ou devinées, qu'il devient à son tour un élément tangible et fiable de la vision en train de naître. Celle-ci s'enrichit et se précise au fil du travail de formulation* »[174]. Le passage de l'intuition à la rigueur s'éclaire, c'est la naissance d'une vision : « *Dix choses soupçonnées seulement, dont aucune* [...] *n'entraîne conviction, mais qui mutuellement s'éclairent et se complètent et semblent concourir à une même harmonie encore mystérieuse, acquièrent dans cette harmonie force de vision. Alors même que toutes les dix finiraient par se révéler fausses, le travail qui a abouti à cette vision provisoire n'a pas été fait en vain, et l'harmonie qu'il nous a fait entrevoir et qu'il nous a permis de pénétrer tant soit peu n'est pas une illusion, mais une réalité, nous appelle à la connaître* »[175]. Cependant tout ce processus intellectuel, aboutissant à la découverte et lié à l'intuition au départ, ne peut avoir lieu sans ce travail de longue haleine, de formulation et reformulation, étroit chemin reliant intuition et rigueur. Grothendieck conclut d'ailleurs ainsi : « *Par ce travail, seulement, nous avons pu entrer en contact intime avec cette réalité, cette harmonie cachée et parfaite.* [...] *Une découverte vient en récompense d'un travail, et n'aurait pu avoir lieu sans lui. Mais alors qu'elle ne viendrait qu'au terme d'années d'efforts, ou même que nous n'apprenions jamais le fin mot, réservé à d'autres après nous, le travail est sa propre récompense, riche en chaque instant de ce que nous révèle cet instant même* »[176].

C'est la constitution d'un immense puzzle, dont on avait tous les morceaux, mais que l'on n'arrivait pas à placer pour qu'ils s'imbriquent parfaitement[177].

---

[173] Ibid.
[174] Ibid.
[175] Ibid.
[176] Ibid.
[177] D'ailleurs, dans son article *Former nos étudiants à la recherche* (BOL-Sema, 1995), C. Brezinski insiste sur le fait qu'« *il faut essayer de leur former l'esprit et leur donner une vue d'ensemble, une vue synthétique du sujet en leur montrant comment les pièces du puzzle s'ajustent les unes aux autres, comment s'enchaînent les idées* » plutôt que « *les noyer sous un flot de détails techniques* ». Les expressions « vue d'ensemble » et « vue synthétique » pourraient d'ailleurs être considérées dans un contexte plus général que la démonstration d'un résultat mathématique et mériteraient alors d'être explicitées, ce qui n'est pas sans présenter de nombreuses difficultés. S'agit-il, par exemple, de présenter synchroniquement un champ disciplinaire comme on a pu l'envisager en début de ce chapitre au travers des travaux de D. Vinck, de présenter les liens entre connaissance scientifique et représentation du monde (une

Il faut trouver la *cohérence*. Deligne, étudiant de Grothendieck, disait de son professeur : « *Rien ne semble se passer et pourtant à la fin de l'exposé un théorème clairement non trivial est là* ». Jordan Ellenberg décrit le travail de la découverte mathématique dans une jolie métaphore mettant en jeu la mer et la pierre : « *L'inconnue est un rocher dans la mer, qui fait obstruction à notre progression. Vous pouvez essayer de fourrer de la dynamite dans les crevasses de la roche, de la faire exploser et de répéter l'opération jusqu'à ce qu'elle se fissure comme l'avait fait Buffon avec ses calculs compliqués. Ou vous pouvez adopter une approche plus contemplative, laissant votre niveau de compréhension s'élever progressivement, jusqu'à ce que l'obstacle soit recouvert par les eaux calmes et disparaisse* » [178]. Les mathématiques pratiquées actuellement sont un jeu délicat entre contemplation et explosion.

Les définitions conceptuelles rigoureuses marquent souvent l'aboutissement d'un long travail, qui, cette fois, se place à l'échelle du collectif, tel un relais dans le temps, parfois long. Un des exemples les plus frappants est celui donné par la résolution de la célèbre conjecture de Poincaré par le mathématicien russe Grigori Perelman en 2003. Pour cela, il a pour ainsi dire mis en œuvre en particulier le programme d'un autre mathématicien nommé Hamilton, qui en quelque sorte donnait un angle d'attaque de ce vieux problème. « *La succession de chercheurs est comparable à un seul homme qui apprend indéfiniment* », écrivait Pascal [179].

Mais répondre à une ou des questions mathématiques, passer à la phase de vérification et de formalisation, d'écriture, d'énonciation ne signifie pas que celle du questionnement est close. Elle reste prégnante, peut-être même encore plus qu'auparavant. D'abord, toute résolution amène d'autres questions, d'autres problèmes, comme cela a été mentionné précédemment. Au moment de l'écriture formelle, du passage de l'esprit à la feuille, de l'explication non plus pour soi mais pour les autres, l'esprit est alors complètement en éveil, à l'affût des questions. Et, de toute cette démonstration, qui se construit, se forme, s'écrit, il s'agit de retirer le point clé, celui qui articule l'ensemble, de le scruter, le dégager, l'examiner sous ses moindres détails pour en puiser toute la force, et en tirer déjà autant de conséquences possibles. C'est lui, ce point, cet argument, ce détail parfois anodin au premier abord, qui « est » en fait le résultat, lui encore qui va aider à le comprendre, mais aussi, par ricochet, permettre de soulever une multitude de questions, en résoudre certaines, et

---

philosophie des sciences), de retracer une « généalogie » des concepts (une perspective historique), d'aller vers les liens entre sciences et formes sociales (une sociologie des sciences) ? À moins que les termes d'ensemble et de synthèse ne renvoient, implicitement, à l'intention d'une modélisation d'ordre « systémique » permettant alors d'envisager les apports et les soubassements liés à ces différentes dimensions ?

[178] *L'art de ne pas dire n'importe quoi*, Jordan Ellenberg, Éditions Cassini, 2017.

[179] *Pensées*, Blaise Pascal, 1669.

surtout repousser les limites de l'inconnu. Ce sera sans doute l'essence des résultats futurs. La discipline est vivante.

Logique et rationalité

Les deux notions de logique et de rationalité ne sont bien évidemment pas absentes du processus de création et sont transversales au travail disciplinaire en général. Dans le cas des mathématiques, comme sans doute dans le cas de beaucoup de disciplines finalement, elles sont liées à la partie que l'on pourrait sans doute assimiler à notre *enquête policière*. Elles préparent la phase d'*illumination*, au sens de Hadamard, et interviennent dans celle dite de vérification. Mais une démonstration n'est pas seulement une suite logique selon Poincaré :
« *Le logicien décompose pour ainsi dire chaque démonstration en un très grand nombre d'opérations élémentaires ; quand on aura examiné ces opérations les unes après les autres et qu'on aura constaté que chacune d'elles est correcte, croira-t-on avoir compris le véritable sens de la démonstration ? L'aura-t-on compris même quand, par un effort de mémoire, on sera devenu capable de répéter cette démonstration en reproduisant toutes ces opérations élémentaires dans l'ordre même où les avait rangées l'inventeur ? Évidemment, non, nous ne possédons pas encore la réalité tout entière, ce je-ne-sais-quoi qui fait l'unité de la démonstration nous échappera complètement* » [180] . C'est sans doute ce qui fait dire à Villani qu'en « *mathématique, c'est comme dans un roman policier ou un épisode de Columbo : le raisonnement par lequel le détective confond l'assassin est au moins aussi important que la solution du mystère elle-même* ». Et ce raisonnement, cet enchaînement logique et intuitif repose très souvent sur des points anodins de prime abord, des détails : « *c'est curieux comme le petit détail a son importance. C'est comme une sorte de voix qui vous murmure à l'oreille : la solution est là* »[181]. Faut-il encore pouvoir comprendre comment ce détail vient s'articuler dans ce geste de pensée. Poincaré disait encore : « *le savant doit ordonner, on fait la science avec des faits comme une maison avec des pierres ; mais une accumulation de faits n'est pas plus une science qu'un tas de pierres n'est une maison* »[182].

De même, Maigret ne résout pas, il n'enquête pas vraiment. Parfois même on connaît déjà la solution dès le début du roman – ce qui est d'ailleurs devenu un principe constitutif pour le spectateur des épisodes de Columbo – mais il

---

[180] *La valeur de la science*, Henri Poincaré, Flammarion, 1905.
[181] « Columbo », saison 7, épisode 3. La question de la signification d'un détail pour un chercheur est développée plus avant en partie IV.2.
[182] *La science et l'hypothèse*, Henri Poincaré, Flammarion, 1908.

reste à la démontrer. Cela montre encore que le cheminement est bien plus important que le résultat en lui-même. Ce principe du « reste à démontrer » est aussi à relier à un problème mathématique dont la réponse semble claire dès le début, mais reste à démontrer. Ce n'est pas toujours évident ou cela peut sembler évident mais, comme le dit Jean-Pierre Kahane, « *des petites mains doivent achever le travail* », sans que ce terme soit péjoratif, bien au contraire. Il signifie simplement que la moindre pierre est importante dans la construction des mathématiques : il y a en quelque sorte le gros œuvre, assimilable aux théories complètement nouvelles, et les petits travaux, qui s'appuient sur ce gros œuvre, sans lequel rien ne serait possible, mais qui sont indispensables pour obtenir toute la quintessence de la théorie.

Et l'indiscipline !

Comme nous l'avons souligné, on retrouve beaucoup de points communs entre la construction des *enquêtes policières* des romans de Simenon, et le travail de la recherche disciplinaire. Simenon propose une narration, jusqu'au moment où il y a un basculement, où la solution apparaît. De la même manière, on tâtonne en mathématiques, jusqu'au basculement. Parfois on est passé tout près de la clé de l'énigme, puis on s'en est éloigné, et on revient, on repasse. Maigret a toutes les pièces du puzzle, fait tous les interrogatoires nécessaires. La solution doit se mettre en place. C'est l'esprit qui agit. Il pense. Dans ces moments de tâtonnements, Maigret descend, se mêle à la foule, il ressent le besoin de s'imprégner de l'ambiance pour reconstituer des histoires. « *Il ne fallait pas courir après les vérités qu'on voulait découvrir, mais se laisser imprégner par les vérités pures et simples* »[183]. Maigret est passif, il reçoit d'abord beaucoup d'informations, le tableau se construit en désordre, c'est un puzzle... mais il a la patience, il laisse le puzzle se construire. « *Est-ce que vous progressez ?* » lui demande souvent le juge d'instruction. Sa réponse est toujours évasive : dans une enquête, on sait que l'on a progressé lorsque l'on est arrivé à la solution. L'esprit doit agir. Mais il ne se commande pas. Il ne se gouverne pas vraiment non plus. Ou bien si : dans l'indiscipline. Il faut le préparer à cette indiscipline. Savoir l'aérer. Lui donner d'autres occupations. Il travaillera en quelque sorte en « arrière-plan ». Simenon décrit très bien ce fonctionnement intellectuel. « [Maigret] *lisait un article sur les fonds marins quand soudain une pensée lui vint à l'esprit.* [...] *Il aurait voulu une réponse tout de suite. Cette idée l'excitait* »[184]. Ce fonctionnement semble d'ailleurs relié à l'oisiveté du sage défini par La Bruyère dans *Les Caractères* en 1688 : « *Il ne manque cependant à l'oisiveté du sage qu'un meilleur nom, et que méditer, parler, lire et être tranquille s'appelât travailler* ».

183 *Maigret à New-York*, Georges Simenon, Presses de la Cité, 1947, p. 196.
184 *Maigret et le marchand de vin*, Georges Simenon, 1970, Le Livre de Poche 2016, p.123.

Cette analogie entre recherche et roman policier est parfois même directement explicitée. Claudie Asselain-Missenard, citée plus haut, a pu présenter le récit *Théorème vivant* de C. Villani comme une sorte de « polar » : « *polar parce que Cédric Villani nous fait le récit de la genèse du théorème* [...] *qui lui vaudra la médaille Fields : naissance des idées, périodes de doutes, échanges fiévreux avec son jeune collègue Clément Mouhot, moments de désespoir quand tout semble s'effondrer, moments d'avancées où l'espoir renaît, périodes de vérification laborieuse des preuves, rencontres décisives, découverte et rebouchage de « trous » résiduels, déception quand une première mouture de l'article est refusée, joie profonde quand la bonne nouvelle de la médaille Fields est annoncée en grand secret...* »[185]. Un « *polar* » assorti de considérations sur l'impact sur son travail de « *sa sphère intime, sphère familiale, démêlés avec le RER B ou goûts en matière de musique ou de BD* ». Le caractère « humain » assorti de considérations purement scientifiques, n'est sans doute pas sans rejoindre ici le « *romantisme de l'intelligence* » évoqué par J. Hyppolite à propos des écrits de G. Bachelard sur l'intelligence[186]. Jean-Pierre Kahane décrit dans une longue interview[187] la nécessité de ses longues promenades par exemple au jardin du Luxembourg : une manière de respirer et de laisser respirer ses pensées. La méthode de Maigret se rapproche de celle-là. Arsène Lupin lui est plutôt dans la déduction, Sherlock Holmes aussi. On retrouve le côté rationnel de l'enquête, telle une démonstration mathématique déjà écrite. Maigret marche à l'intuition, l'intuition préparée, provoquée, non hasardeuse. L'enquête de Maigret se rapproche plus en ce sens de la *création mathématique*, où la logique est mêlée à l'intuition, au tâtonnement. On doit savoir libérer son cerveau pour laisser respirer ses pensées[188]. Au contraire Lupin ou Holmes ont besoin de s'enfermer, de s'isoler, de se soustraire du monde environnant, pour mobiliser leur pensée uniquement sur leur problème logique à résoudre. Maigret n'élucide jamais totalement les histoires : une part d'ombre reste. Comme dans les mathématiques sans doute.

---

[185] C. Asselain—Missenard, in *Bulletin de l'association des professeurs de mathématiques de l'enseignement*, APMEP – PLOT n° 41, 2013.

[186] « Gaston Bachelard ou le romantisme de l'intelligence », Jean Hyppolite, in *Revue Philosophique de la France et de l'Étranger*, T. 144, 1954, pp. 85-96.

[187] « La passeggiata, battements d'aile au jardin du Luxembourg », interview de Jean-Pierre Kahane, film réalisé dans le cadre du colloque Qu'est-*ce que la recherche en mathématique aujourd'hui ?*, Maubeuge, 2008.

[188] Dans son article *Former nos étudiants à la recherche* (*op.cit.*), C. Brezinski défend aussi dans ce contexte une idée similaire affirmant qu'« *il faut aussi apprendre à nos jeunes chercheurs que, pour obtenir des résultats nouveaux, il faut laisser vagabonder son esprit, le laisser aller là où il le veut, le laisser libre de toute entrave* ».

Épilogue

Trouve-t-on les mêmes caractéristiques de la recherche dans d'autres champs disciplinaires ? La même dualité entre discipline et indiscipline ? Les mêmes liens entre intuition et création ou entre logique et rationalité ? Le même bonheur ? Sans doute. Le cas des mathématiques ne saurait être complètement à part, même si chaque discipline doit posséder ses singularités propres. Et Maigret pourrait se lire comme une sorte de métaphore du chercheur, peu importe la discipline.

La construction d'une discipline, son processus de création et de développement, les gestes qui l'accompagnent, l'environnement qui l'entoure, ne semblent ainsi pas se conformer à des règles spécifiques, à des protocoles bien déterminés, à des temporalités prédéfinies. Ces éléments ne doivent pas se mettre en place les uns après les autres selon un ordre bien établi mais plutôt les uns pour les autres, les uns avec les autres, en imbrication constante, dans un immense espace de liberté. La discipline est vivante, à la fois structurée et indisciplinée. On peut au mieux l'approcher, l'appréhender, essayer de la faire avancer, mais pas toujours dans la direction qu'on imaginait. Elle nous réserve des surprises, des déceptions, et parfois du contentement, de la satisfaction. La construction du savoir scientifique ne peut se faire dans un quelconque enfermement, que ce soit un enfermement institutionnel, disciplinaire, un enfermement de méthode, de règles ou même de l'esprit. Jean-Pierre Kahane résume bien, dans le cas des mathématiques, ce passage de la discipline à l'indiscipline, cet ensemble mystérieux dans lequel l'enfermement de l'esprit n'a pas sa place : « *Comme chercheur, je me suis senti jardinier plus qu'architecte. J'ai donc contribué à découvrir ou à créer des espèces nouvelles, qui parfois semblent étranges avant qu'on s'y habitue. Cependant mon activité de chercheur n'a pas obéi à un plan d'ensemble : j'ai été porté par des questions ouvertes, posées par mes maîtres, par des collègues ou par le hasard de mes lectures* »[189]. Et, sur le geste du chercheur, sa posture devant un problème, Jean-Pierre Kahane poursuit son témoignage en montrant que cette indiscipline reste reliée à une certaine discipline, une discipline de travail pour un aboutissement qui arrive comme une délivrance : « *Dans chaque cas il fallait des outils ad hoc, et le plaisir, comme dans tout métier sans doute, était que les outils fonctionnent bien. On sait bien qu'il n'y a pas de plaisir sans douleur, et j'ai beaucoup peiné, comme tout le monde sans doute, en m'égarant, en me trompant, en rectifiant, en recommençant, avant d'aboutir aux résultats qui m'ont procuré le plus de plaisir* »[190].

[189] J.-P. Kahane, *Le plaisir des mathématiques*, RMS 116-1, 2005-2006.
[190] Ibid.

André Weil aussi évoque l'importance de laisser à l'esprit cet espace de liberté, ce caractère indiscipliné mais tellement créateur : « *Rien n'est plus fécond, tous les mathématiciens le savent, que ces obscures analogies, ces troubles reflets d'une théorie à une autre, ces furtives caresses, ces brouilleries inexplicables ; rien aussi ne donne plus de plaisir au chercheur* »[191] .

Dans ces derniers propos, un élément essentiel apparaît, sous-jacent à l'ensemble du texte, mais jamais vraiment explicité et développé, et pourtant sans aucun doute moteur pour arriver à inventer comme disait Nietzsche des « gestes de pensée » : il s'agit de la notion de *plaisir*. C'est aussi peut-être ce que Spinoza nomme *beatitudo intellectualis*, le bonheur intellectuel[192].

---

[191] *De la métaphysique aux mathématiques*, André Weil, Œuvres scientifiques, Springer, 1979, vol. 2.

[192] Cette dimension existentielle associée à la recherche, nos étudiants l'ont d'ailleurs très bien ressenti en en faisant une thématique de leur questionnement (Cf. *infra* III. 4).

II. 3.

S'orienter dans la pensée

En 1973, le biologiste Jacques Monod publiait un ouvrage devenu référence pour beaucoup et intitulé « *Le hasard et la nécessité* ». En 2014, le biologiste Philippe Kourilsky publie un autre ouvrage qui, sans doute, fera aussi référence et dont le titre n'est pas sans s'afficher comme un écho singulier au précédent : « *Le jeu du hasard et de la complexité* »[193].
D'un titre à l'autre, au-delà d'un enrichissement des savoirs et des connaissances sur près de quarante ans, c'est la façon de penser le vivant, de l'appréhender intellectuellement qui a évolué : il ne peut plus être question d'envisager le vivant comme un « *appareil téléonomique* » assurant une sélection (régulatrice et conservatrice) face à des « *tentatives* » de mutation nées du hasard (expressions de J. Monod, 1973, pp. 153 *sq.*). Il faut aujourd'hui l'envisager comme un *jeu* dans lequel les multiples « *figures du hasard* » font face à une « *complexité biologique* » (expressions de Ph. Kourilsky). Cette *complexité* devant, quant à elle, être pensée en tant que telle et, en l'occurrence, comme un enchâssement de multiples niveaux d'interactions entre une multitude d'éléments de natures variées, eux-mêmes et elles-mêmes variables dans l'espace et dans le temps (Ph. Kourilsky, 2014, chap. 5, pp 87-98 et chap. 19). La manière de *penser* le vivant s'est transformée en même temps que de nouvelles connaissances se sont élaborées.

Dans l'aventure qu'est l'entrée en recherche, l'apprentissage d'une capacité à *s'orienter dans la pensée* (expression empruntée à E. Kant[194]) et, en particulier, dans la pensée scientifique est ainsi tout aussi important que l'acquisition de savoirs scientifiques (le plus souvent disciplinaires) et de connaissances (ou compétences) « métier ». La science se définit autant par la « *manière de savoir* »[195] que par « *l'objet de son savoir* » (G. Gusdorf, 1966,

---

[193] Il se peut que ce titre fasse aussi référence au « *jeu des possibles* », titre d'un ouvrage du biologiste F. Jacob (1981).
[194] « Qu'est-ce que s'orienter dans la pensée ? » (1786), réédition, Vrin 2001.
[195] Et ceci nous ouvre à différentes manières de faire de la recherche, comme a pu l'explorer G. G. Granger autour du travail de production scientifique à l'œuvre dans les mathématiques, la linguistique et les sciences de l'homme et de la société (Granger, 1988).

p. 13)[196]. Dès lors, « *n'est-ce pas à plutôt à l'esprit de la recherche qu'il convient de faire accéder le plus grand nombre d'élèves ? Et l'essentiel n'est-il pas ensuite de faire saisir aux étudiants ce que sont les démarches intellectuelles qui permettent d'acquérir toujours de nouvelles connaissances* ? » (D. Lecourt, 1999, p. 23).

Se libérer de postulats implicites

Nous nous inscrivons dans un héritage éducatif, à la fois culturel, social et scientifique qui sous-entend certains « réflexes » intellectuels qui, souvent, prennent formes de préceptes implicitement opératoires pour l'activité de recherche, ceux-ci pouvant d'ailleurs être l'objet de divergences sinon de controverses. Ainsi, par exemple, du rapport à la rationalité dont, par exemple, F. Jacob rend compte autour de certaines de ses oppositions (et controverses) avec J. Monod : « *à la nature, Jacques attribuait cartésianisme et élégance. D'où son goût des solutions uniques. De mon côté, je ne trouvais pas le monde aussi strict, aussi rationnel* [...] *D'où ma tendance à prévoir les situations les plus variées* » (Jacob, 1987, pp. 356-357).

En témoigne également, par exemple, l'incompréhension à laquelle la biologiste Barbara McClintock a dû faire face pendant presque toute sa vie. Sa biographe, E. Fox Keller, nous indique en effet que, poursuivant son œuvre de biologiste sur la coordination des processus cellulaires (et sur *l'instabilité* génétique) par l'observation des processus lents de croissance du maïs, elle se mit en porte-à-faux vis-à-vis des postulats « en cours » (et des pratiques de laboratoire associées) centrés sur la bactérie *Escherichia coli* (*E. coli*) et qui s'attachaient, eux, à la *stabilité structurale* génétique et à l'hypothèse de mécanismes universels de régulation – de l'*E. coli* à l'éléphant, pour reprendre une expression prêtée à J. Monod. De plus en plus isolée dans la communauté scientifique, elle s'est ainsi trouvée bien en mal de se faire comprendre et, encore moins, de convaincre cette communauté de la pertinence de ses hypothèses relatives à des degrés de complexité plus grands chez les organismes supérieurs. Au-delà, sa pratique de recherche associant de longues et fréquentes observations de terrain à des pratiques de laboratoire contredisait également l'exclusive accordée au seul travail de laboratoire. Preuve de ce que la communauté scientifique a des difficultés à se détacher de telles matrices de pensée (et de comportement), Barbara McClintock n'obtiendra finalement le prix Nobel de médecine qu'à l'âge de 81 ans, en 1983, soit 18 ans après

---

[196] G. Gusdorf va d'ailleurs jusqu'à préciser que « *de nouvelles sciences pourront apparaître* » à partir de ce déplacement dans la mesure où la procédure scientifique (la manière de savoir) peut potentiellement révéler des secteurs jusque-là insoupçonnés ou négligés de la connaissance.

celui attribué à Jacques Monod (conjointement avec André Wolf et François Jacob).

E. Fox Keller cite B. McClintock qui parle de « *postulats implicites* » pour désigner cette « *adhésion implicite à certains modèles qui peut vous empêcher d'examiner les données avec un regard neuf* » (Fox Keller, p. 227). Ne convient-il pas, alors, de mettre l'accent sur la nécessité d'un effort d'intelligibilité portant sur les *modèles implicites* à l'œuvre dans l'activité de recherche ? Quelles « matrices de pensée », quels postulats implicites et quelles questions vives, quelles marges de manœuvre et autres biais cognitifs sont à l'œuvre dans la référence, dans le recours et dans l'emploi de tel ou tel modèle, de tel ou tel concept ? Et E. Fox Keller d'ajouter : « *la rude tâche que le chercheur doit mener à bien, quelle que soit sa discipline, est de se libérer des contraintes que font peser sur lui, à son insu, les postulats implicites* » (*ibid.*, p. 228).
Certes, l'exemple de Barbara McClintock peut apparaître comme un cas très particulier (sinon extrême) en ce qu'il témoigne d'une remise en question, de fait, de postulats existants et non d'un questionnement interne au déroulé scientifique. C'est pourtant un fait que, la plupart du temps, les questionnements relatifs aux postulats scientifiques s'inscrivent généralement aux frontières d'un modèle ou d'un domaine scientifique donné.
Même au sein d'un déroulé scientifique ordinaire, une sorte « d'hygiène scientifique » s'imposerait, pas tant pour remettre *a priori* en question ces postulats (ou les renier) que pour les questionner de manière à pouvoir espérer en maîtriser plus consciemment l'usage et la portée[197].
Ce travail d'hygiène, d'ailleurs, est censé être partie prenante du travail de thèse : ainsi de « l'état de l'art », qui constitue généralement la première partie d'une thèse, et qui ne peut se limiter à un inventaire plus ou moins exhaustif de références, de concepts et de questionnements préexistant mais a (théoriquement) pour objet de les rendre explicites de manière, justement, à espérer en maîtriser plus consciemment l'usage et la portée. Est-ce, néanmoins, toujours le cas ?

Mais qu'entendre par cette notion de postulat *implicite* ? Dans le cas de Barbara McClintock, cette notion nous renvoie à celle de *paradigme*, tel que l'historien des sciences Th. S. Kuhn a pu l'énoncer : des hypothèses de travail,

[197] Nous utilisons ici le terme d'*hygiène* en référence à Marcel Proust qui utilise ce terme pour expliquer le travail littéraire auquel il se livre en écrivant des pastiches. Il s'agissait, pour lui, de se libérer d'influences implicites venues d'autres écrivains : « *le tout était surtout pour moi une affaire d'hygiène ; il faut se purger du vice si naturel d'idolâtrie et d'imitation. Et au lieu de faire sournoisement du Michelet ou du Goncourt en signant (ici les noms de tels ou tels de nos contemporains les plus aimables), d'en faire ouvertement sous forme de pastiches, pour redescendre à n'être que Marcel Proust quand j'écris mes romans* » (lettre de M. Proust à R. Fernandez, 1919).

des modalités de raisonnement, des modèles, des protocoles de recherche qui font consensus (même s'ils peuvent être débattus) au sein d'une communauté scientifique. Et ces postulats (ou paradigmes) vont jusqu'à permettre d'apporter « *à une communauté scientifique, entre autres choses, le moyen de choisir des problèmes dont on peut supposer qu'ils ont une solution, tant que l'on tient le paradigme pour acquis* » (Kuhn, 1972, p. 63)[198].
Certains de ces postulats peuvent être – comme y faisait référence E. Fox Keller – des modèles *explicites* auxquels on se réfère implicitement dans le cadre d'une recherche en cours. D'autres, peuvent renvoyer à des situations de recherche antérieures et, tout en pouvant y faire explicitement référence, peuvent s'afficher sans pour autant qu'en soient interrogés les fondements. Dès lors, nous dit P. Macherey dans sa lecture du travail de Th. Kuhn, « *s'orienter dans la connaissance, sur la base de tels exemples, c'est se fier à des ressemblances, qui permettent de raccrocher un problème nouveau à d'autres problèmes qui ont déjà été rencontrés et résolus, ce qui suggère, par entente tacite, que ce même type d'approche pourrait être efficace* » (P. Macherey, mars 2008, p. 9). Le terme « tacite » est ici à relever en écho au terme « implicite » utilisé par B. McClintock.

Mais P. Macherey ajoute que :
« *L'accumulation de ces exemples, auxquels on fait confiance en se dispensant d'y regarder de plus près, constitue un fonds de croyances implantées sous la forme d'une mémoire qui, pour être prégnante, n'a pas besoin d'être lucide : plutôt que dans la sphère du raisonné et du théorique, on se trouve alors engagé dans celle d'un « sens pratique », qui montre immédiatement la bonne voie, sans passer par le détour de la réflexion* » (*op.cit*., p. 10). Dès lors, précise-t-il, « *sous cet angle, une formation scientifique réussie est celle qui permet d'avoir acquis un certain flair, et d'anticiper de nouveaux résultats à partir de résultats précédemment acquis, dont la conservation stimule l'imagination heuristique du chercheur, en l'incitant à chercher de ce côté-ci plutôt que d'un autre, parce qu'il estime que ce qu'il cherche, la solution de l'énigme, a toutes les chances de s'y trouver* » (*ibid*).

---

[198] Au-delà de tels choix de problèmes susceptibles de solution le chercheur semble également confronté, sur le problème ainsi choisi, à des « idées préconçues ». Ainsi, pour le physicien Heinz Pagels « *Les théoriciens ne manquent pas d'idées. Mais à laquelle doivent-ils se consacrer ? Einstein a pu dire : "Si un chercheur abordait son travail sans idée préconçue, il serait incapable de choisir, parmi l'étonnante abondance et la complexité des faits expérimentaux, ceux qui sont assez simples pour que des relations justifiées s'y manifestent". L'"opinion préconçue" joue un rôle capital dans le travail scientifique – il faut une certaine partialité pour canaliser l'imagination vers les faits réellement importants* » (Pagels, 1995, p. 333). On peut d'ailleurs se demander s'il n'y a pas récursivité entre de tels choix de problèmes et de telles idées préconçues.

Ici viennent donc s'adjoindre des présupposés de confiance et de croyance qui nous renvoient à des matrices de pensée et de comportement débordant du seul cadre de « postulats scientifiques ».
Autrement dit, il n'y a pas que des postulats d'ordre scientifique parmi les « postulats implicites » : au-delà de paradigmes pouvant faire consensus, des phénomènes implicites d'un autre ordre doivent être pris en considération[199]. Et ceci se manifeste dès l'entrée en recherche, notamment autour du choix d'un sujet de thèse, du choix d'un laboratoire et de l'envie de travailler sous la direction de tel ou tel directeur de thèse. Mais peut-on vraiment (et alors comment ?) tenter de s'en « libérer » ?

Dans un tout autre registre, enfin, d'autres parts d'implicites doivent être envisagées, cette fois au cœur du déroulement du travail scientifique, alors même que la démarche scientifique se donne pour finalité de tenter de rendre les phénomènes, les processus, et les choses les plus explicites possible. Ainsi, notamment, de l'usage de concepts ou de notions sans que ceux-ci soient explicités autrement que par leurs liens avec d'autres qui, eux (ou elles), étant explicites, permettent de comprendre implicitement ces concepts ou notions. Ici, c'est la possibilité d'accorder une valeur conceptuelle à quelque chose qui dérive des concepts initiaux sans qu'elle soit pour autant définie. Le mathématicien J.-P. Gergonne, dès le XIXe siècle, parlait à ce propos de « *définition implicite* » : « *Si une phrase contient un seul mot dont la signification nous est inconnue, l'énoncé de cette phrase pourra suffire à nous en révéler la valeur. Si, par exemple, on dit à quelqu'un qui connaît bien les mots triangle et quadrilatère, mais qui n'a jamais entendu prononcer le mot diagonale, que chacune des deux diagonales d'un quadrilatère le divise en deux triangles, il concevra sur-le-champ ce qu'est une diagonale* [...] *Ces sortes de phrases, qui donnent ainsi l'intelligence de l'un des mots dont elles se composent, au moyen de la signification connue des autres, pourraient être appelées définitions implicites* » (Gergonne, 1818-19, p. 23).
Si, dans le cas de la diagonale, la définition implicite paraît clairement explicitable, qu'en est-il de concepts (que l'on dira de seconde main ?) plus ou moins impliqués par des concepts premiers ? Prenons, par exemple, le concept de rétroaction et celui, dérivé, de régulation. Si le premier a pu être clairement défini (*in* Rosenblueth et *al*, 1943), le sens et la portée donnés au

---

[199] À la différence de Th. S. Kuhn introduisant la notion de paradigme dans le seul champ scientifique (puis de « matrice disciplinaire » dans une édition ultérieure de son ouvrage), Arthur Koestler introduisit la notion de "matrice de pensée" à l'œuvre dans la création scientifique en l'associant à celle de "matrice de comportement" (Koestler, 1964). Par « matrice », il entendait « *toute aptitude ou habitude, tout système de comportement ordonné, gouverné par un "code" de règles fixes* » (p. 24). Plus récemment, le sociologue D. Martuccelli évoque le caractère collectif de telles matrices de pensée au sens de « *représentations confuses ou informelles* » constituant autant d'images ou de modèles prétendant à une grande cohérence (Martuccelli, 1999).

second varieront en lien avec le domaine dans lequel il est utilisé : automatique, biologie, physique, économie, psychologie, etc.
Cet autre registre de l'implicite n'est pas moins important que le précédent dans le travail d'élaboration d'un mémoire de recherche ou d'une thèse. Et ceci d'autant plus que ces mémoires seront évalués, pour une part importante, autour de la maîtrise explicite des développements méthodologiques et conceptuels autant que sur les paradigmes, les références et concepts utilisés.

Tisser des liens (faire système ?)

S'il est une exigence en recherche, c'est bien celle de parvenir à *faire tenir* les choses ensemble, les choses entre elles, les concepts entre eux, les correspondances entre concepts et choses : trouver, fabriquer, tisser des *liens*. Le terme de *système* est au cœur de cette perspective : faire système.
Ce terme renvoie, tout à la fois, à des objets (un système technique, par exemple), à des phénomènes (le système respiratoire, par exemple), à des constructions (le système économique, par exemple), à des productions de l'esprit (un système d'équations, par exemple) et à un travail intellectuel, qu'il soit explicitement énoncé (un système philosophique, par exemple) ou plus ou moins diffus (un système de valeurs, par exemple).
Il donne aussi de la solidité (de la cohérence, de la cohésion) aux choses. Il permet également de mettre en évidence des liens de natures variées entre des constituants et d'appréhender des phénomènes en termes de totalité. Il permet enfin de multiples liaisons (corrélations ?) et analogies suscitant autant de possibilités d'analyses comparées. Mais lesquelles ? De forme, de fonction ou de structure ? Comment en évaluer (et, autant que faire se peut, en maîtriser) la portée, voire les limites ?

Ce terme de système, qui apparaît de façon omniprésente dans la pensée scientifique (certes parmi d'autres[200]), entremêle des caractères de notion et de concept : tantôt pris dans un sens empirique sinon intuitif (*notion* de système), tantôt envisagé au sein d'une communauté de savoir stabilisée, à commencer par la communauté scientifique (*concept* de système). Mais, au sein même du registre scientifique, le concept de système peut renvoyer à des significations différentes. Ainsi, après s'être interrogé sur les limites de la pertinence des concepts des sciences physiques à rendre compte du vivant, L. von Bertalanffy (1949) a été amené à considérer que « *le concept de système peut se définir et se développer de différentes manières* » (1968).

---

[200] D'autres « termes » (concepts) pourraient être retenus qui sont tout aussi importants pour la recherche : « modèle » (modéliser), « analyse » (analyser), « simuler » (simulation), « expérimenter » (expérience), etc.

Force est en effet de constater que, si ce concept est confronté à des conceptualisations et à des usages multiples, ces mêmes usages et conceptualisations sont aussi, parfois, chaotiques.
Jean-Louis Vullierme a ainsi recensé plusieurs tentatives de définition du terme de système (dont il médite l'hétérogénéité) depuis Leibniz (1666) jusqu'à Jean-Louis Le Moigne (1977), en passant par Ferdinand de Saussure, Ludwig von Bertalanffy, Edgar Morin, etc. Elles vont du plus simple (des choses qui forment une *totalité*) à la notion de système *complexe* en passant par des « *ensembles d'éléments en interaction* » (Vullierme, 1989, pp. 95 *sq.*). De son côté, Yves Barel a pu parler « *de la multitude de définitions de systèmes qui ont été proposées* » dont, ajoute-t-il, « *se dégage l'impression d'un incroyable laxisme et, pour tout dire, d'une désinvolture théorique assez peu sympathique. C'est vrai que l'analyse de système a pris l'habitude de désigner à peu près n'importe quoi sous le nom de système sans s'embarrasser d'aucun scrupule théorique* » (Barel, 1979, pp. 212-213). Edgar Morin va, quant à lui, jusqu'à parler du terme de système comme d'un *mot-enveloppe* pour indiquer que le terme est « *soit évité soit évidé* » (Morin, 1977, pp. 100-101).
Ces recensements et autres interrogations sont relativement récents mais contribuent à la nécessité d'un questionnement en profondeur.

Jusque dans les années 1950, la notion de système semblait se fonder sur une définition plus ou moins étayée : « *un ensemble d'éléments* ». Depuis, avec les avancées de la cybernétique puis de la systémique, cette notion devient sujette à une interrogation d'ordre conceptuel : que peut-on entendre par système dans les usages qui en sont faits (ou que l'on en fait) ? Ne mobilise-t-il pas des significations (et implications) distinctes selon les champs scientifiques concernés, de la mécanique aux sciences du vivant en passant par les sciences économiques, les sciences sociales et l'informatique ? Le terme de *système* serait ainsi, aujourd'hui, un mot charriant à la fois du scientifique – lui-même varié – et du spontané.
Ainsi, par exemple, de l'expression de « système politique » dans laquelle le terme de *système* véhicule toutes les acceptions susceptibles d'être implicitement mises derrière lui. Comme l'a montré J.-L. Vullierme dans son travail sur ce concept, il peut aussi bien véhiculer les concepts de structure ou ou de catégories que ceux de la systémique comme l'autorégulation ou l'auto-organisation… Il charrierait alors autant la polysémie scientifique que la polysémie spontanée de la notion (ce que, par exemple, la notion de système solaire ne fait pas). Ici, le registre de discours s'associe à des interactions (souvent pénalisantes mais parfois heuristiques) entre registre « d'opinion » et registre « scientifique ».

Dans l'activité scientifique, il nous apparaît donc à tout le moins nécessaire d'en maîtriser certains aspects de son *sens conceptuel*, non pour le *fixer* mais pour être au clair au moment de ses usages théoriques autant que pratiques. A-t-il ainsi le même sens (la même portée) dans les expressions (et emplois) ci-dessous ?

« Analyse de systèmes »,
« Anti-système »,
« Approche système »,
« Architecture des systèmes »,
« Dynamique des systèmes » (J. W. Forrester),
« Écosystème »,
« Ériger en système »,
« Esprit de système »,
« Inflammation systémique » (immunologie),
« Ingénierie système »,
« Je n'y peux rien, c'est le système »,
« L'acteur et le système » (M. Crozier, A. Friedberg),
« L'ingénieur-système »,
« Œuvre-système » (art contemporain),
« Méta-système »,
« Modélisation systémique »,
« Risque systémique », « Propagation systémique »,
« Science des systèmes »,
« Sous-systèmes »,
« Star-système »
« Systema naturae » (K. von Linné),
« Système à évènements discrets »,
« Système aléatoire »,
« Système bouclé », « Système asservi »,
« Système complexe »,
« Système constructif »,
« Système convergent », « Système divergent »,
« Système culturel »,
« Système d'axiomes »,
« Système d'équations »,
« Système d'exploitation »,
« Système d'information »,
« Système d'interprétation »,
« Système de communication »,
« Système de contrôle »,
« Système de coordonnées »,
« Système de croyances »,
« Système de défense »,
« Système de la langue »,
« Système de notation » (scolaire, musical, etc.)
« Système des planètes »,

« Système de pensée »,
« Système de relations »,
« Système de représentation »,
« Système de signes » (F. de Saussure),
« Système de soins », « Système hospitalier », « Système de santé »,
« Système de transformations »,
« Système de valeurs »,
« Système des sciences » (A. Comte, J. Piaget)
« Système digestif », « Système nerveux », « Système lymphatique »,
« Système dynamique », « Système à retard »,
« Système économique », « Système financier », « Système monétaire »,
« Système endocrinien »,
« Système formel »,
« Système général » (J.-L. Le Moigne),
« Système hiérarchique »,
« Système homme-machine »,
« Système immunitaire »,
« Systèmes intelligents »,
« Système judiciaire »,
« Système logistique »,
« Système mécanique », « Système électrique »,
« Système métrique »,
« Système microphysique »,
« Système multi-agents »,
« Système musculaire »,
« Système nerveux »,
« Système non linéaire », « Systèmes linéaire »,
« Système numérique »,
« Système observé », « Système observant » (H. von Foerster),
« Système politique »,
« Système respiratoire »,
« Système sanguin »,
« Système scolaire »,
« Systèmes séquentiels »,
« Système social »,
« Système solaire », « Système géocentrique » (Ptolémée), « Système héliocentrique » (Aristarque de Samos),
« Système stable », « Système instable »,
« Système technique »,
« Système totalitaire », « Système démocratique »,
« Système universitaire »,
« Système urbain »,
« Système vivant »,
« Système-D » (pour Débrouillardise),
« Système-expert »,
« Systémographie » (J.-L. Le Moigne), « Systémologie »,
« Systèmes abstraits », « Systèmes concrets » (G. Simondon),
« Systèmes auto-poïétiques » (H. Maturana, F. Varela)

« Systèmes chauds », « Systèmes froids » (pour complexes vs compliqués)
« Systèmes de systèmes »,
« Systèmes du monde » (Dialogue sur les deux grands -, Galilée, 1632),
« Systèmes grossiers » (*A. Andronov, L. Pontryagin, S. Lefschetz*),
« Systèmes hybrides »,
« Systèmes informes » (Journal des sçavans, 1758)
« Systèmes intelligents »,
« Systèmes ouverts », « Systèmes fermés », « Systèmes semi-ouverts », « Systèmes isolés »,
« Systèmes quasi-décomposables » (H. A. Simon),
« Taper sur le système »,
« Théorie des systèmes »,
« Théorie générale des systèmes » (L. von Bertalanffy),
etc.

Au-delà des significations variées qui peuvent ainsi être sous-jacentes à ses usages – et qui débordent ici largement le champ de la recherche scientifique –, ce concept de système, y compris dans certaines de ses nuances, est omniprésent dans l'activité de recherche : analyse de phénomènes (physiques, vivants, sociaux, etc.) *en termes de système*, conception de systèmes (organisationnels, techniques, etc.) innovants, conception ou mise en œuvre de modèles liés à une certaine vision de la notion de système.

Or il est fréquent d'observer chez beaucoup d'étudiants, mais aussi chez nombre de chercheurs (juniors et même seniors), un flou, un à-peu-près (même si le flou et l'à-peu-près sont des moments obligés de la pensée) ou des certitudes simplistes dans l'usage de la notion alors qu'elle est constamment à l'œuvre dans les têtes sinon dans le travail de recherche.
À l'appareil scientifique associé au terme de système s'articule une sorte d'état *préscientifique* (selon l'expression de G. Bachelard) voire une *vulgate* du terme. Ceci n'aurait pas d'importance et pourrait même enrichir le travail scientifique si le terme n'était pas, par ailleurs, le plus souvent figé dans un sens fixé par l'habitude, par l'atmosphère d'idées ambiante, voire par des modèles intellectuels plus ou moins implicites.
Il y a des moments où l'on utilisera très légitimement le terme de système de façon floue et ouverte mais il y a des moments du travail de conceptualisation et des contextes précis où le terme doit être passé au crible sinon être défini avec un minimum de précision (« *j'entends cela et non pas ceci* ») avant d'être retravaillé… En outre, comme l'avait souligné L. von Bertalanffy dans l'introduction à son ouvrage *La théorie générale des systèmes*, « *le concept de système peut se définir et se développer de différentes manières selon les objectifs de la recherche et selon les aspects divers de la notion que l'on désire refléter* ».
Le point important de cette remarque tient au fait que, de manière sous-jacente à l'idée (à l'hypothèse) et à l'usage du terme de *système*, s'associe la question

de son élaboration et de sa dotation d'un *sens organisé* et, jusqu'à un certain point, *finalisé*. Ici plusieurs facteurs sont à prendre en considération.

Le premier tient au fait que le sens donné au terme de système varie en relation au phénomène lui-même : s'intéresser au système vivant, au système social ou à un système mécanique, etc. n'implique pas nécessairement les mêmes approches conceptuelles : si le système vivant, aujourd'hui, implique certains outils conceptuels tels que la *régulation* ou l'*auto-organisation*, un système mécanique (cinématique) peut ne pas le nécessiter.

Prenons l'exemple de l'expression « *système de contrôle* ». Lorsqu'elle est prise dans le domaine de l'espace (problématiques du contrôle de trajectoires, par exemple), elle va impliquer le champ de l'automatique (et des concepts comme ceux de rétroaction, de régulation et d'optimisation) ainsi que le recours à des modèles liés à un appareil mathématique assez bien défini (imbrications d'équations aux dérivées partielles entremêlées dans des systèmes différentiels, etc.). Par contre, tout comme nous l'avons évoqué plus haut autour de l'usage de l'analogie, est-il légitime d'envisager que ces modèles et outils mathématiques soient *appliqués* dans d'autres champs scientifiques ? Les sciences humaines et sociales ou les sciences politiques, par exemple, sont confrontées à ces porosités lorsqu'elles envisagent, elles aussi, par exemple, des « systèmes de contrôle ».

Appliquer ou confronter ?

Faire système, aujourd'hui, dans le champ de l'automatique implique le concept de bouclage. Mais, chercheur dans ce domaine, que se passe-t-il lorsque je viens avec mes concepts, mes modèles de systèmes non linéaires ou à retards, pour les *confronter* à la biologie voire aux sciences humaines et sociales et tenter de montrer leur utilité dans le réel ?
Il convient de remarquer, à cet endroit, qu'il n'est pas vraiment utile (pertinent ?) de parler, dans ce contexte, d'équation différentielle (non linéaire ou à retard ou autre) avec les collègues d'autres domaines, ni même avec certains de son propre domaine. C'est un outil mathématique qui lui est utile, mais dont le niveau d'abstraction est trop élevé. Par contre, le concept de bouclage (ou rétroaction ou feedback) est plus large que celui d'équation différentielle (il l'inclut). Il reflète toute forme de dynamique temporelle (évolution, apprentissage, adaptation, etc.). En tant qu'automaticien, l'important est de considérer qu'un système ne peut être vivant (et, plus largement, ne peut être dynamique) que s'il contient des structures de boucle.
Si, dans la façon dont les autres chercheurs l'entendent, le concept de « système » implique l'existence d'une dynamique temporelle, alors la boucle est inévitable.
Le rôle de l'automaticien, dans la conversation avec le biologiste ou le sociologue, sera d'identifier ces dynamiques et leurs bouclages sous-jacents. Mais peut-être cette discipline (automatique, ou théorie du contrôle) est-elle particulière car elle est interdisciplinaire, dans ce sens qu'elle est construite pour s'appliquer à (presque ?) tous les autres domaines ».

Même si un ancien exemple d'application remonte au IIIe siècle avant J.-C. (Ctesibios d'Alexandrie inventa une clepsydre qui, pour donner une mesure plus régulière du temps, utilisait un principe de trop-plein pour réguler le niveau d'eau et produire un débit constant), le premier à faire le lien avec des équations différentielles et le publier fut James Clerk Maxwell. Se limitant à la théorie des machines mécaniques, l'article commence par : « *A Governor is a part of a machine by means of which the velocity of the machine is kept nearly uniform, notwithstanding variations in the driving-power or the resistance* » (J.-C. Maxwell, 1868). Mais, à l'époque, l'article fut surtout jugé incompréhensible… Il faut dire qu'il ne contenait aucun schéma explicatif. En 1948, Norbert Wiener attira l'attention sur ce premier article de la théorie du contrôle.

Le second facteur tient à l'échelle selon laquelle le concept de système est considéré : selon que l'on s'inscrit dans la physique des structures ou dans le champ de la physique quantique l'expression de « système mécanique » ne renvoie pas aux mêmes concepts.

La prise en compte du concept de système peut enfin varier en relation aux moyens (tant intellectuels et conceptuels que matériels) dont dispose le chercheur et en relation à ses représentations (ses points de vue, ses intentions). C'est ici affaire de « paradigme » : les hypothèses, les axiomes et les développements sur lesquels sa communauté scientifique s'accorde comme étant légitimes sinon avérés.

Ainsi, selon le référentiel du chercheur (ses matrices de pensée), selon ses intentions et son savoir, le système ne sera pas nécessairement envisagé de la même manière. Imaginons une réunion de travail entre chercheurs autour d'un objet de recherche commun comme, par exemple, le système endocrinien. L'un d'entre eux, biologiste, pourra appréhender un tel système comme un système fermé (spécialiste, par exemple, des mécanismes moléculaires déclenchés par les hormones) tandis qu'un autre pourra l'appréhender comme un système ouvert (spécialiste des perturbateurs endocriniens, par exemple), tandis que d'autres, encore, informaticien ou neuropsychiatre appréhenderont ce même système autour de la bio-imagerie pour le premier et des réponses émotionnelles suscitées – ou subies – par le système endocrinien pour le second. Au-delà de la part scientifique (et souvent disciplinaire) du référentiel de pensée du chercheur ne faut-il pas aussi prendre en considération la part culturelle de ce référentiel, notamment lorsque le groupe de travail est multinational ? Comment s'entendre sur telle ou telle signification, interprétation ou implication d'un concept entre chercheurs de cultures différentes ? Le recours souvent exclusif à la langue anglaise comme dénominateur commun dans la coopération (et la communication) scientifique internationale masque trop souvent de multiples nuances voire de réelles différences d'appréciation[201].

---

[201] Ainsi, par exemple, le premier directeur de l'école centrale de Pékin, J. Dorey, directement confronté à cette question de l'interculturalité dans une formation scientifique, a-t-il pu nous

Ceci peut aller jusqu'à ce que l'épistémologue et historien des sciences Th. Kuhn, nomme « *l'incommensurabilité* », c'est-à-dire l'impossibilité pour les tenants de différentes théories de se comprendre (Kuhn, 1972).

Certes, tel chercheur dans un domaine donné, bien au fait de ses outils et de ses méthodes, pourra très légitimement considérer qu'il n'a pas besoin de réfléchir à des significations et implications du concept de système hors de son champ. Ce serait néanmoins oublier que, d'une part, la capacité de renouvellement (sinon d'innovation) scientifique du chercheur repose pour une part non négligeable sur sa capacité à changer (localement) de référentiel et que, d'autre part, le développement contemporain de la science, dans de multiples domaines, repose sur une capacité de dialogue multidisciplinaire (y compris au sein d'un laboratoire donné), ce qui suppose non seulement une capacité à dialoguer au niveau de l'appareil scientifique lui-même mais, également, à un niveau que l'on qualifiera d'épistémologique[202].
Il apparaît donc nécessaire de mettre à plat les multiples implications sous-jacentes du terme (les champs de signification), non pas pour figer tel ou tel sens mais, au contraire, pour en déployer les différentes dénotations, connotations, analogies, etc., et ceci selon les sens retenus, pour mettre l'accent sur la connaissance *en mouvement*, sur les enchâssements et les remaniements conceptuels et ce qu'ils impliquent dans les démarches intellectuelles à l'œuvre d'une activité de recherche : un peu d'épistémologie[203] ?

---

entretenir de la difficulté liée à l'absence du mot « logique » dans la culture traditionnelle chinoise qui, jusqu'à une époque très récente et contrairement au monde occidental, n'a pas accordé une grande place au raisonnement déductif : « *Le terme de "logique" se dit 逻辑 en chinois, qui se prononce "luó ji", pure transcription phonétique. Si les Chinois sont à l'origine d'inventions majeures (le papier, la poudre à canon, l'imprimerie par caractères mobiles, la boussole, le gouvernail dans l'axe du bateau, etc.) il s'agit d'inventions technologiques ne requérant pas une démarche conceptuelle importante. Ainsi le raisonnement logique tel que nous le connaissons, avec l'abstraction qu'il suppose, est-il absent de la culture traditionnelle chinoise. Aujourd'hui encore, l'enseignement chinois jusqu'au bachelor (Bac + 4) est fondé sur la mémorisation de "recettes" de résolution de problèmes, absolument pas sur le raisonnement* [...]. *Autre manifestation de cette place très subsidiaire du raisonnement logique, le peu d'intérêt des Chinois pour le "pourquoi ?" et même le "pour quoi ?", alors qu'ils sont passionnés par le "comment ?". Chercher à leur expliquer que le "comment ?" peut dépendre du "pourquoi ?" est un exercice que l'on peut recommander à tout individu curieux d'interculturalité…* ». Le forum « Quelles langues pour la science ? » tenu en 1989 à la Cité des sciences et de l'industrie a permis d'interroger les multiples arrière-plans historiques, culturels et sociaux du rapport à la langue dans la pensée et la production scientifique (échanges repris dans l'ouvrage de B. Cassen, Quelles langues pour la science ?, 1990).

202 Nous développons divers aspects des soubassements paradigmatiques et de la part contextuelle du concept de système en partie IV.2.

203 G. Gusdorf, ramenant en l'occurrence l'épistémologie à la dimension historique de la connaissance, prône ainsi une histoire de la « langue scientifique » (*op.cit.*, pp. 294-296). De son côté, J.-M. Lévy Leblond déplore que « *la grande majorité des scientifiques n'ait aucune connaissance de l'histoire de leur discipline* » (Lévy-Leblond, 1996).

Ceci nous paraît d'autant plus important que l'activité de recherche aborde et construit de plus en plus de nouveaux concepts fondateurs, que les technologies explosent dans une hybridation de plus en plus accentuée de références scientifiques et que l'activité même de recherche se construit de façon de plus en plus pluridisciplinaire malgré une spécialisation renforcée des formations scientifiques (spécialisation d'autant plus accentuée par la situation de concurrence internationale dans laquelle se trouvent les jeunes chercheurs).

Avoir une réflexivité sur la connaissance : un peu d'épistémologie ?

Rappelons d'abord que le séminaire à partir duquel se construit ce propos s'intitule « *episteme* », ce qui, certes, est un néologisme mais qui indique une volonté d'articulation (ne serait-ce que tacite) à l'épistémologie.
Or, le terme d'épistémologie fait bien souvent peur à de nombreux scientifiques tant il renverrait à une somme de connaissances que le chercheur, confronté à son modeste objet scientifique, n'est pas en situation de pratiquer spontanément. L'épistémologie serait ainsi réservée à quelques chercheurs seniors ayant accumulé un considérable savoir réflexif sur la connaissance. Par ailleurs, en tant que branche de la philosophie, elle serait aussi (et surtout) le fait d'épistémologues s'alimentant de la philosophie, de la sociologie et de l'histoire[204] et dont la lecture est souvent difficile pour le scientifique, tant par son registre de discours que par les multiples références sur lesquelles ce discours s'appuie et se développe.

Notre propos ne sera donc pas, ici, d'articuler la notion de système à une réflexion épistémologique ou philosophique générale (éthique, sociale, politique, etc.) ni même à une réflexion liée aux thématiques soulevées par la philosophie des sciences (philosophie de l'espace et du temps, de la matière, etc.) mais de déployer divers enjeux scientifico-épistémologiques (et leurs remaniements) autour desquels et via lesquels la notion de système s'utilise et se pratique. Une épistémologie que l'on peut qualifier d'*embarquée*[205], au sens

---

[204] Il convient de distinguer, autant que faire se peut, ces différents soubassements de l'épistémologie. Avec la Philosophie (des sciences), la construction de la connaissance nous renvoie à la sphère des idées, aux liens entre connaissance et représentations du monde… (R. Descartes, E. Kant, K. Popper, etc.). Avec l'Histoire (des sciences), la construction de la connaissance nous renvoie aux enchaînements temporels (ou a-temporels) des concepts, des paradigmes et des faits, des continuités et crises, à une possible genèse… (A. Koyré, B. Gille, R. Taton, Th. Kuhn, M. Serres…). Avec la Sociologie (des sciences), la construction de la connaissance nous renvoie aux « formes sociales » par, dans et pour lesquelles la science se construit et se produit… (I. Stengers, B. Latour…). Le plus souvent, néanmoins, ces différents soubassements sont entremêlés.

[205] Cette expression d'épistémologie « embarquée » pourra paraître étrange à certains pour qui l'épistémologie, comme la philosophie, est une activité *a posteriori* de la production de

où le chercheur, lors de son travail scientifique, en arrive à s'interroger simultanément sur la vision des savoirs, des systèmes ou des expériences qu'il met en place ainsi que sur leur légitimité.

Ceci fait écho à l'épistémologie génétique proposée par Jean Piaget, pour qui la réflexion épistémologique est intimement liée à la production scientifique elle-même, jusqu'à pouvoir devenir un instrument du progrès scientifique[206] : « *Le fait nouveau, et de conséquences incalculables pour l'avenir, est que la réflexion épistémologique surgit de plus en plus à l'intérieur même des sciences non plus parce que tel créateur scientifique de génie comme Descartes ou Leibniz, laisse là, pour un temps, ses travaux spécialisés et s'adonne à la construction d'une philosophie, mais parce que certaines crises ou conflits se produisent en conséquence de la marche interne des constructions déductives ou de l'interprétation des données expérimentales* [...] » . Surtout, ajoute-t-il, « [...] *pour surmonter ces traditions latentes ou explicites, il devient nécessaire de soumettre à une critique rétroactive les concepts, méthodes ou principes utilisés jusque-là de manière à déterminer leur valeur épistémologique elle-même. En de tels cas, la critique épistémologique cesse de constituer une simple réflexion sur la science : elle devient alors instrument de progrès scientifique en tant qu'organisation intérieure de fondements* » (Piaget, 1967, p. 51).

Ceci rejoint par ailleurs le fait que, parfois, nos instruments de connaissance simplifient, réduisent voire détruisent l'objet même de l'étude, notamment lorsqu'ils ont un caractère empirique. Ainsi, choisir un modèle linéaire par facilité de traitement (le linéaire part du principe qu'une superposition de causes entraîne la superposition des effets correspondants) conduira à évacuer toute possibilité d'étude du point de vue de comportements chaotiques. Dans le champ des sciences humaines et sociales, mais sans doute avec une portée beaucoup plus large, P. Bourdieu insiste sur cette nécessité d'une réflexion épistémologique inhérente au travail scientifique : « *il est important de connaître les instruments de la connaissance : c'est pourquoi l'épistémologie n'est pas un supplément d'âme pour le savant mais fait partie du travail scientifique : il s'agit de connaître nos instruments de connaissance pour savoir l'effet que nos instruments de connaissance produisent sur nos objets* » (Bourdieu, 2012, p. 149)[207].

---

connaissances. L'hypothèse d'une épistémologie « embarquée » tient à la possibilité de s'interroger sur le sens des connaissances, démarches et méthodes simultanément à leur mise en œuvre et à leur production.

206 L'épistémologie génétique se donne comme objet l'étude de la formation et de la construction des connaissances.

207 Il va même au-delà en allant jusqu'à parler d'une possible antinomie entre objets et instruments de connaissance : « *nous devons connaître notre objet pour savoir en quoi il obéit*

Mais, néanmoins, a-t-on vraiment besoin d'une épistémologie (même embarquée) pour faire de la recherche[208] ? Dans un éditorial de la revue *Automates Intelligents*, J.-P. Baquiast donne la parole à des chercheurs de multiples horizons qui, généralement, « *développent des projets scientifiques et technologiques dont ils ne connaissent qu'approximativement les sources, pour lesquels ils utilisent des méthodes qu'ils improvisent souvent eux-mêmes au jour le jour et dont ils ignorent les perspectives de développement à terme* ». De tels chercheurs, ajoute-t-il, « *se rassemblent sur tel ou tel projet en raison de l'intérêt que celui-ci présente pour eux* » (Baquiast, 2004). Et, pour ces chercheurs, comme en témoigne plus explicitement encore la suite de l'éditorial, toute réflexion philosophique ou épistémologique apparaît inutile en regard de l'objet scientifique.

Intelligence de l'artefact et représentation du monde par le chercheur (qui le conçoit)...

« *Science sans conscience n'est que ruine de l'âme* » faisait dire François Rabelais à Gargantua s'adressant à son fils Pantagruel[209]. Certes, cette sentence renvoie à l'époque d'un questionnement d'ordre moral sur les rapports de la connaissance à la conscience (une « sapience » soucieuse de « *servir, aymer, et craindre Dieu* »).

Mais, aujourd'hui, où en sommes-nous avec cette maxime qui, au-delà d'un ordre moral toujours présent mais exprimé autrement (autour de l'éthique, par exemple), continue d'interroger – sinon de vouloir normer – les rapports entre science et société ?

Dans la suite de l'éditorial auquel nous venons de faire référence, J.-P. Baquiast met en scène un roboticien. Outre que cet exemple concerne sans doute, plus que n'importe quel autre, le lecteur de la revue intitulée *Automates intelligents*, ce choix n'est pas non plus sans pertinence en regard de la réflexion de Rabelais. En effet, un roboticien, aujourd'hui, élabore des artefacts interactifs et évolutifs avec la société ;

à une logique spécifique, antinomique à celle des instruments de connaissance que nous lui appliquons ».

[208] Cette dernière question est très présente chez les étudiants face à l'épistémologie, au point que certains vont nier tout intérêt à cet aspect des choses, comme a pu en témoigner un courrier très critique qu'une étudiante nous a adressé un an après le séminaire : « *je ne vois vraiment pas l'intérêt de conférences comme celle sur la notion de système… à quoi cela peut-il nous servir ?* ».

[209] Le contexte de cette sentence est une lettre dans laquelle Gargantua développe un projet d'éducation « humaniste » destiné à son fils. Il termine son propos de la sorte : « *Mais parce que, selon le saige Salomon, Sapience n'entre poinct en âme malivole, et science sans conscience n'est que ruine de l'âme, il te convient servir, aymer, et craindre Dieu, et en lui mettre toutes les pensées et tout ton espoir ; et par foi formée de charité, estre à lui adjoinct, en sorte que jamais n'en soys désemparé par péché* » [*Mais parce que, selon le Sage Salomon, Sapience n'entre point en âme malveillante, et science sans conscience n'est que ruine de l'âme, il te conviens de servir, aimer et craindre Dieu, et en lui remettre toutes tes pensées et tout ton espoir ; et par une foi charitable, lui être fidèle, en sorte que jamais tu ne t'en écartes par péché*] *(in* Pantagruel, Chap. 8, 1532).

ces robots seraient dotés « d'intelligence » via, notamment, des processus d'apprentissage et de multiples possibilités de réalisation de tâches cognitives et certains concepteurs vont même jusqu'à envisager de leur prêter (dans l'avenir) de la « conscience ». Ainsi, J.-P. Baquiast fait-il dire à son roboticien : « *Je construis un robot autonome, il s'adapte à un terrain inconnu ou il y tombe en panne. Dans le premier cas, il se dote progressivement d'une intelligence et d'une conscience qui lui permet d'interagir avec son environnement, moi compris. Cela lui permettra ultérieurement d'évoluer indépendamment de moi dans le vaste monde. Je ne me pose pas ce faisant la question de savoir si je décrypte bien le "réel en soi", pour en donner un modèle artificiel* ».

Mais le chercheur qui conçoit le robot a-t-il pour autant conscience des enjeux multiples liés à cette intelligence et du monde dans lequel il projette qu'il aille évoluer ? Pourtant notre roboticien, en l'occurrence, ne se questionne pas vraiment sur « *la réalité en soi de l'intelligence ou de la conscience* ». Il [par la voix de Baquiast] ajoute en effet : « *Je ne me pose pas davantage la question de ce qu'est le monde en général, dans lequel ce robot devra survivre. Je fabrique quelque chose qui, en cas de survie, présentera des convergences évolutives avec d'autres entités, biologiques ou sociologiques (animaux, hommes), évoluant de leur côté dans le sens de ce que j'appelle, provisoirement, l'intelligence et la conscience au sein de ce que j'appelle, toujours provisoirement, l'univers* ».
Pour autant, le chercheur qui conçoit le robot n'aurait-il pas conscience des enjeux multiples liés à cette intelligence et du monde dans lequel il projette qu'il aille évoluer ? Or notre roboticien, en l'occurrence, ne se questionne pas vraiment sur « *la réalité en soi de l'intelligence ou de la conscience* ». Il [toujours par la voix de Baquiast] ajoute en effet : « *Je ne me pose pas davantage la question de ce qu'est le monde en général, dans lequel ce robot devra survivre. Je fabrique quelque chose qui, en cas de survie, présentera des convergences évolutives avec d'autres entités, biologiques ou sociologiques (animaux, hommes), évoluant de leur côté dans le sens de ce que j'appelle, provisoirement, l'intelligence et la conscience au sein de ce que j'appelle, toujours provisoirement, l'univers* ».
Autrement dit, sans prétendre à un affranchissement « *des lois de la réalité, physique, mécanique, informationnelle,* [moi le roboticien] *je n'attribue pas de caractère ontologique, c'est-à-dire sacré, à ces lois. J'en fais des contraintes momentanées dont je dois tenir compte mais qui pourront être différentes plus tard, suite à d'autres progrès de connaissance. En d'autres termes, je me réfère seulement au réalisme instrumental, lequel décrit l'univers tel qu'il apparaît ici et maintenant à travers les sciences et techniques du moment, à ceux qui se réfèrent à ces sciences et techniques* » (Baquiast, 2004).

Dans ce domaine de la robotique, mais aussi peut-être plus généralement, dans les sciences et technologies associées à l'intelligence artificielle – et hors de toute préoccupation d'ordre moral – ce choix de privilégier le réalisme instrumental ne résonne-t-il pas en regard de l'ancienne sentence de Rabelais ?

Cette position pragmatique diffère notablement de celle de chercheurs seniors comme Ph. Kourilsky que nous évoquions plus haut. Mais, surtout, elle perpétue une confusion importante entre une possible épistémologie embarquée et, pour reprendre le titre d'un ouvrage de L. Althusser (1974), une philosophie *spontanée* du savant[210].

Ne pas se poser la question de la réalité *en soi* de l'intelligence ou de la conscience, de ce qu'est le monde en général, ne pas attribuer de caractère *ontologique* aux lois de la physique, comme y renvoie l'éditorial de J.-P. Baquiast, est plutôt de l'ordre du refus de s'engager dans une réflexion qui serait d'ordre philosophique (une volonté de se dégager de la contingence du monde ?) plus qu'un refus de s'engager dans un travail d'ordre épistémologique ; que cette réflexion philosophique, comme l'indiquait L. Althusser, soit *construite à côté* de sa pratique scientifique ou qu'elle prenne la forme d'une sorte d'introspection liée à une certaine conception du monde[211].

Malgré l'appartenance de l'épistémologie à la philosophie, une certaine confusion apparaît entre réflexion épistémologique et philosophie. Pour tenter de sortir de cette confusion entre épistémologie et conception du monde et face à la vision d'un *savoir* épistémologique, philosophiquement, sociologiquement et/ou historiquement nourri et constitué, nous entendrons ici le terme d'épistémologie de façon nettement plus élémentaire (et que certains pourront sans aucun doute qualifier de rudimentaire) : *une réflexivité sur la connaissance* (construite, produite, utilisée).

Au-delà, il convient aussi de parler de « cultures épistémiques » propres à des domaines de la science : « *cultures of knowledge which are characteristics of scientific fields or research areas, each reflecting a diverse array of practices and preferences coexisting under the blanket notion of science* » (Knorr Cetina et *al*., 2015). Ayant pris appui sur les cas de la physique des hautes énergies et de la biologie moléculaire, la sociologue Karin Knorr Cetina a pu montrer (1999) que chaque domaine de savoir scientifique renvoyait à

---

210 Pierre Macherey, associé à la création du « *Cours de philosophie pour scientifiques* » de L. Althusser à l'École Normale Supérieure en 1967, cours qui a conduit à l'ouvrage cité en référence, résume ainsi *a posteriori* les formes du rapport des savants à la philosophie, telles que ce cours le développait : « *Althusser en distinguait deux : la philosophie spontanée des savants (PSS) et la conception du monde (CDM). La première, la PSS, est constituée par les idées que se font les savants au sujet de leur propre pratique, idées qui sont déjà philosophiques en ce sens qu'elles sont décalées par rapport à cette pratique dont elles proposent une interprétation sauvage, ce qui, très matériellement, très concrètement, leur assigne le statut d'idées fausses, ou du moins fausses en partie ; la seconde, la CDM, est un succédané de philosophie, un discours vague qui tire son apparente systématicité du fait de s'être libéré de toute référence à une pratique quelle qu'elle soit et prétend valoir en général.* » (Macherey, mai 2008).

211 On peut trouver trace d'une telle philosophie spontanée et de cette confusion entre épistémologie et philosophie dans le sous-titre de l'ouvrage de J. Monod (1970) : « *essai sur la philosophie naturelle de la biologie moderne* » (nous soulignons). Par contre, le propos célèbre d'Einstein « *Dieu ne joue pas aux dés* » (1927), que l'on interprète le plus souvent dans une perspective philosophique renvoie plus prosaïquement, pour une grande part, à un certain refus de la physique probabiliste au nom de la physique déterministe.

différentes manières de faire de la science, à des hypothèses de travail, à des démarches, des méthodes et des raisonnements pouvant s'avérer différents, jusqu'à aller vers différentes « conceptions du monde ». Ainsi, par exemple, l'historien des sciences Ch. Bonneuil a pu observer en 2006, à propos des OGM, que l'engagement des chercheurs sur ce sujet, depuis 1996, apparaît lié à une compétition entre trois cultures épistémiques (la biologie moléculaire, la biologie des populations et l'agronomie des systèmes de culture) et que chacune de ces « cultures » affectait différemment la nature des problèmes étudiés, les hypothèses de travail retenues, la construction des objets de recherche et, *in fine*, l'appréhension des risques potentiellement liés aux OGM (Bonneuil, 2006).
Dès lors, de même qu'il est nécessaire au chercheur de se dégager de postulats scientifiques implicites, ne lui est-il pas aussi nécessaire d'avoir une conscience réflexive vis-à-vis d'engagements implicites (tant scientifiques qu'éthiques ou sociaux) de la culture épistémique dans laquelle il s'inscrit ? Ceci renforce la nécessité, évoquée plus haut, de s'interroger, simultanément au travail de recherche lui-même, sur la vision des savoirs, sur les systèmes ou les expériences que le chercheur met en place, ainsi que sur leur légitimité.

Affronter le méconnaître

Le chercheur, tel le roboticien évoqué plus haut, s'inscrit au quotidien dans ce que Th. Kuhn a pu désigner comme la « *science normale* » : « *c'est à des opérations de nettoyage que se consacrent la plupart des scientifiques durant toute leur carrière. Elles constituent ce que j'appelle ici la science normale qui, lorsqu'on l'examine de près soit historiquement soit dans le cadre du laboratoire contemporain, semble être une tentative pour forcer la nature à se couler dans la boîte préformée et inflexible que fournit le paradigme* ». Et d'ajouter immédiatement : « *la science normale n'a jamais pour but de mettre en lumière des phénomènes d'un genre nouveau ; ceux qui ne cadrent pas avec la boîte passent même souvent inaperçus. Les scientifiques n'ont pas non plus pour but, normalement, d'inventer de nouvelles théories, et ils sont souvent intolérants envers celles qu'inventent les autres. Au contraire, la recherche de la science normale est dirigée vers l'articulation des phénomènes et théories que le paradigme fournit déjà* ». (Kuhn, 1972, pp. 46-47).

Néanmoins, lorsque ce chercheur rencontre ce que le même Th. Kuhn appelle des *anomalies*, à savoir des situations, des questions, des problèmes qui, pour être surpassés sinon résolus, nécessitent de sortir du savoir partagé, sinon commun (un paradigme), que se passe-t-il ?
La tentation est grande d'évacuer le problème ou de chercher à l'intégrer (de

force ?) dans les paradigmes (matrices de pensée) existants : « *le réflexe des scientifiques est d'abord d'écarter ces anomalies, en pensant que les expériences ont été mal faites, ou en se persuadant que le paradigme pourra intégrer ces anomalies par un simple affinement de ses capacités heuristiques* » (Durand, 2011, p. 2). Ceci en lieu et place d'une interrogation de plus grande ampleur qui, le plus souvent, est d'ordre épistémologique : quel nouveau (ou éventuellement nouveau) paradigme permettrait de prendre en compte cette « anomalie »[212] ?

Ce qui est en jeu est ainsi la capacité d'enrichissement de la dimension et de la légitimation scientifique de sa production par une réflexion d'ordre épistémologique pouvant accompagner et soutenir son travail de chercheur. Et ceci même si la réflexion épistémologique se limite au soupçon d'une certaine *terra incognita* qu'il s'agirait d'appréhender : se frotter à un certain méconnaître.

Cela est, certes, du ressort de la liberté du chercheur à vouloir s'y engager – ou non[213].

Néanmoins, il convient de remarquer que cette liberté dépend non seulement du chercheur mais aussi, pour une part, du champ scientifique lui-même qui, en tant que tel, peut amener le chercheur à pouvoir s'abstraire d'une réflexion épistémologique associée ou, au contraire, à *devoir* s'y atteler. La réflexivité sur les attendus et les conséquences de la connaissance devient en effet, aujourd'hui, une exigence de plus en plus patente pour le chercheur[214]. Ici, trois situations peuvent être plus particulièrement notées.

La première de ces situations a trait aux travaux scientifiques qui, notamment liés à des domaines émergents, nous renvoient à ce qui peut être qualifié de

---

[212] Ainsi, par exemple, Th. Kuhn montre-t-il que c'est en observant et en s'interrogeant sur le « système » des planètes que Copernic a été amené à envisager que la terre tourne autour du soleil (et non l'inverse) ainsi que sur elle-même, hypothèse théorique inimaginable sans ce travail. Mais l'implication d'un tel fait sur le paradigme ambiant (la représentation du monde) a conduit Copernic à repousser la publication de son travail tant il heurtait le paradigme du géocentrisme. Ainsi, également, de l'exemple plus actuel de la théorie de l'information, avancé par A. Fuchs. Avec l'information, dit-il, « *il n'y a pas de loi de conservation, l'entropie se crée indéfiniment. L'idée qu'il n'y ait pas de loi de conservation est très compliquée à appréhender pour l'esprit humain* » (Fuchs, 2018). Il faut cependant noter qu'aujourd'hui la *recherche d'anomalies* est, d'une certaine manière, partie prenante de la « *science normale* ».

[213] Nous renvoyons évidemment le lecteur – chercheur ? – à sa propre vision, interprétation ou représentation du sens qu'il peut accorder ici au terme de « liberté » …

[214] Cette réflexivité d'ordre épistémologique et interne au développement de la science ne doit pas être confondue avec la réflexivité sur les « effets » de la science, qui seraient, par exemple, d'ordre sociaux ou philosophiques. Pensons par exemple à l'éthique qui est devenue, aujourd'hui, une réflexion incontournable dans le dépôt de tout projet européen de recherche (questionnaire identifiant des « *ethical issues* »).

véritable rupture intellectuelle, ce qui nécessite autant de mises en perspective de la connaissance. Ce fut le cas avec la biologie au cours de la première moitié du XXe siècle dont, en 1949, L. von Bertalanffy soulignait la rupture avec la physique et la chimie : « *la biologie repose sur la physique et la chimie dont les lois constituent une base nécessaire à l'étude et à l'explication des phénomènes du vivant mais elle englobe une multitude de problèmes particuliers (ceux de la forme organique, de la téléologie, de l'évolution phylogénétique, par exemple) qui, étrangers à la physique, différencient la recherche et les concepts du biologiste de ceux du physicien* » (Bertalanffy, 1949, préface).

La seconde situation concerne certains domaines scientifiques dont la consolidation est en cours. M.-J. Avenier parle ainsi de sciences *encore jeunes* à propos des sciences de gestion « *au sujet desquelles les chercheurs continuent, de ce fait, à s'interroger sur ce qui les fonde et les légitime en tant que sciences, (et) sont tiraillées entre diverses forces : par exemple, adopter un positionnement positiviste et une approche quantitative, souvent exagérément réductrice au regard de la complexité des organisations et de leurs acteurs (peut-être due à l'influence forte de l'économie sur la gestion à ses débuts ?) ou, au contraire, théoriser parfois un peu trop vite, interpréter avec une certaine légèreté, faire de l'abstraction pour l'abstraction, voire tomber dans un certain scientisme* » (*in* Gavard-Perret, 2012, p. 12).

La troisième situation nous renvoie aux sciences dites *de l'artificiel* qui a trait au projet scientifique d'une connaissance des modalités par lesquelles l'esprit et l'activité humaine conçoivent et réalisent des artefacts. Or ce projet scientifique (H. A. Simon, 1969, 1991) rencontre plusieurs registres de difficultés aux fortes implications épistémologiques :
- Comment, en effet, s'attacher à explorer des phénomènes touchant à des objets qui *n'existent pas encore* ? Ici apparaît la nécessité de modélisations *a priori*, ce qui constitue une première difficulté épistémologique face à notre tradition analytique.
- Comment se centrer sur des processus (de conception/réalisation d'artefacts) qui, le plus souvent, sont peu structurés ? Seconde difficulté face à notre héritage de rationalité.
- Comment, par ailleurs, considérer ces processus aussi bien sous leur angle matériel que dans leurs versants cognitifs, impliquant les sujets qui conçoivent autant que ceux qui commanditent ou réceptionnent les artefacts qui en résultent ? Troisième difficulté face à notre visée récurrente d'objectivité.
- Comment, enfin, tenir compte des particularités liées à la grande diversité de « faires » (concevoir) – des objets techniques aux organisations en passant par l'architecture ou le cinéma –, qui plus est dans des contextes d'exercice variés et en mutation constante ? Quatrième difficulté face à notre propension à

théoriser, à généraliser et, de ce fait, à *appliquer* ces théorisations générales sans considération envers telle ou telle spécificité locale[215].

Est-il alors vain d'en appeler à une réflexivité sur la connaissance ?

(Bien) conduire sa raison ...

Comment (bien) « conduire sa raison » ? Question non négligeable pour le chercheur qui doit justifier et valider, en permanence, les cohérences de son inscription théorique, de ses problématiques, de ses raisonnements, de ses expériences et, *in fine*, de ses résultats.
Cette observance suppose néanmoins d'être au clair (et explicite) sur les raisonnements menés et parfois enchevêtrés ainsi qu'aux formes de rationalité déployées et à leur inscription dans un souci d'objectivité et d'optimisation (rationalité parfaite) ou d'acceptation (sinon de revendication) d'un contexte d'incertitude et de tâtonnement impliquant une réflexivité permanente (telle la rationalité « procédurale », introduite par H. A. Simon dès 1955)[216].

Si R. Descartes, en son temps, a pu proposer « une » méthode pour « *bien conduire sa raison* », G. Vico, dès le début du XVIIIe siècle, s'est opposé à cette vision cartésienne de la raison ramenée à la méthode analytique et déductive (Vico, 1708). Ainsi, dans sa présentation de l'ouvrage de G. Vico, le philosophe Alain Pons souligne que G. Vico y dénonce « *l'enseignement des modernes qui, en initiant trop précocement les jeunes esprits à une logique abstraite et analytique, émousse la pointe (acumen) de leur ingenium, tarit leur vertu créative et forme des intelligences capables de rédiger des « arts » ou recueils de préceptes, de classifier, de gérer un savoir acquis, mais non d'inventer, de trouver* » (Pons, 1981, p. 22)[217].
Au-delà de Descartes, aujourd'hui, alors que dans toute pensée, dans toute recherche, l'idée de méthode devrait rester, pour reprendre une expression de E. Morin, « *le plein emploi des qualités du sujet* », elle subit de nombreuses

---

[215] Un lecteur intéressé à aller plus avant dans ces enjeux épistémologiques liés aux sciences de l'artificiel pourra se référer, dans le domaine plus spécifique de la conception architecturale, à la préface de Gérard Engrand pour l'ouvrage « *Échelle(s)* » (Boudon, 2002).

[216] Tels, comme l'a précisé J.-L. Le Moigne, « *les raisonnements réflexifs et récursifs, spéculaires et autoréférentiels, les raisonnements par tâtonnements fins-moyens, par tâtonnement essais-erreurs, et bien sûr les raisonnements analogiques et dialectiques d'investigations heuristiques* » (Le Moigne, 1993).

[217] A propos de la science des systèmes, J.-L. Le Moigne évoque une oscillation permanente entre cet *ingenium* (Vico) et l'*analyse* (Descartes) : « *L'ingenium qui relie et qui ouvre, plutôt que l'Analyse qui découpe et enferme. Projet qui sans doute la conduira à osciller en permanence entre les deux formes de rationalité celle qui déduit, qui démontre, qui vérifie, et celle qui infère, qui argumente, qui élabore ou qui invente* » (Le Moigne, 1990, p. 278).

dégradations, tant elle est confrontée aux dangers de rigidité, de fermeture et d'absence réelle de rétroaction (Morin, 1978). L'idée de méthode se résume ainsi souvent à l'emploi d'une « méthodologie » en lieu et place d'une « *raison ingénieuse* » (selon l'expression de Voltaire[218]).
Mais, dans cette « raison ingénieuse », quelles parts de rationalité (et laquelle ?), quelles libertés et marges de manœuvre y a-t-il vis-à-vis de la rationalité, quelles parts et quelles formes d'intuition, d'imagination (voire d'imaginaire), d'incubation et d'illumination (« subite » selon l'expression de H. Poincaré[219]) ?

S'il est sans doute très difficile d'évaluer les *parts* d'intuition et d'imagination dans l'activité scientifique (dépendantes, notamment, des « *qualités du sujet* » dont parle E. Morin et du vécu des chercheurs), il paraît possible, par contre, d'en préciser quelque peu les *formes*.
Ainsi, tant pour l'intuition que pour l'imagination, l'épistémologue G. G. Granger distingue ce qui est de l'ordre du « global » de ce qui est de l'ordre d'un « opératoire » au sein du système conceptuel dans lequel le chercheur est plongé (Granger, 2001).
De fait, le raisonnement scientifique apparaît, pour la psychologie cognitive, comme un « processus central » distinct des processus périphériques spécialisés[220] et, comme le soulignent D. Sperber et D. Wilson, dans ce contexte, « *il n'existe pas de données (aussi étrangères au problème puissent-elles sembler) ni d'hypothèses (aussi peu plausibles soient-elles) dont il soit a priori exclu qu'elles se révèlent pertinentes* » (Sperber, Wilson, 1989, p. 104). Dans une telle approche, les circularités (bouclages fonctionnels ?) entre processus centraux et processus périphériques placent par ailleurs symétriquement la notion de processus central et la notion de processus périphérique. Or l'examen de l'activité de recherche conduit à penser que les choses sont plus complexes et que ces circularités s'exercent sur fond d'une profonde dissymétrie. En effet, même si, d'un côté, l'activité de recherche, en tant que telle, donne un poids particulier au processus central, d'un autre côté le domaine dans lequel s'exerce l'activité de recherche renforce le poids des processus périphériques en regard des processus centraux. Ils vont jusqu'à *orienter* ces processus centraux vers le champ de recherche considéré.

---

[218] L'expression est de Voltaire dans la partie rédigée par lui de l'article « Esprit » de l'*Encyclopédie Diderot* (Tome 5, p. 974).

[219] Dans sa conférence sur l'invention mathématique, H. Poincaré parle de « *ces apparences d'illumination subite, signes manifestes d'un long travail inconscient antérieur* » (Poincaré, 1908, p. 9).

[220]Dans la psychologie cognitive, James Fodor (1986) a distingué les processus centraux (ou globaux) des processus périphériques en ce sens que les seconds seraient des processus de décodage spécialisés (locaux) tandis que les premiers seraient des processus inférentiels non spécialisés (globaux). Ainsi, par exemple, la perception auditive ou le raisonnement déductif à partir de prémices données sont des processus locaux alors que le raisonnement scientifique est global : il peut utiliser librement n'importe quelle information conceptuelle.

D'un autre côté, même s'il doit exister des données et des hypothèses *a priori* plus pertinentes que d'autres dans un contexte donné comme, par exemple, dans des revues spécialisées liées au domaine de recherche, on ne peut évacuer l'idée que le chercheur puisse aussi, potentiellement, trouver des données pertinentes en lisant, par exemple, la revue "Elle" ou en allant voir un film de Walt Disney en famille[221]...
Mais cette saisie pertinente issue de telles ou telles données s'effectuera alors, comme a pu le préciser G. G. Granger à propos de l'intuition en mathématiques, dans une forme d'assimilation « *contenant en puissance, synthétiquement et confusément, les caractéristiques abstraites que devra mettre au jour l'élaboration mathématique du concept* » (Granger, 2001, p. 108). Autrement dit, si cette intuition peut procéder de n'importe quelle donnée extérieure au champ problématique du chercheur – y compris des données sensibles – elle reste embrayée sur les problématiques du chercheur, même si elle l'est à un stade que l'on pourrait qualifier de « proto-opératoire ». Cette intuition « globale » se distingue alors de ce que le même G. G. Granger nomme « intuition opératoire » qui, cette fois, suppose d'appréhender ce qui est saisi par l'intuition en lien direct avec des opérations voire un système d'opérations.

Une distinction équivalente apparaît du côté de l'imagination. Ainsi, G. G. Granger nomme « imagination conceptuelle » la part d'imagination qui « *produit sur les données des opérations de pensée et c'est cet aspect opératoire qui la constitue comme telle* » (*ibid*., p. 227)[222]. Ce faisant, il la distingue de l'imagination « sensible » qui, tout comme l'intuition globale, reste néanmoins orientée vers une concrétisation dans le système théorique du chercheur tout en étant « synthétique et confuse » vis-à-vis de ce système théorique.

Autrement dit, c'est la capacité explicite d'un certain *embrayage* dans le système théorique qui distinguerait ces différentes formes d'intuition et d'imagination.
Et cet embrayage peut conduire à un basculement vers l'univers théorique jusqu'à suspendre toute relation avec le sensible. C'est, par exemple, le cas de la connaissance mathématique telle qu'en parle le philosophe des sciences J.

---

[221] Le témoignage de C. Villani consacré à la « *lente et chaotique élaboration d'un nouveau théorème* » peut venir illustrer ces allers et retours (cette dualité ?) entre, entre processus central et processus périphériques et, comme on va le voir, entre imagination sensible et imagination conceptuelle (Villani, 2012).
[222] Ce faisant, elle peut permettre de produire des développements « *indépendants de toute expérience* » pouvant même aller à l'encontre de l'expérience sensible : contredire l'intuition sensible. C'est, par exemple, le cas de la physique contemporaine (quantique) qui peut aussi aller jusqu'à contredire l'intuition mathématique, à la différence de la physique newtonienne dans laquelle la structuration peut correspondre à l'expérience personnelle.

Ladrière, connaissance qui « *est solidaire d'une pratique opératoire qui procède par étapes et où rien ne peut venir avant son heure* ». Néanmoins, ajoute-t-il : *« il y a un moment critique où le rapport avec la perception est suspendu, et où la pensée mathématique commence à fonctionner selon son propre régime : à ce moment-là, la forme perceptive, qui crée entre les choses de même allure une parenté reconnaissable et qui nous permet de nous orienter dans la diversité du monde et de classer les choses selon leurs ressemblances, cède la place, de façon instantanée, discontinue, à une forme purement intelligible dont les signes ou les figures ne sont plus que des supports inessentiels* » (Ladrière, 1966, pp. 566-567)[223].
Ces formes d'intuition et d'imagination peuvent ainsi survenir à tout moment (ou stade) d'avancement du travail scientifique et ce basculement du sensible (ou du global) vers l'opératoire peut ainsi s'avérer instantané et discontinu en regard du raisonnement.

Au-delà, cet embrayage correspond à une fonction d'anticipation de l'imagination qui permet, comme a pu le remarquer de son côté G. Simondon, de distinguer ce qui est de l'ordre de l'imagination de ce qui est de l'ordre de l'imaginaire : « *l'imagination comme anticipation n'est plus ainsi une fonction qui détache de la réalité et se déploie dans l'irréel ou le fictif : elle amorce une activité effective de réalisation* [...]. *La modalité de l'imaginaire est celle du potentiel ; elle ne devient celle de l'irréel que si l'individu est privé de l'accès aux conditions de réalisation* » (Simondon, 2008, p. 56).

Deux formes de basculement vers une pratique opératoire

Certains travaux, dans les années 1970-80, ont tenté d'établir des rapprochements entre les processus intellectuels à l'œuvre dans l'activité de conception et ceux à l'œuvre dans l'activité de recherche. L'hypothèse était que ces processus intellectuels étaient, tous deux, des processus de recherche « de quelque chose ». La plupart de ces travaux, issus pour la plupart de la communauté du design (au sens anglo-saxon du terme), appréhendaient ces processus sous l'angle de la « résolution de problème », notamment à partir des travaux de H. A. Simon sur les processus de conception et de décision ainsi que sur la rationalité[224]. La perspective était, comme a pu l'exprimer J. Schlanger à propos de H. A. Simon, une « *théorie du faire en général* », qu'il s'agisse d'architecture, d'ingénierie, de musique ou de productions intellectuelles (Schlanger, 1983, p. 111).

Néanmoins, même si certains points de comparaison ont pu être relevés, l'activité de conception (de « design ») n'est pas du même ordre que l'activité de production

[223] Nous reviendrons plus loin sur cette question dans le paragraphe relatif aux « *correspondances avec l'espace (et le temps)* », autour des notions de « *commutation* » et de « *transmutation* » (*infra*, IV.2).

[224] Ainsi H. A. Simon fut-il invité à l'*International Congress on Planning and Design Theory* de 1987 et son intervention a porté sur cette notion de « problème » *à identifier, à formuler, à résoudre* (Simon, 1995).

scientifique. Il conviendrait ainsi de distinguer les "processus orientés recherche" (production de connaissances et/ou de savoirs) des "processus orientés projet" (production d'artefacts), les premiers relevant « d'hypothèses » (départ d'un processus de questionnement) alors que les seconds procèdent d'un "cahier des charges" (définition d'un problème à résoudre associé à des buts à atteindre) (Perrin, Vinck, 1996). Or, comme a pu le noter Michel Fabre, « *émettre des hypothèses relève d'un savoir-questionner que l'on ne peut confondre avec un savoir-répondre* » (Fabre, 2005).

L'un des paradoxes soulevé vient alors de ce que cette distinction semble pourtant évacuer la téléologie d'un processus de design alors qu'elle est au cœur de l'idée même de conception (ce qui distingue les sciences de l'artificiel des sciences de la nature c'est notamment la prise en compte d'intentions sinon de buts) aussi bien que de la recherche : le chercheur ne serait pas un concepteur alors que son travail est d'ordre téléologique et le concepteur ne serait pas chercheur alors que son travail est cependant, lui aussi, d'ordre téléologique.

Résoudre cet apparent paradoxe suppose de revenir aux formes intellectuelles de raisonnement, d'intuition, d'imagination, d'incubation mises en œuvre dans l'activité de recherche et dans l'activité de conception.

Ainsi, par exemple, pourrait-on mettre en perspective les propos précédemment cités de G. G. Granger et de Jean Ladrière avec le témoignage suivant de Philippe Starck : « *Je ne suis pas quelqu'un que l'on peut dire intelligent, c'est-à-dire quelqu'un qui a des structures de raisonnement, je suis quelqu'un qui a besoin de raisonnement, mais qui n'a pas besoin de structures de raisonnement. Je travaille surtout avec des intuitions raisonnées, vraiment comme cela* ». En conséquence, précise-t-il, « *mon plus grand travail est à la fois un travail de concentration et déconcentration, c'est-à-dire qu'il absorbe lentement les données, j'y pense tranquillement (on pourrait dire que je n'y pense pas, ce serait plus exact) ; à un certain moment quelque chose me dit – je dirais que c'est davantage mon côté biologique que le fait de mon cerveau – que mon projet est prêt. Je sais alors qu'il est prêt mais je ne sais pas ce que c'est* » (Ph. Starck *in* Bertoni, Starck, 1994, p. 26).

Mais que penser de ce « besoin de raisonnement » et de cette « intuition raisonnée » mais « sans structure de raisonnement » ? Que penser de ce « côté biologique » prenant l'ascendant sur le « cerveau » (le côté « cognitif » ?) ? Que penser de ce moment où le « projet est prêt » mais sans savoir « ce que c'est » ?

On peut faire un lien avec ce qui se passe aujourd'hui avec les algorithmes d'apprentissage (*Machine Learning*), dont les plus efficaces sont aujourd'hui basés sur des réseaux de neurones artificiels. Ces réseaux sont dits « profonds » (on parle de *deep learning*) car ils contiennent plusieurs couches de neurones imbriqués. En cela, ils se rapprochent des structures biologiques du cerveau sans toutefois atteindre la même quantité de neurones, et leur efficacité en traitement de l'information (classification d'images, reconnaissance de parole, jeux de stratégie, optimisation de structure, etc.) dépasse celle de l'humain en rapidité et en capacité de calcul sur des données massives (*big data*). Ils sont au cœur de ce qu'on appelle aujourd'hui l'IA, l'« intelligence artificielle ». Comme le cerveau, un tel réseau produit ses données de sorties (des décisions par exemple) à la suite d'un apprentissage basé sur un grand nombre de mises en situation. Aujourd'hui, cet apprentissage automatique (dit « par renforcement ») se fait pendant le fonctionnement de l'algorithme, à partir des

situations réelles qu'il rencontre : une fois lancé, il cherche à optimiser une certaine *récompense* quantitative au cours du temps. On pourrait dire que lui aussi est en « apprentissage tout au long de la vie » ...
Cependant, un grand enjeu de la recherche actuelle en IA est de penser des algorithmes qui soient *explicables*[225] : même s'ils ont été construits par l'homme, leur structure non linéaire et imbriquée leur ôte toute *transparence*, c'est-à-dire qu'il est difficile de savoir quelles informations dans les données qui ont été fournies en entrée les ont conduits à une décision produite en sortie. En d'autres termes, la décision peut être bonne, mais ne sait pas pourquoi elle l'est. De même, on ne peut lui associer une stratégie, au sens des raisons qui sous-tendraient cette décision. Bref, on peut dire qu'ils manquent, eux aussi, de réflexivité sur leur comportement ! Aujourd'hui, ceci limite fortement leur usage lorsqu'il s'agit d'applications critiques (c'est-à-dire présentant des risques), que ce soit sur le plan technique, éthique ou juridique : comment faire confiance à un véhicule autonome piloté en *deep learning* ? À qui imputer la responsabilité d'un accident si on ignore pour quelle raison il a percuté un obstacle plutôt qu'un autre ? Comment rendre acceptable par un patient son suivi médical « personnalisé » si le médecin lui-même ne peut argumenter les choix thérapeutiques ?

Faire face aux pluri et interdisciplinarités

Au-delà des possibles contributions de l'épistémologie au travail disciplinaire, il faut aussi souligner ce même enjeu lié, cette fois, au dialogue pluri ou interdisciplinaire, à commencer par celui qui concerne concrètement des chercheurs de disciplines différentes inscrits dans un programme de recherche commun.
Comme a pu en témoigner D. Vinck, un certain renoncement peut apparaître : « *lorsqu'on réunit quelques collègues de différentes disciplines autour de la table, on découvre très rapidement à quel point la convergence conceptuelle et langagière est difficile à obtenir. La chose est si peu évidente que les chercheurs s'y épuisent et finissent par renoncer* » (Vinck, 2000, p. 9).
Ainsi, lorsque je m'engage dans la recherche, à partir de mon champ disciplinaire (la chimie, l'électronique, les sciences économiques, etc.), le terme de système, par exemple, a-t-il les mêmes significations et incidences pour mes collègues de travail ? Puis-je me permettre des emprunts ? De quelles marges de manœuvre puis-je disposer ? À quels risques ?

L'exemple de la création de l'Institut des sciences cognitives du CNRS, dans les années 1990 peut illustrer ces difficultés. Le champ lui-même (les sciences cognitives) suppose en effet d'associer plusieurs champs disciplinaires allant

[225] Samek W., Wiegand T., Müller K.R., « Explainable Artificial Intelligence: Understanding, vizualizing and interpreting deep learning models. », ITU Journal, *ICT Discoveries,* Special Issue n° 1, 13 Oct. 2017.

de l'intelligence artificielle à la philosophie en passant par les sciences du langage, la neurobiologie, la psychologie cognitive, etc. Dans ce contexte scientifique aux *contours flous* (selon l'expression de B. Chamak, 2011) et fortement multidisciplinaire, comment « *travailler en synergie, sous le même toit* », comment éviter la domination de l'un de ces champs sur les autres ?
Le directeur de cet Institut, Marc Jeannerod précise d'abord à ce sujet que « *D'un côté, il paraissait illusoire de vouloir créer un nouveau pôle attractif dans le domaine de l'intelligence artificielle en dehors des centres existants et possédant déjà une véritable masse critique* ». Mais, ajoute-t-il, *« d'un autre côté, l'étude des processus cognitifs en relation avec le support biologique paraissait correspondre à une demande dans plusieurs domaines critiques dont l'état d'avancement justifiait une approche concertée par des spécialistes de disciplines différentes mais travaillant en synergie et sous le même toit. Les mécanismes du langage, ceux de la représentation de l'intention et de l'action, les mécanismes de la reconnaissance et de la mémorisation, les émotions, figurent parmi ces problèmes* » (Jeannerod, 2004, p.5). Et comment, par ailleurs, éviter « *qu'une interdisciplinarité étendue à un trop grand nombre de secteurs scientifiques n'aboutisse à un programme confus et inefficace* » ? (*ibid.*)[226].

Ces difficultés sont d'autant plus accentuées dans les cas où, sur le terrain, l'interdisciplinarité met en jeu des concepts génériques comme ceux, par exemple, de bouclage ou d'autorégulation, apparemment communs à des champs disciplinaires différents. Mais ces concepts, fortement référencés dans le domaine de l'automatique, ont-ils la même implication scientifique dans les sciences du vivant ou dans les sciences sociales ou économiques ?

La nécessaire réflexivité sur les notions, sur les concepts, sur les théories utilisées nous renvoie bel et bien à des questionnements d'ordre épistémologique entendus comme autant de tentatives d'énonciation explicite des modalités selon et dans lesquelles la connaissance se construit, se produit et se propage.
Et ces interrogations sont aujourd'hui d'autant plus nécessaires qu'avec les hypothèses et les concepts clefs posés par la cybernétique, d'abord, puis, aujourd'hui, par la systémique, de nouvelles circularités – sinon transversalités – *s'imposent* au chercheur.

---

[226] De fait, deux grandes orientations se sont peu à peu séparées, modifiant, sur des bases épistémologiques, l'approche des sciences cognitives et leurs possibilités d'interdisciplinarité : « *tout en conservant des contours flous, les sciences cognitives ont acquis une forme institutionnelle stable présentant deux grandes orientations dominantes, l'étude de la cognition naturelle via les neurosciences et celle de la cognition artificielle via les sciences et technologies de l'information et de l'ingénierie, incluant l'informatique, l'intelligence artificielle, la robotique, l'électronique et, plus généralement les nouvelles technologies associées à ces domaines* » (Chamak, 2011, p. 28).

En effet, avec la cybernétique d'abord, au-delà de ses finalités de contrôle et de pilotage de systèmes (naturels ou artificiels), l'hypothèse centrale est de considérer que des classes de problèmes, définis par une même armature logique (des modèles formels, logiques et/ou mathématiques mais aussi des schémas de principe qui sont à même de visualiser les structures souvent bien plus clairement que des équations), traversent des disciplines variées susceptibles de partager des concepts (sinon avoir des concepts communs).

On pourrait alors envisager d'appliquer un même modèle à différents systèmes, dès lors que, par hypothèse, ils partageraient un même schéma relationnel[227].

Cette hypothèse s'est d'abord énoncée dans le cadre des conférences Macy organisées à New York au milieu du XXe siècle, autour de travaux sur les notions d'interaction entre éléments et avec un environnement[228]. S'en est suivi le concept de *feedback* agissant de manière similaire dans une grande variété de processus. Parallèlement aux explorations particulières de ses retentissements et significations dans différents champs disciplinaires (biologie, anthropologie, physique, chimie, automatique[229], etc.), ce concept s'est progressivement étoffé de manière transversale en explorant et popularisant les concepts d'autorégulation, les conditions d'équilibre des systèmes (de la régulation modélisée par J. C. Maxwell aux concepts plus récents d'homéostasie et d'autorégulation) et les conditions d'évolution ou de transformation des systèmes (concepts d'auto-organisation et d'autopoïèse)

---

227 On peut penser aux « bond graphs » qui désincarnent un bon nombre de processus pour les modéliser, en ne gardant que les échanges énergétiques : chaque lien (bond) représente deux types génériques de variables : les « flux » et les « efforts ». Le flux représente une quantité par unité de temps, l'effort représente la force avec laquelle le flux est poussé. Par exemple dans un système hydraulique le flux est un débit, l'effort est une pression… Leur limite, soit dit en passant, apparaît quand les relations ne peuvent pas être exprimées avec seulement des variables exprimées 'au présent' car la notion d'énergie ne convient plus. Dans le domaine de la biologie, Matteo Mossio et Leonardo Bich s'appuient sur le modèle générique de la rétroaction tout en en montrant les limites dans ce champ : « *son application au domaine biologique devrait précisément s'accompagner d'une clarification du lien entre homéostasie et autodétermination, et notamment le fait que, dans les organismes biologiques, les composants impliqués dans les boucles de rétroaction sont produits et maintenus par l'organisation qu'ils contribuent à stabiliser. Or, la cybernétique de premier ordre n'a pas théorisé ce point capital – la dimension « générative » propre à l'homéostasie biologique – et ne parvient donc pas à saisir l'aspect le plus distinctif de la rétroaction, lorsqu'elle est réalisée dans le domaine biologique* » (*in* Varene, 2014, pp.137-170).

228 Les conférences Macy réunissant, sur le période 1942 à 1953, des biologistes, neurologues, économistes, physiciens, mathématiciens, neuropsychiatres, anthropologues et psychologues… ont été le siège d'échanges portant, à la fois, sur la portée générale de telles formalisations (hypothèse d'une transversalité scientifique) et sur le sens particulier qu'elles peuvent introduire dans les disciplines respectives de chaque participant.

229 Jusqu'à devenir pléonastique dans la mesure où, dans le champ de l'automatique par exemple, la notion de système implique celle de « bouclage ».

sans parler du renouvellement des problématiques liées à l'introduction de l'interaction entre système observé et système observant (concept de récursivité)[230].

N'ayons pas peur des concepts !

Faire de la recherche suppose d'être capable de créer des concepts et d'en manipuler. Certains ont des valeurs opératoires mais d'autres sont d'ordre théorique désignant, par exemple, des phénomènes apparaissant nouveaux. Parmi ces derniers, ceux d'homéostasie et d'autopoïèse (et l'expression de *systèmes auto-poïétiques* à quoi ils renvoient) peuvent apparaître rébarbatifs, voire faire peur à certains.

L'*homéostasie* désigne la capacité d'un système (vivant, social, psychologique, etc.) à revenir un certain équilibre malgré l'effet d'actions perturbatrices, internes ou externes[231]. Dans ce sens, elle peut rejoindre la propriété de stabilité associée à l'équilibre d'un système. Cette propriété est mathématiquement définie à partir des travaux de thèse du mathématicien russe A. M. Lyapounov (1891) : si la perturbation est « suffisamment faible », le système ne s'éloignera « pas trop de l'équilibre ». Ces travaux, comme ceux de Poincaré à la même époque, traitaient néanmoins des figures d'équilibre dans un groupe de particules soumises à l'attraction par gravitation et non dans le champ de la biologie.

Le concept d'*autopoïès*e désigne la capacité d'un système à se régénérer en permanence malgré les transformations ou perturbations et à maintenir ainsi son organisation : les constituants du système se régénèrent dans des processus *circulaires* de production. On retrouve ce concept dans plusieurs domaines scientifiques au-delà du seul contexte de la biologie dans lequel il s'est forgé (Varela, Maturana, 1973), des sciences sociales au génie industriel, par exemple. Ainsi, le sociologue N. Luhman propose-t-il une représentation théorique des systèmes sociaux (et des sous-systèmes politiques, juridiques, économiques, etc.) en tant qu'ils modifient leur organisation en réagissant à leur environnement mais, également, en *autoproduisant* des éléments qui suscitent une adaptation de leur propre organisation (1999). Avec T. Winograd et F. Flores (1987) puis J. Ferber (1995), on retrouve ce même concept d'autopoïèse dans le domaine des systèmes d'information et des systèmes multi-agents : des systèmes d'information reposant sur une évolution constante dudit système en lien avec les préoccupations et les échanges évolutifs entre parties prenantes (êtres humains,

[230] Les problématiques liées à cette interaction, introduites par H. von Foerster lors des conférences Macy, se déploient dans des domaines variés, en particulier dans les sciences économiques, humaines et sociales, mais également dans le domaine des sciences dites « dures ». Ainsi, par exemple, du champ de la mécanique quantique, dans lequel Mioara Mugur-Schächter développe une problématique intégrant la relativité du sujet observant vis-à-vis des entités qu'il observe : des micro-états qui n'existent que par l'observateur : « *comment "étudier" un objet encore entièrement inconnu et qui ne peut être perçu ?* » (Mugur-Schächter, 1997). Ce dernier point est développé plus loin (*infra* IV.2, *aparté* sur les opérateurs d'embrayage).

[231] C'est le physiologiste américain W. B. Cannon qui, en 1926, crée le terme d'homéostasie pour « *désigner le processus de maintien de la stabilité du corps* [humain] *face aux changements extérieurs* » en prolongement, selon S. Catellin, de « *la théorie de Claude Bernard sur la constance du milieu intérieur* » (Catellin, 2012).

systèmes techniques, sous-systèmes, etc.), en lieu et place d'une approche objectivement construite, extérieurement aux futurs utilisateurs.

Reste, bien sûr, la question de la spécificité ou de la contingence d'un champ disciplinaire en regard de tels concepts et modèles formels réputés transversaux : même si l'on peut considérer qu'un modèle formel issu, par exemple, du dialogue entre biologie et mathématique peut, dans ses principes, « s'appliquer » à l'anthropologie ou à la psychologie[232], ses retentissements et ses significations dans l'anthropologie ou la psychologie ne seront pas nécessairement équivalents. Le travail de contextualisation de ces modèles formels et concepts communs dans un champ disciplinaire donné relève alors à la fois de la confrontation de ces modèles à la production scientifique propre au champ disciplinaire concerné et d'une réflexivité d'ordre épistémologique sur le sens de cette confrontation et des modèles et concepts ainsi importés. Ici se trouvent sans doute les limites à la circularité et à la transversalité des modèles (et des concepts) ainsi qu'à l'interdisciplinarité. Néanmoins, parce que de plus en plus de concepts et de modèles ont valeur transversale ou sont appliqués dans d'autres domaines que celui dans lequel ils ont été forgés, une vigilance épistémologique sur leur usage dans un champ disciplinaire donné apparaît nécessaire. Au-delà de cette vigilance, encore faut-il disposer des moyens de construire une interrogation épistémologique.

L'intérêt d'une telle vigilance peut aller jusqu'à faciliter une pratique réflexive de la recherche : *quel périmètre (quel sens, valeur, champ d'application) je donne à la notion (de système) que j'utilise ou à laquelle je renvoie via les concepts ou outils que j'utilise ?* Elle peut également permettre un niveau de communication entre spécialistes de différentes disciplines, nécessité grandissante dans le travail en équipe multidisciplinaire (de recherche) : *employons-nous le concept dans le même sens ? Quelles sont les implications d'éventuelles divergences ?* Enfin, elle peut susciter un minimum d'exigence (et de précision) dans le travail de recherche : *de l'usage ou de l'application de la notion (concept ou modèle) dans un champ différent de celui dans lequel il s'est construit à l'utilisation pertinente d'une métaphore du système à des fins heuristiques...* quitte, d'ailleurs, à se heurter à l'opposition outragée des spécialistes du domaine initial[233] !

---

[232] Ainsi des travaux de G. Bateson et de l'école de Palo Alto des années 1950, qui déplacent les problématiques du diagnostic thérapeutique en prenant en considération les *interactions* du patient avec son environnement (familial, social, etc.) puis, ultérieurement, en introduisant la nécessité de prendre en compte la part active du rôle et des hypothèses de travail du thérapeute lui-même dans l'élaboration du diagnostic.

[233] Comme cela a pu être développé dans le chapitre précédent, Dominique Vinck, de son côté, a pu différencier quatre situations d'interdisciplinarité : a) la *complémentarité* (travail conjoint sur un phénomène en explorant les points d'articulation entre les savoirs) ; b) la *circulation* (emprunt de concepts ou méthodes d'une discipline afin d'enrichir l'autre) ; c) la *fusion*

Cette vigilance doit aussi s'exercer sans rigidités, sans que soient perdus de vue le poids implicite d'une vulgate du concept et la nécessité d'admettre une certaine souplesse conceptuelle pour, justement, pouvoir interpréter et échanger de manière compréhensible.

(mobilisation de savoirs disciplinaires différents en les reconfigurant - ou réarticulant- en un nouveau tout pertinent) ; d) la *confrontation* (des concepts, des résultats, des méthodes, etc., permettant un enrichissement mutuel par cette mise en contact sans concession).

II. 4.

Vous avez dit « modèle » ?

Modélisation : premiers travaux pratiques

Dans le cadre de l'introduction à un cours sur la modélisation et la complexité, une expérience est reproduite chaque année auprès d'étudiants de l'École Centrale de Lille. Elle a été menée de 1992 à 2019 auprès d'élèves-ingénieurs de troisième (et dernière) année, dont on pouvait craindre qu'ils ne passent au monde professionnel sans avoir pris conscience de leurs propres modes de questionnement et de raisonnement. La même expérience a été reprise à plusieurs occasions au cours du séminaire *episteme*, selon qu'émergeait – ou pas – chez les élèves un questionnement autour des questions de modélisation.

Pourquoi cette réflexion ? Parce que l'insertion dans une activité de recherche suppose d'articuler deux aspects : le questionnement scientifique et la réflexivité relative à ce même questionnement. Or, l'acquisition d'une telle réflexivité suppose une prise de distance vis-à-vis des modèles canoniques (ce que certains appellent des matrices de pensée). Cette prise de distance fait intervenir notre capacité à mettre en situation une problématique de recherche, à la considérer de façon globale. C'est dans cette perspective que l'exercice qui suit peut servir de prolégomènes.

Le procédé est assez simple, puisque l'enseignant-intervenant écrit ou projette la question suivante au milieu du tableau :

Modèle ?

Puis l'intervenant demande aux étudiants d'y répondre. S'en tenant dans un premier temps au seul rôle de greffier, il écrit les réponses, relançant de temps en temps l'ardeur des étudiants. Pour des promotions plus nombreuses, on distribue des petits blocs de papiers autoadhésifs sur lesquels les élèves auront à formuler une ou des réponses (un sticker, une réponse). Bien-sûr, l'idée sous-jacente est que la question « Modèle ? » est tellement vague – est-ce même une question ? – qu'elle laisse aux étudiants tout leur choix de réponse.

Puis dans une phase de reconstruction, l'intervenant demande de formuler, en partant des réponses obtenues, les questions implicites qui se cachent derrière chaque réponse. C'est-à-dire qu'il demande : « à quelle(s) question(s) avez-vous répondu ? » Au fur et à mesure, une liste de questions sous-jacentes est alors dressée. Il doit s'agir de questions génériques, c'est-à-dire encore valables une fois sorties du contexte de l'exercice « Modèle ? ».

En général, les réponses à « Modèle ? » qui sont données sont assez variées mais deux questions arrivent très largement en tête[234] :

- Environ 70% des réponses des étudiants peuvent se formuler comme « *un modèle, c'est...* ». Pour donner un exemple de réponse classique : « *Une formulation simplifiée d'un phénomène...* ». La question implicite est ainsi : « *qu'est-ce qu'un modèle ?* » et, plus génériquement, « *qu'est-ce que... ?* » et les réponses sont très majoritairement des définitions.
- Une partie importante (disons 30-50%) des étudiants utilise aussi une formulation « pour ». Par exemple, la réponse prise ci-dessus en exemple se complète régulièrement sous la forme : « *c'est une formulation simplifiée d'un phénomène* pour *pouvoir le reproduire* ». La deuxième question sous-jacente est ici « *à quoi sert... ?* ».

On retrouve ici deux des trois aspects associés à la notion de modélisation chez Jean-Louis Le Moigne : l'ontologie (dire « *c'est quoi ?* ») et la finalité (dire « *à quoi ça sert* ? »). Il manque, à ce stade, le troisième qui est celui de la fonctionnalité (dire « *comment ça marche ?* »). Nous verrons néanmoins que, plus minoritairement, certains interrogent des « *qu'est-ce-que ça fait ?* » ou des « *comment est-ce fabriqué ?* ».

Plus récemment, en 2017, l'expérience a été introduite dès la première année de formation, pour être présentée à tous les élèves. Bien sûr, l'objet de cette modification pédagogique n'était pas de comparer les deux situations (élèves de dernière année *versus* élèves de première année) mais bel et bien de susciter plus tôt chez les élèves ingénieurs, dès la première année de leur formation, une réflexivité vis-à-vis de la connaissance scientifique. Non pas une ouverture vers la recherche mais, cette fois, une sensibilisation à la notion de complexité[235]. Quelques différences peuvent alors être notées, qui ne sont sans

---

[234] Dans ce décompte estimé, il faut tenir compte du fait qu'une réponse peut être associée à plusieurs questions. Les pourcentages concernent donc le nombre d'élèves et non leurs réponses : leur somme dépasse ainsi 100%.

[235] Plus précisément, cette formation de 1ère année est intitulée « Complexité – Modélisation » et se déroule en deux parties, chacune reflétant un point de vue différent – et, nous allons le voir, en

doute pas sans significations quant à un potentiel ultérieur d'entrée en recherche, c'est-à-dire dans un contexte de questionnements plutôt que dans un contexte de réponses :

- Ainsi, les élèves en première année de formation répondent assez fréquemment (20%) en donnant des exemples (équation, lois de la physique, maquette, personne de référence, etc.) et répondent ainsi à « *avez-vous des exemples de... ?* ». Par contre, les élèves de dernière année s'abstiennent quasiment tous de donner des exemples : questionnés dans le contexte d'un cours, ils jugent sans doute qu'un échantillon ne saurait être suffisamment générique pour être pris au sérieux. Auraient-ils perdu en spontanéité ce qu'ils ont gagné en volonté de « rigueur scientifique » ? La propension à généraliser ferait-elle partie de leur formation, voire de déformations (ou inhibitions) qu'ils y auraient acquises ? Un autre point semble aller dans le sens de cette interprétation : les réponses des 'première année' vont aussi dans le champ du personnel (environ 10% autour de « *une personne dont on veut suivre l'exemple* »), alors que cela est très rare (disons 2%) pour les 'troisième année' qui vont autocensurer des réponses à caractère psychologique ou moral.
- Quelques élèves (environ 10%, indépendamment de l'année d'études cette fois) remarquent d'une façon ou d'une autre que le modèle est imparfait,

---

opposition – sur la « complexité ». La première partie correspond au point de vue adopté dans cet ouvrage, celui d'une complexité au sens de Morin, Atlan, Le Moigne, etc. Conçue comme une « notion en creux » [Atlan], ou d'une impossibilité à tout connaître, elle est d'une autre nature que la complication qui, pour ces mêmes auteurs, est une difficulté liée au grand nombre (de composants, de liens, d'étapes, d'instructions, de contraintes, etc.). Nous reviendrons plus amplement en Partie IV sur ce sujet, qui fait partie des « ingrédients » du séminaire *episteme*. La seconde partie de la formation « Complexité – Modélisation » est un apprentissage de l'outil SysML (*System Modeling Language*), où le point de vue correspond au métier que les informaticiens nomment « ingénieur-système ». L'ingénierie-système se base sur des langages de programmation qui disposent d'un environnement graphique intégré permettant la visualisation de blocs, interconnexions, fonctions, etc. Elle est issue de la communauté des programmeurs *Smalltalk* (langage de programmation orientée-objet, créé au centre de recherche Xerox à Palo Alto dans les années 1970) qui a conduit à de nombreux outils graphiques eux-aussi basés sur une programmation par partitionnement/assemblage d'objets. Une normalisation eut lieu en 1997 sous le nom de UML 1.0, *Unified Modeling Language*, dont les spécifications seront maintenues par le *Object Management Group*. En 2001 est créée l'initiative *SysML open source project*, à partir d'un groupe de travail sur la « modélisation des systèmes pilotés par les modèles ». En lien avec ces approches, la norme ISO10303 porte sur la représentation et l'échange de données de produits et a pour objectif d'intégrer leurs processus de conception, de développement, de fabrication et de maintenance. Cette méthode vise à définir « une représentation non ambiguë des données du produit, interprétable par tout système informatique, et couvrant tout le cycle de vie des produits ». Le vocabulaire employé ici montre l'opposition épistémologique entre les points de vue : l'impossibilité à tout connaître d'une part, normalisation non-ambiguë de l'autre. Il est sans doute stimulant pour des futurs ingénieurs de se trouver confrontés à de telles oppositions, présentées avec autant de conviction par leurs enseignants successifs au cours d'une même formation...

incomplet, qu'il ne reflète pas toute la réalité, etc. La question est ici « *qu'est-ce-que cela n'est pas ?* ». Approche de nature apophatique[236] dont l'intervenant doit s'empresser de souligner l'efficacité, même si elle est peu usitée au regard du « *qu'est-ce-que c'est ?* » majoritaire : la négation est un outil complémentaire et à encourager (« *Que veux-tu faire comme métier ?* » – « *Je ne sais pas mais, en tout cas, surtout pas... ça ou ça* »).

- Par contre, aucun élève-ingénieur (0%) ne parle jamais du prix de revient d'un modèle (« *combien ça coûte ?* »), bien que le temps passé à une modélisation fine puisse représenter un coût important et objectivable en temps d'ingénieur ou de concepteur. Il faudrait mener la même expérience en école de commerce... Ou bien en école d'architecture, pour laquelle le rapport au modèle est une préoccupation – sinon une question – très prégnante. Or, on peut penser que cette question du coût viendra bien vite dans le cours de leur vie professionnelle d'ingénieur ou d'architecte, dès la confrontation au client ou la réponse à un marché. Ou bien, plus probablement, penser que cette notion est bien présente dans leur champ d'interrogation, mais n'est pas spontanément associée à la question « modèle ? » ... C'est ici une vraie interrogation : comment se fait-il que nos étudiants, qu'ils soient en écoles d'ingénieurs, d'architecture ou, peut-être même, de commerce, soient dans l'impossibilité d'évaluer des coûts d'action ou de fonctionnement de ce qu'ils proposent, ou, beaucoup plus profondément, d'imaginer que de tels coûts existent et qu'ils font partie du système de contraintes dans lequel ils évoluent[237] ?

---

236 Il s'agit de « définir en creux », ou de « peindre en négatif » : il peut s'avérer significatif de décrire quelque-chose par *ce que ça n'est pas*, plutôt que par ce que c'est. Par exemple : « un modèle n'est pas une représentation exacte », que l'on peut mettre en regard de la célèbre phrase du statisticien George Box, qui écrivait en 1978 : « *All models are wrong but some are useful* ». Le terme « apophatisme » est employé en théologie (dite négative) – par exemple chez Augustin d'Hippone : *« Si tu le comprends, ce n'est pas Dieu »* – mais aussi en philosophie : « *Le positivisme de la chose tiendrait volontiers pour négatif tout ce qui est non-chose ; et pour la philosophie négative ou apophatique, au contraire, c'est cette mystérieuse non-chose qui est la positivité par excellence, l'ineffable positivité...* » (Vladimir Jankélévitch, *Le je-ne-sais-quoi et le presque-rien,* 1957). Ou encore en peinture : les aquarellistes connaissent la « peinture en négatif », où l'on commence par colorer l'espace entre les objets. L'éducation de nos étudiants s'appuie le plus souvent sur la notion opposée (le « cataphatisme »), recourant à une description des attributs. Un exercice visuel, à pratiquer avec eux, peut venir en appui de cette « façon de voir » originale pour eux : distinguer un objet non par sa forme, mais par le fond sur lequel il se détache. L'exercice consiste à dessiner une pomme au feutre noir sur le tableau blanc, puis à considérer que la pomme peut être définie comme « ce qui, sur le tableau, n'est pas blanc ». Il donne l'occasion de réinterpréter l'expression « le fond et la forme » ... En allant un peu plus loin, on peut penser à Henri Matisse qui, dans ses *Écrits et propos sur l'art* (1908), parle de sa peinture en la définissant comme « *l'éternel conflit du dessin et de la couleur dans un même individu* ». On peut alors mieux comprendre que « *dessiner, philosopher, c'est tout un* », phrase souvent attribuée à Paul Valéry.

237 Ainsi, au cours des quinze années du séminaire, aucun groupe d'étudiants ne s'est penché sur le coût d'une thèse ou d'un programme de recherche alors que plusieurs groupes se sont

- Très peu également se laissent aller à des analogies libres (la réponse « *top-model* » arrive rarement, mais arrive[238]) qui permettent de faire émerger explicitement la question « *à quoi cela vous fait-il penser ?* »). C'est peut-être en écoles d'art qu'il faudrait aller chercher des réponses de cette catégorie... Cependant, on a reçu en 2017 une réponse (post-it anonyme d'un « première année ») sous forme de poème en l'honneur d'un père généreux et exemplaire...
- Très peu de réponses « d'opinion » aussi : notons que la seule occurrence nette d'une opinion était un assez long commentaire, rédigé par un « première année », critiquant le capitalisme à l'occidentale et justifiant le système politique chinois. C'est la seule réponse qui a fait rire la classe. Sans doute qu'une réponse d'opinion paraît déjà ridicule à nos jeunes futurs-ingénieurs, qui imagineraient leur futur métier placé sous l'égide de la « raison pure » ...
- Quelques élèves (5%) mentionnaient des étapes de construction d'un modèle, répondant de fait à la question « *comment fait-on... ?* ». Cette question est assez rare, nous y reviendrons d'ici quelques lignes.

Fig. 3 : Photo d'un exemple de comptage de questions détectées à partir de 62 réponses spontanées à la question « Modèle ? ».
On décompte ici : – 35 « Qu'est-ce que ? » – 10 « À quoi sert ? » – 5 « À quoi fait penser ? » – 5 « Avez-vous des exemples ? » – 4 « Comment fait-on ? » – 2 « Qu'est-ce que ça n'est pas ? » – 1 « Comment ? » –

interrogés sur le financement d'une thèse et le financement de la recherche (voir *infra* IVème partie).

238 Tout comme un « mot d'elle » par un seul et unique élève de première année...

L'exercice se poursuit en demandant aux étudiants d'identifier les questions qui n'ont pas reçu de réponse (c'est-à-dire celles qui n'ont pas été identifiées derrière leurs réponses et qui semblent ainsi ne pas faire partie de leurs modes de questionnement habituels). Il est facile de montrer combien ces nouvelles questions ouvrent le champ et stimulent une bien plus grande variété de réflexions autour du 'modèle'. Voici une liste des questions qui ont émergé en quelque 25 ans d'expérimentation, au-delà des seules années du séminaire, et en distinguant celles qui étaient détectables dans les réponses spontanées de celles qui ont été rajoutées dans un second temps.

Quinze ans de questions autour de « Modèle ? »

Questions détectables derrière les réponses des étudiants (suivies d'un exemple très basique de réponse) :

... *qu'est-ce-que c'est ?*	« une représentation simplifiée de la réalité »
... *à quoi ça sert ?*	« une représentation simplifiée pour simuler »
... *de quoi est-ce fait ?*	« un ensemble de propriétés... »
... *qu'est-ce-que ça fait ?*	« ça reproduit la réalité »
... *comment est-ce fabriqué ?*	« une représentation obtenue en simplifiant »
... *à quoi cela vous fait-il penser ?*	« c'est quoi la question ? »
... *en avez-vous des exemples ?*	« les lois de la physique, par exemple »
... *qu'est-ce que ça n'est pas ?*	« c'est imparfait, ça ne reproduit pas tout »

Questions absentes, verbalisées par les étudiants dans un second temps (avec un exemple montrant l'ouverture générée par la question) :

... *pour qui est-ce fait ?*	(la communication, le langage du commanditaire)
... *par qui est-ce fait ?*	(l'universalité de l'activité de modélisation)
... *est-ce nécessaire ?*	(le passage incontournable par des concepts[239])
... *est-ce légitime ?*	(l'éthique dans l'usage des données personnelles)
... *depuis quand, pour combien de temps ?*	(l'évolution des connaissances)
... *où en trouve-t-on ?*	(l'universalité de l'activité de modélisation)
... *cela existe-t-il, cela est-il possible ?*	(la difficulté de construire du sens)

Question absente, venue dans un second temps mais toujours de l'intervenant :

… *combien ça coûte ?*	(la compétence et sa valeur)

---

[239] À ce sujet, Jean-Louis Le Moigne rapproche et assemble comme suit trois citations : « *Nous ne raisonnons que sur des modèles* (Paul Valéry) et *nous ne communiquons que par des modèles* (Gregory Bateson). De ce fait, « *en tant que concepteurs ou concepteurs de processus de conception, nous avons à être explicites, comme jamais nous n'avions eu à l'être auparavant, sur tout ce qui est en jeu dans la création d'une conception* (Herbert A. Simon), *donc dans la modélisation systémique* ».

La verbalisation de ces questions sous-jacentes constitue une ouverture pour la réflexion : *changer de question, c'est aussi changer de modèle.* Par exemple, après que la question « *comment est-ce fabriqué ?* » ait été identifiée derrière une ou plusieurs réponses, l'intervenant peut en profiter pour relancer un questionnement constructif en demandant aux élèves de « dessiner comment on fait un modèle ». Les petites feuilles de papier autoadhésives et repositionnables résultant de cet exercice sont de très bonnes sources de discussion sur la modélisation, car l'aspect itératif du processus de modélisation émerge dans plusieurs des dessins obtenus, où des flèches illustrent des boucles de validation expérimentale, d'apprentissage, d'itération du type essai/erreur/amélioration, etc.

Dans les trois illustrations que nous faisons figurer ci-dessous, celle que nous avons surnommée « le regard » rentre dans cette catégorie « avec itération », où l'on sent bien que des étapes de re-cogitation sont à prévoir. Une autre, que nous surnommerons « l'optimiste », semble, par contre, passer sans coup férir de l'expérience (1) aux données (2) pour enfin obtenir le modèle (3) : une telle linéarité de procédé reflète une certitude… qui risquera pourtant d'être bien déçue dans la pratique. Une troisième illustration est également reprise ici car elle porte une vraie richesse métaphorique : comment modéliser sans figer ? Comment respecter les dynamiques d'un phénomène vivant, par nature toujours en mouvement ? « L'hypothèse » excessive risque peut-être de tuer le phénomène.

Fig. 4 : Exemples de dessins en réponse à « dessinez comment on fabrique un modèle ? »

Au final, ce genre d'exercice permet à nos élèves de prendre conscience d'une forme de moule intellectuel associé à leur culture scientifique. Le décompte des questions qu'ils ont en tête (voir photo ci-dessus) permet par ailleurs d'objectiver le « modèle de pensée » qui est très majoritairement le leur : ils reconnaissent alors qu'en situation de cours, dans une salle d'école d'ingénieur, ils chercheront prioritairement à donner une définition ou à décrire une fonction. Ceci donne à penser qu'en situation professionnelle, s'ils n'y prennent pas garde, ils pourraient très bien continuer de reproduire ce schéma.

Ce « modèle embarqué » (au sens du mode de questionnement que les élèves ont en tête) n'est pas mauvais en soi, mais c'est le fait qu'ils n'en aient pas conscience – une forme de subjectivité cachée – qu'il faut alors critiquer.

Pouvoir l'objectiver les amène à avoir envie de diversifier leur stock de modèles intellectuels : ils sont alors mûrs pour entendre parler de cette modélisation analytique (qu'ils pratiquent déjà comme Mr Jourdain pratiquait la prose) soutenue par les 4 préceptes du discours de Descartes (évidence, décomposition, recomposition, exhaustivité) et les trois axiomes de la logique aristotélicienne (identité, non-contradiction, tiers exclu), soutenant les outils de disjonction qui en découlent (*if, then / else*, décomposition de Shannon...). Ils sont aussi mûrs pour des alternatives systémiques conjoignant plusieurs points de vue : « *un phénomène modélisable est perçu en tant qu'action dans un environnement, pour quelque finalité, faisant et* se *faisant* » [Le Moigne]. Nous discuterons ces techniques dans la partie IV.1.

Modéliser ?

Même si le procédé consistant à donner une définition a été mis en avant dans nos exercices, les élèves se montrent aussi en attente d'un *contenu* d'une telle définition. Sans doute nous faut-il donc, à notre tour, pouvoir ébaucher une réponse à la question « qu'est-ce qu'un modèle ? ». Plutôt que le substantif, nous choisirons de définir la forme active « modéliser ».

Modéliser, c'est *(se) représenter* : il s'agit de (se) construire des représentations intelligibles d'un phénomène, objet, action projetée, etc.

Ici, une *représentation* est à la fois une image-tableau (mentale ou figurative), une structure (catégorisation) et/ou une formulation de propositions (par un langage naturel ou symbolique) qui s'inscrivent en correspondance avec le phénomène. En préface de sa *Théorie générale des systèmes*, Ludwig von Bertalanffy écrit[240] :

« *La perception n'est pas une réflexion des 'choses réelles' (quel que soit leur statut métaphysique), et la connaissance n'est pas une simple approximation de la 'vérité' ou 'réalité'. C'est une interaction entre celui qui connaît et l'objet de sa connaissance,*

[240] Préface à l'édition Penguin de : *General System Theory*, Éd. Georges Brazziler 1968, Penguin 1973, trad. Bordas 1973, Dunod 1993.

qui dépend de multiples facteurs de nature biologique, psychologique, culturelle, linguistique, etc. ».

C'est pourquoi nous avons mis entre parenthèses le pronom personnel « se » (à juste titre appelé pronom réfléchi) pour exprimer que l'on doit comprendre doublement la phrase, à la fois avec et sans le pronom, soit : *Modéliser un phénomène, c'est à la fois construire des représentations intelligibles et se construire par des représentations intelligibles*. Dans la première partie (sans le « se »), le sujet modélisateur représente le phénomène par un geste actif (entrée : le phénomène, sortie : une représentation intelligible pour tous) ; dans la seconde (avec « se »), le sujet modélisateur est en train de construire sa propre connaissance, dans un geste réflexif de lui-même « en train de concevoir » (entrée : la représentation précédente du modélisateur, sortie : sa représentation suivante).

Cette façon de jouer avec la grammaire pour conjuguer action et rétroaction est très présente chez J.-L. Le Moigne pour signifier la conjonction entre la synchronie (*le système fait*, au présent, comme le ferait une machine combinatoire) et la diachronie (*le système se fait*, en évolution temporelle, comme le ferait en une machine séquentielle). D'autres verbes conviennent particulièrement bien pour illustrer cette complexité temporelle générée par la réflexivité : (s') organiser, (se) former, etc.

Contre le mythe de l'immaculée perception

Le titre de ce paragraphe est à rapprocher d'une expression de Friedrich Nietzsche[241], utilisée également par Neil Friedman qui parle de « *mise à mal du dogme de l'immaculée reconnaissance* »[242] et, semble-t-il, par Bertolt Brecht cité par Serge Tisseron[243] : « *Brecht aimait à dénoncer, d'une formule malheureusement oubliée, ce qu'il appelait 'le mythe de l'immaculée perception'* ». Ce que notre habitude de percevoir nous fait prendre pour de l'objectivité est en fait une construction intellectuelle complexe, voire une reconstruction sur la base de nos modèles de référence et de nos « matrices de pensée » : il ne suffit pas de percevoir pour comprendre, la perception

241 *Also sprach Zarathustra,* XXXVII : "Und das heiße mir aller Dinge unbefleckte Erkenntnis, daß ich von den Dingen nichts will: außer daß ich vor ihnen daliegen darf wie ein Spiegel mit hundert Augen" (*Et c'est bien ce que j'appelle l'immaculée reconnaissance de toutes choses : ne rien demander aux choses que de pouvoir s'étendre devant elles, ainsi qu'un miroir aux cent regards*) (And this do I call *immaculate* perception of all things: to want nothing else from them, but to be allowed to lie before them as a mirror with a hundred facets).

242 Neil Friedman, *The social nature of psychological research: The Psychological experiment as a social interaction*, 1967.

243 S. Tisseron, « Plus facile à dire qu'à faire », in *Écrits*, juillet 2011.

nécessite d'être interprétée et contextualisée[244], puis même réinterprétée et recontextualisée... pour aboutir à une représentation.

Dans le cadre de cette réflexion sur la modélisation, il nous semble utile de permettre aux élèves d'*expérimenter* pour mettre à mal ce mythe d'une perception objective, qui puisse éventuellement conduire à une représentation elle aussi objective. Cette prétendue objectivité peut aussi être prise au sens d'une « perception *du* réel ».

Pour cela, la question qui leur est posée dans un deuxième temps est :

Le modélisateur peut-il avoir une perception objective du réel ?

Cette question est suivie d'une expérimentation basée sur quelques exercices ludiques, qui à l'usage s'avèrent plutôt convaincants...

Le choix pour cette expérimentation s'est porté sur la perception visuelle. De façon plus générale, tous nos organes et systèmes de perception auraient pu être considérés, puisque le terme de perception renvoie à la dimension sensorielle : vision, goût, ouïe, toucher, odorat.

En tout premier lieu, il s'agit d'un choix pragmatique : la vision est sans doute le sens le plus pratique à expérimenter dans une salle de classe... Difficile de proposer des exercices gustatifs, qui demanderaient trop d'infrastructures ; la limite sonore est aussi vite atteinte si on veut pratiquer des exercices auditifs avec 30 élèves dans une même salle[245] ; le tactile demande une certaine familiarité et risque d'engendrer la gêne, la méfiance ou le rejet ; quant à l'olfactif, très connoté, rien que l'idée en fait rire les élèves... La vision, elle, est omniprésente dans les modes d'apprentissage : usuelle, elle se pratique à

---

[244] Cette dernière remarque va à l'encontre de l'expression canonique « voir c'est savoir », souvent employée en architecture (Viollet-le-Duc, *Histoire d'un dessinateur*) et dans le monde de l'audio-visuel (reprise par Ted Turner, fondateur de CNN). On trouve une version encore plus « optimiste » chez Alfred de Musset : « voir c'est savoir, vouloir c'est pouvoir, oser c'est avoir » (*La quenouille de Barberine*, Comédies et proverbes 1849). Mais la pensée de Viollet-le-Duc était sans doute plus complexe, car il écrivait plus précisément : « *car on apprend à voir, et voir c'est savoir* », qui renvoie à une dynamique du voir « en construction ».

[245] Néanmoins, la dimension sonore est engagée dans les exercices visuels, puisqu'ils passent aussi par le langage. Il est facile de faire apparaître la connexion.

distance et n'est pas perçue comme intrusive vis-à-vis de l'espace personnel de chacun.

Mais aussi, la vision a une connotation symbolique très forte puisqu'elle rejoint, voire supporte, la notion beaucoup plus globale de *représentation* : une représentation (un modèle ?) est à la fois une image-tableau (mentale ou figurative), une structure (catégorisation) et/ou une formulation de propositions (par un langage naturel ou symbolique), l'ensemble s'inscrivant en correspondance avec un phénomène. La première modalité, l'image-tableau, revient à « voir » le phénomène au travers du modèle.

Ainsi, le sens visuel est-il couramment associé à notre activité cognitive liée à la modélisation, au moins par analogie (telle que pratiquée dans notre exercice avec les élèves) mais aussi au niveau du langage courant.

Dans son « Discours de la méthode pour bien conduire sa raison, et chercher la vérité dans les sciences », René Descartes proposait quatre préceptes (voir encadré en début de IV.1, *infra*), dont le premier s'appuyait sur la notion d'*évidence* : « *ne recevoir jamais aucune chose pour vraie que je ne la connusse évidemment être telle* ». Le terme d'évidence renvoie au latin *video*, « je vois »[246], comme toute une série d'expressions reflétant cet héritage des philosophes grecs pour qui la lumière était le symbole de la connaissance et de la vérité[247] : « on voit bien que », « c'est clair », « ça saute aux yeux », « une explication lumineuse », « je crois ce que je vois », etc.

Cependant, comme le montrent aussi les exercices visuels, la notion même d'évidence est à prendre avec des pincettes : on pourrait trop facilement confondre une évidence et une habitude de pensée… Car ce qui est familier est souvent trompeur. C'est pourquoi Bachelard, dans *La formation de l'esprit scientifique* (1938), nous mettait en garde : « *Le cerveau est l'obstacle à la pensée scientifique. Il est un obstacle en ce sens qu'il est un coordonnateur de gestes et d'appétits. Il faut penser contre le cerveau* ». Ce qui est à rapprocher du « *penser, c'est dire non* » du philosophe Alain, qui soutient ensuite son propos par des exemples issus du monde visuel[248].

---

[246] Selon le dictionnaire Gaffiot (1934), le terme latin *evidencia* représente la visibilité, la possibilité de voir, la clarté, la transparence.

[247] Cette considération étymologique ne veut pas dire que Descartes « croit que ce qu'il voit » : au contraire, il considère que la connaissance vraie doit venir de l'esprit (la raison) et non pas des sens (la vision) ...

[248] *L'homme devant l'apparence*, texte de 1924 repris dans *Propos sur la religion*, 1938, Émile-Auguste Chartier, dit Alain. Voici le début de ce texte : « *Penser, c'est dire non. Remarquez que le signe du oui est d'un homme qui s'endort ; au contraire le réveil secoue la tête et dit non. Non à quoi ? Au monde, au tyran, au prêcheur ? Ce n'est que l'apparence. En tous ces cas-là, c'est à elle-même que la pensée dit non. Elle rompt l'heureux acquiescement. Elle se sépare d'elle-même. Elle combat contre elle-même. Il n'y a pas au monde d'autre combat. Ce qui fait que le monde me trompe par ses perspectives, ses brouillards, ses chocs détournés, c'est que je consens, c'est que je ne cherche pas autre chose. Et ce qui fait que le tyran est*

Se servir de la perception visuelle pour illustrer le processus de pensée n'est donc pas nouveau : Ludwig Wittgenstein, dans son *Tractatus*[249], a donné un rôle opératoire central à son concept d'*image*, servant de pilier à sa théorie de la représentation. Il s'intéresse en particulier à la construction de ce qu'il nomme l'*aspect*, plus particulièrement au changement d'aspect (*Aspekt-Wechsel*).

Wittgenstein illustre cette notion par la façon dont nous approchons un dessin ambigu, qu'il est possible de mettre en correspondance avec plusieurs représentations mentales : notre compréhension passe par un « saisissement » d'une configuration globale correspondant au dessin, configuration qui est un « aspect ». L'aspect d'un dessin ambigu *change*, et la soudaineté de ce changement peut être expérimentée.

Dans les exercices qui suivent (Fig. 6, *infra*), nous prendrons le « cube de Necker » comme exemple, mais un dessin tout aussi célèbre est utilisé par Wittgenstein[250] : c'est celui du « canard-lapin » (auteur inconnu, 1892, représenté ci-dessous Fig. 5). Pour un seul dessin, l'observateur construit très vite deux aspects contradictoires[251].

---

maître de moi, c'est que je respecte au lieu d'examiner. Même une doctrine vraie, elle tombe au faux par cette somnolence. C'est par croire que les hommes sont esclaves. Réfléchir, c'est nier ce que l'on croit. Qui croit seulement ne sait même plus ce qu'il croit. Qui se contente de sa pensée ne pense plus rien. Je le dis aussi bien pour les choses qui nous entourent. Qu'est-ce que je vois en ouvrant les yeux ? Qu'est-ce que je verrais si je devais tout croire ? En vérité une sorte de bariolage, et comme une tapisserie incompréhensible. Mais c'est en m'interrogeant sur chaque chose que je la vois. Ce guetteur qui tient sa main en abat-jour, c'est un homme qui dit non. Ceux qui étaient aux observatoires de guerre pendant de longs jours ont appris à voir, toujours par dire non. Et les astronomes ont de siècle en siècle toujours reculé de nous la lune, le soleil et les étoiles, par dire non. Remarquez que dans la première présentation de toute l'existence, tout était vrai ; cette présence du monde ne trompe jamais. Le soleil ne paraît pas plus grand que la lune ; aussi ne doit-il pas paraître autre, d'après sa distance et d'après sa grandeur. Et le soleil se lève à l'est pour l'astronome aussi ; c'est qu'il doit paraître ainsi par le mouvement de la terre dont nous sommes les passagers. Mais aussi c'est notre affaire de remettre chaque chose à sa place et à sa distance. C'est donc bien à moi-même que je dis non. »

[249] « *(4.011) À première vue, la proposition – telle qu'elle est imprimée sur le papier, par exemple – ne paraît pas être une image de la réalité dont elle traite. Mais la notation musicale ne paraît pas être non plus, à première vue, une image de la musique, ni nos signes phonétiques (les lettres) une image des sons de notre langue. Et pourtant ces langages de signes se révèlent bien comme étant, même au sens usuel du mot, des images de ce qu'ils représentent.* [...] *(4.016) Pour comprendre l'essence de la proposition, pensons à l'écriture hiéroglyphique, qui représente les faits qu'elle décrit. Et à partir d'elle est devenue l'écriture alphabétique, sans que soit perdu l'essentiel de la représentation.* » (Ludwig Wittgenstein, *Tractatus logico-philosophicus*, 1921).

[250] Dans sa seconde œuvre écrite « *Philosophische Untersuchungen* » ou « *Investigations philosophiques* », ouvrage posthume de 1953 dans lequel il adopte un point de vue critique sur sa propre pensée.

[251] La question « *Welche Tiere gleichen einander am meisten ?* » peut être traduite par « *quels animaux se ressemblent le plus ?* »

Fig. 5 : Canard-Lapin : deux « aspects » contradictoires

L'expérience nous incite donc à remettre en question l'évidence du voir et, bien sûr, de la perception en général : « *certaines choses dans le voir nous paraissent énigmatiques, parce que le voir dans son ensemble ne nous paraît pas assez énigmatique* » (*Investigations Philosophiques*). Il y a une différence entre ce que nous avons sous les yeux (« l'image », prise au sens de la photographie) et ce que nous voyons (ce que l'image-photo représente pour nous, l'image mentale que nous nous en faisons). Nos « images mentales » sont nos théories, et elles sont absentes de l'image-photo (en général, puisque si la photo est un dessin, il peut contenir une codification liée à nos théories). Et ceci permet d'argumenter auprès des élèves quant au lien entre image mentale et modèle.

Cet exercice visuel, comme tous ceux qui vont être brièvement présentés ensuite, n'est pas toujours confortable pour les étudiants : au-delà des quelques troubles générés (vertiges, fatigue oculaire…)[252], certains éprouvent une vraie frustration, heureusement passagère, à ne pas « voir » le « bizarre » de ces images alors que leurs camarades manifestent leur étonnement et commentent bruyamment les images… « *Wittgenstein consacre de nombreuses remarques à un phénomène curieux, la 'cécité à l'aspect', l'inaptitude à saisir ou remarquer l'apparition d'un aspect. Le défaut de*

[252] Citons ici l'avertissement en préambule du polycopié de cours associé à ces exercices : « *Ce qui suit est le polycopié d'un cours qui se veut illustratif de méthodes non nécessairement cartésiennes. Ceci passe par un usage non occasionnel de divers remèdes : analogie, métaphore, illustration, énigme, gesticulation. Certains des composants, administrés principalement par voie orale, peuvent être contre-indiqués dans le cas d'une pensée rationnelle pré-cloisonnée. Attention, donc, à ne pas dépasser la dose prescrite. Effets collatéraux potentiels : hallucinations, troubles visuels, délire passager, nausée.* »

l'aveugle à l'aspect n'est pas un défaut dans la vue, note Wittgenstein, mais une sorte de manque d'imagination »[253].

Et, ajoutent Ch. Chauviré et J. Sackur , « *Celui qui souffre d'un tel manque ne peut comprendre certains jeux de langage ; privé de l'expérience du basculement du sens, il ne perçoit pas non plus la physionomie familière de certains mots, et n'a pas par exemple le sentiment que nous avons tous que les noms propres conviennent à ceux qui les portent, de sorte qu'on a beaucoup de mal à imaginer Goethe écrivant la 9e symphonie ; la cécité au sens est donc un cas très significatif de cécité à l'aspect* ». Ici l'aveuglement est remarquablement associé à un manque d'imagination : c'est dire l'insuffisance d'une vision qui resterait strictement cartésienne et analytique, sans faire appel à une ouverture plus globale liée à l'imagination, en lien avec la notion de complexité et aux approches systémiques (*infra* partie IV.1).

Ce genre d'expérience permet aussi de mieux appréhender la distinction entre *montrer* et *dire*. Ce qui est montré, c'est l'image spatiale, le dessin. Ce que je peux dire, c'est ce que j'ai en tête, c'est une image mentale de cette image spatiale, qui est différente et qui reflète mon système de compréhension. C'est pourquoi Wittgenstein oppose les deux dans son système philosophique et logique, avec son fameux « *ce qui peut être montré ne peut pas être dit* » (4.1212), mais aussi la proposition finale de son *Tractatus* : « *ce dont on ne peut parler, il faut le taire* » (7). Ce qu'on ne peut dire, pour lui, c'est par exemple le métaphysique, l'esthétique, le mystique, le moral... Même la définition des mots est pour Wittgenstein sujette à caution, ce qui fait de lui un éclaireur très particulier des questions de langages.

Derrière un acte aussi simple que celui de voir et nommer, se cache la complexité de nos modèles intellectuels.

Travaux pratiques visuels

Décrivons maintenant certains des exercices en question, qui illustrent la réflexion précédente sur « le mythe de l'immaculée perception » : nous ne donnerons ici qu'un bref commentaire sur chacun des huit dessins qui suivent (Figure 6), correspondant à ce second exercice proposé aux étudiants. Ces huit images permettent de mettre en lumière (en *évidence* !) la complexité des liens entre a) la dimension sensorielle de la perception et b) l'activité cognitive d'interprétation de ce qui est perçu. Il s'agit ici de contrarier le « réalisme naïf » de ceux qui croiraient encore que le monde serait tel que nous le percevons. Au contraire, la pratique de ces images illustre notre façon de construire du sens face à elles.

---

253 Christine Chauviré, Jérôme Sackur : *Le vocabulaire de Wittgenstein*, Ellipses, 2003.

1) Une fois familiarisé avec la première (*cube de Necker*), il est assez facile de percevoir deux cubes (ou plus précisément, d'obtenir deux interprétations valides de l'image) : l'un selon une perspective qui rendrait visible la face supérieure et l'inférieure, cachée ; l'autre à l'inverse, avec une face inférieure visible. En demandant aux étudiants de sentir le mouvement de leurs yeux quand ils pratiquent cet exercice, ils constatent que ces deux orientations perçues dépendent de la focalisation de leur regard sur une « zone d'intérêt » particulière. Le plus spectaculaire est de réduire cette zone à un seul point (trouver les deux points correspondant aux deux perspectives fait partie du jeu…). Les deux versions du cube permettent aussi de pratiquer notre vision convexe/concave : *le système visuel aura tendance à placer en avant le point sur lequel il se focalise.* À ce stade, on peut proposer aux élèves de frôler le délire en fixant un coin de la pièce dans laquelle ils se trouvent (donc concave) et de réduire artificiellement leur champ de vision pour s'entraîner à percevoir les trois lignes de fuite de façon… convexe !

2) La *figure de Dallenbach*[254] est bien plus difficile à interpréter (laissons le lecteur chercher, quitte à aller trouver de l'aide sur Internet). Malgré une forte ressemblance à un test de Rorschach, elle peut pourtant être « reconnue » et prendre les traits d'un objet bien réel. Tant que cet objet n'a pas été reconnu – ce qui peut prendre très longtemps – les observateurs peuvent rester très intrigués, voire déroutés. Si l'un d'eux reconnaît l'objet, cela lui apparaît comme une révélation et, s'il annonce aux autres observateurs le nom de l'objet reconnu, ceux-ci le trouveront plus facilement. Tous rejoindront finalement le même consensus, dont la validité sera devenue « évidente ». Au passage, on notera que le fait de mieux voir quand le nom de l'objet a été prononcé montre la connexion de nos différents sens (ici, vision et ouïe) dans ce processus intégratif d'interprétation des signes que nous appelons perception[255].

3) Le *motif de Kanizsa*[256] nous fait voir une figure subjective qui semble de se découper devant trois Pac-Men[257]. Pour ce qui est de la figure elle-même, tous les observateurs « voient clairement » qu'elle n'est pas tout à

[254]Karl M. Dallenbach (1951) *A puzzle picture with a new principle of concealment*, American J. of Psychology, 64(3): 431-433.

[255] A ce sujet et, plus largement, au sujet de la conscience, voir les travaux du professeur Lionel Naccache, chercheur en neurosciences cognitives, dont : *Le Chant du signe : Aventures et mésaventures de nos interprétations quotidiennes*, Odile Jacob, 2017.

[256] Gaetano Kanizsa (1955) *Margini quasi-percettivi in campi con stimolazione omogenea*, Rivista di Psicologia, 49(1), 1955 (pp. 7–30).

[257] Certains se souviennent de cet ancêtre du jeu vidéo, qui se pratiquait sur les écrans monochromes de nos ordinateurs… Un « pac-man » est un personnage en forme de rond doté d'une bouche qui doit manger des « pac-gommes » dans un labyrinthe.

fait un triangle puisqu'elle est un peu incurvée… Bref, un vrai consensus sur un contour illusoire… dessiné en blanc sur blanc.

4) Face au *message d'amour des dauphins*, de Sandro Del-Prete, l'adulte perçoit immédiatement un couple enlacé. Mais les jeunes enfants, manquant d'expérience, ne le voient pas. Par contre, ils voient très bien les 9 dauphins… (et vous ?) De même, dans la figure d'à côté (*escalier de Schröder*), un ingénieur verra sans aucun doute un escalier. Par contre, quelqu'un qui n'aurait pas été sensibilisé au dessin en perspective n'y détecterait sans doute rien du tout. Ainsi, notre interprétation se construit-elle différemment selon notre âge et selon notre culture. Notons que notre ingénieur, après s'être entraîné sur le cube de Necker précédent, pourra percevoir l'escalier – ambigu – de Schröder en vue plongeante ou en contre-plongée, selon le point sur lequel il focalisera : regarder le coin du bas à gauche ou du haut à droite...

5) Le *trident de Mad* (ou *blivet*, *poiuyt*, fourchette impossible, fourche du diable…) figurait en 1955 en couverture du magazine satirique américain *Mad*. En parcourant des yeux cette figure indéchiffrable, on peut ressentir les moments de commutation entre deux interprétations paradoxales d'un même dessin… Fourchette à deux branches ou à trois branches ? Ces commutations sont perceptibles sur toutes les figures à double sens (c'était déjà le cas du cube de Necker), mais ici l'objet change de nature, se refuse à la cohérence, et conduit au désespoir notre système cérébral, toujours en quête d'interprétation…

6) L'*escalier de Penrose-Reutersvärd* donne cette illusion de chemin toujours montant ou toujours descendant, selon le sens de parcours. Ici, la figure désoriente notre système cérébral par son incohérence de signification : certes, un escalier permet aussi bien de monter et de descendre, mais celui-ci fait les deux *à la fois*. Cette figure est bâtie sur le principe du triangle inventé par Oscar Reutersvärd (1915-2002), redécouvert par Roger Penrose (1931-) et popularisé par Maurits Cornelis Escher (1898-1972). Dessinée dans le plan (2D), elle devient paradoxale dès lors que notre système d'interprétation veut la classifier dans l'espace (3D).

7) Enfin, l'*auto-stéréogramme* met en œuvre notre perception binoculaire, dans laquelle les déphasages de perception entre l'œil gauche et l'œil droit permettent de reconstituer une scène en volume. Ici, l'image est sans doute trop petite mais avec un peu d'agrandissement et beaucoup d'entraînement, on pourrait y découvrir la lettre π en relief. Pour connaître le plaisir de cette illusion, le cerveau doit faire un effort oculaire de convergence et de mise au point de façon dissociée de l'accommodation usuelle. Par exemple, on peut commencer par approcher excessivement les yeux de l'image, puis éloigner l'image en essayant de ne pas accommoder le regard, c'est-à-dire en laissant les yeux regarder « plus loin » que la feuille…

Des exercices pour constater que la reconnaissance visuelle d'un objet…

❶ *dépend de ce sur quoi nous avons focalisé notre regard*

→ *cube de Necker, 1832*

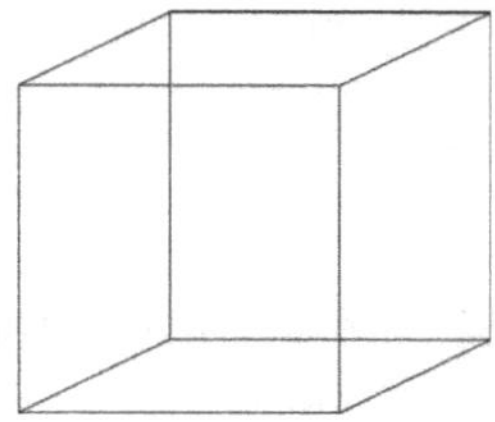

❷ *n'est pas innée mais acquise (demande un apprentissage)*

→ *figure de Dallenbach, 1951*

❸ *fournit des informations qui étaient absentes de l'objet*

→ *motif de Kanizsa, 1955*

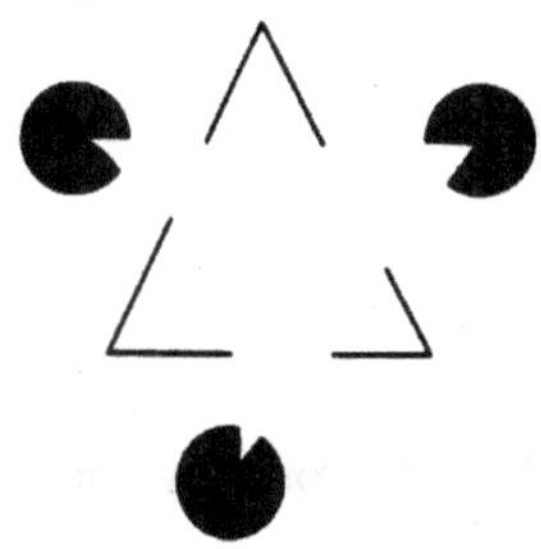

❹ *dépend de notre âge, de notre culture*

→ *message d'amour des dauphins (Del-Prete, 1987),*

→ *escalier de Schröder, 1858*

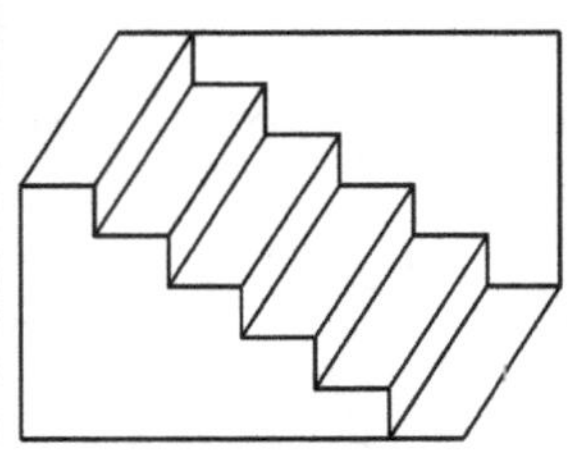

❺ *tente désespérément de coller avec nos habitudes*

→ *trident de Mad, 1965 (ou blivet, ou poiuyt...)*

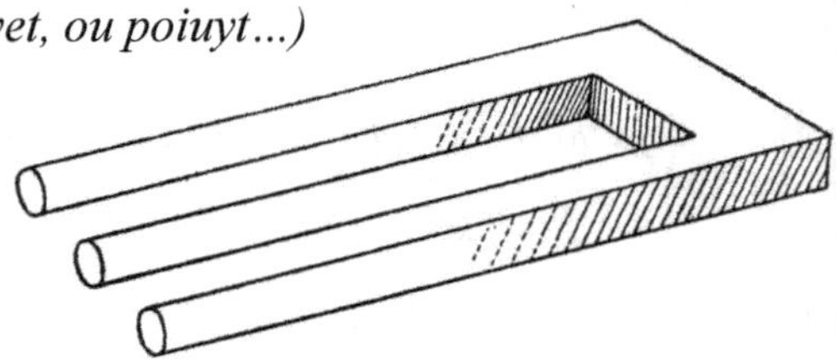

❻ *désoriente notre système cérébral en cas d'incohérence*

→ *escalier de Penrose-Reutersvärd, 1958*

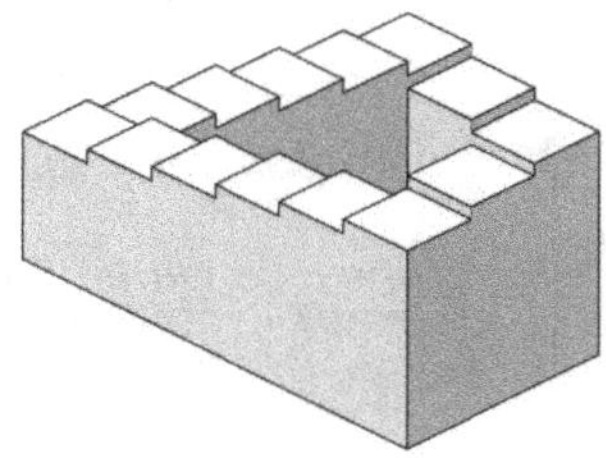

❼ *utilise éventuellement la vision binoculaire pour spatialiser*

→ *autostéréogramme, 1919*

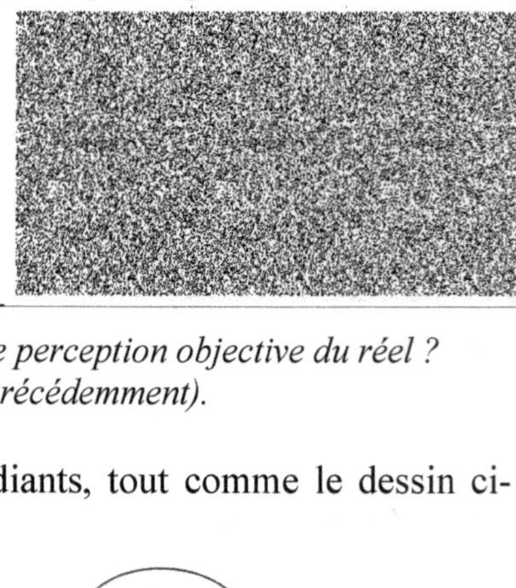

Figure 6 : Le modélisateur peut-il avoir une perception objective du réel ? (Huit figures commentées précédemment).

Ces exercices visuels parlent bien aux étudiants, tout comme le dessin ci-dessous...

Fig. 7 : Ce qui change selon le point de vue [Aurélien Delpoux 2022, d'après Brian Solis, « Innovation Begins with a Shift in Perspective ; It's Personal » – 2017]

On l'aura compris, ce dessin témoigne d'une perception différente selon le *point de vue* où l'on se situe. Comme les huit images précédentes, il nous engage à considérer la conjonction du sensoriel et du cognitif : le « point de vue » est à la fois l'angle spatial (la position des personnages dans le dessin) et la « façon de voir les choses ». On associera cette dernière aux modèles (intellectuels, cognitifs...) de référence ou aux savoirs implicites (et habitudes…) de celui qui perçoit : l'observation présuppose un contexte de savoirs théoriques (par ailleurs faillibles) implicitement adoptés par l'observateur. Ce que l'on voit dépend en partie de ce que l'on a déjà vu auparavant, des connaissances, des attentes, d'inférences et de préférences (reconstructions conscientes à partir des points de vue, des matrices de pensée) mais également de reconstructions inconscientes liées à une mémoire à long terme autant qu'à l'environnement du sujet…

Il faut aussi considérer des aspects plus techniques liés au traitement des données par le système nerveux. Notre limitation de capacité mentale de traitement de l'information peut être mise en évidence sur des phénomènes d'attention sélective[258] : se concentrer sur une tâche, c'est retirer du potentiel – de la puissance de calcul, dirait-on en sciences de l'information – pour une autre tâche. Cette approche quantitative de la cognition est soutenue par les travaux de Shannon[259] qui a proposé de quantifier l'information : l'entropie, calculée en bits, mesure la variété des modalités que peut prendre une variable, elle est associée au désordre car elle augmente avec lui. L'information correspond à une diminution de cette variété[260]. Avec Shannon, on peut alors modéliser la communication sous l'angle de la transmission d'information. Il se peut que ce modèle quantitatif trouve ses propres limites dès lors qu'est soulevée la question de l'interprétation de l'information, sans doute plus

---

[258] Le phénomène d'*attention sélective* est bien illustré sur les vidéos de deux chercheurs américains en sciences cognitives, Daniel Simons et Christopher Chabris, disponibles sur le site de leur projet « The invisible gorilla ». Ce type de test repose sur la concentration du spectateur sur une tâche particulière (comptage d'objets par exemple) qui consomme une bonne partie de sa capacité mentale de traitement de l'information et l'oblige à limiter sa perception visuelle de l'environnement. Ce que l'on appelle, de façon courante, le « sens de l'observation » ne se réduit pas au sens de la vue.

[259] C. E. Shannon : *A Mathematical Theory of Communication*, article de C.E. Shannon paru en 1948 dans le *Bell System Technical Journal*, puis en livre en 1949 avec Warren Weaver.

[260] Dans un jeu de 32 cartes toutes différentes, toutes ont la même probabilité d'apparition lors d'un tirage au sort. L'entropie de chaque carte est alors la même et vaut 5 bits ($32 = 2\times2\times2\times2\times2 = 2^5$). Annoncer que la carte tirée est le Valet de Cœur apporte une information de 5 bits, correspondant à la diminution d'entropie de 5 à 0 bit. Le Sept de Carreau aussi, ce qui montre que l'information qualitative (ici, la valeur de la carte, plus généralement le « sens ») n'est pas prise en compte. Apprendre que la carte tirée est un Rouge apporte 1 bit d'information (on réduit le potentiel du jeu à 16 cartes), apprendre *ensuite* que c'est un Cœur apporte 1 bit de plus. Quand on ignorait la couleur, apprendre que c'est un Carreau apportait 2 bits. Ceci se généralise sans vraie difficulté mathématique lorsque toutes les cartes n'ont pas la même probabilité de tirage (s'il y a deux Dix de Trèfle et pas d'As de Pique par exemple) ...

qualitative. Le modèle de Quastler[261], pour ne considérer que celui-là, illustre cette limite en tenant notamment compte de la part de 'perturbation' liée aux points de vue des 'sujets' : ce que le récepteur « n'entend pas », ce qu'il « croit avoir entendu » alors que cela n'a pas été émis...

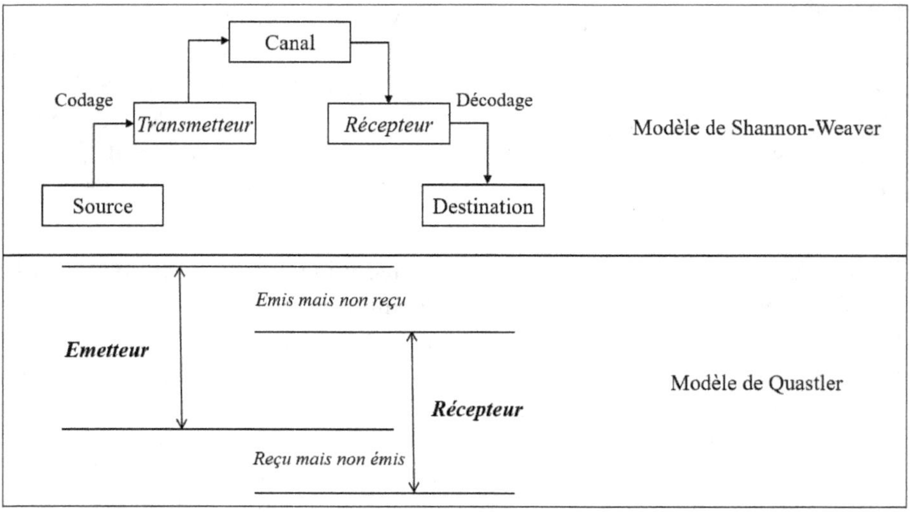

Fig. 8 : Deux modèles de transmission de l'information et de communication

Sentir n'est pas que ressentir...

Entendre est une chose, écouter en est une autre, de même que le sens olfactif ne permet pas à tous de devenir un « nez » pour les parfumeurs.

Si le caractère sensoriel et cognitif d'un sens doit être médité comme on a pu le proposer avec nos exercices liés à la vision, il convient de prendre en compte, pour autant que cela soit possible, l'arrière-plan général, quelquefois intuitif, parfois créatif, dans lequel les possibilités sensorielles s'inscrivent.

Ainsi, pour le chercheur qui n'est jamais le premier en recherche, le sens de l'observation va s'appuyer sur les acquis et questionnements de ses prédécesseurs. Au-delà, il sera capable, sans parfois être en mesure de l'expliciter, de « sentir » une question, un problème, un obstacle, voire une piste de solution.

[261] Henry Quastler, *A primer on information theory*, Symposium on information theory in biology, Pergamon press, NY, 1956.

Vision fovéale *vs* vision périphérique : le « quoi » et le « où » …

Utiliser la vision comme métaphore permet aussi d'illustrer deux façons de se représenter le monde, de modéliser : l'une précise mais limitée (pensée analytique, classification disjonctive, sens du détail) et une autre assez incomplète mais globale (pensée systémique, représentation conjonctive, sens de la globalité). Nous reviendrons sur ces deux modes en partie IV-1.

Car ces deux « façons de voir » se retrouvent de façon analogue dans la vision humaine, qui utilise deux fonctionnements : *la vision fovéale (focalisée) et la vision périphérique (globale)*.

Pour s'en rendre compte, il faut rentrer un peu dans l'anatomo-neuro-physiologie, même si, dans ce qui suit, nous n'y mettrons qu'un ou deux orteils frileux… Quelques figures (Fig. 9, *infra*) viendront en appui de cette partie. La rétine humaine comporte deux sortes de capteurs photosensibles : les bâtonnets (vision en noir et blanc, demandant peu d'éclairage ils sont sensibles aux variations et donc aux mouvements) et les cônes (trois types de cônes sensibles à trois gammes de couleurs Rouge-Vert-Bleu, demandant une bonne luminosité – environ 60 fois plus que les bâtonnets – et permettant de percevoir les contrastes et donc les détails). Les bâtonnets sont majoritaires (95% environ, pour environ 90 millions de bâtonnets) et les cônes (5% environ, soit 3 à 4 millions de cônes) sont surtout présents dans une petite zone (environ 3 mm^2) appelée la macula et située dans l'axe optique. Au centre de la *macula* se trouve la *fovéa*, une encore plus petite zone (moins de 0.1 mm^2) uniquement composée de cônes.

Ainsi la fonction visuelle procède-t-elle de deux types de capteurs, associés à deux types fonctionnements :

- Dans la vision fovéale (pour donner un ordre de grandeur, champ de vision entre 2° à gauche et 2° à droite) le cerveau reçoit les signaux de cônes et peut les interpréter pour les identifier en termes de couleurs et de reconnaissance en lecture. On pourrait dire que la vision fovéale est la perception du « quoi ». Au-delà, jusqu'à 10° de part et d'autre, il est encore possible de lire, au-delà (20°) il est encore possible de reconnaître des symboles (ainsi on pourra savoir l'heure sur une montre à aiguilles mais pas sur une montre digitale chiffrée).
- Dans la vision périphérique (d'environ 30° à 60° d'angle à gauche comme à droite), le cerveau ne reçoit que des signaux issus de bâtonnets : il ne peut discriminer les couleurs mais reste sensible aux mouvements, y compris dans la pénombre. Ainsi, « entre chien et loup », on perçoit l'animal sans en voir les couleurs, souvent sans pouvoir l'identifier. Pour exercer cette vision il ne faut plus « regarder » ce qu'on veut voir, mais plutôt « percevoir à côté ». On pourrait dire que c'est la perception du « où ».

Ces deux fonctionnements sont très complémentaires et participent à notre capacité de survie : en situation de danger (traverser une rue, par exemple), la vision périphérique nous permet de percevoir le danger sur un vaste champ de vision ; la rétine périphérique envoie ses informations au corps géniculé latéral (une zone du thalamus, répartie à gauche et à droite) qui, en lien direct avec les aires motrices, nous fait tourner la tête (vers le « où »), puis mobiliser les muscles oculomoteurs. Le regard est alors orienté, le corps géniculé transmet aussi les informations de la vision fovéale au cortex visuel[262], reflétant aussi la répartition gauche/droite du champ visuel) qui prend le relais pour identifier ce « quoi » qui nous menace...

On constate que notre « vision » n'est pas limitée à des capteurs : elle est aussi actionnée (par un système musculaire) pour aller chercher le stimulus, pour diriger le regard vers… Et bien sûr, en plus de ces capteurs et actionneurs, le système visuel doit traiter de l'information : la perception d'un stimulus rétinien ne suffit pas, il faut l'*interpréter* pour lui construire du sens. C'est le rôle de notre cortex visuel, qui en discute avec ses congénères : cortex du langage, etc. À ce sujet, l'électroencéphalographie et l'imagerie cérébrale ont permis de mettre en évidence certaines des dynamiques temporelles qui sont à l'œuvre dans notre processus d'interprétation : par exemple, le temps de latence entre l'arrivée du stimulus et la production d'un signe conscient est de quelques dizaines de millisecondes (disons entre 20 et 60 ms)[263].

La vision résulte donc de la mise en rétroaction de capteurs, d'actionneurs et de calculs : un vrai système cybernétique ! Les capteurs visuels activent un cortex qui les interprète et construit (ou reconstruit) du sens. La représentation qui émerge ainsi peut bien sûr modifier le regard : par exemple, dans le procédé de lecture, une fois interprété le début d'une ligne on dirigera le regard vers la suite. Éventuellement, on reviendra en arrière dans la lecture pour mieux construire le sens qu'on donnera au texte.

Bref, le regard ne reçoit pas passivement des *données*, mais il *construit* notre représentation. Nous retrouverons (en fin de partie IV.1) ce principe du

262 Tout ceci mérite peut-être un petit schéma : c'est la figure « un cerveau en vue de dessous ». Le corps géniculé est composé de deux parties – gauche et droite – situées dans le thalamus, donc en position intermédiaire entre les lobes cérébraux du cortex et le tronc cérébral central. Le cortex visuel est aussi réparti en deux zones gauche et droite, situés sur la face interne du lobe occipital de chaque hémisphère. Le fonctionnement de l'ensemble respecte la répartition gauche/droite du champ visuel, avec une inversion (zone visuelle droite traitée par les parties à gauche du cerveau, et réciproquement). Chaque œil capte un champ visuel gauche et un champ visuel droit et les stimuli issus de chaque champ visuel sont séparés au niveau du chiasme (croisement et bifurcation des deux nerfs optiques) pour être envoyés chacun de leur côté.

263 Travaux de l'équipe de Lionel Naccache et, en particulier pour le temps d'interprétation, doctorat de Frédéric Faugeras : *Recherche de signes de conscience chez des malades non communicants : une approche clinique et électrophysiologique*. Sciences cognitives. UPMC - Paris VI, 2014.

constructivisme introduit par Bachelard avec son fameux « *Rien n'est donné. Tout est construit* ».

Pour résumer, l'exemple de la vision s'avère un outil précieux d'un point de vue pédagogique :

- la présence de deux fonctionnements (perception de détail / perception globale) grâce à deux types de capteurs (cônes / bâtonnets) permet d'illustrer deux façons de modéliser (analytique / globale) en les présentant comme naturelles (au sens de « issues de l'évolution des espèces ») ;
- la rétroaction permanente entre des fonctions de captation (cône, bâtonnets) et d'actionnement (muscles d'accommodation) permet d'illustrer la conjonction de deux phénomènes en une même boucle cybernétique ;
- enfin, le rôle du cortex dans la fonction visuelle (interpréter pour construire du sens, mais aussi choisir de regarder ici ou là) permet d'introduire, en l'illustrant, un principe d'épistémologie constructiviste fondamental.

Modèles physiologiques de la vision : capter, actionner, interpréter

Les schémas ci-dessous permettent d'illustrer :

- en haut à gauche et à droite, le principe d'un capteur (œil) et le champ visuel (monoculaire en mono-capteur / binoculaire en multi-capteur), qui permettent d'illustrer nos deux visions fovéale / périphérique ;
- en bas à gauche, un système d'actionneurs locaux (muscles oculomoteurs) auquel il faudra rajouter un muscle ciliaire moteur du cristallin représentés dans le schéma de l'œil (pour faire la mise au point des distances), 2 muscles moteurs de l'iris (contraction ou dilatation de la pupille, pour régler l'éclairage) … et les autres muscles du corps (rachis, locomotion, etc.) qui contribuent aussi à l'orientation du regard ;
- en bas à droite, la schématisation du processus cérébral d'interprétation conduisant d'un stimulus (inconscient) à un signe (conscient) : une lumière rouge, à gauche, génère un stimulus visuel, et il faudra quelques centièmes de seconde pour que le cortex l'interprète, c'est-à-dire lui *construit* un sens ;

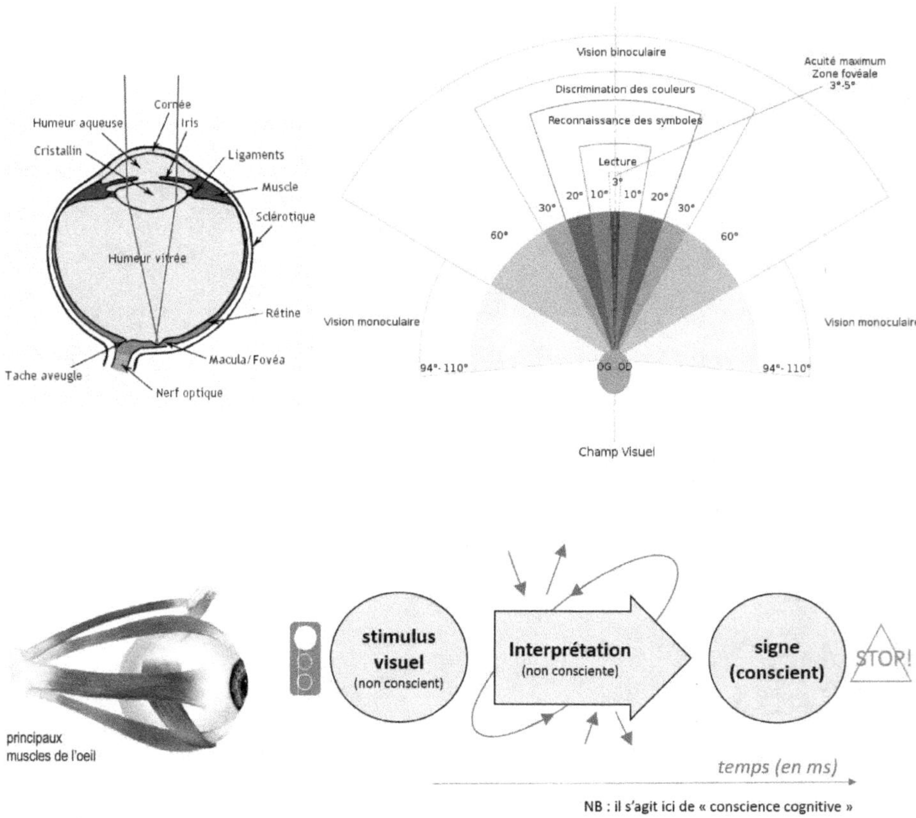

La vision humaine : en haut, capteurs ; en bas, actionneurs et processeur.

- enfin, ci-dessous, un schéma du cerveau (vu de dessous), montrant la façon dont nos circuits neuronaux reproduisent (et inversent) la répartition gauche/droite du champ visuel au niveau cortex visuel (région occipitale) : les informations du champ visuel gauche (symbolisées en gris foncé) sont traitées dans l'hémisphère droit, celles du champ visuel droit (gris clair) sont traitées dans l'hémisphère gauche. Les nerfs optiques issus des deux rétines se combinent et se croisent au niveau du chiasme optique.

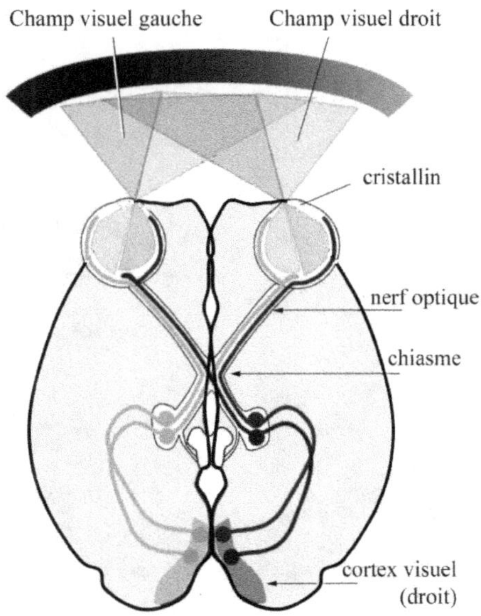

Un cerveau vu de dessous

Fig. 9 : Modèles physiologiques de la vision

IIIe partie

Le séminaire « episteme » (II) : mise en situation de recherche, représentations, questions et paroles d'étudiants

Chaque année, sur la période 2003 - 2019, entre 25 et 30 élèves ingénieurs se sont inscrits dans la filière Recherche de Centrale Lille et, de ce fait, ont participé au séminaire. Tous sont parallèlement inscrits en seconde année d'un Master orienté recherche, à caractère disciplinaire, associé – ou non – aux orientations de leur option de 3ème année dans l'établissement. Le séminaire s'est développé dans ce contexte particulier, c'est-à-dire une école d'ingénieurs (et non une université), un milieu fortement marqué par les sciences pour l'ingénieur (les sciences fondamentales et les sciences humaines, économiques et sociales y sont certes présentes mais dans une position non dominante), un établissement public avec une majorité de population masculine tant chez les enseignants que chez les étudiants.
Il est sans doute nécessaire d'avoir en mémoire ce contexte en lisant la synthèse des travaux des étudiants qui est présentée à la fin de cette partie consacrée à leur travail, à leurs représentations et à leurs questions.
Il s'agit néanmoins d'essayer, aussi, de s'affranchir de ce contexte, de sortir les étudiants de ce cursus orienté vers l'entreprise, vers la résolution de problèmes parfois utilitaristes, parfois mal posés et, plus encore, de les soustraire de leur problématique à court terme dans laquelle ils ont fini par s'enfermer (avec pour objectif l'emploi ou même l'employabilité), pour les amener à une réflexion sur la recherche, le monde de la recherche, les possibilités de la recherche et même, à une confrontation avec elle.

L'objectif du séminaire episteme n'est donc pas de transmettre (d'enseigner) des choses jugées nécessaires à l'entrée en recherche mais de mettre en place une situation (un « dispositif ») permettant à l'étudiant de rencontrer et de se rendre compte par lui-même d'un certain nombre de choses pouvant le décider d'y plonger – ou non.
Ainsi, chaque séance du séminaire – outre certaines interventions sous forme de conférence – s'est organisée autour de présentations et de discussions en lien avec l'avancement du travail de réflexion des étudiants (organisés par petits groupes) autour de thématiques choisies par eux. Le terme de « thématique » est ici utilisé pour qualifier un certain « objet » d'interrogation, en son état initial, avant toute construction problématique.

III. 1.

D'une posture d'ingénieur à une posture de chercheur

L'objectif premier est de passer des thématiques proposées par les groupes d'étudiants à une posture de recherche les concernant. Non pas effectuer un travail de synthèse autour de cette thématique, à partir, par exemple, d'un recensement analytique des acteurs ou des sous-thématiques qu'elle mobilise, voire d'une bibliographie associée, mais bel et bien produire une problématique personnelle susceptible d'être prolongée par un protocole de recherche.

Ainsi, par exemple, de l'illustration ci-dessous qui, rapidement produite par un groupe d'étudiants, témoigne d'une thématique possible d'étude (« *la recherche appliquée en entreprise* »). Mais elle illustre une manière d'ingénieur dans son traitement : un problème (plus ou moins compliqué comme en témoignent le nombre de bulles et le nombre de liens entre elles) qu'il s'agirait de (bien) analyser afin de pouvoir produire un état des lieux sous forme de rapport de synthèse. Une sorte de travail de fin d'étude.

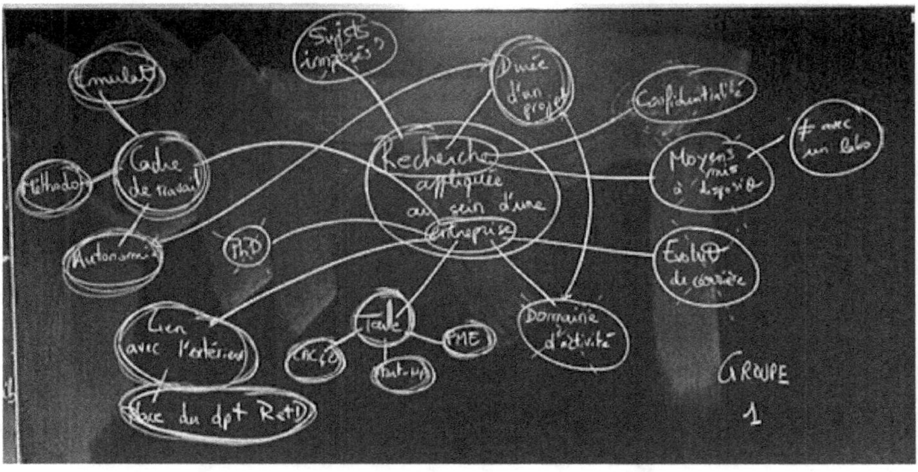

Fig. 10 : Exemple d'analyse des enjeux, des acteurs, des contextes liés au thème « la recherche appliquée en entreprise ».

Or, l'un des principaux objectifs du séminaire *episteme* est d'amener chaque étudiant à ressentir, par lui-même, le changement de posture qu'implique la recherche : questionner, problématiser, construire un objet de recherche, élaborer un protocole d'investigation, etc.

L'illustration suivante commence à témoigner des différentes étapes, à la fois successives et rétro agissantes qu'une telle posture suppose :

- La première étape consiste à passer d'une thématique à un questionnement : passer d'un thème à quelques premières questions de départ, provisoires et pouvant être banales. Ceci permet de poser un fil directeur qui nécessite alors d'être circonscrit, sinon précisé, en devenant un questionnement de recherche : quelles pertinences, quelles connotations (éventuelles), quelle faisabilité d'investigation, quelles bases antérieures (un déjà-là) ?
- La seconde renvoie au commencement d'une exploration (dégrossir) : quel réseau d'acteurs (quelles personnes-ressources ?), quelles sources bibliographiques ? quels premiers entretiens ? quelles personnes cibles ? Ceci pour affiner le questionnement : « *j'y vais mais j'ai conscience que je vais m'y perdre et il faudra que je recentre* » ...
- La troisième confronte plus directement à la formulation d'une problématique : circonscrire l'univers de questionnement (scientifiquement étayé) autour de la thématique initiale : un objet de recherche. Explicitation des premières hypothèses, des notions et concepts à travailler. Circonscrire les références acquises et à obtenir.
- Enfin, dernière étape avant le travail d'approfondissement, comment cerner un terrain d'investigation : quels entretiens mener ? Comment ? Quelles remises en cause de ce qui précède ?

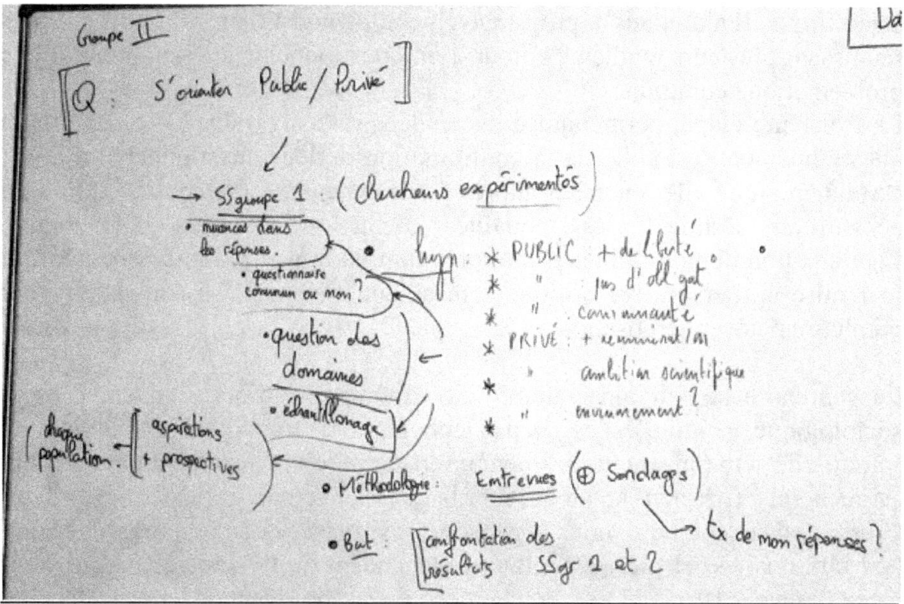

Fig. 11 : Quelques « commencements » vers une posture de recherche[264]

À ce titre, les premières séances du séminaire sont cruciales : elles doivent permettre de passer d'une posture d'ingénieur à une telle posture de chercheur. Trois étapes y sont essentielles :

La première est d'abord d'amener l'étudiant à pouvoir énoncer, à titre individuel, des questions et de commencer à les expliciter, même de manière triviale. Il lui faut donc, d'une part, dépasser l'obstacle de la forme séminaire dont on a vu qu'elle n'était pas habituelle pour eux et, d'autre part, accepter d'énoncer des questions qui peuvent paraître effectivement élémentaires et prosaïques alors que leur formation scientifique les a habitués à fonder leurs prises de parole (et leurs écrits) sur des connaissances, des savoirs scientifiques argumentés et légitimés (sinon préconstruits) par la science officielle. Ce passage à un premier discours, du type discours d'opinion, est ainsi, d'une certaine manière, une façon de libérer la parole[265].

L'étape suivante renvoie au passage de ces premières questions à un appareil de questions construites, organisées et ciblées, permettant de lancer une posture de recherche et leur interdisant, ce faisant, toute tentative de synthèse (générale) sur le sujet. Il s'agit, cette fois, de quitter le registre du discours d'opinion pour commencer à aller vers un questionnement d'ordre

[264] Le terme de « commencements » est ici utilisé à dessein en écho à la partie II.1 (*supra*).

[265] Pour ce faire, la diffusion d'un « micro-trottoir » réalisé antérieurement par d'autres étudiants dans le cadre de ce même séminaire, où les passants sont invités à s'exprimer sur ce qu'est la recherche pour eux, permet de décomplexer totalement les étudiants, tant les réponses apportées n'y sont souvent que des stéréotypes « grand public ».

scientifique. Il s'agit aussi, progressivement, de constituer des petits groupes réunissant plusieurs étudiants autour d'un questionnement sinon, déjà, d'une problématique commune.
La troisième étape, permettant d'ancrer leur ressenti d'une telle posture de questionnement, est celle de la confrontation de leur questionnement à une certaine réalité : aller enquêter auprès de chercheurs. Ici la construction d'un échantillon pertinent, les modalités d'entretien ou de questionnaire, l'anticipation de possibilités d'interprétation, la transmission des résultats et leur mise en perspective critique sont autant d'éléments à considérer pour permettre cette concrétisation.

Le séminaire se fait ainsi autour du « montage » d'une enquête d'ordre sociologique, ce qui n'est certes pas leur champ de travail habituel et dont on sait qu'elle sera plus ou moins bien maîtrisée. Et c'est justement cet écart qui est recherché (par nous) pour susciter le questionnement réflexif.
C'est aussi cet écart qui, nous le pensons, favorise chez eux un regard réflexif (sur eux-mêmes) et plus générique (indépendant de l'exercice en cours) sur les pratiques et les postures de recherche : en les éloignant de leur focalisation disciplinaire, la distance prise avec leurs habitudes les amène, espérons-nous, à prendre conscience de la façon dont ils sont en train de s'y prendre face à un champ inconnu. Ceci est d'autant plus renforcé que cette enquête se fait parfois sur des pratiques et postures liées à des domaines de recherche qui ne sont pas forcément les leurs comme, c'est arrivé, l'archéologie, la danse ou la théologie.

Il s'agit donc moins d'effectuer un travail de recherche (produire des résultats) que d'expérimenter réflexivement une posture de recherche, de se familiariser avec elle.

Nous parlons ici de posture et non de pratique de recherche : le recours aux sciences sociales permet d'accéder à l'idée de posture mais le temps du séminaire est trop court pour aller jusqu'à une pratique effective de recherche… Cela d'autant plus que le passage par les sciences sociales n'est, pour notre public d'élèves ingénieur, qu'un biais : il ne s'agit pas de transformer les étudiants en (apprentis) sociologues même si cela leur permet aussi de comprendre, parallèlement, que la recherche en sciences sociales se construit, elle aussi, et que ces sciences sociales ne sont peut-être pas des sciences aussi « molles » que cela peut, souvent, leur apparaître.
Par contre, plutôt que de distinguer l'activité de recherche à partir de clivages disciplinaires (sciences physiques pour l'ingénieur, sciences fondamentales, sciences humaines et sociales, etc.) ou de concepts différents au sein d'un même champ (courants faibles/courants forts, par exemple), ce biais peut les conduire à distinguer (sinon à comprendre) différents fondements (épistémologiques ?) entre pratiques de recherche. Sont notamment

mentionnées les pratiques d'observation (souvent référées à des démarches analytiques), d'expérimentation, de modélisation, de simulation, de recherche-action, etc.

Le biais de l'enquête et les séances de construction de leur objet de recherche s'accompagnent donc d'interrogations, à un niveau épistémologique, sur la scientificité, la cumulativité, les protocoles d'observation, de cogitation, de développement, de validation, de communication (entre chercheurs), de valorisation publique (innovation socio-économique, « position de clerc » dans la société, etc.) ...
Au-delà, l'ambition serait d'alerter sur (d'inculquer ?) une nécessaire « vigilance épistémologique », partie prenante du travail scientifique. S'interroger sur la *production* des connaissances : constructions, découvertes, révélations, etc.
Tout ceci les amène à s'intéresser à une « épistémologie embarquée », en opposition à une « épistémologie » envisagée comme « vue de dessus » (*supra,* II. 3).

Nous avons évoqué plus haut les résistances liées à la pédagogie par séminaire ainsi que celles renvoyant au passage d'une situation d'ingénieur à celle de chercheur : passer de la recherche de solutions à l'élaboration d'une problématique fondée sur des questions. Au-delà, d'autres résistances, d'ordre épistémologique cette fois, ont surgi au cours des séances du séminaire et de la mise en place de l'enquête.
Ainsi d'une interrogation utilitariste visant le séminaire lui-même qui tient, on l'a dit, au rapport au temps de nos étudiants[266] et à leur immersion dans un milieu attaché à la finalité, principalement à court terme, d'usage, d'application, de valorisation.
À cela s'ajoutent les résistances liées au formatage de l'ingénieur, rompu à la résolution de problème, au quantitatif et allant parfois jusqu'à une nette candeur vis-à-vis de la rationalité.
Ceci a pu être particulièrement observé dans les constructions des échantillons d'enquête et dans le choix des chercheurs interviewés. On a pu remarquer en effet que, souvent, l'échantillon pouvait être mal construit, au regard des variables étudiées. De même, parfois, le choix des interviewés n'était lié qu'à des opportunités de rencontres et n'avait qu'un rapport lointain avec le questionnement initial proposé et la problématique.

---

[266] Ce rapport au temps, à l'optimisation sinon à l'urgence, a été évoqué en première partie autour des résistances à la forme séminaire. De manière plus générale, sur la construction des rapports au temps chez l'étudiant, et en particulier chez les scientifiques, on pourra se reporter au chapitre que lui consacre Muriel Darmon in *Classes préparatoires, la fabrique d'une jeunesse dominante*, La Découverte, 2013 (Chap. 3).

Dans la mesure où un tel séminaire n'aborde pas le contenu scientifique de leurs travaux de Master il se situe en situation « méta ». Quelle peut donc être l'utilité d'un tel apport réflexif vis-à-vis des sujets (sinon disciplines) qu'ils abordent dans leurs travaux et leur formation scientifique ? À quoi servent, par exemple, des interventions et, *a fortiori*, des conférences sur les notions de modèle ou de système[267] ?

Certains étudiants sont d'emblée curieux, d'autres (au moins au démarrage du séminaire) sont à tout le moins distants voire rétifs à l'idée de s'embarrasser de considérations non immédiatement « applicables ». D'autres, enfin, considèrent que cela pourrait (peut-être) leur être « utile » mais plus tard dans leur carrière et s'interrogent donc sur l'opportunité d'un tel séminaire à Bac+5… Pour eux, semble-t-il, le temps de cette réflexion n'est pas encore venu.

Tout cela conduit à des réticences (revendiquées par certains – sinon partagées par tous – mais qui, parlant à la fois collectivement et en leur nom propre, s'approchent de ce fait d'une certaine dictature de la parole) à s'engager vers l'épistémologie, vers un questionnement *sur* la construction de connaissance. Autant de choses dont nous avons dû débattre (sinon récuser) et dont nous devons témoigner.

---

[267] Lorsque l'on regarde, par ailleurs, les motivations des étudiants quant à leur choix de la filière Recherche, force est de constater que ce choix est, au départ, souvent « utilitariste » : économiser des heures de formation (et valider leur Master 2) et non, finalement, une réflexion quant à leur engagement (ou non) vers la recherche.

III. 2.

Le biais de l'enquête : commencer à penser (et agir) en termes de recherche ?

Le travail demandé aux étudiants pendant le séminaire met en scène un protocole d'enquêtes auprès de doctorants, post-doctorants et chercheurs qui amène les étudiants à faire de la recherche, chemin faisant, en allant *au-delà* de leurs représentations de l'activité scientifique.
Il s'agit, en plus, d'un travail de groupe, avec tous les écueils que cela peut engendrer. En particulier, ils sont familiers du travail en équipe mais, probablement, ils le vivent souvent comme une répartition de tâches après une phase rapide d'analyse. Or, ici, ils ont à mener ce travail dans une situation de groupe (situation moins structurée qu'une équipe dans la mesure où chacun y travaille, finalement, pour des objectifs personnels) et, qui plus est, dans une situation de questionnement : susciter l'apprentissage via les erreurs de l'autre, revenir sur que l'on a fait, sur les questions soulevées, parvenir à une production et à une évaluation collective. Chemin faisant, les étudiants sont donc en situation d'une production de recherche effective au cours de laquelle ils peuvent mesurer la difficulté qu'il y a à se départir de l'idée de faire un rapport de type « ingénieur » sur leur sujet.

Créer une situation de réflexivité vis-à-vis de l'activité de recherche

Un travail d'enquête est donc au cœur du séminaire. Elle est d'une certaine manière, un prédémarrage – décalé – d'apprentissage à la recherche. Ce travail, comme on l'a dit, dépayse nos étudiants ingénieurs à un second degré puisque cela les emmène aussi vers les sciences humaines et sociales, domaine dont ils peuvent se rendre compte qu'une pratique de recherche d'ordre scientifique existe[268]. Il en découle donc une possible réflexivité sur les différentes façons de « faire de la recherche ».

---

[268] Au tournant du XXe siècle, dans le cadre des travaux du Cercle de Vienne, le physicien et philosophe M. Schlick a pu aller jusqu'à argumenter de la philosophie comme une « *activité*

Le protocole d'enquête mis en place a explicitement pour *horizon* celui de la recherche en sciences sociales. Nous parlons ici d'*horizon* car il doit être clair que le travail mené à l'occasion d'un séminaire d'un semestre à raison d'une séance par mois, qui plus est auprès d'élèves ingénieurs, ne peut pas être considéré comme une enquête en sciences sociales à proprement parler. Par contre, l'affichage de cet horizon donne un guide de conduite pouvant être régulièrement discuté et auquel les étudiants doivent pouvoir se référer au cours de leur travail[269] :

- Élaboration d'une problématique, d'un questionnement : à partir de la thématique choisie, quelles possibilités de « bonnes » questions et quelles premières hypothèses de travail ? Comment parvenir à les formuler précisément ?
- Élaboration associée d'un terrain d'étude : qui interroger ? Construire un matériau qui permette la validation, la réfutation des concepts, des idées…
- Choix d'une méthodologie d'investigation pertinente en regard des questions et du terrain d'étude : des entretiens semi-directifs ? Une enquête de type questionnaire (via internet ou non) ? Un travail bibliographique ?, etc. Comment construire de tels protocoles pour parvenir à des « résultats » pertinents et consolidés ?
- Présentations et discussions régulières sur ces différentes étapes (*supra* I.5) puis, lors de la dernière séance, restitution avec discussions autour de la construction de la problématique, de ses développements et des premiers résultats, en revenant sur les étapes précédentes.

La réalisation des enquêtes doit alors se faire avec l'appréhension de « techniques » associées : élaboration d'un questionnaire, construction d'un échantillon, conduite d'un entretien, etc., ce qui n'est pas une mince affaire pour un « public non averti ». Une telle construction nécessite en effet idéalement de :

1) Penser des *variables*, leur donner un statut :

- Variables d'opinion : ce que disent les gens, leurs critères à un instant donné... Ces variables tiennent à la subjectivité des personnes interviewées, telle, par exemple, de ce à quoi renvoie l'expression d'une « heurosité » du chercheur (Cf., *infra*, III.4).
- Variables dépendantes : elles sont liées au phénomène étudié, à ce que l'on choisit d'étudier, à ce que l'on est amené à analyser, à ce que l'on

---

scientifique sans pour autant que la philosophie soit une science » in « Le tournant de la philosophie », 1930, in Laugier S., Wagner P., (ed.), *Philosophie des sciences* - Tome 1 : *Expériences, théories et méthodes*, Vrin, Paris, 2004.

[269] Au départ du séminaire, cet horizon était partie prenante de nos interventions mais, depuis quelques années Claire Bélart, sociologue et enseignante à Centrale Lille, intervient auprès des élèves vers le début du séminaire pour leur présenter les « bonnes pratiques » relatives à ce genre de protocole. Cela n'exclut pas, non plus, des apartés d'approfondissement avec tel ou tel étudiant lui donnant des références, par exemple sur le « métier de sociologue » (P. Bourdieu) ou sur les modalités de l'enquête en sciences sociales (S. Paugham).

cherche à expliquer, aux phénomènes et aux questions qu'on se pose. Elles sont celles qui sont définies et « évaluées » (sinon mesurées) par l'enquêteur. Ainsi, par exemple, de la « carrière » du chercheur (Cf. *infra* III.4).

- Variables indépendantes : elles sont fixées au départ, qu'elles soient objets de l'analyse (à prendre en compte a posteriori dans l'analyse) ou des données de fait du corpus étudié. Ainsi, par exemple, du statut du chercheur (académique, d'entreprise, etc.), de son champ scientifique, de son âge, de son sexe, etc. D'une certaine manière, ces variables sont la « cause » de ce que l'on peut déduire ou induire tout en pouvant elles-mêmes être traitées par l'enquêteur (manipulées).

2) Les organiser autour d'un système d'*hypothèses* qui doit s'avérer pertinent en regard de la problématique.
3) D'arrêter des *démarches concrètes* de travail, des opérations sous l'angle de leur rentabilité scientifique : terrains, domaine scientifique, contextes des laboratoires, temps dont on dispose, etc.
Par exemple, les questions à se poser peuvent être :

- Combien de rendez-vous ?
- Comment caler « l'entrée » des entretiens ?
- Comment ne pas trop les orienter ?
- Quelles coordinations entre interviewers ?
- Que faire de la première récolte ?
- À quel moment placer la phase d'analyse et de recueil de données sachant que, sans cette réflexion, les élèves auraient tendance à partir dans le recueil de « données » sans avoir d'abord pensé la façon dont ils pourraient les analyser ?

Pourquoi ce détour par ce que certains considèrent comme des « sciences molles » ? Il s'agit de la stratégie de *dépaysement* que nous avons évoqué plus haut : pour nos étudiants, il s'agit de les sortir de la « scientificité » par trop évidente à leurs yeux des disciplines et laboratoires qu'ils fréquentent dans leurs études. La scientificité n'est pas garantie par l'objet de l'étude, ni par la seule rigueur des méthodes et langages : elle se construit et se valide, *chemin faisant*, par un vigilant travail de la pensée (associant des phases de création, d'intuition, de développements et de retours réflexifs, constituant ce que nous avons désigné comme « épistémologie embarquée »). Il s'agit ici de sortir du cadre apparemment sûr et serein de la « méthode expérimentale » pour arriver à un travail d'enquête, telle une enquête sociologique, une enquête du détective ou une enquête du chercheur, avec tout ce qu'elles appellent comme allers et retours et remises en question. Cela s'apparente donc à pratiquer déjà quelque part un peu de recherche et, de ce fait, cela amène les étudiants à « expérimenter » aussi différents aspects de la recherche grâce à la « forme séminaire » : un questionnement à la fois individuel et collectif construit sur une thématique autour de préjugé(s) tout en apprenant à se libérer (se

« déprendre », selon R. Barthes) de ces préjugés pour élaborer un questionnement ou un questionnaire plus « scientifique ».
Par ce biais les étudiants, pour la plupart, sont ainsi mis en situation de « découverte » (plus ou moins spontanée) d'un milieu et de pratiques. Les questions qui surgissent sont donc, pour la plupart, de l'ordre d'une « philosophie spontanée de l'ingénieur ». Le passage de telles questions spontanées à une appropriation réfléchie (émergence de questions les concernant à titre personnel, focalisation sur certaines d'entre elles) pour aller vers un travail de reformulation (problématisation, déconstruction / reconstruction), de test (enquêtes, interviews, questionnaires, bibliographie...) est donc déjà, en soi, une sorte d'auto-apprentissage de la légitimité de la posture – sinon du travail – du chercheur : passer des « questions » à un « questionnement ». Et cela a d'autant plus un caractère *propédeutique* que l'élève ingénieur est entraîné à viser le résultat, la solution, sans même se demander si la question soulevée est la plus pertinente et sans aller encore plus loin, à savoir aller vers la construction d'un questionnement. Au-delà, il s'agit même, dans certains cas, de passer de « définitions » (du dictionnaire par exemple) à des questions puis à un questionnement. Comment s'affranchir de données tenues pour « objectives », comment les remettre « en questionnement » (sans nécessairement les remettre « en question ») ? Comment prendre conscience (et sortir) de « préjugés » sur l'activité du chercheur mais aussi sur la science elle-même ? Comment aussi les aider à sortir d'une reproduction « conventionnelle » des raisonnements et autres matrices de pensée et de comportement (parfois surprenantes par le « simplisme » que cela génère malgré un haut niveau d'éducation).

Dans ce contexte dépaysant, quatre difficultés doivent néanmoins être plus particulièrement mentionnées qui nécessitent une grande vigilance dans l'accompagnement des étudiants et de nombreux rappels :
La première tient au biais des sciences humaines et sociales qui génère spontanément ce que l'on peut qualifier d'*obstacle verbal*. Dans la mesure où, pour beaucoup d'entre eux, les sciences humaines et sociales ne sont pas pleinement « scientifiques », la plupart des étudiants en restent aux notions communes, au langage de tous les jours dans la formulation de leurs questions. Il convient en conséquence de les accompagner dans un effort soutenu de conceptualisation. Cette première difficulté est d'autant plus importante à noter qu'elle comporte le risque de maintenir le travail d'enquête dans une sorte d'état « préscientifique » (sinon ascientifique) alors même que l'objectif de ce travail d'enquête est d'aller vers une réflexivité relative aux pratiques scientifiques !
La seconde difficulté porte sur le passage d'interrogations vagues (qu'elles soient au départ vagues – voire fausses – est évidemment légitime) à des questions pertinentes (explicitant une forme hypothétique) articulées en problématiques : construire des questionnements qui *donnent prise*. Ici,

l'accompagnement devient essentiel et prend tout son sens. Souvent, durant cette phase les étudiants en prennent d'ailleurs conscience. Un dialogue s'installe, nos questions sur leurs questions leur permettent cette construction, pas à pas.
La troisième difficulté sur laquelle une vigilance particulière doit s'exercer porte sur la conduite de l'enquête elle-même et sur son exploitation. Faire en sorte que chaque groupe d'étudiant se dote réellement de moyens concrets permettant d'apporter des éléments corroborant, réfutant, ou amodiant les hypothèses retenues. En l'occurrence, il s'agit de parvenir à la construction d'échantillons pertinents, de susciter des croisements de choix, des recherches de corrélations, etc. La tentation du recours à des logiciels comporte à cet égard un risque car, généralement, elle ne conduit qu'à effectuer de simples tris sans réelle pertinence vis-à-vis des questions explorées.
Reste, enfin, une dernière difficulté qui concerne la séance finale du séminaire. Les « rendus » subissent ce que l'on a envie d'appeler le « *syndrome de l'ingénieur* » en étant, en effet, généralement axés sur les « résultats », sans que soit mené un retour (critique) sur une (hypothétique) problématique ni sur les concepts et les démarches de l'enquête (pertinence – ou non – de l'échantillon, formes d'exploitation, etc.). Même si les canons de la communication scientifique sont orientés vers la présentation des dits « résultats » le caractère réflexif du séminaire suppose de revenir, en conclusion, sur les processus et les apprentissages associés, ce qui impose une dernière vigilance.

Faute de ces vigilances, le séminaire et ses résultats risquent d'être perçus comme un « *travail sympa* » (*sic*) de connaissance des métiers, de ses modalités d'exercice, ce qui est certes intéressant mais qui ne s'inscrit plus dans la problématique d'une initiation réflexive aux pratiques et postures scientifiques.

Sur l'évolution des pratiques d'enquête au cours du séminaire *episteme*

Différentes approches ont été proposées aux étudiants au cours du temps mais toutes ont eu pour point commun de les mettre en situation de travail pour « découvrir », par eux-mêmes, certains aspects du travail de recherche, du moins ceux qui les intéressaient de prime abord et *a priori*. Ce travail, commun à tous les groupes, consistait à aller sur le terrain pour rencontrer des chercheurs en activité, en ayant élaboré une stratégie d'enquête (ou d'interviews) leur permettant d'aborder les questionnements qui les préoccupaient.

L'idéal aurait été de permettre à chaque groupe de parvenir à préparer une *note de problématique* autour de leurs questionnements ou sur la thématique qui les intéressait mais cette ambition, affichée au début du séminaire, n'a pas pu être honorée par tous les groupes. D'un côté les étudiants ont du mal à réaliser que l'importance n'est pas tant finalement dans les réponses (partielles au demeurant) à leur questionnaire que dans la construction de leur questionnement. D'un autre côté, la rédaction d'une telle note de problématique suppose, comme nous l'avons dit plus haut en évoquant la notion d'obstacle verbal, une capacité de conceptualisation en « langue naturelle » qui ne leur est pas familière[270].

Dans ce cadre, trois périodes principales se sont succédé depuis le démarrage du séminaire en 2003 pendant lesquelles les étudiants se sont toujours néanmoins organisés par groupes.
Durant la période 2003-2006, ces groupes ont procédé à des entretiens ouverts avec une grande variété de chercheurs et enseignants-chercheurs. Ces entretiens ont porté sur de multiples aspects de la recherche : leur trajectoire de chercheur, leur métier, leurs pratiques de recherche, leur vie de laboratoire et familiale, les financements et la part de contrats, les mobilités internationales et entre secteur public et secteur privé, la possibilité de création de start'up à partir de leurs travaux, etc.
Les enquêtes ont conduit à la mise en œuvre d'une démarche de construction de questionnaires, de construction d'échantillons (plus ou moins) significatifs et d'exploitation des réponses aux questionnaires généralement diffusés et reçus par internet. Si certains groupes se sont attachés à respecter des protocoles rigoureux (distinction entre variables indépendantes et variables dépendantes pour construire les échantillons, analyse par composantes principales pour l'exploitation, etc.), il faut noter malgré tout une assez faible disposition des étudiants à la construction consolidée d'échantillons liés aux objets d'enquêtes et, surtout, exploitables à partir des résultats obtenus alors que, de par leurs études d'ingénieur, ces mêmes étudiants sont censés comprendre ces enjeux et en maîtriser l'usage dans un travail d'ordre statistique. Le choix des chercheurs interviewés a également reposé pour une grande part sur les opportunités de contact, tant au sein des laboratoires côtoyés dans leur établissement et sur le campus que dans leur environnement personnel (amis, famille, voisinage, etc.).
Les sources utilisées par les étudiants, la construction des échantillons, les chiffres repris et utilisés sont aussi à interroger car, dans certains cas, les étudiants, pourtant élèves ingénieurs et avertis dans le cadre du séminaire, font

[270] La plupart sont, en effet, plus accoutumés à synthétiser des présentations par idées maîtresses et mots clefs. Notons, par ailleurs, que l'expression de « note de synthèse » est souvent utilisée en lieu et place de celle de « note de problématique » : la problématique est alors perçue comme la seule synthèse des questions que chacun soulève dans le groupe.

confiance aux chiffres, aux sources, aux paroles énoncées sans précaution ni travail *de recherche…* Ainsi, par exemple, de ce propos : « *Est chercheur, toute personne consacrant plus de 50% de son temps à une activité de recherche ; Avec cette définition, on a pu dénombrer plus de 3 millions de chercheurs en Europe au moment de l'enquête* ».

Ainsi, une part de notre accompagnement s'est trouvé lié à certains (re-)cadrages sur ces aspects concrets mais, pourtant, partie prenante essentielle d'une démarche de recherche.
Quant aux entretiens, tant ouverts que thématiques, tous se sont généralement déroulés de façon semi-directive, impliquant un pré-travail des étudiants (aller vers une sorte de « grille » ou de guide d'entretien) avec, le plus souvent, un enregistrement permettant un retour sur l'entretien. Deux étudiants, au moins, effectuaient l'interview ; chacun durant environ 1h/1h30 par personne interviewée. Au dépouillement des interviews via les notes prises pendant l'entretien et l'écoute ultérieure des enregistrements, succédait généralement un croisement des interviews menées par les membres du groupe.

Les chercheurs (et enseignants-chercheurs) interviewés étaient aussi bien des juniors, des seniors, français et/ou étrangers, des chercheurs du monde académique (universités, écoles, grands organismes) et/ou de l'entreprise, relevant de domaines variés (sciences physiques pour l'ingénieur, sciences fondamentales, médecine, biologie, économie, sciences humaines et sociales, etc.). Quelques ingénieurs de recherche (type CNRS ou d'industrie) ont également été interviewés et, mais beaucoup plus rarement, des gestionnaires de la recherche (personnels supports ou chargés de la valorisation).
Les situations de recherche dans des pays autres que la France ont également fait l'objet d'entretiens et de comparaison en se basant sur les témoignages de certains chercheurs ayant cette expérience ou à partir de références bibliographiques. Les situations du Canada, de l'Angleterre, de la Belgique, du Japon, des USA et, à des degrés moindres, de la Pologne et de la Russie ont été le plus fréquemment étudiées.
Quelques groupes, enfin, ont mené des travaux d'ordre bibliographique, soit en termes de consolidation de leurs interviews par des sources, soit en substitution d'interviews.

Durant la période 2005 et 2007, après trois ans d'entretiens ouverts, nous avons *a priori* proposé un prédécoupage thématique aux étudiants, avant la constitution des groupes, en leur laissant le choix entre les orientations suivantes :

I : Contextes scientifiques et pratiques de la recherche : Différenciations et convergences des pratiques selon les domaines scientifiques : Génie Civil, Chimie-génie chimique (pour l'expérimentation), l'Automatique (pour la modélisation), le Génie électrique (pour les plans d'expérience), les SHES (pour l'enquête, la recherche-action, etc.) ...

II : Contexte professionnel de recherche et pratiques de la recherche : Comparaison entre recherche universitaire (académique) et recherche « industrielle » (industries, banques, grands groupes, PME, etc.) : Organisations du travail ; Objectifs ; échéances ; modes d'évaluation ; Contraintes ; enjeux ; Recherche et innovation (finalités)...

III : Pratiques du management et du pilotage de la recherche : Rencontrer des Directeurs de recherche d'entreprises, Organismes de pilotage institutionnels (MESRI, ANR, ANVAR, Union Européenne, etc.), Pôles de compétitivité, etc.

IV : Autres...

Ce prédécoupage n'a pas eu de réel succès. Malgré l'incitation à l'épistémologie proposée par l'intitulé du séminaire (*episteme*), le premier thème, en particulier, n'a pratiquement retenu aucun écho[271]. Dans la mouvance du caractère ouvert lié à la démarche « séminaire », c'est le dernier thème « *Autres* », qui, de fait, a surtout retenu l'attention. Est-ce le caractère trop directif d'un découpage *a priori*, dans un contexte de séminaire, qui a rebuté ? Ce découpage était-il trop éloigné des questions d'étudiants ?
Nous ne pouvons en préjuger.
En revanche, l'affichage de ce découpage a eu une conséquence : le passage d'interviews ouvertes à des interviews et enquêtes à caractère thématique.

À partir de 2007 et jusqu'en 2019, des enquêtes quantitatives ont été menées par certains groupes tandis que les autres procédaient à des entretiens thématiques et non plus ouverts. Des entretiens individuels et un travail d'ordre bibliographique ont accompagné et complété certaines de ces enquêtes quantitatives.

Aller sur le terrain, thématiques et populations interviewées

Concrètement, sur la période 2003-2019, un total de 290 entretiens ont été menés par les étudiants avec des doctorants, des chercheurs, des enseignants-chercheurs, des ingénieurs de recherche et des personnels de soutien à la

[271] Ce découpage de questions était pourtant issu des premiers entretiens et des pôles d'intérêt que nous pouvions percevoir à partir des premières années du séminaire. Le premier point renvoyait, quant à lui, à l'idée qu'il existe plusieurs façons de faire de la science comme l'avance K. Knorr Celina autour de la notion de « culture épistémique » (citée, *supra*, en II.3).

recherche (ressources humaines ou valorisation), tant dans les universités et grands organismes que dans des entreprises des secteurs privé et public.
Par ailleurs, 30 enquêtes strictement quantitatives (dont 16 consolidées par des interviews) ont été menées et 15 études de type bibliographique ont été effectuées à partir de sources historiques et statistiques.

Sur les 290 entretiens, 51 ont été des entretiens « ouverts », les 239 autres ayant été centrés sur la problématique retenue par le groupe d'étudiants (entretiens thématiques).
Sur ce total de 290 entretiens, 286 d'entre eux ont permis de préciser la position et le statut des personnes interviewées[272].

	Chercheurs Juniors			**Chercheurs Confirmés**	**Chercheurs Seniors**	**Ingénieurs**		**Personnels de soutien et de valorisation**	**TOTAUX**
	Doctorants académiques	***CIFRE***	***Post-Doc, ATER***	***MdC, CR***	***PU, DR, HdR***	***Ing de rech.***	***Ing***		
2003/2004				**10**	**6**	**2**			**18**
2004/2005	**2**		**1**	**8**	**2**	**1**			**14**
2005/2006	**1**			**5**	**8**	**5**			**19**
2006/2007				**1**	**9**	**6**			**16**
2007/2008									***00***
2008/2009	**3**		**3**	**8**	**6**	**1**			**21**
2009/2010	**2**			**3**	**7**			**1**	**13**
2010/2011	**1**			**9**	**9**	**3**			**22**
2011/2012	**3**	**3**		**2**	**1**	**4**	**1**		**14**
2012/2013				**1**					**1**
2013/2014	**3**	**5**		**7**	**6**	**13**	**16**	**4**	**54**
2014/2015	**1**			**5**	**2**				**8**
2015/2016	**9**	**3**	**1**	**3**	**2**	**2**			**20**
2016/2017	**6**	**2**					**2**		**10**
2017/2018	**5**		**1**	**8**	**5**	**3**	**1**		**23**
2018/2019	**9**	**3**		**7**	**1**	**7**	**6**		**33**
TOTAUX	**45**	**16**	**6**	**77**	**64**	**47**	**26**	**5**	**286**

Tableau 4 : Entretiens en face-à-face, statuts et positions des chercheurs au moment des interviews par les étudiants (période 2003-2019).

272 La répartition homme / femme entre ces chercheurs n'a pas été suffisamment renseignée pour permettre d'en rendre ici compte.

Thématiques générales	Exemples de questions sous - jacentes	Nombre d'étudiants concernés	Nombre d'entretiens en face à face	Nombre d'enquêtes par internet	Nombre d'études bibliographiques
Interrogations humaines et sociétales sur le monde de la recherche et la vie de chercheur.	Quelles parts de bonheur et de passion y a-t-il à faire de la recherche ? Quel rapport au progrès, à l'éthique ? Quelle vie familiale associée au métier de chercheur ? Peut-il se sentir indépendant, libre ? Quelle vie a-t-il au quotidien ? Quelle position sociale ? Y a-t-il un « statut » de chercheur ? Jusqu'où peut-on parler de recherche « citoyenne » ?	93	80	2	6
Devenir chercheur à partir d'une formation d'ingénieur ?	Peut-on (et comment) choisir son « sujet » de recherche ? Qu'est-ce qu'une thèse et où la faire ? Quelles relations avec un directeur de thèse et au sein d'une équipe de recherche ? Comment se pratique l'interdisciplinarité ? Faire une CIFRE ? Faire une thèse à l'étranger ? Devenir ingénieur dans la R&D ou chercheur ? Peut-on (et comment) mesurer la valeur d'une recherche ?	91	49	8	2
Préoccupations relatives au "métier" de chercheur.	Faire de la recherche dans le secteur « public » ou dans le secteur « privé » ? Quel impact d'un doctorat sur une carrière ? Comment s'opère le passage de la thèse à la création d'entreprise ? De quelles marges de manœuvre (intellectuelles et matérielles) dispose le chercheur dans son travail ? Comment est-il évalué ? Quelles sont les formes de compétition ? Quels modes d'évaluation et de pilotage de la recherche ?	209	161	20	7
TOTAL		393	290	30	15

Tableau 5 : Répartition des étudiants et des modes de questionnement par thématique (période 2003-2019).

Thématiques des études bibliographiques	Nombre d'entretiens associés	Nombre d'étudiants concernés
Historique du statut de chercheur	/	4
Comparatif entre recherche publique et recherche privée	/	8
Organisation des doctorats à l'étranger (comparatif)	3	7
Quel bilan pour le crédit d'impôt recherche ?	/	6
Évolution des modes de financement de la recherche	/	5
Quelle employabilité pour les docteurs ?	/	6
Comment financer sa recherche ?	2	4
Quels financements pour la recherche ?	/	4
L'interdisciplinarité dans la recherche	4	4

Tableau 6 : Thématiques des études bibliographiques (période 2003-2019).

On doit noter que certaines thématiques de questionnement sont revenues d'une année sur l'autre. C'est d'ailleurs à dessein que nous ne transmettons pas aux groupes d'étudiants les travaux et « résultats » de leurs camarades des années antérieures : chaque nouveau groupe d'étudiant doit se trouver confronté à une posture de recherche qui lui impose de trouver par lui-même un terrain et un état des lieux associés à sa problématique.

Parmi les 290 entretiens réalisés en face-à-face, seuls 144 entretiens ont permis de connaître les domaines scientifiques de recherche des chercheurs interviewés. Leur choix s'est en effet souvent appuyé sur la seule position des chercheurs (doctorants, chercheurs confirmés, seniors, etc.) et sur leur inscription dans la recherche académique ou dans l'entreprise, plutôt que sur le champ scientifique de leurs travaux de recherche et les pratiques qui leur sont associées.

Si, dans ce panel, les domaines scientifiques de référence de nos étudiants sont les plus nombreux (sciences physiques pour l'ingénieur), il convient cependant de noter le nombre proportionnellement élevé d'entretiens effectués dans le domaine de la finance (essentiellement motivés par la modélisation mathématique et le métier de « *quant* » très prisé sur la période 2003-2012). Il faut en effet noter que, de manière récurrente, pratiquement tous les ans, sur cette période, un groupe a pointé plus spécifiquement la thématique de « la recherche en finances », ceci dans la mesure où ces étudiants étaient inscrits dans un Master 2 de finance.

De manière plus espacée, certains groupes ont associé les champs de la médecine, de l'art, des sciences humaines et sociales. Ces domaines scientifiques sont représentés en moindre nombre mais il convient de signaler leur diversité. Depuis le début du séminaire, les champs et domaines de recherche des différents chercheurs, enseignants-chercheurs et doctorants interviewés se répartissent comme suit :

Champs de recherche des chercheurs interviewés	Nombre d'entretiens effectués
Informatique, automatique, mathématiques appliquées	27
Mécanique, génie mécanique	16
Microélectronique, nanotechnologies, ondes et télécommunications	15
Finances	12
Sciences des matériaux (chimie et physique)	11
Électronique, génie électrique	10
Sciences de la vie, biologie, génétique moléculaire	8
Chimie, génie chimique, biochimie	6
Économie, sciences de gestion	6
Mathématiques pures	6
Physique	5
Sciences sociales	4
Mécatronique, biomécanique	3
Génie civil, géotechnique	3
Médecine clinique	2
Neurosciences, psychologie	2
Arts (danse, musicologie)	2
Mécanique des fluides	2
Archéologie	1
Génie Industriel	1
Lettres classiques	1
Littérature étrangère	1
TOTAL	144

Tableau 7 : Champs de recherche des chercheurs interviewés (période 2003-2019).

Force est de constater que ces disparités n'ont malgré tout pas vraiment permis aux étudiants d'appréhender des différences dans les pratiques de recherche. Le questionnement, lié à une perspective « d'entrer en recherche » est resté général et ouvert. Plus que les pratiques, ce sont les perspectives métier des chercheurs (conditions de travail, reconnaissance, etc.) qu'ils ont interrogées de façon générale.

Mais il convient de faire la différence entre certains étudiants qui se sont inscrits dans un champ scientifique familier (les sciences physiques pour l'ingénieur) et d'autres qui ont cherché à côtoyer des champs « nouveaux » voire « exotiques » (pour eux) : la finance ou l'archéologie, par exemple. Ces derniers se demandent « qu'est-ce que la recherche en finance (en archéologie) ? » et, de ce fait, ont été conduits à soulever des questions de « scientificité » et de pratique particulière de recherche. Les autres groupes ont généralement tenu pour acquis la question « qu'est-ce que la science ? » et ont débordé vers d'autres enjeux : le bonheur, la carrière, etc.

Ces trois ordres de questionnement, dans leur diversité, renvoient néanmoins à des représentations (souvent implicites) liées à la recherche et à la science.

III. 3

Représentations de la recherche

Sur la période 2005-2007 du séminaire, parmi les thèmes de travail proposés aux étudiants, il y a eu, comme nous l'avons évoqué précédemment, celui des *contextes scientifiques et pratiques de la recherche* : « *Explorer les différenciations et convergences des pratiques de recherche selon les domaines scientifiques : Chimie / Génie Chimique (l'expérimentation), Automatique (la modélisation), Génie Électrique ou Mécanique (les plans d'expérience), les SHS (l'enquête, la recherche-action) ...* ».
Force a été de constater, on l'a dit, que ce thème n'a suscité que peu d'échos en tant que tel, même s'il s'est avéré, malgré tout, le plus souvent implicite : les étudiants, indépendamment de cette période, dans une large majorité, raisonnent par rapport aux champs disciplinaires dans lesquels ils sont plongés par leur formation d'ingénieur et les Masters dans lesquels ils sont inscrits (majoritairement sciences de l'ingénieur) : ainsi, par exemple, la modélisation va de soi pour tel étudiant en Master à orientation sciences de l'ingénieur et, de ce fait, il ne la questionne pas comme pratique spécifique. Au-delà, chacun des étudiants véhicule une certaine imagerie de la science…

Ceux qui ont cherché à sortir du champ des sciences de l'ingénieur (vers la Finance, la Danse, l'Archéologie, etc.) l'ont surtout fait dans une perspective « métier » ou en regard de questions générales sur la recherche (statut du chercheur, questions existentielles, etc.) et non du point de vue de spécificités liées aux pratiques scientifiques de ces champs. Ainsi, par exemple, les groupes qui ont exploré le champ de la finance se sont constamment centrés sur la part de recherche proche des mathématiques appliquées et des pratiques de la modélisation (via des analystes quantitatifs dans le domaine de la finance, des « *quants* »).
Leurs propos relèvent ainsi, essentiellement, de leur représentation de la recherche, associée à une assimilation plus ou moins tacite des pratiques scientifiques dans lesquelles ils se situent eux-mêmes.

Comme on l'a remarqué, seul un nombre de groupes extrêmement réduit s'est attaché à tenter de mettre en évidence des différences de pratiques de la recherche, notamment au travers d'une interrogation historique sur le statut de chercheur. Néanmoins, c'est plus la position sociale, professionnelle, économique du chercheur qui a fait l'objet de la focalisation qu'une différenciation (et transformation) des pratiques scientifiques elles-mêmes.

L'exercice du « portrait chinois » ...

Dans le cadre des interventions qu'elle est invitée à mener chaque année depuis 2014 auprès de nos élèves en filière, Mme Thao Lang, responsable formation et accompagnement chez ABG (Association Bernard Grégory), a permis de produire une première imagerie de la formation à la recherche (via la thèse) et du doctorat lui-même, sur un plan global et sans pour autant distinguer tel ou tel champ scientifique. Cette intervention qu'elle pratique habituellement dans le cadre de l'ABG s'intitule 'avant-thèse'.

Avant la séance, les étudiants ont à remplir un questionnaire qu'elle intitule 'portrait chinois', dans lequel la formation doctorale doit être décrite par analogie avec des lieux, animaux, personnages, qualités, défauts, etc. Par exemple : « *si la formation doctorale était un monument, ce serait...* ». Une seconde question porte sur le doctorat lui-même et leur demande de dire en trois mots simples ce qu'il évoque pour eux.
Son intervention de 3 heures commence alors par une restitution de ces questionnaires sous forme de « nuages de mots ». Ces « nuages » donnent des représentations visuelles des mots-clefs les plus utilisés dans un texte (ici, les réponses des étudiants) : les mots s'y affichent dans des tailles de caractères d'autant plus grandes qu'ils sont utilisés, de façon à visualiser leur prééminence.
Cet exercice permet d'illustrer les représentations *a priori* de nos élèves-ingénieurs : nous l'avons reproduit ici sur les deux promotions 2015 et 2016 (au total 46 questionnaires traités), en utilisant un logiciel disponible en ligne et permettant de créer des nuages de mots.
On peut donc considérer que les deux images qui suivent illustrent les représentations qu'ont nos élèves au tout début du travail de séminaire *episteme*, représentations relatives à la formation doctorale et au doctorat. Ce sont en quelque sorte des « conditions initiales » pour les accompagner dans leurs enquêtes.

Sans vouloir trop commenter ces représentations, dont chacun pourra tirer une impression personnelle, on remarque que :

- Le travail et l'effort (voire l'acharnement) sont largement plébiscités : ils s'accompagnent de multiples images de course de fond (près de 50% pensent marathon, triathlon, *Iron Man*, ski de fond, course de fond, course à pied, course d'orientation).

- La rigueur comme la précision (jeu d'échecs, tête et cerveau, les yeux, le lynx ou l'aigle) et la patience (fourmi, tortue, persévérance…) y ont plus de place que l'incertitude et le désordre (labyrinthe, forêt, dés, intuition).
- Mais l'aventure et la passion sont aussi présentes (quelques *Indiana Jones* ou roi Arthur).
- Beaucoup d'images de tours et sommets (tour Eiffel, Empire State Building, Tour de Babylone, Everest, Ayers Rock) évoquent sans doute l'inaccessibilité et l'excellence (cette dernière est rejointe par le Panthéon et l'Arc de triomphe), mais aussi un *a priori* de solitude plus fréquent que d'équipe.
- L'approfondissement et la connaissance (voire l'expertise) sont largement associés à la thèse, on retrouve là un besoin exprimé par une majorité de ces étudiants en dernière année d'une école généraliste, qui (hors sondage) nous ont souvent dit qu'ils choisissent de suivre un Master 2 et la filière 'Recherche' pour compenser un sentiment de frustration disciplinaire, pour avoir au moins un champ « d'expertise ».
- Aux côtés d'un Einstein très présent, les *Géo Trouve-Tout*, Dr Maboul, Doc de '*Retour vers le futur'* et autres 'savants-fous' sont, malgré tout, des personnages plus présents que les sages Obi-Wan Kenobi ou Sherlock Holmes…

Fig. 12 : Les mots utilisés par 46 élèves-ingénieurs (promotions 2015 et 2016) pour répondre à la question « qu'est-ce que la formation doctorale évoque pour vous ? ». La taille d'un mot illustre sa fréquence d'utilisation.

Fig. 13 : Les mots utilisés par 46 élèves-ingénieurs de centrale Lille (promotions 2015 et 2016) pour répondre à la question « le doctorat en quelques mots simples... ? ». La taille d'un mot illustre sa fréquence d'utilisation.

Nous ne savons pas si ces différentes références (et ce qu'elles signifient) sont spécifiques aux écoles d'ingénieur (en regard de portraits chinois qui seraient élaborés par des étudiants d'Université) et, encore moins, spécifiques à une école généraliste comme Centrale Lille en regard d'écoles d'ingénieurs plus spécialisées dans tel ou tel domaine particulier des sciences physiques pour l'ingénieur.

Représentations de la science

Au-delà de ces premières représentations de la recherche (et du doctorat), les étudiants véhiculent (ou témoignent) de représentations variées de la science. Elles sont, certes, multiples mais nous pouvons néanmoins dégager cinq grandes tendances que l'on affiche ici de manière volontairement abrupte.

Représentations liées à l'immersion dans un domaine scientifique de référence.

Nous sommes face à un public d'élèves ingénieurs qui renvoie, d'une part, à une « insertion » disciplinaire du fait de leur inscription dans des Masters spécialisés (mathématiques appliquées, mécanique des fluides, nanoélectronique, etc.) et, d'autre part, à des matrices de pensée privilégiant de plus longue date l'omniprésence des mathématiques et de la logique (aristotélicienne) comme outils de raisonnement. La majorité des étudiants s'est ainsi positionnée voire déterminée par rapport aux champs disciplinaires dans lesquels ils sont plongés par leurs études d'ingénieur. Dans leur esprit s'établit alors une cohabitation, une coexistence voire une tension entre deux versants de cet univers mathématique et logique :

- La construction d'un monde mathématisé issu des classes préparatoires : rigueur, rationalité mais aussi spéculation…
- Un virage progressif dans l'école d'ingénieurs vers des mathématiques de l'utilité : analyser, optimiser (en particulier, gagner du temps), pouvoir appliquer, etc.

Mais ce virage se fait sans lien, le plus souvent, avec une représentation de l'activité scientifique des mathématiques.

La filière Recherche se construit alors, pour une part, sur des enseignements de mathématiques, que l'on qualifiera d'avancés car plus focalisés, mais, surtout, permettant aux élèves ingénieurs de retrouver une dimension « spéculative » : retrouver les mathématiques comme une « langue »[273].

Par ailleurs, les étudiants ne se posent que rarement la question de la maîtrise du sens et de la portée des concepts et outils scientifiques sous l'angle de leur possible utilisation dans d'autres domaines que dans celui dans lequel ils se sont construits ou créés. Ainsi, l'applicabilité dans d'autres champs n'est que très rarement envisagée au-delà de la « simple application », au sens d'une application indépendante du contexte dans lequel elle s'exerce. Cette capacité d'« application simple » dans de multiples domaines apparaît d'ailleurs, parfois, comme un critère de « transversalité ». Ceci n'est pas sans créer une difficulté voire un obstacle dans leur capacité à affronter la multidisciplinarité ou l'interdisciplinarité[274].

L'histoire (des sciences et des techniques) comme référent principal aux représentations.

Les étudiants restent le plus souvent dans *leur présent* et ne parviennent pas à appréhender des processus d'évolution et de transformations, qu'il s'agisse de recul dans le passé ou de projection dans le futur. Ils apparaissent quelque part prisonniers d'un « présent », d'un aujourd'hui et d'un réel tangible. Ceci, qui pourrait paraître anecdotique, n'est sans doute pas sans conséquences sur leur ressenti du monde de la recherche qui nécessite, de fait, une projection sur le

[273] Un colloque tenu en 2008 entre le Groupe des écoles centrales et ses partenaires universitaires du Brésil sur l'enseignement comparé en mathématiques entre les deux pays a permis de remarquer que l'exercice des « colles » en classes préparatoires – face-à-face entre l'élève et l'enseignant, avec l'usage du tableau noir – conduisait nos étudiants à pratiquer les mathématiques comme une sorte de « langue » parlée autant qu'écrite… : des exercices de « rhétorique mathématique » ?

[274] Il faut pourtant noter que des applications moins simplistes sont des alternatives productives. Ainsi, par exemple, Ilya Prigogine qui questionne la réversibilité en mécanique versus l'irréversibilité en thermodynamique, les replace dans le cadre des mathématiques des systèmes dynamiques et s'en sert pour comprendre les comportements d'auto-organisation en biologie.

futur autant qu'une bonne appréhension et analyse d'un état des lieux qui vient de quelque part[275].

Certes leur représentation de la science s'élabore autour de la mise en évidence de repères canoniques, des faits : Archimède, le siècle des Lumières, la machine à Vapeur, etc. Pourtant, le « progrès » scientifique s'accompagne de changements dans le travail de recherche (l'observation, la théorisation, la modélisation), de changements dans les contextes sociaux, économiques, politiques, modifiant les modalités de ce travail : du chercheur « isolé », sans métier dédié à l'activité « en laboratoire », puis vers un statut du chercheur, une organisation, des financements de la recherche, etc. Mais de quelle Histoire s'agit-il ? Un long fleuve tranquille avec quelques ruptures canoniques, des dates, des repères… ? Le besoin de repères est patent. Se confronter à la complexité de l'histoire des sciences – elle-même appréhendée différemment selon A. Koyré, G. Canguilhem ou Th. S. Kuhn – n'est pas à l'ordre du jour. L'histoire permet avant tout de se fabriquer une certaine « culture ».

Représentations liées à une dépendance de la science envers la technologie.

Alors que nous avons pu parler d'un passage d'une dépendance de la technologie envers la science à une dépendance (aujourd'hui) de la science envers la technologie (*supra,* I.1), la science « reconnue » resterait celle qui contribue à l'innovation, à la technologie : « *la majorité des avancées techniques est le fait d'inventeurs plutôt que de scientifiques* », comme l'a écrit un groupe d'étudiants.

Ainsi, aujourd'hui, une équation en trois arguments apparaîtrait :

1. Recherche = source de l'innovation, des technologies et des emplois de demain...
2. Recherche = possibilité de travailler sur des problèmes/questions qui donneront un jour lieu à une application, un développement industriel…
3. Dans notre économie, dite « *de la connaissance* », la place de la recherche va augmenter…

Cette équation s'inscrit par ailleurs dans une chaîne évoquée par des étudiants

---

275 Sur les dix années du séminaire, à raison de 5 à 8 groupes d'étudiants par an, seul un groupe s'est posé ces questions (2009/2010) : comment a *évolué* la place du chercheur dans la société ? Peut-on anticiper les prochains changements dans le statut du chercheur ? Malgré tout, simultanément, cela a véhiculé une belle et vertueuse représentation canonique de l'Histoire des relations entre sciences et techniques dans ses (seuls) interfaces avec le politique et l'économique. Les crises (scientifiques), les tensions (controverses, etc.), les « révolutions scientifiques et/ou techniques » les enjeux sociaux, les difficultés économiques et les conflits d'intérêts sont restés absents.

allant des enjeux de productivité à des besoins scientifiques :

> « *besoin d'augmenter la productivité ⇒ besoin d'inventions ⇒ complexité technique accrue ⇒ besoin de scientifiques...* ».

L'orientation applicative de la science est alors d'autant plus accentuée par une orientation pragmatique de la pédagogie (de la pédagogie « *par projet* » aux pédagogies dites de « *la main à la pâte* »). Et ceci même si les sciences fondamentales restent une sorte d'idéal type, ne serait-ce qu'en regard de la maîtrise approfondie et du « plaisir » des mathématiques (ou de la physique) acquis en classes préparatoires[276].

La reconnaissance de liens forts entre science et société.

Un premier lien se fait via les technologies. Ainsi, la référence au progrès social, politique, économique sur la base d'un héritage intellectuel lié à la révolution industrielle (l'invention technique est considérée comme déterminante pour l'évolution de la société) reste omniprésente. Certes, aujourd'hui, l'idée d'une économie, dite « de la connaissance », dans laquelle la place de la recherche (et de la science) va augmenter, s'articule à cet héritage.

Un second lien s'opère via le statut de chercheur : la reconnaissance du métier de chercheur, que ce soit dans l'industrie ou dans le monde académique. Dans ce contexte, la part grandissante de l'État et, aujourd'hui, de l'Europe dans les orientations, la programmation et le financement de la recherche est aussi mise en avant.

Reste qu'à côté de ces deux grandes orientations, qui sont d'ailleurs considérées comme des acquis sans autre forme d'interrogation, des questions apparaissent ponctuellement, de manière presque périphérique mais récurrentes : l'éthique, la liberté, la vie familiale, etc. Une nouvelle problématique a émergé plus récemment[277] : la « *science citoyenne* ».

Les sciences « douces » sont-elles des sciences ?

Le séminaire *episteme* implique, par le biais de l'enquête, un détour par les sciences humaines et sociales : une réflexivité sur des pratiques ; la construction d'une problématique et l'élaboration d'une démarche d'entretien ou de questionnaire ; la construction collective d'une discussion argumentée autour des problématiques de chaque groupe d'étudiant. Or, le rapport aux sciences humaines et sociales en école d'ingénieur est le plus souvent instrumental (cela fait partie des « outils » pour le management et l'enseignement est construit dans ce sens pour une grande part) ou de l'ordre

---

[276] Environ 10% de nos élèves ingénieurs s'inscrivent chaque année en Licence de Mathématiques en première année d'école.

[277] Très précisément depuis 2018.

d'un apport « culturel » (ouverture d'esprit, les *belles lettres*, apport de références, etc.).
Cette approche évacue l'hypothèse d'une quelconque pratique scientifique liée aux sciences humaines et sociales, Selon certains scientifiques et philosophes du début du XXe siècle, en effet, « *il n'y a de sciences que du mesurable* ». Or ceci a tendance à devenir, aujourd'hui, pour beaucoup, « *il n'y a de sciences que du quantitatif* », sans parler de la transformation de cet ordre quantitatif en une sorte « *d'ordre numérique* ». Et cela affecte autant les sciences physiques pour l'ingénieur que les sciences humaines, économiques et sociales qui ont une nette tendance à déconsidérer, sinon la valeur scientifique de démarches et protocoles qualitatifs, du moins la part de qualitatif dans leurs démarches et protocoles…
Et cela est d'autant plus patent que, la plupart du temps, les enseignants de ces disciplines dans les écoles d'ingénieur ne sont pas nécessairement des enseignants-chercheurs[278].

---

[278] Divers colloques, enquêtes et documents ont récemment été produits sur la place des SHES dans les grandes écoles : document d'analyse de la Commission du Titre d'Ingénieur (CTI) en 2012 (revu en 2014), enquête de la Conférence des Grandes Écoles (CGE) en 2017, colloque de la même CGE en 2019. Il ressort de ces diverses sources que *a)* le terme de SHES recouvre des domaines plus que variés, de la sociologie à la communication en passant par la gestion, le droit, les humanités, le développement personnel voire les langues ; *b)* les finalités sont elles-mêmes très partagées selon les établissements, de l'objectif de former de « beaux esprits cultivés » (une culture générale) à une formation à vocation professionnelle (compétences de responsabilité relationnelles et collective par exemple) voire de formation à l'esprit scientifique (réflexion critique voire méthodologique), etc. ; *c)* la plupart des formations se mettent en place en regard de questions de société (défis environnementaux, économiques, sociaux, éthiques, etc.) ou d'enjeux internes aux entreprises ou aux métiers auxquels elles destinent plus particulièrement leurs étudiants (nouvelles formes d'organisation du travail, pratiques de management, aide à la décision, etc.).
De son côté, la thèse de Catherine Roby ("*Place et fonction des SHS dans les Écoles d'ingénieurs en France : état des lieux, enjeux et perspectives épistémiques*", 2014) faisait état (pp. 382 *sq.*) de 30% des écoles d'ingénieur témoignant d'une activité de recherche en SHES tout en précisant aussi que cette activité recouvre la diversité des champs couverts par le terme de SHES (des sciences sociales à la culture et la communication en passant par l'économie et la gestion) et, d'autre part, que ce chiffre s'appuie sur le seul affichage des écoles.
Dans ce contexte particulièrement hétérogène, la CTI, dans son document d'analyse (2012, 2014), pointe néanmoins explicitement la nécessité d'ancrer sur la recherche la part des SHES dans les écoles d'ingénieur en allant jusqu'à en proposer quelques contours : « *L'organisation des SHS dans les écoles d'ingénieurs doit de plus en plus intégrer le double objectif de répondre aux besoins de formation et de produire une recherche scientifique académiquement reconnue, à l'instar des pratiques se généralisant dans tout l'enseignement supérieur où l'excellence des formations est appuyée sur celle d'activités de recherche, fondamentale ou finalisée* ».
Elle distingue alors quatre thématiques et orientations nécessaires : « *a) une recherche portant sur les savoirs et activités des ingénieurs (la conception, la science et la technique, etc.) ; b) une recherche portant sur les environnements socioprofessionnels des ingénieurs (organisations, méthodes, etc.) ; c) une recherche portant sur les enjeux sociétaux (éthique, enjeux sociétaux majeurs, dont le développement durable, environnements sociaux, etc.) ; d) une recherche portant sur les formations des ingénieurs (didactique, curriculum, pédagogies)* » (in "Analyses et Perspectives", *Document de la CTI*, 2012, revu en 2014, pp. 36-37).

La notion de recherche, rencontrée via des chercheurs liés à ces champs (sciences sociales, archéologie, danse...) est ainsi, par ailleurs, plus envisagée du côté de la « recherche patiente » (expression de Le Corbusier à propos du travail de l'architecte et de l'artiste) au sens d'une « *ostinato rigore* » à la Léonard de Vinci cherchant à « perlaborer » (des possibilités de performances) plutôt qu'à produire des connaissances.

Au-delà, s'engager dans la reconnaissance d'un travail d'ordre scientifique dans ces champs (à l'exception de la finance) supposerait un effort, un apprentissage d'autant plus long que les étudiants ingénieurs n'ont aucune base réellement consolidée dans ces domaines, contrairement à ceux de la physique ou des mathématiques. En outre, leur rapport à la langue naturelle, fondamental dans la pratique des sciences humaines et sociales, leur apparaît comme étant dans le registre du discours d'opinion (d'un outil) et non du travail. Seuls quelques rares individus s'engagent dans ce qui leur apparaît comme une nouvelle complexité, parce que cela les interpelle ou dans la perspective de métiers liés aux Ressources Humaines du monde de l'entreprise, des enjeux humanitaires ou tentés par un réel projet de formation, via une thèse, dans l'un de ces domaines.
Il convient enfin de signaler que nous n'avons pas remarqué, chez nos étudiants, le ressenti d'un quelconque sentiment d'*étrangeté* à l'égard des sciences humaines et sociales, dans ses pratiques comme envers son milieu[279]. Tout au contraire, le séminaire *episteme* a permis à de nombreux étudiants de découvrir que les sciences humaines et sociales pouvaient être l'objet d'une activité scientifique.

[279] Un tel sentiment avait été relevé dans le compte rendu d'une « classe de découverte » organisée pour des élèves de deuxième année de l'école centrale Paris à l'occasion d'une conférence de la philosophe I. Stengers à l'EHESS (*in* Frances, J. « Conférence du troisième type à l'EHESS : des centraliens tentent de comprendre Isabelle Stengers », *in Carnets Zilsel*, OpenEdition, 13 février 2016).

III. 4

Paroles d'étudiants

Dans cette partie, il ne s'agit pas de rendre compte à proprement parler des travaux des étudiants réalisés dans le cadre du séminaire *episteme*, mais plutôt de donner une sorte de lecture symptômale des questions qu'ils se posent à l'aube de leur entrée éventuelle en recherche. Les questions, les interrogations, la récurrence et la diversité de celles-ci sont bien plus riches d'enseignement que les réponses à la fois partielles et partiales qu'ils ont tentées, parfois, d'apporter. Des questions brutes comme : comment devient-on chercheur ? ou un ingénieur peut-il devenir chercheur ? ont servi de point de départ à leur travail. Ces questions qui, de prime abord, sont simples, ont été chemin faisant retravaillées, mises en écho de références, citations, témoignages de jeunes chercheurs ou chercheurs confirmés, pour devenir des questionnements. De notre point de vue, au-delà des chiffres, de la variété des personnes interviewées, des démarches mises en œuvre par les étudiants pour s'approprier leur problématique, le plus important nous paraît être leurs « angles d'attaque » : à quoi conduisent les questions qu'ils se posent ? Par exemple, au-delà d'une « demande » d'information sur le « métier » de chercheurs, on voit que bien d'autres questions humaines, sociétales, existentielles sont soulevées ainsi qu'un certain nombre d'antagonismes autour de ces métiers, que nous avons appelés « lignes de rupture » dans la suite. Outre le choix de ces thèmes – et leur ouverture –, ce qui est important de montrer c'est aussi la manière dont s'en emparent les étudiants. Toutefois il faut noter que quelques-unes des entrées qui figurent dans cette partie ont été fabriquées *a posteriori*, dans le contexte des discussions avec les étudiants autour du rendu de leurs travaux, ou plus généralement dans une phase de re-problématisation de leur travail : c'est notamment le cas dans le paragraphe qui traitera justement des lignes de rupture. Il est nécessaire aussi de souligner que les représentations qui sont données sont bien celles *interprétées* par les étudiants à partir de leurs interviews ou enquêtes. Néanmoins, une partie de celles-ci s'est aussi construite pendant le séminaire. Par exemple le paragraphe « publier » est clairement issu d'une compréhension acquise de manière complètement accompagnée. Les « paroles » qui suivent sont donc *notre transcription* de ces travaux mais reflètent aussi fidèlement que possible les questions et réflexions soulevées par les étudiants eux-mêmes[280].

Interrogations humaines et sociétales

Bonheur et passion

« *Le chercheur est-il heureux ?* ». Pour abrupte qu'elle soit, cette interrogation revient de façon récurrente chez les étudiants.
Au-delà d'un sentiment d'éventuel *bonheur* éprouvé par le chercheur à l'œuvre de son travail, elle renvoie aussi à la possibilité qu'un tel sentiment serait lié à son *état* de chercheur. L'activité, le métier, voire le statut de chercheur permettrait-il cette impression de bonheur que d'autres activités, d'autres métiers, d'autres contextes professionnels ne permettraient pas ou ne faciliteraient pas… ? Ceci est d'autant moins anodin que, dans la plupart des cas, cette hypothèse d'un bonheur lié à la *nature* de l'activité exercée n'apparaît pas lorsqu'on interroge des étudiants en regard des métiers réputés légitimes de l'ingénieur. Ces métiers peuvent s'exercer avec *passion* mais aucun d'entre eux ne véhicule intrinsèquement l'idée du *bonheur*.
Accompagnant (ou soutenant) ce potentiel intrinsèque à l'activité de recherche, vient d'abord l'idée que la recherche serait une activité « *sereine* ». Moins que l'idée que la recherche soit « un long fleuve tranquille », c'est ici l'idée d'une possibilité de maîtrise du temps (de son temps) dans le monde professionnel qui est à privilégier. Le chercheur serait, plus que d'autres professionnels, en situation de pouvoir prendre du temps – son temps – pour parvenir à des résultats. Et ce temps serait lié à la fois à sa capacité à travailler (à ses compétences) qu'à un temps inhérent à la complexité des questions traitées. Tout cela, quelles que soient les contraintes *métiers* de la recherche, serait facteur d'accomplissement sinon de bonheur.
En second lieu, apparaît le fait que l'activité de recherche serait l'une des (rares ?) activités permettant à « *un homme* [...] *la jouissance de l'accord qui s'établit entre l'ordre de ses valeurs et l'universel* [...] *que l'on peut appeler symboliquement l'ordre du monde* » (Raymond Polin[281], cité par un groupe d'étudiants en 2010).
Ainsi l'activité de recherche permettrait (plus facilement que d'autres activités ?) des liens entre un certain *bonheur universel* et un *bonheur personnel*.

---

[280] Si ces « paroles » donnent un aperçu du panel de nos 390 étudiants, tous élèves-ingénieurs, elles ne peuvent pas être considérées comme une base statistique d'ensemble des étudiants vis-à-vis de la recherche
[281] in *Le bonheur considéré comme l'un des beaux-arts*, PUF, 1965.

Un bonheur *universel* fait de désir de connaissances, d'une visée d'amélioration du quotidien des gens, d'une meilleure compréhension du monde, de combler une lacune de la communauté…
Un bonheur *personnel* fait de découverte personnelle, d'exaltation par la découverte, d'un intérêt scientifique suscité et satisfait, de liberté, de gloire, de renommée…
L'autonomie dans le rapport au temps et la possibilité d'un accomplissement personnel cohérent avec l'attente, les besoins ou les espoirs d'une communauté constituent ainsi une dimension *gratifiante* de la représentation de l'état du chercheur.
Cette problématique liée au bonheur s'est accompagnée de la recherche d'indicateurs (de critères) liés à son vécu par différents chercheurs, seniors autant que juniors et ceci dans différents champs scientifiques (sciences humaines et sociales, sciences du vivant, sciences de l'ingénieur, etc.). Le néologisme *d'heurosité* a ici été forgé par un groupe d'étudiant (et repris ultérieurement) : y a-t-il des facteurs (ou critères) d'*heurosité* du chercheur et quels seraient-ils ? Au-delà, y a-t-il des contextes de l'activité de chercheur permettant une *propension* à l'*heurosité* ?
Dans ce registre, les préoccupations des étudiants portent alors sur l'exercice de l'activité de chercheur : le travail en équipe, la motivation personnelle jusqu'en dehors du lieu de travail, les relations humaines au sein d'une équipe, d'un laboratoire, etc., l'intérêt (en soi autant que reconnu par une communauté scientifique, une entreprise, la société) du sujet de recherche, les conditions matérielles (le cadre de travail, la rémunération, le statut, les contraintes, les possibilités de carrières, etc.), la perception par les autres (l'entourage immédiat, familial et professionnel, la communauté scientifique, etc.).
Néanmoins, la passion pour un domaine scientifique (faire de l'électronique, de la mécanique, etc.), le niveau de difficulté du domaine ou du sujet de recherche, l'intérêt reconnu du sujet, le plaisir de chercher rencontrent et se heurtent à des dimensions exprimées autant en termes de potentielles *frustrations* qu'en termes de contraintes. Se concentrer sur un sujet est passionnant, mais que faire lorsque l'essoufflement vient se substituer à l'enthousiasme initial ? Comment affronter une perte de passion au cours du temps ?

Au-delà de l'imagerie, il y a donc à la fois un authentique questionnement *ontologique* du rapport entre l'activité de recherche et le bonheur et la passion, mais également un *besoin* de mesurer ce bonheur sinon cette passion dans la pratique réelle de l'activité de recherche.
Ce *besoin* apparaît dès lors qu'il s'agit d'évaluer, en termes d'avantages et/ou inconvénients, le choix d'entrer dans la recherche (ou non), de s'orienter vers ce métier dans les secteurs privés (l'entreprise) et/ou publics (le CNRS, l'université).

La liberté du chercheur.

Cette maxime sonne comme une vieille antienne. Mais l'idée est ancrée dans les esprits et pourrait bien être source de motivation pour l'entrée en recherche. Le chercheur semble jouir d'une grande indépendance, inhérente à la nature de son activité. La liberté serait l'essence même de son travail. Ce terme regrouperait à la fois la liberté *physique* (horaires de travail) mais aussi la liberté *intellectuelle* ou encore la liberté *temporelle* dans l'organisation proprement dite de son travail.

Cette notion de liberté serait intimement liée aux notions de confiance et de responsabilité. En effet, les étudiants mettent en évidence l'existence de règles dans l'organisation au sens large du travail du chercheur, allant des plus explicites (comme les règles de confidentialité) aux plus implicites (tacites serait-on tenté d'écrire). Mais ces règles ne sont pas perçues comme des contraintes, mais plutôt comme un dénominateur commun. L'objet de recherche résulterait d'un libre choix et, au-delà même, la façon de l'aborder, de l'étudier, relèverait uniquement du chercheur. La liberté est ici déclinée comme la possibilité de s'engager dans des *pistes hasardeuses* et est en lien étroit, non seulement avec la notion de liberté intellectuelle, mais aussi avec l'affranchissement de toutes contraintes temporelles (à court terme en tout cas). Le sentiment de liberté serait renforcé par l'absence d'une hiérarchie visible.

Enfin, l'idée d'une « *construction personnelle en self-service* » (*sic*), c'est-à-dire la possibilité de se construire par soi-même, est souvent évoquée. Cela renvoie à la problématique précédente du bonheur et de la passion. Le chercheur se réalise tout autant qu'il réalise son travail. Construire sa recherche participe à l'idée de *se construire*. Sur cette question de la liberté, le séminaire a conduit les étudiants (ou, au moins une partie d'entre eux) à s'interroger sur leurs capacités à *se construire* leur *espace propre* (vaste ambition, mais vrai défi). Il est à noter que, comme dans beaucoup d'autres domaines, le sentiment que « *c'était mieux avant* » est aussi abordé, comme en témoigne le jeu de question/réponses suivant :

Il y a 30 ans, qu'est-ce qui motivait un étudiant à se lancer dans la recherche ?
Réponse unanime : la liberté dans le travail.

- *Pouvoir s'attaquer à des sujets de son choix, pas possible dans l'industrie*
- *Pas d'autres obligations que le rapport de son travail devant ses pairs*

Aujourd'hui, c'est moins facile :

- *Liberté toujours existante mais conditionnée à l'acceptation du projet (par une agence type Agence Nationale de la Recherche, ANR)*
- *Nouvelles lois sur l'évaluation des chercheurs, parfois jugées « dangereuses » ...*

Le sentiment de limitation de liberté ou de « *liberté sous contraintes* » viendrait ainsi tempérer l'image précédemment développée.

Représentations du positionnement scientifique et social du chercheur

Comment nos étudiants envisagent-ils leur rapport à la science et à la recherche ? Nous avons vu, plus haut (*supra* III.3), en quels termes ils pouvaient se représenter la science et nous verrons plus bas leurs questionnements relatifs à l'activité du chercheur, au *métier*.

Les questions soulevées ici sont relatives à leur positionnement en regard des finalités de la recherche, à commencer par ce que l'on qualifierait de finalités internes : « *découverte, innovation, connaissance, quel est le but de la recherche ?* ».

Un certain *a priori* se dégage qui voudrait que, selon les domaines, la découverte, l'innovation, la connaissance soient des buts qu'il convient de distinguer. Le terme de découverte concernerait la médecine ou, autre exemple introduit, l'archéologie ; celui d'innovation concernerait le champ technologique et le terme de connaissance nous renverrait à la littérature, à l'art, à l'histoire… Les mathématiques, quant à elles, restent un domaine de questionnement et de discussion : découverte, innovation, connaissance… ? Auraient-elles, pour l'élève-ingénieur (français), un statut à part ?

Parallèlement, la réflexion sur le positionnement concerne les finalités « externes » (par opposition à ce que nous avons désigné plus haut comme finalités « internes ») à l'activité scientifique, à commencer par la question de l'utilité de la recherche. Mais les étudiants peinent à distinguer les buts de la recherche et les buts du chercheur ainsi que le positionnement de l'ingénieur (de formation) dans ce contexte.

Le « *chercheur pur* » s'attacherait à découvrir et à comprendre de nouveaux phénomènes sans finalités prédéfinies (« *la science pour la science* »). Il s'inscrirait dans « *l'aura fantasmatique* » de la « *vraie science* ».

L'ingénieur-chercheur s'attacherait à utiliser et intégrer ces nouvelles connaissances et nouvelles technologies associées dans les technologies existantes pour créer de nouveaux produits. Ici R&D, voire *développement* (sans le R de *recherche* ?) s'articulent à l'idée d'une recherche *pure*. Le terme de *valorisation* vient alors immédiatement à l'esprit.

Le questionnement se construit ainsi sur un certain antagonisme entre, d'une part, améliorer la connaissance et la compréhension du monde et, d'autre part, apporter des solutions à des problèmes (assurer le progrès).

Dans ce contexte, la dualité (sinon l'opposition) classique entre recherche *fondamentale* et recherche *appliquée* perdure sans toutefois être énoncée dans ces termes.

Ce faisant, à la représentation d'une recherche en tant qu'activité *utile* à la société (notamment autour de la notion de *progrès*) s'articule la perspective d'un positionnement du chercheur (qu'il soit *pur* ou ingénieur-chercheur) dans un contexte d'utilité sociale.

Le questionnement relatif au positionnement vis-à-vis de la science et de la recherche se déplace donc vers un questionnement sur le positionnement social du chercheur.
Cette évolution témoigne pour partie du fait que les étudiants énoncent un *besoin* de se positionner quelque part : appartenir à une discipline, à une *communauté*, etc. Ceci peut être perçu comme une nécessité *métier* mais aussi dans un sens plus général, sous l'angle du passage d'un statut d'étudiant à un autre statut, à la fois professionnel et social. Se profile ainsi un certain besoin de « *se situer dans une case* », qui plus est socialement reconnue : l'aura sociale de la profession de chercheur.
L'*aura fantasmatique* qui entourerait *la vraie science* s'accompagnerait du prestige social du *scientifique*.
Ceci vaut malgré la perception contraire d'un certain « *manque de reconnaissance* » du chercheur par la société. Le micro-trottoir que nous avons mentionné plus haut a été, de ce point de vue, particulièrement significatif pour beaucoup.
La concrétisation d'une telle reconnaissance s'opérerait alors via une réussite scientifique permettant une valorisation sociale, et ceci même si le sujet de recherche n'intéresse que peu de personnes. Il peut être personnellement frustrant de travailler sur un sujet qui n'intéresse personne sauf à y trouver le biais d'une valorisation sociale ultérieure.
L'autre biais de valorisation sociale par la recherche est celui de la création d'entreprise. L'entrée en recherche comme tremplin pour cet horizon de création d'entreprise (en associant alors *recherche* à innovation) est clairement affichée.
Les étudiants se font enfin une représentation de la position sociale du chercheur en regard de leur propre représentation de la société française et en la comparant à d'autres sociétés (d'autres pays étrangers) sur des critères plus quantifiables : opportunité d'innovation, capacité à développer des projets originaux, sources de financements, etc. Le recours à des tableaux de statistiques diverses émanant d'institutions nationales ou internationales est ici la principale source d'information[282].
Il faut enfin noter que rares sont les étudiants à chercher des références dans des travaux que l'on désignera globalement comme relevant d'une *sociologie de la science*. Ainsi, par exemple, la « *recherche au féminin*[283] » n'apparaît pas sous l'angle du questionnement relatif au positionnement scientifique (une

---

[282] Tout comme on a pu souligner plus haut avec le manque de rigueur de certains groupes d'étudiants dans la construction des échantillons de chercheurs interviewés, ce recours aux statistiques se fait parfois sans grande précaution dans le choix de la référence, dans la consolidation des données et dans leur interprétation.
[283] La philosophe I. Stengers soulève cette question de pratiques et postures de recherche qui seraient particulières (sinon spécifiques) dans son avant-propos à la biographie scientifique de la biologiste B. McClintock (Fox Keller, 1988) et en poursuit l'exploration dans un ouvrage plus récent en l'élargissant au travail « général » de la pensée (Despret, Stengers, 2011).

façon de faire de la recherche ?) sauf à être mentionnée statistiquement en population féminine/masculine des chercheurs.

Progrès et éthique
Parmi les interrogations humaines et sociétales de nos élèves-ingénieurs vis-à-vis du monde de la recherche, les notions de progrès et d'éthique apparaissent de manière répétée. La finalité du travail du chercheur semble être le « *progrès* », dans toute la polysémie du terme, même si le progrès technique est le plus souvent cité. Mais il est remarquable de noter que les travaux des étudiants démontrent une nette prise de conscience de la différence entre l'idée de progrès – en général –, le progrès social incluant le progrès technique, et le progrès *par* la seule technologie. Quelques velléités d'articulation de cette question à des références « philosophiques » méritent d'être signalées. Ainsi Blaise Pascal ou encore, de manière plus étonnante, Auguste Comte ont attiré l'attention d'un groupe d'étudiants s'interrogeant, en 2007, sur cette question des relations entre « progrès et éthique ». Cette idée de « *progrès* », en tant que finalité, amène souvent les étudiants à s'intéresser à la notion d'éthique (avec la rengaine classique : la fin justifie-t-elle les moyens ?). L'éthique apparaît bien comme une préoccupation : la recherche apporte beaucoup à la société mais il y a un vrai questionnement, plus ou moins latent, quant à l'existence de garde-fous pour (et auprès) des acteurs de la recherche. Enfin, en prolongement, apparaît une nouvelle question : jusqu'à quel point une conscience de sa responsabilité personnelle peut conduire à des changements ou des revirements de trajectoire, voire des remises en question plus profondes pouvant aller jusqu'à changer de domaine (ou de sujet) de recherche, voire quitter le « métier » de chercheur ?

Mais l'éthique est aussi assimilée, dans d'autres travaux des étudiants, à un « *frein* » à la recherche, tout en admettant sa nécessaire prise en considération. Une question est même soulevée : l'éthique ne serait-elle pas liée moins aux connaissances qu'aux enjeux de leurs applications, donc de fait « *plus importante pour l'ingénieur que pour le chercheur* » ? L'éthique dépendrait donc en quelque sorte de la position du chercheur dans la société et l'ingénieur-chercheur ne jouirait pas des mêmes prérogatives que le « *chercheur pur* ». Sans préjuger de l'analyse faite par les étudiants, cette discussion montre à la fois l'apparition d'une ligne de rupture Ingénieur/Chercheur dans leurs préoccupations et un besoin permanent de se positionner par rapport à celle-ci.
Enfin, dans un autre registre de la notion d'éthique, l'honnêteté intellectuelle, la modestie sont données comme qualités supposées du chercheur.
Un groupe a cependant cherché à préciser, selon quatre axes, les contours de leur questionnement pour sortir d'une vision « globale de l'éthique » :

- Les valeurs intrinsèques de la recherche : le progrès en opposition à la productivité, quelles sont les motivations du chercheur ?

- La déontologie du métier : règles et devoirs régissant la profession ; plagiat, fraude scientifique ?
- L'éthique dans la méthodologie de travail : par exemple, la règle des 3R pour l'expérimentation animale[284].
- La responsabilité morale des découvertes dans la recherche : en quoi et jusqu'où le chercheur est-il responsable de ses découvertes ?

Devenir chercheur ?

« *Je n'étais pas destiné à faire de la recherche, c'est arrivé comme par hasard... !* ». Beaucoup d'étudiants se reconnaissent dans ces propos tenus par plusieurs chercheurs lors des diverses interviews qu'ils ont effectuées. Cette situation les renvoie au hasard des rencontres qu'ils ont eu l'occasion d'avoir dans les laboratoires de leurs établissements, à la proposition d'un professeur en fin d'études, à l'opportunité après un stage.
Cette *entrée en recherche* est clairement distinguée de l'idée d'une démarche personnelle volontaire, d'un plan qu'on se serait construit à l'avance.
Ces deux formes d'entrées en recherche restent néanmoins à interroger en regard d'une *disposition de l'esprit* personnelle (curiosité intellectuelle, désir de connaissances, etc.), d'un *capital culturel et social* (l'origine sociale sinon professionnelle des familles), voire d'une *vocation*.
La première de ces formes d'entrée traduit aussi un fort lien entre domaine d'études et champ de recherche. Les étudiants ont ainsi relevé qu'une majorité des chercheurs qu'ils ont pu rencontrer disent avoir effectué leurs travaux de recherche dans le même domaine que celui où ils ont fait leurs études. Néanmoins, un groupe d'étudiants a pu faire état, à partir de sources statistiques françaises, que 21% des chercheurs avoueraient travailler en recherche dans un domaine *autre*[285].

Une vocation ?

« *Pourquoi devenir chercheur ?* ». Trois grandes motivations ont été plus particulièrement avancées :

---

[284] Cette règle des 3R pour l'expérimentation animale consiste à : (i) *Réduire* le nombre d'animaux en expérimentation, (ii) *Raffiner* la méthodologie utilisée, ce qui implique la notion de points limites à ne pas dépasser dans l'expérimentation (critères d'interruption, ou « end-points »), (iii) *Remplacer* chaque fois que cela est possible le modèle *in vivo* par des modèles *in vitro* ou "*in silico*" (modèles mathématiques, bio-informatique).

[285] Parler d'un autre domaine, ici, ne signifie pas pour autant *changement de discipline*, celle-ci pouvant rester une matrice de pensée de référence qui serait, en l'occurrence, « appliqué » dans un autre domaine. Tout autre est, par contre, la découverte de nouvelles questions, généralement aux limites conduisant à changer assez radicalement de champ de recherche. Ce fut, par exemple, le cas (cité) de Max Delbrück qui, physicien élève de Niels Bohr, devint biologiste.

- La recherche comme source de l'innovation, des technologies et des emplois de demain : travailler sur des problèmes et questions qui donneront un jour lieu à une application, à un développement industriel.
- La recherche comme secteur porteur pour l'emploi : dans notre économie, dite *de la connaissance*, la place de la recherche va augmenter et ses pratiques sont en évolution, notamment en termes de décloisonnement (mixité public/privé, multidisciplinarité, etc.).
- La recherche dans sa dimension *humaniste*.

Au-delà de ces motivations pragmatiques, l'idée que la recherche soit liée à une *vocation*, comme dans les domaines de la médecine, de l'architecture, voire de la religion comme on a pu l'évoquer plus haut (*supra* I.1), reste une idée-force : « *la recherche est d'abord une vocation, la création d'entreprise est d'abord une opportunité, "la force des choses"* ». De fait, la perspective de valoriser son travail de recherche par la création d'une entreprise est surtout perçue « *comme moyen d'aller plus loin, de dépasser les limites de la recherche en laboratoire* ».
Cette *entrée en vocation* liée à l'entrée dans un *métier* est d'autant plus à remarquer à l'endroit du métier de chercheur car il semble qu'elle émerge de manière beaucoup plus atténuée (sinon pas du tout) dans les cas d'autres exercices et champs professionnels auxquels seraient conduits les ingénieurs : ingénieur d'étude, de production, d'affaire, etc., dans des domaines comme la logistique, l'énergie, l'aéronautique, etc. L'idée de vocation est ici à différencier de celle de *passion* (pour tel ou tel domaine).

Les relations avec un directeur de recherche.
Choisir son thème et/ou son sujet de recherche est important mais « *choisir* » son directeur de thèse et le laboratoire d'accueil l'est tout autant. D'un côté, il y a une reconnaissance du rôle du Directeur de recherche (qui recherche des financements et fait du management mais qui a aussi pour mission de capitaliser et d'orienter les travaux de juniors, des post-doc, etc.) et d'un autre côté, la relation avec le directeur de thèse s'inscrit dans « *l'esprit d'une équipe et l'esprit d'un labo* ».

Même si la relation est perçue comme devant être surtout scientifique, la perspective d'une bonne entente humaine est essentielle : il faudra pouvoir travailler avec lui (elle) pendant trois ans[286] et avoir *envie* d'une telle relation privilégiée. Si l'activité de recherche contient une part de « *prise de risque* » et suppose un certain « *courage* » (travailler sur des sujets non explorés, « *se*

[286] Ceci crée un rapport au temps différent pour l'élève ingénieur qui, allant dans une entreprise, perçoit l'emploi indépendamment d'un rapport *donné* au temps. Il ressent la possibilité de toujours pouvoir changer d'entreprise, voire de service eu sein de la même entreprise alors que, dans le cas de la thèse, il est d'emblée confronté à une temporalité donnée, avec un même *patron* pendant cette durée et au sein d'un même groupe de travail.

lancer dans l'inconnu », etc.), s'engager pour au moins trois ans avec un directeur de thèse en fait partie.

Si le pays, le sujet de recherche, les conditions d'accueil, le financement, la notoriété du directeur de thèse et du laboratoire sont affichés comme des critères de plus en plus importants par les étudiants, la personnalité du (futur) directeur de thèse reste perçue comme un facteur décisif *final*. Le poids du *rayonnement* du directeur de thèse, dans sa dimension scientifique doit pouvoir s'accompagner d'un *rayonnement humain* témoignant de capacités à attirer, à encadrer mais aussi à *écouter*.

La relation sera-t-elle du type *maître/élève* ou d'une autre nature : collaborateur ? Jusqu'à un certain point, certains étudiants prolongent l'imagerie d'une forte autonomie du chercheur jusque dans les relations avec le directeur de thèse. À la limite, ils se représentent en situation de pouvoir « *décider de l'orientation des recherches* », de pouvoir « *décider du sujet de recherche, d'exprimer des préférences* ».

En écho à cette représentation, dans une conférence invitée du séminaire, Clarisse Angelier, déjà citée, a clairement énoncé le passage progressif, durant la thèse, d'une situation *assise* (écouter le maître) à une position *debout* (produire par soi-même). Cette *transition*, ce passage de la dépendance à une autonomie, qui nécessite en plus de la confiance en soi, est alors teinté d'appréhension Au-delà de la première année de recherche lors de laquelle il faudra faire son trou, fabriquer sa niche, il faudra en effet tout du long de la thèse faire ses preuves : preuve de ses compétences, de sa capacité d'insertion dans un milieu mais aussi savoir *se vendre*, *vendre* ses travaux et son parcours.

Qu'est-ce qu'un bon chercheur ?

C'est un thème qui a été régulièrement abordé par les étudiants, marqués par le milieu très sélectif dans lequel ils évoluent depuis leur entrée dans l'enseignement supérieur. Mais comment évaluer l'intérêt d'une thèse et, de ce fait, du « chercheur » ?

Au-delà, il semble qu'ils différencient le fait d'être un bon chercheur *a priori*, c'est-à-dire d'avoir les qualités requises pour devenir un bon chercheur, avec le fait d'être un bon chercheur *a posteriori*, c'est-à-dire reconnu par ses pairs comme tel. Pour devenir un bon chercheur, des qualités intrinsèques semblent nécessaires, comme la créativité, la curiosité, l'endurance au travail, l'obstination ou encore la capacité de remettre en question ce qui a été fait et ce que l'on fait. Les étudiants ont aussi identifié des qualités à cultiver et à développer, dans la mesure où la recherche ne s'enseigne pas. Ils parlent souvent d'autoformation. L'autonomie, revendiquée par certains comme une qualité du chercheur, renvoie pour une part à un questionnement sur d'éventuelles disponibilités de l'esprit. La formation scientifique (des grandes

écoles mais pas seulement) permet-elle cette disposition de l'esprit face au poids de l'apprentissage des modèles, des méthodes, des recettes ?
D'un autre côté, les qualités pour – *a posteriori* – être un bon chercheur sont, pour nombre d'entre eux, principalement dans l'ordre du quantifiable. Les publications, et l'aura des revues où ces publications paraissent, en sont les pierres angulaires. La qualité des revues réside quant à elle dans la qualité des publications qu'elles contiennent ! Le raisonnement reste bancal. D'autant plus que, dans les exemples emblèmes cités par les étudiants, on retrouve Einstein, qui a peu publié, ou encore le mathématicien Andrew Wiles, qui est resté longtemps sans publier lorsqu'il s'acharnait à trouver une preuve du grand théorème de Fermat, qui n'était encore qu'une conjecture.
En essayant de donner une ébauche de réponse à la question « *Qu'est-ce qu'un bon chercheur ?* », de nombreuses autres interrogations ont aussi été soulevées. Par exemple, les étudiants ont abordé la question suivante : peut-on parler de *mauvais* chercheur ? Le sens du mot « mauvais » dans ce contexte ayant été longuement débattu par eux et, finalement, jamais tranché. Cela les a conduits à plutôt considérer l'évolution progressive d'un chercheur *débutant* à un chercheur *expérimenté*. Ils ont alors fait une grande différence, au moins sémantique, entre le jeune chercheur et le chercheur confirmé. Cette distinction relevait principalement de l'âge et du niveau de responsabilité. La question délicate de l'importance et de la qualité des travaux de recherche semble alors avoir été mise de côté, faute de savoir finalement comment l'évaluer.

Les temporalités, le temps de la recherche.

Les temporalités de la recherche sont d'abord évoquées sous l'angle du temps consacré à un protocole de recherche, à la réalisation d'un projet de recherche qui, d'un domaine scientifique à un autre, sont reconnus comme pouvant être très variés. Un protocole expérimental dans le domaine spatial (pensons à la durée des missions et, surtout, de leur préparation) ou dans celui du domaine des matériaux (qui peut durer parfois plusieurs années pour comprendre les phénomènes de perméabilité ou de corrosion dudit matériau) n'aura pas le même champ de temporalité que, par exemple, l'étude de l'érosion des bassins-versants élémentaires de telle ou telle rivière ou qu'un protocole de mesure et de vérification de la performance énergétique des bâtiments.
Dans ces temporalités de la recherche, il faut également intégrer le temps passé « en bibliothèque » (des moments où l'on s'isole, où on se retrouve face à soi-même), celui de la gestion de « moments opportuns » pour réfléchir ou produire (être en phase, être suffisamment préparé et/ou au clair pour pouvoir aborder un problème).
Cette appréhension des temporalités internes à une activité de recherche est à distinguer des « échéances » (de fin de contrat ou de livrables intermédiaires) qui scandent ces temporalités et qui renvoient les étudiants à des préoccupations métier.

Au-delà encore, le temps de la recherche renvoie à des moments consacrés à des activités connexes : l'enseignement par exemple, qui permet de s'aérer l'esprit, d'avoir la sensation (intéressante) de transmettre, de prendre du recul sur son travail, à ceci près, toutefois, parce que cette activité est connexe, qu'un certain ressenti existe de ne pas vraiment faire partie de l'équipe pédagogique. Les congrès, la veille scientifique, l'administration de la recherche, la réponse à des appels d'offres, le démarchage, toutes activités également chronophages participent sinon contribuent, quant à elles, à l'avancement de la recherche.

Dans ce contexte, faute d'expérience en la matière, la thèse reste de l'ordre d'une « *projectivité* » qui proposerait une sorte d'étalon temporel pour l'impétrant. Ce temps de la thèse (3 ans) s'interprète comme un temps minimum (sinon optimum) nécessaire à la concrétisation d'un projet de recherche.
De ce fait la représentation des temporalités de la recherche reste de l'ordre d'une sorte de convenu chronologique : une première phase de « compilation » (état de l'art), de formations complémentaires (très spécifiques) et d'appropriation d'un sujet puis une seconde phase (seconde année) de « problématisation / productions personnelles » puis une troisième phase (troisième année) de consolidation / communication…

Enfin, ces différents registres de temporalités sont également à inscrire dans l'imagerie d'un long terme plus ambitieux : l'œuvre d'une vie de chercheur à laquelle nous renvoie l'historiographie d'un Louis Pasteur, d'un François Jacob ou d'un Albert Einstein… Cette dimension d'un chercheur consacrant sa vie à un seul et unique champ de recherche reste présente tout en étant questionnée sur les possibilités réelles de changement de domaine de recherche (de sujet, voire de discipline), changement pouvant être lié à l'avancement dans un certain itinéraire de recherche au titre de l'ouverture vers d'autres champs d'application, de possibles réorientations vers des travaux liés aux défis changeants du siècle : être de son temps, pouvoir se sentir plus utile autre part.

Comment le chercheur aborde-t-il son objet ou son sujet de recherche ?
En 2001, le philosophe Maurice Godelier obtenait la plus haute distinction décernée par le Centre National de la Recherche Scientifique, la médaille d'or du CNRS. Cette récompense couronnait une œuvre d'anthropologue commencée près de quarante ans plus tôt, avec l'étude de tribus Baruya de Nouvelle-Guinée, tribus que personne, à l'époque, n'avait étudiées ni même envisagé d'étudier. Cet exemple montre que le choix d'un sujet de recherche en fonction d'un besoin estimé ou présupposé est assez réducteur : le « besoin » renvoie, ici, à l'envie d'un chercheur d'explorer des champs

jusqu'ici peu connus[287]. Ceci alors que ce cas pourrait conduire à justement considérer le sujet inintéressant, car jamais travaillé auparavant.

L'idée de besoin estimé soulève alors la question de la représentation d'un besoin voire celle d'un besoin en soi. Néanmoins, dans la plupart des travaux des étudiants, quatre grands facteurs d'aide au choix ressortent qui, d'une certaine manière, nous renvoient à l'idée de besoin : l'intérêt grandissant d'une communauté pour un sujet, des résultats antérieurs d'un laboratoire, les 'besoins' de l'industrie, des questions d'intérêt public. Les deux premiers et les deux derniers couvrent chacun à peu près la moitié des critères mis en évidence. Ces derniers laissent ainsi transparaître l'idée que les champs (sinon les sujets) de recherche sont limités ou, du moins, contraints. L'étude des tribus Baruya ne répondait en effet à aucun de ces critères.
Au-delà du choix, la question première du paragraphe reste entière : comment le chercheur aborde-t-il son sujet de recherche ? Les notions d'ardeur et de ténacité reviennent le plus souvent. Il s'agit aussi, d'un côté, de multiplier les expériences pour avoir le plus de résultats possibles et, de l'autre, de savoir prendre du recul pour en tirer des modèles pertinents. Cette dernière étape s'exprime de manière imagée comme « savoir sortir la tête du guidon ». Une autre dualité, à la fois opposée et complémentaire, se dégage : celle du travail rigoureux et, pour parler un peu trivialement, du bricolage, reliée à la notion d'intuition. L'intuition est importante mais inutile sans une bonne base de connaissance en l'état de l'art. L'intuition n'est pas innée, elle se travaille : on *sent* d'autant mieux les choses qu'on est habitué à les manipuler. Il s'agit de dissocier méthode – comment conduire sa raison, comment se gouverner ? – et méthodologies dans le domaine de recherche considéré. Cela renvoie à la relation entre l'expérience et la théorie ou encore à une réflexion sur les pratiques. L'absence de méthode – le *feeling* – devient une pratique à part entière au même titre que le suivi à la lettre de protocoles.
Mais, une question nouvelle est soulevée : cherche-t-on ou recherche-t-on ? Le chercheur doit savoir trouver ce qu'il ne cherche pas forcément – chercher ce qui n'existe pas – *a contrario* de l'ingénieur (?). Dans cette optique, il n'y a pas a priori de mauvaise piste : il faut savoir saisir les opportunités qui se présentent. Parfois le chercheur peut s'arrêter d'explorer une piste parce que, par exemple, la physique du phénomène le dépasse. Mais celle-ci restera en veille, consciemment ou inconsciemment, jusqu'au jour où elle permettra d'ouvrir un nouveau chemin, au niveau des connaissances ou du savoir-faire. Les intérêts personnels d'un chercheur peuvent évoluer au fil des années, pouvant le mener aux frontières de sa discipline, le rapprochant de domaines à première vue assez écartés.

---

[287] M. Godelier retrace les contours (et le contexte) de son "entrée en recherche" dans l'entretien qu'il a accordé à J.-F. Bert en 2007 (in *Le Portique*, Revue de philosophie et de sciences humaines, n°19, 2007).

Enfin, les étudiants soulignent l'importance du passage entre l'objet de recherche et les résultats qui en découlent. Plusieurs questions restent en suspens, mais ont le mérite d'être soulevées : comment le chercheur aborde-t-il cette notion de résultat ? Quand et comment décide-t-il qu'il peut communiquer des résultats ? Dans un registre plus terre à terre, la professionnalisation de la formation doctorale ne conduit-elle pas à privilégier des domaines de recherches dans lesquels des résultats à court terme peuvent être attendus ? Comment choisir un sujet de thèse alors qu'on n'est pas encore « expert » ? Comment s'orienter en regard de différents types de thèse selon les secteurs scientifiques ?

Pour conclure sur cette question globale de la façon du chercheur d'aborder son sujet, il semble important de signaler que la représentation des étudiants qui est ressortie est aussi celle d'une recherche sous pression à la fois économique, financière et sociale. Cette pression pouvant aller jusqu'à l'enjeu d'une perte de labels (*i.e.* CNRS) pour le laboratoire, s'accompagnant de la perte de moyens humains et/ou financiers. Au-delà, l'enjeu de la réussite de la thèse et la compétition entre chercheurs au sein d'un même laboratoire pouvant créer des situations de stress sont notés[288].

Préoccupations « métier »

Si, d'un côté, la motivation apparaît comme un facteur important (sinon déclenchant) pour « *entrer en recherche* », les préoccupations « métiers » sont une autre face toute aussi importante.
La motivation : « *c'est l'élément–clé, nécessaire* ». Elle passe par l'envie de *« créer, jouer, avancer, faire face à des obstacles, progresser à petit pas pour de grandes avancées, travailler pour la collectivité…* ».
Les préoccupations « métier » sont plutôt de l'ordre de l'inquiétude. *Inquiétude* vis-à-vis de l'engagement (« *les déceptions et abandons sont possibles* ») et du métier : thésard puis chercheur, puis… ?
À ce sentiment s'associe un « besoin » de réponses. Qu'est-ce qu'une thèse ? En quoi consiste le métier de chercheur ?

Les entretiens effectués ont souvent confronté les étudiants à des représentations type, à des modèles.
Ainsi, par exemple, le « plan d'action type » suivant ressort d'interviews effectuées en 2004 et en 2010 relativement à l'activité du thésard :

1. Étude bibliographique

[288] On peut renvoyer aussi ici à l'article du journal Le Monde Campus, « Stress chronique, perfectionnisme : l'épuisement académique, phénomène méconnu », *Journal Le Monde*, 16 novembre 2019.

2. Observation / Analyse / Modélisation du phénomène
3. Domaine de validité
4. Réaliser des tests et des mesures
5. Théoriser (créer ?)

Ceci dans un échéancier : 3 ans pour les thésards ; plus ou moins pour les contrats classiques.

Et, du même interviewé de 2004, une représentation-type des temporalités pour un enseignant-chercheur :

- *50% de recherche*
- *50% d'enseignement*
- *30% d'administratif*

Soit plus de 100% !

Il est apparu difficile de sortir d'une certaine omniprésence de telles imageries dans beaucoup de ressentis des chercheurs interviewés, du moins tel que cela a pu être retranscrit par les étudiants. Face à ce « besoin » de réponses et à ces ressentis, certains étudiants ont néanmoins choisi d'explorer des situations leur permettant d'éviter ou, plus exactement, d'interroger ces modèles canoniques. D'où des interviews faits auprès de chercheurs en mathématiques pures, en archéologie, en théologie ou dans la danse…, voire auprès de quelques chercheurs (atypiques) qui ont changé d'orientation scientifique dans leur carrière ou touchent à beaucoup de domaines et à des pratiques différentes.

Un groupe d'étudiant s'est également intéressé au regard « de la rue » sur la recherche en réalisant, de façon impressionniste, un micro-trottoir. Ceci n'a pas empêché, pour autant, un certain retour à une vision triviale de la recherche et de la thèse : « *un travail énorme, des longues études, après ils écrivent par rapport à ça, trouver un sujet qui tient à cœur et le défendre, que tu présentes devant plein de gens et t'es en robe…* ».

Les « carrières ».

La recherche n'est pas seulement perçue comme une activité intellectuelle et matérielle mais également comme *métier*. Être chercheur dans une entreprise, dans une institution de recherche publique (type CNRS, INSERM, etc.) ou privée (type Fondation), dans une Université en tant qu'enseignant-chercheur ne résonne pas de la même manière quant aux conditions de travail, aux rémunérations (réputées moins élevées pour le chercheur que pour l'ingénieur), aux contraintes de résultats, aux valorisations, aux perspectives de carrière.

Une part non négligeable d'étudiants appréhende le métier de chercheur comme étant plus sécurisant que d'autres métiers, soit du fait d'un statut pérenne dans la fonction publique (fonctionnaire ou contractuel de l'état) soit du fait d'une exposition jugée moindre vis-à-vis des exigences économiques qu'un commercial en entreprise, par exemple.

Cette exposition censée être moindre aux aléas de l'économie nous renvoie aux temporalités longues inhérentes à l'activité de recherche, telles qu'évoquées précédemment.

Malgré tout, dans notre population d'étudiants, tous étant des élèves-ingénieurs confrontés à l'entreprise au long de leur cursus d'études supérieures, certains envisagent aussi la recherche comme un moyen d'accès consolidé vers des postes de responsabilités à plus ou moins long terme : directeur d'un laboratoire, PDG d'une Start'up liée aux innovations que leur activité de recherche a permis de susciter, responsabilités managériales de la recherche jusqu'à des visées de direction de la recherche (voir générale) dans une entreprise. Dès lors, certaines responsabilités seraient-elles inaccessibles sans doctorat ? Si l'on vise (ambitionne) de hautes responsabilités ne faut-il pas prévoir plutôt un MBA qu'un Doctorat ? Et y a-t-il un lien de causalité entre sujet de thèse et différence d'employabilité ? Quel est donc l'impact d'un doctorat sur une carrière à court et moyen terme ?

Dans leurs différentes représentations du futur, la capacité de production de connaissances nouvelles, d'innovations et de R&D sont néanmoins les axes déterminants de la progression de carrière. Trois axes de progression, envisagés linéairement, sont alors énoncés qui, chacun, s'appuie sur une vision différente des liens entre recherche et carrière.

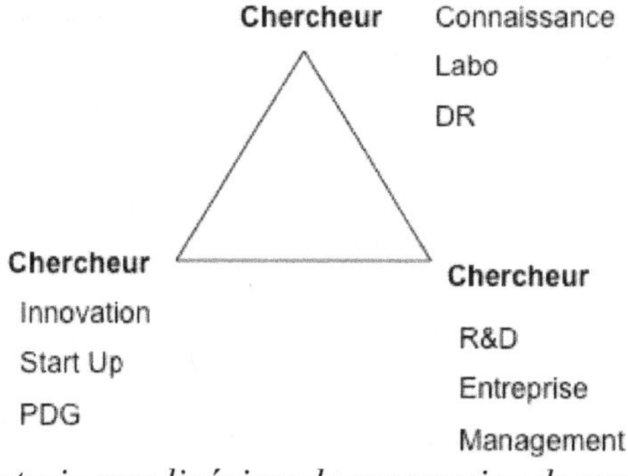

Fig. 14 : Les trois axes linéaires de progression de carrière énoncés par les étudiants

Cette progression est ici envisagée de manière linéaire par certains étudiants alors que, par exemple, la conférence de Mme Thao Lang dans son atelier *Avant Thèse* leur présente des évolutions et passerelles d'une fonction à une autre dans l'entreprise et des passerelles entre différents secteurs d'activité allant de la recherche académique au journalisme scientifique et tous concernés par une formation à la recherche. Nous mettons ici les deux illustrations correspondant à cette présentation.

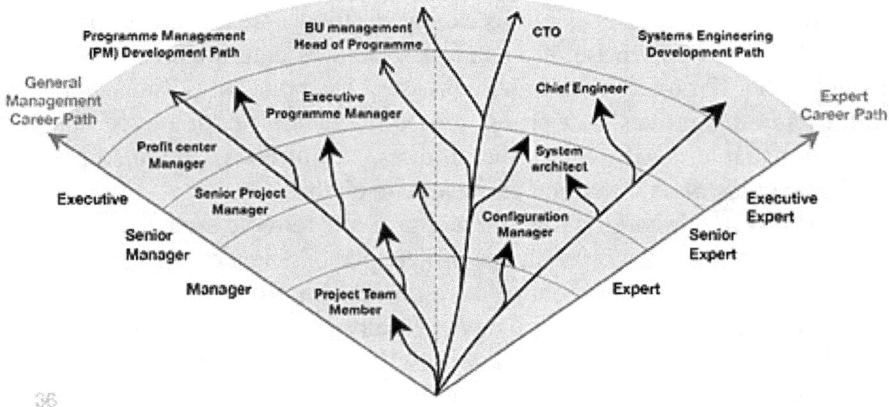

Fig. 15 : Exemple de mobilités fonctionnelles dans une entreprise (source Airbus, présentée par T. Lang, ABG, 2018)

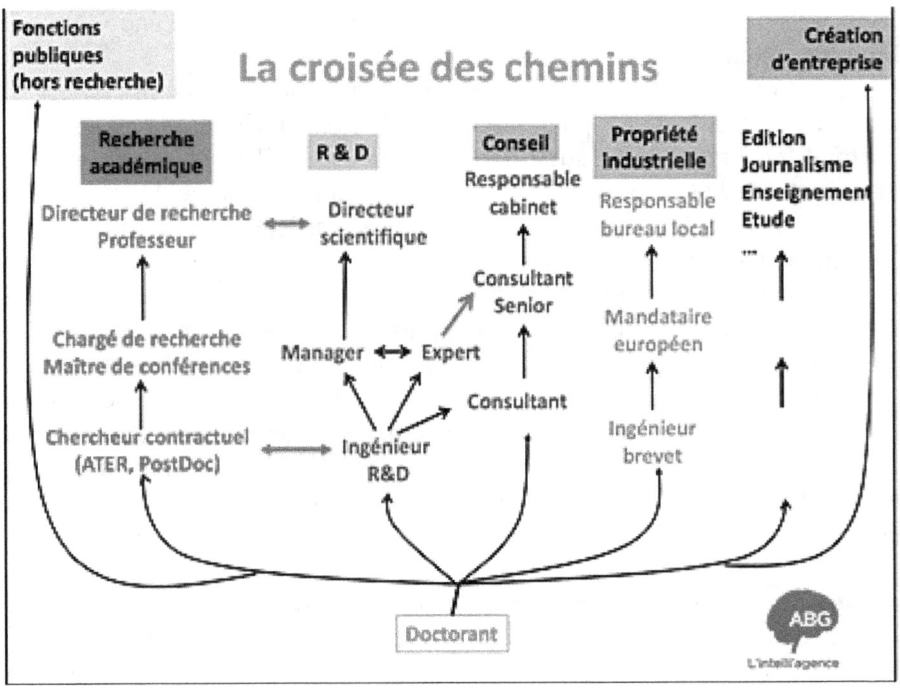

Fig. 16 : Trajectoires et mobilités professionnelles post-doctorat (source T. Lang, ABG, 2018)

Quelles que soient les situations envisagées (et espérées), la thèse, le choix d'un laboratoire, d'un directeur de thèse, d'un sujet et le contexte dans lequel va se dérouler la thèse (son financement, l'accès à des équipements et des moyens de qualité, la notoriété de l'équipe, son caractère international – ou non, etc.) ainsi que les possibilités de valorisation après la thèse (post-doc, passerelles vers l'entreprise, etc.) sont des facteurs déterminants pour entrer en recherche. Trouver les bonnes adresses, les bons pays financeurs, les facilités administratives d'insertion, etc., tout cela en relation avec une part non négligeable d'affinités scientifiques, culturelles, linguistiques et familiales guide alors l'étudiant en recherche de thèse.

La carrière reste un horizon lointain même si elle renvoie sans aucun doute à des priorités sinon des désirs ou des projets personnels alors que la thèse est du côté de l'immédiat, du choix du moment. La force d'attrait, sinon de séduction de tel ou tel laboratoire devient clairement un argument.

Mais le temps de la thèse, quant à lui, est également perçu comme étant de l'ordre d'un choix de carrière : une carrière courte mais une carrière néanmoins, ne serait-ce que par le cheminement balisé au cours duquel elle se déroule et par la reconnaissance et l'ouverture des possibles qui peuvent en découler pendant son déroulement et après.

Il y aurait ainsi à distinguer une carrière de thésard d'une carrière (ultérieure) de chercheur susceptible, quant à elle, de se prolonger toute une vie ou de bifurquer (comme toute autre carrière) en cours de route.

Les questions des étudiants tiennent alors à la valorisation de la carrière du thésard pour l'ingénieur, pour sa carrière future. Quelle est la valeur d'un doctorat, en France mais aussi à l'étranger ? Y a-t-il un décalage entre la valeur attendue et la valeur qu'on lui accorde, que le marché du travail et la société lui accordent ? Quelles compétences particulières (éventuelles[289]) s'acquièrent au cours d'une thèse ?

Les étudiants perçoivent un contexte économique globalement de plus en plus ouvert et concurrentiel, de plus en plus tourné vers l'innovation et la connaissance, permettant a priori des carrières de chercheur de plus en plus ouvertes à la mobilité. Reste néanmoins que cette vision globale se heurte à une difficulté d'appréhension des changements en temps réel (changements dans la fiscalité liée à la recherche, dans le statut des chercheurs et des universités, etc.) et à une difficulté à appréhender d'autres changements potentiels à venir.

Publier : la compétition destructrice ou constructrice ?

Une découverte : « Le monde de la recherche est ultra-concurrentiel ». « *Publish or perish* ». Cette expression est devenue le symbole depuis le début des années 2000 de la pression constante exercée sur les chercheurs pour

---

[289] Comme cela a pu être précisé plus haut (*supra*, I. 4), certains étudiants se sont tournés vers une enquête de l'APEC sur « *les besoins en compétence dans les métiers de la recherche à l'horizon 2020* » et force a été de constater que ces « besoins en compétence » étaient ceux que l'on retrouve dans toutes les études relatives aux cadres en général, sans que la dimension recherche y introduise des particularités notoires.

exister[290]. Elle est aussi à l'origine de la création d'indicateurs contestés comme le *h-index* ou l'*impact factor*[291], qui sont censés mesurer, de manière quantitative, la qualité du travail d'un chercheur. Assiste-t-on alors à une course pour la publication ? Publier régulièrement pour ne pas paraître invisible ? Publier pour sa carrière, être à l'affût des dernières publications pour rester compétitif, telles sont les dérives qui pourraient découler de l'évaluation et de la compétition ?

Les étudiants se sont interrogés sur ces pratiques. Ils ont mis en avant, dans le travail des chercheurs, un triptyque : produire, publier, valoriser. Trois registres inséparables mais qui ont a priori des temporalités différentes. La production est le début de la chaîne : le travail d'un chercheur a pour essence même de produire des résultats, quels qu'ils soient, mais ceux-ci ne sont pas vraiment des résultats s'ils ne sont pas publiés ou diffusés. On retrouve donc à ce moment le deuxième élément du triptyque : la publication. La valorisation intervient *in fine*. Valoriser les résultats obtenus peut se décliner de plusieurs manières : les défendre (les breveter par exemple, les exposer en conférences), les insérer dans le circuit économique ou les exploiter à travers des applications ou d'autres développements. C'est dans ce dernier élément du triptyque que les étudiants ont relevé une différence majeure entre la recherche effectuée dans le domaine public et celle relevant du domaine privé. Dans le public, la diffusion et la notoriété seraient plus privilégiées alors que dans le privé le retour sur investissement aurait plus de poids. La question de la confidentialité est également soulevée, tant pour le chercheur en entreprise que pour le chercheur en laboratoire « public », en particulier lorsque celui-ci travaille dans un partenariat industriel. Et ceci va jusqu'à soulever des questions sur la thèse elle-même dès lors qu'elle serait en Cifre.

Si l'on s'attarde sur la nécessité de publier pour un chercheur, de multiples interrogations restent. Quels sont les travaux qu'il peut publier ? « *Des résultats, des résultats !* » telle est l'injonction à l'égard des chercheurs évoquée ci-dessus, mais alors qu'est-ce qu'un résultat ? De même, tous les résultats donnent-ils lieu à une publication ? Réciproquement, ne publie-t-on que des résultats ? Il est à noter que, parmi les publications les plus lues, on

---

[290] Dès 1912 le mathématicien Émile Picard s'inquiétait déjà de cette course à la publication : « *Quelle que soit notre spécialité, nous sommes débordés par le nombre des recherches qui se publient dans le seul domaine où nous nous efforçons d'apporter notre pierre. L'illustre Gauss avait coutume de dire "pauca sed matura" ; c'est une devise qui a maintenant peu d'adeptes... Les raisons de la hâte avec laquelle nous voyons publier tant de travaux sont le plus souvent évidentes. La science est devenue une carrière* » (cité *in* Brezinski, *op.cit.*, p. 67).

[291] Le *h-index* est un indice de quantification de la productivité scientifique d'un chercheur et de son impact en fonction du niveau de citation de ses publications. L'*impact factor* est un indicateur qui ramène le *h-index* à une revue particulière et permet, simultanément, d'estimer la visibilité (notamment internationale) de cette revue.

trouve des « *surveys* », c'est-à-dire des états de l'art, sur un sujet donné. Enfin, avant de publier, le chercheur se demande dans quelle revue il doit (ou peut) publier et à qui il peut (ou veut) s'adresser ? Ces deux dernières questions sont sans doute liées. Les publications sont de plus en plus spécialisées, les résultats semblent de plus en plus pointus et, fatalement, de moins en moins de personnes peuvent les comprendre et les partager. Ainsi, par exemple, un mathématicien, aujourd'hui, ne peut plus comprendre l'ensemble des publications du spectre de la discipline, ce qui n'était pas tout à fait vrai au début du vingtième siècle.

Dans la diffusion, l'exemple du brevet, donné par les étudiants, est frappant. Breveter est une manière de diffuser et aussi de valoriser ses résultats ; mais c'est une façon aussi de « *partager sans partager* » expliquent-ils. Le profit financier prime sur la connaissance pour l'entreprise mais apporte de la reconnaissance au chercheur. Via le brevet, on se protège tout en revendiquant une paternité d'auteur.
Les pratiques de publications varient aussi selon les champs scientifiques, les laboratoires et même les individus. Par exemple dans certaines disciplines, l'ordre des noms des auteurs a une importance : le premier nom est l'auteur, le dernier le responsable de l'équipe ou du laboratoire[292]. Dans d'autres champs disciplinaires les publications avec un seul auteur sont monnaie courante. Ces différences empêchent toute comparaison entre chercheurs de disciplines différentes. Mais, dans tous les cas, avoir son nom dans une publication reste un enjeu majeur. De même, les stratégies de publication varient d'un individu à l'autre, alors que le choix de la revue et la langue dans laquelle la publication sera écrite sont autant de facteurs extérieurs qui agiront sur l'impact de la publication elle-même.

La publication est un élément primordial sur l'évaluation des chercheurs, cette évaluation étant pourtant, contrairement à une certaine imagerie, aussi importante dans le privé que dans le public pour l'activité des laboratoires et les carrières des chercheurs Les étudiants ont cependant relevé que ce n'était pas le seul critère d'évaluation. D'autres critères sont donnés, comme le nombre de thèses encadrées, le nombre d'invitations à des congrès, les récompenses, mais ceux-ci restent dans le domaine quantitatif.
Si la publication fait partie du métier de chercheur, elle est aussi devenue un élément de son évaluation. La compétition entre chercheurs peut alors être plus exacerbée. Mais cette compétition est-elle plutôt constructrice ou plutôt destructrice ? Cette question reste en suspens.

---

[292] Mais, parfois, c'est l'inverse… Il se crée ainsi une sorte de concurrence au sein même d'une équipe et, parfois, jusque dans les relations avec le directeur de thèse jusque, comme l'ont évoqué certains étudiants, des situations de « malhonnêteté » (Claude Allègre, dans son *Dictionnaire amoureux de la science,* parle, lui, « d'indélicatesse »...).

Le travail en laboratoire, en équipe.

La principale question abordée sur ce point est celle de la part de travail en équipe en regard du travail individuel.

Il y a, d'abord, une interrogation relative à la perception du chercheur *solitaire* dans sa réflexion et dans son travail. Cela nous renvoie au fait que la thèse, premier pas dans la recherche, apparaît avant tout comme une œuvre individuelle : existerait-il, de par le monde, des thèses faites en collaboration ou cosignées et co-défendues par deux ou plusieurs thésards ? Dès lors, chaque chercheur poursuivrait des buts individuels pouvant d'ailleurs aller jusqu'à une recherche d'autonomie voire une stratégie de démarcation... De manière plus générale, les résultats du chercheur seraient avant tout personnels, individuels : le chercheur signe ses publications en tant qu'*auteur*[293].

Dans ce contexte, la part du travail en équipe serait donc d'abord de l'ordre du relationnel, à l'instar des relations humaines que l'on pourrait trouver dans d'autres métiers.

Face à cet individualisme du chercheur, le travail en équipe est pourtant reconnu comme nécessaire. Mais il est à la fois nécessaire et complexe. Il apparaît nécessaire au titre des échanges d'idées et des confrontations (jusqu'à la controverse ?), ne serait-ce que par l'enrichissement que chaque chercheur peut tirer d'une relation avec un autre chercheur, de son équipe ou d'une autre équipe. Il apparaît aussi nécessaire au titre de l'enrichissement que peut apporter l'interdisciplinarité même si, dans ce contexte, les échanges sont perçus comme devant être à la fois exigeants et malaisés à instaurer.

Le travail en équipe est par ailleurs complexe à envisager dans la mesure où il apparaît d'abord tributaire, à la fois, du champ de la recherche (mathématiques *vs* biologie, par exemple) et de situations locales variables car dépendantes des stratégies, des attitudes et des comportements en la matière

---

[293] Notons, en aparté, que si cette notion d'*auteur* apparaît comme une réelle récompense pour le chercheur communiquant ou publiant son travail, elle est l'objet de multiples interrogations au sein des sciences sociales et, bien évidemment, de l'art. Au-delà des textes de R. Barthes et de M. Foucault sur « *la mort de l'auteur* » (1967, 1969) tournés vers la littérature, les travaux plus récents de l'ANT (Actor Network Theory), s'intéressant justement aux conditions de production de la science, considèrent en effet que les acteurs ne sont pas en situation d'auteur de ce qu'ils disent, écrivent ou font mais en situation de « porte-parole » du réseau dans lequel ils s'inscrivent : ce qui importe alors n'est pas d'identifier de potentielles sources tant ce qui compte est le réseau dans lequel ces sources s'inscrivent (Latour, 2005). Au-delà encore, cette même question se pose dans les champs de la création, notamment autour de la notion « d'œuvre collective ». Nous avions nous-mêmes tenté de la problématiser autour de l'ingénierie et de l'architecture (Deshayes, Engrand, 2010). Le travail d'écriture collective du présent ouvrage, qui a donné lieu à plusieurs échanges sur ce sujet, nous a remis en mémoire, certes *a posteriori*, ces références. Ajoutons que cette question de l'auteur n'a pas été interrogée par nos étudiants sous l'angle de la dimension collective et qu'elle n'est pas, le plus souvent, vécue comme telle par les « auteurs » de la science.

du patron d'équipe et/ou du patron de laboratoire… Enfin, ce relationnel, cette possibilité d'échanges d'idées est perçue comme devant se construire. Il faut du temps pour que la *confiance* se gagne.
L'accent est mis, ici, sur la part informelle du travail en équipe.

À côté (et au-delà) de cette dimension informelle, qui apparaît liée à la notion d'équipe, la même question se pose, mais différemment, au niveau du laboratoire : même si des échanges interpersonnels peuvent exister entre chercheurs d'équipes différentes, dans un même laboratoire ou entre laboratoires différents, il faut dépasser ce stade pour envisager des formes ou des *dispositifs* de collaboration et de coopération entre chercheurs au sein, par exemple, d'un programme mobilisant plusieurs chercheurs ou sur un projet de recherche pouvant aller jusqu'à mobiliser plusieurs laboratoires et plusieurs autres partenaires, par exemple industriels. La nécessité de mise en place de moyens particuliers, d'un certain formalisme, de certaines règles de fonctionnement apparaît alors, tant dans les moments de production du travail de recherche que dans ceux de la diffusion (règles de cosignatures, règles de confidentialité, etc.) et de la valorisation de ce travail (brevets, par exemple). Il est relevé que, dans la plupart des appels d'offres de recherche, la part dévolue à l'explication de telles règles prend d'ailleurs de plus en plus d'importance.
Sans être réellement entrés dans une exploration des formes possibles de telles coopérations et de collaborations entre chercheurs, les étudiants se sont néanmoins interrogés sur les incidences que pouvaient avoir ces dispositifs sur le travail scientifique lui-même. Le contexte réglementaire (et institutionnel) – et ses évolutions – peut-il ainsi affecter les pratiques (le travail) de manière significative ? Quelles parts de pratiques (et de travail) restent finalement indifférentes à ces changements de contexte ? N'y a-t-il pas une différence entre ce qui est formellement réglementaire (*i.e.* les règles de confidentialité) et la réalité au quotidien ? N'y a-t-il pas aussi une permanence de pratiques dont les changements seraient plus liés aux évolutions de la science elle-même qu'aux contextes structurels qui environnent l'activité de recherche ? Cette question de l'indifférence des pratiques en regard des évolutions institutionnelles ou normatives n'a cependant pas été directement abordée plus avant.

De l'équipe à la communauté scientifique, il n'y a qu'un pas. Les échanges, les coopérations, les collaborations sont également référées aux contacts et échanges au sein d'une communauté, au-delà des cercles restreints liés à un laboratoire ou à un programme de recherche. Cette communauté peut prendre la forme d'un réseau thématique, de clubs informels (via, par exemple, les réseaux sociaux) ou de communautés internationales plus ou moins organisées et institutionnalisées. Ces contextes sont des sources de relations entre chercheurs tout en soulevant de nouvelles interrogations : comment passer d'une rencontre fortuite avec un chercheur d'un autre domaine à un relationnel scientifique durable ? Les échanges interdisciplinaires, exigeants et malaisés à décréter, ne sont-ils pas pour autant essentiels ? Au-delà, les relations entre entités de recherche ne sont-elles pas différentes dans le public et dans le privé ? Les interactions de type « donneur-receveur » (notamment chercheur / industriel) sont-elles différentes selon ces secteurs ?

Le financement de la recherche, le financement de la thèse.

Le financement de la thèse est une préoccupation indiscutable. Le doctorat joue un rôle particulier : il confère à ceux qui le préparent un statut qui reste encore celui d'étudiant, mais c'est aussi un premier emploi sinon un premier métier. La question de la rémunération est donc prise en considération dans le choix des étudiants. À ce titre, la comparaison avec les salaires de première embauche d'un ingénieur diplômé est souvent revenue, ainsi qu'un inventaire des financements possibles de la thèse (Cifre, BdI, Cnrs, Mesri, etc.). Il ne faut pas se cacher que les financements jouent un rôle clef pour attirer des jeunes vers un métier et une destination géographique et qu'une réelle concurrence a pu être relevée entre ces différents financements ainsi qu'entre les destinations.

Il est à noter que le thème plus général du financement de la recherche (différent de celui du financement de la thèse) n'est apparu que ponctuellement en soi mais est resté en filigrane au détour d'autres sujets abordés comme la carrière d'un chercheur ou les moyens de la recherche aujourd'hui (on renvoie le lecteur aux lignes de rupture liées aux contextes de la recherche dans la partie suivante). De fait, les étudiants ont conscience de l'importance du financement de la recherche mais n'en retiennent que deux ou trois sources : l'entreprise (financement de type « privé »), le financement public français par des grands organismes et par projet, les financements donnés par l'Europe.

Il nous apparaît ainsi assez vain de prétendre les familiariser en détail à cette question tant ces financements sont de fait multiples et changeants (l'exemple du Crédit Impôt Recherche, récemment apparu, a néanmoins été souvent repris)[294].

Est-ce le contexte culturel et socio-institutionnel français, différent sous ces aspects du contexte anglo-saxon qui doit ici être questionné ?

Enfin, le financement a aussi été évoqué comme facteur de perte de liberté et d'indépendance du chercheur : son origine pouvant orienter à la fois les contenus, les finalités et les échéances du travail de recherche.

---

[294] Néanmoins, au cours des quinze années du séminaire, aucun groupe d'étudiants ne s'est penché sur le *coût* d'une thèse ou d'un programme de recherche alors que plusieurs groupes se sont interrogés sur le financement d'une thèse et, plus ponctuellement, sur le financement de la recherche (*supra*, II.4).

III. 5

Lignes de rupture

Ces lignes de rupture renvoient aux incertitudes, voire inquiétudes, ayant pu être soulevées de façon récurrente par certains de nos étudiants au cours du séminaire. Elles ont été identifiées par nous et concernent leur avenir en tant qu'éventuels chercheurs.
Ce ne sont pas des lignes de rupture *en soi* vis-à-vis du métier ou de l'activité de chercheur mais des lignes de partage (que nous avons repérées) sur des choix existentiels. Ce ne sont donc pas des questionnements raisonnés mais plutôt des interrogations directes, par exemple : malgré (ou avec) mon bagage scientifique, où et comment aurais-je envie de vivre ? Chercheur, ingénieur, etc. ?
Ces clivages expriment néanmoins des *tensions* entre certains archétypes et un monde en mouvement, en évolution : ces archétypes résistent dans l'imagerie face à ces mouvements, ces changements, ces dynamiques, etc., qui sont perçus mais moins explicités. Peu de travaux d'étudiants appréhendent directement ces tensions : ils restent le plus souvent dans la culture d'un monde en équilibre sans réellement en appréhender les fragilités et les déséquilibres qui peuvent se produire.

Pourtant, si l'on prend l'exemple du mathématicien Pierre de Fermat, on peut résumer sur une photo la ligne de rupture entre *fondamental* et *appliqué* alors que, si l'on regarde l'évolution de son œuvre et de ses retombées dans le temps, les clivages deviennent beaucoup plus flous. En effet, un de ses célèbres résultats d'arithmétique, connu sous le nom de théorème de Fermat, est devenu le pilier de l'algorithme de cryptographie RSA (du nom de ses inventeurs Ronald Rivest, Adi Shamir et Leonard Adleman) créé au début des années 1980 sur lequel est basée la sécurité des cartes de crédit actuelles. Aujourd'hui, le chercheur peut devenir PDG d'une start'up (puis d'un groupe, ou, après, financier, etc.). Ces clivages sont avant tout le reflet d'un certain mode de pensée, progressivement acquis sinon formaté, issu de leur formation qui, à l'âge de Bac + 5, conduit le théorique à l'emporter sur l'expérience (le vécu).

Il faut ainsi noter le poids de la pensée binaire (« *il faut qu'une porte soit ouverte ou fermée* ») qui se traduit par l'omniprésence de la logique

(aristotélicienne), de l'informatique et de sa logique binaire (0 ou 1) dans laquelle tous nos étudiants (et nous-mêmes) baignent depuis l'enseignement secondaire, accentué par les classes préparatoires et l'apprentissage à l'optimisation dans les études d'ingénieur. Cette pensée de la disjonction, ces clivages binaires (A est A et non B au lieu de A peut être A et/ou B) sont cependant à tempérer (tout en restant omniprésents) dès lors qu'ils quittent l'univers scientifique et se confrontent à une réalité humaine, sociale, matérielle[295].
Malgré tout, on reproduit ici quelques-uns de ces clivages car cela fait partie des représentations dominantes des étudiants.

On a choisi de regrouper la grande diversité de ces lignes de rupture en trois grandes catégories que nous avons définies *a priori* : celles qui sont liées aux contextes de la recherche, celles qui sont liées aux finalités du chercheur et, enfin, celles qui sont liées aux façons de faire de la recherche.

Lignes de rupture liées aux contextes de la recherche

Monde académique / Monde de l'entreprise.
Il faut d'abord souligner que la plupart des étudiants n'ont qu'une très faible expérience *vécue* de la recherche, qu'elle soit académique ou en entreprise. Même s'ils sont plongés dans l'univers académique au cours de leurs études, le lien avec les laboratoires se fait par l'entremise des professeurs qu'ils rencontrent et, parfois, lors de projets les amenant à côtoyer des équipements. Ils n'ont pas, en France du moins, d'obligation d'une activité scientifique les faisant baigner dans *la vie de laboratoire* sur des fréquences importantes. Du côté de la recherche en entreprise, le contact est encore moins fréquent. La plupart des stages réalisés se font dans l'univers de la production, de l'innovation technologique ou de l'organisation. Et, lorsque nous recevons nos étudiants dans le séminaire, le stage de fin d'étude qui, lui, peut (ou doit) s'effectuer dans un contexte de laboratoire académique ou d'entreprise, ne s'est pas encore effectué.

Dès lors, la première tension perceptible dans leur approche est celle qui distingue (ou oppose) les *finalités* du métier de chercheur dans l'entreprise et du métier de chercheur dans le monde académique : recherches à visées appliquées dans l'un, recherches à caractère plus fondamentales dans l'autre.

Par ailleurs, nos étudiants sont des élèves ingénieurs et s'inscrivent dans une formation qui prépare principalement au monde de l'entreprise et qui est, pour

---

[295] La partie IV.1 (*infra*) reprend et argumente cette omniprésence de la pensée binaire.

une large part, pilotée par lui. Le terme d'entreprise est cependant envisagé selon plusieurs champs de signification : l'entreprise au sens d'une organisation dans laquelle le chercheur s'insère pour y travailler et l'entreprise au sens générique d'un acteur économique incluant les entreprises industrielles, les entreprises de services, des fondations, etc. Le modèle dominant est néanmoins celui de l'entreprise et son insertion dans une économie mondialisée avec, pour conséquences, sur la recherche, un accent mis sur le développement (et l'innovation), une rationalisation des moyens et de son organisation en regard d'un *plan produit* et la mise en place associée de partenariats (sinon d'une sous-traitance) avec des laboratoires académiques sur des actions (projets) ciblées.
Dans les présentations, le monde académique renvoie au monde universitaire et aux organismes publics de recherche (CNRS, INRIA, etc.). La recherche y est alors envisagée comme étant soumise, d'un côté, aux orientations des politiques publiques (États, Union européenne, etc.) et, d'un autre côté, aux axes de développement et d'innovation décidés par les entreprises. Dans cet entre-deux, c'est néanmoins l'entreprise qui est perçue comme apportant l'argent qui fait vivre le laboratoire. En contrepartie, elle attend des résultats (trop ?) de la part des équipes de recherche.

Une recherche académique sans contrat avec le secteur privé est ainsi perçue comme signe d'autonomie, d'intérêt scientifique, de liberté temporelle compensant, en quelque sorte, les faiblesses budgétaires. Par contre, une recherche avec contrats avec le secteur privé impliquerait une gestion par projet jugée plus motivante, des budgets plus importants mais une recherche « orientée », dirigée par les contrats.
Ce point de clivage entre monde de l'entreprise et monde académique est ainsi d'ordre financier : rodés, en quelque sorte, aux contraintes de l'entreprise, nos étudiants mettent en exergue la pression financière exercée sur la recherche académique (nécessité de décrocher des contrats, renforcement du suivi et du contrôle, etc.), la pression exercée sur les chercheurs (restriction de la liberté, obligation de résultats sur le court ou moyen terme, etc.) ainsi que l'extension des missions des responsables d'équipes ou de laboratoire (prospection, relations publiques, management, etc.).
Dès lors, faut-il s'engager dans une voie académique faite d'autant de contraintes et incertitudes de résultats, d'un long apprentissage (trois ans de thèse), alors que la voie de l'entreprise apparaît d'autant plus ouverte que les entreprises françaises ne sont pas trop soucieuses du doctorat et qu'elles semblent apparaître comme une voie plus maîtrisée pour obtenir des développements innovants ? Et cela d'autant plus que la mobilité professionnelle d'un univers à un autre est jugée limitée…

Pour certains, néanmoins, l'entreprise apparaît comme un champ de valorisation du chercheur au cours de sa carrière académique. Une distinction

est néanmoins faite entre la valorisation industrielle du chercheur en entreprise (sa carrière, sa reconnaissance, ses objectifs), une valorisation via l'entreprise du chercheur « académique » (de ses travaux), et une valorisation « humaine » du chercheur dans l'entreprise qui, outre de la reconnaissance, lui permettrait de passer à autre chose : du chercheur au responsable industriel, voire au PDG, comme on l'a vu plus haut. Au-delà, certains étudiants envisagent aussi la recherche comme un moyen d'accès consolidé vers des activités connexes d'expertise ou de consulting.
Dans toutes ces situations, néanmoins, apparaît une certaine confusion entre « chercheur » et « ingénieur de recherche » : la frontière entre recherche et R&D reste éminemment floue.

Public / Privé.
En arrière-plan à cette première ligne de rupture apparaît celle qui opposerait les modalités de l'exercice d'un métier de chercheur dans le secteur public en regard de cet exercice dans le secteur privé[296]. Cette ligne de rupture, récurrente d'année en année, s'exprime autour du statut (fonctionnaire/ salarié), des rémunérations (considérées comme supérieures dans le secteur privé), des moyens et du temps de la recherche (plus d'échéances et autre organisation du temps dans le secteur privé), des conditions de la recherche (thèmes de la liberté, de l'autonomie, etc.) …
Par extension, cette ligne de rupture renvoie aussi à la perception d'un clivage entre « sérénité » (le temps, l'autonomie, la liberté, y compris la « liberté de manœuvre », etc.) et les « moyens » qui permettent plus de choses et des salaires plus élevés mais induisent plus d'échéances, plus de contraintes et une recherche plus « appliquée ».

La mobilité des chercheurs vers d'autres responsabilités est revendiquée pour le secteur privé alors que, du côté du secteur public, c'est la possibilité de faire de la recherche dans la durée qui apparaît. Le rapport à la carrière est alors distingué. Ainsi, devenir Professeur des universités ou Directeur de recherche dans un organisme public n'est pas, en soi, une perspective clairement affichée alors que parvenir à des responsabilités managériales l'est.

---

[296] Cl. Allègre, dans son *Dictionnaire amoureux de la science*, accentue cette opposition en référant le terme de chercheur à la fonction publique et en indiquant que, dans le secteur privé, le terme d'ingénieur est « *préféré* » à celui de chercheur : « *les chercheurs sont des gens dont l'occupation professionnelle est la recherche scientifique. On dit, je suis chercheur au CNRS, chercheur à l'INSERM, etc. Il existe aussi des chercheurs dans les sociétés privées mais, généralement, ils ne s'appellent pas chercheurs, ils préfèrent le nom d'ingénieurs* » (pp. 204-205). De son côté, P.-G. de Gennes parle de « chercheurs industriels » (de Gennes, 1994, p. 150) pour les distinguer des chercheurs académiques (ou universitaires), les différenciant tous deux des « ingénieurs ».

Enfin, curieusement, la part du privé dans le public et la part du public dans le privé n'apparaît pas vraiment de manière explicite alors qu'une hybridation existe de plus en plus via, notamment, les contrats publics de R&D du côté de l'entreprise et les financements sous contrats privés de la recherche publique…

France / Étranger.

Au-delà des deux lignes de rupture précédentes, la question de la nécessité (ou non) d'effectuer une thèse à l'étranger revient fréquemment.

Précisons d'abord que nos étudiants sont habitués à la mobilité puisque la plupart viennent d'origines géographiques différentes (via le concours d'entrée) et sont également baignés dans une culture internationale dès leur arrivée à l'école, et ceci depuis le milieu des années 1990. Au-delà de côtoyer des enseignants-chercheurs étrangers dans leurs enseignements, ils sont quotidiennement en présence de flux réguliers et conséquents d'étudiants étrangers (européens, latino-américains, asiatiques, etc.) qui viennent effectuer les deux premières années de l'école dans le cadre d'un double-diplôme tandis que d'autres viennent effectuer des semestres ou la dernière année. Nos étudiants français ont aussi l'obligation d'effectuer une période longue à l'étranger, en double-diplôme, en stage ou sous forme de césures ou d'un semestre de mobilité.

Autrement dit, il n'est pas tant question, ici, d'une quelconque *fuite vers l'étranger* que d'une interrogation sur l'avenir et sur l'opportunité d'une expérience internationale via un troisième cycle reconnu par le monde de la recherche (académique ou de l'entreprise). Même si certains étudiants peuvent avoir une position tranchée (pour des raisons personnelles d'attirance pour un pays ou de rapprochement familial), la plupart témoignent ainsi d'hésitations et d'interrogations exprimées en *termes de carrière.*

Plusieurs questions sont ainsi soulevées et discutées : est-il nécessaire d'effectuer une thèse à l'étranger pour une carrière internationale ? Une telle thèse est-elle mieux valorisable (y compris en France) qu'une thèse effectuée en France ? Comment se positionnent respectivement le monde de l'entreprise et le monde académique sur ces points ?

Dans un premier temps, l'alternative se poserait entre une opportunité de dynamiser sa carrière et d'acquérir une expérience à l'étranger en face des faibles opportunités d'emploi (en France) et d'une mauvaise perception de l'organisation de la recherche publique française.

La reconnaissance du doctorat (notamment par les entreprises) est également perçue comme étant différente à l'étranger en regard de la France. Les exemples du Docteur Ingénieur allemand ou du standard du PhD anglo-saxon reviennent ici de manière répétitive alors que, pour la France, la perception

est clairement celle d'une certaine réticence des entreprises vis-à-vis de la thèse, même à l'international.
La valorisation professionnelle de la thèse, selon les pays, est ainsi scrutée. L'exemple de pays qui, comme l'Angleterre, recrutent des PhD en physique pour le secteur bancaire est perçu positivement : « *j'ai terminé ma thèse, un poste était ouvert pour travailler sur des sujets qui diffèrent du tout au tout de mon sujet de thèse* ».
La question se pose aussi du pays lui-même : son rayonnement scientifique, ses manières de travailler, sa culture de l'innovation (acceptation d'idées nouvelles). Les possibilités de financement s'articulent ici aux opportunités de contact depuis la France, aux possibilités institutionnelles (cotutelle, CIFRE internationale, etc.) et aux enjeux liés à une maîtrise de la langue locale.

Face à ces possibilités, rester en France pour faire une thèse apparaît comme une alternative comportant moins de *risques* à court terme mais peut-être moins de valorisation à plus long terme. La question, ici, est celle de pouvoir accéder, par la thèse, à une capacité d'expertise nouvelle sans nécessairement que celle-ci soit figée dans son domaine d'origine.
Ceci sans parler des possibilités de *post-doc* qui pourraient permettre de rejoindre (plus tard) une carrière plus internationale.
Ce questionnement est également récurrent par rapport à un modèle anglo-saxon (voire une épinalerie) qui conduit à effectuer une distinction entre la France, l'Étranger et... les États-Unis. Pour certains étudiants, l'*american dream* reste différent de l'étranger !

Lignes de rupture liées aux finalités du chercheur

Les étudiants ont mis en exergue dans leurs travaux plusieurs lignes de rupture qui jouent un rôle prépondérant dans le savoir-être et le savoir-faire du chercheur. Celles-ci semblent être plus l'expression des incertitudes, voire des réelles inquiétudes, des étudiants sur le choix de leur métier futur que de simples réponses à des interrogations sur le métier de chercheur. Deux d'entre elles doivent ici être soulignées.

Ingénieur / Chercheur.
Le contexte du séminaire aidant, les étudiants se sont souvent d'abord interrogés sur la différence profonde entre l'ingénieur et le chercheur. Ils ont le sentiment qu'il existe une frontière bien déterminée et ils éprouvent alors le besoin de ranger chacun dans une case bien définie. Mais cela n'est pas si simple. Ils n'arrivent d'ailleurs pas à situer clairement la limite entre le métier d'ingénieur et celui de chercheur. Comment exprimer, sinon problématiser,

cette ligne de rupture ? D'une certaine manière, l'expression R&D, associant dans l'esprit de beaucoup pratique de recherche et pratique de développement leur apparaît comme une façon de lever cette difficulté.
Mais la distinction (si on devait la prolonger) ne serait-elle pas à chercher du côté des temporalités plutôt qu'en regard d'autres critères qui sont apparus, souvent, comme des préjugés ? L'ingénieur ne travaille-t-il pas en « temps court » et le chercheur en « temps long » ?

Enseignement / Recherche.
De la même manière, de nombreuses interrogations sur l'équilibre entre enseignement et recherche, pour le métier d'enseignant-chercheur, sont restées en suspens. L'enjeu semble d'abord temporel : le temps d'enseignement mordrait-il sur celui de la recherche ? Ils ne remettent pas en question le postulat d'une séparation entre enseignement et recherche. La frontière peut pourtant être ténue. Puis, cet enjeu se décline en termes de carrière : l'enseignement ne fait pas partie (ou peu) des critères d'évaluation des chercheurs dans le modèle universitaire français. C'est une façon d'essayer de hiérarchiser les rôles. Enfin, on retrouve les aspects sociétaux : faire de la recherche, c'est produire des connaissances, mais aussi les transmettre. Mais cette hiérarchisation n'est cependant pas aussi claire, d'autant plus que transmettre n'est pas réductible à enseigner. Les nombreux entretiens menés par les étudiants avec des enseignants-chercheurs débutants ou confirmés ont souvent tourné autour de ces questions. La plupart des interviewés trouvent l'enseignement important et son apport significatif : « *une bouffée d'oxygène* », une « *aide à clarifier la recherche* ». Parfois, l'enseignant-chercheur voit l'enseignement comme une obligation sinon une contrainte (par rapport à sa recherche) alors que le chercheur en entreprise y voit une forme de reconnaissance. La dualité chercheur/ingénieur évoquée en amont apparaît ici de nouveau.

Lignes de rupture liées aux façons de faire de la recherche

L'homme-grenouille / Le scaphandrier.
L'exercice du métier, en tant que tel, les façons de faire de la recherche ont été très souvent abordées aussi. Une dose d'indiscipline dans la discipline serait-on tenté d'écrire au vu de leurs travaux. C'est l'image de l'homme-grenouille et du scaphandrier : différence entre l'homme-grenouille, qui opère librement, débarrassé de tout lien, et le scaphandrier, encore relié à la terre par un cordon ombilical ! La discipline correspond à l'image d'enfermement, à mettre en balance avec l'interdisciplinarité ou la pluridisciplinarité, qui représentent l'ouverture aux autres. Il est cependant à noter que les étudiants ont tendance à confondre l'interdisciplinarité (dans un sens scientifique) avec

une pratique multidisciplinaire mettant en relation plusieurs chercheurs via une coopération. La frontière semble là encore imperceptible pour nombre d'entre eux. Ils remarquent au passage la nécessité d'appartenir à un champ disciplinaire bien codifié (comme les sections CNU, par exemple) malgré de possibles tentations d'interdisciplinarité ou de pluridisciplinarité (surtout en début de carrière). Ces tentations apparaissent alors comme autant de besoins d'ouverture mais s'articulent aussi à la crainte d'un certain enfermement (disciplinaire) pendant les trois années d'une thèse.

Recherche fondamentale / Recherche appliquée.
D'autres oppositions dans l'exercice du métier de chercheur en tant que tel ont été présentées. Ainsi les différences entre la recherche fondamentale et la recherche appliquée, ou encore entre l'expérimentation et la modélisation, ont été sujettes à de nombreuses controverses. Pour la seconde opposition, il s'agit simplement de pratiques différentes de recherche selon les domaines, les outils. Quant à la dualité fondamentale/appliquée, les étudiants la voient comme une différenciation entre « amont » et « aval » : l'amont représente les études théoriques, la production de connaissances, l'étude bibliographique, voire l'étude de marché ou la faisabilité, l'aval n'est autre pour eux que recherche et développement (R&D). Quand on dit recherche, surtout chez des élèves ingénieurs, ils comprennent surtout recherche appliquée, innovation, parfois transfert. C'est aussi l'image donnée par les laboratoires qu'ils fréquentent dans leurs écoles ou dans les entreprises partenaires. La recherche fondamentale n'est que ponctuellement évoquée alors qu'elle fait pourtant partie de l'imagerie. Mais, lorsqu'elle est effectivement abordée, une complémentarité plus qu'une ligne de rupture apparaît ici, à travers la construction dans leur esprit d'un continuum recherche fondamentale / recherche appliquée. Pourtant la recherche pour l'avancée de la connaissance pure tendrait, selon eux, à disparaître : la recherche de financement, largement retranscrite dans leurs travaux, le contexte aidant sans doute, demande une prise plus directe avec les contraintes de la réalité.

Pensée / Geste.
Toujours dans les préoccupations des étudiants, on retrouve l'exercice du métier en tant que tel et aussi cette grande crainte : si je suis chercheur, livré à moi-même, serais-je à la hauteur ? Comment trouver ? Comment chercher ? Comment passer du statut de chercheur à celui de « trouveur » ? La créativité est avancée mais dans une sorte de polysémie : créer des réalisations, créer de nouvelles questions, créer des occasions… Mais cette polysémie est souvent limitée à une seule de ces entrées chez les étudiants. Chercher ? Trouver ? Développer ? Toutes ces questions, ils les ont posées lors de leurs rencontres avec des chercheurs. Il est difficile de traduire ici les réponses, tant elles peuvent être différentes selon les individus. Par exemple, concernant le passage de la pensée au geste, de la réflexion à la production voire à l'action,

il n'en ressort pas une règle générale mais plutôt une multitude d'attitudes, de comportements, de manière de faire, de façon de réaliser. Face à l'abstraction, le physicien G. Charpak (souvent cité) revendique une concrétisation. Mais, existe-t-il des gestes, des outils, des dispositifs (expérimentaux) qui rendent la pensée concrétisée ?

Science de jour / Science de nuit.

Un point néanmoins semble faire l'unanimité : l'idée d'une complémentarité entre ce que l'on a pu appeler la science de jour et la science de nuit à partir de F. Jacob[297]. La science de jour, c'est la rationalité de l'activité. La science de nuit, c'est la liberté de déborder, d'aborder selon F. Jacob, les « cadavres » qui sont dans le placard et, plus largement de déborder de cette rationalité diurne. La nuit on reste en « veille » intellectuelle : *s'arrêter sans s'interrompre*[298]. La recherche est un engagement à plein temps. De réelles inquiétudes sur la conciliation entre vie de famille et vie professionnelle ont ainsi été soulevées. La conclusion à laquelle beaucoup aboutissent peut être résumée de la façon suivante : l'activité de recherche est exigeante, souvent difficile à comprendre de la part du milieu familial, puisque le travail n'est pas organisé selon un découpage simple entre une vie de bureau et une vie hors du bureau. Le travail chez soi, le soir et le week-end est la règle plutôt que l'exception, les moments de concentration qui sont nécessaires dans la conduite de recherches difficiles ou dans l'écriture de travaux de longue haleine supposent une forte dose d'égocentrisme. Mais, reprenant une question d'un groupe d'étudiant, toute science de jour aurait-elle été auparavant science de nuit ?

Travail individuel / Travail collectif.

De manière peut-être moins marquée, mais malgré tout importante relativement au contexte du travail de recherche et aux façons de faire de la recherche, apparaît enfin l'incertitude relative aux pratiques de recherche elles-mêmes. On retrouve la ligne de rupture traditionnelle : la recherche est-

[297] Évoquée dès notre première partie, cette complémentarité (ou distinction) sera plus largement développée dans la partie suivante (*infra*, IV.3).

[298] Notons que cette dualité entre « rationalité » diurne et « tâtonnements » nocturnes se retrouvent dans d'autres pratiques. Ainsi, par exemple, de la distinction faite entre « médecine de jour » et « médecine de nuit » : « *La médecine la nuit est l'une des pratiques les plus coûteuses, les moins rentables et les moins prestigieuses de l'ensemble du dispositif soignant. Si l'on excepte les véritables urgences (celles qui ne relèvent pas d'une forme ou l'autre d'angoisse nocturne) et les soins intensifs, elle est une approche tâtonnante, gérant au mieux l'incertain, tenant la main des patients et leur offrant une attention à leur solitude souffrante. Bien souvent s'ajoute une distribution d'hypnotiques et d'analgésiques. La médecine la nuit se focalise sur le sommeil et la tranquillisation du corps : pour le reste, elle joue la montre, bricole en attente du lendemain.* » (*in* Kieffer B., « La maladie, la nuit », *Revue médicale Suisse*, n° 665, 2019).

elle un travail individuel ou collectif ? La tension entre le travail individuel du thésard, son dialogue à deux avec son directeur de thèse et son insertion dans une équipe, un labo (plus ou moins formalisé) et une communauté est palpable dans la réflexion des étudiants. La thèse est un travail individuel mais doit trouver sa place dans une ligne collective. Beaucoup d'étudiants ont la perception d'un travail qui reste très individuel en France par rapport à un fonctionnement comportant plus d'échanges, de projets et d'engagement à l'échelle d'une équipe dans des pays étrangers, à commencer par les États-Unis ou le Japon. L'incertitude de nombreux étudiants porte sur l'insertion collective dans une équipe (la synergie voire la participation à l'équipe), dans un laboratoire (formalisation de cette insertion) et sur la possibilité de relations fortes avec la communauté scientifique en général (autres laboratoires, autres chercheurs) sur le thème de la thèse ou sur des thèmes connexes.
Il y a ainsi un questionnement sur l'exercice de la recherche, variable selon les contextes (institutionnels) et les « cultures » des pays, selon les domaines scientifiques, tant du point de vue des héritages historiques (des écoles de pensée) que du point de vue des pratiques. Hormis certaines situations particulières (telle la recherche dans des champs comme les mathématiques ou la philosophie), la recherche, aujourd'hui, est un travail d'équipes organisées qui sont, qui plus est, parfois multidisciplinaires. Nos étudiants sont-ils vraiment préparés à cela ?

IVe partie

Textes à l'appui (II) : ingrédients et supports de discussions

IV. 1.

Lettre à un systémicien

Le texte qui suit, « Lettre à un systémicien », est issu d'un courrier rédigé au cours d'un été crétois 2001, en vue de servir de polycopié aux élèves de troisième année d'école d'ingénieurs qui suivaient à l'époque un séminaire de « modélisation des systèmes complexes ». Cette forme épistolaire, au style un tantinet potache, permettait de s'adresser à un lecteur virtuel sur le mode de l'interpellation.
Le polycopié est tombé dans les mains du responsable de l'option de troisième année que suivaient ces étudiants (« génie des organisations, services et systèmes socio-économiques »), qui a souhaité lui donner une réponse, comme à tout courrier qui se respecte.
Il l'a tout aussitôt fait lire à un ami philosophe, qui à cette époque ne connaissait que de loin l'auteur du courrier. Le philosophe et le responsable furent d'avis que ledit poly représentait un texte de passage à l'enseignement plus qu'un écrit de recherche. La réponse devrait donc être conçue pour développer le point de vue du chercheur.
Le responsable d'option a prévenu l'auteur qu'il préparait cette réponse, mettant en copie un collègue mathématicien qui s'est senti lui aussi interpellé par cette affaire.
Cette réponse a pris du temps, s'est probablement perdue dans un tiroir, a rebondi en 2003 sur la création de la filière « Recherche » : bref elle n'a jamais été vraiment écrite. Cependant, cette absence de réponse a ceci de remarquable qu'elle est à l'origine d'une cogitation longue et intermittente, qui a finalement conduit... à l'ouvrage que vous avez entre les mains.

Réthymnon, 27 juillet 2001
Lille et Barjols, 26 novembre 2020

Cher correspondant et ami,

Merci de votre courrier précédent où vous m'entreteniez de vos questions de point de vue... J'ai trouvé vos petits jeux visuels dignes des meilleurs exercices spirituels d'Ignace de Loyola : j'en suis encore amusé et songeur.

De mon côté j'ai dû, la semaine passée, aborder des questions liées aux sciences du vivant, cherchant à comprendre l'évolution des espèces. Tentant d'en percevoir les éventuelles lois, les réponses que je retirai de cette étude m'apparurent comme de maigres et provisoires intermédiaires vers une conclusion peut-être inexistante. Par contre, cette quête me sembla intéressante par les questions et difficultés qu'elle soulevait.

Car avez-vous jamais été confronté à un problème qui vous ait « résisté » un peu, beaucoup, passionnément ? Pour moi, cela m'arrive plus que fréquemment. Essayant de mettre un peu d'ordre dans ce qui bousculait un peu trop ma capacité de compréhension, j'ai noté que deux types de situations se présentaient dans de tels cas, que ce soit séparément ou bien ensemble. Puis, en me référant à quelques lectures complémentaires, j'ai constaté qu'elles ont depuis quelque temps été désignées par deux termes : la *complication* et la *complexité*.

Complication

Dans le premier cas, la seule pensée du nombre de détails que j'aurai à prendre en compte, et le nombre encore plus grand de leurs liens causaux... me fatiguent par avance. Ainsi d'expliquer précisément le fonctionnement d'une centrale électrique, ou de faire le bilan chiffré des sommes engagées par le ministère pour ses universités. C'est vraiment trop compliqué ! Cependant, même compliqué, un peu de méthode et beaucoup de temps pourraient suffire à en venir à bout. Nous savons vous et moi que la réponse à une telle question existe... ne serait-ce d'ailleurs pas là ce qui fait le fastidieux de la chose ?

Henri Atlan, homme de la biologie par profession et de la Loi par confession, écrivait en 1979 :

« La complication n'exprime à la limite qu'un grand nombre d'étapes ou d'instructions pour décrire, spécifier et construire un système à partir de ses constituants. En ce sens, la complication est un attribut des systèmes artificiels, construits, ou au moins constructibles, par l'homme qui en connaît et comprend totalement la structure et le fonctionnement [...] *Très souvent, aujourd'hui, la complication est mesurée par un temps de calcul d'ordinateur nécessaire pour réaliser un programme : plus ce temps est long (en travaillant avec le même ordinateur), plus le programme, et donc le système qu'il spécifie, est compliqué* ».

[Henri Atlan, *Entre le cristal et la fumée : essai sur l'organisation du vivant*, Éditions du Seuil – 1979]

Cher correspondant, je vous conseille la lecture de cet ouvrage dont le titre splendide évoque si bien cet espace encore vide séparant deux structures si différentes : celle du cristal, celle de la fumée…

C'est vraiment trop compliqué… et c'est précisément pour surmonter ce type de difficulté que l'ami Descartes avait proposé en 1637 un « discours de la méthode pour bien conduire sa raison, et chercher la vérité dans les sciences » en donnant ses quatre préceptes (je les nommerai pour résumer Évidence, Décomposition, Recomposition et Exhaustivité) :

Évidence, Décomposition, Recomposition et Exhaustivité

« Ainsi, au lieu de ce grand nombre de préceptes dont la logique est composée, je crus que j'aurais assez des quatre suivants, pourvu que je prisse une ferme et constante résolution de ne manquer pas une seule fois à les observer.
Le premier était de ne recevoir jamais aucune chose pour vraie que je ne la connusse évidemment être telle, c'est-à-dire d'éviter soigneusement la précipitation et la prévention, et de ne comprendre rien de plus en mes jugements que ce qui se présenterait si clairement et si distinctement à mon esprit que je n'eusse aucune occasion de la mettre en doute.
Le second, de diviser chacune des difficultés que j'examinerais en autant de parcelles qu'il se pourrait et qu'il serait requis pour les mieux résoudre.
Le troisième, de conduire par ordre mes pensées en commençant par les objets les plus simples et les plus aisés à connaître, pour monter peu à peu comme par degrés jusques à la connaissance des plus composés, et supposant de même de l'ordre entre ceux qui ne se précèdent point naturellement.
Et le dernier, de faire partout des dénombrements si entiers et des revues si générales que je fusse assuré de ne rien omettre ».

Et voici un petit dessin à mettre en regard de cette décomposition / recomposition, vous devriez y retrouver une vision qui vous semblera assez classique : à gauche, en vue de profil (c'est-à-dire en termes d'arbres) et, au milieu, en vue de dessus (en termes de sous-ensembles).

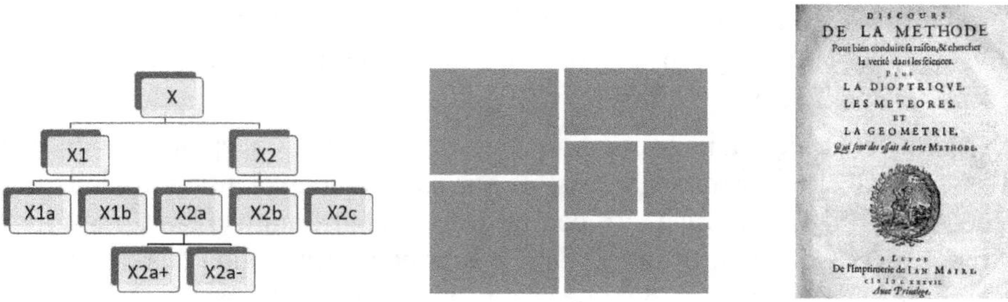

Fig. 17 : Descartes : décomposition/recomposition, vue de profil, vue de dessus… et illustration historique.

Ainsi, si vous concevez la complication comme résultant de l'empilage ou l'assemblage d'un grand nombre d'éléments, vous retrouverez l'étymologie du mot : "plier ensemble" (*cum-plicare*). Grâce à la manière-Descartes, nous pouvons ainsi *ex*pliquer (déplier) un phénomène compliqué en le simplifiant, c'est-à-dire en analysant chacun de ses éléments et relations. Le compliqué serait comme un de ces *origami*s japonais, mais qui nous serait donné "tout fait" et dont nous aurions à déplier la feuille en recopiant soigneusement le plan de pliage… Tigre de papier !

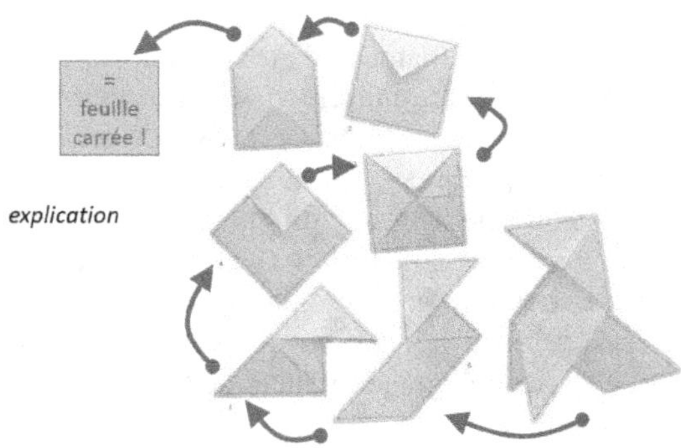

Fig. 18 : Étymologie d'une explication : expliquer c'est déplier.

Pourtant, m'objecterez-vous, construire un origami est une tout autre paire de manches, puisqu'il s'agit de procéder à l'inverse, partant de la feuille – plate – et essayant d'imaginer l'objet ou l'animal en volume, ou plutôt en termes de plis, de parois, etc. Vous avez raison : l'explication n'est qu'une partie mineure de cet exercice et je compte bien revenir sur l'aspect construction un peu plus tard... Ce dernier a probablement une forte partie *im*plicite : pour continuer de jouer sur les mots, nous pourrons évoquer ce physicien théorique, David Bohm, qui a suggéré un « ordre implié » comme alternative à notre vision explicite de l'univers.

En fait, et c'est bien là la caractéristique du "compliqué", il a *une* explication… même si en rassembler les éléments doit prendre des heures de calculateur, ou des années : question de niveau de *multi*plicité.

C'est dire la difficulté qu'on aura à réduire un phénomène ouvert, par exemple vivant (biologique, psychologique, social, culturel...), à du "compliqué", nécessairement fermé.

Descartes était aidé dans sa méthode par un outillage conceptuel connu bien avant son siècle : les traités d'Aristote sur la logique avaient été traduits par Boèce (480-524). Oh, bien sûr, ce que Boèce avait traduit n'était pas « tout Aristote », puisqu'il fallut attendre 1170 pour que la traduction du reste de son œuvre soit rassemblée et publiée par le médecin et philosophe musulman andalou Ibn Ruchd (le fameux Averroes) … Vous vous doutez bien que l'ouvrage et ses commentaires, qui cherchaient à unir le rationnel (philosophie) et le traditionnel (religion), furent rapidement condamnés par les théologiens de l'Islam et interdits par l'église de Rome (concile de Paris, 1210). Enfin, je m'égare, je voulais vous entretenir de cette « logique aristotélicienne » qui aujourd'hui encore, fait auprès de nos étudiants et collègues, tantôt des miracles, tantôt des ravages : vous vous souvenez peut-être qu'elle se fonde sur trois axiomes : identité, non-contradiction et tiers exclu ?

D'Aristote à Shannon…

Aristote (–384, –322), disciple de Platon à l'Académie, est considéré comme le fondateur de la logique, le premier à formaliser – dans un ensemble d'ouvrages appelé l'*Organon* – le raisonnement et ses règles de façon détachée de l'objet de ce raisonnement. Son propos concerne avant tout le discours et sa dialectique, reposant sur deux concepts : le syllogisme (forme qui met en relation des propositions « prémisses » et une proposition « conclusion ») et les catégories (10 façons de signifier ou désigner *ce qui est* : une première, la *ousia*, essence, substance, et neuf autres, quantité / qualité / relation / lieu / temps position / possession / action / passion). Son discours porte sur une grande variété de sujets répartis en trois grands domaines : la science théorique ou *épistémè* qui est la contemplation désintéressée du vrai (métaphysique, mathématique, physique), la science pratique ou *praxis* pour laquelle « *Le fait de bien agir est le but même de l'action* » (politique, éthique), la science productive – poïétique – ou *technè* pour laquelle l'action elle-même a un but de création plus général (tous les registres d'activités humaines : agriculture, poésie, rhétorique…). La logique n'est pas une quatrième science, ni n'est incluse dans ces trois-là : elle est l'instrument qui permet de les faire progresser. Aristote a proposé quelques règles pour manipuler correctement les catégories : on a coutume de parler de logique aristotélicienne. Elles sont exprimées ci-dessous à l'aide d'opérateurs… tout à fait inconnus d'Aristote.

Axiome d'identité : "Ce qui est, est. Ce qui n'est pas, n'est pas" (utilisé mais non explicité par Aristote),
ou bien "A est A, $\bar{A}$ est $\bar{A}$" (prononcez 'non-A' pour le $\bar{A}$, qu'on note aussi $\neg A$)
ou encore $A = A$, $\bar{A} = \bar{A}$.

Axiome de non-contradiction : “il est impossible d’affirmer et de nier en même temps” (formulé en « *jamais deux assertions opposées ne peuvent être vraies à la fois* »),
ou bien “B ne peut être à la fois A et son contraire $\bar{A}$ (prononcez non-A)”,
ou encore $A.\bar{A} = 0$.

Axiome du tiers exclu : “toute chose est affirmée ou niée” (formulé en « *il n'est pas possible qu'il y ait aucun intermédiaire entre les énoncés contradictoires : il faut nécessairement ou affirmer ou nier un seul prédicat, quel qu'il soit* »),
ou bien “B est forcément A ou non-A”,
ou encore $A + \bar{A} = 1$.

Ces trois axiomes conduisent au « ou exclusif », le « Xor » ($\oplus$) des anglophones :
“B est forcément soit A, soit non-A, exclusivement”,
ou encore $A \oplus \bar{A} = 1$,
dont le caractère franchement disjonctif (rassurez-vous, cher correspondant, je ne veux pas entendre par là que vous êtes en train de disjoncter, mais qu’un tel outil effectue une *disjonction*, alors que le « *et* » effectue une *conjonction*) servira pour la décomposition analytique en « *if, then, else* » (si…, alors…, sinon…) chère à nos informaticiens.

Ce « tri » s’effectue sur la base de l’expansion de Shannon (1949) :
$$f(A,B,C,\ldots) = \bar{A}f(0,B,C,\ldots) \oplus Af(1,B,C,\ldots),$$
complétant adéquatement les constructions logiques codifiées par Boole (1854). Nous retrouvons ici nos bonnes vieilles « tables de vérité » (vérité au singulier, bien sûr !).

Ainsi, Aristote, puis Boole[299] et Shannon[300] nous ont assuré que nous pouvions décomposer un gros problème *f* en deux plus petits sous-problèmes : d’une part, le problème dans le cas où une de ses composantes *A* est vraie, d’autre part le cas contraire où *A* est fausse. Et dans ce cadre la recomposition est garantie !

[299] George Boole (1815-1864), mathématicien, logicien et philosophe britannique. Autodidacte (en langues comme en mathématiques), il publie un hommage à Sir Isaac Newton en 1835, puis dans le domaine mathématique à partir de 1839 : mécanique analytique (sur Lagrange), calcul des variations, équations différentielles… Ses travaux sur la logique débutent en 1844 et aboutissent en 1854 à son traité *Investigation into the laws of thought, on which are founded the mathematical theories of logic and probabilities*. La nouvelle forme de logique qu’il bâtit est à la fois algébrique (un ensemble non vide composé à partir de deux valeurs 0 et 1, muni de deux lois de composition interne – la somme OU, le produit ET – satisfaisant quelques bonnes propriétés : existence d’un élément neutre, commutativité, distributivité, associativité) et symbolique (transposer les idées en équations, traiter mathématiquement les équations, puis revenir vers les idées). Ses travaux sont essentiellement théoriques : ses successeurs (Peirce, Frege, Russell, Turing, Shannon…) en tireront les applications que vous savez.

[300] Claude Elwood Shannon (1916-2001), ingénieur (Bell labs), mathématicien (au MIT), jongleur, inventeur de machines bizarres… Dès son Master en 1938, il explique comment construire des machines à relais en utilisant l’algèbre de Boole pour décrire l’état des relais (1 : fermé, 0 : ouvert), puis obtient un PhD en mathématiques au MIT en 1940, puis fonde carrément la théorie (probabiliste) de l’information en 1948...

En termes plus familiers : s'il pleut, nous resterons à la maison (où nous avons tout un tas de choses à faire), s'il ne pleut pas, nous sortirons (et le programme sera différent). Dans tous les cas, une décision sera prise, et de façon unique puisque, soit il pleut, soit il ne pleut pas, les deux ne pouvant advenir simultanément.

Bref, l'outil idéal pour servir l'approche cartésienne par décomposition, également appelée « analytique » : le grec ancien *analusis* (décomposition) reposait sur l'action de séparer, délier, dissoudre, bref… disjoindre.

complication ↔ multiplicité

analyser un objet compliqué pour l'expliquer

Mais, vous vous en doutez bien, ceci ne s'applique pas à toutes les difficultés qui pourraient confondre notre intelligence ou résister à la curiosité de nos esprits scientifiques (le jour où le temps est brumeux, que faire ?).

Les objections que j'aimerais donc soulever ici (et je ne suis pas le premier !) sont de deux ordres : l'un est lié aux présupposés de ce « ou » disjonctif et exclusif, l'autre à ceux des préceptes cartésiens. Les deux sont d'ailleurs liés car n'est pas disjonctif qui veut…

Pour ce qui est de la disjonction exclusive, revenons donc un peu sur la logique aristotélicienne. Nous pouvons tout d'abord nous accorder pour lui rendre ce vibrant hommage : son efficacité a maintenant fait ses preuves dans de multiples domaines. Il y a ceux où une classification était souhaitée, par exemple la gestion des stocks en logistique ou la taxinomie en biologie... encore que, dans ce dernier cas, les beaux arbres phylogénétiques des musées d'histoire naturelle ne cachent plus, aujourd'hui, l'histoire mouvementée de la classification du vivant, depuis Aristote, Linné, les oncle et neveu Jussieu, et Buffon, Lamarck, Cuvier, Darwin, Mayr et Simpson, Hennig… Il y a ceux où une vision « mécaniste » des phénomènes permet de les planifier (comme la phase de réalisation d'un bâtiment, en génie civil), de les gérer (la comptabilité analytique de votre entreprise) et de les informatiser (en fait, le micro-ordinateur sur lequel je vous écris cette missive fonctionne totalement sur ces principes… sauf lorsqu'il se plante sous prétexte que 'l'explorateur a cessé de fonctionner') … Malgré tout, elle comporte plusieurs pièges et limitations.

Parmi les pièges de la « méthode cartésienne », le plus attirant chez ceux dont la formation intellectuelle en a utilisé de fortes doses (je pense ici à nos étudiants scientifiques, à qui j'en touche un mot régulièrement) est le risque d'*utilisation non intentionnelle* : le processus de pensée en est tellement bien connu, tellement pratiqué-huilé-rodé, qu'on en viendrait bientôt à croire qu'il est le seul, que la vision disjonctive n'a pas d'alternative et, pourquoi pas, … qu'elle reflète la nature des choses ? Alors faisons du Descartes, pratiquons l'Aristote, disjoignons à plaisir mais – que diable ! – restons maîtres de nos choix.

Instinct formatif, instinct conservatif

« ‘‘*Notre esprit, dit justement M. Bergson, a une irrésistible tendance à considérer comme plus claire l'idée qui lui sert le plus souvent''.* [...] *Un épistémologue irrévérencieux disait, il y a quelque vingt ans, que les grands hommes sont utiles à la science dans la première moitié de leur vie, nuisibles dans la seconde moitié. L'instinct formatif est si persistant chez certains hommes de pensée qu'on ne doit pas s'alarmer de cette boutade. Mais enfin, l'instinct formatif finit par céder devant l'instinct conservatif. Il vient un temps où l'esprit aime mieux ce qui confirme son savoir que ce qui le contredit, où il aime mieux les réponses que les questions. Alors l'instinct conservatif domine, la croissance spirituelle s'arrête.* »

[Gaston Bachelard, *La formation de l'esprit scientifique*, p. 16-17– 1938]

Il faudra d'ailleurs que je pense à revenir, dans le courant de cette missive, sur ce qu'on appelle les *biais cognitifs*…

Le deuxième piège est de *croire à une objectivité* qui s'insinuerait, là aussi, à trop côtoyer de telles équations. Croire que l'opérateur *xor* ait pu être placé dans la formule (donc dans l'analyse), comme un fait naturel ou par une sorte d'intervention divine et indépendamment de tout observateur ou modélisateur, par exemple…

Ou bien, troisième écueil : *l'immuabilité* – considérer que A soit éternellement identique à lui-même – reflète sans doute un idéal de la pensée grecque de l'époque d'Aristote... Pour citer Étienne Klein dans une discussion avec François Jullien (France Culture, *la Conversation scientifique*, 05/11/2016), où il pointait la contradiction implicite derrière l'expression ‘il a changé', ce ‘il' représentant l'identité de celui qui a changé : « *Pour les Grecs il y a une contradiction entre l'idée de changement et l'idée d'identité, précisément.* [...] *Parce que si une chose a changé, c'est qu'elle cesse d'être identique à elle-même ; et si elle est identique à elle-même, c'est qu'elle n'a pas changé.* [...] *Cette contradiction entre l'identité et le changement,* [...] *nous l'avons résolue par le langage mais d'une façon un peu bizarre : le sujet du verbe changer, dans la langue française, c'est précisément ce qui ne change pas quand on dit qu'il change. Si je dis que X a changé, ça veut dire que X est le même X à la fin du changement qu'au début, et ce qui a changé en fait ce n'est pas X mais ‘quelque chose' de X qui est une propriété secondaire* ». Autrement dit, l'identique (le sujet de $A = A$) est ce qui est sous le changement et qui ne change pas. Ainsi de l'image du navire de Thésée, dont les Athéniens conservaient la structure en renouvelant les planches une à une… ou de l'organisme vivant qui renouvelle en permanence ses billions de cellules pour rester lui-même. « Une chose est ce qu'elle est », nous dit l'identité ontologique, celle qui concerne l'être : pas si simple malgré tout…

Il y a aussi ce que nous dit l'identité logique, celle qui concerne la connaissance : « ce qui est vrai est vrai ». Soit. Mais que faire du *double sens* ?

La langue nous offre une multitude d'exemples de phrases équivoques (« remontez dans votre arbre ») et de mots possédant quantité de signifiés différents (on dit une polysémie, mais ça n'est pas une maladie). Un des plus courts est la simple lettre *x* : inconnu de « monsieur *x* » ou inconnue des mathématiques, film *x*, terminal *x*, *x*-files, rayons *x*, axe des *x* ou École polytechnique… vous n'hésiterez pas à compléter ma liste dans une de vos prochaines missives, si toutefois ces courriers ne vous exténuent pas. À propos de notre *x*, notez qu'il est multiple jusque dans sa prononciation : j'ai essayé avec taxi, exemple, dixième, soixante, xérès. Polysémie donc, et, qui plus est, ces signifiés varient au cours de l'histoire. C'est peut-être un peu trop d'innocence que de croire en « Paris sera toujours Paris » …

En remontant dans l'antiquité grecque, dans la seconde moitié du VIe siècle avant JC soit deux siècles avant Aristote, vit un autre grand penseur : Héraclite. Lui ne s'embarrasse pas d'écrire « clair et net ». Poète et, en cela, fin stimulateur de notre pensée analogique, il n'hésitait pas à pousser le bouchon de la contradiction en écrivant : « *Joignez ce qui est complet et ce qui ne l'est pas, ce qui concorde et ce qui discorde, ce qui est en harmonie et en désaccord ; de toutes choses une et d'une, toutes choses* ». Et Aristote le lui reprochait dans sa *Rhétorique* : « *C'est tout un travail de ponctuer Héraclite, car il est difficile de voir si le mot se rattache à ce qui précède ou à ce qui suit. Par exemple au commencement de son ouvrage, il dit : 'le logos ce qui est toujours les hommes sont incapables de le comprendre'. Il est impossible de voir à quoi toujours se rattache, lorsque l'on ponctue.* » Ici j'imagine bien notre rigoureux Aristote excédé par l'expression poétique et multivoque de son agaçant prédécesseur. Écoulement et mobilité universelle, lutte et harmonie des contraires… voilà qui ne cadre pas bien avec le tout-ou-rien et la décomposition. Pourtant, les fragments d'écrits qu'Héraclite a laissés m'encouragent eux aussi à penser. Et ils m'évoquent d'autres textes tout aussi laconiques, à la fois insaisissables et porteurs de sens : Yogasūtra de Patañjali, Tao-te king de Lao Tseu et tant d'autres de toutes cultures et époques.

Côté limitations de notre bonne logique « classique », je me permettrai d'en relever trois :

- une *vision binaire* « tout-noir-ou-tout-blanc-et-rien-d'autre », dont la limite peut être relaxée en ajoutant un peu de flou dans la logique ;
- une habitude de *l'exclusion du tiers* qui peut pourtant être contournée par une alternative logique dite intuitionniste :
- enfin, la non-contradiction et donc *le rejet du paradoxe*.

Pour la première, je l'illustrerai tout d'abord par une règle qui nous concernera tous deux (je sais que vous avez des talents de cuisinier) : « s'il y a beaucoup d'invités assez jeunes, préparez beaucoup de nourriture ». Elle correspond à un de nos modes de raisonnement familiers, et est pourtant difficilement traduisible dans le contexte de la logique aristotélicienne. Cela donnerait : « si vous avez plus de 20 invités d'âge compris entre 12 et 25 ans, préparez 40 kg de nourriture ». Vous en conviendrez, le résultat est assez réducteur et manque un tantinet de nuance.... Pour permettre de coder de telles phrases, Lotfi Zadeh définit en 1963 ce qu'il nomme *fuzzy logic*, « logique floue », ou plus précisément « logique des sous-ensembles flous ». Dès 1930, mais de façon sans doute moins accessible au grand public, Łukasiewicz et Tarski avaient défini une extension de la logique booléenne qui ne se limitait plus à la dualité vrai/faux : au lieu de deux valeurs 0 et 1, ils considéraient une continuité/infinité de valeurs intermédiaires, comprises entre 0 et 1. Vous en trouverez quelques détails techniques dans ma petite note ci-dessous. Cependant, même si elle introduit de la continuité dans l'intervalle vrai-faux, je préfère vous faire remarquer dès à présent que la logique des sous-ensembles flous reste très respectueuse du tiers exclu (par définition, vrai + non-vrai = 1) ...

Un peu de flou dans la logique...

Pardonnez-moi cette parenthèse un peu technique, mais on ne se refait pas et ma formation mathématique reprend le dessus... Vous pouvez aussi bien passer ce qui va suivre ! Donc, dans notre « classique » logique aristotélicienne, les variables prennent leurs valeurs dans un ensemble booléen à deux éléments $\{0, 1\}$: par exemple, $A = 1$ pour « la proposition A est vraie » et $A = 0$ pour « la proposition A est fausse ». Ceci s'exprime autrement dans la « théorie des ensembles » : si V est l'ensemble des propositions vraies, $A = 1$ s'écrit A appartient à V, $A = 0$ s'écrit A n'appartient pas à V, et l'alternative aristotélicienne $A \oplus \bar{A} = 1$ devient : soit A appartient à V, soit elle n'y appartient pas, les deux cas s'excluant. Pour permettre de traduire des règles comme celle de notre cuisinier, on peut utiliser l'intervalle [0, 1] (théorie dite des sous-ensembles flous). Dans cette perspective, les fonctions d'appartenance ne sont plus limitées à deux valeurs 0 et 1, mais elles sont comprises entre ces deux bornes : la fonction d'appartenance de A à V vaudra 0.73 et son contraire (la fonction de non-appartenance de A à V), vaut 0.27 par définition (ce qui conserve l'axiome du tiers exclu, puisque la somme appartenance + non-appartenance reste égale à 1). On remplace ainsi l'ensemble binaire $\{0,1\}$ par le segment $[0,1]$ et A peut être ni totalement vraie, ni totalement fausse... Le « tout noir ou tout blanc » s'enrichit de niveaux de gris intermédiaires. J'ai essayé ci-dessus de vous dessiner quelques fonctions d'appartenance, en étant assez optimiste sur notre évolution en âge, puisque la vieillesse « totale » est acquise ici... à 80 ans.

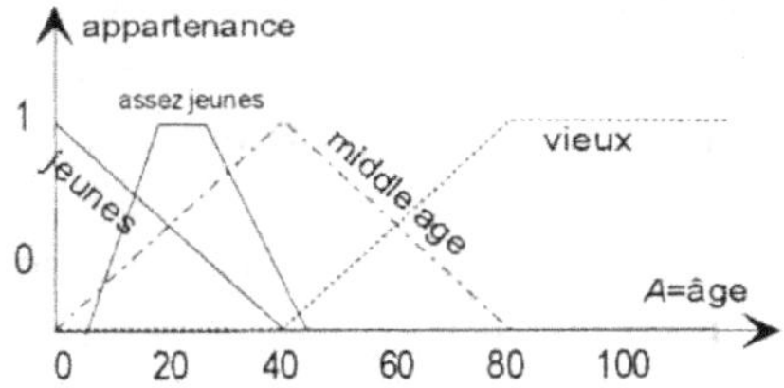

Par ailleurs, il y a plusieurs façons (Gödel, Goguen, Łukasiewicz-Tarski, etc.) de définir les opérateurs de base *et/ou/non*... Par exemple, le « *et* » caractérisant l'intersection des sous-ensembles peut se calculer comme le minimum des fonctions d'appartenance à chacun, le « *ou* » (pour l'union), étant leur maximum. D'autres définitions possibles donneront le produit $x.y$ pour « *et* », la somme moins le produit $x + y - x.y$ pour « *ou* », la négation $\bar{0} = 1$, $\bar{x} = 0\ \forall x > 0$. À chaque fois, on obtient un autre système de calcul… tout autant logique !

Par contre, le tiers exclu est abandonné par une autre forme de logique, dite « intuitionniste », qui remplace la notion de vrai (vérité) par la notion d'existence d'une preuve *constructive* : par exemple, la démonstration d'existence d'un nombre devra indiquer la façon dont on pourrait le calculer (comme la limite d'une suite, par exemple). Dans ce contexte, la formulation « être vrai » signifie « être constructible » et devient plus forte (plus exigeante) que « ne pas être faux », qui signifie simplement qu'il n'a pas été montré qu'une construction n'existe pas... Pour le dire autrement, et pas forcément plus simplement, en logique intuitionniste le contraire du contraire de A n'est pas A ($\bar{\bar{A}} \neq A$) car « A non faux » est démontrable à partir de « A vrai », mais « A vrai » n'est pas démontrable à partir de « A non faux ».

Voudriez-vous un exemple ? Alors voici : les mathématiciens connaissent la constante d'Euler-Mascheroni $\gamma = \lim_{n\to\infty}\left(1 + \frac{1}{2} + \frac{1}{3} + \cdots + \frac{1}{n} - \ln n\right)$ qui est remarquable parce qu'il n'a pas été construit de preuve qu'elle soit le ratio de deux nombres entiers, ni qu'elle ne le soit pas. Cette constante existe au sens intuitionniste. Par contre, dans cette même logique, la proposition « la constante γ est rationnelle ou ne l'est pas » n'est pas vraie (pas démontrable de manière constructive). La logique intuitionniste n'accepte pas le raisonnement par l'absurde, puisqu'il est basé sur le tiers exclu. Pour reprendre notre exemple, pour démontrer par l'absurde l'existence d'un nombre réel satisfaisant une certaine propriété, on supposera qu'un tel réel n'existe pas, on en déduira une contradiction, puis on conclura que donc un tel réel existe. Pour un intuitionniste, on a juste démontré que l'existence d'un tel réel n'est pas contradictoire, mais pas que ce réel existe (la démonstration par l'absurde ne donne aucune indication sur la façon dont on pourrait calculer ce nombre réel).

Encore en lien avec ce tiers exclu, il nous faudra revenir tout à l'heure (car j'ai bien l'intention de vous entretenir de complexité et de la révolution mathématique du XXe siècle) sur le théorème d'incomplétude de Kurt Gödel. En attendant, je me permets de schématiser son résultat de 1931 : toute axiomatique (la base d'une mathématique) cohérente (n'induisant pas de contradiction) permettant de formaliser l'arithmétique générale (la théorie des nombres) est incomplète (c'est-à-dire conduit à des propositions « indécidables ») : sur la base des axiomes initiaux, on pourra construire une proposition dont il n'est pas possible, et il ne le sera jamais, de déterminer par une série de déductions « logiques » si elle est vraie ou fausse. Ceci fit probablement le désespoir de David Hilbert (1862-1943) et, à titre posthume, de tout un XIXe siècle de grand rationalisme, qui auraient tant aimé que les mathématiques fussent une science « exacte » sur laquelle bâtir une science-philosophie « positive » ...

Mais de certitudes, point : choisir une décision pour la proposition non-décidable et la rajouter aux axiomes constitutifs constituerait bien une nouvelle mathématique, mais celle-ci à son tour engendrerait inexorablement une autre indécidabilité...

À moins que ladite proposition indécidable ne soit *à la fois* vraie et fausse ? Voici qui nous amène à la troisième limitation et au refus du paradoxe : sommes-nous certains que le même objet ne puisse être en même temps et vrai et non-vrai ?

Le paradoxe choque sans aucun doute notre pensée culturellement dualiste : il semble que d'autres cultures ne s'en soient pas toujours embarrassées. On peut penser au premier aphorisme du Tao-te king, ouvrage fondateur du taoïsme philosophique : « *La voie qui peut être exprimée n'est pas la voie ; le nom qui peut être nommé n'est pas le nom* ». J'aimerais tellement pouvoir donner un cours de modélisation en disant à mes élèves-ingénieurs que « *Le tao exprimable n'est pas de tao – Le nom exprimable n'est pas le nom. Innommable, origine du ciel et de la terre – Nommables, mères de toutes choses...* ». Et, bien sûr, je les laisserais se débrouiller avec ça ensuite. Bon, soyons honnêtes, c'est en partie ça que je fais...

Autre illustration, le petit texte qui suit est inspiré de l'ouvrage remarquable que Douglas Hofstadter a publié en 1979 : « *Gödel, Escher, Bach : an Eternal Golden Braid* » (avez-vous remarqué ce jeu tout en finesse sur la permutation des initiales, jeu repris dans la version française de 1985 : *les Brins d'une Guirlande Éternelle* ?). Dans une section intitulée le « combat du Zen contre le dualisme », il évoque le *Kōan*, technique plutôt déroutante issue de la tradition Zen : « *La définition la plus concise de l'Illumination serait peut-être : la transcendance du dualisme. Mais le dualisme, qu'est-ce que c'est ? C'est la division conceptuelle du monde en catégories* ».

Kōan : une alternative pédagogique ?

En 1927, dans son *Essai sur la connaissance approchée*, Gaston Bachelard exprimait la différence entre la chose et le signe :

« [...] *dans les sciences plus qu'ailleurs, on est amené à confondre la connaissance telle qu'on la transmet et la connaissance telle qu'on la crée. Dès lors le signe arrive à primer la chose signifiée ; en particulier, la science physique a trouvé dans les mathématiques un langage qui se détache sans difficulté de sa base expérimentale et qui, pour ainsi dire, pense tout seul* ».

Dans un autre contexte, son enseignement aurait pu prendre une autre forme... L'enseignement par « *kōan* » (ou *gong an* dans le *chan* chinois) me semble suffisamment décoiffant pour des habitués de nos universités... À son propos,

D. Hofstadter cite un passage du *Wumenguan* (mandarin) ou *Mumonkan* (japonais) qui peut se traduire comme « *La Barrière sans porte* » (1228). Je vous le laisse méditer : si le premier *kōan* vous semble obscur, passez à son commentaire ; si cela s'aggrave au lieu de vous aider, passez au poème ; enfin, s'il reste un doute, dites-vous que vous n'êtes pas seul dans ce cas…

Shuzan sortit son bâton et dit : « si vous appelez ceci un bâton, vous ignorez le fait. Alors, comment voulez-vous appeler ceci ? »

Wumen (moine chinois, 1183-1260, Wumen en mandarin ou Mumon en japonais) en donne ce commentaire :

Si vous appelez ceci un bâton, vous vous opposez à sa réalité.
Si vous ne l'appelez pas un bâton, vous ignorez le fait.
On ne peut l'exprimer avec des mots et on ne peut l'exprimer sans les mots.
Alors dites rapidement ce que c'est.

Puis Wumen nous « illumine » avec un poème :

En brandissant son bâton,
il a donné un ordre de vie ou de mort.
Le positif et le négatif entrelacés
même les Bouddhas et les patriarches
ne peuvent échapper à cette attaque.

Pour comprendre ce à quoi nous avons échappé pendant nos études, je laisse la parole à Claude Grégory, fondateur de l'Encyclopaedia Universalis pour laquelle il écrit l'article « Zen » : « *Le* gong an *est une histoire, une affaire, une situation énigmatique en ce qu'elle exige une réponse dont elle ne contient pas les données.* [...] *Une absurdité parfois cocasse en est, dans maint cas, la caractéristique. Imposée par le maître, l'énigme place le disciple dans l'urgence d'un questionnement pressant et dans l'impossibilité de découvrir quelque issue que ce soit à ce qui est d'abord une incarcération mentale et qui devient vite une ordalie* ».

Et ce n'est pas tout : « *Au cours d'entretiens privés souvent orageux, parfois agrémentés de coups, le maître s'efforce de mettre à la dérive son laborieux disciple, que ce soit par l'émotion et par la colère ou que ce soit par la détresse, par le désespoir où le malheureux est poussé. Accablante pour l'intellect, l'imperméabilité d'un problème qui n'a apparemment ni queue ni tête est inlassablement opposée et pour ainsi dire ravivée par le maître* ».

Mais voici le dénouement : « *jusqu'au moment où le disciple, investi, hanté corps et esprit par l'insolubilité de ce qu'il porte maintenant en lui comme un poison torturant, comprend brusquement, sans le secours du raisonnement : le questionnement* [...] *n'était que le moyen de provoquer et d'entretenir l'interrogation plénière au détriment de toute autre attitude. Ce qu'attend le maître, ce qu'il cherche à susciter chez son élève,* [...] *c'est littéralement l'explosion du signifiant, c'est la délivrance du sens d'être : c'est par là, tout à coup, une réconciliation avec ce qui n'avait jamais été séparé. Perdu pendant sa recherche dans un puits d'obscurité, le disciple revoit soudain le jour, mais, dit-on, il ne le voit plus comme avant* ».

Ce « dit-on » final laisse rêveur quant aux garanties de la méthode, non ?

Avant de clore cette réflexion sur la complication et la logique qui en soutient l'analyse, j'aimerais pouvoir vous entretenir des questions que m'a posées la mise en pratique des préceptes cartésiens. Certes, je ne me sens pas vraiment habilité à critiquer le grand Descartes, mais je voudrais soulever certaines réserves quant à l'opérationnalité de ses quatre préceptes.

Pour me donner un peu d'audace, je commencerai par la réflexion d'un illustre aîné, dont l'œuvre est tout de même plus significative que mon petit *pensum* épistolaire : Leibniz lui-même apporte une critique au précepte d'évidence, ce « si clairement et si distinctement » qui suppose une intelligibilité dont les limites sont celles de l'intuition humaine. Leibniz reproche à la méthode cartésienne de négliger l'importance du symbolisme. Ainsi, il est amené à définir $\pi/4$ par un développement en série : $\pi/4 = 1 - (1/3) + (1/5) - (1/7) + ...$ Cette expression n'est qu'approximative mais elle est adéquate, constructive... bref efficace ; elle ne lui demande pas d'idée « claire et distincte » de l'objet de la définition. L'intelligibilité est désormais mesurée par le potentiel constructif et non plus par une intuition intellectuelle.

Voilà pour Leibniz... voyons maintenant pour votre serviteur.

Je commencerai par cette mise en garde : un objet ou un phénomène ne peut être réductible à un modèle "compliqué" qu'à condition :

1. qu'il soit complètement décomposable (précepte 1), c'est-à-dire qu'on puisse le découper en étant *sûr* de n'avoir oublié aucun élément ou variable importante (précepte 4 : exhaustivité !) ;
2. qu'en recomposant (précepte 3) on soit *sûr* de retrouver le même objet ou phénomène qu'au début (démontons notre réveil et remontons-le, avec un peu de chance il pourra fonctionner à nouveau ; mais creusons un trou dans notre jardin, et rebouchons-le avec la même terre... il est peu probable que notre pelouse retrouvera son aspect initial... il y a généralement trop de terre – j'espère que pour votre réveil aucune pièce ne sera de trop !) ;
3. que les effets s'expliquent régulièrement par des causes *clairement* identifiables (précepte 1 : évidence), ce qui n'est pas forcément le cas de nos définitions mathématiques modernes, qui utilisent largement des formulations implicites (c'est la remarque de Leibniz) ;
4. que l'exhaustivité reste exploitable, c'est-à-dire qu'elle ne génère pas d'explosion combinatoire : tester exhaustivement le bon fonctionnement du processeur qui équipe mon micro-ordinateur, en vérifiant chacune de ses combinaisons logiques... demanderait tout de même quelques millions d'années ;
5. que les "évidences objectives" (*sûr*, *clairement*...) qui précèdent soient précautionneusement situées dans le cadre d'un formalisme ou d'une idéologie donnée, identifiée.

De plus, si la résolution “ferme et constante” de notre célèbre aîné m’a semblé convaincante et sa méthode pertinente, que de déboires nous réservons-nous encore à tenter de la mettre en pratique !

Car le manuel, vous l’avez remarqué, ne nous précise pas le “comment” du procédé… Ainsi, dans le cas d’un phénomène social, comment nous y prendrons-nous pour décomposer notre objet ? Considérant qu’il est un ensemble d’individus en interaction, devrons-nous faire l’étude psychologique de chacun, ainsi que de leurs relations ? L’exhaustivité en prendrait un coup… Ou bien, utilisant le même stratagème que Ludwig Boltzmann qui retrouva le second principe de la thermodynamique à partir des lois statistiques sur les mouvements des molécules, ferons-nous usage de sondages pour laisser décider les grands nombres ? Dans notre cas sociologique, je doute pourtant que la réussite de notre recomposition soit assurée : que donneront les lois de la psyché individuelle lorsque nous leur demanderons des comptes au niveau macroscopique du social, elles qui sont tout au plus applicables au niveau microscopique, et encore ? Autrement dit, le libre arbitre des individus sera-t-il déterminant pour répondre à la question d’une guerre, par exemple, qui va à l’encontre de sa survie personnelle et ne peut se concevoir qu’à un niveau d’ensemble : que dire de cette notion de « donner sa vie pour la patrie » (même si cette dernière est ensuite qualifiée de reconnaissante) ? Bref, comment décomposer et recomposer lorsque l’individu produit la société qui le produit ?

Décidément, cette recomposition cartésienne me crée des soucis, d’autant plus que son auteur, loin d’être un sot, avait prévu les cas non triviaux en nous proposant de considérer aussi les relations *entre ceux qui ne se précèdent point naturellement…* Ce qui veut dire que nous passons de l’arbre (graphe acyclique connexe) au graphe cyclique plus général… et que le nombre de combinaisons possibles en prend un sacré coup. Je recopie ici un autre dessin que j’ai préparé pour compléter le précédent, auquel j’ajoute juste (en pointillé) un seul des liens possibles « entre ceux qui ne se précèdent point naturellement ». Cela ne vous donne-t-il pas le vertige de penser aux quelque 10 milliards de neurones interconnectés dans votre corps ?

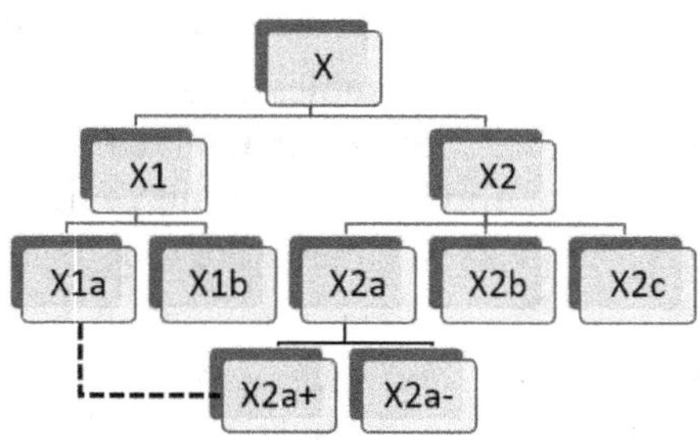

Fig. 19 : À nouveau le 3ᵉ précepte de Descartes vu de profil, mais avec une recomposition tenant compte (lien pointillé) du « supposant de même de l’ordre entre ceux qui ne se précèdent point naturellement ».

Et puis aussi, comment savoir le nombre de *parcelles qu'il se pourrait et qu'il serait requis pour les mieux résoudre ?* Et puis encore, serons-nous assurés que l'analyse d'une parcelle ne nous en ouvrira pas une multitude d'autres ?

Pouvons-nous encore, avec certains physiciens, entretenir l'espoir de retrouver l'idéal grec de l'*atomos*, corpuscule élémentaire et indivisible (étymologiquement « insécable »), alors qu'à partir de son noyau nous inventons toujours de nouveaux composants, protons, neutrons et ce qui les compose à nouveau... ?

Comment dans ce cas espérer l'exhaustivité de nos *dénombrements si entiers et des revues si générales ?*

Élémentaire, mon cher Lepton

Au Ve siècle avant notre ère, Leucippe et son élève Démocrite d'Abdère donnent le nom de 'ἄτομα' à ce qu'ils considèrent être les composants insécables, pleins, de tout ce qui n'est pas le vide. « *Rien ne vient du néant, et rien, après avoir été détruit, n'y retourne. Les atomes se déplacent dans tout l'univers en effectuant des tourbillons et c'est de la sorte que se forment les composés : feu, eau, air et terre* ». Même s'il n'apprécie guère son auteur, Aristote résumera ainsi l'argumentation atomiste : « *Si tout corps est divisible à l'infini, de deux choses l'une : ou il ne restera rien, ou il restera quelque chose. Dans le premier cas, la division ne saurait aboutir à un néant pur et simple, car alors la matière n'aurait qu'une existence virtuelle, dans le second cas on se pose la question : que reste-t-il ? La réponse la plus logique, c'est l'existence d'éléments réels, indivisibles et insécables appelés donc atomes* ». Cette question de l'« élémentarité » de l'élément sera reprise plus loin (*infra*, IV.2).
Ce verdict « non-coupable » tient bon jusqu'au XIXe siècle, mais le statut de corpuscule insécable est remis en question avec la classification périodique des éléments publiée en 1869 par Dmitri Ivanovitch Mendeleïev. Un composant de l'atome est pressenti et nommé « électron » par George Johnstone Stoney en 1874. Joseph John Thomson prouve son existence en 1897 et, en 1911, Ernest Rutherford met en évidence un autre composant, le noyau. Puis le noyau se sépare aussi : en 1919 Rutherford découvre les protons, en 1932 James Chadwick découvre les neutrons. Aujourd'hui, une « particule élémentaire » est devenue celle dont on ne connaît pas la composition », dont on ne peut dire si elle est constituée d'autres particules plus petites...
Si on s'en tient à la représentation dite « modèle standard de la physique », nos particules élémentaires sont devenues des fermions (quarks et leptons, avec leurs symétriques les anti-quarks et anti-leptons) reliés par leurs médiateurs les bosons : photons, gluons, Z, W... et peut-être un jour gravitons ?
Le graviton serait un type de boson mais, contrairement à celui de Higgs, il n'a pas été observé expérimentalement : les conditions auxquelles la « gravité quantique » pourrait être vérifiée sont inaccessibles à notre technologie actuelle... En 2012, le boson de Higgs, pressenti dans le contexte quantique, est venu vérifier les hypothèses de cette théorie. En 2015, les ondes gravitationnelles, pressenties dans la relativité générale, sont venues vérifier les hypothèses de cette autre théorie. La « gravité » de la situation, quant à elle, est certaine, car ces deux modèles théoriques sont

incompatibles. Reste à trouver un troisième cadre dans lequel ils pourraient être unifiés : cette nouvelle théorie deviendrait-elle pour autant universelle ?
Quoi qu'il en soit, le terme « particule », comme celui de « corpuscule », est devenu inapproprié, sortant de notre compréhension intuitive, puisqu'il s'agit de représenter un concept quantique : je vous parlerai plus tard du principe d'indétermination d'Heisenberg mais, par anticipation, je peux déjà vous dire que, loin d'être un petit point situé quelque part et animé d'une certaine vitesse, notre particule est un bidule dont nul ne peut savoir exactement où il est *et* où il va...

Et puis enfin, suis-je assuré que, quelle que soit la façon dont je m'y prendrai pour décomposer (car il y en a certainement plusieurs), le résultat aboutira à la même explication « après recomposition » ?

Pour ma gouverne personnelle, j'ai cherché ma réponse à l'évolution des espèces auprès de plusieurs spécialistes, partant hiérarchiquement du niveau le plus détaillé jusqu'au plus global (comme l'eût positivement fait Auguste Comte au siècle dernier, et cherchant en cela à m'inspirer de la recomposition cartésienne).

Tous m'ont répondu avec grande compétence : le biologiste moléculaire m'a parlé d'acide désoxyribonucléique, avec de grands gestes en forme d'hélices ; son voisin d'étage, biologiste, m'a résumé quelques expériences de mutation de ses drosophiles ; l'anthropologue, lui, m'a parlé de Charles Darwin, de fonction et de sélection (mais je crois bien qu'il lui manquait un chaînon…) et sa consœur paléontologiste Anne Dambricourt Malassé l'a contredit en m'entretenant de systèmes dynamiques non-linéaires pour la modélisation des évolutions crâniennes de nos lointains cousins anthropoïdes. Personne ne m'a parlé de champs morphogénétiques, mais un ancien camarade de promotion devenu religieux m'a fait redécouvrir Pierre Teilhard de Chardin et son point Oméga…

Bien que leurs réponses fussent toutes différentes, apparemment séparées et parfois contradictoires, tous s'accordaient cependant, sur un point : ils répondaient à la même question. Je me suis un instant demandé comment y retrouver mon Descartes...

Alors, et voilà la question brutalement résumable, le tout est-il réductible à la somme de ses parties ?

Dans l'affirmative, nos quatre préceptes sont de brillants scalpels… pour disséquer un réel d'artefacts, prévisibles car conçus et maîtrisés par l'homme.

Si non, et c'est le cas du vivant, une alternative serait bienvenue.

… et si à la fois oui et non ? Alors la question, pour abrupte qu'elle soit, n'est pas réductible à une réponse. Ceci nous amène à une autre discussion, concernant cette fois la *complexité*.

Complexité

Passons donc maintenant, si vous le voulez bien, à cette autre situation dans laquelle notre capacité de comprendre (en tout cas, la mienne !) est mise à l'épreuve : la complexité.

Tout comme il l'a fait pour le « compliqué », Henri Atlan en a donné un résumé que j'ai trouvé très éclairant, je ne résiste pas au plaisir de vous le citer (il fait aussi partie de l'ouvrage dont je vous ai parlé) :

« *La complexité est reconnue comme une notion négative : elle exprime qu'on ne connaît pas, ou qu'on ne comprend pas un système, malgré un fond de connaissance global qui nous fait reconnaître et nommer ce système. Un système qu'on peut spécifier explicitement* [...] *n'est pas vraiment complexe. Disons qu'il peut être plus ou moins compliqué. La complexité implique qu'il y ait une perception globale, avec en même temps la perception qu'on ne la maîtrise pas dans ses détails. C'est pourquoi on la mesure par l'information qu'on ne possède pas et dont on aurait besoin pour spécifier le système en ses détails* ».

[Henri Atlan, *Entre le cristal et la fumée : essai sur l'organisation du vivant,* Éditions du Seuil – 1979]

Déplier notre *origami* de tout à l'heure était peut-être un tout petit peu compliqué. Le plier sans modèle est une difficulté d'un autre ordre. Comment fait l'origamiste pour répondre une injonction comme : s'il te plaît, plie-moi un mouton ? Que se passe-t-il dans sa tête pour produire un objet en 3 dimensions à partir d'une feuille de papier en 2 dimensions ? Il ne tente pas *tous* les pliages possibles (une infinité non dénombrable) pour arriver à l'objet, il va plutôt sélectionner puis essayer un nombre restreint de pistes qui vont lui *sembler* plus pertinentes… par intuition, par expérience ? La phase de conception est « autre que compliquée », elle est de l'ordre du *complexe*.

Mais ici je devrais laisser parler un plieur expérimenté…

À propos d'origami

Comme le décrit très bien Michel Lucas, le pliage n'est pas une activité nouvelle : « *L'art du pliage de papier (plus connu sous le vocable origami, inventé vers 1950 par L. Oppenheimer) est vraisemblablement originaire de Chine, pays où le papier fut inventé. Si, depuis, la pratique de l'origami s'est perdue dans ce pays, il est apparu au Japon aux environs de 530 de notre ère* ».

Cette pratique combine technique et création. En cela elle donne une très belle illustration de la complexité inhérente à une activité de conception.

« *Les plieurs confirmés suivent en général trois étapes dans leur progression dans la connaissance du monde de l'origami :*

- une phase de pliage invétéré, dans laquelle ils recherchent des modèles de tout type, de complexité croissante, et utilisent toute sorte de papier. Durant cette phase, ils acquièrent une grande maîtrise technique et une connaissance des styles des maîtres plieurs.

- une phase de création "timide", passant généralement par la modification plus ou moins profonde de modèles existants ou par la création de modèles "au hasard",

- une phase d'invention où ils ressentent la nécessité de créer leurs propres compositions, de manière à contrôler totalement toutes les phases de la création d'un nouveau modèle.

Bien entendu, ces phases peuvent se combiner et être plus ou moins courtes (voire ne jamais être commencées) suivant les capacités de chacun. La difficulté du processus de création est que deux rôles sont mélangés : un rôle d'artiste, avec sa vision personnelle du sujet et de son traitement ; un rôle d'ingénieur, avec sa capacité à identifier et résoudre les problèmes techniques qui lui sont posés. »

L'origamiste confirmé, tout comme le disait le mathématicien Henri Poincaré, a la perception de « *je ne sais quel principe d'unité interne* »[301], d'un fil rouge plutôt que d'une accumulation de détails successifs :

« *Les créateurs travaillent avec une vision stratégique de leur modèle. Ils ne raisonnent pas en termes de successions de plis (vision tactique), mais en termes de mise en place des éléments caractéristiques (appendices, corps, parois, etc.) en essayant de produire des zones de papier plus ou moins libres permettant, par la suite, de réaliser chaque élément. Une des préoccupations est alors de déterminer le nombre de pointes (futurs appendices), leur emplacement, leurs proportions et d'être capable dès lors de reporter tous ces éléments sur la feuille de papier. Le travail principal est alors de créer la base, description de la disposition des futurs éléments de la composition. Le reste n'est que succession de plis* ».

[extraits issus de : Michel Lucas, in *Intelligence et innovation*, B. Yannou, Ph. Deshayes (*ed.*), L'Harmattan, p. 25 – 2006]

La complexité est peut-être plus encore humiliante pour nos présomptueux esprits car, par surcroît, elle ne dépend même pas du nombre d'éléments que nous aurons à considérer : il arrive qu'à peine un ou deux constituants suffisent à ma déroute. Humiliante mais attirante…

Par exemple, cette bascule logique que l'on appelle contradiction, comme le paradoxe que l'on attribue à l'antique philosophe Épiménide :

« *Cette phrase est fausse* »

---

301 « *Quand on causait avec M. Hermite, jamais il n'évoquait une image sensible, et pourtant vous vous aperceviez bientôt que les entités les plus abstraites étaient pour lui comme des êtres vivants. Il ne les voyait pas, mais il sentait qu'elles ne sont pas un assemblage artificiel, et qu'elles ont je ne sais quel principe d'unité interne* », H. Poincaré, *La Valeur de la Science*, chapitre 1, Flammarion, 1911.

ou bien, plus positive (en apparence seulement !) :

« *Cette phrase contient cinq mots* ».

Il s'agit en fait de propositions autoréférentes, ce qui signifie que le sujet dont elles parlent, c'est elles-mêmes. En voici une autre que, personnellement, j'adore :

« *Cette phrase pas de verbe* ».

Notez que, comme le remarque Hofstadter (dans le même ouvrage, le « GEB-BGE » auquel je me suis référé tout à l'heure), elle ne fait pas du tout rire les jeunes enfants, qui n'y voient rien d'étrange et qui, manquant d'initiation à ce genre de paradoxe, risquent juste de demander « Quelle phrase ? ».

Je pourrais aussi dessiner la première, « cette phrase est fausse », comme dans nos vieux cours de logique sous la forme de la « boucle étrange » suivante, basée sur une porte logique appelée NAND : un « non-AND » qui réalise le « et » logique de deux variables d'entrée, et en produit le complémentaire en sortie. Cherchez bien à la comprendre, elle vaut nos petits jeux de cubes visuels : dans mon dessin de gauche, le minuscule composant électronique NAND transforme son entrée a en sa négation $\bar{a}$ qui, étant câblée sur l'entrée, devient égale à a. Revoilà Épiménide… Ou bien, en sortant notre antique artillerie électromécanique, on se penchera sur ce relai autoalimenté faisant office de sonnette : le marteau frappant la cloche fait office de contact électrique, mettant sous tension un électroaimant qui décolle le marteau, etc.

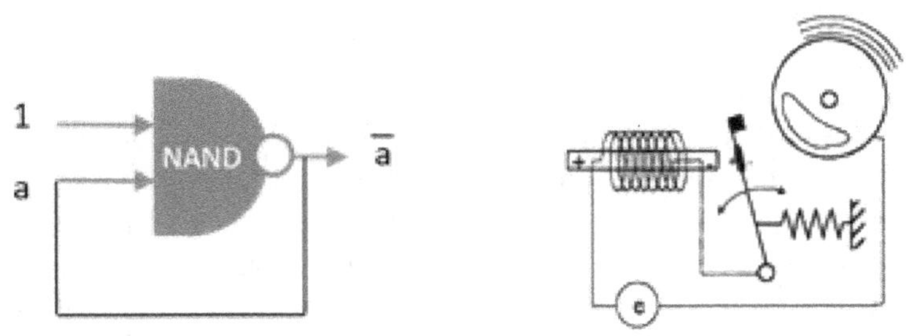

Fig. 20 : Phénomènes d'autoréférence : deux boucles étranges technologiques.

Ou bien encore, paraphrasant William et son Hamlet, « *to be* and *not to be* ». Voilà qui heurte mon sens aristotélicien de la non-contradiction, *isn't it* ?

Cet exemple m'a toujours semblé emblématique de la façon dont *un bouclage causal engendre la temporalité*. Pour comprendre le fonctionnement de cette sonnette, il nous a fallu quitter notre vision *statique* – la fonction NAND et sa logique combinatoire – à une vision *dynamique* – la succession et sa logique séquentielle. Seule l'introduction du temps peut nous permettre de donner du sens à cette construction paradoxale.

Ce sont là les exemples linguistiques ou techniques, il y a aussi celui de la poule et de l'œuf, ou bien ces « serpents qui se mordent la queue » comme ces gravures dues à Maurits Cornelis Escher (1898-1972), où l'observateur est dans le tableau qu'il regarde, où le dedans est aussi le dehors, où le dessin se dessine lui-même…

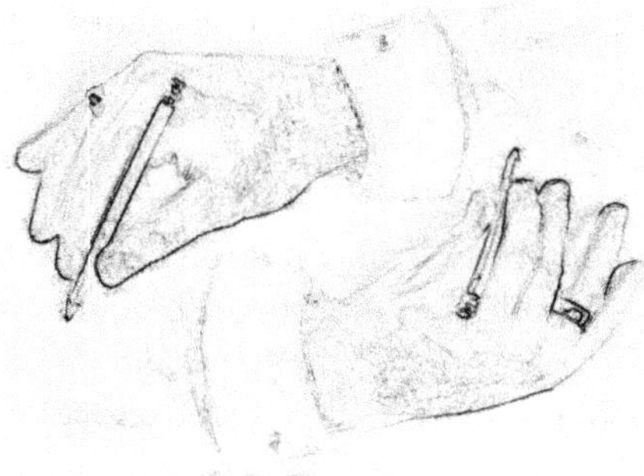

Fig. 21 : Boucle étrange, d'après le génial Escher, formée par deux mains qui se dessinent l'une l'autre

Enfin, parce que j'y vois aussi une boucle étrange, je voudrais aussi vous remémorer cette phrase de Pascal :

« *Donc, toutes choses étant causées et causantes, aidées et aidantes, médiates et immédiates, et toutes s'entretenant par un lien naturel et insensible qui lie les plus éloignées et les plus différentes, je tiens impossible de connaître les parties sans connaître le tout, non plus que de connaître le tout sans connaître particulièrement les parties* ».

[Blaise Pascal, *Pensées*, 1670]

Je peux vous l'avouer humblement (une fois n'est pas coutume, me direz-vous), j'ai longtemps survolé cette citation, postérieure à la *Méthode* de Descartes, sans l'approfondir et en pensant qu'elle disait à peu près la même chose, considérant le tout et ses parties. Mais, la reconsidérant, le bouclage qu'elle propose, du tout vers la partie et de la partie vers le tout, me la rend impossible à faire tenir dans notre précédent graphe « Descartes vu de profil », même en y intégrant l'interprétation complète du troisième précepte. En fait, elle me semble être un précurseur de l'holisme (Jan Christiaan Smuts, 1926 : « *la tendance dans la nature à constituer des ensembles qui sont supérieurs à la somme de leurs parties, au travers de l'évolution créatrice* »), du principe hologrammatique du physiologiste du cortex Karl Pribram (1969 : la mémoire n'est pas localisée dans une région particulière du cerveau), de d'ordre implicite/implié et de l'organisation holographique de l'univers du physicien David Bohm (1971 : « *même ce 'nouveau tout' se révélera lui-même comme un aspect d'un autre 'nouveau tout' plus tard* ») et, encore, du principe hologrammatique repris par Edgar Morin (1986 : « *Ainsi, la complexité organisationnelle du tout nécessite la complexité organisationnelle des parties, laquelle nécessite récursivement la complexité organisationnelle du tout* »).

Holographie, ordre explicite et ordre im-plié…

L'holographie dont il est question ici n'est pas la projection en 3D que l'on voit dans nos salles de spectacle, basée sur un système de miroirs. En 1948, Dennis Gabor imagine un procédé qu'il nomme « reconstruction par front d'onde », pour lequel il reçoit le prix Nobel de physique en 1979 : *for his invention and development of the holographic method.* Conçu au départ sur la base d'un microscope électronique (inventé en 1931), c'est l'invention du laser (imaginé en 1950) qui le rend vraiment faisable. Le procédé holographique consiste à enregistrer sur une plaque photosensible non pas la lumière réfléchie par un objet (qui serait une photo en 2D), mais l'interférence entre les ondes qui éclairent l'objet et celles qui sont réfléchies sur lui. Les traces laissées sur la plaque sensible la rendent plus ou moins transparente, formant comme une « grille ». La prise en compte de la lumière incidente fait que cette grille contient les informations de positionnement spatial de l'objet relativement à la lumière (en 3D). Les traces ne sont pas une image au sens d'un dessin (voir l'image de droite ci-dessous), mais la « grille » obtenue sert de filtre : lorsque la même lumière la traverse en absence de l'objet, la lumière qui ressort reconstitue l'image de l'objet en volume. Avec ce procédé holographique, la plaque 2D contient une information 3D. Lors de sa *Nobel lecture*, Gabor déclare : « *This interference pattern I called a "hologram", from the Greek word "holos" – the whole, because it contained the whole information* » et témoigne des limites imposées au départ par l'imagerie électronique et de son idée du printemps 1947 : « *Why not take a bad electron picture, but one which contains the* whole *information, and correct it by optical means?* » (c'est lui qui souligne le « *whole* »).

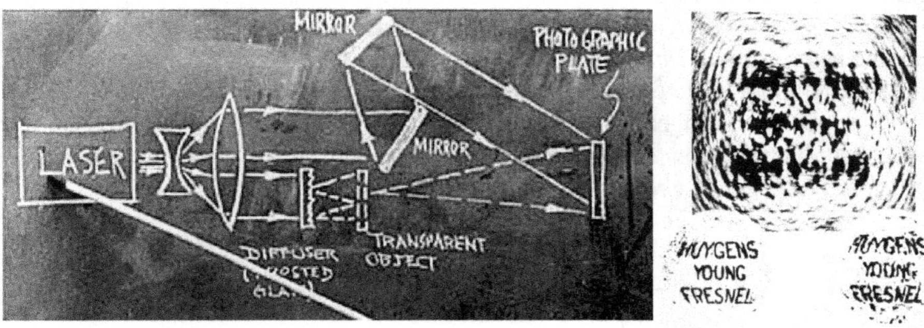

Fig. 22 : Holographie (interférence d'ondes) : imagerie implicite, schéma (1979) et hologramme (1948) par Dennis Gabor

À la fin des années 1970, le physicien David Joseph Bohm (1917-1992) développe son concept de *implicate order* (ou bien *enfolded order*) en vis-à-vis à celui de *explicate order* (*unfolded order*), en français ordre impliqué / replié / implicite / implié (ou enroulé) et ordre explicite : « *Dans l'ordre implicite, l'espace et le temps ne sont plus les principaux facteurs déterminant les relations de dépendance ou d'indépendance entre les différents éléments. Au contraire, une sorte de connexion entièrement différente est possible, de laquelle nos notions ordinaires d'espace et de temps, ainsi que de particules matérielles existant séparément, sont extraites en tant que formes dérivées de l'ordre plus profond* » [*Wholeness and the implicate order,* Routledge Ed. 1980, traduction française *La Plénitude de l'univers,* Éd. du Rocher

1989]. En contraste, nos « notions ordinaires » (notre perception du monde, dont font partie nos différents modèles de la physique) seraient celles d'un *ordre explicite.*

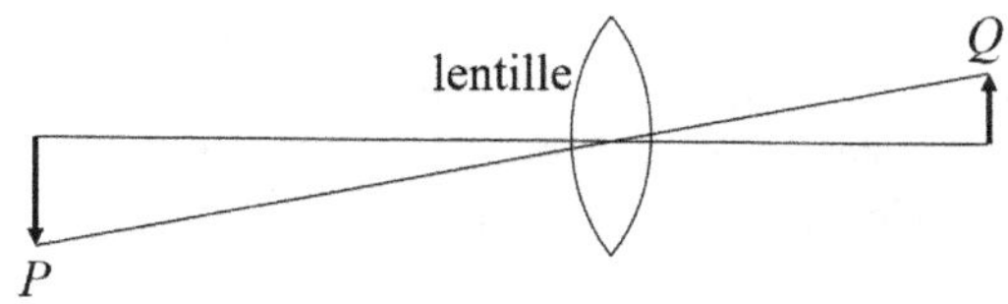

Fig. 23 : Photographie conventionnelle (point-to-point) : imagerie explicite

Peut-être ces jeux de mots autour de « explicite-expliqué » et « implicite-replié » vous rappelleront-ils nos précédents jeux autour de compliqué et expliqué ? Allons bon, voilà que même les physiciens se mettent à enrouler et dérouler leurs mécaniques…

Pour illustrer cette différence entre *explicate* et *implicate*, Bohm utilise une métaphore de type « lentille *versus* hologramme » : la photo usuelle, prise à travers une lentille, donne une correspondance point-par-point (*one-to-one*) entre les points *P* de la structure (objet spatial) illuminée et les points *Q* de l'image photographiée sur la plaque. Par contre, dans la figure d'interférence obtenue sur la plaque holographique, « *chaque région relève de l'ensemble de la structure de l'objet et chaque région de la structure relève de l'ensemble de la figure d'interférence sur la plaque* ».

Dans son ouvrage, David Bohm prend aussi l'image d'une gouttelette d'encre noire insoluble qui serait injectée dans un liquide épais (glycérine) entraîné en rotation par un mixeur extrêmement lent. Ce que perçoit l'observateur qui regarde la cuve, c'est une traînée grise distribuée dans l'espace. Si on injecte une séquence temporelle de gouttelettes, il ne voit qu'un nuage gris sans cohérence. Dans cette image perçue comme sans ordre *explicite*, se trouve cependant un objet doté d'une structure – ici, une suite temporelle qui peut porter un message codé – présenté selon un ordre *implié.* En théorie, si le mélangeur est extrêmement lent, le mouvement qu'il génère dans le fluide est réversible : en tournant dans l'autre sens, il est possible de reconstituer cette structure : les gouttes se reforment et le message contenu dans la séquence des gouttes réapparaît. Aujourd'hui, on trouve en ligne des vidéos de démonstration de ce principe…

Nous en étions aux propositions autoréférentes, il nous faut boucler la boucle… C'est pour éviter l'apparition de tels germes de paradoxe dans les mathématiques que Whitehead et Russel ont bâti leurs *Principia Mathematica…* ouvrage que Hofstadter qualifie de « *gigantesque entreprise d'éradication des boucles étranges de la logique, de la théorie des ensembles et de la théorie des nombres* ».

Tout cela était parti de la théorie des ensembles, fondée par Georg Cantor à partir de 1874 (c'est lui qui introduit le terme *Menge* – ensemble, en langue allemande). Avant ses travaux, le concept d'ensemble restait assez implicite, utilisé depuis Aristote sans y voir question ni malice : si l'ensemble était composé d'un nombre fini d'éléments, sa compréhension allait d'évidence ;

si ce nombre était infini, c'était un bon sujet de discussion philosophique. Entre 1869 et 1872, Cantor avait traité de questions de convergence de suites définissant des fonctions et, en particulier, des ensembles de leurs points de discontinuité. Ceci présupposait de manipuler des ensembles infinis. Il s'était intéressé de plus près à la « taille » des tels ensembles (plutôt que de parler de taille, il les mesurait par leur *puissance*). Par exemple, à savoir si l'ensemble des nombres entiers est de la même « taille » que celui des nombres rationnels (oui), ou que celui des nombres réels (non)… Pour mesurer tout cela, Cantor invente les nombres *transfinis* (je dois penser à vous écrire, dans quelques pages, un petit aparté sur les nombres...).

La théorie ensembliste (avec Cantor, Dedekind, Frege…) était, selon Hilbert, un paradis créé par Cantor pour les mathématiciens : elle semblait permettre de rebâtir les objets mathématiques usuels (fonctions, relations, nombres…) à partir de deux notions primitives : celles d'ensemble et d'appartenance. Il va sans dire qu'un paradigme aussi révolutionnaire fut au départ très controversé[302]. Malgré tout, il commençait à rencontrer un certain succès.

C'est dès 1899 que Cantor soulève un paradoxe lié à "l'ensemble de tous les ensembles", qui (s'il a un sens) doit être plus gros que l'ensemble de ses parties. Gros ensemble, gros paradoxe… Puis c'est Bertrand Russell qui lui oppose sa fameuse antinomie (en fait, il découvre ce paradoxe vers 1901, le communique à Frege dans un courrier de 1902, le publie en 1903… mais ce même paradoxe est aussi découvert indépendamment et un peu avant par Ernst Zermelo, qui en avait parlé à David Hilbert mais sans le publier), dans laquelle l'autoréférence se trouvait confrontée à la non-contradiction et au tiers exclu. Encore ces deux-là, me direz-vous !

À propos du paradoxe de Russell

1. *Un ensemble auto-appartenant est un ensemble qui est aussi un de ses éléments (on pourrait aussi écrire $E \in E$, ce qui est bien différent de $E \subset E$, non ?). L'ensemble « tout sauf Jeanne d'Arc » est auto-appartenant : il n'est pas Jeanne d'Arc (sauf erreur de ma part), donc il n'appartient pas à « tout sauf Jeanne d'Arc ».*

302 Notamment par Léopold Kronecker (1823-1891), un de ses anciens professeurs que choque le type même de démonstration employée par Cantor : basée sur l'impossibilité de ranger en une suite simple – remettre dans l'ordre – certains ensembles de nombres, la démonstration montre l'existence des nombres transcendants, mais ne permet pas de construire explicitement, concrètement, les nombres dont elle affirme l'existence. Pour cette raison, un mathématicien « constructif » comme Kronecker estime qu'une telle démonstration n'en est pas une, qu'elle manque de rigueur. Le *finitisme* de Kronecker conteste le *transfinitisme* de Cantor... Soutenant le second face au premier, Hilbert réplique : « *Personne ne nous chassera du paradis que Cantor nous a créé* ». L'intuitionnisme, que nous avons évoqué en parlant de logiques et d'Aristote, situe sa source dans le finitisme.

2. *La plupart des ensembles ne sont pas « auto-appartenants ». Ils sont « non-(auto-appartenants) », ou encore... quelconques (et c'est plus simple). Exemple : l'ensemble des baleines n'est pas une baleine. L'ensemble des baleines est quelconque.*
3. *Notre amie la Non-contradiction nous affirme : « aucun ensemble ne peut être à la fois auto-appartenant et quelconque ».*
4. *Son compère le Tiers exclu ajoute : « soit un ensemble est un élément de lui-même, soit il ne l'est pas ».*
5. *Donc tout ensemble doit être auto-appartenant* ou *quelconque. Voilà donc un beau « xor ».*
6. *Soit Q l'ensemble des ensembles quelconques. Q est-il quelconque ou auto-appartenant ? Eh bien, cher correspondant, il n'est ni l'un ni l'autre.*
7. *En effet, s'il est auto-appartenant, cela signifie que « l'ensemble des ensembles quelconques est quelconque ». Il n'est donc pas auto-appartenant.*
8. *S'il est quelconque, le fait de dire que « l'ensemble des ensembles quelconques est quelconque » le rend auto-appartenant. Il n'est donc pas quelconque.*
9. *Alors, il est quoi ? Pathologique ? Sûrement pas, puisque cette catégorie est un tiers qu'il nous faut exclure : nous avions déjà « auto-appartenant » et son contraire « quelconque » ...*

Henri Poincaré, qui s'était fait jusqu'alors le promoteur de la théorie des ensembles, jugea qu'elle devait être mise au placard (bien qu'il ne le dît pas aussi crûment que je le fais…). L'algébriste Richard Dedekind (grand ami de Georg Cantor jusqu'à ce que ce dernier lui emprunte des résultats sans lui en attribuer la paternité…) arrêta de publier ses travaux sur la théorie des nombres. Le paradoxe de Russell fit ainsi une irruption remarquée dans le monde des mathématiciens, avec parfois un effet de douche froide… Le mathématicien, logicien et philosophe allemand Friedrich Ludwig Gottlob Frege (1848-1925) terminait alors de rédiger son livre sur la fondation de l'arithmétique par la théorie ensembliste, et en témoigne dans sa postface :

« *Un scientifique peut difficilement être confronté à une situation plus désagréable que celle de voir les bases de son travail disparaître au moment précis où ce travail est achevé. J'ai été mis dans cette situation par une lettre de Bertrand Russell, alors que le livre était quasiment sous presse* ».

[Gottlob Frege cité par J.-P. Delahaye, *L'ensemble de tous les ensembles*, Pour la Science, n°397 – 2010]

Pour tenter d'éliminer ces inconfortables paradoxes, le changement de siècle voit se construire un nouveau corpus : issue de la pensée de Boole, développée en lien avec l'arithmétique des nombres entiers par Richard Dedekind (1831-1916) et Giuseppe Peano (1858-1932), renouvelée par Cantor, Dedekind et Frege, la *logique mathématique* connaît son développement grâce à Hilbert, Russel et Whitehead au début du XXe siècle.

Prédicat, logique, ordre et nombre

Le calcul des prédicats du premier ordre, ou *logique du premier ordre*, permet de raisonner par symboles (Peano a par exemple introduit les notations $\exists$ pour 'il existe' et $\forall$ pour 'quelque soit') sur des énoncés du type « Il existe quelqu'un qui s'entend bien avec tous », soit « Il existe un x tel que pour tout y, x s'entend bien avec y », et qui se traduit comme : $\exists x\ \forall y\ P(x,y)$, où $P(x,y)$ symbolise la propriété d'amitié (prédicat) portant sur les objets x et y.

Cette logique permet de définir les entiers naturels $\mathbb{N}$ grâce aux 5 axiomes dits de Peano (1889), ou plutôt de Peano-Dedekind car ils sont issus de la construction ensembliste publiée par Dedekind en 1888 dans son ouvrage *Was sind und was sollen die Zahlen* ? (« Que sont et que doivent être les nombres ? »), fruit de 15 ans de réflexion :

1. L'élément appelé zéro et noté 0 est un entier naturel.
2. Tout entier naturel n a un unique successeur, noté sn.
3. Aucun entier naturel n'a 0 pour successeur.
4. Deux entiers naturels ayant le même successeur sont égaux.
5. Si un ensemble d'entiers naturels contient 0 et contient le successeur de chacun de ses éléments, alors cet ensemble est égal à $\mathbb{N}$.

Dans cette logique, il est aussi possible de construire une *arithmétique du premier ordre* (de Peano, elle aussi) correspondant aux entiers naturels avec l'addition, la multiplication, l'ordre. Cependant, ce qui fait que l'on reste dans un langage du premier ordre, c'est qu'on ne dispose pas de variables pour symboliser les ensembles d'entiers et qu'on ne peut pas quantifier sur ces ensembles.

Une *logique du second ordre* autorise l'utilisation des fonctions ou des prédicats comme arguments à d'autres fonctions ou prédicats. Par exemple, $\forall P\ \exists x\ \forall y\ P(x,y)$ est une proposition du second ordre : le prédicat P porte sur x et y, il n'est donc pas du même ordre qu'eux. Pourtant, il est lui-même considéré comme un objet, sur lequel porte la proposition complète.

Une logique du second ordre permet de formaliser les entiers naturels, leurs sous-ensembles, mais aussi les nombres réels (sous forme d'un ensemble de nombres rationnels dont on prend la somme, par exemple).

Entre 1910 et 1913, Bertrand Russel et Alfred North Whitehead publient les *Principia Mathematica* qui, à partir d'une liste bien définie d'axiomes et de règles de déduction, englobent la théorie des ensembles (Russell parle de *théorie des classes*, avec un sens équivalent) avec les nombres cardinaux et ordinaux, ainsi que les nombres réels. Pendant quelques années, les *Principia* vont former un bastion imprenable, dont la rigueur la plus absolue semble sauver les mathématiques de la déroute des paradoxales boucles autoréférentielles.

Parallèlement, pour faire son entrée dans les mathématiques, le terme « ensemble » sort du registre du langage courant et rallie le domaine des concepts scientifiques. Pour le mathématicien, un ensemble ne sera plus n'importe quel regroupement de machins. Il devra pouvoir être construit selon une chaîne logique basée sur un système d'axiomes, initiée par les axiomes de Ernest Zermelo (1908). À partir des années 1940, on qualifiera de « naïve » la théorie des ensembles non axiomatisée qui, implicitement, supposait l'unicité de l'univers ensembliste : il y a maintenant foisons d'axiomatisations et d'univers différents…

Un ensemble n'est plus n'importe quel regroupement de machins : des axiomes pour en construire un

Au tournant du XXe siècle, définir un ensemble comme un regroupement d'objets ne suffit plus pour les mathématiciens : Ernest Zermelo en 1908 puis, dans les années 1920, Abraham Fraenkel et, indépendamment, Thoralf Albert Skolem, proposent une restriction à la notion d'ensemble dans le but de résoudre, espère-t-on, les antinomies soulevées, entre autres, par des notions comme « l'ensemble de tous les ensembles ».

Voici les axiomes en question :

1. ***Identité*** (ou *extensionnalité*) : Deux ensembles sont identiques s'ils ont les mêmes éléments.
2. ***Réunion*** : si E est un ensemble, la réunion des éléments de E est aussi un ensemble : ainsi, si $\{\{1,2,3\}, \{x,y\}\}$ est un ensemble, alors $\{1,2,3,x,y\}$ aussi.
3. ***Parties*** (ou *ensemble des parties*) : Le regroupement des sous-ensembles de E est un ensemble : ainsi, si $\{1,2\}$ est un ensemble, $\{\varnothing, \{1\}, \{2\}, \{1,2\}\}$ aussi.
4. ***Compréhension*** (ou *séparation*) : si $P(x)$ est une propriété et E un ensemble, alors le regroupement des objets x de E qui vérifient P est aussi un ensemble.
5. ***Paire*** : Si E et F sont deux ensembles, alors $\{E, F\}$ aussi.
6. ***Infini*** : Il existe un ensemble infini, comportant un sous-ensemble différent de lui-même et aussi gros que lui.
7. ***Choix*** : Si E est un ensemble d'ensembles non vides, le regroupement constitué d'un élément de chaque ensemble appartenant à E est un ensemble.
8. ***Remplacement*** : Si, pour tout objet x d'un ensemble E, il n'existe qu'un seul y tel que la propriété $P(x,y)$ soit vraie, alors le regroupement des objets y ainsi associés aux x de E est aussi un ensemble. Cet axiome permet de former des paires, c'est-à-dire qu'il remplace l'axiome 5 (si E et F sont deux ensembles, alors $\{E, F\}$ aussi).

Ces axiomes permettent de démontrer l'existence de l'ensemble vide $\varnothing$ (un « axiome de l'ensemble vide », parfois introduit séparément, est donc superflu). Ils permettent aussi de ramener tout objet mathématique à un ensemble. Par exemple, on peut définir les nombres entiers (dits naturels !) comme $0=\varnothing$, $1=\{\varnothing\}$, $2=\{0,1\}$, $3=\{0,1,2\}$, etc.

En 1925, John von Neuman propose dans sa thèse de doctorat un axiome supplémentaire, dit "axiome de la *fondation*" :

9. ***Fondation*** : Tout ensemble non vide E possède un élément minimal pour l'appartenance sur E, c'est-à-dire un élément x n'ayant aucun élément commun avec E.

À partir de ces axiomes, plusieurs théories des ensembles sont considérées :
- La théorie dite « Z » (Zermelo) retient les axiomes 1 à 6 (même si Zermelo avait aussi proposé le 7).
- La théorie dite « ZF » (Zermelo-Fraenkel) retient les axiomes 1 à 6 et 8 et 9.
- La théorie « ZFC » (Zermelo-Fraenkel + Choix) y ajoute l'axiome 7 du choix.

Dans ces trois théories, on proscrit explicitement l'existence d'un ensemble E qui appartiendrait à E, ou d'une chaîne cyclique du type $E_0 \in E_1 \ldots \in E_n \in E_0$. Mais aussi, on exclut un "ensemble des ensembles" grâce à l'axiome de compréhension, qui ne vaut que si E est un ensemble et évite de former de trop gros ensembles.

L'axiome de fondation ne se résume pas aux précédents mais n'apporte rien au tableau de la chasse aux paradoxes. Étrangement, son intérêt pourrait provenir de sa négation : d'autres mathématiciens, comme Peter Aczel (1987), ont pris le contre-pied de l'intention de von Neuman et ont proposé d'imposer, en tant qu'axiome, l'existence d'ensembles appartenant à eux-mêmes… Ce qui donne, à la place, un axiome d'antifondation.

9. ***(bis) Antifondation*** : par cet axiome, il existe des ensembles appartenant à eux-mêmes et chaque description d'ensembles par des équations comme $\Omega = \{\Omega\}$, ou $U = \{\varnothing, \{U,1\}\}$,... possède une solution unique.

De tels ensembles sont appelés "hyper-ensembles" (il est vrai qu'ils sont franchement gros…) ou "ensembles antifondés". Il existe ainsi un ensemble Ω totalement auto-appartenant, tel que $\Omega = \{\Omega\}$,
mais aussi un ensemble infiniment profond : {1, {2, {3, {4,…}}}}… qui demande réflexion, non ? (allez, il nous faut deux petits dessins…).

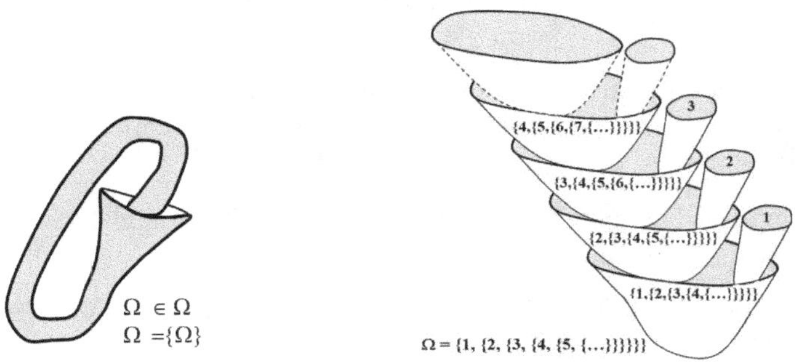

Fig. 24 : Deux illustrations d'ensembles antifondés

Allons bon, Russell essayait d'éviter les ensembles qui se contiendraient eux-mêmes, et voici maintenant des hyper-ensembles antifondés qui assument cette aberration et qui pourtant, selon mon collègue lillois Jean-Paul Delahaye, servent à modéliser des problèmes d'échanges de données et de systèmes communicants…
Je vous invite à en lire plus dans son livre « Logique, informatique et paradoxes » (Belin, 1995).

Tout est remis en ordre : grâce aux *Principia Mathematica* et à l'axiomatique ZF, ce sont les ensembles, les nombres, la logique… bref, les mathématiques, qui sont libérés des boucles étranges.

Mais voici que Kurt Gödel casse ce bel édifice et en construit le talon d'Achille !

Car Gödel réintroduit les boucles d'auto-référence dans le bastion des mathématiques : l'arithmétique. Pour pouvoir générer une proposition autoréférentielle dans la théorie des nombres (les propriétés des nombres entiers), il fallait qu'une assertion de cette théorie puisse concerner non pas des nombres, mais des propositions de la théorie des nombres. Le génie de Gödel fut de générer un code qui permette qu'un nombre représente une proposition… le tour était joué. Son procédé pour une "arithmétisation de la syntaxe" permet d'exprimer la syntaxe logique à l'intérieur même de l'arithmétique, en termes de nombres.

Un aperçu des résultats construits par Gödel

C'est avec Kurt Gödel (1906-1978) que la logique mathématique va acquérir sa maturité. Dans les années 1930, il fournit le corpus de concepts, de méthodes et de résultats qui la fonde aujourd'hui. Gödel s'intéresse à la physique (1924) puis aux mathématiques (1926), tout en fréquentant le « cercle de Vienne », cénacle philosophique développant un positivisme logique que ses résultats viendront plus tard contredire. Dans son doctorat (1930), il établit la complétude du calcul des prédicats (logique du premier ordre).

▪ Théorème de complétude du calcul des prédicats du premier ordre : 1930

Soit T une théorie de la logique du premier ordre. Soit une formule φ de la logique du premier ordre. Si φ est conséquence sémantique de T alors φ est conséquence syntaxique de T.

Ce théorème, ici traduit en langage naturel, établit un pont entre vérité et démontrabilité formelle : dans une théorie de la logique du premier ordre, tout énoncé vrai est démontrable.

La même année, Gödel obtient son premier théorème d'incomplétude, qui paraît en 1931 accompagné du second :

▪ Premier théorème d'incomplétude de toute axiomatisation de l'arithmétique générale : 1931

Dans n'importe quelle théorie récursivement axiomatisable, cohérente (aucune contradiction ne peut être prouvée à partir des axiomes) et capable de « formaliser l'arithmétique », on peut construire un énoncé arithmétique qui ne peut être ni démontré ni réfuté dans cette théorie.

▪ Deuxième théorème d'incomplétude de toute axiomatisation de l'arithmétique générale : 1931

Si T est une théorie cohérente qui satisfait des hypothèses analogues, la cohérence de T, qui peut s'exprimer dans la théorie T, n'est pas démontrable dans T.

(Je pense que vous pouvez percevoir la boucle d'autoréférence présente dans ce résultat…)

Ces résultats firent aussitôt de Gödel un mathématicien célèbre. En 1938, il établit la non-contradiction relative de l'axiome du choix et de l'hypothèse généralisée du continu. Il travaille à Vienne, séjourne à Princeton où il s'établira en 1938. Vers 1945, la philosophie devient son centre d'intérêt principal : il étudie le rapprochement de la conception kantienne du temps et de l'espace avec la théorie de la relativité (il a de fréquentes conversations avec Einstein, son collègue à l'Institute). En découlent des résultats en physique (1947-1950) : une nouvelle solution aux équations de la gravité, qui fondait une conception cyclique du temps. De 1951 à 1958 environ, Gödel se consacre surtout à la philosophie des mathématiques. À partir de 1958, il réfléchit sur le concept d'évidence en mathématiques et élabore de son propre système de pensée philosophique. De santé délicate, l'image qu'il offrait à Princeton était celle du savant tranquille, plongé dans son travail, scrupuleux et généreux, universel, libre et éventuellement peu orthodoxe, et que venaient solliciter les logiciens du monde entier, débutants comme confirmés. Plus attentif aux exigences de son propre esprit qu'à celles de la recherche scientifique *stricto sensu*, il s'est toujours refusé à n'être qu'un spécialiste. À sa mort en 1978, il laisse une masse de notes et de résultats mathématiques non publiés. De sa longue réflexion philosophique, il n'a livré que quelques fragments, recueillis et partiellement publiés par le mathématicien et philosophe Hao Wang.

Bien difficile début de XXe siècle… Voilà que les contradictions s'insinuent partout (ainsi, en physique, de ces objets à la fois onde et corpuscule, ou plutôt ni onde ni corpuscule ?) et que l'indécision gagne le plus profond de l'observation elle-même : souvenez-vous de ce Nobel qu'obtint Werner Heisenberg en 1936, avec son principe d'indétermination énoncé en 1927, quatre ans avant l'incomplétude de Gödel donc, et assurant que position et quantité de mouvement (vitesse multipliée par la masse) ne peuvent être simultanément déterminées pour une même particule… Si nous choisissons de déterminer exactement l'une (en la mesurant, par exemple), l'autre sera complètement indéterminée.

Mais il faut peut-être que je tente une approche de ce terme d'indétermination, qui pourrait être confondu – à tort – avec « imprécision » …

Principe d'indétermination d'Heisenberg et cours sous-élémentaire de physique quantique

Qu'entendent nos physiciens lorsqu'ils disent *indéterminée* ? Ce n'est pas la même chose que « imprécis », qui signifierait qu'on se trompe en mesurant mal la position ou la vitesse. L'indétermination tient à la nature (ou plutôt à la mathématique) probabiliste des concepts quantiques : une variable probabiliste est *déterminée* si son « écart type » est nul. Essayons d'illustrer cette notion d'écart-type.

Si c'est la position qui est déterminée, alors la particule *est* à cet endroit. Sinon, elle n'a *pas* de position, si ce n'est « en moyenne ». Difficile à imaginer (et à expliquer, pensez-le bien !) mais ce n'est pas une particule ponctuelle : c'est un objet réparti, une

« zone de présence » qui va généralement jusqu'à l'infini. Pourtant, sa façon de s'étendre est plus ou moins dispersée ou concentrée autour d'une moyenne, et c'est l'écart type qui représente cette dispersion. Je le noterai (et c'est classique) σ_x, la lettre x symbolisant la variable de « position ».

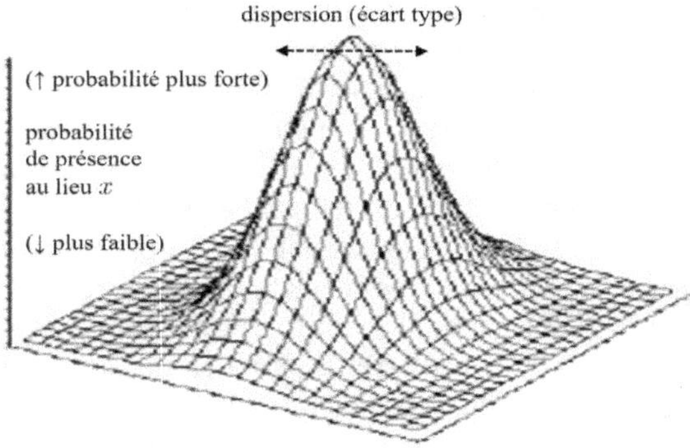

Fig. 25 : Un objet quantique n'a pas de position : spatialement réparti, il a une zone de présence plus ou moins dispersée...

J'ai commencé en vous parlant d'indétermination sur la position : cette conception s'applique de même à la vitesse (direction et rapidité du mouvement). Si c'est la variable de vitesse (que je note v) qui est déterminée, alors la particule *suit une direction* déterminée. Si elle est indéterminée, alors notre « zone de présence » se dirige non pas suivant une flèche, mais plutôt selon un cône plus ou moins dispersé (généralement jusqu'à l'infini) autour d'une direction moyenne... Et cette dispersion est aussi un écart type σ_v qui concerne maintenant la vitesse.

En fait, c'est Earle Hesse Kennard qui, s'intéressant aux travaux d'Heisenberg, donnera quelques mois après lui la preuve formelle de ce principe en montrant que $\sigma_x\, \sigma_v \geq \frac{h}{4\pi m} > 0$.

À partir de là, nous allons savoir si mes explications ont été claires (j'ai quelques doutes...)

Cette formule implique que le produit de l'écart type de la position (σ_x) et de celui de la vitesse (σ_v) ne peut être nul, étant supérieur à une borne positive (à moins que la masse m ne devienne infinie, ce qui poserait d'autres problèmes). Si l'un des écarts types diminue, l'autre doit augmenter. Ou encore : si une variable (position ou vitesse) devient plus certaine, l'autre doit devenir plus indéterminée. Si la vitesse devient déterminée (au sens $\sigma_v = 0$) alors σ_x doit devenir infiniment grand, la zone de présence devenant tout l'espace, indifféremment. On peut aussi se représenter le couple (σ_x, σ_v) dans le plan : il ne sera jamais au centre (0,0). Le couple (x, v) (position, vitesse), quant à lui, n'aura jamais la nature d'un point, mais ressemblera plutôt à une surface ou un volume...

Pour finir, voici les clefs de la formule précédente : h est la constante de Planck, m est la masse, quant à π vous l'avez reconnu je pense. Si la masse était celle d'un électron ($9{,}109 \times 10^{-31}$ kg), je viens de calculer que la borne indiquée vaudrait environ 0,005... ce qui n'est pas bien gros je vous l'accorde, mais ne retire rien à cette indétermination chronique.

Cette nouvelle façon de considérer les « choses » remet en question jusqu'à la bonne vieille logique.

« *L'objet stabilisable, l'objet immobile, la chose au repos formaient le domaine de vérification de la logique aristotélicienne. Devant la pensée humaine se présentent maintenant d'autres objets qui, eux, ne sont pas stabilisables, qui n'auraient, au repos, aucune propriété et par conséquent aucune définition conceptuelle. Il faudra donc bien modifier en quelque manière le jeu des valeurs logiques, bref, il est nécessaire de déterminer autant de logiques qu'il y a de types d'objets quelconques* ».

[Gaston Bachelard, *La philosophie du non* –1940]

Cher correspondant, nous nous sommes déjà rendu compte que nos mathématiciens bien-aimés se moquent éperdument du bon sens, que les physiciens n'ont rien à leur envier et que, à chacun de leurs progrès, tous mettent une rallonge au plongeoir qui nous permet de surplomber… un abîme de perplexité ! Et si encore le plongeoir allait dans une seule direction…

Il faut croire que l'esprit humain a toujours été en quête de nouveaux mystères auxquels s'intéresser. Ainsi, d'un besoin de comptage tout à fait compréhensible et déjà avéré chez *homo sapiens* il y a plus de 20 000 ans, le voici qui invente des nombres, se met à les diviser, à en extraire des racines et, comme si cela ne suffisait pas, à en inventer d'autres à chaque fois bien plus sophistiqués. J'ai toujours été interpellé par les noms qu'ils leur ont attribués, qu'ils soient rassurants : naturels, rationnels, réels… ou bien plus étranges : irrationnels, imaginaires, transcendants, transfinis… Même si certains de ces nombres peuvent nous sembler familiers aujourd'hui, leur histoire et leur dénomination sont une aventure de complexité en soi…

Alors, j'ai préparé une petite fiche à votre attention : une digression supplémentaire, pourrez-vous penser, mais que rien ne vous oblige à la lire, pourrais-je répliquer – un peu vexé quand même. De mon point de vue, ces nombres qui constituent nos « données » d'aujourd'hui reviennent surtout d'une longue histoire de questions…

Un aparté au sujet des nombres

Des entailles de comptage datant d'il y a 22 000 ans ont été identifiées sur des os gravés retrouvés à Ishango, en Afrique. Des fractions étaient utilisées à Sumer il y a 5 000 ans, en Égypte il y a 3 000. Des approximations très précises de $\sqrt{2}$ existent dans la Mésopotamie d'il y a 3 700 ans. L'Inde védique d'il y a plus de 2 800 ans connaît le théorème « de Pythagore » et des règles de construction d'édifices sacrés qui font appel à des outils analogues aux nombres irrationnels. Vers –500, les pythagoriciens ont conscience que la racine carrée de 2 ne peut être assimilée à un rapport d'entiers.

Après être apparu en Chine, en Inde, en Mésopotamie, l'usage du zéro dans la numérotation décimale, c'est-à-dire à la fois en tant que chiffre (écriture) et que nombre (calcul), est inscrit dans un texte indien de Bakhshali (vers +350). Il est ensuite emprunté par les Arabes qui les transmettront à l'Europe.

À partir du Ve siècle et pendant le Moyen Âge occidental, les mathématiciens pratiquent le zéro et les nombres fractionnaires... Les Arabes développent une vision unifiée des nombres réels et de leur relation d'ordre : vers 830, à Bagdad, Al-Khwarizmi (783~850) écrit son *Kitāb al-mukhtaṣar fī ḥisāb al-djabr wa-l-muqābala* : le titre de cet « Abrégé du calcul par la restauration et la comparaison » rend célèbre le terme *al-djabr* qui signifiait réduction, au départ dans le sens de la réduction d'une fracture ou du reboutement d'un membre… Pour traduire des problèmes concrets, comme la géométrie ou le partage d'héritage, il introduit aussi une innovation majeure : le concept d'équation, avec deux membres d'une égalité comportant des nombres connus et une « inconnue », quantité à trouver. Réduire des calculs comme on réduirait une fracture, c'est aussi montrer des structures qui relient les nombres ; ceci donnera le mot « algèbre », cet *al-djabr* initialise notre « algèbre » et son auteur, Al-Khwarizmi, passera à la postérité dans le mot « algorithme ».

Au commencement était le nombre… « naturel ». Avec les siècles, de naturels ils sont devenus rationnels, relatifs, irrationnels, transcendants, transfinis… De quoi y perdre son arithmétique ? Voyons un peu ça.

ℕ – les entiers naturels

Les commerçants de Sumer se servaient de petites billes d'argile enfermées dans une enveloppe du même matériau pour sceller la mémoire de leurs transactions. Le « petit caillou » devint le *calculus* latin... Manipuler ces nombres était naturel : 1 pomme, 2 pommes ou 10, on peut toujours en faire un tas. C'est l'ensemble ℕ des *entiers naturels*, ceux qui nous semblent si naturels que nous pouvons compter sur nos doigts. Le choix de la lettre N (pour *Nummer*, ou pour *Natürliche* ?) est sans doute dû à Dedekind (1888), Peano (1889) en faisant aussi usage (comme on l'a vu à propos de logique et de prédicats, tous deux axiomatisent la structure de ces nombres).

Ces nombres entiers naturels ont été associés, dans la plupart des civilisations disposant d'une écriture, aux pratiques religieuses : ceci correspond bien à cette fascination que les nombres exercent sur l'esprit humain. Au Ve siècle avant notre ère, nos célèbres pythagoriciens s'y intéressent de près. Qui sont-ils ? Cela reste plutôt flou, si l'on en croit M. Detienne et D. Santillan dans leur article sur Pythagore de l'Encyclopaedia Universalis : « *Il n'est guère, dans l'Antiquité, de figure plus mystérieuse que celle de Pythagore, ni qui ait posé de problèmes plus embarrassants aux historiens. Il passe pour n'avoir rien écrit, et sa pensée ne fut sans doute connue jusqu'à l'époque de Socrate que par une tradition orale, elle-même entourée de secret.* [...] *Une extraordinaire affabulation, qui ne cesse de se développer au cours des siècles, entoure son personnage. Ainsi est-il déjà une énigme pour Aristote, qui évite le plus souvent de prononcer son nom, pour ne parler que de 'ceux qu'on appelle pythagoriciens'* ».

Leur école, caractérisée par une mystique forte, systématise l'étude des propriétés des nombres : leurs *Mathemata* se répartissaient en quatre parties : la géométrie, l'astronomie, la musique et… l'arithmétique. Cette école reliait bien sûr les nombres aux figures, comme ci-dessous la "divine tétraktys" sur laquelle étaient jurés les serments de confidentialité les plus solennels (elle est associée au nombre 4, au triangle et au 10, qui n'est autre que la "divine décade"… 1+2+3+4).

Les pythagoriciens savent déjà que, comme le montre le dessin ci-dessous pour $n = 3$,

$$n^2 = 1 + 3 + 5 + \ldots + (2n - 1).$$

Ils étudient les catégories du pair et de l'impair, qui aboutiront plus tard à l'exposé d'Euclide démontrant la décomposition de tout entier naturel en un produit (unique) de facteurs premiers, ainsi que l'existence d'une infinité de nombres premiers.

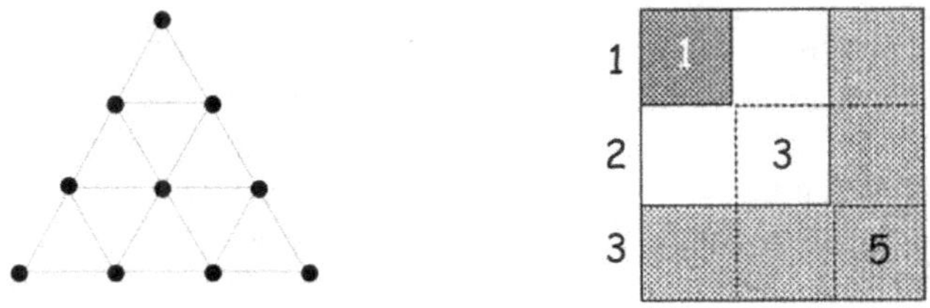

la tétraktys (1+3+5 = 3^2)

Fig. 26 : Figures pythagoriciennes

$\mathbb{Q}$ – les rationnels (ex – « audibles » ex – « rompus »)

Si notre Grec antique mangeait trois pommes de sa caisse de douze (sûrement pas des Golden ni des transgéniques à l'époque), il pouvait concevoir qu'il ne lui restait plus que trois quarts du stock. Ces nombres restaient encore tangibles, qui étaient le rapport (on disait « la raison », ou le *ratio*…) de deux nombres entiers naturels. Euclide les appelait « commensurables » car il existe une commune mesure dont ils sont des multiples entiers (cette commune mesure est leur plus petit dénominateur commun). Au VIIIe siècle, Al-Khwarizmi les nommait 'audibles'. Au XVIIe siècle, ces nombres étaient dits « rompus » (traduction du 'kasr', qui existait aussi chez les mathématiciens arabes), c'est-à-dire fractionnaires, tirés d'une opération de division. Ils font aujourd'hui partie de l'ensemble $\mathbb{Q}$ des nombres *rationnels*.

La lettre Q fut choisie par Peano (1895) et vient du *quoziente* italien. Ils permettaient aussi de définir la gamme musicale : l'intervalle d'octave (*do-do*, huit notes) est obtenu en pinçant une corde en sa moitié (ce qui double la fréquence), l'intervalle de quinte (*do-sol*, cinq notes) en son tiers (ce qui triple la fréquence) … on peut imaginer cela sur une guitare par exemple. Mais ici, j'éviterai de vous lasser en entreprenant cette sorte de musique !

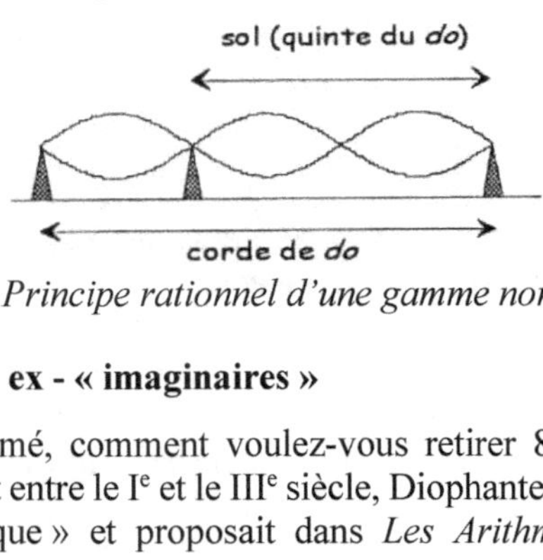

Fig. 27 : Principe rationnel d'une gamme non tempérée

$\mathbb{Z}$ – les entiers relatifs, ex - « imaginaires »

Par contre, même affamé, comment voulez-vous retirer 8 pommes d'un tas de 5 pommes ? Quelque part entre le I^e^ et le IIIe siècle, Diophante d'Alexandrie appelait ce résultat « ce qui manque » et proposait dans *Les Arithmétiques* une règle pour multiplier ces manques : « *Ce qui est de manque, multiplié par ce qui est de manque, donne ce qui est positif ; tandis que ce qui est de manque, multiplié par ce qui est relatif et positif, donne ce qui est de manque* ». Malgré tout, il appelle « équations absurdes » celles dont les racines ne seraient pas positives. Ses *Arithmétiques* influenceront le monde arabe mais, jusqu'au XVIe siècle (époque du renouveau des mathématiques en Europe), les nombres négatifs (que nous appelons aujourd'hui les entiers *relatifs*) ne seront pas manipulés dans les calculs, ni donc envisageables par le monde des philosophes (les mathématiciens n'existaient pas encore en tant que tels). Jérôme Cardan (en italien Girolamo Cardano, ou en latin : Hieronymus Cardanus, 1501-1576) qualifia d'*imaginaires* les nombres négatifs qu'il commença, le premier, à considérer de façon explicite (il considère les solutions négatives des équations mais, cependant, continue de privilégier les positives). Cependant, la manipulation de nombres négatifs n'en était qu'à ses balbutiements puisqu'il considérait toujours que les deux équations suivantes : $x^3 + ax = b$ d'une part, et $x^3 = ax + b$, d'autre part, faisaient partie de deux classes distinctes ! L'ensemble des nombres relatifs permettra de considérer b comme positif ou négatif, donc de dire que nous avons là deux équations du même type, dit polynomial. La lettre Z choisie pour cet ensemble nous vient de Dedekind, en tant qu'initiale de *Zahlen* (en allemand, nombres), popularisée par le groupe Nicolas Bourbaki.

$\mathbb{R}$ – les réels irrationnels (ex – « inaudibles » ou « sourds »)

Pythagore monta peut-être sa célèbre secte pour préserver et transmettre le secret de nombres *irrationnels*, qui interviennent directement en géométrie : si un triangle possède deux côtés de chacun 1 mètre (mètre qui, bien sûr, n'existait pas dans l'Antiquité) formant un angle droit, quelle est la longueur du troisième côté ? Vous savez bien qu'il fait $\sqrt{2}$ mètre, puisque vous avez baigné tout jeune dans le théorème dit de Pythagore… Mais avouez que c'est un nombre difficile à appliquer aux pommes. Irrationnel, dirons-nous, car non réductible à un rapport de deux nombres entiers, même grands (une tablette mésopotamienne datant d'environ –1 700 avant notre ère donne une estimation par 30547/21600, soit à la 7ème décimale près). On peut donc utiliser les irrationnels sans pour autant être dénué de raison…

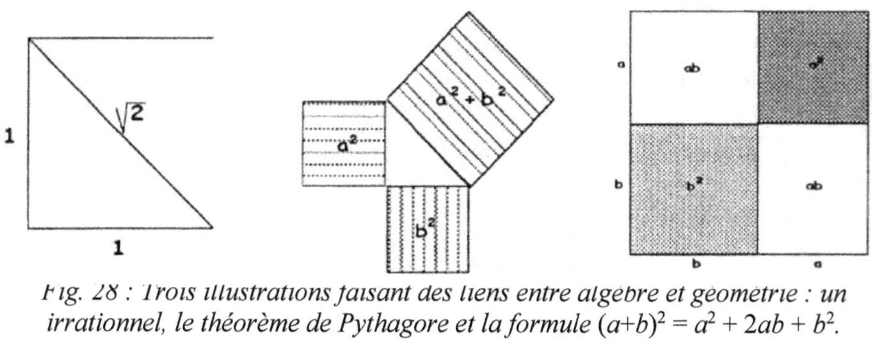

Fig. 28 : Trois illustrations faisant des liens entre algèbre et géométrie : un irrationnel, le théorème de Pythagore et la formule $(a+b)^2 = a^2 + 2ab + b^2$.

Dans ses « Éléments », Euclide déclare, à propos de ce fameux $\sqrt{2}$ (qu'il dit « incommensurable »), que « *tout ce qui est irrationnel et privé de forme doit demeurer caché. Que si quelque âme veut pénétrer dans cette région secrète et la laisser ouverte, alors elle est entraînée dans la mer du devenir et noyée dans l'incessant mouvement de ses courants* ».

La célèbre "section dorée" (ou nombre d'or), rapport entre la diagonale du pentagone régulier et son côté ($\frac{1+\sqrt{5}}{2} = \Phi$, qui fit adopter ce même pentagone comme symbole de reconnaissance entre disciples) semble tout de même mériter assez bien son appartenance aux irrationnels, puisque ce nombre de fous s'écrit aussi :

$$\Phi = \sqrt{1+\sqrt{1+\sqrt{1+\sqrt{1+...}}}} = 1+\cfrac{1}{1+\cfrac{1}{1+\cfrac{1}{1+...}}} \cong 1.618033...$$

et vérifie pour tout entier n la propriété des suites de Fibonacci (Léonard de Pise, 1180-1240, ainsi nommé car fils de Bonacci) :

$$\Phi^2 = \Phi^1 + \Phi^0, \quad \Phi^3 = \Phi^2 + \Phi^1, \quad \ldots \quad \Phi^n = \Phi^{n-1} + \Phi^{n-2}.$$

Après Pythagore, dont on dit… qu'il disait… que "*tout est arrangé par le Nombre*", vient l'époque d'Euclide, Archimède, Appolonius… qui abordent encore les mathématiques sous l'angle géométrique[303]… comme l'illustrent les trois petits exemples que j'ai dessinés ci-dessus et dont celui de droite correspond bien sûr à la formule $(a+b)^2 = a^2 + 2ab + b^2$ (qui n'existait pas exprimée en termes de surfaces). Par exemple, Euclide étudia les nombres du type $\sqrt{a+\sqrt{b}}$.

Nous avons cité les nombres 'audibles' (rationnels) d'Al-Khwarizmi : il avait ainsi nommé les rationnels pour les distinguer des 'inaudibles', les irrationnels. Traduction oblige, au XVIe siècle, les irrationnels sont devenus en latin les *surdus* et en français 'sourds' ou 'muets'. Les nombres sourds perdent leur étrangeté : ils ne sont plus si « ab-surdes », qualificatif qui signifiait 'discordant' car pas dans le ton… Descartes, au XVIIe, introduit le terme de nombre « réel » pour mieux parler des autres… les imaginaires, qui sont d'autres objets intervenant dans le calcul des racines des polynômes… Nous en parlerons bientôt. C'est Dedekind qui a utilisé l'adjectif *irrationnel* (*Irrationalzahlen*) dans le titre d'un article en 1872 (« Continuité et nombres irrationnels », là où Cantor parle de « grandeur numérique », *Zahlengrößе*), et c'est lui aussi qui popularise le nom « réel » (*real*), lui attribuant la lettre R qui deviendra l'ensemble ℝ au XXe siècle.

ℝ – les transcendants (réels non algébriques)

Un autre nombre irrationnel auquel se heurtèrent nos premiers géomètres est π, rapport de la circonférence au diamètre d'un cercle, sur lequel ils tombaient naturellement en faisant rouler des barriques au sol pour mesurer des distances, et qui

---

303 La géométrie visait à construire des objets à l'aide d'une règle et d'un compas. L'algèbre, quant à elle, était la théorie des équations comme $x^2 + 1 = 2x$ (équation du second degré, de solution $x=1$) ou $x^3 + 3x = 4$ (équation du troisième degré, dont Cardan montra que la solution $x=1$ est aussi égale à $\sqrt{2+\sqrt{5}} + \sqrt{2-\sqrt{5}} = 1$ ... ce qui, vous en conviendrez, n'est pas d'une évidence folle si l'on ne passe pas par l'équation susmentionnée $x^3 + 3x = 4$). Algèbre et géométrie sont liées en ce que construire des objets à deux (surfaces) ou trois (volumes) dimensions implique de considérer des expressions non rationnelles, solutions du 2e ou 3e degré.

aurait été bien utile pour calculer plus précisément le volume de grain engrangé dans un silo circulaire. Archimède (287-212 av. JC), grand ingénieur de son temps, est le premier à avoir proposé un algorithme de calcul de la « raison de l'aire d'un cercle au carré de son rayon », soit $S/r^2 = \pi$, basé sur des polygones se rapprochant de plus en plus du cercle (bref, la quadrature du cercle). Il en propose aussi l'encadrement :

$$3 + \frac{10}{71} < \pi < 3 + \frac{10}{70}.$$

En fait, π n'est pas seulement un nombre irrationnel, il fait aussi partie des transcendants (fait établi par Ferdinand von Lindemann en 1882). Son nom (π) lui sera attribué par Jones en 1706 et officialisé par Euler[304].

Un nombre *algébrique* est par définition racine d'une équation polynomiale à coefficients entiers. De ce fait, peut-être semble-t-il un peu plus abordable que d'autres réels ? Par exemple, tout nombre rationnel est algébrique (facile à démontrer pour vous, cher correspondant !). Les autres réels, non réductibles à cette définition, sont dits *transcendants*. Dans ses *Nouveaux essais sur l'entendement humain* (1705), Leibniz[305] présente une classification des nombres. Il distingue l'entier, le rompu, le sourd, et c'est lui qui le premier nomme le 'transcendant', dont il a l'intuition depuis qu'il a étudié que la fonction sinus n'est pas algébrique (1682). Joseph Liouville établit, en 1844, l'existence de ces nombres transcendants : il usa pour cela d'une propriété de "mauvaise approximation" des irrationnels algébriques par les rationnels. Georg Cantor, de son côté, montra en 1873 l'existence des transcendants à partir de son théorème "l'ensemble de tous les nombres réels est non dénombrable", et en montrant que l'ensemble des nombres algébriques est dénombrable[306]. Ceci revient à

---

[304] Leonhard Euler (1707-1783) et son disciple Joseph-Louis Lagrange font partie des géants de la science du XVIIe siècle : analyse infinitésimale, calcul des variations, séries infinies, mécanique, etc. Euler impose de nombreuses notations, comme le nombre e de l'exponentielle, l'imaginaire i, le transcendant π (déjà employé par W. Jones en 1706) et leur célèbre relation $e^{i\pi} + 1 = 0$. Équation connue comme identité d'Euler, ou « la plus belle formule mathématique de tous les temps » car associant les deux opérations d'addition et de multiplication, les deux nombres 0 – élément neutre de l'addition – et 1 – élément neutre de la multiplication – en plus des trois constantes e, i et π.

[305] Gottfried Wilhelm Leibniz (1646-1716) : mathématicien, philosophe, encyclopédiste, alchimiste, diplomate, juriste ... Il s'intéresse à la fois à la combinatoire (par exemple, l'expression des nombres en binaire, rien que ça) et à la continuité, définissant les règles du calcul infinitésimal (l'infiniment petit). C'est aussi lui qui introduit un grand nombre de notions et notations actuelles, comme les fonctions, explicitement désignées par $y = f(x)$ dans sa correspondance avec Johann Bernoulli. Mais aussi les notations actuelles du calcul différentiel dx/dy et intégral $\int dx$, qu'il nomme *methodus differentialis* en 1675, publiant ensuite *Nova methodus pro maximis et minimis, itemque Tangentibus,* 1684-1686, même si la paternité de cette théorie lui a été disputée par Newton, qui publie son *Philosophiae naturalis Principia Mathematica* en 1687 mais dont le calcul des « fluxions » était, dit-il, en gestation depuis 1669.

[306] Au cas pourtant improbable où cela vous intéresserait, cela se démontre en prouvant que l'ensemble A de tous les nombres algébriques est dénombrable. Pour cela, associons à chaque polynôme à coefficients entiers $P(x) = a_0\, x^n + a_1\, x^{n-1} + \ldots + a_1\, x + a_0$, sa *hauteur* $\mathrm{ht}(P) = \max_{\{j\}}|a_j|$. Cette hauteur est un nombre entier. Comme un polynôme n'a qu'un nombre fini de racines – c'est-à-dire les valeurs de x qui annulent $P(x)$ – l'ensemble A_N des nombres algébriques qui sont racines de polynômes à coefficients entiers, de degré N et de hauteur N, est un ensemble *fini* ; comme A est réunion des A_N pour N=1, 2, …, l'ensemble A est

dire que, si l'on pointe sur l'axe réel un nombre au hasard (par exemple tirant un développement décimal illimité), il n'a aucune chance d'être algébrique…

Charles Hermite donna en 1872 le premier résultat marquant sur les transcendants : en approchant la fonction exponentielle e^x par des fonctions rationnelles, il montra que e est transcendant, suivi en 1882 par Ferdinand von Lindemann pour π. Il fallut attendre 1929 pour voir d'autres résultats sur la caractérisation des transcendants. Cependant, aucune méthode générale n'a encore été trouvée : on ignore même si la constante d'Euler-Mascheroni $\gamma = \lim_{n\to\infty}\left(1+\frac{1}{2}+\frac{1}{3}+\cdots+\frac{1}{n}-\ln n\right)$ est rationnelle ou irrationnelle !

Mais certains transcendants peuvent être cités : par exemple, sin(1) (merci Leibniz…) ou $2^{\sqrt{2}}$, issu du septième problème de Hilbert (posé en 1900, prouvé séparément par Gelfond et Schneider la même année 1934) : si a est un algébrique différent de 0 et de 1, si b est un irrationnel, il s'agissait de montrer que a^b est forcément transcendant…

ℂ – les imaginaires, complexes, « impossibles » ou « vraiment sophistiqués »

Si Cardan qualifie d'imaginaires les nombres négatifs, il est sans doute le premier à évoquer publiquement (*Artis magnae sive regulis algebraicus*, 1545) des nombres *impossibles* dont le carré serait (aujourd'hui, on dirait « est » ?) négatif. En cherchant à résoudre l'équation polynomiale $x(10-x)=40$, qui demande d'écrire la racine carrée de -15, il eut l'intuition d'autres nombres, qu'il dit *vraiment sophistiqués*. L'écriture et les premières manipulations de ces nombres seront codifiées par Raphaël Bombelli en 1572. Notamment, Bombelli invente une notation avec des signes '*piu*' (+) et '*meno*' (–), mais aussi '*piu di meno*' et '*meno di meno*', de nouveaux opérateurs qui symbolisent l'addition ou la soustraction d'une racine d'un nombre négatif (*piu di meno*). Ces nombres bizarres susciteront de longues réticences… jusqu'au milieu du XIXe siècle. Descartes (1637) les appelle *imaginaires*, tout comme Leibniz qui trouvait que ces expressions « *ont ceci d'admirable que, dans le calcul, elles n'enveloppent rien d'absurde ou de contradictoire et que cependant elles ne peuvent être présentées dans la nature concrète des choses* ». Admiration qui s'adresse aussi un peu à la monstruosité : « *Ainsi on trouve l'élégante et admirable issue dans ce miracle de l'analyse, monstre du monde des idées, presque amphibie entre l'être et le non-être, que nous appelons racine imaginaire* » (*Acta eruditorium*, 1702).

Dans l'Encyclopédie (tome 8, 1766), Jean le Rond d'Alembert définit ainsi le mot « IMAGINAIRE, adj. *on appelle ainsi en* Algèbre *les racines paires de quantités négatives.* [...] *D'où il s'ensuit que toute puissance paire, tout quarré, par exemple, qui a le signe –, n'a point de racine possible & qu'ainsi la racine d'une telle puissance est impossible ou* imaginaire. *Les quantités* imaginaires *sont opposées aux quantités* réelles. [...] *Les quantités composées de réel & d'imaginaire, s'appellent* mixtes imaginaires, *& les autres* imaginaires simples ». Dans ce même article, d'Alembert rappelle qu'il a montré, dès 1746, « *que toute quantité imaginaire donnée à volonté et de telle forme qu'on voudra, peut toujours se réduire à :* $e+f\sqrt{-1}$, *e et*

---

dénombrable. Comme l'ensemble des réels n'est pas dénombrable, l'ensemble des nombres transcendants n'est donc pas dénombrable.

f étant des quantités réelles ». Et de s'en prendre à un de ses collègues : « *M. Euler a démontré depuis cette même proposition, dans les mémoires de l'académie de Berlin 1749, mais il est aisé de voir que sa démonstration ne diffère en aucune façon de la mienne* ». La concurrence, comme les nombres, ne date pas d'aujourd'hui… En 1706, Abraham de Moivre fait le lien entre l'extraction de la racine $n^{\text{ième}}$ de ces nombres et la division d'un angle en n parties égales, ce qui ouvre le lien avec la trigonométrie, lien qui sera formulé par Euler en 1748 ($\cos x + \sqrt{-1}\sin x = \mathrm{e}^{\sqrt{-1}x}$).

En 1777, Euler introduit la notation du prototype i = $\sqrt{-1}$, qui sera définitivement popularisée par Carl Friedrich Gauss en 1832 dans le second tome de sa *Theoria residuorum biquadraticorum* : Gauss nomme i « l'unité imaginaire » ou « unité latérale » et donne une caractérisation précise des nombres qu'il nomme (enfin !) *complexes*, de leur calcul et de leur représentation dans le *plan complexe* correspondant aux deux parties b et a de $z = a + b$ i. Les complexes sont enfin décomplexés et, en 1848, lors du cinquantenaire de son doctorat, cette systématisation lui vaut l'éloge suivant : « *vous avez rendu possible l'impossible* ». Pour autant, en 1868, James Clerk Maxwell parlera encore des racines "possibles" (réelles) et "impossibles" (complexes) d'un polynôme. La partie réelle des racines complexes était ainsi : « *the possible parts of the impossible roots* ». Ce qui reflète un certain sens du partiellement possible…

Aujourd'hui, ces nombres complexes nous semblent nettement moins impossibles, sinon familiers : ils sont la base de tous les calculs de nos amis physiciens, ingénieurs, etc. C'est probablement le groupe Bourbaki qui le premier, en 1939, a noté ℂ leur ensemble.

ℵ et les transfinis

Le concept d'infini numérique est abordé sous le nom de *pūrṇa* dès le texte indien des *Yajur-Véda*[307] (daté entre –1200 et –500) : « *De l'infini est né l'infini / Quand l'infini est enlevé de l'infini, il reste seulement l'infini* ». Dans toute l'antiquité, l'infini quantitatif reste étroitement lié à l'infini ontologique. Plus tard, lorsqu'il développe le calcul infinitésimal, Leibniz donne à l'infini le statut d'un concept mathématique à part entière. La phase suivante sera celle des travaux de Cantor, en symbiose avec la théorie des ensembles : « *avec Cantor, le concept d'infini mathématique sort de sa préhistoire* » [Jean-Toussaint Desanti, dans *l'Encyclopedia Universalis*].

À l'origine, Cantor raisonne dans le domaine de l'analyse, c'est-à-dire sur des ensembles de points : deux ensembles ont même *puissance* s'il est possible de définir, depuis les éléments de l'un vers les éléments de l'autre, une application biunivoque. Cette notion de bijection l'amène à comparer des ensembles de même puissance, « équipotents » (1877). Il est stupéfait d'obtenir des résultats qui semblent contraires à toute intuition comme, par exemple, la possibilité d'établir une bijection entre le continu à une dimension et le continu à n dimensions (c'est à ce sujet qu'il écrit « *Je le vois, mais je ne le crois pas* » à son ami Dedekind).

Il isole (et nomme) le concept d'ensemble « dénombrable », ensemble de même puissance que l'ensemble des entiers naturels : ℕ était « infini » au sens de Dedekind,

[307] Ce texte est attribué à Vyâsa (ou à Krishna). La version française du sanskrististe Jean Varenne (*Le Véda*, éd. Planète, 1967) présente des extraits choisis et traduits des quatre Véda, dont le Yajur-Véda en 3e partie.

Cantor précise la nature de cet infini : ℕ est de la même puissance que l'ensemble $p\mathbb{N}$ des entiers multiples d'un même entier p non nul ($2\mathbb{N}$ pour les nombres pairs), que l'ensemble des couples d'entiers ($\mathbb{N}^2$), que l'ensemble des nombres rationnels (ℚ) et que l'ensemble des nombres algébriques…

Cantor choisit de noter $\aleph$, première lettre de l'alphabet hébreu, le nombre cardinal qui désigne cette puissance commune. Il s'agit alors d'étudier la nature de cet objet… qu'il appelle nombre transfini. La puissance de ℝ (ou « puissance du continu ») est plus grande que $\aleph$, égale à celle du segment réel $[0,1]$, mais aussi de $\mathbb{R}^n$ ou du carré $[0,1]^2$. Il la note $\aleph_1$: c'est le deuxième transfini, et $\aleph$ sera aussi notée $\aleph_0$. Plus fort encore : si un ensemble E est de puissance p, l'ensemble des parties de E a une puissance 2^p. Ainsi $\mathcal{P}(\mathbb{N})$, l'ensemble des parties de ℕ, a une puissance $2^{\aleph_0}$, $\mathcal{P}(\mathcal{P}(\mathbb{N}))$ une puissance $2^{2^{\aleph_0}}$, etc.

Question qui se pose alors : si on écrit $\aleph_1 > \aleph_0$, y a-t-il « quelque chose » entre les deux ? Et peut-on écrire $\aleph_1=2^{\aleph_0}$, $\aleph_2=2^{2^{\aleph_0}}$, etc. ? Parce que les conséquences étaient très utiles pour l'analyse, Cantor a répondu par l'affirmative : c'est la célèbre « hypothèse du continu ».

Comme de nombreux mathématiciens de cette époque, Cantor espérait bien sûr en trouver la démonstration, ce qui le préoccupa jusqu'à sa mort : en 1963, Paul Joseph Cohen a montré que cette démonstration n'existe pas, et que l'hypothèse du continu fait partie de ces problèmes « indécidables » révélés par Gödel.

« *Le caractère tout à fait révolutionnaire de ses recherches est apparu avec netteté à Cantor et il a éprouvé le besoin de se justifier en arguant de la liberté de création du mathématicien : « Je ne vois vraiment pas ce qui pourrait nous retenir dans cette activité créatrice de nouveaux nombres, aussitôt qu'il apparaît que, pour le progrès de la science, l'introduction d'une nouvelle, parmi ces innombrables classes de nombres, est devenue souhaitable ou même indispensable ;* [...] *sans cette extension je ne peux plus aller de l'avant, avec elle j'atteins toute sorte d'inattendu* ».

[Jean-Toussaint Desanti, *op.cit.*].

Comme un jour Cardan s'est mis à travailler sur des nombres négatifs ou à accepter l'idée de nombres "impossibles" dont le carré serait négatif, voici donc que Cantor dit à propos de ses propres recherches : « *Je le vois, mais je ne le crois pas* ».

Ainsi en va-t-il de l'intégration de ces nouveaux concepts, qui au départ semblent scandaleux : à force de les manipuler, ils deviennent familiers et prennent une réelle consistance.

Ah ! cher correspondant, je vous avais annoncé une « petite fiche » qui nous laisserait entr'apercevoir un aspect de la complexité vue depuis un objet familier, le nombre… et je constate qu'elle est finalement bien longue. Pourtant, le sujet me semblait assez simple, en tout cas bien balisé : que nenni ! Même le monde formel que nous nous sommes construit et dans lequel nous vivons est bien étrange…

Ainsi nous venons de rencontrer quelques exemples de situations de conception (origami), paradoxales (boucles étranges), impliées (hologramme), tiers-incluses (Russell), antifondées (axiomatique des ensembles), incomplètes (Gödel), indéterminées (principe d'Heisenberg), irrationnelles, complexes et transfinies (nombres)... Ces situations sont surtout issues du monde des sciences car je sais votre appétence pour elles (et moi donc !). Toutes échappent aux techniques d'analyse cartésienne, c'est pourquoi je les ai choisies pour vous entretenir de *complexité*...

J'ai lu chez Jean-Claude Lugan [*La systémique sociale, Que sais-je* – 2009] une caractérisation de la complexité : pour lui, percevoir un phénomène comme complexe, c'est le tenir par définition pour irréductible à un modèle fini, aussi sophistiqué soit-il. Cela rejoint tout à fait la « notion négative » de Atlan.

De même, lors d'une interview, Edgar Morin déclarait : « *D'abord, lorsque les gens disent « c'est complexe », en fait, ils veulent dire 'je suis incapable de décrire telle chose'. Le mot complexe est un mot bouche-trou qui nous permet d'éviter ou d'expliquer ce qui a cessé d'être simple. Autrement dit, la complexité est un défi que nous rencontrons dans la vie de tous les jours* ».

La notion de complexité implique :

- Le désordre, l'indétermination et l'imprévisibilité (ou, ce qui en pratique revient au même, une prévisibilité non calculable), donc d'*incertitude* ;
- L'émergence plausible du *nouveau* et du *sens* au sein du phénomène (par exemple, notre boucle auto-référente $a = \bar{a}$ précédente, qui induisait, à partir d'une fonction statique, un comportement de succession temporelle ; mais aussi les phénomènes d'auto-organisation multicellulaire en biologie, qui mettent en jeu une mort cellulaire génétiquement programmée (l'apoptose) inséparablement nécessaire à la survie ;
- La possibilité de phénomènes *paradoxaux* (par exemple, la dualité onde-corpuscule de la physique quantique, ou encore l'un *et* le multiple : la société constituée de volontés individuelles, le tout – on s'en souvient – n'étant pas réductible à la somme de ses parties ; ou encore, dans le langage, ces mots (*personne, dispenser, remercier*...) qui prennent plusieurs sens *contraires* (quand on veut faire cultivé, on parle d'énantiosémie) : ainsi « *louer* » a-t-il plusieurs sens, dont ceux de recevoir de l'argent pour un logement ou... d'en donner) ;
- L'inséparabilité de certains éléments, c'est-à-dire l'indécomposabilité du système en éléments simples, identifiables et stables : par exemple l'intrication quantique, cette loi de conservation du spin qui fait que l'état quantique de deux objets doit être décrit globalement – par des variables non locales – même s'ils peuvent être spatialement séparés ; ou encore

l'observateur qui est aussi acteur, le concepteur qui est aussi observateur…

- La *causalité circulaire* (la rétroaction, l'autoréférence, la récursivité des causes et des effets, bref les processus qui sont producteurs d'eux-mêmes…) est un autre facteur d'inséparabilité : une organisation s'organise, alors comment séparer l'action de son résultat ? et aussi, ce deuxième théorème d'incomplétude de Gödel ; et encore, la mise en abyme de deux miroirs placés face à face, tout comme cette publicité fromagère pour une vache qui rit dont les boucles d'oreilles sont des vaches qui rient dont les boucles …
- et bien sûr – mais peut-être est-ce un résultat des précédents items ? – *l'absence de problème 'bien posé'*, de solution unique, d'optimum : en mathématiques, l'axiomatisation de l'arithmétique générale est incomplète ou incohérente ; la langue est ambiguë (pour en faire le test, je vous laisse rechercher sur Internet des images de « cravates à pois rouges ») et nous l'aimons ainsi, qui permet l'équivoque oratoire, la poésie, la suggestion, l'humour… On rapporte ce mot de Talleyrand : « *La parole a été donnée à l'homme pour déguiser sa pensée* ».

Cette liste ne donne qu'un aperçu de la richesse bizarroïde du « complexe » … Citons encore E. Morin [*La méthode* – T. 2, p. 357] : « *La problématique de la pensée complexe est, non pas d'éliminer, mais de travailler avec le paradoxe, l'incertitude, le désordre ; elle postule la réorganisation des principes de la connaissance* ».

L'étymologie peut venir une fois de plus en renfort : *cum-plexus* (de *plectere*, entrelacer, je me permets de faire l'érudit auprès de vous bien que le mérite en revînt au dictionnaire) nous donne cette idée de tisser, d'enchevêtrer. Regardez en physiologie nos différents plexus nerveux : plus que tissages, ils sont d'inextricables réseaux de communication… Qui plus est, Sigmund Freud et ses collègues ont donné au terme complexe une fréquence d'usage à la hauteur des difficultés posées et de la *perplexité* qu'il génère en nous !

complexité ↔ perplexité

modéliser un système complexe pour construire sa compréhension

Je vous propose de poser, en regard des caractéristiques de la complexité, celles de l'intelligence vues par D. Hofstadter (toujours lui !). Dans son ouvrage « Gödel Escher et Bach, les Brins d'une Guirlande Éternelle » (1979, pp. 29-30), il recense huit capacités qui lui apparaissent comme caractéristiques essentielles de l'intelligence :

Celle de « *réagir avec souplesse aux situations qui se* présentent » ; celle de « *tirer profit de circonstances fortuites* » ; celle de « *discerner le sens de messages ambigus ou contradictoires* » ; celle de « *juger de l'importance relative de différents éléments d'une situation* » ; celle de « *trouver des similitudes entre des situations malgré les différences qui peuvent les séparer* » ; celle « d'*établir des distinctions entre des situations malgré les similitudes qui les rapprochent* » ; celle de « *synthétiser de nouveaux concepts à partir d'anciens concepts assemblés différemment* » et, enfin, celle – qui n'est sans doute pas la moindre ! –, celle *« trouver des idées nouvelles* ».

Cher ami, arrivé à ce stade je vous entends d'ici réagir : « Et alors ? C'est bien joli de caractériser la complexité et de pointer, face à elle, les limites de notre outillage mental du décomposable, disjonctif, explicable et analytique… Mais il ne suffit pas de réfuter, il vous faut me proposer des alternatives » !
Vos questions sont toujours aussi pertinentes et votre pensée, impertinente… Quoi qu'il en soit, vous avez totalement raison et, après avoir tenté de *caractériser* la complexité (au regard de la complication), je vais maintenant vous entretenir de sa *modélisation…*
Comment tenter de comprendre le complexe ? Comment l'interroger, comment le représenter sans le découper ou le simplifier ?

Dans son ouvrage « *La modélisation des systèmes complexes* » (Dunod, 1990), Jean-Louis Le Moigne définit un outil, le « système (en) général », qui conjoint inséparablement quatre concepts fondateurs : fonctions ET transformations ET environnement ET finalités. Citons-le : « *Le système général se décrit par une ACTION (un enchevêtrement d'actions) DANS un environnement ('tapissé' de processus) POUR quelques projets (finalités, téléologie), fonctionnant (faisant) ET SE TRANSFORMANT (devenant)* ».

Il propose de l'utiliser pour représenter un phénomène modélisable en tant qu'actions plus ou moins structurées (graphe d'interactions), évoluant dans le temps, dans un environnement, selon une finalité. On pourrait remplacer ici chacune des virgules par un « et », pour rendre encore plus explicite le caractère *conjonctif.* En particulier, deux visions de l'action se rencontrent ici : une vision synchrone, agir au présent, ET une vision diachronique, dans une dynamique temporelle où le fait d'agir change la façon d'agir.

Je suggère maintenant de dessiner cette conjonction : puisqu'elle est une intersection d'ensembles, autant la figurer comme telle… Dans ce schéma, c'est par facilité graphique que je n'ai fait figurer que 4 intersections : « faire » *et* « dans un environnement » ; « faire » *et* « pour quelque(s) projet(s) » ; « se faire » *et* « dans un environnement » ; « se faire » *et* « pour quelque(s) projet(s) ». Vous aurez compris qu'il aurait fallu aussi en documenter 2 de plus : « faire » *et* « se faire » (l'action mène à la transformation qui génère l'action…) ; « dans un environnement » *et* « pour quelque(s) projet(s) » … Pour illustrer cette dernière, je prendrai un exemple simple et qui passe bien auprès de mes étudiants : celui de l'ours polaire...

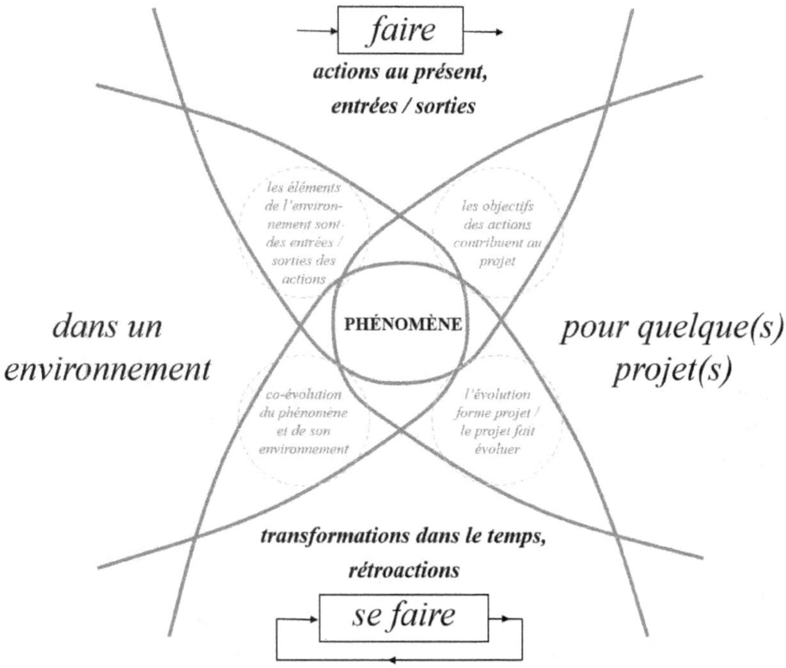

Fig. 29 : Représentation graphique de la modélisation d'un phénomène comme conjonction/intersection de quatre points de vue

Comment définir notre ours selon Descartes ? « Un tronc + quatre pattes + une tête + une queue + une fourrure blanche qui recouvre le tout ». Cela suffit-il à comprendre l'ours ? Vous conviendrez que non (sauf s'il s'agit de le découper à des fins alimentaires) …

Alors, moins rudimentaire, on peut essayer « Une fonction locomotrice + une fonction cérébrale + une fonction respiratoire + reproductrice + digestive + prédatrice + des relations entre elles » … bon, il m'est demandé d'être exhaustif mais je crains de forcément en oublier.

De l'autre côté, une modélisation conjonctive me conduit à : « (un environnement = le Pôle Nord) ET (un projet = survivre) ». Même rudimentaire, elle construit déjà une certaine compréhension. Bien sûr, elle reste imprécise et ne me permet même pas de distinguer un ours blanc d'un phoque ou d'un Inuit. Mais, si je considère aussi les actions, ça se précise : l'ours blanc attaque le phoque et ne construit pas d'igloo. Ici, dans la description du « faire », je peux intégrer mon schéma fonctionnel précédent (« Une fonction locomotrice, etc. plus des relations entre elles »). En termes de transformations, je peux intégrer la façon dont il apprend, à quel moment il commence à chasser, etc.

Fig. 30 : Exercice : s'il te plaît, modélise-moi un ours blanc…

Pour donner un exemple qui a été testé auprès de mes élèves, la question « modèle ? » peut aussi être étudiée sous l'angle de cette intersection : en première approche, la figure suivante ouvre une réflexion que je trouve constructive…

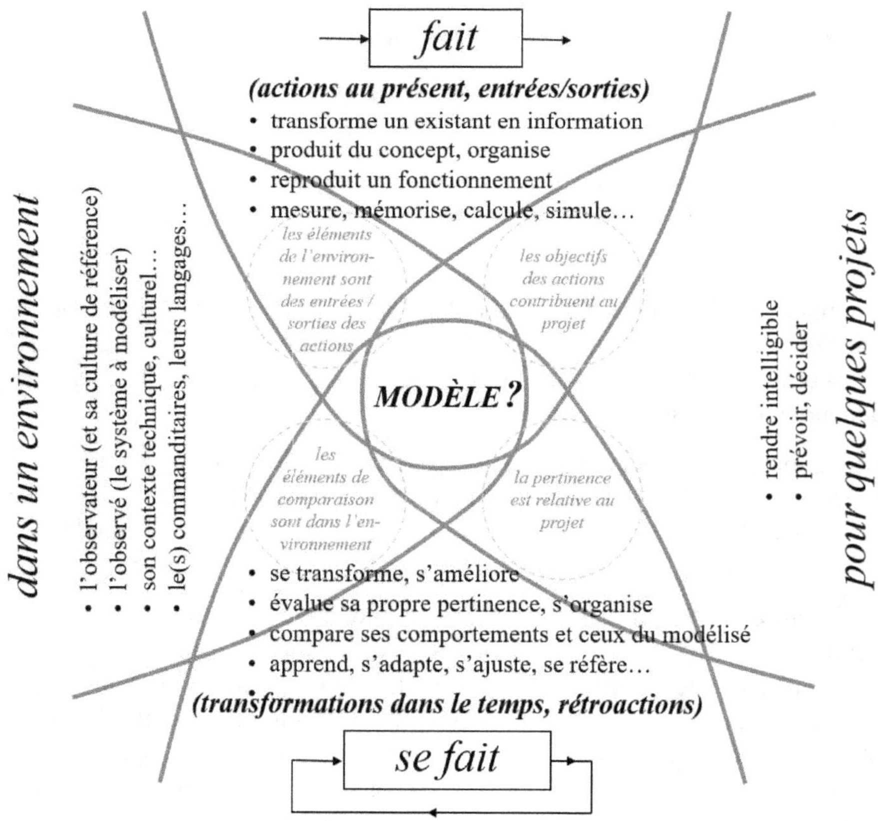

Fig. 31 : Une façon conjonctive de répondre à la question « modèle ? » (à lire en tant qu'intersection de points de vue)

On peut alors se représenter un modèle comme ce qui *relie* les aspects suivants :

- un lien à un *environnement* : l'observateur (et sa culture de référence), l'observé (le système à modéliser) et son contexte technique, culturel, le(s) commanditaire(s), la culture d'entreprise…
- un lien à un *projet*, qui peut par exemple être de rendre intelligible, ou de prévoir, ou d'améliorer (mieux évaluer, mieux décider, mieux s'organiser, etc.)…
- un ensemble d'actions (*faisant*) participant à transformer un existant en information : identifier des objectifs (à partir des demandes des commanditaires), proposer des variables « descriptives » pertinentes, décrire leurs interactions, l'organisation, simuler, documenter, informer, traduire en termes compréhensibles dans la culture et le contexte environnants… (au global, l'action d'un modèle aurait comme entrées : des observations expérimentales, des notions, des demandes, des références… et comme sorties : des concepts, des décisions, des (re)formulations…)
- un raffinement progressif des informations et concepts (*se faisant*) : évaluer la pertinence d'une modélisation (estimer les écarts modèle / réel perçu pour ajuster le modèle), réorganiser le modèle précédent pour tenter de réduire cet écart, questionner la façon dont je perçois le « réel perçu », questionner mes objectifs (le « réel projeté ») et réajuster leur formulation en fonction du projet et du contexte, etc.
- et …

Vous remarquerez que je me suis permis d'ajouter un cinquième item (certes, bien vague) à cette liste, pour illustrer le fait qu'une modélisation conjonctive supporte la prise en compte tardive d'un point de vue. Cependant, jusqu'à preuve du contraire et en attendant cette possible amélioration, les quatre éclairages définis ci-dessus sont assez génériques et affinés pour tisser un *complexus* assez serré. Il se peut, cher correspondant, que vous ayez vous aussi une proposition constructive à faire : discutons-en ! Ici, dans cette approche conjonctive, pas de contrainte d'exhaustivité !

Dans ce schéma comme dans le précédent, des exemples de liens (en gris clair) documentent quelques intersections (quatre sur six) entre « dans un environnement » *et* « faire », « pour quelques projets » *et* « se faire », etc.

Mais le dessin d'une intersection peut ne pas suffire à intégrer ce mode de questionnement du complexe. Pour preuve, la façon dont mes étudiants (pourtant brillants !) réagissent le plus souvent lorsque, emporté par mon optimisme pédagogique, je leur propose un exercice : je leur demande de mettre ce schéma de conjonction-intersection à l'épreuve de la pratique en représentant, en tant que phénomène, une expérience d'ingénierie de projet qu'ils ont vécue récemment en tant qu'élèves.

Le résultat s'avère toujours très instructif, même s'il refroidit tout aussi régulièrement mon optimisme : en professionnels de la chose, ils découpent aisément cette expérience vécue en quatre cases : 1) ce qu'ils ont fait, 2) dans quel contexte, 3) pour quel projet, 4) comment ça s'est passé. Mais rares (très, très rares !) sont ceux qui envisagent d'expliciter/exploiter les liens entre les quatre cases obtenues. La conjonction proposée est très spontanément redevenue disjonction… Il faut tout un travail complémentaire pour aller chercher les liens entre le contexte et ce qu'ils ont fait, de dessiner comment leurs échecs ont fait évoluer (ou pas) leur façon de procéder, etc. Notre éternel Descartes n'est jamais loin !

Il me semble intéressant de pouvoir prodiguer quelques conseils supplémentaires sur un possible mode d'emploi. Ces conseils peuvent par exemple s'inspirer de « la méthode » développée par Edgar Morin depuis 1977. Je reprendrai ici un travail de doctorat [Ousama Bouiss, *Dix principes pour penser dans un monde complexe*, The conversation 30/12/2018], que j'adapterai encore sous forme de résumé. Puis-je encore parler de pensée complexe si j'agis de la sorte, me direz-vous ? J'assume car cela traduit aussi mon point de vue, vous répondrai-je… Tel Moïse revenant du mont Sinaï, je vous livre ces principes en bon ordre (oui, ils sont bien dix…) :

1. Changez de paradigme : « distinguer sans disjoindre et associer sans identifier ou réduire »
2. Reliez : les points de vue, les disciplines, les niveaux d'analyse.
3. Appliquez le principe d'irréductibilité : ne pas commencer par simplifier, ne pas réduire à du connu, mais suspendre le jugement, laisser planer le doute.
4. Pensez dialogique : double logique pour penser le paradoxal, le contradictoire, sans l'effacer ni chercher une synthèse. Posture de coopération, sans objectif unique.
5. Dépassez la controverse élément/ensemble et rappelez-vous le principe de l'hologramme.
6. Pensez rétroaction : le produit est aussi producteur et la cause est aussi conséquence, donc cherchez les boucles causales et pas seulement les chaînes de causalité (par exemple l'individu qui produit la société qui le produit).
7. Pensez le désordre sans avoir peur de lui : il entretient une relation profonde avec l'ordre, seul le désordre permet l'émergence d'un ordre différent du précédent.
8. Devenez stratège : dans l'action ne vous en tenez pas à une décision initiale, saisissez les opportunités et l'inattendu, envisagez des scénarios et modifiez-les en cours d'action selon ce qui advient.
9. Considérez l'action comme un pari : l'action simplifie, tranche, réduit… alors n'imaginez pas qu'elle est optimale et faites-en plutôt un pari éclairé

par votre actuelle perception (complexe) de la situation. Le processus de prise de décision est plus important que la décision, car lui est adaptable.

10. Plutôt que la critique, privilégiez l'autocritique : pratiquez une conscience veilleuse de vous-même, faites-en une culture psychique quotidienne.

Ce sont là d'excellentes résolutions, mais aussi un programme bien ambitieux. Alors, comme je le conseille à mes élèves, plutôt que de croire sur parole ces auteurs et les enseignants qui les reprennent en chœur, ou bien plutôt que de les rejeter d'emblée ces beaux principes, il est préférable de s'y exercer avant de conclure sur leur pertinence. Face à un problème difficile, laissons provisoirement de côté notre réflexe qui nous ferait commencer par la mise en coupe réglée d'une analyse (recherche d'une bonne définition, décomposition, optimisation, etc.). Pourquoi ne pas tenter une approche globale ? S'essayer à penser alternativement l'environnement, le projet, le présent, la transformation et, surtout, leurs croisements ? Il n'y a guère de risque, sinon, d'ouvrir des ramifications qui sinon seraient restées inenvisagées… Il sera bien temps ensuite de retrouver notre Descartes. On perdra éventuellement un peu de temps avec cette forme d'entraînement intellectuel et ces ramifications multiples et enchevêtrées. Mais à choisir, cette perte de temps me paraît préférable à l'application irréfléchie de notre marteau écraseur de problèmes-clous.

Ainsi, au lieu de ce grand nombre de préceptes dont la logique est composée, je crus que j'aurais assez des deux suivants, formant itération non exhaustive : que je commençasse par une modélisation conjonctive ; puis, lorsque j'aurai acquis une représentation suffisamment complexe, que je procédasse, éventuellement, à une analyse disjonctive, pour revenir de façon alternée à une vision conjonctive…

Allons bon, voilà que je me prends pour le Grand René *himself* ? En tout cas, l'ordre dans lequel je nous recommande l'usage de ces différents points de vue, illustré ci-dessous, me semble important.

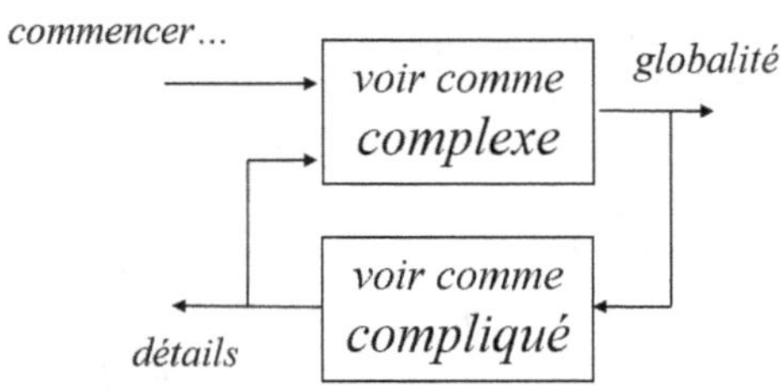

Fig. 32 : Commencer par le global pour aller vers le détail et revenir au global et…

Que serait par exemple cette analyse qui suivrait la modélisation conjonctive ? Eh bien, par exemple : dresser une liste (non exhaustive) des actions, de leurs successions causales mais aussi de leurs rétroactions faisant transformation dynamique, des variables d'environnement, des points de vue possibles sur le sens à leur donner…

Complexe, compliqué… et la scientificité, dans tout ça ?

Avec tout ce que je viens de vous dire, cher correspondant, vous aurez compris que cette apparente opposition compliqué–complexe concerne la façon de se représenter les choses, mais pas les choses elles-mêmes. Le phénomène, en tant que tel, n'est *ni l'un ni l'autre*. Ces notions interviennent dans notre relation à lui, dans notre façon de questionner et d'observer : il s'agit donc d'un choix de notre part, à nous qui le *modélisons*.

Un maître mot que celui de modélisation ! La modélisation qui correspond, entres autres, à des *choix* qui conditionnent le résultat de notre processus cognitif… Abraham Maslow ne soulignait-il pas que si on a qu'un marteau, on voit des clous partout ?

« *I suppose it is tempting, if the only tool you have is a hammer, to treat everything as if it were a nail.* »

[Abraham Maslow, *The Psychology of Science* – 1966]

Pour le dire plus pompeusement… *soyons attentifs aux biais cognitifs*. Je vais prendre le temps de vous recopier tranquillement trois citations : une première de Bergson, admirateur de la méthode cartésienne, découpant et recousant l'étoffe du monde mais insistant bien sur l'intelligence que ce procédé nécessite ; un deuxième de Morin, mettant en garde contre un académisme disciplinaire qui, à force de nous habituer à séparer, nous ferait perdre l'aptitude à relier ; enfin, celle de Bohm pour qui la lentille, longtemps marteau de l'observation des physiciens, nous aura fait penser les objets sur le mode analytique (les clous de Maslow) et négliger une vision globale indivise…

« *L'ensemble de la matière devra donc apparaître à notre pensée comme une immense étoffe où nous pouvons tailler ce que nous voudrons, pour le recoudre comme il nous plaira. Notons-le en passant : c'est ce pouvoir que nous affirmons quand nous disons qu'il y a un espace, c'est-à-dire un milieu homogène et vide, infini et infiniment divisible, se prêtant indifféremment à n'importe quel mode de décomposition. Un milieu de ce genre n'est jamais perçu ; il n'est que conçu. Ce qui est perçu, c'est l'étendue colorée, résistante, divisée selon les lignes que dessinent les contours des corps réels ou de leurs parties réelles élémentaires. Mais quand nous nous représentons notre pouvoir sur cette matière, c'est-à-dire notre faculté de la décomposer et de la recomposer comme il nous plaira, nous projetons, en bloc, toutes ces décompositions et recompositions possibles derrière l'étendue réelle, sous forme d'un espace homogène, vide et indifférent, qui la sous-tendrait. Cet espace est donc, avant tout, le schéma de notre action possible sur les choses, encore que les choses aient une tendance naturelle, comme nous l'expliquerons plus loin, à entrer dans un schéma de ce genre : c'est une vue de l'esprit. L'animal n'en a probablement aucune idée, même quand il perçoit comme nous les choses étendues. C'est une représentation qui symbolise la tendance fabricatrice de l'intelligence humaine. Mais ce point ne nous arrêtera pas pour le moment. Qu'il nous suffise de dire que l'intelligence est caractérisée par la puissance indéfinie de décomposer selon n'importe quelle loi et de recomposer en n'importe quel système* ».

[Henri Bergson - *L'Évolution créatrice* – 1907 (p.170)]

« *Nous savons que le mode de pensée ou de connaissance parcellaire, compartimenté, monodisciplinaire, quantificateur, nous conduit à une intelligence aveugle, dans la mesure même où l'aptitude humaine normale à relier les connaissances s'y trouve sacrifiée au profit de l'aptitude non moins normale à séparer. Car connaître, c'est, dans une boucle ininterrompue, séparer pour analyser, et relier pour synthétiser ou complexifier. La prévalence disciplinaire, séparatrice, nous fait perdre [...] l'aptitude à globaliser, c'est-à-dire à introduire les connaissances dans un ensemble plus ou moins organisé. Or, les conditions de toute connaissance pertinente sont justement la contextualisation, la globalisation* ».

[Edgar Morin, Conférence au congrès "*Quelle Université pour demain ?*", CIRET, Locarno, 1997, publiée dans *Motivation*, N° 24, 1997]

« *En apportant ainsi une correspondance entre les caractéristiques spécifiées de l'objet et d'une image très précise, la lentille a considérablement renforcé la conscience que l'homme peut avoir des différentes parties de l'objet et de la relation entre ces parties. De cette façon, elle a favorisé la tendance à penser en termes d'analyse et de synthèse. De plus, elle a permis une énorme extension de l'ordre classique (analyse et synthèse) à des objets qui étaient trop lointains, trop grands, trop petits ou trop rapides pour être ordonnés par la vision non instrumentée. En conséquence, les scientifiques ont été encouragés à extrapoler leurs idées et à penser qu'une telle approche serait pertinente et validée quelle que soit leur distance, dans toutes les conditions, tous les contextes et tous les degrés d'approximation possibles. Cependant, la relativité et la théorie quantique impliquent une globalité indivise, dans laquelle l'analyse en parties distinctes et bien définies n'est plus pertinente. Existe-t-il un instrument qui peut aider à donner une certaine perception immédiate de ce que l'on peut entendre par globalité indivise, similairement à ce que la lentille a apporté à ce qu'on peut appeler l'analyse d'un système divisé en parties ? Nous suggérons ici que l'holographe peut en donner un aperçu* ».

[David Bohm, *Wholeness and the implicate order,* Routledge Ed. – 1980 (pp.182-183), Traduit par les auteurs]

D'une part, le choix d'un modèle induit des raisonnements orientés (l'ingénieur se fiera à la logique, le commercial au sens des relations humaines, l'artiste à sa muse – son modèle à lui…).

D'autre part, nous ne choisissons pas forcément nos modèles de façon délibérée. Car le risque, pour nous qui sommes tombés petits dans le chaudron cartésien, est d'utiliser toujours le marteau de l'analyse sans le savoir. Nous avons déjà relevé par deux fois ce risque d'utilisation non intentionnelle de techniques analytiques dédiées à la complication (décomposition / recomposition) et je vous ai aussi parlé de cet exercice (« vous avez dit… modèle ? ») qui indique que mes élèves, en situation, ont en tête – très majoritairement et très implicitement – deux questions : « qu'est-ce que c'est ? » et « à quoi ça sert ? ».

De plus, à cause de notre bagage et peut-être aussi de la façon dont il nous a le plus souvent été inculqué (du maître vers l'élève), nous avons (ou avons eu…) pour la plupart une tendance spontanée à imaginer le processus de modélisation comme une « acquisition de données » issues d'un phénomène, suivie d'une réflexion menant à un modèle explicatif, de type « *data analysis* ». Comme vous vous fatiguez peut-être de lire un si long courrier, à ce niveau un petit dessin aura plus de valeur tonifiante qu'un long discours…

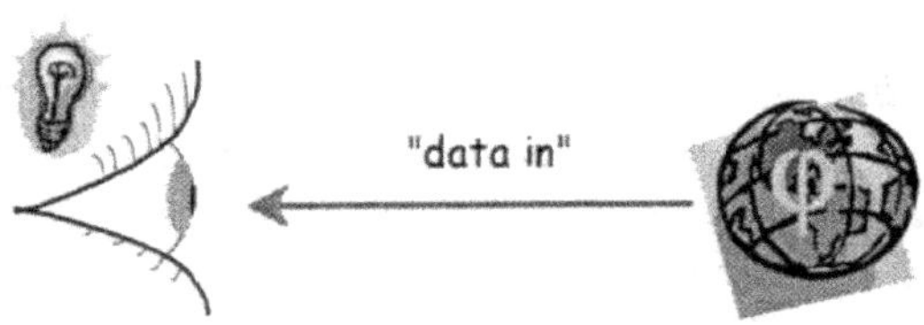

Fig. 34 : Une certaine vision de la modélisation « positive »

Une certaine naïveté, ou un manque de pratique, pourrait nous laisser croire en cette vision « objective » des choses de la science : « je n'y suis pour rien, ce sont là les données du problème, les chiffres sont les chiffres, les faits sont là, l'expérience c'est l'expérience. » En fait, c'est plutôt là une vision passive… ou pire, une *subjectivité inconsciente* – pour reprendre les mots de Jean-Louis Le Moigne – qui se cache derrière une croyance d'objectivité. Car croyez-vous vraiment que les données soient données ? À notre époque où survient la conscience du prix de « la data », une telle naïveté serait étonnante. Toutes nos langues connaissent ces *data* qui pourtant ne sont pas *given* : *daten, dati, datos, dadas, adat, andmed, dejta, dedoménon, podatkov, dane, data,* données… aujourd'hui universalisées sous leur nom anglais mais pas gratuites pour autant.

« *Finalement, devant notre incapacité d'expliquer, nous formons la conception d'un « donné ».* Le donné est donc à notre point de vue essentiellement tardif. *Nous devons le placer où nous le rencontrons, quand il fait enfin obstacle à l'idée c'est-à-dire à l'instant où l'idée éprouve des difficultés insurmontables à informer l'expérience ou plutôt à réformer l'expérience* ».

[Gaston Bachelard, *Essai sur la connaissance approchée* – 1927]

Après un peu de réflexion, nous pourrions donc ajouter plus prudemment : « qui a construit cette expérience ? l'observateur est-il vraiment séparé de l'observation ? » Ou pire, dérivant vers le laxisme du subjectif : « remarquez, j'aurais pu changer de point de vue, on fait dire aux chiffres ce que l'on veut, tout est relatif, *Si non e vero, e bene trovato...* ». Tout ceci ne sera pas très satisfaisant pour qui se retrouve face à des sciences tellement permissives... qu'elles n'en sont plus.

Mais comment donc construit-on la science ?

N'étant pas vraiment le premier à réfléchir sur cette question, je reprendrai tout d'abord, en l'adaptant, ce que Gilles Gaston Granger (1920-2016), philosophe rationaliste et s'en tenant donc à la raison comme principale source de connaissance du monde, avait écrit pour son article « épistémologie » de l'*Encyclopaedia Universalis* : 1) La science vise une « réalité », ce terme s'opposant seulement ici à toute production que l'imagination construirait sans obstacles. 2) La science cherche une « explication », au sens de l'insertion de cette réalité dans un système abstrait de concepts, débordant les faits singuliers que l'expérience nous propose. Une explication ainsi entendue suppose que les faits à expliquer soient transposés d'abord sous la forme d'un « modèle » abstrait, dont les éléments puissent être définis par leurs relations mutuelles et, pour certains d'entre eux, par un protocole de rapports avec l'expérience. 3) La science se soumet à des critères de « validité » explicitement formulables et faisant l'objet d'un consensus.

Vous apprécierez comme moi la façon ouverte dont le terme « réalité » est entendu ici : l'imagination seule ne suffit pas, une confrontation logique ou empirique, vue comme un obstacle, est nécessaire pour parler science (il s'agit là du concept d'*obstacle épistémologique* élaboré par Bachelard). Par ailleurs, la connaissance attendue doit être suffisamment générique, allant au-delà des « faits singuliers ». Enfin, il faut faire consensus sur la façon de « valider » cette connaissance. Je reviendrai sur ces guillemets tout à l'heure...

Pour pouvoir s'intégrer dans le consensus en question, une théorie scientifique demande un ensemble d'efforts : a) évaluer la cohérence de son système théorique, b) mettre en évidence sa forme logique, c) la comparer à d'autres théories et, d) si elle s'apparente aux sciences empiriques (par contraste avec les sciences formelles), la confronter à l'expérimentation.

Tout ceci nous fournit déjà quelques critères pour évaluer la « scientificité » d'une démarche de connaissance.

Bien, mais pour autant, nos sciences seront-elles « dures », au sens populaire de celles qui produisent certitudes et vérités, bref de celles qui « ont raison » ? Pour aller vraiment dans le dur, mais sans pour autant remonter à l'époque où Aristote s'énervait en essayant de mettre des virgules dans les textes d'Héraclite, je voudrais évoquer quelques tentatives de mise en ordre de la connaissance…

Et tout d'abord celle du *positivisme* d'Auguste Comte (1798-1857) dont la « philosophie positive », démarche de structuration encyclopédique, visait à réduire à une unité… la totalité des connaissances humaines. Comme il le dit lui-même, il s'efforça au cours de sa carrière de transformer la science en philosophie, puis la philosophie en religion. Un tantinet mégalomane, il s'est dit le « compléteur de Descartes » (1842) et, homme providentiel, alla jusqu'à fonder la « religion de l'humanité » en 1847. Il range les sciences dans l'ordre : du plus général au moins général, du plus simple au plus complexe, du « positif » le plus abouti aux sciences encore inachevées… Soit : les mathématiques, l'astronomie, la physique, la chimie, la biologie et, enfin, la physique sociale (la sociologie qui vient de naître). Ce n'est pas pour rien que la devise positiviste est « Ordre et Progrès » ! Devise qui figure aujourd'hui sur le drapeau du Brésil, conçu par les animateurs de l'Apostolat positiviste du Brésil après la révolution républicaine de 1889... Cher correspondant, je ne résiste pas au plaisir d'une citation, plaisir moqueur il est vrai :

« *Il est difficile de retenir un mouvement d'étonnement. Qu'est ce théoricien du progrès qui ferme la porte à l'astrophysique, à la statistique ? Ce savant qui méconnaît le mouvement brownien ou la théorie cinétique des gaz ? Ce théoricien du fait et du constat historique, qui donne des leçons (à ne pas suivre et qu'ils ne suivront pas) aux savants ? Comte apporte de l'ordre dans le corpus des sciences, mais il lui sacrifie le progrès* ».

[Bernard Guillemain, *Enclyclopedia Universalis*]

La quête de « positif » restera un courant fort de la philosophie et des sciences du XIXe siècle et du début du XXe, même si ceux qui chercheront à mettre de l'ordre seront sans doute moins caricaturaux… L'entre-deux-guerres verra apparaître le « Cercle de Vienne » (créé officiellement en 1926) qui, s'inspirant des travaux philosophiques de scientifiques comme Gottlob Frege, Bertrand Russell, Ernst Mach, Ludwig Wittgenstein ou George Moore, ambitionne de mettre de l'ordre et de la rigueur analytique dans la pensée philosophique et scientifique, soutenant trois thèses qui, elles aussi, devaient nous libérer de toute métaphysique : *a*) toute connaissance est soit empirique, soit formelle, s'exprimant dans les sciences dans le langage de la physique ou de la logique ; *b*) la philosophie est une élucidation des propositions scientifiques, éthiques et esthétiques par l'analyse logique ; *c*) les énoncés métaphysiques sont dépourvus de sens. Il a été remarqué que ses membres semblent bien indifférents à la physique moderne et aux questionnements qu'elle faisait naître... Mon plaisir moqueur n'étant pas assouvi, voici ce qu'en a dit Edgar Morin :

« *C'est dans ces conditions qu'un groupe de philosophes et scientifiques* [...] *entreprit de transformer la philosophie en science, en fondant toutes ses propositions sur des énoncés vérifiables et cohérents. Ainsi donc, le Cercle de Vienne (1925-1936) prétendit fonder la certitude de pensée sur le « positivisme logique ».* [...] *Or, en fait, la purification de la pensée par l'élimination de toutes scories, impuretés et impertinences s'est révélée une purge emportant tripes et boyaux : le rêve de trouver des fondements absolus s'est effondré par la découverte, au cours de l'aventure, de l'absence de tels fondements* ».

[Edgar Morin, *La Méthode – T. 3. La connaissance de la connaissance*, Seuil, 1986, p. 14-15]

Ce début du XXe siècle était en effervescence : bouleversement des sciences – théorie des ensembles pour la logique, relativité pour le macroscopique, physique quantique pour le microscopique – mais aussi révolution marxiste, irruption de la psychanalyse... Toute école attirant ses idées contraires, le Cercle de Vienne soulève une riche controverse, certains – comme Gödel – le côtoyant puis produisant ensuite des résultats allant à l'encontre d'une vision strictement positive.

Également parmi ceux-ci, Karl Popper (1902-1994) a donné une position centrale à la question de la *démarcation* : distinguer, entre les énoncés, ceux qui relèvent de la « science » et les autres (qu'il dit métaphysiques). Il y a quelques lignes, j'avais respecté la mise entre guillemets d'un verbe, celui de « valider », et promis d'y revenir. Il signifie au départ *fortifier* et peut être appliqué à la connaissance scientifique au sens de *corroborer*, à condition de le distinguer de « vérifier » qui évoque un *faire vrai*. Le Cercle de Vienne s'accordait sur le fait qu'un énoncé ne pouvait avoir de légitimité scientifique que s'il était vérifiable par la logique ou l'expérience. Popper opposa que le fait qu'une théorie soit corroborée par un test ou une expérience ne montre pas qu'elle est prouvée, puisqu'il est possible qu'elle soit réfutée ensuite. Avec ce concept de réfutabilité (en anglais *falsifiability*), il exprime que la scientificité d'une théorie ne tient pas à sa « vérifiabilité ». Il faut plutôt demander qu'elle soit *réfutable*, c'est-à-dire qu'elle permette de générer des tests pouvant (éventuellement) conduire à démontrer sa fausseté. Voici comment Popper formule ses conclusions :

« *Ces considérations m'ont conduit durant l'hiver 1919-1920 aux conclusions que je pourrais reformuler comme suit :* 1. *Il est facile d'obtenir des confirmations, ou des vérifications, pour la plupart des théories – si ce sont des confirmations que l'on cherche.* 2. *Les confirmations ne devraient être prises en compte que si elles sont le résultat de prédictions à risque ; ce qui signifie que, sans la lumière apportée par la théorie en question, on se serait attendu à un résultat incompatible avec cette théorie, un événement qui l'aurait réfutée. 3. Toute 'bonne' théorie scientifique est une prohibition : elle interdit à certaines choses d'arriver. Plus une théorie interdit, meilleure elle est. 4. Une théorie qui n'est pas réfutable par un quelconque événement imaginable est non-scientifique. Pour une théorie, l'irréfutabilité n'est pas une vertu (contrairement à ce que l'on pense souvent) mais un vice. 5. Pour une théorie, la véritable épreuve est celle qui tente de la falsifier ou la réfuter. La testabilité, c'est la réfutabilité ; mais il y a des degrés de testabilité : certaines théories sont plus testables, plus exposées à la réfutation, que d'autres ; elles prennent, en quelque sorte, de plus grands risques. 6. Une preuve de confirmation ne devrait pas compter, sauf si elle résulte d'un test authentique de la théorie ; et cela signifie qu'on peut le présenter comme un essai sérieux mais infructueux de contredire la théorie (je parlerai dans ce cas de 'preuve corroborante'). 7. Certaines théories authentiquement testables, lorsqu'elles ont été mises en faux, gardent le soutien de leurs admirateurs – par exemple en introduisant de façon ad hoc telle ou telle hypothèse auxiliaire, ou en réinterprétant la théorie de façon à ce qu'elle échappe à la réfutation. Une telle procédure est toujours possible, mais elle vient au secours de la théorie seulement au prix de la destruction, ou au moins du rabaissement, de son statut scientifique (j'ai par la suite qualifié un tel sauvetage de 'détournement conventionnaliste' ou de 'stratagème conventionnaliste'* [a 'conventionalist twist' or a 'conventionalist stratagem']. *Pour résumer tout cela, on peut dire que le critère de scientificité d'une théorie est sa falsifiabilité, sa réfutabilité, sa testabilité* ».

[Karl R. Popper, *Conjectures and Refutations, The Growth of Scientific Knowledge* Basic Books, New York - London, 1963, Traduit par les auteurs]

Ainsi Popper tient-il pour exemplaire le test dont Einstein a assorti sa propre théorie : « *Si le décalage vers le rouge des lignes spectrales dû au potentiel de gravitation devait ne pas exister, la théorie générale de la relativité sera insoutenable* » [Einstein, 1917, cité par Popper].

Bon, bien sûr, vous avez compris qu'il ne suffit pas d'être réfutable pour passer au stade du consensus scientifique : pour qu'une théorie scientifique (un ensemble de propositions réfutables) soit corroborée, il faut aussi qu'elle soit non réfutée. Dans *La quête inachevée* (1974), Popper écrit : « *le progrès scientifique ne consiste pas en une accumulation d'observations mais en un rejet des théories moins satisfaisantes et leur remplacement par de meilleures* ». Et ce sont ces théories qui forment cet objet provisoire qu'on appellera consensus…

Qu'en est-il des énoncés qui, selon cette démarcation, ne relèvent pas de la science ? Les propositions « Dieu existe » ou « Dieu n'existe pas » ne sont pas catégorisables comme scientifiques, puisqu'on ne voit pas comment construire un test de réfutation. Popper dira qu'elles sont… méta-physiques.

Pour autant, elles ne sont pas illégitimes... Elles peuvent s'apparenter à une croyance qui, elle, ne relève pas du cadre scientifique.

À ce sujet, je nous laisse méditer cette définition donnée par Emmanuel Kant : « *Lorsque l'assentiment n'est suffisant qu'au point de vue subjectif, et qu'il est insuffisant au point de vue objectif, on l'appelle croyance* ». Et j'en profite pour essayer de rabaisser (au moins à vos yeux) cette valeur montante qu'on appelle « l'opinion », que notre même Kant situait encore plus loin sur l'échelle du savoir : « *Croyance : milieu entre l'opinion et le savoir* ». Mais aussi Bachelard : « *La science, dans son besoin d'achèvement comme dans son principe, s'oppose absolument à l'opinion. S'il lui arrive, sur un point particulier, de légitimer l'opinion, c'est pour d'autres raisons que celles qui fondent l'opinion ; de sorte que l'opinion a, en droit, toujours tort. L'opinion* pense *mal ; elle ne* pense *pas : elle* traduit *des besoins en connaissances ! En désignant les objets par leur utilité, elle s'interdit de les connaître. On ne peut rien fonder sur l'opinion : il faut d'abord la détruire. Elle est le premier obstacle à surmonter* » [*La formation de l'esprit scientifique* – 1938].

Après Popper, après Bachelard, vient Thomas Samuel Kuhn (*The Structure of Scientific Revolutions* – 1962) qui nuance notre vision idéaliste du « progrès des sciences » en regardant l'évolution des paradigmes scientifiques (que plus tard il nommera « matrices disciplinaires ») sous un angle sociologique, avec ses phénomènes de communauté, d'imitation, de résistance, etc. Il met en évidence deux types de science, l'une *normale* et l'autre *extraordinaire*. Une science admise et enseignée ; une autre qui essaye de se faire. Et les deux sont impliquées dans une boucle causale :

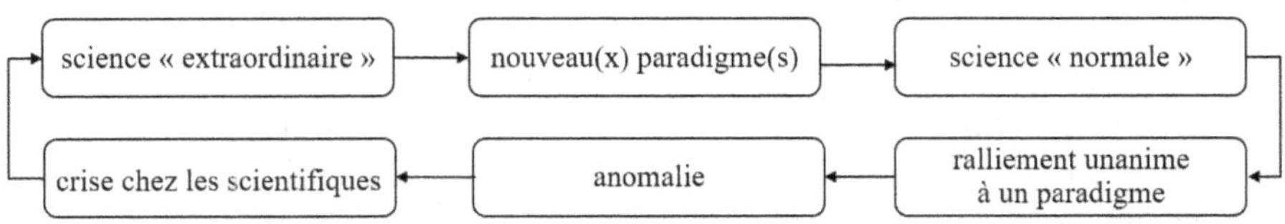

Fig. 35 : Un point de vue sociologique kuhnien sur l'évolution des sciences

Cette boucle donne une bonne compréhension temporelle : il ne suffit pas qu'une théorie soit réfutée pour qu'elle soit rejetée, il faut attendre qu'elle puisse être remplacée.

Pourtant, elle donne aussi une impression d'organisation sous-jacente à l'évolution des sciences, ce qui sera contesté par Paul Feyerabend (1924-1994) qui publie en 1970 un long article « *Against method* » soutenant que la science évolue dans le désordre : il y « esquisse une théorie anarchiste de la connaissance », où le principe de « *anything goes* » considère que tout est bon.

Peut-être faut-il donc abandonner cet idéal qui nous fait, comme Descartes, chercher « la vérité » dans les sciences ? Nous savons maintenant qu'une théorie scientifique ne peut pas être absolument vraie et qu'on peut seulement dire qu'on n'a pas encore la preuve qu'elle est fausse. Mais il y a longtemps notre atomiste Démocrite écrivait aussi : « *en réalité, nous ne savons rien, car la vérité est au fond de l'abîme* » (Fragment 117). C'est ainsi que le doute est un outil (je dirais même : « un moteur » ?) important de la science…

« *Y aurait-il une vérité en soi, sans rapport avec les moyens de connaître ? Le vrai ne peut-il être compris que comme l'attribut d'une réalité ? Une vérité nous paraît au contraire se référer uniquement aux procédés de connaissance. Elle ne saurait planer au-dessus des conditions de sa vérification. Et une vérification de plus en plus parfaite ne peut se développer que par une incorporation de plus en plus cohérente à un système de connaissances de plus en plus riche. La vérité doit être un accord de la pensée avec elle-même ; c'est une propriété de la connaissance qui trouve son application à tous les niveaux de précision de cette connaissance* ».

[Gaston Bachelard, *Essai sur la connaissance approchée* – 1927]

Alors, pour en revenir à notre position de modélisateurs, n'avons-nous que le choix entre objectivité illusoire, subjectivité inconsciente ou abandon à l'incertain ? Jean-Louis Le Moigne nous incite à mener une modélisation *projective*, terme à comprendre au sens suivant : la méthode choisie intentionnellement doit répondre à un *projet*. Ni objective, ni subjective, mais projective… Terme intéressant, non ?

On peut ainsi considérer qu'un modèle, avant tout (et notamment avant d'être « exact » ou « vrai »), doit être *pertinent*. C'est-à-dire, approprié au projet du modélisateur. Si ce projet est de construire un viaduc, il nous faudra comprendre l'attraction terrestre ressentie à l'échelle humaine et la loi de Newton ($f = gm_1m_2/d^2$) sera un bon modèle, un modèle utilisable. *Bon*, mais pas *exact* pour autant, puisque les corpuscules en excès de vitesse ne respecteront pas vraiment celle qui, pendant longtemps, a pu s'appeler loi de la gravitation universelle. La gravitation est aujourd'hui devenue une onde, une oscillation de courbure de l'espace-temps… Mais peut-être sera-t-elle portée demain par des gravitons ?

Il faut ainsi réfréner notre espoir d'exactitude du modèle en le rapportant à ses hypothèses, ces restrictions de fonctionnement qui font que le modèle « colle bien » au contexte. Sortir d'un modèle « universel ». Plus on cherche l'universalité, plus on élargit ses conditions de validité, plus on s'éloigne d'un modèle utilisable à une échelle donnée : pour concevoir un pont qui tienne la route, on imagine mal que nos ingénieurs attendent d'être formés à une théorie globale – encore inexistante – unifiant quantique et relativiste. Mieux vaut donc disposer d'un modèle faux pour obtenir un bon pont.

« Traduttore, traditore » : un bon modèle est un modèle faux.

Bien sûr, cette maxime un tantinet provocante n'étant pas réciproque, empressons-nous d'ajouter :

... mais un modèle faux n'est pas forcément un bon modèle.

Je vous accorde que mes formulations sont un peu naïves. Elles sous-entendent malgré tout que la connaissance ne se limite pas à une description aussi précise que possible : cette description doit aussi nous aider à rebondir intellectuellement... Bachelard exprimait ça très finement (lui) :

« *Connaître, c'est décrire pour retrouver. Parfois, c'est la première tâche qui domine, elle semble même exclusive et la fonction d'utilité n'apparaît pas comme immédiate. Dans d'autres sciences, au contraire, les notions s'appellent avec une telle force qu'on peut restreindre la description, on peut se borner à de sommaires définitions, certain qu'on est de retrouver à leur place, dans un ordre logique, dans le cadre même de l'esprit, les diverses et successives qualités des êtres définis. Mais à y regarder d'un peu plus près, dans les deux cas une double nécessité se fait jour : il faut être complet, mais il faut rester clair. Il faut prendre contact, un contact de plus en plus étroit avec le réel, mais l'esprit doit être alerte, familier avec ses perspectives, assuré de ses repères* ».

[Gaston Bachelard, *Essai sur la connaissance approchée* – 1927]

Il apparaît ainsi que pour saisir la complexité des objets que nous nous donnons à connaître (objets au sens large, concrets ou conceptuels), l'action de l'observateur / utilisateur ne peut plus être ignorée : il interroge l'objet, c'est-à-dire qu'il choisit sa ou ses questions de façon à faire émerger un sens. Nous dirons qu'il *modélise* le phénomène, l'objet, pour *construire son sens* : ne nous méprenons pas, il s'agit bien là d'un processus rétroactif, bouclé... Bon, un petit dessin ?

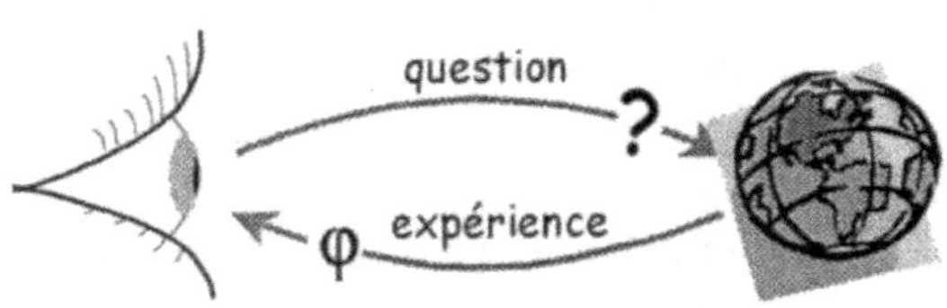

Fig. 36 : La modélisation « constructive »

Ainsi, différemment de la complication, la complexité n'est pas liée à la quantité – de composants d'information, de calculs... C'est la relation entre le modélisateur et le phénomène qui est questionnée. Et cette relation revêt la forme d'une boucle rétroactive... Citons ici J.-L. Le Moigne :

« *La modélisation de la complexité ne se réduit pas à la calculabilité du compliqué. "L'imprévisibilité essentielle", et pourtant intelligible, à laquelle nous donne accès une réflexion épistémologique sur le caractère projectif plutôt qu'objectif de la complexité, entendue comme la caractéristique du système observant plutôt que du système observé* ».

[J.-L. Le Moigne, Note de lecture sur les *Rêves de la Raison. L'ordinateur et les sciences de la complexité de H. Pagels,* Réseau Intelligence de la complexité – février 2003].

Le modélisateur averti est conscient d'écouter le monde… mais aussi de l'interroger, de partir du concept (son projet, par exemple) pour le confronter à l'expérience : de manière générale, un modèle se construit dans une fonction *médiatrice* entre des niveaux plus concrets et plus abstraits. Ne nous privons pas de citer encore une fois François Jacob (*La statue intérieure*, *op.cit.*) : « *c'était ce dialogue sans fin entre l'imagination et l'expérience qui permettait de se former une représentation toujours plus fine de ce qu'on appelle 'la réalité'* ».

Cette vision dynamique est celle de l'épistémologie *constructiviste* de Gaston Bachelard (1884-1962) ou de l'épistémologie *génétique* de Jean Piaget (1896-1980) :

« *Et quoi qu'on dise, dans la vie scientifique, les problèmes ne se posent pas d'eux-mêmes. C'est précisément ce sens du problème qui donne la marque du véritable esprit scientifique. Pour un esprit scientifique, toute connaissance est une réponse à une question. S'il n'y a pas eu de question, il ne peut y avoir connaissance scientifique. Rien ne va de soi. Rien n'est donné. Tout est construit.* [...] *En résumé, l'homme animé par l'esprit scientifique désire sans doute savoir, mais c'est aussitôt pour mieux interroger* ».

[Gaston Bachelard, *La formation de l'esprit scientifique* – 1938, p. 14 et 19]

« *La connaissance ne saurait être conçue comme prédéterminée, ni dans les structures internes du sujet, puisqu'elles résultent d'une construction effective et continue, ni dans les caractères préexistants de l'objet, puisqu'ils ne sont connus que grâce à la médiation nécessaire de ces structures* ».

[Jean Piaget, *Introduction à l'épistémologie génétique* – 1950]

Pensées qui se démarquent clairement du positivisme d'Auguste Comte et des ambitions du cercle de Vienne…

Au contraire, l'épistémologie du siècle qui succède très vite à Comte (vous rappelez-vous Popper, Bachelard et Kuhn ?) considère que nos sciences, loin d'être abouties, immuables, complètes (bref : positives…) sont susceptibles de transformations profondes. C'est même là ce qu'on attend d'elles. Leur « solidité » tient non à leur permanence mais à la puissance de renouvellement des concepts qu'elles avancent, puissance d'autant plus grande qu'elle permet à l'esprit de se libérer du connu (tient, on dirait du Krishnamurti !). Cela me rappelle ce commentaire de Niels Bohr : « *Monsieur, votre théorie est intéressante, mais elle n'est pas assez folle pour avoir une chance d'être vraie* ».

Bachelard questionne le scientifique du point de vue de ses « obstacles épistémologiques », et propose d'opérer une psychanalyse de la connaissance scientifique… Là n'est pas mon propos que de reprendre un à un les obstacles épistémologiques qu'il a relevés : comme moi, vous aurez plaisir à les trouver explicités et illustrés d'un ton alerte dans ses ouvrages. Je vous citerai seulement le premier obstacle, celui de *l'expérience première* :

« *La première expérience ou, pour parler plus exactement, l'observation première est toujours un premier obstacle pour la culture scientifique. En effet, cette observation première se présente avec un luxe d'images ; elle est pittoresque, concrète, naturelle, facile. Il n'y a qu'à la décrire et à s'émerveiller. On croit alors la comprendre* ».

« *Il s'agit alors, non pas d'acquérir une culture expérimentale, mais bien de changer de culture expérimentale, de renverser les obstacles déjà amoncelés par la vie quotidienne. Un seul exemple : l'équilibre des corps flottants fait l'objet d'une intuition familière qui est un tissu d'erreurs. D'une manière plus ou moins nette, on attribue une activité au corps qui flotte, mieux au corps qui nage. Si l'on essaie avec la main d'enfoncer un morceau de bois dans l'eau, il résiste. On n'attribue pas facilement la résistance à l'eau* ».

[Gaston Bachelard, *Essai sur la connaissance approchée* – 1927]

Ainsi, rien n'est donné, tout est à construire : après vous avoir entretenu de modélisation, sous l'angle du compliqué disjonctif et du complexe conjonctif, sous celui de la science aussi… il est clair que ma tentative, au mieux, n'a pu qu'entrouvrir des portes et des questions qui, tout comme nos ensembles antifondés, risquent bien d'être profondément sans fin.

Mais il est tard, cher correspondant, et je m'aperçois avec embarras que je me suis un peu laissé emporter par mon sujet : dites-moi si vous eûtes le courage de me lire, ou si la longueur de ces pages a eu raison de votre intérêt pour elles…

… ou si l'un et l'autre ?

Je vous salue bien chaleureusement, en espérant que vous m'accorderez le plaisir de votre réponse…

IV. 2.

Sur et autour d'un concept, le concept de système

Cette partie rassemble – tout en cherchant à les développer – différentes remarques, questions, repères, notes et réflexions qui ont pu contribuer, autour de la thématique de la « conceptualisation » (du travail conceptuel) et de la notion de « système », à des exposés, à des relances, à des questionnements tout au long des quinze années du séminaire « episteme ». À ces éléments se sont rajoutées les discussions entre nous, dans la foulée de telle ou telle séance du séminaire, autour d'un « pot » de décompression, lors du déjeuner rituel d'avant chacune de ses séances ou lors des nombreux échanges liés à la rédaction du présent ouvrage.

Il ne s'agit donc pas, dans ce chapitre, de chercher à épuiser les soubassements, enjeux et effets liés à ces notions de « concept » et de « système ». Nous nous sommes simplement évertués à en explorer plus avant différentes facettes et certains de leurs prolongements, tel qu'ils nous sont apparus à l'occasion du séminaire « episteme ». Autrement dit, au travers du concept de système, notre propos porte sur le travail susceptible d'être effectué sur et autour d'un concept : comment se construit-il à partir de notions empiriques ? ; comment se reconstruit-il et se renouvelle-t-il dans le temps ? ; comment se décline-t-il dans différents domaines de la connaissance ? ; quelles filiations suscite-t-il ? ; comment interpelle-t-il des champs extérieurs à la science comme, par exemple, la littérature et l'art ? ; comment se diffuse-t-il, circule-t-il et se répand-il dans la société ?

Tout en proposant un texte organisé autour de quatre thématiques principales liées à ce concept de système, chacun des paragraphes internes à l'une ou l'autre de ces thématiques peut être considéré de manière autonome et se présenter comme une amorce voire un argumentaire susceptible de nourrir une discussion ou une problématisation particulière : une invitation sinon une incitation à (se) questionner, à alimenter une discussion entre enseignants et étudiants, entre enseignants et entre chercheur, voire à susciter une réflexion propre à l'enseignant-chercheur relative à la tension – parfois vive et, à la fois, scientifique et contextuelle – entre enseignement et recherche.

La table détaillée des matières en fin d'ouvrage peut alors permettre au lecteur de se référer plus directement à tel ou tel paragraphe qui peut plus spécifiquement l'intéresser.

DERRIÈRE LE CONCEPT DE SYSTÈME, L'IDÉE DE TOTALITÉ

1. Qualifier, décrire des totalités

Système est un terme emprunté (à partir du XVIe siècle) au bas latin « *sistema* » lui-même dérivé du grec « *sustêma* » qui désignait l'idée d'assemblage, de groupement, de combinaison (Aristote). Selon le *Dictionnaire Historique de la Langue Française* d'A. Rey (1992), *sustêma* viendrait du verbe *sunistanai* « placer ensemble, grouper, unir », composé de *sun* « avec, ensemble » et de *histanai* « placer debout ».
Selon J.-L. Vullierme le terme latin *sistema* procèderait d'une translittération du grec *systema*, « *notion abstraite dérivée du verbe* tithemi *qui signifie poser et auquel le préfixe syn-* [*avec*] *donne le sens de composer* » (Vullierme, 1989, p. 61).

La présomption de totalité.
Au-delà d'enjeux lexicographiques, nous noterons, dans les deux cas, le passage d'un verbe (*sunistanai ou syn-tithemi*) à un substantif (*sustêma ou sistema*) : le champ de signification de la notion se déplace donc du champ des opérations (d'assemblage, de composition, etc.) vers le résultat de ces opérations (un groupement, un *ensemble*)[308].
Un système devrait alors s'envisager de façon duale, comme les deux faces indissociables d'une médaille, par son organisation et par le résultat de cette organisation : un *ensemble organisé*[309].

---

[308] Cette prééminence du substantif sur le verbe a pu être notée par Goethe à propos des langues française et allemande au début du XIXe siècle ainsi que cela a pu être rappelé en note dans la IIème partie (*supra*, II.1).
[309] J.-L. Vuillerme précise par ailleurs que, dans la traduction française du *Leviathan* de Th. Hobbes par F. Tricaud (1971), celui-ci remplace le mot de « système » par celui d'« organisation » (Vuillerme, 1989, p. 60). On reviendra plus loin sur cette substitution.

Selon que l'on privilégiera l'une de ces deux faces, les implications théoriques sous-jacentes ne seront donc pas les mêmes : explorer les opérations (ou relations) constituant (ou conduisant à) l'ensemble ou envisager un système du point de vue de l'ensemble lui-même (une description).
Mais, sans l'idée d'ensemble en tant que tel (une totalité), il n'y aurait pas système[310] : on peut imaginer (ou décrire) une multitude de relations entre différentes choses, mais, pour qu'il y ait système, il faut que ces relations et ces choses forment un tout ou, plus précisément, soient considérées ou appréhendées en tant que totalité.
C'est d'ailleurs l'une des principales hypothèses de la théorie de la Gestalt (la psychologie de la forme), pour laquelle les processus de la perception et de la représentation mentale traiteraient spontanément les phénomènes comme des ensembles (des formes) et non comme une simple juxtaposition d'éléments.

Cette dualité organisant/organisé ne préjuge néanmoins pas que ce soient les relations qui *fassent* le système. Cela signifie simplement que nous percevons ou que nous représentons une *globalité* avant même d'envisager ce qui constitue (éventuellement) cette globalité. Lorsque l'on évoque, par exemple, un *amas* (amas d'étoile ou amas de percolation, par exemple), on évoque une masse confuse, mais une masse qui constitue un ensemble (avant même que l'on puisse préciser sa constitution en termes de système).
L'objet de recherche devient ainsi potentiellement envisagé comme « *un tout s'imposant comme tel sans que l'on puisse préciser comment* » (Piaget, 1972, p. 9). Les choses, les phénomènes que l'on perçoit et/ou que l'on appréhende sont envisagés en termes de totalité, d'unité (cohérence sinon cohésion[311]), d'ordre[312], sans référence nécessaire à telle ou telle configuration ou forme[313]. C'est alors au travail de recherche que de rendre explicite ce *comment*.

---

[310] Le terme d'ensemble est pris ici dans le registre du langage courant (une réunion de choses) et non dans son sens et dans ses implications mathématiques tel que cela a pu être introduit plus haut en tant que construction basée sur « *une chaîne logique d'axiomes basée sur un système d'axiomes* » (*supra*, IV.1).

[311] La cohésion renvoie à la solidité des liens logiques qui unissent deux ou plusieurs entités alors que la cohérence nous renvoie à la crédibilité de ces liens logiques : l'absence de contradiction en serait un cas élémentaire.

[312] Cette appréhension de globalités *a priori,* à laquelle la Gestalt nous renvoie, concerne, d'abord, le monde sensible (sa perception et les représentations – mêmes mentales – que l'on peut s'en faire) et, de ce fait, les champs (et pratiques) de recherche dans lesquels l'observation (sur le terrain ou en laboratoire) et l'analyse (de phénomènes) sont privilégiés. Certes, cette approche ne concerne sans doute pas des systèmes que l'on peut qualifier, en première approximation, d'abstraits, tels, par exemple, un *système d'équations* même si, certaines expressions, qui nous renvoient *a priori* vers l'abstrait, ne sont pas sans préjuger d'une possible totalité.

[313] Avec la Gestalt, l'identification des totalités est associée à des configurations ou à des formes idéales (les solides platoniciens, par exemple), à des formes de la nature (jugées parfaites par certains) ou à des formes socialement ou culturellement familières, vraisemblables ou contextuellement légitimes.

Se cache ici, de manière plus ou moins implicite, l'hypothèse d'une certaine permanence dans le temps d'une structure cachée ou d'un réseau organisé de relations entre les composants du tout.

Cette présomption de totalité, d'un tout, d'une unité constitue une matrice de pensée fortement ancrée dans nos têtes. Parmi les phénomènes et choses auxquelles la recherche va s'intéresser, seuls ceux qui nous apparaîtront comme de possibles totalités (des *mondes clos ?* [314]) pourront sembler recevables. Et, même si la recherche, aujourd'hui, dispose dans de nombreux champs scientifiques, de connaissances permettant d'énoncer, d'interroger, d'explorer ce *comment*, il n'en reste pas moins qu'au début, aux *commencements* d'un travail de recherche, notamment du fait de l'absence de description (ou de représentation) formelle d'une quelconque structure ou réseau de relations, la présomption (*a priori*) de totalité de ce qu'il s'agit d'explorer est omniprésente : on pressent que les choses sont liées, convergentes, en interaction, sinon organisées volontairement. Toutefois, comme a pu le préciser G. G. Granger on doit distinguer ce qui serait de l'ordre de l'intuition « globale » (présomption plus ou moins immédiate que le phénomène est une totalité pouvant « faire système ») de ce qui relèverait d'une intuition « opératoire » : une saisie plus ou moins explicite d'opérations pouvant être associées au phénomène (ou à « l'objet ») permettant une problématisation voire des possibilités de résolution de problème (Granger, 2001, p. 109). G. G. Granger va même jusqu'à opposer ces deux intuitions dans le contexte de la recherche en considérant que « *poser l'unité, la totalité comme une donnée stérilise la recherche ; c'est comme problème qu'elle doit être introduite* » (Granger, *op.cit.,* p. 32).
Néanmoins, cette intuition opératoire trouverait ses propres limites face à ce que E. Morin nomme le défi de la complexité : « *l'idée même de complexité comporte en elle l'impossibilité d'unifier* » (Morin, 2014).

Les systèmes ouverts : un paradoxe ?
La prégnance de cette idée de totalité s'illustre paradoxalement avec la notion de système ouvert.

Un système ouvert se définit généralement comme un système en échanges constants et irréversibles avec son environnement, tant en termes d'énergie

[314] Expression reprise de A. Koyré qui exprimait, par cette formule, le monde médiéval en l'opposant à « l'univers infini » du monde Moderne, éclairé par ses renouvellements scientifiques (Koyré, 1962). Force est néanmoins de constater que, le plus souvent, nos objets de recherche sont encore aujourd'hui envisagés comme autant de « mondes clos », tant par les concepts auxquels ils sont confrontés au sein d'un unique champ disciplinaire que par l'absence de prise en compte de leurs interactions avec tel ou tel environnement. N'a-t-il pas fallu attendre la seconde moitié du XXème siècle – et les apports de la cybernétique – pour commencer à sortir de ce « monde clos » ?

que d'information, de matière, etc. (Bertalanffy, 1993, pp.145 *sq.*). Le paradoxe vient de ce qu'il y a, en permanence, « *une construction et une destruction* » des composants du système (Bertalanffy, *op.cit.*) alors même que le système est en situation de se perpétuer en tant que totalité : alors que, sous l'effet de ces échanges, le système devrait se transformer (évoluer), il se perpétue !

Ainsi, malgré ces échanges permanents, malgré les perturbations, les altérations et les transformations infinies que ces échanges peuvent susciter, la permanence du système, voire son identité, résistent et recentrent alors, le plus souvent, l'objet de la recherche : quels processus, quels mécanismes stabilisent et permettent la conservation de tels systèmes pourtant susceptibles de multiples et intenses altérations ? Moins que les modalités de transformations et leurs effets, ce sont ainsi les forces de stabilisation qui, le plus souvent, concentrent l'effort de recherche.

Ainsi, par exemple, des *structures dissipatives* (Prigogine) qui, traitant du désordre et des instabilités, d'un système ouvert (en l'occurrence thermodynamique), s'intéressent néanmoins au fait que ces désordres peuvent être source de réorganisations plus ou moins stabilisées (ou maîtrisables) du système.

On peut, également, prendre l'exemple des travaux mathématiques cherchant à résoudre le problème de la stabilité dans les cas critiques de stabilité (Poincaré, Lyapounov) et pour lesquels l'enjeu, notamment dans le contexte de la conception de systèmes, est celui de rester suffisamment « *éloignés d'une frontière dangereuse de stabilité, afin d'éviter des pannes, ou même des dommages pour le système* » (Mira, 2012, p. 8).

Dans le domaine du vivant, Ph. Kourilsky s'interroge de manière quelque peu équivalente en introduisant la notion de *survie* : étudier les mécanismes de destruction des cellules en lien avec les modalités de pérennisation du vivant (sa robustesse). Mais il va plus loin en introduisant la question d'une éventuelle discrimination entre ce qu'il nomme « *le soi et le non soi* » (Kourilsky, 2014, chapitre 18). Ainsi, à partir de l'exemple ancien de la phagocytose d'une bactérie par une anémone de mer, il note l'actualité de la question de savoir si « *les milliards de bactéries présentes dans l'intestin de l'homme (notre flore intestinale) font, ou non, partie de notre soi*[315] » et, ajoute-t-il immédiatement : « *la réponse n'est pas évidente* » (*ibid.*, p. 265).

Autrement dit, dans quelle mesure les perturbations d'un système doivent-elles être considérées – ou non – comme provenant d'un extérieur (voire d'un étranger) au système ?

Plus largement, l'environnement avec lequel interagit un système ouvert doit-il être considéré comme extérieur au système ou comme une extension du

[315] Notons que Ph. Kourilsky prend soin de distinguer cette notion de *soi* de celle d'*identité* (pp. 267-268).

système [316] ? Dans cette dernière perspective, le terme d'écosystème permettrait alors de penser l'inscription de tout système dans une sorte de système englobant (un « sur-système » ?), notamment constitué des différentes parties prenantes le concernant.

Avec la notion de système ouvert, nous ne sommes donc plus confrontés à des totalités au sens de la Gestalt (des formes ou des configurations) ou à des « touts » qui s'imposeraient comme tels (sans que l'on sache comment) et qu'il s'agirait de décrire mais face à des processus d'*interactions dynamiques* entre composants (Bertalanffy, *op.cit.*, p. 154) qui *font* le système : des composants à la fois intérieurs et extérieurs. La permanence du système ouvert et son « soi » (pour reprendre l'expression de Ph. Kourilsky) tiendraient alors à des caractéristiques régulatrices qui le maintiennent en tant que tel, en accord avec les processus de construction/destruction de ses composants et non plus à son identité en tant que totalité.

Au-delà des systèmes physiques (pouvant être envisagés comme systèmes fermés sinon isolés [317]) et des systèmes vivants (ouverts), les systèmes économiques, sociaux, politiques, etc., sont tout aussi directement interpellés alors que leurs problématiques sont aujourd'hui de plus en plus étroitement liées à cette notion de système ouvert.

Une représentation associée du monde.
La notion de système n'est pas seulement opératoire dans nos représentations et problématiques scientifiques. Elle nous renvoie, au-delà, à des ensembles de propositions ordonnées (ou coordonnées) permettant de (se) constituer une représentation (voire une doctrine) cohérente des choses et du monde : une représentation du monde.
François Jacob nous expliquait que le questionnement scientifique, du moins avec l'époque Moderne, s'est déplacé de questions générales vers des questions limitées : « *au lieu de se demander "Comment l'univers a-t-il été créé ? De quoi est faite la matière ? Quelle est l'essence de la vie ?", on a commencé à se demander "Comment tombe une pierre ? Comment l'eau coule-t-elle dans un tube ? Quel est le cours du sang dans le corps ?"* » (Jacob, 1981, p. 27). Cette démarcation suggère non seulement une dissociation entre du général et du limité (du focalisé) mais également une dissociation entre ce qui est de l'ordre du scientifique et ce qui est de l'ordre du philosophique, du religieux, de l'idéologique, etc. À partir du moment où le scientifique se

[316] Assez paradoxalement, le terme d'environnement désigne ainsi, à la fois, ce qui est extérieur à un milieu et ce qui appartient à ce milieu.
[317] Un système est généralement dit *isolé* s'il n'est tributaire d'aucun échange avec l'extérieur, *fermé* s'il peut échanger selon certains vecteurs limités avec l'extérieur (l'énergie, par exemple).

focalise sur de telles questions limitées, peut-il, tels Galilée ou Leibnitz, être à la fois mathématicien, physicien, astronome, juriste et philosophe... Néanmoins, même si cette focalisation s'accompagne d'une moindre propension d'un scientifique à exister dans de multiples domaines de la science autant qu'en tant que philosophe, une « conception *scientifique* » du monde apparaît au travers des travaux scientifiques, distincte de ce que serait une « représentation du monde » plus globale et de l'ordre d'une « idée du monde »[318].

Du causal au complexe ?

L. von Bertalanffy a pu évoquer explicitement les liens entre une manière de problématiser et une certaine « *conception scientifique du monde* » : « *Le fait de considérer l'organisme comme un système ouvert s'est montré utile pour l'explication et la formulation mathématique de nombreux phénomènes de la vie ; cela conduit en outre, c'est ce qu'on attend d'ailleurs de toute hypothèse de travail scientifique, à des problèmes plus poussés, relativement fondamentaux. Ceci implique que son importance n'est pas seulement scientifique mais aussi "méta-scientifique"* ».
Se référant à cette importance méta-scientifique (et non, seulement, scientifique) des modèles de systèmes ouverts, ce dernier développe plus précisément la rupture entre ces modèles et ceux liés aux déterminations causales des modèles mécanistes : « *Le concept mécaniste de la nature qui prédominait ramena les évènements à des chaînes causales linéaires ; une conception du monde comme le résultat d'évènements aléatoires, comme un "jeu de dés" physique et darwiniste (Einstein) ; la réduction des processus biologiques à des lois issues de la nature inanimée* ».
De son côté, « *au contraire, dans la théorie des systèmes ouverts (et dans sa généralisation, la théorie générale des systèmes) apparaissent des principes d'interaction multi-variables (par exemple cinétique des réactions, flux et forces en thermodynamique irréversible), une organisation dynamique des processus et une extension possible des lois physiques au royaume biologique. Ces développements prennent ainsi part à la nouvelle formulation de la vision scientifique du monde* » (L. von Bertalanffy, *op.cit.*, p. 158).

Bertalanffy envisage alors les possibilités d'extension des systèmes ouverts aux domaines de la biologie et leur capacité à prendre part à une « *nouvelle formulation de la vision scientifique du monde* »[319].

[318] Cette distinction entre « représentation » et « conception » du monde a d'ailleurs nourri le XIXe siècle, en particulier en Allemagne avec le *Weltanschauung* qui, selon E. Kant, traduirait « *l'intuition d'un tout, ouvrant sur une idée du monde à laquelle ne correspond aucune connaissance théorique* ».

[319] Jusqu'à un certain point, nous pourrions dire que ce n'est plus l'ordre intellectuel, religieux ou idéologique qui façonne l'acceptabilité scientifique mais bel et bien l'inverse. Cette vision (scientifique) n'est d'ailleurs pas qu'intellectuelle, philosophique ou théorique. Elle peut aller jusqu'à proposer des évolutions sociétales concrètes. Ainsi, par exemple, du Cercle de Vienne et de son manifeste écrit par Carnap, Hahn et Neurath (1929). Outre son programme théorique touchant la science et la philosophie, le Cercle de Vienne y décline des propositions touchant

Par ailleurs, certaines résistances à admettre telle ou telle hypothèse ou tel ou tel résultat scientifique sont souvent liées aux représentations du monde que ces hypothèses ou résultats véhiculent (ou contredisent) plutôt qu'aux hypothèses et résultats en tant que tels. En témoigneraient, par exemple, les querelles autour des travaux de Galilée sur l'astronomie (héliocentrisme face au géocentrisme) et sur les corps flottants (un glaçon flotte dans l'eau par nature ou de par des lois physiques ?) ou, plus récemment, les controverses (en termes de représentations du monde) autour des théories de Darwin, controverses qui se prolongent encore aujourd'hui. Ici, « *l'obstacle épistémologique n'est, bien souvent, que l'affleurement, au niveau de l'épistémologie, d'une fin de non-recevoir où s'affirment pêle-mêle des valeurs sociales ou spirituelles* » (G. Gusdorf, *op.cit.*, p. 283).

Claude Allègre a d'ailleurs pu noter que les discussions, les controverses voire les querelles entre scientifiques portent pour la plupart moins sur les modèles ou les résultats que sur des conflits entre représentations du monde qu'elles révèlent : « *Tous les scientifiques se construisent dans leurs têtes des représentations du monde avec lesquelles ils sont familiers et "confortables". Lorsqu'une nouvelle idée modifie leur univers intellectuel, voire le met en pièces, c'est une agression...* » (Allègre, 2005, pp. 275-276)[320].

Certains scientifiques seront même en situation de ne pas pouvoir (ou vouloir) avancer dans leur travail dans la mesure où les développements scientifiques de leurs travaux heurteraient leur représentation du monde. Et ceci peut se produire autour d'un point de vue strictement scientifique et non nécessairement pour des raisons d'ordre philosophique, spirituel ou éthique. On peut ici penser aux réticences (voire aux refus) de certains chercheurs de prolonger leurs travaux dans le domaine de la génétique, voire des nanotechnologies[321].

---

les modes de vie comme l'éducation autant que l'ordre social et économique. D'autres scientifiques sont allés nettement plus loin en proposant explicitement une certaine réorganisation de la société. Ainsi, par exemple, du biologiste H. Laborit qui, en son temps, a littéralement proposé une vision de la ville à partir de ses problématiques : l'organisation des groupes humains poursuivrait, en l'occurrence, une évolution analogue à celle de l'organisation biologique (hiérarchie entre cellules, échanges d'information et d'énergie, etc.) et pourrait, en conséquence, fonder la réflexion et l'action des urbanistes (Laborit, 1971). Malgré l'usage de concepts sans doute pertinents pour la compréhension des évolutions sociales, ce type d'extension (voire d'application) de problématiques à partir de champs comme la biologie (ou les sciences physiques pour d'autres) nous laisse néanmoins quelque peu perplexes.

[320] Ces représentations du monde différentes peuvent aller jusqu'à rendre difficile le travail en équipe pluri ou multidisciplinaires qui, non seulement impliquent un dialogue sur les hypothèses de travail et les résultats mais, également, un dialogue (sinon un partage) sur les paradigmes.

[321] Le refus des théories atomistes par les chimistes, au XIXe siècle en serait un autre exemple, même si ce refus s'appuyait pour une large part sur un rejet de la tendance physico-

Inversement, d'autres chercheurs pourront (inconsciemment ou consciemment) être tentés de faire rentrer leurs hypothèses et/ou résultats dans *leur* représentation du monde[322].
Au-delà de l'exemple extrême d'un T. Lyssenko, il faut souligner une certaine permanence de ce risque dans l'activité scientifique, notamment lié, pour une part, à la plus ou moins bonne maîtrise des outils méthodologiques et de mesure (notamment dans les premières années de recherche) et, pour une autre part au caractère parfois sensible de l'objet de recherche. En témoigneraient les nombreux débats sur les OGM ou dans le domaine de la climatologie. Notons également que ce risque apparaît avec une certaine force dans les approches quantitatives en sciences humaines et sociales. Dans les années 1970, J. Dreyfus ne s'est-il pas posé la question de l'*implication* ou de la *neutralit*é des méthodes statistiques appliquées aux sciences humaines (Dreyfus, 1975) ?

2. Tout et parties

La notion de tout est inséparable de celle de parties (qui constituent ou composent le tout) ; que ces parties soient à rechercher (via l'analyse par exemple) ou qu'il s'agisse de les relier entre elles en vue de fabriquer un tout, à l'instar de fragments de poteries à partir desquels l'archéologue cherche à reconstituer un tout sans en avoir l'image préalable ou du paléoanthropologue qui, à partir d'une dent, cherche à retrouver / reconstruire, un corps entier. Situations de recherche différentes de celle du minéralogiste qui cherche à dégager les composants du tout que constitue, par exemple, un bloc de minerai[323]...
Néanmoins, dès lors que l'on raisonne en termes de système, n'importe quelle partie du tout n'en est pas pour autant pertinente vis-à-vis du tout, n'est pas pour autant une partie constitutive. Ainsi, par exemple, « *si le cadre en bois fait partie du tableau, il n'en est pas, pour autant, une partie* » (Ch. Godin, 1988, p. 488).

---

mathématique de l'atomisme qui tendait à gommer le clivage entre chimie et physique, alors que ces deux disciplines s'institutionnalisaient.

322 On peut penser à la discussion autour de la constante cosmologique introduite (puis rediscutée) par A. Einstein modifiant en conséquence ses équations de la relativité générale lorsqu'il lui apparaît qu'elles permettent penser un univers *en expansion* : il leur rajoute alors cette constante car l'idée d'un univers qui soit autre chose que statique lui paraissait inconcevable.

323 Ici, deux situations (classiques) de pensée sont donc à distinguer, une pensée qui a pu être qualifiée de déductive (du tout aux parties) et une pensée qui a pu être qualifiée d'empirique – sinon inductive – (des parties au tout). Cette distinction est bien évidemment toute théorique car, de fait, dans les pratiques de l'archéologue comme dans celle du minéralogiste, des allers et retours constants sont à l'œuvre, entre déduction et induction

Au-delà, comment envisager les liens (de dépendance ou d'interdépendance) entre les parties et le tout ainsi qu'entre elles[324] ? Au-delà encore, le tout correspondrait-il à la somme des parties ou serait-il « supérieur » à cette somme, d'une autre nature ?

> « *Un tout s'entend à ce à quoi ne manque aucune des parties qui sont dites constituer normalement un tout. C'est aussi ce qui contient les composants de telle sorte qu'ils forment une unité. Cette unité est de deux sortes : ou bien en tant que les composants sont chacun une unité, ou bien en tant que de leur ensemble résulte l'unité* »,
> Aristote, *Métaphysique*, Ed. Vrin, Paris, 1933, pp. 214-215

Totalités sommatives, totalités non sommatives.

Pour *faire système*, les parties d'un tout ne peuvent pas être seulement envisagées comme étant simplement juxtaposées : comme dans des amas. Même si la disposition et la proximité spatiale des parties peuvent jouer un rôle parfois essentiel pour qu'un tout fasse système (comme, par exemple, dans la notion d'écosystème qui est nécessairement associée à un territoire), les parties doivent avant tout être pensées comme des entités dépendantes ou interdépendantes, à la fois entre elles et avec la totalité globale. Avec la notion de système, il n'y a donc pas *indépendance* de l'une envers l'autre ni envers le tout. En prolongement de l'héritage aristotélicien il est alors assez classique de distinguer (voire d'opposer) des systèmes dont, pour les uns, les parties peuvent être considérées *isolément* dans leurs configurations et leur comportement et, pour les autres, des systèmes dont les parties sont à ce point imbriquées qu'elles ne seraient pas isolables en tant que telles : des parties dont le comportement diffère dans le système de ce qu'il est lorsqu'elles sont prises dans l'isolement[325].

Pour qualifier cette opposition, tout en se centrant sur les propriétés formelles des systèmes, L. von Bertalanffy distingue alors les totalités qu'il nomme *sommatives* (réductibles à la somme de leurs parties) de celles qu'il nomme *non sommatives* (des totalités non réductibles à la somme des parties).
Les premières de ces totalités nous renvoient à des approches d'ordre analytique (de décomposition / recomposition) pouvant aller jusqu'à des hiérarchisations arborescentes. Elles permettent, notamment, d'« *expliquer*

---

324 Les liens de dépendance nous renvoient à l'idée de « simples » subordinations, qu'elles soient hiérarchiques (du grand au petit ou en forme d'inclusion, par exemple) ou causales (implications). Les liens d'interdépendance mettent en scène une dépendance *réciproque* entre les parties ou entre les parties et le tout, jusqu'à, parfois, impliquer une nécessaire coexistence entre les parties, voire une *solidarité*.

325 Dans le domaine de la biologie, G. Canguilhem éclaire cette distinction en l'illustrant par *la troncature* et *la mutilation*, qui serait non mutilante dans le premier cas alors qu'elle le serait dans l'autre : « *la mutilation s'offre comme la confirmation négative de la totalité du tout* » (Canguilhem, 1971, pp. 320-321).

les niveaux supérieurs en termes de niveaux inférieurs » (Bertalanffy 1961, pp. 196-197). Les secondes supposent d'appréhender les dépendances, interdépendances et autres formes d'interactions[326] entre les parties (et avec le tout) jusque dans leur complexité : le tout est alors « *autre chose* » que la réunion, l'assemblage ou la composition des parties[327]. Ici, le « concept d'organisme » viendrait s'opposer à ce que serait une « vision mécaniste » du rapport des parties entre elles et avec le tout[328].

Mais cette distinction n'est pas allée sans rencontrer de nombreuses réactions au sein des problématiques et démarches scientifiques. Ainsi B. Russel avait-il pu déclarer que « *le progrès scientifique a été fait par analyse et isolation artificielle. Il est donc prudent d'adopter la vue mécaniste comme hypothèse de travail dans tous les cas, et de ne l'abandonner que s'il y a une preuve contre elle* » (Russel, 1948)[329]. Si L. von Bertalanffy a pu s'étonner de ce refus du concept d'organisme chez B. Russel (Bertalanffy, 1975, p. 65), force est de constater qu'aujourd'hui cette réticence ne semble plus vraiment recevable.

---

[326] On peut reprendre ici la définition formelle du terme d'interaction telle qu'a pu la proposer L. von Bertalanffy : « *par interaction, nous entendons des éléments p liés par des relations R en sorte que le comportement d'un élément p dans R diffère de son comportement dans une autre relation R'. S'il se comporte de la même manière dans R et R', il n'y a pas interaction et les éléments se conduisent indépendamment par rapport aux relations R et R'* » (Bertalanffy, 1973, p. 53).

[327] Il est souvent d'usage de renvoyer alors à l'aphorisme d'origine aristotélicienne : « *le tout est plus que la somme des parties* ». Nous préférons dire qu'il est « *autre chose* » puisque, après tout, il faut aussi envisager le fait que le tout soit *inférieur* à la somme des parties. Des mesures ne montrent-elles pas que la masse d'un noyau (atomique) est inférieure à celle de ses constituants pris séparément ? De son côté, Edgar Morin nous engage vers le concept de « globalité » plutôt que vers celui de « totalité » en précisant que « *le tout est à la fois plus et moins que la somme des parties* ».

[328] Le terme de « mécaniste » est retenu ici sous le seul angle des rapports des parties au tout bien qu'il sous-entende par ailleurs les principes de causalité et de nécessité (sinon de finalité) qui lui sont généralement (et implicitement ?) associés.

[329] Jusqu'au début du XXe siècle, une disjonction entre « êtres naturels » et « êtres artificiels » conduisait à tenter d'appliquer au vivant les concepts et modèles de la physique ou de renvoyer une connaissance des êtres naturels à des explications souvent métaphysiques (le vitalisme, par exemple). Pour Claude Allègre (2005), la biologie, comme science unifiée et distincte de la physique, « *ne recevra véritablement sa confirmation qu'avec la découverte de l'ADN, dénominateur commun de tout le règne vivant* » et cette confirmation passe, justement, par les apports d'une physique nouvelle (quantique), dont le caractère probabiliste quitte radicalement le terrain des totalités sommatives. Dès les années 1940, E. Schrödinger est d'ailleurs allé jusqu'à considérer que « [...] *le domaine du vivant, sans échapper aux "lois de la physique" telles qu'elles sont aujourd'hui établies, est susceptible d'impliquer d'autres lois de la physique jusqu'ici inconnues et qui pourtant, une fois révélées, deviendront partie intégrante de la science tout autant que les précédentes* » (Schrödinger, 1944, chap. 6). Si les bouleversements de la physique (physique quantique) renouvellent ainsi cette situation, l'idée (et la perspective) d'une biophysique (une physique du vivant) reste alors présente. C'est d'ailleurs la perspective que Ph. Kourilsky dessine en conclusion de son ouvrage (2014, p. 296).

En effet, de nombreux pans de la physique ont totalement intégré cette dimension non sommative.
Néanmoins, en lieu et place d'une opposition, il conviendrait sans doute de parler d'une dualité ou, plus exactement, d'une dialectique entre une approche d'ordre mécaniste (sommative) et une approche d'ordre « organiciste » (non sommative) des totalités. C'est, par exemple, le cas de la biologie, introduisant la notion de module en lieu et place de celle d'organe, modules actifs pouvant s'emboîter et se chevaucher et non plus organes constitutifs, ayant des bornes précises et hiérarchisables au sein de la totalité qu'est le corps humain (Ph. Kourilsky, 2014, p. 307). Et cette dualité d'approches s'étend au-delà de ces deux domaines de référence que sont la physique et la biologie, à commencer par les sciences économiques, humaines et sociales[330].

Mais, si cette dualité semble acceptée et opératoire d'un point de vue conceptuel, elle ne l'est pas aussi clairement assumée d'un point de vue épistémologique. Force est en effet de constater que les traits de la dimension sommative restent une matrice de pensée particulièrement prégnante, sinon dominante. Déjà, à l'époque des conférences Macy et des années qui s'en sont suivies, les critiques étaient nombreuses concernant les assises jugées trop « mécanistes » de la cybernétique et ce malgré les orientations conceptuelles organicistes affichées[331].
Aujourd'hui, l'expression d'intelligence artificielle n'est pas sans réactualiser cette tension : d'un côté l'intelligence est envisagée comme une « machine » (faite de rouages et de parties organisées dans un tout fonctionnel) et d'un autre côté, cette notion de « machine » est envisagée sous l'angle « organiciste » de machines dotées « d'intelligence », à savoir interconnectées, régulées, susceptibles d'apprentissage, etc.
Au-delà, parmi les nombreuses critiques faites au constructivisme, celle de vouloir, justement, quitter le terrain « mécaniste » est parmi l'une des plus virulentes.

Notre propos, ici, n'est pas d'adhérer à l'une ou à l'autre de ce que l'on peut convenir d'appeler des matrices de pensée mais de prendre acte de leur coexistence, parfois pacifique, parfois compétitive (sinon concurrentielle) au sein même de la recherche. Et cela d'autant plus que cette coexistence peut

---

[330] L'expression de « parties prenantes », utilisée dans le domaine des sciences de gestion, pourrait être reprise de manière plus générale pour illustrer cette dynamique d'interactions et d'interdépendances de parties entre elles (et avec le tout) en l'inscrivant dans des processus actifs et dynamiques de transformation ou réorganisations (sinon d'évolution) du tout et des parties elles-mêmes. L'usage de cette expression dans le domaine des systèmes d'information témoignerait, de son côté, du fait que cette notion ne peut plus être exclusivement considérée dans le champ des sciences de gestion.

[331] On peut se reporter ici au développement que, dans sa thèse, D. Prouveau consacre à ces débats autour et à partir des conférences Macy (Prouveau, 2013, pp. 778-786).

également être considérée comme une pierre d'achoppement (à un niveau épistémologique du moins) du dialogue et de certaines coopérations entre équipes d'une même discipline ou entre chercheurs de disciplines différentes au sein d'une même équipe.

Sous-systèmes et parties expressives (local / global).
Derrière la notion de *sous-système* se cache le fait que l'on puisse décomposer un système en parties constituant, elles-mêmes, autant de systèmes : ainsi des systèmes nerveux, sanguins, digestifs qui constituent autant de sous-systèmes du système global que serait le corps humain, sans que chacun puisse, à lui seul rendre compte du système humain. Ainsi, également, par exemple, de la décomposition canonique de l'entreprise dans le domaine des sciences de gestion en quatre sous-systèmes : sous-systèmes de production, commercial, administratif et financier, du personnel (nommé aujourd'hui « ressources humaines »). Mais chacun de ces sous-systèmes ne peut être envisagé comme étant de *niveau inférieur* au système global : ils doivent nécessairement être appréhendés à la fois dans leur autonomie envers ce système global et dans leur interdépendance mutuelle, tout en ne pouvant, pour autant, rendre compte, chacun, du système global.

Néanmoins, certaines situations se rencontrent dans lesquelles ces sous-systèmes (parties) sont de *même espèce* que le tout : des parties ayant les mêmes caractéristiques (et propriétés) que le système global.
Ici la notion de *partie expressive* prend une certaine importance : « *il arrive* [...] *que la partie ait le même caractère (forme et contenu) que le tout dont elle fait partie. C'est elle que l'on appelle partie expressive...* » (Ch. Godin, 2002). On retrouve, par exemple, la force de cette notion avec l'aphorisme prêté à J. Monod selon lequel « tout ce qui est vrai pour la bactérie *Escherichia coli* est vrai pour l'*éléphant* ».

Mais Ch. Godin prend exemple dans d'autres domaines que le vivant avec les homothéties internes des figures scalantes (figures dont les parties ont même forme ou même structure que le tout) ou, en physique, avec les hologrammes ayant cette même propriété d'autosimilarité : « *alors qu'un morceau de photographie déchirée n'est plus une photographie, un fragment d'hologramme donne l'image de l'hologramme en son entier* ». On peut aussi évoquer les figures fractales, étudiées activement en mathématiques, dont les détails sont observables à une échelle arbitrairement choisie, au sens où si on regarde la figure de manière aussi près que l'on souhaite, on retrouve toujours cette même figure. De tels objets se trouvent dans la nature : par exemple des végétaux comme les fougères ou le chou renferment des fractales. Précisons que cette expressivité de la partie pour le tout s'étend, à l'âge classique, à tous les domaines de la pensée et, à partir du XIXe siècle, fait l'objet de nombreux débats dans le domaine de la logique (et de la théorie des ensembles), de B.

Bolzano et R. Dedekind à A. N. Whitehead et B. Russel (Godin, 1998, pp. 577 *sq.*).

Et, même si, aujourd'hui, l'aphorisme prêté à J. Monod est réfuté dans le champ de la biologie, sa force doit être considérée tant il illustre une véritable matrice de pensée : la capacité que posséderait un modèle local à exprimer (ou représenter) un phénomène global voire à générer des théories globales[332]. Face à cela, il convient de souligner la difficulté, non seulement pratique mais véritablement intellectuelle à penser les rapports entre local et global.
La météorologie est sans doute le domaine dans lequel cet enjeu du passage du local au global et du global vers le local est l'un des plus approfondis et des plus complexes et, en même temps, le plus modélisé. Les sciences sociales, économiques et politiques, de leur côté, mais aussi des domaines comme la géographie, l'environnement, l'urbanisme, voire l'architecture soulèvent eux aussi cette difficulté de manière aiguë[333].

Au-delà, cette difficulté s'inscrit également dans un certain formatage de nos esprits (notamment scientifiques), dès nos études, comme en témoigne M. Rogalski à propos des mathématiques et de la physique : « *pour les étudiants, comprendre si une notion est locale ou globale n'est pas immédiat, pour plusieurs raisons didactiques voire épistémologiques. D'une part, le point de vue local est quasi inexistant au lycée. D'autre part, les processus de globalisation restent réservés, à l'université, à l'enseignant magistral. De plus, certains énoncés ont une version locale et une globale, sans que ce soit toujours dit. Enfin, l'utilisation du local s'appuie souvent sur une existence non explicite, qui paraît inhabituelle aux étudiants* » (Rogalski, in Viennot, 2008). Ainsi, outre la difficulté de penser les rapports entre local et global, s'adjoint la difficulté à penser le local dans ses éventuelles particularités sinon ses spécificités.

Penser les relations entre local et global dans les mathématiques et dans leurs rapports au réel

Au-delà de la difficulté à faire comprendre aux étudiants, dans l'enseignement des mathématiques, si une notion mathématique est locale ou globale, les mathématiques elles-mêmes sont traversées par cette difficulté, notamment dans ses rapports à la physique et, de ce fait, au monde réel. Ainsi, comme l'ajoute M. Rogalski, « [...] *en*

---

332 Ce principe d'homothétie s'articulerait-il à celui de continuité linéaire ?

333 Pensons, ici, aux distinctions entre micro/méso/macro (que ce soit en physique –quantique, newtonienne, relativiste-, en sociologie ou en économie), aux questions soulevées de longue date par les sciences régionales (la question de l'échelon local) qui, souvent, rejoignent les approches sommatives en se fondant sur la faculté d'« *expliquer les niveaux supérieurs en termes de niveaux inférieurs* » (quand ce n'est pas l'inverse). Pensons aussi aux tentatives consistant à introduire la notion de "seuil" pour inscrire les discontinuités du local vers le global dans une théorie unifiée.

analyse et en géométrie la distinction entre ces deux points de vue est essentielle, l'un des objectifs fréquents étant de globaliser une propriété locale. Ainsi, en géométrie ou topologie, définir un objet par des propriétés des voisinages de chacun de ses points n'en assure pas en général une caractérisation globale, il faut y rajouter des propriétés elles-mêmes globales ; c'est par exemple le cas des variétés. En analyse, les relations entre les divers types de convergence : ponctuelle, uniforme sur tout compact, uniforme, posent aux étudiants de redoutables problèmes, liés aux rapports entre local et global et à la traduction de ces rapports en termes de quantificateurs. Un autre aspect concerne la globalisation de propriétés locales de fonctions définies sur des espaces topologiques ayant certaines propriétés globales ».

Dès lors, précise M. Rogalski, « [...] *au-delà de ces aspects techniques, certaines grandes questions font intervenir de façon essentielle un point de vue local ou un point de vue global : il s'agit donc de problématiques* ».
Ce niveau, que M. Rogalski qualifie lui-même d'essentiel, s'illustre par exemple dans le cas du problème de la résolution des équations différentielles qui « *est typiquement une recherche de passage du local au global* ». En effet, l'équation différentielle obtenue à partir d'une modélisation du réel donne un point de vue local du problème et sa résolution nécessite un passage au point de vue global, via le calcul intégral : « *Le problème de la mesure des grandeurs par la notion d'intégrale se présente d'abord comme un problème de nature globale, mais sa mise en œuvre, en particulier en physique, demande de partir de notions locales et/ou idéales et de mettre au point un procédé particulier de globalisation : la procédure intégrale. Ce double point de vue local-global se retrouve ainsi en physique élémentaire, en particulier dans les processus de modélisation ou mise en équation, où les instruments privilégiés sont souvent les équations différentielles ou aux dérivées partielles, d'une part, et la mesure ou la définition de grandeurs par des intégrales, de l'autre* ».

Ce qui apparaît ici est alors la mise en évidence, via cette problématique mathématicienne, d'un jeu entre local et global avec de constants allers et retours, ce qui accroît la difficulté de compréhension entre penser local et penser global : « *L'application des lois de la physique aux situations étudiées met ainsi en jeu divers niveaux possibles, avec souvent des allers-retours entre local et global. De plus ces niveaux opposent souvent une approche par de grands principes de la physique (qui semblent obscurs et peu explicatifs aux étudiants) à une approche locale plus "concrète" et explicative, mais plus délicate dans son utilisation des infiniment petits. L'analyse d'un certain nombre de difficultés didactiques des élèves ou étudiants sur ces diverses questions nous fait penser qu'un enjeu important de l'enseignement est sans doute de développer chez eux une prise de conscience de l'existence des points de vue local et global, et d'assurer l'apprentissage de certaines méthodes dans la recherche de leur mise en œuvre* » (Rogalski, *op.cit)*.
À moins d'ailleurs, que ce soit justement cette incertitude du jeu entre local et global dans le réel qui génère cette problématique toute mathématicienne !

Cette approche, qui questionne le passage du local au global (ou l'inverse) en termes de *continuum*, est à distinguer de celle qui, par le biais de la systémique, envisage d'autres formes de lien entre le local et le global, en termes, cette fois, de *coexistence* du local et du global. C'est notamment le cas des mécanismes infectieux décrits par Ph. Kourilsky : « *le schéma habituel est que (i) les forces locales se mobilisent, (ii) appel est fait aux réserves systémiques, (iii) de façon sélective, c'est-à-dire adaptée à la fois au pathogène en cause et au tissu ou à l'organe infecté, (iiii) avec une redistribution territoriale appropriée* ». Ainsi, « *le local s'accorde avec le systémique* » (*op.cit*., p. 208). Les particularités du local restent affirmées tout en étant susceptibles d'intégrer des processus liés au global. On pressent ici, les enjeux que peuvent susciter ces deux approches dans des domaines comme les sciences sociales ou les sciences économiques, au-delà des sciences du vivant. Il resterait néanmoins à les spécifier dans des situations « locales » !

Quasi-parties : vers des systèmes auto-poïétiques ?

Ce qui précède suppose notre capacité à observer ou à concevoir des parties, chaque partie étant elle-même considérée comme un tout. De fait, « *dès qu'elle est isolée, désignée, nommée, pensée comme partie, la partie est déjà un tout puisque, sans cette autonomie qui fait le tout, la partie ne saurait pas même être distinguée comme telle* » (Godin,1988, p. 584).

Dans ce contexte, il peut être assez frappant de croiser la normativité de la culture technique qui cherche à définir des entités (des parties, des totalités) avec l'ouverture du propos scientifique relativement à cette même notion de partie. Prenons-en la mesure avec la distinction entre la définition d'une *quasi-machine*, celle des *quasi-cristaux* et la problématique posée en biologie par la notion de *quasi-organe*.

L'expression de « quasi-machine » est aujourd'hui définie par une norme : une partie identifiable d'une machine dont la seule différence provient du fait qu'elle « *ne peut assurer à elle seule une application définie* [...] *La quasi-machine est uniquement destinée à être incorporée ou assemblée à d'autres machines ou à d'autres quasi-machines ou équipements en vue de constituer une machine...* » (Directive 2006/42/CE du Parlement européen et du Conseil du 17 mai 2006 relative aux machines). Malgré son appellation de quasi-machine, elle est donc une partie nettement identifiable vis-à-vis du tout que constitue la machine, mais ceci sans être pour autant une machine.

Dans le cas du vivant, Ph. Kourilsky, déjà cité, distingue les parties du corps (celles de l'écorché) d'organes aux contours flous. Il précise d'abord la décomposition du corps : « *nous concevons habituellement notre organisme comme constitué de membres, d'organes et de tissus. On y ajoute les os et les voies de circulation (sanguine, lymphatique et nerveuse), et on obtient la figure anatomique classique de "l'écorché"* » (*op.cit*., pp. 164-165). Il ajoute néanmoins, à la suite, que, si chacun de ces membres, organes et tissus a son système de défense propre – et si la médecine « *peut partir des caractéristiques anatomiques et fonctionnelles de l'organe ou du tissu considéré* [...] *pour comprendre et prévenir certaines infections* » –, le système de défense du corps humain est diffus et ne peut se contenter d'être

appréhendé comme la somme (ou la recomposition) des systèmes de défense particuliers à chaque membre, organe et tissu : « *le système de défense est si profondément intégré dans l'organisme que l'acte intellectuel de l'en abstraire est de l'ordre de la fiction* » (*op.cit.*, p. 253).
Ce faisant, il introduit la notion de *quasi-organes*[334] (p. 144) pour désigner des systèmes qui ne sont pas séparables sous forme de parties du corps humain : des totalités (ou parties) *indéfinissables*. Le système lymphatique en serait un exemple : il n'existe pas vraiment, à proprement parler, de parties dédiées à la lutte contre les agents infectieux, à la défense immunitaire. De même parle-t-il d'*agrégats mous*, sans enveloppe (et donc sans réelle frontière), au caractère à la fois fugace et flou (*op.cit.*, p. 125-126) en insistant, dès lors, sur la très grande difficulté à les appréhender expérimentalement[335].

Comment, alors, accepter l'idée même de telles parties aux contours spatio-temporels flous, voire sans contour ? De fait, puisque de telles parties ne sont pas directement observables, force est de s'en construire une représentation abstraite, en correspondance, toutefois, avec la réalité d'un certain fonctionnement. Nous avons besoin de nous représenter cette réalité pourtant difficile à observer et à accepter[336].
Mais comment parler avec rigueur de telles situations qui, finalement, sont caractérisées par un certain imprécis voire du flou ou de l'*à-peu-près* ? Des modèles nous sont donc nécessaires, au même titre que la physique qui fournit des modèles de la réalité.
En l'occurrence, ces modèles auront ceci de particulier qu'ils auront à prendre en compte le fait que le système ne se définit plus par des frontières identifiables (que ledit système soit considéré comme fermé ou ouvert) mais à partir de ce qu'il produit en (et par ?) lui-même : des *systèmes auto-poïétiques* construisant (et reconstruisant) en permanence leur champ et leur frontière[337].

---

[334] Hésitant, d'ailleurs entre le terme de quasi-organes et celui de pseudo-organes.
[335] Ce caractère indéfinissable est à distinguer de ce qui serait de l'ordre de la simple approximation (sous-entendue par l'expression de quasi-machine) ou de l'atypie vis-à-vis d'une règle générale (comme dans le cas des *quasi-cristaux* en regard des cristaux).
[336] En lieu et place du terme de « modèle », et pour lui donner une réalité matérielle, Ph. Kourilsky parle de « module » qui s'associe à la notion (essentielle chez lui) de « *modularité* » comme « *décomposition de l'architecture d'un système complexe* » : « *la modularité d'un système biologique est singulière en ceci que les modules sont définis par l'observateur de façon (intelligemment) arbitraire et ne possèdent pas nécessairement des bornes physiques précises. Ils peuvent donc s'emboîter les uns dans les autres comme se chevaucher* » (*op.cit.*, p. 307, nous soulignons).
[337] « *Des systèmes définis comme réseaux de productions d'éléments, qui, par leurs interactions, génèrent et réalisent récursivement le réseau qui les produit et constituent, dans l'espace dans lequel ils existent, les frontières du réseau en tant qu'éléments participant à la réalisation du réseau* ». (Maturana, Varela, 1973).

On doit alors souligner que, malgré tout, cette représentation de l'auto-transformation d'un système s'accompagne de l'idée d'une autoconservation des fondements de ce système (sa structure ?). Or, tant l'hypothèse de la propagation et du risque systémique (risque de réactions en chaîne à un événement provoquant une propagation conduisant à une insécurité globale de l'existant) que l'exemple de ce que Ph. Kourilsky nomme les *ennemis de l'intérieur* (agents infectieux, éléments « sauteurs », etc., *op.cit.*, pp. 103-104) nous confrontent à la possibilité d'une réelle mutation d'un système à partir de ses propres composants.

Dans le domaine des sciences sociales, cette fois, la théorie des *systèmes* de Niklas Luhmann, reprend explicitement cette notion de systèmes auto-poïétiques de H. Maturana et F. Varela, en considérant la société comme étant constituée d'une multitude de sous-systèmes, chacun s'auto-reproduisant ou s'auto-détruisant via, notamment, un filtrage et un traitement de l'information provenant de leur environnement. Ceci le conduit à considérer qu'une telle théorie correspond « *au projet d'abandonner toute tentative de saisie du monde comme un tout, au profit d'une compréhension du monde en termes de réseau d'observations croisées, non hiérarchiques, qu'on ne saurait unifier en une observation totalisée* » (Luhmann, 1990).
Une telle vision extensive des systèmes auto-poïétiques resterait néanmoins à être formalisée. Et force est ici de reconnaître que cette possibilité de formalisation est partagée entre une extrapolation d'acquis de l'expérience et une pratique de modélisation qui serait alors d'ordre probabiliste (voire quantique pour ce qui est des domaines des sciences physiques et de la biologie[338]). À moins que cette extension quantique affecte (un jour ?) les sciences humaines et sociales !

La tentation de l'exhaustivité.
« *Faire le tour de la question* », traiter « *à fond* » un sujet nous renvoie à la possibilité d'une description « *par le menu* » des parties pouvant constituer le tout : décrire, recenser, inventorier… Déjà, Descartes formulait cette recommandation « *de faire partout des dénombrements si entiers et des revues si générales que je fusse assuré de ne rien omettre* » ... Inventorier ne voulait pour autant pas nécessairement dire classifier.

---

[338] L'un des derniers paragraphes de l'ouvrage de Ph. Kourilsky y fait explicitement référence : « *je m'attends à ce que soit conçu un « quantum biologique » totalement distinct du gène. Il me semble que ces « quantas biologiques » pourraient être les nœuds représentatifs des systèmes vivants. Comme les particules élémentaires, ces nœuds ont une existence physique (par exemple une protéine) et une existence virtuelle (les liens que l'élément matériel entretient avec d'autres). Si mon intuition est correcte, la biologie aura deux centres de gravité. La « biologie classique » restera centrée sur les gènes mais, à côté, pourrait naître une « biologie des quantas », axée sur les réseaux complexes* » (p. 296).

Cette description « par le menu » s'est pourtant associée à l'idée de classification. Elle s'illustre notamment dans l'effort de classification des espèces (le *Systema naturae* de K. von Linné), des éléments chimiques (Mendeleïev) en passant par tous les travaux de recensement que sont, par exemple, les dictionnaires : une démarche associant inventaire et classification qui est (et reste) une composante essentielle de la construction scientifique.

La littérature a aussi de superbes exemples illustrant cette propension à inventorier (sinon à classer), de G. Flaubert (Bouvard et Pécuchet) à G. Perec[339] en passant par J. L. Borges[340].

Les « inventaires » des espèces, la « taxinomie » (flore, faune, etc.) sont toujours à l'ordre du jour. Ainsi, par exemple, des travaux relatifs à la biodiversité ou au séquençage du génome humain.

Ces dénombrements, inventaires, recensements, relevés, bibliographies, classifications, énumérations, listes à vocation exhaustive constituent toujours autant de démarches contribuant, à la fois, à une capitalisation des connaissances et à une heuristique de découverte. Il en est ainsi du tableau de Mendeleïev qui, d'un côté, avait proposé un cadre explicatif par son inventaire et, d'un autre côté, a servi de guide à la recherche, par les absences qu'il révélait.

Ces démarches d'inventaire, depuis Linné jusqu'à aujourd'hui, reposent sur des processus plus ou moins organisés d'observation et d'acquisition de

---

[339] G. Perec explique ainsi son projet de Tentative d'épuisement d'un lieu parisien (1975) : « *Il y a beaucoup de choses place Saint-Sulpice, par exemple : une mairie , un hôtel des finances , un commissariat de police , trois cafés dont un fait tabac, un cinéma,* [...], *un kiosque à journaux, un marchand d'objets de piété, un parking, un institut de beauté, et bien d'autres choses encore. Un grand nombre, sinon la plupart, de ces choses ont été décrites, inventoriées, photographiées, racontées ou recensées. Mon propos dans les pages qui suivent a plutôt été de décrire le reste : ce que l'on ne note généralement pas, ce qui ne se remarque pas, ce qui n'a pas d'importance : ce qui se passe quand il ne se passe rien, sinon du temps, des gens, des voitures et des nuages...* » (G. Perec a ce projet sur douze sites mais l'abandonne au bout de 6 ans et il ne reste qu'un seul site, à Paris). Si cet ouvrage est un travail sur les limites de l'énumération, son ouvrage ultérieur (posthume) *Penser/Classer* interroge plus directement le lien (ou l'absence de lien) entre « penser » et « classer » : « *Que me demande-t-on, au juste ? Si je pense avant de classer ? Si je classe avant de penser ? Comment je classe ce que je pense ? Comment je pense ce que je veux classer ?* » (Perec, 1985, p. 151).

[340] Jorge Luis Borges (in *L'auteur et autres textes*, Paris, Gallimard, 3e édition, 1982, p.199) prête à un auteur fictif du XVIIe siècle (Suarez Miranda) un texte intitulé « *De la rigueur de la science* » : « *En cet empire, l'Art de la Cartographie fut poussé à une telle Perfection que la Carte d'une seule Province occupait toute une ville et la Carte de l'Empire toute une Province. Avec le temps, ces Cartes Démesurées cessèrent de donner satisfaction et les Collèges de Cartographes levèrent une Carte de l'Empire, qui avait le Format de l'Empire et qui coïncidait avec lui, point par point. Moins passionnées pour l'Étude de la Cartographie, les Générations Suivantes réfléchirent que cette Carte Dilatée était inutile et, non sans impiété, elles l'abandonnèrent à l'Inclémence du Soleil et des Hivers* ». Et d'ajouter : « *Dans les Déserts de l'Ouest, subsistent des Ruines très abîmées de la Carte...* ».

données. Ces inventaires et leurs protocoles sont d'ailleurs gage, depuis le XVIIIe siècle, d'une certaine objectivation de la connaissance[341].

Néanmoins, face à ces protocoles plus ou moins organisés, la propension à accumuler des données *à l'aveugle* est aussi une manière d'opérer en recherche (Kourilsky, p. 188), même si « *cette démarche est une entorse à la règle de l'expérimentation guidée par l'hypothèse* ». Elle est sous-tendue par l'idée qu'une certaine cohérence (un certain système ?) peut, potentiellement, articuler et donner sens aux données ainsi recueillies.
Autrement dit, ce serait aux techniques de traitement et de tri de permettre alors de « *rentrer à nouveau dans le champ de l'hypothèse et de sa vérification par l'expérience* » (*ibid.*). Et cela est d'autant plus actuel que les ressources des méthodes statistiques, la puissance de calcul et de stockage des ordinateurs croît de manière (métaphoriquement) exponentielle alors que nos moyens (conceptuels plus que techniques) d'interprétation et de traitement ne permettent pas de tout exploiter[342]. L'accumulation de données rend, ici, la modélisation (et le recours à des modèles hypothétiquement explicatifs) indispensables : « *nous avons désormais une capacité sans précédent pour récolter des données, mais une crise se développe maintenant en biologie : c'est que cette information non structurée n'améliore pas la compréhension. Nous avons besoin de cadres et de modèles pour y intégrer l'ensemble du savoir et des données – c'est le problème en biologie. Développer ces modèles est le véritable défi du 21e siècle* » (S. Brenner, cité par Ph. Kourilsky, 2008).

Cet enjeu nous renvoie à la distinction faite par J. Schlanger (*in* Stengers, Schlanger, 1989, pp. 59 *sq.*) entre deux représentations de la science, voire deux *traditions épistémologiques* :
- La tradition empiriste (anglo-saxonne) pour laquelle le travail scientifique consiste en une *cueillette des faits*, une accumulation de données « *soit par l'observation directe, soit en montant des expériences dans toutes les directions possibles* ».
- La tradition intellectualiste pour laquelle « *la découverte n'est pas tant la connaissance d'un fait nouveau que « l'idée neuve et féconde qui s'y*

[341] Cette idée d'une objectivation par le dénombrement entre en lutte, aujourd'hui, avec l'idée selon laquelle l'expérience singulière peut l'emporter sur le générique.
[342] Cette profusion d'information et des données met par exemple en évidence, de manière de plus en plus critique, les notions de coïncidence et de corrélation. À partir de quand une coïncidence peut-elle devenir source de corrélation ? Question fondamentale en regard de la notion de système dans la mesure où la corrélation implique l'existence de liaisons (causales ou non) entre des choses, des notions, des faits, des concepts, des variables dont l'un implique l'autre et réciproquement. Mais aussi, face à cette explosion des informations, qui – et sur quelle(s) base(s) ? – décide ou même simplement envisage qu'il y ait corrélation entre différentes choses ? Les facultés délibératives (et décisionnelles) du chercheur sont ici cruciales.

rattache » ». L'expérimentation comme l'observation restent imprégnées d'idées et un cadre conceptuel, une problématique, doit alors y présider.

Deux contreparties sont également à envisager dans cet effort d'exhaustivité : comment se prémunir de l'omission (involontaire ou résultant d'une négligence) et comment résister à ce que F. Le Corre (2005) nomme le « *vertige de l'exhaustivité* » : une capacité supposée à inventorier *tous* les constituants d'une totalité ?
Ceci, d'un côté, peut mener à l'épuisement du chercheur – et non plus, cette fois, de l'objet d'étude – mais aussi, d'un autre côté, à la prétention d'une « *forme de sur-lucidité* » (Le Corre, *op.cit.*) du chercheur.

La totalité, une fiction nécessaire ?
Dans son cours sur l'État, au Collège de France, le sociologue P. Bourdieu parle de son objet d'étude (en l'occurrence l'État) comme d'une « *totalité inaccessible* » (notamment du fait de l'immensité des données qu'il faudrait intégrer et de la complexité des schèmes théoriques qu'il faudrait articuler pour y parvenir), en ajoutant que les sciences sociales « *sont souvent confrontées à cette antinomie et à ce dilemme de totalisation à la fois nécessaire et impossible* » (Bourdieu, 2012, p. 170).
Cette prise en compte d'une totalité comme un « tout » conduit à une sorte de paradoxe : l'incapacité à le décrire[343] !
C'est aussi le cas du système immunitaire qui n'est pas limité à certains organes ni à certaines fonctions et qui échappent (en l'état actuel de notre connaissance, du moins) à toute possibilité de discrimination (de décomposition en parties ou « sous-systèmes ») : « *au total, il est impossible de définir avec précision ce qu'est le système immunitaire en raison de son intégration physique et fonctionnelle dans l'organisme* » (Kourilsky, p. 39). Néanmoins, précise-t-il (p. 253), « *cette fiction est nécessaire, à défaut de quoi on ne peut réfléchir et travailler* ».

Autrement dit – s'agissant, dans nos exemples, de l'État comme du système immunitaire –, même si la connaissance des parties enrichit celle du tout, une conscience (à défaut d'une connaissance) « du tout » en tant que tel doit être envisagée selon d'autres modalités.
Ph. Kourilsky est ainsi l'un des (rares ?) scientifiques à indiquer explicitement que s'agissant du « tout », sa démarche « *ne cherche pas à aller du haut vers le bas* » (nous dirions décomposition en sous-systèmes ou en parties) : « *elle cherche à rester en haut et à développer des visions, c'est-à-dire des représentations convenables de pans du système, elles-mêmes compatibles avec une vision d'ensemble de ce dernier* » (p. 27). Il propose ainsi au

---

343 Décrire, c'est la « *mise en évidence d'un tout et de son découpage en parties* » (Granger, 1988, p. 117).

chercheur de prendre position « *en haut* » et d'y rester ! Cette approche qui maintient le tout comme « totalité » (sans entrer dans la voie de la décomposition analytique comme seul moyen de la connaissance du tout) est une « *posture intellectuelle* » particulière qui témoigne de la reconnaissance d'un niveau propre au « tout ».
La décomposition en parties ou sous-systèmes reste nécessaire mais elle est alors faite en toute conscience de son caractère arbitraire et mouvant selon le point de vue adopté, selon l'objet de recherche, selon les connaissances acquises et capitalisées dans le temps et selon les finalités du chercheur.
Et cette décomposition s'accompagne de son envers, à savoir la conscience que ces différentes représentations des parties ou sous-systèmes sont indissociables d'une vision du tout dont elles (ils) sont parties prenantes.
Alors que, bien souvent, le fait de considérer globalement une totalité est opposé au fait de la considérer comme un assemblage de parties (holisme *vs* réductionnisme ?[344]) ce qui est ici en jeu est la compatibilité nécessaire de ces deux approches[345].

3. Fabriquer de la cohérence

L'idéal de la structure.
Les notions de système et de structure sont fortement dépendantes l'une de l'autre et cette dépendance peut même aller, pour certains, jusqu'à une assimilation. Ainsi, par exemple, la définition que le *Vocabulaire technique et critique de la philosophie* de André Lalande (1926) donne de la structure peut illustrer tout aussi bien la notion de système : « *une structure est un tout formé de phénomènes solidaires, tels que chacun dépend des autres et ne peut être ce qu'il est que dans et par sa relation avec eux* ».
Deux aspects, néanmoins, semblent s'imposer pour différencier conceptuellement les deux notions. Le premier a trait à la temporalité des transformations et le second a trait à la nature même des transformations que la notion de structure véhicule.

Si, en effet, la notion de structure accepte l'idée de transformations, celles-ci s'inscrivent dans le temps long : la notion nous renvoie, en effet, à ce qui résiste aux perturbations, à ce qui se maintient dans le temps. Au-delà du maintien de l'identité (du tout), il y a aussi la présomption d'une certaine cohésion entre les parties, cohésion qui se conserverait (se maintiendrait) *dans*

[344] Ainsi, par exemple, de R. L. Ackoff nous indiquant, à propos de la science des systèmes, que « *now, instead of explaining a whole in terms of its parts, parts began to be explained in terms of the whole. Therefore, things to be explained are viewed as parts of larger wholes rather than as whole to be taken apart* » (Ackoff, 1972).
[345] Une instrumentation de cette posture intellectuelle a été envisagée plus haut (*supra*, IV.1).

le temps, que les risques (et facteurs) de délitement viennent de l'environnement ou des évolutions des éléments (composants) intérieurs de la structure. Au problème de la conservation du tout s'adjoignent ainsi celui de la conservation des parties et celle de leurs liens mutuels : faire que les parties « tiennent » ensemble dans le temps, les traiter comme autant d'autres totalités (des formes, des touts organisés) et non comme de simples éléments juxtaposés.
Ceci est d'autant plus important que cela permet au chercheur de penser la conservation des caractéristiques, propriétés et autres lois qui la régissent, même *lorsque l'observateur change de point de vue*[346]. Cela permet ainsi de se fabriquer une représentation plus ou moins « purifiée » vis-à-vis du contingent et de l'évènementiel : penser « *une réduction du hasard des rencontres dans l'espace et le temps* » (Kourilsky, 2014, p. 169).
Au-delà, cela permet aussi de pouvoir « *s'assurer de ce que l'on parle bien, à chaque moment, de la même chose* » (Vullierme, 1989, p. 455) ; ce dernier point étant particulièrement important pour la communication entre scientifiques même (ou surtout) si cette « *même chose* » peut être appréhendée selon des points de vue différents.

La seconde différence conceptuelle tient à la nature des transformations susceptibles d'affecter la structure. Ainsi, J. Piaget a-t-il pu préciser qu'elles se font à l'*intérieur* de la structure : elles « *ne conduisent pas en dehors de ses frontières mais n'engendrent que des éléments appartenant toujours à la structure* » : un « *autoréglage* » (Piaget, 1972, p. 13). Au-delà, ces éventuelles transformations renvoient ainsi à des règles qui sont propres à la structure, ces règles « *n'étant autres que les lois de totalité de la structure considérée* » (*op.cit.*, p. 14).
Exemple peut être pris, ici, de la « *structure ADN* ». Tout en étant « structurée », elle subit de nombreuses perturbations (voire dommages) mais, comme a pu le recenser E. Fallet (2014), les « réparations » sont internes, liées aux mécanismes des cellules et tendent, toutes, vers la conservation de la structure[347]. Sa structure est également conservée tout en subissant les opérations de réplication et de transcription (en ARN).

Dès lors, du fait de ces deux différences conceptuelles, la notion de structure focalise l'attention dans l'étude des systèmes ou dans la pensée en termes de système. La notion de structure va jusqu'à constituer une sorte d'idéal type pour se représenter un système.

---

[346] Cette conservation est au cœur de la recherche d'invariants et de l'étude associée des variations (et, partant, des variables) qui constitue un pôle important du travail scientifique.
[347] Il en est de même du génie génétique qui, tout en procédant à la « greffe » de gènes, s'effectue sans changement de la structure ADN. De même, l'épigénétique, qui tout en étudiant la dynamique des mécanismes modifiant, de manière réversible, transmissible et adaptative, l'expression des gènes, articule cette dynamique à la conservation de la séquence ADN.

La structure deviendrait ainsi, au sein d'un système, la part qui résiste aux perturbations, ce qui se conserve dans le temps et lui résiste (à ce temps dont on présuppose qu'il est néanmoins facteur d'altération sinon de changement) ou est doué de « réactions auto-réglées » face à des perturbations extérieures. De ce fait, la notion de structure suppose, sinon une certaine « fermeture », une certaine « autonomie ».
Autrement dit, le concept de structure devient, en quelque sorte, comme idéal-typique pour se représenter les parts d'unité, de cohésion et de permanence d'un système.
François Jacob fait ainsi état d'une « *pente naturelle à l'esprit humain qui réclame unité et cohérence dans sa représentation du monde sous ses aspects les plus divers* » (Jacob, 1981, p. 11 et p. 26), tout en nous invitant, par ailleurs, à la mettre en question.

L'exemple pris de la structure ADN, qui relève du vivant, témoigne pourtant du fait qu'une structure n'est pas « immobile » : elle ne renvoie pas, comme a pu le faire remarquer L. von Bertalanffy, à une « *conception statique de l'organisme* » (p. 180). Or, bien souvent, une telle conception « statique » prédomine s'agissant de structure[348].
Certes le système vivant, qui échange constamment énergie et information avec l'extérieur et évolue dans des échelles de temps variables – de la réaction immédiate aux processus les plus longs – ne peut pas se comprendre sans la reconnaissance de structures internes stables.
Mais force est aussi de reconnaître cette tentation à chercher avant tout un modèle de type structural et de s'intéresser, en recherche, qu'aux phénomènes pouvant s'y ramener.
Ainsi, dans le domaine de la mécanique quantique, on parle d'états cohérents pour désigner des états non stationnaires mais dont les dynamiques mutuelles entretiennent des relations – des interactions – susceptibles d'aller vers des états cohérents ou d'être maîtrisées en vue d'états cohérents (les lasers, par exemple). De même, alors que le terme de *dissipatif* semble évoquer ce qui est de l'ordre d'un écart, voire d'un débordement envers une structure, l'expression de *structure dissipative* (Prigogine) désigne, dans un système ouvert, les phénomènes qui, pourtant éloignés de l'équilibre, nous ramènent à

---

[348] Serait-ce notre héritage mécanicien qui, en cette circonstance, prédominerait dans nos têtes ? Même si le XXe siècle a vu l'avènement d'une pensée proprement biologique, la référence (sinon la métaphore) mécanicienne continue à servir de fondements à de nombreuses interprétations de la vie animale, voire de la vie tout court. G. Canguilhem a pu souligner la persistance du vocabulaire « mécanicien » pour désigner des organes (Canguilhem, 1971, p. 306) et l'impact de la métaphore mécanicienne pour emporter l'adhésion à une théorie. Même si l'humain n'est plus, aujourd'hui, assimilé à une machine à la Descartes (extension à l'homme de l'idée d'une machine-animale considérant les animaux comme des assemblages de pièces et de rouages sans conscience ni pensée), c'est aujourd'hui à la « machine » artificielle qu'est l'ordinateur qu'il est parfois comparé, y compris par des biologistes.

une structure en cours de stabilisation. La dissipation, tout en concernant un système s'éloignant de son équilibre, peut ainsi jouer un rôle constructif et devenir source d'ordre[349].

Dans un article sur le concept de *structure sociale*, G. Gurvitch fait la distinction entre *éléments astructurels* (identifiables mais qui ne peuvent se réduire ou être liés à une quelconque structure), *éléments structurables* (mais non structurés) et, enfin, *les structures proprement dites* (associant notamment hiérarchie, équilibre et armature) (Gurvitch, 1955, p. 3 et p. 33). Néanmoins, à cela, il ajoute, dans sa conclusion, l'existence de phénomènes (sociaux) qui *débordent* toute structure (sociale) et provoquent la structuration (restructuration) et/ou la déstructuration : « *c'est l'élément parfaitement inattendu, tout à fait imprévisible, discontinu, complet et concret, inséparable d'une totalité en marche, où l'effort collectif est dénudé de toute écorce, où l'acte, où la liberté-invention, liberté-décision, liberté-création font irruption dans la vie sociale en dehors de toutes les voies prévisible* » (p. 40). Et d'ajouter : « *en dehors des éléments structurés ou structurables, et même astructurels, discernables, il existe donc cette matière ignée qui peut faire irruption, même aux instants les plus inattendus* ».
Face à l'existence de telles *matières ignées*, tant dans le champ social que dans les phénomènes naturels, vivants ou physiques (catastrophes, crises sanitaires, disruptions technologiques, etc.) faut-il alors envisager que l'importance donnée à la structure relève, comme a pu l'affirmer J. Benda (1947), de ce que « *la science ne comprend le mobile qu'en l'immobilisant* » ? Comment, reprenant une remarque d'E. Morin (2009, p. 30), « *courir après le temps aléatoire, le temps transformateur, le temps novateur* »[350] ?

Le désir d'harmonie.
L'idée d'harmonie nous renvoie à une sorte de propriété structurelle du tout, chacune de ses parties étant supposée être située à la place qui lui convient de sorte que le tout soit (tautologiquement !) harmonieux[351].
Certes, l'harmonie est sous-tendue par des règles ou des conventions sociales et culturelles (explicites ou tacites) permettant de différencier ce qui est harmonieux de ce qui ne le serait pas. Ainsi, par exemple, dans le champ de

---

349 Dans le champ des mathématiques, l'expression de « systèmes grossiers » (A. Andronov L. Pontrjagin, 1937) fut postérieurement traduite par les américains Smale et Lefschetz en termes de « *systèmes structurellement stables* » : des systèmes dont les bifurcations peuvent être maîtrisées alors qu'au départ ces systèmes étaient envisagés justement hors de toute problématique de maîtrise.
350 G. Bachelard, dès 1940, soulignait (ainsi que cela a pu être relevé plus haut à propos des mathématiques, *supra*, pp. 193 *sq*.) que, « *dans la pensée humaine se présentent maintenant d'autres objets qui, eux, ne sont pas stabilisables* » et qui, ainsi, nécessitent de « *déterminer autant de logiques qu'il y a de types d'objets quelconques* » (Bachelard, 1940).
351 Cette cohabitation ne présuppose pourtant pas que les entités se ressemblent : ne parle-t-on pas d'harmonie des contraires ?

la théorie musicale, le « corps d'axiomes » de A. Schönberg n'est pas celui de J.-Ph. Rameau : selon que l'on suit l'un ou l'autre, l'idée et le principe d'harmonie ne sont pas les mêmes.

Néanmoins, quelles que soient les conventions retenues, cette notion d'harmonie s'avère opératoire, tant du côté des nombres que des figures au travers, notamment et respectivement, des concepts de proportion et de symétrie.

Même si la plupart de ces formalisations sont aux confins de la science et concernent généralement le domaine des arts (musique, architecture, etc.), les concepts de proportion et de symétrie affectent directement la recherche scientifique.

Ainsi, par exemple, de la recherche de lois fondées sur les proportions dans plusieurs domaines scientifiques, de la chimie (lois de proportion définies de J. Proust ou de proportion multiple de J. Dalton) à la botanique (phyllotaxie), approches dans lesquelles le modèle de l'équation linéaire, lui aussi lié au concept de proportion, prévaut : « *dans une équation linéaire – du type de celles qui décrivent la physique ordinaire – les choses changent en proportion directe les unes les autres. Avec les systèmes non linéaires, ce genre de relation n'existe plus* » (M.-E. Berthon, 2000, p. 61).

Ainsi, également, de la symétrie, qui peut même aller jusqu'à caractériser des propriétés structurelles de la totalité considérée ou envisagée, comme ce fut le cas au XIXe siècle, par exemple, avec la cristallographie (Bravais, 1849) puis, par extension, avec l'invitation de P. Curie à étudier la symétrie dans les domaines de l'électricité et de l'électromagnétisme (Curie, 1894). Plus largement, ce concept de symétrie est attaché à toute opération appliquée à un système qui le laisserait invariant : le système reste identique à ce qu'il était avant toute opération exercée sur lui[352].

Ceci peut aller jusqu'à faire de la symétrie un véritable critère de cohérence sinon d'objectivité (certes parmi d'autres) : ainsi, par exemple, du constat d'une dissymétrie qui conduit à penser à un manque, à l'absence de certains éléments de symétrie, voire à une altération d'un ordre supérieur (altération alors perçue comme une anormalité).

La nécessité serait telle, pour la construction scientifique, d'observer, voire de préjuger de régularités (ou, a minima, de périodicité), d'invariants, de grandeurs conservées, qu'il y aurait une véritable difficulté intellectuelle à pouvoir penser ces manques ou ces anormalités comme des phénomènes en tant que tels (et non plus en tant que dysfonctionnement d'une symétrie). Et

[352] Ceci qu'il s'agisse d'opérations de transformation de certaines formes géométriques qui n'affecteraient donc pas la forme ou la mesure (déformations à surface constante). Au-delà, ce concept de symétrie apparaît aussi au cœur de nombreux développements scientifiques comme la théorie des groupes en mathématiques ou encore la physique des particules.

ceci alors que des notions comme celle d'asymétrie [353] ou de brisure de symétrie, dans le domaine de la physique des particules mais aussi, avec les problématiques du dédoublement cellulaire par exemple, en biologie apparaissent comme particulièrement fécondes.

Au-delà, ces concepts de proportion et de symétrie véhiculent une symbolique des nombres et des figures qui peut aller jusqu'à la fascination, notamment vis-à-vis des formes de la nature. Et cette fascination au travers de la notion d'harmonie nous renvoie aussi bien à des problématiques envisageant une « optimisation » des formes de la nature autour de ces concepts de proportion et d'harmonie (Hildebrandt, Tromba, 1986) – avec les conséquences que cela peut impliquer en termes de bio-mimétisme – qu'à des postulats d'ordre philosophique : une représentation du monde mettant en scène un monde harmonieux, équilibré, de justes proportions [354]. Le terme apparaît alors comme une véritable matrice de pensée articulant la pensée d'une organisation rationnelle à la pensée d'une esthétique du monde qui nous entoure dans une représentation totalisante de ce même monde : l'idée d'harmonie, de proportion et de symétrie érigée en principe pour se représenter les particules, le cosmos, le vivant, la société.

Articulation du principe de proportionnalité à l'idéal de l'antiquité

La notion voire l'idéal de la proportion se retrouve au cœur du fonctionnement social. En témoigne le « principe de proportionnalité » sur lequel est fondé le Droit dans la plupart des pays occidentaux qu'il s'agisse du droit pénal, du droit du travail, du droit administratif, etc. Ce principe possède certes divers sens et implications selon les législations – et reste aussi assez difficile à transcrire dans la réalité – mais peut être défini de façon générale comme un principe d'adéquation des moyens à un but et, en particulier, faire en sorte que les inconvénients causés ne soient pas démesurés vis-à-vis des buts visés.
En 2017, le vice-président du Conseil d'État, J.-M. Sauvé, articulait d'ailleurs explicitement ce principe de proportion à l'*idéal* de la proportion et de l'harmonie dans l'antiquité : « *La police ne doit pas tirer sur les moineaux à coups de canon. Cette expression imagée du principe de proportionnalité, que l'on doit au juriste*

[353] À la différence de la notion de dissymétrie, l'hypothèse d'asymétrie (absence de symétrie) s'est développé « *comme une théorie de l'écart entre les structures physico-chimiques ordinaires (asservies à une tendance vers l'équilibre thermodynamique et astreintes à la symétrie) et les structures vivantes – les cristaux apériodiques de Schrödinger –, doués de la faculté d'acquérir et de conserver une stabilité loin de l'équilibre* » (Vullierme, *op.cit.*, p. 180-181). Cette hypothèse d'asymétrie s'étendant elle-même à de nouvelles problématiques relatives aux rapports humains et à des phénomènes aussi bien sociaux qu'économiques (asymétrie de l'information).

[354] Ainsi, par exemple, de la fascination de beaucoup (y compris de chercheurs) pour le nombre d'or qui, outre le mythe qu'il véhicule d'une harmonie idéale, permet d'associer géométrie (proportion entre les figures) et arithmétique (rapports entre les nombres comme, par exemple, dans le cas de la suite de Fibonacci).

allemand Fleiner, place au cœur de cette notion celles, associées, de mesure et d'harmonie. Dans nos esprits, la proportion renvoie à l'image du Parthénon d'Athènes ou de la « rue aux proportions idéales » de Saint-Pétersbourg. Elle est en effet omniprésente en architecture, mais aussi en peinture ou en mathématiques. Le nombre d'or n'a-t-il pas été associé à l'idée d'une « divine proportion », celle qui permet d'atteindre, y compris en peinture, un idéal d'harmonie ? La proportion procède de l'idée de la mise en relation de plusieurs éléments ou ordres de données ou de grandeur plus ou moins antagonistes, en quête de cet idéal d'harmonie. En droit aussi, ces rapports de proportion existent et doivent être recherchés ou poursuivis. La relation entre l'individu et la société ou l'État n'est-elle pas celle d'un équilibre à atteindre entre les droits du premier et le service de l'intérêt général ? Plus encore, la proportion est, selon Aristote, la traduction du juste, dès lors que « le juste est un milieu entre des extrêmes qui, autrement, ne seraient plus en proportion ». La proportionnalité est, par conséquent, un « mécanisme de pondération entre des principes juridiques de rang équivalent, simultanément applicables mais antinomiques », qui s'affirme naturellement à la fois comme le garant des libertés individuelles et celui d'autres buts légitimes, comme la sauvegarde de l'intérêt général et, notamment, la protection de l'ordre public ou l'efficacité de l'action publique. L'équilibre entre ces deux branches est affaire de proportion ou de juste milieu, pour paraphraser Aristote » (J.-M. Sauvé, 2017).

Rencontrer de l'informe.

Faire de la recherche, faire une thèse, c'est se confronter à de l'inconnu : une question, un terrain, etc. Mais, selon les domaines de recherche (et selon les laboratoires), cet inconnu peut être plus ou moins balisé par des problématiques antérieures ou, au contraire, être totalement vierge de questionnement.

Au-delà (ou au sein) de cet inconnu, de l'informe peut survenir : quelque chose de non reconnaissable, d'indéterminé, de vaguement évocateur de quelque chose mais sans plus… Deux dimensions de cet informe peuvent pourtant être distinguées.

Il est des situations de recherche dans lesquelles le chercheur se trouve confronté à une telle masse de faits, de données, de relations entre les choses, à divers potentiels de généralisation autant que de situations contextuelles, à des fragments, à de l'hétérogène, à des choses (des faits, des données, des possibles, etc.) dont les occurrences, les relations, les contours sont imprécis, mouvants et incertains mais qui, seuls ou ensemble, retiennent l'attention ou semblent avoir une certaine valeur dans la recherche sans pour autant donner de prise (angles d'attaque) ou rentrer dans les modèles préexistant. Ph. Kourilsky en donne une belle illustration lorsqu'il évoque la « *vie intracellulaire grouillante* » : « *le milieu interne est à la fois compliqué, visqueux et non homogène. L'évocation d'un gel serait sans doute plus proche de la réalité, mais il vaut mieux évoquer un milieu à demi organisé, inhabituel en chimie classique* » (Kourilsky, *op.cit.*, p. 170).

En second lieu, dans le meilleur des cas, il y a la rencontre avec quelque chose qui semble tenir debout mais qui ne ressemble à aucune *forme* (antérieure). Des choses qui, pourtant dotées de cohésion (elles tiennent debout !), constituent une totalité en quelque sorte *informe*, dont les contours ni aucune partie ni aucune relation de cohérence entre elles ne sont réellement identifiables. Des choses qui, bien qu'entières, ne ressembleraient à rien ; mais qui ne sont pas, pour autant, du *difforme*, difforme qui serait, lui, « *immédiatement perçu, étant l'écart à partir d'une forme type* » (G. Canguilhem, 1972, p. 8).

Notons que cet informe ne concerne pas seulement des secteurs (domaines du savoir) liés à « *l'expérience humaine de la nature et de la société* » et, par exemple, les sciences économiques humaines et sociales, les pratiques (médicales par exemple) ou l'art[355]. Dans l'ouvrage de G. Canguilhem qui vient d'être cité, M. A. Tonnelat ajoute qu'au sein même des « *mathématisations les plus sévères, se présentent des îlots, des oasis d'informe, signe de jeunesse probablement et presque toujours possibilité d'originalité et de progrès* » (p. 112).
Et R. Rashed ajoute (*ibid.*, p. 124) ce paradoxe apparent selon lequel ces *oasis d'informe* « *ne se trouvent pas dans un désert mais dans une étendue complètement cultivée* » : un champ disciplinaire, en l'occurrence celui des mathématiques dans la référence de l'ouvrage de G. Canguilhem.

Pour reprendre une expression de G. Canguilhem (*op.cit.*, 1972), cette dualité constitue un « *état inchoatif susceptible de faire système*[356] » (dans la tête du modélisateur) et ceci même si ces formes (ou systèmes) ne sont pas capables de satisfaire aux exigences de constitution d'un savoir disciplinaire au sens strict du terme. Autrement dit, dans l'activité scientifique, l'apparente constitution disciplinaire des modèles produits serait faite d'une composante disciplinaire et d'une composante d'informe.
L'*art* de la modélisation consisterait alors en la capacité à se fabriquer des marges de manœuvre légitimes entre ces deux composantes, le plus souvent en tension entre elles.

---

[355] Cette notion « d'informe », souvent lié aux défis esthétiques qu'elle suggère dans l'art (Malevitch et le suprématisme) et la littérature (Baudelaire, Flaubert, Bataille etc.), est plus particulièrement développé dans le champ de la psychanalyse, notamment chez P. Fédida comme l'a rappelé S. de Mijolla-Mellor : « *informe n'est donc pas privé de forme, mais déformable, mouvant, inassignable parce que se prêtant aux caprices de la sensation, du plaisir à représenter. On pense ici aussi aux dessins d'enfants tels qu'ils génèrent à la fois de manière mutante une porte de maison qui est une bouche, d'où sort une langue qui est un chemin qui conduit à la porte...* » (Mijolla-Mellor, 2005, p. 165).

[356] Par état « inchoatif » nous entendrons une situation de passage de « rien à quelque chose » ou, plus précisément, un état en commencement (et en devenir).

Reste que, face à de l'informe, le chercheur est démuni pour envisager de se fabriquer sinon un (ou des) modèle(s), au moins une représentation cohérente de cet informe. Et ceci même si, s'accoutumant à ces choses nouvelles, la pensée les (re-)structure et peut aller jusqu'à lui trouver de la cohérence. N'y a-t-il pas une pente naturelle de l'esprit humain hérité de la culture grecque à trouver partout (et sur tout) matière à formalisation ? Comme le remarque Socrate, doté de parole par P. Valéry, « *certains peuples se perdent dans leurs pensées mais, pour nous autres grecs, toutes choses sont formes* » (Valery, 1923, p. 46).
Ne faut-il donc pas d'abord s'interroger sur une possible capacité d'énonciation de cet informe (ou de qui apparaît comme tel) « *en langage naturel*[357] » avant même d'envisager une quelconque conceptualisation, formalisation sinon axiomatisation[358] ?

La tentation de plaquer rapidement une cohérence, de s'engager dans une « scientifisation » via une approche formelle, est néanmoins grande. Sans parler de la tentation de rapidement vouloir mathématiser cette composante (lui donner une *redingote mathématique* selon l'expression de G. Bataille[359] !). Elle l'est d'autant plus pour nos élèves ingénieurs (comme pour les étudiants d'autres formations, y compris en économie, en sciences sociales, etc.) que les mathématiques apparaissent comme condition à l'intelligibilité des phénomènes physiques, économiques ou sociaux[360] et comme condition de développement de certains artefacts (modèles)[361].

---

[357] G. Engrand avait accepté, dans une période antérieure au séminaire *episteme*, d'intituler l'un de ses enseignements de 3ème année de Centrale Lille « *Conceptualiser en langage naturel* » pour signifier aux étudiants que le rapport à la langue accompagnait (sinon précédait) toute forme de conceptualisation et qu'elle était, par ailleurs, au cœur du champ des sciences humaines et sociales.

[358] « *L'effort de formalisation d'une théorie consiste beaucoup moins à expliquer un phénomène bien déterminé qu'à préciser ses contours et à le recréer au sein d'une nouvelle architecture* » (Tonnelat, *op.cit.*, p. 111).

[359] Pour G. Bataille, l'informe est « [...] un *terme servant à déclasser, exigeant généralement que chaque chose ait sa forme. Ce qu'il désigne n'a ses droits dans aucun sens et se fait écraser partout comme une araignée ou un ver de terre. Il faudrait en effet, pour que les hommes académiques soient contents, que l'univers prenne forme. La philosophie entière n'a pas d'autre but : il s'agit de donner une redingote à ce qui est, une redingote mathématique* » (Bataille, 1929, p. 382).

[360] Ainsi H. A. Simon a-t-il pu écrire que : « *par un paradoxe ironique, alors que s'affirme le rôle décisif de la conception dans toute activité professionnelle, il faut observer que le XXe siècle a presque complètement éliminé les sciences de l'artificiel du programme des écoles formant des professionnels. Les écoles d'ingénieur sont devenues des écoles de mathématiques et de physique, les écoles de médecine sont devenues des écoles de biologie et les écoles de gestion sont devenues des écoles de mathématiques finies. L'usage de qualificatif de type "appliqué" dissimule le fait mais ne le change pas !* » (Simon, 1991).

[361] Le colloque « mathématisation des doctrines informes » (Canguilhem, 1971) témoigne, dans la plupart des exemples développées, du temps historique qu'il a fallu pour parvenir à une

La lutte entre le méthodique et l'émergence.
Notre tradition cartésienne tend à assimiler raison et méthode : un *discours de la méthode pour bien conduire sa raison* (Descartes). Et, même s'ils sont relativement indépendants l'un envers l'autre, les préceptes de la méthode de Descartes, construisent une totalité, une cohérence du raisonnement qui *fait système*.
Ce recours à la méthode, fut-il d'ordre intellectuel (un raisonnement ou une démarche, par exemple) ou matériel (un protocole expérimental, par exemple) a par ailleurs pour objectif, comme a pu l'exprimer Valéry à propos de l'organisation de la production, de faire en sorte que « *les hasards d'une entreprise soient réduits à leur minimum* », que « *les surprises soient prévues...* » (d'après P. Valéry, 1897, pp. 55-56). Même si, en l'occurrence, l'entreprise évoquée ici par Valéry est celle de la logistique industrielle et militaire et non pas celle de la recherche, il en va de même pour ce recours – sinon cette dépendance – à la notion de méthode dans la recherche : évacuer les surprises, les hasards, les aléas, consolider à chaque instant les résultats.

Dès le XVIIIe siècle, pourtant, G. Vico s'opposait à cette vision cartésienne de la raison ramenée à la méthode. Ainsi, dans sa présentation de l'ouvrage *De Ratione* de G. Vico, Alain Pons précise-t-il que le souci premier de G. Vico est « *d'ordre pédagogique. Aussi dénonce-t-il l'enseignement des modernes qui, en initiant trop précocement les jeunes esprits à une logique abstraite et analytique, émousse la pointe (acumen) de leur ingenium, tarit leur vertu créative et forme des intelligences capables de rédiger des « arts » ou recueils de préceptes, de classifier, de gérer un savoir acquis, mais non d'inventer, de trouver* » (Pons, 1981, p. 22).

Aujourd'hui, alors que dans toute pensée, dans toute recherche, l'idée de méthode reste, pour reprendre une expression de E. Morin, « *le plein emploi des qualités du sujet* », elle subit de nombreuses dégradations, tant elle est confrontée aux dangers de rigidité, de fermeture et d'absence réelle de rétroaction. L'idée de méthode se résume ainsi souvent à l'emploi d'une « méthodologie ».

Or, ce qui est en jeu pour la recherche, c'est la fréquente confrontation à l'émergence, au sens de l'apparition d'un événement, d'un phénomène, d'un fait, d'une idée différente et irréductible à un état antérieur et dont ne peut donc rendre compte en seuls termes de causalité ou de déduction analytique.

---

quelconque capacité de mathématisation (directe, analogique, ou par relais d'une médiation qui, dès lors, devient réductrice).

Dans le domaine de la psychologie cognitive, le concept de *processus central* rend compte, pour sa part, de la capacité de l'esprit humain de prendre en compte dans ses raisonnements, de manière à la fois heuristique et pragmatique, des données, des hypothèses, des faits a priori étrangers et hétérogènes entre eux, voire peu fiables[362]. Dans ces processus centraux, « *il n'existe pas de données (aussi étrangères au problème puissent-elles sembler) ni d'hypothèses (aussi peu plausibles soient-elles) dont il soit a priori exclu qu'elles se révèlent pertinentes* » (D. Sperber, D. Wilson, 1989, p. 104).

Bien que, par ailleurs, cette question de l'émergence soit au cœur des problématiques des sciences de l'artificiel (de la conception et de l'innovation, incrémentale ou de rupture), la plupart des scientifiques liés aux domaines des sciences physiques pour l'ingénieur sont réticents (sinon hostiles) à cette idée. Il en va de même pour certains biologistes qui réfutent la radicalité de l'émergence en parlant de *recombinaisons* en lieu et place de *mutations*. Tout au plus, comme a pu l'exprimer J. Piaget, le constat de l'émergence d'un fait ou d'un évènement inattendu « *consiste à signaler qu'il y a là des problèmes* » (Piaget, 1972, p. 41). Même s'il convient de faire une distinction entre ce qui peut se passer dans le raisonnement humain et ce qui se passe dans les phénomènes, le paradigme de la structure se heurte en effet à cette idée d'émergence dès lors qu'il s'agit d'aller plus loin dans son énonciation et sa conceptualisation.
Deux approches doivent ici être distinguées. La première nous renvoie à « *l'assimilation d'une émergence à une dérivation* » (Vullierme, *op.cit.*, p.116) tandis que, dans la seconde, l'émergence est envisagée comme l'apparition d'une nouvelle entité, qu'il y ait – ou non – recomposition *dans cette nouvelle totalité* des composants élémentaires antérieurs.
Cette dualité se retrouve dans les approches formelles, notamment physiques et mathématiques. Ainsi, la plupart des formalismes permettant de rendre compte des transformations liées à l'émergence sont le plus souvent de l'ordre de la dérivation (simple ou complexe) ou de l'ordre de l'évolution. Certains d'entre eux, cependant, sont d'un autre ordre comme, par exemple, les diagrammes de phase (lorsqu'un paramètre dépasse un seuil critique et conduit à un changement *du tout au tout* du comportement du système) ou, en chimie, lorsque l'on passe d'un symbolisme purement descriptif (les symboles de l'alchimie, par exemple) à un symbolisme permettant des (re-)compositions (des corps simples aux corps composés appréhendés par les

[362] Dans la psychologie cognitive, J. Fodor distingue les processus centraux des processus périphériques en ce sens que les seconds sont des processus de décodage spécialisés (locaux) tandis que les premiers sont des processus inférentiels non spécialisés (globaux). Ainsi, par exemple, la perception auditive est un processus local alors que le raisonnement (scientifique par exemple) est global : il peut utiliser librement n'importe quelle information conceptuelle (Fodor, 1986, notamment Chap. 4).

équations de Dalton, par exemple) cherchant à rendre compte de l'apparition de nouvelles totalités.
Dans ce contexte, l'éventuelle émergence peut être considérée comme un état de dispersion plus ou moins momentané, susceptible – ou non – de maintenir, malgré tout, l'état d'organisation préexistant (auto-poïèse) ou conduisant à un autre état d'organisation : d'une structure à une autre ?

Dans le champ des sciences sociales, G. Gurvitch avait pu parler de « *l'élément parfaitement inattendu, tout à fait imprévisible, discontinu, complet et concret, inséparable d'une totalité en marche* » (Gurvitch, 1955, pp. 3 et 33).
C'est ici la question d'une possible émergence sans nouvelle organisation ni stabilité (structure). Ce seront, par exemple, les phénomènes de rétroaction *positive* (ruptures environnementales, avalanches et effets boules de neige par exemple), de dispersion (stellaire par exemple), d'explosion, de crise, etc., aux caractères le plus souvent contingents et imprévisibles. Dans le domaine de la génétique Ph. Kourilsky (*op.cit.*, pp. 194-195) évoque, quant à lui, « *l'instabilité potentielle du génome* » en insistant sur les très nombreuses occurrences de *flambées* de mutation et leur caractère à la fois aléatoire et potentiellement non maîtrisable[363].
Comment penser ces phénomènes (sinon les formaliser), autrement qu'à partir d'outils de simulation ou d'approches statistiques (et probabilistes), même si, le plus souvent, la tendance reste encore celle de chercher à « *ramener les discontinuités apparentes à la manifestation d'une évolution lente sous-jacente* » (R. Thom, 1993) ? Comment introduire ce changement de regard qui consisterait, pour le chercheur à comprendre à la fois « *le principe qui gouverne un certain ordre des choses* » et, en même temps, à « *rechercher quels évènements peuvent perturber cet ordre des choses* » (Fox Keller, p. 161) ?

De l'émergence à la sérendipité (serendipity)

Parmi les différentes problématiques soulevées par la notion d'émergence apparaît celle liée à l'irruption d'un fait, d'une donnée – mais aussi d'une pensée – apparaissant non seulement inopinée mais, surtout, iconoclaste.
C'est à cette situation que peut faire écho le terme de *serendipity* (sérendipité ou, parfois, *fortuité*, en français) créé au XVIIIe siècle par H. Walpole au cours de sa prolifique correspondance, à partir de sa lecture d'un conte persan du XVIe siècle, V*oyages et aventures des trois princes de Serendip*[364]. Il introduit ce terme en parlant

[363] Dans l'introduction à son ouvrage (p. 14), Ph. Kourilsky insiste sur le changement de posture intellectuelle qu'il introduit en s'intéressant à la survie (les modalités de lutte face aux agents infectieux, tant externes qu'internes) et non plus, seulement aux mécanismes de la vie.
[364] V*oyages et aventures des trois princes de Serendip,* conte persan publié initialement en italien en 1557, puis en français en 1719 et, enfin, en anglais en 1722. C'est sans doute sur cette traduction que s'est basé H. Walpole pour créer le mot *serendipity* en 1754. La traduction

de voyageurs faisant des découvertes : *« by accidents and sagacity, of things they were not in quest of… »*. Des découvertes, par accident, mais aussi par « sagacité » (nous reviendrons plus loin sur ce point, *infra*, IV.3).

À partir des années 30, le terme est progressivement entré comme notion (sinon concept) dans le champ scientifique. Dans les années 40 et 50, le physiologiste américain W. B. Cannon et le sociologue également américain R. K. Merton s'en emparent, chacun dans son domaine, pour explorer plus avant les processus de découverte dans le champ scientifique. Pour W. Cannon, la sérendipité c'est d'abord « *la faculté ou la chance de trouver la preuve de ses idées de manière inattendue, ou bien de découvrir avec surprise de nouveaux objets ou relations sans les avoir cherchés* ». À cette « chance », toutefois, s'ajoute l'intelligence de l'observateur, capable de la saisir comme opportunité : « *obviously a chance discovery involves both the phenomenon to be observed and the appreciative, intelligent observer* » (Cannon, 1945). R. K. Merton précisera plus tard les principales caractéristiques de la sérendipité dans le contexte de la recherche : « *observer une donnée inattendue, aberrante et capitale qui donne l'occasion de développer une nouvelle théorie ou d'étendre une théorie existante* » (Merton, 1953, pp. 44-45, nous soulignons). Ici, l'opportunité de développer une nouvelle théorie ou d'étendre une théorie existante s'ajoute à la capacité retenue par Cannon de trouver la preuve de ses idées.
Au-delà, dans les relations du chercheur avec la découverte, Merton parle, dans un texte postérieur [365], de « *micro-environnements socio-cognitifs* ». Et, comme l'exprime F. Chazel dans son analyse de ce second texte, Merton a pu distinguer « *à côté de découvertes qui sont le pur produit de la* serendipity *(*fully serendipitous*), des moments marqués par la* serendipity *(*serendipitous moments*) dans une recherche en cours, qui représentent une étape décisive pour la solution du problème posé au départ* » (Chazel, « Merton et la serendipity : à propos d'une publication récente », in *Revue d'Histoire des Sciences Humaines* n°14, 2006).

La notion est aujourd'hui, à nouveau, l'objet d'un intérêt grandissant dans le monde scientifique pour tenter de rendre compte des processus de découverte, d'innovation et de création[366] même si, le plus souvent, ces tentatives en restent à des récits rétrospectifs. Dans ces contextes, d'ailleurs, les chercheurs et autres créateurs ont le

---

française du conte a récemment été rééditée, enrichie d'un *« voyage en sérendipité »* plus contemporain (Mailly, 2011).

[365] Merton R. K., Barber E., *The Travels and Adventures of Serendipity: A Study in Sociological Semantics and the Sociology of Science*, 1958, Ed. Posthume, Princeton University press, 2006.

[366] Il convient de souligner que « *l'adoption de la notion de* serendipity *ne se limite pas pourtant aux milieux scientifiques tournés, quelle que soit la discipline, vers la recherche fondamentale ; elle survient également, mais avec un léger décalage – même si l'on relève une première référence à la* serendipity *dans un article de 1940 – dans le monde de la recherche appliquée, soucieux avant tout de l'utilité des découvertes ; et il est piquant de noter que son introduction dans ces réseaux spécifiques ne doit absolument rien à Cannon – ni non plus, ce qui était davantage prévisible, à Merton – mais est entièrement imputable au premier directeur des laboratoires de recherche de* General Electric, *Willis Whitney* » (Chazel, *op.cit.*). L'intérêt contemporain pour la notion déborde largemment cette confrontation initiale et s'étend aujourd'hui à la fois aux domaines des sciences, des techniques, des arts et même de la décision..., comme en témoigne, par exemple, le colloque de Cerisy qui lui a été consacré en 2009 (Bourcier D., Van Andel P., *dir.*, *La sérendipité, le hasard heureux*, Hermann, 2011).

plus souvent tendance à minimiser son rôle : il leur serait plus avantageux de dire que leurs résultats proviennent d'un cheminement rationnel, d'un effort intense voire laborieux de recherche que d'une situation fortuite...
Si, comme le remarque le philosophe S. Sismondo, R. K. Merton avait pu noter cette tendance dans son texte de 1958, il y avait cependant souligné la *non-contradiction* de la sérendipité avec les démarches organisées de la recherche : « *Merton argue that the form of scientific papers and the ideology surrounding it, systematically obscures the role of chance events. He also argue that recognizing the place of chance discoveries does not mean abandoning all attemps at organizing science or attemps at thinking sociologically about science. Rather, interdisciplinarity institutional forms that support promising individuals can promote serependitous discoveries* » (S. Sismondo, 2004).

Bienheureux les systématiques ?

Avec Linné la notion de système (*Systema naturae*, 1735-1770) nous renvoie à celle de systématique : un recensement et une classification systématique (des trois « règnes » de la nature que sont la flore, la faune et le monde inorganique) dont le principe est guidé par l'observation associée à une méthodologie rigoureuse et à la logique de non-contradiction (et du tiers exclu).
Cette systématique est, sinon une science, du moins une démarche scientifique dont l'objectif est de chercher, par le recensement et l'analyse des données disponibles, à établir une classification logique, méthodique et rationnelle qui soit représentative.
Fortement liée aux inventaires des espèces à partir du XVIIIe siècle, son actualité a été ré-avivée par les problématiques liées, par exemple, à l'inventaire du patrimoine architectural (depuis 1964, en France) ou, plus récemment, par l'inventaire du patrimoine culturel et du patrimoine naturel (du projet de séquençage complet du génome humain aux inventaires liés, aujourd'hui, à la *biodiversité*). Mais, de Linné aux muséums d'aujourd'hui et à l'inventaire de patrimoines divers (architectural, culturel ou naturel), une transformation progressive de la systématique peut être observée, à la fois dans ses finalités et dans son sens épistémologique (sinon dans ses procédures). Le muséum d'aujourd'hui présente les espèces dans leur environnement et non plus à partir de la seule logique taxinomique, les fiches du patrimoine architectural s'intéressent de plus en plus au contexte socio-environnemental de la morphologie architecturale, les inventaires liés à la biodiversité tentent d'articuler l'espèce à l'écosystème et les travaux relatifs au séquençage du génome s'articulent de plus en plus aux modifications liées à son environnement (l'épigénétique[367]).

---

[367] Le séquençage « complet » du génome humain a été mené entre 1985 et 2004 (en compétition entre un consortium public international et des entreprises privées). Henri Atlan a dénoncé la confusion qui s'est faite dans le grand public entre 'code génétique' (approprié) et

Ainsi, une intégration plus ou moins poussée de l'idée de système – au sens « moderne » du terme – s'articulerait à l'idée (et à la pratique) de la systématique. Néanmoins, selon les domaines considérés et selon les auteurs de telles systématiques, le sens et la force de la référence à la notion de système restent éminemment variables. Bien souvent, elle se réduit d'ailleurs au seul terme d'*interaction* (entre les entités visées par la classification et tels ou tels contextes) sans que ces interactions soient réellement explicitées ou approfondies.
Autrement dit, c'est la démarche (et le raisonnement disjonctif associé) de recensement, compilation et classement qui prédomine largement sur l'idée de système. Et cette démarche déborde le champ des seuls travaux d'inventaires pour devenir une forme standard de l'investigation, que ce soit dans le domaine des sciences sociales (enquêtes), dans celui de la santé (recours aux outils statistiques) ou dans les protocoles expérimentaux (plans d'expérience)[368].
Et ces démarches introduisent une disjonction entre recherche et méthode, entre stratégie cognitive (ouverte) liée à la recherche et des méthodologies support qui ne peuvent plus s'intéresser à des chemins "*non fixés d'avance de façon voulue et réfléchie*" et se fondent sur ce que H. A. Simon désigne comme un comportement substantivement rationnel : un comportement « *approprié à l'accomplissement de buts donnés dans les limites imposées par des conditions et des contraintes données* » (Simon, 1982, p. 425). Autrement dit, l'action et ses modalités sont déterminées par les buts que l'acteur cherche à atteindre[369].

'programme génétique' (inapproprié) (Atlan, 1999). Le code génétique, c'est le « texte écrit » (4 bases = alphabet de 4 lettres codant l'ADN). Avec l'épigénétique moderne, on sait aujourd'hui que ce texte écrit peut être lu différemment : l'environnement du génome joue sur son expression ou sa répression. On savait depuis longtemps que l'« identité cellulaire » n'est pas contenue dans l'ADN seul, puisque une cellule du foie et une cellule du cœur d'un même individu ont le même ADN. Aujourd'hui il est montré que la façon dont l'ADN est « lu » lors du processus d'embryogénèse dépend de l'environnement cellulaire, mais en plus est transmissible d'une génération à l'autre, sans changement de l'ADN et même lorsque, dans l'environnement, le signal déclencheur a disparu. Le rapport du Sénat de 2016 sur « les enjeux et les perspectives de l'épigénétique dans le domaine de la santé » a pu conclure que « *malgré les avancées introduites par le projet de séquençage du génome humain, la fonction des gènes et leur régulation restent à élucider* » (Claeys, Vialatte, 2016).

[368]Sans parler des procédures systématiques sous-jacentes à de nombreuses méthodologies, par exemple dans le domaine de la conception de produits, de la systématique allemande (*Maschinenbau*) à la conception *systématique ou réglée*, en passant par l' « ingénierie système » où la notion de système vue par des informaticiens a conduit aux méthodes UML (Unified Modeling Language) puis SysML (System Modeling Language), cette dernière se réclamant de la complexité tout en la limitant par des hypothèses de décomposabilité, de (re-)composabilité, de compréhensibilité, de continuité.

[369] H. Simon souligne que le raisonnement déductif est un cas limite qui n'apparaît qu'à partir du moment où le but est connu, l'environnement parfaitement décrit et le problème bien structuré. Or, cette perfection est rarement atteinte : même si un problème peut, théoriquement, être bien structuré (un jeu d'échec ou un jeu crypto-arithmétique par exemple), la rationalité

Un exemple de disjonction entre recherche et méthode : les enquêtes standards en sciences sociales

Dès 1967, soit dix ans avant son entreprise sur la Méthode, E. Morin pointait cet obstacle véritablement épistémologique lié aux enquêtes standards (par questionnaire) dans les enquêtes de terrain en sciences sociales : « *la méthode utilisée dans les enquêtes standards est non seulement insuffisante mais mutilante. L'enquête standard prédétermine des hypothèses à vérifier en cours d'enquête. Elle effectue la vérification par les moyens d'un questionnaire appliqué à un échantillon de population. Or l'instrument de vérification, le questionnaire, est insensible aux caractères divers et concrets d'une société locale* [...] *Mais surtout l'enquête standard rétrécit la véritable recherche à la pré-enquête, phase de formulation des hypothèses, d'élaboration de l'outil et de sélection de la population. Dès lors, elle s'interdit toute rétroaction du réel, toute correction, toute innovation. La phase active d'administration des questionnaires est intellectuellement passive. La pensée ne reprend ses droits que trop tard* » (Morin, 1967, p. 278).

Et, de même que E. Morin oppose une approche multidimensionnelle dans l'enquête de terrain à une approche déterministe, H. Simon, quant à lui, oppose au comportement rationnellement *substantif* un comportement *proceduralement* rationnel qui « *est le résultat d'une délibération appropriée. Cette rationalité procédurale dépend du raisonnement qui l'engendre* » (Simon, 1982, p. 426). Dans cette situation, l'acteur (le chercheur) est éminemment présent, soit qu'il adapte sa démarche et sa problématique *chemin faisant*, soit qu'il s'inscrive dans une situation de *cognition partagée* avec d'autres acteurs (chercheurs), situation dans laquelle la production des connaissances est le fruit des collaborations (et des confrontations) entre ces différents acteurs (chercheurs)[370].

Cette rationalité procédurale présente ainsi l'intérêt de permettre de comprendre que plusieurs modèles (rationnels) de raisonnement peuvent coexister selon les stratégies et comportements cognitifs des acteurs (chercheurs) impliqués, coexistence qui, d'ailleurs, n'est pas nécessairement pacifique ni productive de complémentarités puisque, en l'occurrence, peut

---

limitée humaine fait qu'il est peu plausible qu'un tel raisonnement intervienne (bien que cette limite à la rationalité semble aujourd'hui de plus en plus repoussée par le traitement de données massives). Autrement dit, dans la plupart des cas, les modèles liés à (ou issus de) la rationalité substantive (modèles par objectif, sous contrainte, etc.) conduisent à "simplifier" un problème pour lui donner une formulation permettant l'usage de la déduction (avec ce que cette simplification a de mutilante) au lieu de chercher à "complexifier" le problème pour le reconnaitre dans sa multi-dimensionnalité.

370 Le *raisonnement médical*, tel que l'exposent des auteurs comme le socio-cogniticien A. Cicourel d'une part (2002) et, d'autre part, le chirurgien et clinicien A.-Ch. Masquelet (2006) témoigne de cette tension entre rationalité substantive et rationalité procédurale.

surgir la possibilité de trouver des solutions différentes (et concurrentes, voire contradictoires) à un même problème.

Une illustration de la multi dimensionnalité dans le champ des mathématiques

Cette question se pose en sciences sociales, mais aussi universellement en sciences y compris les mathématiques. De manière générale, aborder les problèmes dans toute leur complexité globale nécessite une maturité scientifique importante. Les étudiants ont principalement été formés à la résolution de sujets bien posés. Ensuite a été abordé durant leurs études l'aspect de la modélisation, au sens en quelque sorte de la résolution de questions mal posées. La pratique de la modélisation intervient alors pour en faire un problème bien posé et ainsi se ramener au cas précédent. Trouver une solution suffit alors à beaucoup et les questionnements relatifs à la dépendance de la ou des solutions mises en évidence à la phase de modélisation sont souvent inexistants. Dans un cours de dernière année d'école d'ingénieurs, nous avons pu mener une expérience allant dans ce sens :
Un problème mathématique simple de calcul de probabilités, mais qui nécessite une phase initiale (mais cruciale !) de modélisation, est donné à plusieurs petits groupes d'étudiants. Chaque équipe travaille alors à la résolution et expose ensuite son résultat à l'ensemble de la classe. La question donnée a ceci de particulier que, selon le principe de modélisation adopté, la conclusion diffère fortement. Pour l'encadrant l'exercice est réussi lorsque au moins deux groupes ont trouvé une solution correcte mais concurrente. Une controverse s'installe. C'est le point d'orgue de l'expérience.

Cette situation fut assez déroutante pour les étudiants qui ont l'habitude (de surcroît en mathématique) d'avoir une seule réponse possible à un problème donné. Prendre conscience de l'importance de la phase de modélisation, du biais qu'elle peut créer dans la recherche des solutions, de la coexistence possible de plusieurs raisonnements rationnels qui ne conduisent pas au même endroit, est l'objectif d'un tel exercice. L'essentiel n'est pas tant d'avoir résolu à tout prix le sujet (ce qui est la posture de l'étudiant), mais plutôt de placer la question dans un contexte global pour pouvoir comprendre à laquelle finalement on va apporter une réponse. Ce sont les prémices de la théorie de la décision.

Cette hypothèse de rationalité procédurale permet également de réintroduire, comme l'indique E. Morin, une constante confrontation, en cours de recherche, entre modèles (représentations d'une certaine réalité à l'instant *t*) et données de l'expérience (sans cesse renouvelées). Il ajoute par ailleurs que, face à la nécessité de faire en sorte que le corps des hypothèses puisse « *se développer et se modifier avec le développement de l'enquête* » (via des entretiens, des contacts informels, des rétroactions assumées, etc.), il a dû lutter contre « *le trop grand besoin de sécurité mentale des jeunes chercheurs* », le plus souvent en attente de schémas et de programmes bien posés à l'avance (Morin, *ibid.*, p. 284), à la fois au titre de ce besoin de sécurité mentale mais aussi, au-delà, pour des raisons d'efficacité, de gain de temps[371]. Or, avec la systématique, le déroulé d'une méthode permettrait, à la fois, une certaine sécurité, une certaine économie de pensée et une certaine garantie d'efficacité, à défaut d'efficience[372].

Enfin, cette rationalité procédurale – comme cette démarche multidimensionnelle – préserverait (jusqu'à un certain point) de « l'esprit de système » qui, au-delà de la dénotation péjorative que l'expression peut véhiculer[373], conduit les systèmes de pensée à se clore sur eux-mêmes en se renforçant en cohérence et à se fermer sur eux-mêmes en s'interdisant progressivement toute forme de remise en question.

DERRIÈRE LE CONCEPT DE SYSTÈME, L'ÉLÉMENT

1. À la recherche de l'élément

Du corps « simple » à l'élément

L'exemple de la chimie, telle qu'il est retracé par B. Bensaude-Vincent autour des travaux de D. Mendeleïev, peut illustrer l'importance que prend la notion d'élément vis-à-vis du concept de système. Cet exemple illustre d'abord le passage de la notion, toute empirique, de « corps simple » vers celle plus théorique d'atome, tout en précisant le fait, en premier lieu, que derrière cette idée d'atome, ce qui est en jeu est moins sa nature que son caractère d'« *unité minimale des combinaisons* » (Bensaude-Vincent, 1991, p. 453). Autrement dit, l'importance de l'atome tient moins à ce qu'il est qu'à ce qu'il permet.
Dans un second temps, B. Bensaude-Vincent cite D. Mendeleïev qui souligne le passage des notions disparates et empiriques de corps simple, d'atome et de

---

371 Au-delà de ce besoin de sécurité des jeunes chercheurs, E. Morin indique que « *leur méfiance à l'égard de leur subjectivité les conduit à se méfier de leurs dons professionnels* ». Il ajoute cependant que ces jeunes chercheurs se l'approprient pleinement, une fois impliqués dans une telle approche multidimensionnelle et une fois qu'ils en ont compris le sens. Par contre, le risque de subjectivité inhérent à une plus grande autonomie intellectuelle (et délibérative) donnée aux jeunes chercheurs doit être compensé par une plus grande vigilance dans la rigueur des raisonnements et une implication plus grande, dans la recherche elle-même, du « directeur de recherche » (Morin, *ibid.*, p. 285).

372 Les concepts autour de la performance évoluent en tenant compte non seulement du résultat mais aussi des moyens engagés. L'*efficacité* est l'accomplissement d'une attente, d'un résultat fixé à l'avance, indépendamment des ressources mises en jeu. L'*effectivité* renvoie au degré de réalisation de cette attente. L'*efficience* correspond, quant à elle, au rapport entre les résultats et les ressources (temps, moyens humain, énergie mais aussi ressources intellectuelles).

373 Cette assimilation de l'idée de système à celle de systématique est longuement développée et critiquée par Claude Bernard dans son *Introduction à la médecine expérimentale* (1865, notamment §. IV, pp. 303 *sq.*) et, pour l'en-tête de ce paragraphe, nous avons emprunté l'intitulé au pamphlet de Ch. Péguy, *Heureux les systématiques*, (Péguy, 1905).

corps composé vers celle d'élément : « *de même que jusqu'à Laurent et Gerhart, on a employé les mots « molécule », « atome » « équivalent », les uns pour les autres, indistinctement, de même aujourd'hui on confond souvent les expressions de « corps simple » et d'« élément ». Chacune d'elles a cependant un sens bien distinct* [...] *Un corps simple est quelque chose de matériel, métal ou metalloïde, doué de propriétés physiques et capable de réactions chimiques.* [...] *Il faut réserver, au contraire, le nom d'élément pour caractériser les particules matérielles qui forment les corps simples et les composés et qui déterminent la manière dont ils se comportent aux points de vue physique et chimique* » (D. Mendeleïev, cité par B. Bensaude-Vincent, 1991, p. 459).

Ici la notion d'élément dépasse la simple correspondance avec la réalité : elle est reconstruite autour des propriétés des entités perçues et non plus, simplement, inventoriée. Si, comme l'ajoute D. Mendeleïev, *« le mot « élément » appelle l'idée d'atome* » c'est en effet au titre d'un autre concept, le « *poids atomique* ». Celui-ci permet en effet, d'une part, de caractériser l'élément et, d'autre part, d'organiser les divers éléments entre eux autour d'une « loi » (en l'occurrence une loi *périodique* qui détermine le tableau). Ainsi l'on quitte un recensement empirique fondé sur la ressemblance entre les corps comme avait pu le proposer A. Lavoisier dans sa *Méthode de nomenclature chimique* (1787).

Au-delà, le mot « élément » permet d'accéder aux manières « *dont ils (les éléments) se comportent aux points de vue physique et chimique* » et d'atteindre des possibilités de notation et de formalisation de ces « manières ». Certes, le concept de système n'est pas explicitement évoqué mais, avec l'accent mis sur les relations, les combinaisons, les réactions, apparaît un basculement du questionnement relatif à (et fondé sur) l'identité des entités concernées (le caractère « élémentaire » de l'atome ou du corps simple) vers celui de leur fonctionnement « ensemble » : « *approfondir les rapports entre la composition, les réactions et les qualités des corps simples et composés, d'une part, et les qualités intrinsèques des éléments qui y sont contenus, d'autre part, pour pouvoir déduire du caractère déjà connu d'un élément toutes les propriétés de toutes ses combinaisons* » (Mendeleïev, *ibid*).

Quelle élémentarité pour l'élément ?

Une partie d'un tout peut être considérée comme un sous-ensemble de ce tout (plus vaste), mais, pour apparaître en qualité de partie, le sous-ensemble doit être considéré comme étant constitué de certains éléments précisés au moyen de propriétés discriminantes. De son côté, le terme d'élément véhicule l'idée d'une certaine « élémentarité », le distinguant de celle de partie.
Mais jusqu'où aller dans cette élémentarité ? L'exemple de l'atome et de la quête de particules élémentaires dans la physique (et la chimie) vient

immédiatement à l'esprit[374]. Or, malgré la transformation de l'approche de la notion d'atome à laquelle on a fait référence dans le paragraphe précédent avec l'exemple de la chimie, cette quête déborde de ces seuls champs : des organes à la cellule, de la cellule aux gènes et, plus généralement, du macro au micro, du micro au nano, etc. Chacun de ces éléments reste envisagé comme autant de « sous-totalités » (ou « sous parties ») au sens où ils sont une « unité » en tant que telle. Et, à chacune de leur échelle correspondent des problématiques et points de vue différents.

Ainsi, au-delà de l'élémentarité, il faut associer le caractère signifiant de l'élément envers le système (ou le sous-système) : l'hypothèse ou la présupposition qu'il y a un rôle clef de cet (ou ces) élément(s) dans ce qui *fait système*. Ainsi, l'élémentarité (pertinence de l'élément en tant que tel) dépendra pour une part du point de vue et de la problématique dans laquelle le chercheur s'inscrit. Et ceci, qui vaut pour la physique, vaut également dans des domaines qui lui sont éloignés comme, par exemple, la linguistique dans laquelle les morphèmes et phonèmes se sont substitués aux mots de la langue comme éléments constitutifs du système de la langue.
Au-delà, dans certaines problématiques, la construction d'éléments considérés comme élémentaires (ou pertinents) s'accompagne du fait que cette pertinence de l'élément en regard du système pourra dépendre d'une certaine contingence : une pertinence à l'instant *t*, plus ou moins crédible selon le caractère local ou incertain de la problématique[375].
Enfin, se pose la question de domaines de recherche dans lesquels cette élémentarité soulève en elle-même de grandes difficultés, voire serait inopérante : quels seraient, en effet, les « éléments élémentaires » dans les sciences sociales, dans les sciences économiques, dans les sciences de la cognition ? Si, dans le cas des chimistes, par exemple, un consensus s'est progressivement formé autour de cette construction de la notion d'élément (chimique), la situation n'est pas de même nature dans ces champs disciplinaires.

Ainsi, dans le domaine des sciences sociales, pour le sociologue Raymond Boudon, « *l'atome logique de l'analyse sociologique est* [...] *l'acteur individuel* » (1979). Mais faut-il considérer l'individu en tant qu'*élément* pris dans un système dont il ne serait qu'agent ou en tant que sujet (à la fois psychologique, sociologique, physiologique et, de ce fait, complexe) ou encore, comme le rappellent M. Crozier et E. Friedberg, en tant qu'acteur

---

[374] Rappelons que le terme d'atome vient du grec *tomos* qui signifie *couper* : *a-tomos* (impossible à couper).

[375] Ph. Kourilsky, dans le domaine du vivant, prend l'exemple des anticorps, jugés un temps comme éléments pertinents pour se représenter (modéliser) la régulation du système immunitaire et considéré comme « *le premier modèle d'immunologie systémique* » avant, ajoute-t-il, de sombrer (provisoirement ?) dans l'indifférence (2014, *op.cit.* pp. 129-130).

agissant et influent, doté de capacités d'autonomie et de conduite stratégique (Crozier, Friedberg, 1977) ?
Y. Barel parle ainsi d'un élément *trouble* pour désigner cette confrontation de l'élément au système dans le champ social : « *les systèmes sociaux sont des collectivités humaines. Cela signifie que l'individu humain paraît être l'élément social de base dernier, celui au-dessous duquel il semble impossible d'aller pour trouver les constituants ultimes d'une société* » (Barel, 1979). Ainsi, poursuit-il, « *l'individu humain remplit une des conditions du statut d'élément : il est insécable, c'est-à-dire qu'on ne peut pas imaginer d'entité qui soit le résultat du découpage de l'individu et qui pût jouer le même rôle social que cet individu, et dans les mêmes conditions. Ce n'est que dans les fictions statistiques que l'on peut imaginer des fractions d'êtres humains : une moyenne de 1,8 enfants par famille est la fiction à travers laquelle le statisticien exprime une réalité sociale* ». Mais, ajoute-t-il encore, cet élément humain est lui-même le siège d'une grande complexité, biologique, psychologique, morale, sociale, etc. Dès lors, cet « élément humain » ne peut plus être tenu pour élémentaire au sens d'une insécabilité. Et c'est même par cette complexité qu'il deviendrait élémentaire.
Au-delà, des groupes (catégories sociales, classes sociales, groupes professionnels, groupes politiques, etc.) peuvent aussi être considérés comme autant d'éléments de référence dans l'analyse sociologique. Au-delà encore, des *catégories* (des virtualités conceptuelles ?) peuvent pragmatiquement se substituer à cette idée de l'élémentarité : « *la catégorie sociologique de rôle social remplace les individus et groupes concrets comme éléments de base du système social* ». (Barel, 1979, *op.cit.*, pp. 151 *sq.*).

Il faut aussi noter que certaines approches comme celles de l'acteur réseau, semblent dépasser cette question de l'élémentarité en envisageant une sorte de disparition de l'élément (individu, groupes acteur ou agent) au profit des seules interactions, mettant alors en évidence des comportements sociaux mouvants au travers de collectifs se reconstruisant sans cesse[376].
Ce que recouvre l'élément pour l'analyse sociologique est donc loin de faire l'objet d'un consensus scientifique et fait même l'objet de controverses.

Les consensus dans les sciences « dures » et les sciences « douces »

Dans son analyse du système social de la science, le sociologue américain Norman Storer voit dans la difficulté à établir un consensus au sein d'une communauté scientifique l'une des caractéristiques des « sciences douces » (*soft sciences*), par opposition aux « sciences dures » (*hard sciences*) (Storer, 1966). Ainsi, dans les sciences « dures », l'évaluation des travaux (communications, articles, ouvrages etc.)

---

[376] Ainsi, pour les tenants de l'ANT (*Actor Network Theory*) les flux (d'échange) n'ont pas vraiment de source précise ou, plus exactement, ne rendent pas nécessaire d'identifier de potentielles sources tant ce qui compte est le réseau dans lequel ces flux s'inscrivent.

se ferait essentiellement sur la base d'un corps constitué (et accepté) de connaissances alors que, dans les sciences « douces », cette base, même si elle existe, est moins précise et, au-delà, s'accompagne d'une multiplicité d'autres critères, plus ou moins extérieurs au champ scientifique lui-même : « *In the softer sciences,* [...] *it is likely that non scientific criteria as relevance to common values or to practical problems, elegance of style, or even unexpectedness of one's finding vis-à-vis common sense, will play a larger part in determinding the acceptance and success of a contribution* » (Storer, 1967).
Ceci rejoint l'une des critiques adressées au concept de « science normale » introduit par Th. S. Kuhn, à savoir que, dans ces « sciences douces », le concept de « science normale » y serait peu pertinent du fait de la cohabitation de plusieurs paradigmes concurrents jusqu'à, parfois, apparaître conflictuels.

Parallèlement, ne faut-il pas aussi noter, à l'inverse, la difficulté grandissante, pour la recherche fondamentale, à « modéliser » des systèmes à partir d'une élémentarité de plus en plus « élémentaire » et à faire face, à la fois, à des outils conceptuels et théoriques de plus en plus sophistiqués (sans parler des équipements) et à une complexité que cette élémentarité recèle et qu'il lui faut pourtant accepter de reconnaître comme telle ?
Ne faut-il pas alors envisager que les éléments (élémentaires) à partir desquels (et sur lesquels) se construisent les problématiques soient des virtualités (des abstractions, voire des concepts) dépendant principalement de la capacité pratique de comprendre un phénomène (l'analyser, le modéliser) ou de le penser ?

La tentation du simple.
Cette capacité de modélisation du comportement d'un système se heurte à la difficulté de pouvoir réduire un fouillis d'éléments et de relations à un nombre réduit (sinon fini) d'éléments (ou de classes d'éléments), à un nombre réduit (sinon fini) de relations et à un nombre également réduit (sinon fini) de règles (ou de types de règles) qui soient représentatifs du phénomène étudié (ou pensé). La réduction *a minima* de ces éléments et relations fait alors partie de l'effort de compréhension, de formalisation et de modélisation, de même que la mise en évidence (ou l'élaboration) de règles aussi simples que possible.

Il n'est pas besoin d'être un fin cogniticien pour comprendre qu'une simplicité (parfois qualifiée d'*empirique*) s'inscrit dans le registre du langage clair, de l'économie de pensée, de la capacité à se représenter commodément les choses, phénomènes ou situations : ceci pour se libérer des efforts et de la confusion. Les choses simples seraient, par définition, souvent plus faciles à expliquer et à comprendre que les choses compliquées voire complexes. Les solutions simples sont souvent réputées être les « meilleures ». Cette simplicité est aussi, le plus souvent, perçue comme un signe d'élégance, voire de pureté. Pourtant, dans le domaine des mathématiques notamment, des choses très faciles à énoncer sont souvent très difficiles à prouver. Trouver une preuve ou une démonstration simple est parfois un défi[377].

Dans un registre différent, ce qui est en jeu dans la simplicité c'est aussi une capacité (ou une visée) de généralisation potentielle des règles et autres lois locales : parvenir à réunir diverses règles ou lois sous l'égide d'une seule loi plus générale. Et ceci, non pas au sens de subsumer quelques lois existantes par une loi qui les engloberait (à l'instar, par exemple, de la loi des gaz parfaits qui englobe plusieurs lois antérieures) mais bien au sens d'une généralisation, dans le double sens d'une portée plus large (application à d'autres domaines, par exemple) et d'une visée d'unification du savoir. Cette simplicité serait cette fois d'ordre *théorique*. Elle s'accompagne ainsi de l'hypothèse d'un rassemblement du divers dans une unité de règles (ou de lois) sinon dans un savoir unifié : une possible unité des théories[378].

Ces deux ordres de simplicité sont, pour une grande part, liés à notre éducation scientifique qui, d'une part, nous fait progressivement aller du simple (le *b-a ba*) au plus compliqué (et diversifié) et, d'autre part, nous fait passer d'une abstraction logique issue de (ou liée à) l'expérience à des principes dépassant les faits singuliers que l'expérience propose et ouvrant à des généralisations (théoriques et abstraites)[379].

Chaque étape de ce nouveau compliqué est ainsi ramenée, par une sorte de processus de décomposition / recomposition, aux simples antérieurs, ceux-ci étant eux-mêmes rationnellement *indexés* à un compliqué à venir issu, notamment, des avancées de la science et du progrès technique. Autrement dit, notre approche du compliqué se fait au travers du simple mais ce simple se définit en regard de ce compliqué à venir[380].

---

[377] L'exemple de la preuve apportée au dernier théorème de Fermat par Andrew Wiles est, de ce point de vue, frappant.

[378] Cette unité pouvant aller jusqu'à ce que Cl. Allègre nomme le « Graal » des physiciens : la théorie des cordes (Allègre, 2005).

[379] Dans ce dernier contexte le raisonnement par symboles prend de l'importance comme le montre, par exemple, l'énoncé suivant (cité plus haut, *supra,* IV.1) « *Il existe quelqu'un qui s'entend bien avec tous* », conduit à une formulation plus générale telle « *Il existe un x tel que pour tout y, x s'entend bien avec y* » qui, finalement, se traduit (et se formalise) comme : $\exists x\ \forall y\ P(x,y)$, où $P(x,y)$ symbolise la propriété d'amitié (prédicat) portant sur les objets x et y. Si le prédicat reste le même, les x et y sont susceptibles de renvoyer à de multiples domaines.

[380] Cette indexation du simple au compliqué se rencontre tout particulièrement dans l'éducation scientifique, du moins dans la tradition française à partir de Condorcet pour ce qui est de l'enseignement élémentaire (Trouvé, 2010). Elle se perpétue dans l'enseignement secondaire puis supérieur tout en l'adaptant à une progressivité jugée, le plus souvent, en relation « proportionnelle » avec les aptitudes de l'apprenant. Ainsi, s'il y a une diversité et une complexité de plus en plus grande que la science nous permet d'appréhender, de comprendre voire de modéliser il y a, d'un autre côté, ce que notre cerveau, nos aptitudes intellectuelles, notre maîtrise limitée d'outils et de concepts nous permettent, effectivement, d'appréhender, de comprendre voire de modéliser.

Cette rencontre (ou cet écart) s'inscrit dans un antagonisme qui perdure entre apprentissage de la complexité et réductionnisme : la recherche d'une simplification des phénomènes ou de situations réputés complexes, la réduction de ceux-ci par l'analyse de leurs composants élémentaires *vs* la recherche d'une certaine généralisation sinon d'une unité globale. Mais cette dualité apparaît aussi comme un double masque : « *tantôt c'est la simplicité qui se cache sous des apparences complexes, tantôt c'est au contraire la simplicité qui est apparente et qui dissimule des réalités extrêmement compliquées* » (H. Poincaré, 1902, p. 175).
Ainsi, d'un côté, la simplicité peut s'avérer mutilante en regard de la complexité des phénomènes ou situations et, d'un autre côté, la complexité des phénomènes et des situations peut s'avérer masquée par une apparence simple ou s'avérer telle qu'elle empêche toute simplicité non mutilante. Dès lors, comme l'exprime Edgar Morin, « *l'ennemi de la complexité, ce n'est pas la simplicité, c'est la mutilation* ».
Et ce double masque auquel nous renvoie H. Poincaré est d'autant plus prégnant que, toujours suivant Poincaré, « *ceux qui ne croient pas que les lois de la nature doivent être simples sont encore obligés souvent de faire comme s'ils le croyaient. Ils ne pourraient se soustraire entièrement à cette nécessité sans rendre impossible toute généralisation et, par conséquent, toute science* » (*ibid.* p. 173). Ici, l'ennemi de la complexité serait la généralisation hâtive, pouvant aller jusqu'au sophisme.
Ces deux aspects de la simplicité sont résumés par la formule suivante de E. Morin, « *le principe de simplicité soit sépare ce qui est lié (disjonction), soit unifie ce qui est divers (réduction)* » (Morin 2005, p. 79).

Dès lors qu'elle est érigée en principe (ou, pour G. Bachelard par exemple, comme « *un véritable état d'âme* »), la simplicité devient un objet de croyance plus qu'un vecteur de connaissance, tout comme pourrait l'être (aujourd'hui), à l'inverse, la complexité[381]. Certes, il ne s'agit pas, pour autant, de rejeter (ou de condamner) le simple au profit, par exemple, d'une pensée ou d'un constat d'une réalité « complexe », mais bien d'en rejeter ce que certains auteurs appellent son *absolutisme*.

Dieu (et le diable) seraient-ils dans les détails ?
Lorsqu'on dit d'une chose qu'elle est un détail, c'est généralement pour tenir cette chose comme secondaire, voire négligeable. À cette conception du détail,

[381] Poussée à l'extrême, cette simplicité peut aller jusqu'à contredire tout caractère de système. Ainsi, dans le domaine des sciences économiques, M. Godelier a pu relever que « *pour de nombreux économistes l'existence de systèmes économiques serait un fait historique tardif, caractéristique surtout du monde occidental dans son évolution récente* ». Il cite notamment A. Marchal, pour qui, dans les années 50, « *l'économie patriarcale* [...] *semble trop primitive pour mériter le qualificatif de système* » (Godelier, 1969, p. 210). Outre que cette assertion nous renvoie à la simplicité *apparente* évoquée dans notre référence à H. Poincaré, elle introduit l'idée que la notion de système se « mériterait » par du compliqué, sinon par du complexe... !

il faut cependant opposer la notion de détail *significatif*. Quelque chose qui, à son identité propre, associe une expressivité (une signification, une pertinence particulière) vis-à-vis du tout dans lequel cette chose s'inscrit.
Pour l'ingénieur, le diable serait dans les détails : négliger un détail peut être autant de sources de désagréments, potentiellement ruineuses, techniquement et financièrement.
Pour l'architecte, par contre, Dieu serait dans les détails : une œuvre ne serait réussie qu'au travers de la qualité de ses détails.
Et ces détails ne sont pas nécessairement liés à des éléments soudainement identifiés ou à des parties précises d'un tout. Ce peut-être le fait relationnel (imprévu, inédit) qui le constitue, des semblants de processus (mentalement plus ou moins schématisés), voire des entités aux contours spatio-temporels flous : des quasi-parties (cf. *supra*) ?

Dans le domaine des sciences humaines et sociales, E. Morin insiste sur la nécessité d'avoir à la fois, dans la recherche de terrain, le sens de la description encyclopédique et le sens du détail significatif : être, dit-il, « *à la fois, balzacien et stendhalien* ». Et ceci, ajoute-t-il, tout en ayant conscience du sens de l'instantané, du moment où tel ou tel détail, d'ordre apparemment encyclopédique, peut s'avérer significatif (E. Morin, 1967, p. 279).
Ainsi, que le détail nous renvoie à Dieu et/ou au diable, c'est sa valeur d'indice (décisif ?), d'occasion (voire d'aubaine permettant de revenir sur certains présupposés), pouvant aller jusqu'à l'anomalie et l'exception, qui fait sens vis-à-vis d'un *faire système*.

Il en est ainsi, par exemple, de la remarque de B. MacClintock à propos du phénomène de différenciation se produisant au sein du processus de multiplication des cellules : « *c'était tellement frappant que j'avais laissé en plan tout le reste sans trop savoir ou j'allais. Mais j'étais tellement sûre de parvenir à trouver pourquoi l'une de cellules prenait ici ce que l'autre perdait là – parce que c'était vraiment à ce schéma que l'affaire faisait songer* » (citée par E. Fox Keller, 1988, p. 162). E. Fox Keller parle alors d'une *intuition énigmatique* en rapportant ces propos[382]. Et, elle ajoute que la mise en évidence de tels détails significatifs peut aussi renvoyer à une véritable stratégie dans l'activité de recherche. Ainsi, dit-elle (*op.cit.* p. 161), « *lorsqu'un scientifique se met en tête de comprendre le principe qui gouverne un certain ordre des choses, l'une de ses premières démarches est de rechercher quels évènements peuvent perturber cet ordre des choses. Presque toujours, c'est en découvrant l'exception qu'il découvrira la règle* ».

Certes, plusieurs travaux ont permis le repérage de tels phénomènes (la *serendipity*, par exemple, chez R. K. Merton) et de multiples témoignages de chercheurs (à commencer par celui de C. Villani dans le domaine des

[382] Le titre français de l'ouvrage de E. Fox Keller est d'ailleurs « *L'intuition du vivant* ».

mathématiques, par exemple) illustrent cette intuition énigmatique à laquelle nous renvoie E. Fox Keller. Néanmoins, la référence à Dieu (ou au diable) semble assez emblématique de l'ignorance relative dans laquelle nous sommes (du point de vue de la connaissance) des modalités par lesquelles tels ou tels détails *nous* deviennent significatifs. Comment se construit la signification ? Ne convient-il pas, en particulier, de dépasser le précepte selon lequel ces processus renverraient à des règles formelles fondées sur (et ainsi susceptibles d'être modélisées par) des règles syntaxiques ou le calcul logique : « *les données empiriques montrent que le raisonnement humain n'est pas un processus formel ou syntaxique, mais qu'il relève de la compréhension de significations et de la manipulation de modèles mentaux fondés sur ces significations et sur les connaissances générales* » (Johnson-Laird, in Ehrlich et *al.*, 1993, p. 19).
Au-delà, les travaux pionniers des sciences de la cognition autour des notions de processus central (J. A. Fodor), d'inférence (D. Sperber et D. Wilson[383]) et de modèles mentaux (Ph. Johnson-Laird) doivent être d'autant plus considérés qu'ils nous engageaient, déjà, vers l'exploration des interactions entre processus conscients et processus *non conscients* dans la construction de la signification. Aujourd'hui, les travaux de chercheurs comme Stanislas Dehaene et Lionel Naccache, dans les domaines des sciences cognitives, des neurosciences et de la psychanalyse démultiplient ces premiers jalons.

2. De l'élément au système

« *Marco Polo décrit un pont, pierre après pierre.*
- Mais laquelle est la pierre qui soutient le pont ? demande Kublai Khan.
- Le pont n'est pas soutenu par telle ou telle pierre, répond Marco, mais par la ligne de l'arc qu'à elles toutes elles forment.
Kublai Khan reste silencieux, il réfléchit. Puis il ajoute ;
- Pourquoi me parles-tu des pierres ? C'est l'arc seul qui m'intéresse.
Polo répond :
- Sans pierres il n'y a pas d'arc ».
Italo Calvino, *Les villes invisibles*, Seuil, 1974 (p. 100).

L'ébauche d'un concept.

[383] Ainsi, D. Sperber et D. Wilson nous indiquaient, fin des années 80, que « *Fodor insiste sur le fait que, si l'on commence aujourd'hui à comprendre comment fonctionnent les systèmes perceptuels, on ne sait presque rien du fonctionnement des processus centraux de la pensée, c'est-à-dire des processus qui combinent l'information tirée de la perception avec l'information préalablement acquise et qui effectuent diverses tâches inférentielles. Fodor cite comme exemple typique de processus central la réflexion scientifique* » (Sperber, Wilson, 1989, p. 104).

Le *faire système* suppose que, au-delà du repérage d'éléments, à la fois élémentaires et signifiants (pertinents), des relations existent entre ces éléments : « *on passe de l'élément au système par l'entrée en relation des éléments entre eux* » (Barel, 1979, p.151).
Ainsi, par exemple, si un *item* (d'une liste ou d'une nomenclature, par exemple) est considéré comme élément d'un ensemble organisé, l'absence de liens avec les autres *items* de cet ensemble ne ferait pas pour autant de cet *item* l'élément d'un système. Cette capacité de définir l'élément par sa place dans un réseau de relations plutôt que le définir de manière ontologique donne alors une valeur conceptuelle à l'élément et, simultanément, au réseau dans lequel il s'inscrit (le système) : « *une démonstration mathématique n'est pas une simple juxtaposition de syllogismes, ce sont des syllogismes placés dans un certain ordre et l'ordre dans lequel ces éléments sont placés est beaucoup plus important que ne le sont ces éléments eux-mêmes* » (Poincaré, 1908, p. 5). Au-delà de sa possible matérialisation, tous deux (l'élément et le système) deviennent ainsi « *une réalité abstraite, construite par l'esprit* » (Bensaude-Vincent, 1991, p. 460).

Mais quelles relations ? Relations d'ordre (hiérarchies), réactions (attraction *vs* répulsion), interactions (interdépendances, rétroactions, etc.), relation de cause à effet (statiques ou dynamiques ?), relations symétriques, asymétriques, en cascade, en chaîne, en parallèle, arborescentes, etc. ? Un analyste (ou un systématicien) pourrait être tenté d'inventorier la diversité des relations possibles entre deux (ou plusieurs) éléments, mais sans doute s'y épuiserait-il, à l'instar d'un G. Perec s'épuisant à inventorier un lieu (Perec, 1975, *op.cit.*). Et ceci même si la plupart de ces relations ont pu faire l'objet d'autant de formalisations.

Par contre, ce qui doit d'abord être relevé, c'est de considérer que chacune de ces sortes de relations permet autant d'appréhensions de l'idée de système : des systèmes hiérarchiques les plus élémentaires aux systèmes complexes.

Mais cette construction, par l'esprit, d'éléments et de leurs relations suffit-elle pour *faire système ?*

Il semble qu'au-delà de la nature des éléments et de la nature des relations entre eux, le passage de l'élément au système s'accompagne de règles régissant (ou supposées régir) les relations entre éléments. La perpétuation (sinon la stabilité) du système tiendrait au respect de ces règles relationnelles entre éléments, qu'elles soient internes (fermées) à la structure ou intégrant des interactions avec un environnement. Et ceci même si les éléments eux-mêmes évoluent ou se transforment[384].

---

[384] Au-delà des propos de H. Poincaré sur le rôle prééminent des relations entre éléments, Ph. Kourilsky peut affirmer, certes dans le domaine des sciences du vivant qu'« *il est important de noter qu'à l'intérieur d'un jeu de règles donné, l'évolution des éléments peut se faire*

Enfin, à un autre niveau, ces règles sont souvent interprétées comme étant régies par des lois nous renvoyant, cette fois, au *comportement* du système dans le temps (lois dites *de la nature*, par exemple, ou lois de comportement décidées par l'esprit humain dans le cas des systèmes artificiels).
Quels que soient les termes utilisés (ici celui de règles et celui de lois), ce qui importe est de considérer la différence entre ce qui serait de l'ordre de la synchronie (de la structure ?) et ce qui serait de l'ordre de la diachronie, de l'évolution dans le temps (y compris l'autorégulation qui, bien que renvoyant à la stabilité d'un système, est bel et bien de l'ordre d'une dynamique de comportement).

L'effort de conceptualisation d'un système s'appuierait donc sur un quadruplet constitué d'éléments (ou de classes d'éléments), de relations, de règles et de lois. La présomption, la reconnaissance, l'énonciation, voire la formalisation d'un tel quadruplet apparaîtraient ainsi comme condition *élémentaire* du concept de système.
Ce qu'il faut alors noter, c'est que, dès lors qu'un tel quadruplet pourrait être envisagé, identifié, énoncé, voire formalisé, la possibilité d'un « nouveau » système apparaîtrait. Et ceci même si, selon les domaines, les constituants de tels quadruplets ne sont que plus ou moins stabilisés, voire formalisés.

Se pose alors la question de la possibilité de prendre en compte les différentes (et sans doute multiples) interactions entre les constituants d'un tel quadruplet et le contexte, milieu ou environnement dans lequel ils s'inscrivent ou sont envisagés. Dans quelles mesures et selon quelles modalités ces interactions interfèrent-elles avec le maintien, la transformation, l'évolution voire la destruction des éléments eux-mêmes, des relations entre eux, des « règles » régissant ces relations, des « lois » de comportement ?
De la plus ou moins grande maîtrise des constituants du quadruplet et de leurs interactions avec un contexte, milieu ou environnement dépendrait alors non seulement la capacité à comprendre le *fonctionnement* du système mais, tout aussi important, la possibilité d'une prédictibilité de son *comportement*, dans le temps.
Et, comme en témoignent, par exemple, aujourd'hui, les controverses sur le réchauffement climatique, sur les OGM ou sur les nanotechnologies, controverses entre scientifiques eux-mêmes mais aussi avec les experts et le monde politique, voire la société, cet enjeu de prédictibilité (et ses méthodes) ne sont pas des moins importantes. Laplace n'aurait-il pas dit à Napoléon que,

---

librement du moment que celles-ci sont respectées » (Kourilsky, *op.cit.*, p. 276). Parmi les différentes formes ou nature des relations, il convient donc de distinguer celles qui maintiennent la forme et la nature des éléments de celles qui s'accompagnent d'un potentiel de transformation (ou d'évolution) des éléments. L'interaction entre deux éléments A et B, de type physique par exemple, comme dans le cas de la gravitation ou de l'électromagnétisme, est ici à distinguer de l'interaction entre, par exemple, deux cellules vivantes (interaction énergétique, par exemple) pouvant conduire à une modification (affaiblissement, voire destruction) de A ou de B.

« en tant que savant, je me dois de vous fournir des travaux permettant des prédictions »[385] !

L'élément comme boîte noire.

Si, avec Poincaré, « *l'ordre dans lequel les éléments sont placés est beaucoup plus important que ne le sont ces éléments eux-mêmes* », certains scientifiques, logiciens ou philosophes vont plus loin, considérant qu'un système n'existe qu'au travers d'interdépendances, les éléments n'existant pas en tant que tels. L'élément (ainsi que l'organisation ou la structure qui lui serait associée) disparaîtrait alors au profit de ce qu'il permet (ses actions explicites ou sous-jacentes) ou subit et des flux qu'il suscite ou auxquels il est confronté[386].

Ainsi J.-L. Le Moigne a-t-il pu parler, non plus d'éléments, mais de *processeurs* pris dans « *une dialectique processus-processeur* » (1990, pp. 102 *sq.*). Avec cette dialectique, au-delà d'une simple substitution du terme d'élément par celui de processeur, se dessinent des possibilités de représentation d'un système dans lesquelles les éléments peuvent rester inconnus : des *boîtes noires en activité dans le temps*. L'élémentarité n'est alors plus une nécessité pour fonder le système et toute organisation de « boîtes noires » peut faire office de système, ces boîtes noires pouvant elles-mêmes être pensées comme des sous-systèmes.

Ph. Kourilsky, face au très grand nombre d'éléments constitutifs du vivant et au très grand nombre de relations entre eux, est amené à privilégier la notion de *module* en tant que « *sous-ensemble pertinent dans un système complexe* » (2014, p. 307). Pour ces modules, ajoute-t-il, « *le nombre d'éléments constitutif est essentiellement indifférent* ». Seul compterait le sens accordé à de tels sous-ensembles : « *souvent la fonction et la structure* »[387] et seules vont importer les modalités de traitement des flux entrant et sortant[388].

Ainsi, cette hypothèse de l'élément comme boîte noire « *en activité dans le*

---

[385] Cette phrase, même si elle est sans doute apocryphe, illustre le glissement du positionnement du scientifique vers celui d'expert, de la connaissance vers la prescription, et ceci vis-à-vis de n'importe quel interlocuteur susceptible d'être décideur ou influent.

[386] Commme nous l'avons dit plus haut, on serait tenté, dans le domaine des sciences sociales, de considérer l'ANT (Actor Network Theory) comme un prolongement de cette approche.

[387] Ceci tout en indiquant qu'il reste nécessaire d'inventorier et de dénombrer ces éléments constitutifs et les formes d'interaction.

[388] J.-L. Le Moigne propose une typologie des processeurs autour des modalités de « *transport* », de « *stockage* » ou de « *transformation* » de flux entrants et sortants, quelle que soit la nature de ces flux. Dès lors, tout processus serait représentable par « *une combinaison judicieuse (et éventuellement monstrueuse) de ces trois types de processeurs élémentaires* » dans des réseaux d'interrelations, d'interdépendances et autres interconnexions (Le Moigne, *op.cit.*).

temps » permet de passer de représentations formelles des systèmes (modèles statiques fondés sur des relations entre éléments) à des modèles dynamiques permettant de se représenter (et de simuler) les seuls comportements d'un système dans le temps : des systèmes dynamiques d'entrées et sorties.

Modélisation(s) des systèmes dynamiques d'entrées et sorties : temps, état, non-linéarité, probabilité, retard, etc.

Dans le domaine des sciences de l'ingénieur (notamment de l'automatique) un système dynamique entrées-sorties est généralement défini par un « état » (variables de nature adéquate et en nombre suffisant pour résumer le passé du système à l'instant présent, correspondant aussi aux conditions initiales à cet instant), des « entrées » (représentant les influences de l'environnement sur les dynamiques de l'état, que ces influences soient voulues ou non, c'est-à-dire assimilables à des contrôles ou à des perturbations) et des « sorties » (les influences du système sur l'environnement).

La dynamique de l'état peut être modélisée par une équation définissant la variation (différentielle ou itérative) de l'état en fonction des entrées et de l'état actuel. Ce principe, où l'état varie en fonction de lui-même, correspond bien à un processus complexe, bouclé, qui s'auto-influence. Les sorties sont fonctions combinatoires de l'état et, éventuellement, des entrées. Ces fonctions de sorties sont combinatoires dans le sens où sorties, état et entrées y sont exprimés au même instant, au présent. Ainsi, toute la dynamique est reportée sur l'état, qui représente les variables « internes » (éventuellement cachées, non accessibles à la mesure, d'où l'image de « boîte noire ») du système. La nature de l'état peut être continue (variations sur l'ensemble des nombres réels ou des fonctions réelles), ou événementielle (variables booléennes, variables digitalisées), ou les deux (systèmes dynamiques hybrides, par exemple des commutations entre plusieurs systèmes continus, comme dans les convertisseurs électroniques de puissance).

La prise en compte du temps peut se faire « en continu » ou « en discret ».
Dans le premier cas, on aura alors des modèles différentiels, le temps étant défini sur un compact, type intervalle de la droite réelle. Lorsqu'on privilégie la vision d'un temps « discret », cela conduit à des modèles itératifs où le temps est défini comme une succession d'instants séparés, type nombres entiers. Ici, l'analogie avec le temps d'une horloge à aiguille ou celui d'une horloge à quartz peut être parlante…
On dispose ainsi de plusieurs classes (et de quelques exemples entre parenthèses) :

- état discret / temps discret (logique synchrone) ;
- état discret / temps continu (logique asynchrone) ;
- état continu / temps discret (automatique numérique) ;
- état continu / temps continu (automatique analogique) ;
- et les hybrides entre ces classes (principalement sur la nature de l'état).

Le choix du « discret » est aussi celui du « dénombrable », plus naturel pour le calcul sur machine. Celui du continu (non dénombrable) permet de représenter certains comportements paradoxaux (ou en tout cas non intuitifs) comme le phénomène de convergence à la Zénon (une infinité de commutations pendant un temps fini).

On peut ajouter à ces représentations d'autres couches de complexité (de réalisme ?) :

- modèles stochastiques (les variables deviennent aléatoires), ne se limitant plus à des comportements déterministes : on peut alors intégrer des estimations de probabilité, de vraisemblance, etc. ;
- modèles non linéaires (s'affranchissant du principe simplificateur de superposition : la somme des causes ne produit plus la somme des effets respectifs) qui permettent la modélisation globale d'une multiplicité de comportements locaux différents, ou bien l'apparition de phénomènes chaotiques ;
- modèles non stationnaires (les relations entre variables changent elles-mêmes au cours du temps), qui permettent eux aussi de représenter l'existence de changements structurels dans le temps ;
- modèles en dimension infinie (travailler sur des états qui sont fonctions plutôt que des points) qui permettent de représenter des phénomènes de diffusion spatiale (où la dynamique ne porte plus seulement sur la variable temps, mais aussi sur les variables d'espace), ou bien de retard temporel (où la relation cause-effet n'est plus instantanée : outre la difficulté de comprendre la combinaison de retards dans un phénomène, s'ajoute alors la difficulté de connaître ces retards, qui peuvent eux-mêmes évoluer !).

Bien sûr, ces types de description (état continu ou discret, temps continu ou discret) sont indépendants de la réalité du phénomène lui-même : ce sont des choix de modélisation.

Enfin, par ailleurs, cette hypothèse conduit aussi à faire dépendre la représentation d'un système du point de vue et finalités du chercheur : sa problématique. Il n'est en quelque sorte plus dépendant d'éléments qui lui seraient donnés *a priori* mais a la capacité de décider, selon son point de vue et ses finalités, de ce qui peut être envisagé comme élémentaire. Alors, pour un même phénomène, s'impose la nécessité d'une pluralité de « modèles ».

Des boîtes noires aux boîtes « grises »

On peut par exemple choisir de représenter un processus à partir des « lois de la physique » (au sens large) qui lui correspondent, les différentes variables composant l'état prenant alors un sens (vitesse, pression, température, débit, concentration…). On peut également choisir de régler au mieux les paramètres d'une équation « bien choisie » pour qu'elle reproduise le comportement entrées-état-sorties constaté dans la pratique. Dans le second cas, l'intérêt ne porte pas vraiment sur les variables d'état (variables internes) et la « boîte noire » reflète un comportement entrée-sortie. Lorsqu'on dispose de beaucoup de mesures, cet ajustement peut être mené de façon statistique.

On comprend que la facilité croissante de mesurer des données « massivement » rend cette deuxième approche (boîte noire et statistique) de plus en plus populaire : au lieu de dire « régler au mieux les paramètres d'une équation bien choisie », on parle alors d'apprentissage. Les méthodes de *machine learning* correspondent généralement à ces approches statistiques, celles de *deep learning* sont basées sur de l'entraînement de réseaux de neurones artificiels (qui sont aujourd'hui « profonds » car on peut les programmer en multiples couches de neurones). Les modèles ainsi appris permettent de simuler, de prévoir, d'aider à la décision… mais pas (pas encore ?) d'expliquer ce qui se passe « à l'intérieur », puisque la boîte reste imperturbablement noire. On peut aussi croiser des approches utilisant à la fois modèles « physiques » (lorsqu'on en a) et boîtes noires (lorsqu'on a suffisamment d'informations mesurées) pour obtenir des modèles dits « boîte grise ».

Systèmes complexes : interdépendances, quasi-décomposabilité, emboîtements et/ou chevauchements ?

Selon F. Jacob, le questionnement scientifique, du moins depuis l'époque Moderne, porte sur des questions limitées et non plus sur des questions générales : « *comment tombe une pierre ? Comment l'eau coule-t-elle dans un tube ? Quel est le cours du sang dans le corps ?* » (Jacob, 1981, p. 27). Toutes ces questions limitées focalisent un *objet de recherche* restreint s'imposant alors comme un monde relativement clos qu'il s'agit d'étudier, d'expliciter, de modéliser.
Mais, sauf à simplifier à l'extrême, cette focalisation doit s'exercer en conscience (sinon en connaissance) des interdépendances entre ce qui est ainsi focalisé et un certain « contexte », un certain « environnement ». Je peux travailler à la résolution d'un problème circonscrit comme, par exemple, la modélisation de l'effet rétro sur une boule de billard, le contrôle commande de la trajectoire d'un missile ou la part du « strictement » biologique dans la connaissance de l'être humain (Kourilsky, 2014, pp. 16-17) et tirer une énorme satisfaction de cette résolution. Il est néanmoins probable que le choix de ces sujets et la satisfaction que j'en retire sont liés à un contexte qui leur donne du sens et/ou à des finalités d'usage que je ne peux ignorer.
Je peux également étudier le système nerveux en tant que tel, je parviendrais sans doute à une compréhension « fonctionnelle » de ce système. Par contre, je ne parviendrais pas à aller au-delà de cette fonctionnalité sans m'interroger sur les interdépendances entre ce système nerveux et le système endocrinien, le système neuronal, etc.
Mais comment penser les formes et les modalités d'interdépendance au-delà de ce qui, souvent, est pensé comme une subordination hiérarchique entre, par exemple, système et sous-systèmes[389] ? Ceci, qui peut convenir pour des systèmes clairement hiérarchiques (ou pensés comme tels) trouve néanmoins ses limites dès lors que l'on parle de systèmes « complexes ».

Dans ce dernier contexte, H. Simon a proposé la notion de systèmes « quasi décomposables » pour désigner des systèmes *a priori* décomposables en un certain nombre de sous-systèmes mais qui seraient reliés entre eux par

[389] Cette représentation arborescente ou hiérarchique conduit même au concept de « systèmes de systèmes » (Delattre, 1984) : une sorte de « sur-système » réunissant différents systèmes considérés alors en tant que sous-systèmes (ou constituant un système d'une autre nature ?).

différentes connexions ou interactions dont la nature et l'intensité rendent difficile leur compréhension et, surtout, les éventuelles indépendances de tels sous-systèmes vis-à-vis d'un autre (Simon, 1991, pp. 185 *sq.*). À la différence de l'arborescence stricte, les composants du système (les sous-systèmes) sont envisagés dans leurs possibles interactions et non plus en tant que sous-systèmes indépendants les uns des autres. Pour autant cette notion de quasi-décomposabilité s'inscrit dans un *a priori* de décomposabilité. La notion d'arborescence associée vient renforcer cette idée tout en cherchant pourtant à s'éloigner de celle de subordination au nom d'interactions complexes. Or, même si cette formulation d'une quasi-décomposabilité cherche à sortir d'une arborescence stricte, elle maintient et conduit à une appréhension hiérarchisée du comportement des systèmes [390]. Ainsi H. Simon distingue-t-il les interactions entre sous-systèmes (au sein d'une arborescence) des interactions internes à chaque sous-système. Et, comme il le précise par ailleurs, dans ce contexte, « *les liaisons intra-composants sont en général plus fortes que les liaisons inter-composants* » (*op.cit.*, 1991, p. 192), ceci permettant de distinguer différentes dynamiques dans les interactions entre composants[391]. Autrement dit, invitation est faite à examiner en priorité les liaisons intra-composants plutôt que celles inter-composants. Une telle représentation des systèmes permettrait de « *simplifier l'analyse de leur comportement* ». Simplifier sans mutiler ?

Mais, si cette « simplification » peut convenir, selon H. Simon, dans de nombreux domaines de la physique à la biologie en passant par les sciences humaines et sociales (*op.cit.*, pp. 188 *sq.*), peut-on totalement s'en satisfaire ? Ainsi, selon F. Jacob, dans le domaine du vivant, « *il n'y a pas une organisation du vivant, mais une série d'organisations emboîtées les unes dans les autres comme des poupées russes* » (Jacob, 1970, p. 24)[392]. Bien qu'ils puissent être appréhendés distinctement, les différents sous-systèmes qui constituent le corps humain n'en sont donc pas moins dans des situations difficilement exprimables en termes de hiérarchies et de quasi-décomposabilité : ils « s'emboîtent » les uns dans les autres. F. Jacob observait même que, si les systèmes possédaient des propriétés particulières, elles ne pouvaient pas être déduites des sous-systèmes qui pourraient le constituer. Ainsi, chaque sous-système n'est pas une « réduction » du système qui l'englobe et il n'y a pas nécessairement « continuité » entre système et sous-systèmes : « *une organisation possède souvent des propriétés qui n'existent*

---

[390] Christopher Alexander a utilisé l'expression de « semi-treillis » pour qualifier cette arborescence « complexe » (Alexander, 1965).

[391] Il va d'ailleurs jusqu'à préciser que « *les niveaux inférieurs régissant la dynamique rapide, à « haute fréquence »* [...] *les interactions de haut niveau régissant la dynamique lente, à « basse fréquence » »* (*op.cit.* p. 201).

[392] F. Jacob précise cet emboîtement autour de quatre strates : les structures visibles, l'organisation, les chromosomes et les gènes, enfin la molécule d'acide nucléique.

pas au niveau inférieur. Ces propriétés peuvent être expliquées par celles de ses constituants mais pas en être déduites » (Jacob, *op.cit.*, p. 344).
Avec cette notion d'emboîtement, cette approche de F. Jacob soulève alors la question nouvelle de la nature et de l'intensité (éventuelle) des interactions entre de tels sous-systèmes emboîtés.

De son côté, Ph. Kourilsky va encore plus loin dans ce même sens. Empruntant au vocabulaire de l'ingénierie, il maintient un certain recours au modèle de l'arborescence voire de la quasi-décomposabilité pour représenter la complexité du vivant (Kourilsky, 2014, pp. 88 *sq.*). Néanmoins, en lieu et place du terme de quasi-décomposabilité d'un système en sous-systèmes et, tout en s'inscrivant dans une approche en termes d'emboîtement, il parle de modularité : une « *décomposition de l'architecture d'un système complexe en modules* ». Et, ajoute-t-il immédiatement, « *La modularité des systèmes biologiques est singulière en ceci que les modules sont définis par l'observateur de façon (intelligemment) arbitraire, et ne possèdent pas forcément de bornes physiques précises. Ils peuvent donc s'emboîter les uns dans les autres comme se chevaucher* » (*op.cit.* p. 307). L'emboîtement s'accompagne ainsi de possibles chevauchements[393]. L'absence de bornes précises et le fait que ce soit l'observateur qui (intelligemment) définit les modules (les sous-systèmes ?) conduit à cette nécessité d'envisager des chevauchements. Mais, dans cette articulation entre emboîtements et chevauchements, de nouvelles formes et modalités d'interactions ne seraient-elles pas, alors, à envisager ?

L'effacement du qualitatif et la tentation de l'application.
Avec la dialectique processus-processeur et la transformation de l'élément en boîte noire c'est une capacité de modélisation, de reproduction et de simulation du comportement d'un système qui apparaît, bien au-delà d'une capacité de description. Mais cette instrumentation souligne la nécessité d'une double vigilance.

La première tient au risque d'affaiblissement de la prise en compte de la nature des éléments considérés et, par conséquent, de leurs aspects qualitatifs dans la représentation d'un système.
Ainsi, à propos du passage de la notion de corps simple à celle d'élément, en chimie, A. Dumon a pu parler d'une « *désubstantialisation* » des corps simples (Dumon, 2004, p. 1135) au point que « *le symbolisme associé au langage chimique ne peut* [plus] *être mis en relation avec le champ empirique*

---

[393] On peut ici penser à cette même question soulevée, dans un tout autre domaine que la biologie, par Ch. Alexander dans son article « Une ville n'est pas un arbre ». Proposant de considérer la ville autour de la notion de semi-treillis et non plus en termes d'arborescence, il y appréhende la ville comme une organisation faite d'emboîtements et de chevauchements d'unités là où, le plus souvent, le concepteur raisonne en termes de hiérarchie et d'arborescence (Alexander, 1965).

de référence » (*op.cit.*, p. 1132). De son côté, avec la théorie de l'information issue de Claude Shannon et Norbert Wiener, cette désubstantialisation va jusqu'à une disparition de ce qui fonde la nature même des éléments considérés : la quantité d'information (entropie, canal d'information, bande passante, fréquence d'échantillonnage, etc.) est reflétée mais le champ sémantique de l'information (la signification) disparaît[394].
De même, comme l'a noté L. von Bertalanffy, « *si un objet est un système, il doit nécessairement avoir un certain nombre de caractéristiques générales en tant que système, nonobstant ce que l'objet peut être, par ailleurs* » (*op.cit.*, pp. 54 *sq.*).

Cette vigilance envers une dématérialisation de l'élément au sein d'une modélisation des systèmes doit aussi, et peut-être surtout, s'exercer dans le champ des sciences pour lesquelles le champ sémantique est incontournable sinon fondamental, à commencer par les sciences économiques, sociales et humaines. Or cette dématérialisation y est directement perceptible dans les problématiques privilégiant les *flux* et, de ce fait, les modèles « entrées – sorties » tels, par exemple, les études de mobilité ou de migration ou encore de certaines approches des sciences de gestion. Les travaux en matière de mobilité et de migration témoignent le plus souvent, en effet, d'une tension entre, d'une part, des approches macro-structurelles mettant l'accent sur les flux et les « processeurs » entre origine et destination et, d'autre part, des problématiques (sinon des modèles) relevant d'approches micro individuelles (focalisés sur les motivations et les représentations des individus). De son côté, dans le domaine des sciences de gestion, à partir de H. Mintzberg, nombre sont les représentations des organisations (à commencer par les entreprises) « *comme système de flux* » (Mintzberg, 1982, pp. 51 *sq.*). Au-delà, dans ces deux contextes, la nature même des flux est également susceptible de disparaître au profit de quantités et d'intensités (débits) mesurables : quelle que soit la nature des flux, les processus sont réduits aux mêmes mesures en termes de débit et d'intensité et les modalités d'action des processeurs (sinon les processeurs eux-mêmes) sont similaires.

Autrement dit, dans ce contexte, le quantitatif l'emporte sur le qualitatif.

Ces remarques sur une mise entre parenthèses, voire une évacuation du spécifique, nous conduisent à la nécessité d'une seconde vigilance, qui tient, cette fois, à la possibilité d'*appliquer* une telle dialectique processus-processeur à n'importe quel phénomène ou domaine sans, justement, tenir compte des obstacles liés à la nature même des éléments et des flux sur

[394] Aujourd'hui, d'ailleurs, pour les systèmes d'information, la réintégration de la signification est toujours un enjeu essentiel.

lesquels elle s'exerce : les éléments peuvent résister et l'indifférence quant à la nature des flux peut alors devenir problématique.

Contextes et finalités de l'« application »

Bien que ce ne soit pas directement l'objet de ce paragraphe, la question de l'application, de manière plus générale, doit être évoquée ici. Ceci d'autant plus que l'expression de « sciences appliquée » est largement utilisée dans la recherche et dans l'enseignement, comme si l'idée et les pratiques de l'*application* allaient de soi.
Or, il faut remarquer que, mis à part les travaux du Cercle de Vienne et, en particulier, de Rudolph Carnap sur l'application de la logique et des mathématiques aux sciences du réel, les modalités, contextes et finalités de l'application dans les sciences ne sont que très rarement questionnées.

Trois registres d'application peuvent néanmoins être repérés, notamment à partir de l'étude de F. Bresson sur « *la mathématisation en psychologie* » (1972), registres qui dépendent, à la fois, des objectifs du chercheur et du contexte dans lequel il s'inscrit.

- Le premier d'entre eux est celui d'une finalité d'instrumentation. Visant généralement à éclairer une situation concrète, ces applications restent essentiellement circonscrites à des domaines restreints ou à des situations particulières (locales du point de vue scientifique) et nous renvoient au sens le plus courant de la science appliquée. On peut, par exemple, penser ici aux applications de la physique des ondes à des situations particulières aussi diverses que la musique (acoustique musicale) ou à la médecine ou encore à l'astrophysique (via, par exemple, l'effet Doppler-Fizeau).
- Le second registre renvoie à la construction de modèles qui, adaptés à un contexte particulier à partir de modèles plus génériques, conduit à envisager à ce titre une certaine généralité dans le nouveau domaine considéré. L'analogie est ici essentielle pour assurer l'application. Ainsi, par exemple, des travaux qui, depuis ceux de Waren Mc Culloch et Walter Pitts, considèrent, par analogie, les neurones comme des « boîtes noires » (opérateur transformant des entrées en sorties) et ont conduit à envisager une analogie de fonctionnement entre les machines artificielles et le cerveau humain.
- Le troisième registre est celui qui, au-delà de tel ou tel modèle appliqué, fait référence à un appareil conceptuel amont et qui, par cette référence, réorganise le contexte particulier en fonction dudit appareil conceptuel. Même si, parfois, cette situation permet de construire un nouvel appareil conceptuel permettant de dépasser des modèles locaux, les principales difficultés épistémologiques nous renvoient ici au risque d'idéalisation théorique de ce contexte particulier et, surtout, au risque d'une dissolution (voire une négation) de tout ce qui fonde ses spécificités. On peut penser ici aux « applications » envisagées par L. von Bertalanffy de sa théorie générale des systèmes à pratiquement tous les domaines de la connaissance : sciences physiques, sciences du vivant, sciences de l'information, sciences de l'homme et de la société. Le titre de l'ouvrage est d'ailleurs éloquent : parler d'une « Théorie *générale* des systèmes » c'est envisager une capacité générique du concept de système – en l'occurrence celui de système ouvert –, quel que soit le domaine considéré. Ici l'application porte

moins sur une instrumentation locale que sur un renouvellement en profondeur des problématiques.

Ces trois registres, néanmoins, supposent tous une mise en correspondance entre le scientifique, le théorique ou le champ conceptuel initial, et une certaine interprétation sinon une traduction de celui-ci vers un langage local, empirique ou non. Cette traduction/interprétation dépend alors, comme le rappelait P. Wagner à propos de R. Carnap, « *uniquement des propriétés formelles recherchées et de sa plus ou moins grande commodité pratique* » (in Bouveresse, Wagner, 2008, p. 136). La vigilance épistémologique liée à la notion d'application doit donc porter sur la légitimité de ces opérations d'interprétation et de traduction du concept (ou du modèle) vis-à-vis du monde réel dans lequel il devient considéré.

Ainsi, ne devrait-on pas parler de sciences « *finalisées* » plutôt que de sciences « appliquées » ?

DERRIÈRE LE CONCEPT DE SYSTÈME, DES MODÈLES

1. Les flèches du temps

L'inscription dans le temps, particulièrement importante à considérer dans les domaines des systèmes dits naturels ou des systèmes vivants, renvoie d'une part au potentiel d'organisation (et de réorganisation, notamment adaptative) des parties entre elles dans le temps (ou des éléments entre eux) et, à l'inverse, aux déterminations (ou influences) mémorielles pouvant affecter les parties ou les éléments considérés ainsi que leurs évolutions. Par le biais de concepts comme ceux de surdétermination, d'héritage, de mémoire, d'effet retard, de dépendance envers des conditions initiales, etc., ceci nous renvoie aussi bien aux systèmes sociaux qu'aux systèmes biologiques en passant par les systèmes artificiels dits « *à mémoire* » ou « *à apprentissage* ».

Ces deux versants de l'inscription dans le temps des systèmes doivent enfin être considérés à différentes échelles. Le potentiel et les déterminations sont en effet à différencier selon qu'elles renvoient à une saisie instantanée, à des perspectives de court terme, de long terme, voire de très long terme, tant dans le passé que dans le futur[395].

---

[395] Ces inscriptions dans le temps nous renvoient à une certaine approche de la temporalité en termes d'irréversibilité. Or ne faut-il pas malgré tout envisager une certaine « réversibilité » : la faculté d'oubli, *faculté* – selon F. Nietzsche – de congédier à volonté l'histoire et ce qui rentre dans le champ de la conscience (Nietzsche, 2000). Nos systèmes artificiels, dotés de mémoire et d'apprentissage, possèderont-ils alors un jour cette faculté qui est pourtant partie intégrante du fait humain ?

Mutations, altérations et autres transformations

Dans l'appréhension d'un système en tant qu'*ensemble d'éléments en interaction(s)*, la dimension temporelle d'éventuelles mutations, altérations ou autres transformations des éléments, voire du système lui-même, n'est pas nécessairement prise en considération.

Ainsi, dans son exemple d'un oiseau, Ph. Kourilsky (*op.cit.*, p. 94) indique précisément que sa faculté de voler n'est pas seulement le fait qu'il soit doté d'ailes mais renvoie aussi (à l'instar de l'*ornithoptère* de Léonard de Vinci ou autres *ptéranodons* du film *Le monde perdu* de 1925) à une quantité considérable d'éléments et de liens entre ces éléments. Et, dans cet exemple, le nombre élevé d'éléments et la diversité d'interactions pourraient conduire à se satisfaire d'une représentation d'ordre cinématique (pouvant, certes, générer du *mouvement* dans le temps) sans pour autant renvoyer à des processus de changements (toujours dans le temps) relatifs aux éléments ou au système lui-même.

Dans cette option, la conceptualisation du système nous renvoie au mieux, vis-à-vis du temps, à des coupes synchroniques : l'état du système à un instant *t*. Les transformations dans le temps sont alors à envisager comme autant de changements d'état sans que, pour autant, la nature et la structure du système soient modifiées (sauf à parler de temporalités séparées) : une dynamique descriptive des changements d'états sans, pour autant, intégrer les dynamiques internes les suscitant ou qui en sont tributaires. Il s'agit donc au mieux, dans ce contexte, d'une *cinématique des systèmes* selon l'expression de J.-L. Le Moigne (*op.cit.,*1983, p. 218) et non d'une dynamique des systèmes.

Mais, par cet exemple de l'oiseau, Ph. Kourilsky introduit aussi (et surtout) la notion de *propriétés distribuées*. Au-delà de la référence au vocabulaire de l'ingénierie, cette précision conduit à envisager que les propriétés (ou les fonctions) ne relèvent plus seulement *d'un* élément (ou *d'une* partie du système) mais *se distribuent* de manière plus ou moins complexe entre ces éléments. Ceci pouvant aller jusqu'à des propriétés émanant de la conjonction (pouvant d'ailleurs s'avérer momentanée) de plusieurs éléments et non plus de tel ou tel élément (ou partie) dédié.

Or, dans l'interaction entre deux éléments *a* et *b*, l'élément *b* (par exemple) peut se modifier en élément *b'*. Au-delà, des modifications peuvent intervenir qui transformeront (par rétroaction) l'élément *a* en élément *a'*, etc. Derrière le terme d'interaction apparaît ainsi la possibilité d'un « jeu » de relations entre éléments qui peut venir *modifier* leur état dans le temps et engendrer des transformations sur ces éléments, ainsi que sur les relations qui peuvent exister entre eux[396].

---

[396] Rappelons, ici, l'intitulé de l'ouvrage de Ph. Kourilsky : le « *jeu* du hasard et de la complexité » … La physique quantique, les sciences du vivant mais, aussi les sciences humaines et sociales sont sans doute trois des principaux champs dans lesquels se pose cette

Ici l'idée d'élément disparaît au profit de ses propriétés (sinon ses fonctions) et des processus qu'il suscite ou dans lesquels il s'inscrit.
Comme a pu le préciser H. Simon, la saisie du comportement d'un système dans le temps supposerait alors d'articuler (et non de substituer) une description des processus aux descriptions d'état (Simon, 1991, p. 139).
Si, comme l'indique l'expression, la description d'état se satisfait de « descriptions » (via, notamment le langage naturel, des schémas, etc.), les descriptions de processus passent par des modèles qui, dans la plupart des cas, vont recourir à des formalisations d'ordre mathématique (ou symbolique). Comme cela a pu être développé autour de l'élément comme « boîte noire » (cf. *supra*), certains de ces modèles vont alors privilégier l'aspect continu des changements dans le temps (qu'il s'agisse de modèles linéaires ou à événements discrets – voire hybrides –) tandis que d'autres vont permettre de mettre en évidence des phénomènes complexes (effets retard, non linéarité, etc.).
Dans tous ces cas, seule la formalisation mathématique ou le recours aux outils de traitement de symboles permettent ces descriptions. Et cette modélisation s'accompagne d'une diversité de représentation du système par plusieurs modèles (comme on l'a vu précédemment : continus, discrets, hybrides, linéaires/non linéaires, boîte grise/noire, etc.) : un enchevêtrement de modèles correspondant à diverses possibilités (et représentations) de comportements dans le temps.
Il reste que, selon les domaines et selon les phénomènes, de telles formalisations d'ordre « mathématique » ne sont pas toujours réalisables ni même envisageables.

Cette variété potentielle de modèles pour un même système, la quantité considérable d'éléments et de liens (ou relations) entre eux, la diversité de processus concernés conduisent à une première appréhension de l'idée de complexité : la difficulté à se fabriquer une représentation unitaire d'un système.
Au-delà, ce faisant, les modèles se substituent au système du fait de leur capacité à l'appréhender sinon à le représenter !

Aux frontières du système

La notion de système ouvert renvoie au fait qu'un système échange avec un environnement (son environnement). Mais la présomption de totalité associée au concept de système conduit à dissocier le système de son environnement : il y a un *acte* intellectuel conduisant à cette distinction (sinon séparation) entre le système et son environnement[397].

---

question de manière formelle sans, toutefois, qu'elle se pose de la même façon dans chacun de ces domaines ni qu'elle ait le même degré de formalisation.

[397] Il convient de noter que cette distinction système/environnement est l'objet de nombreux

La porosité des systèmes ouverts n'obère donc pas le fait que, d'un côté, il y a « le système » (une totalité constituée en système) et, d'un autre côté, un environnement qui lui est *a priori* extérieur. Autrement dit, qu'elle soit plus ou moins définie (voire identifiable) ou mouvante, il faut accepter ce fait d'une frontière. Et, parmi les différents modèles qui cherchent à représenter le comportement d'un système dans le temps, certains d'entre eux s'intéressent plus particulièrement à ce qui peut se passer aux *frontières* de ce qui caractérise le système.
Néanmoins, deux approches concurrentes sont à distinguer.

La première correspond aux situations dans lesquelles une sorte de régulation se produit empêchant, en quelque sorte, le système d'aller au-delà de ses limites. On peut ici penser à la théorie des catastrophes (« *ramener les discontinuités apparentes à la manifestation d'une évolution lente sous-jacente* », R. Thom, 1993) ou encore aux structures dites « dissipatives » (I. Prigogine), dans lesquelles une irréversibilité peut jouer un rôle constructif de retour vers un certain ordre. Derrière ces approches au reste toutes théoriques (au sens de renvoyer à des modèles) l'enjeu est celui de comprendre (et de modéliser) comment un désordre, des instabilités, des bifurcations peuvent être source de réorganisations plus ou moins stabilisées (ou maîtrisables).
Le mathématicien russe Alexander Andronov utilisait dès le milieu des années 1930, autour de ses modèles mathématiques (liés au travail pionnier de Poincaré), la notion de « *systèmes grossiers* » pour désigner de tels systèmes, expression postérieurement traduite par les américains S. Smale et S. Lefschetz en termes de « *systèmes structurellement stables* » : des systèmes dont les bifurcations peuvent être maîtrisées.

La seconde approche s'attache aux limites au-delà desquelles, par sa dynamique voire sous l'effet de ses interactions avec son environnement, le système peut changer globalement de structure et de comportement voire de nature : une instabilité structurelle.
Dans cette approche, Christian Mira a pu distinguer les cas où la traversée d'une frontière est progressive de ceux dans lesquels cette traversée est dangereuse, sinon brutale : « *la notion de frontière dangereuse de stabilité et de frontière non dangereuse dans l'espace des paramètres, due à Bautin en 1949 est une amélioration du concept d'instabilité structurelle. Elle est particulièrement importante dans les sciences de l'ingénieur, dans le cadre de la conception de systèmes à grande fiabilité* » (Mira, 2014, p. 9).

---

débats. Pour l'écologie la notion même d'environnement peut apparaître gênante car cela conduirait à penser l'être humain distinctement de son environnement. D'un côté l'être humain, d'un autre son « cadre de vie ». Le terme d'« écosystème », préféré, permettrait de dépasser cette dissociation : l'homme fait partie de l'écosystème, en termes de survie il n'en est pas distinct. Serait-ce, ici, affaire de chevauchement de systèmes comme on l'a envisagé plus haut ?

Ainsi, ajoute-t-il, « *par variation des paramètres du système, la traversée d'une frontière dangereuse de stabilité donne lieu à un changement discontinu, brutal du comportement qualitatif du système dynamique, avec possibilité d'irréversibilité, i.e. en parcourant le chemin inverse dans l'espace paramétrique, on aboutit à un état différent de celui que l'on avait au départ de la variation. Dans le cas de la traversée d'une frontière non dangereuse de stabilité, le changement de comportement qualitatif est progressif, continu, et réversible* » (*ibid.*).

Autrement dit, il convient de distinguer les situations dans lesquelles l'instabilité structurelle peut être maîtrisée de celles pouvant conduire à des proliférations non maîtrisées (maîtrisables), des emballements, voire du « chaos ». Or ces situations existent, et certaines d'entre elles sont, jusqu'à un certain point, modélisables malgré des difficultés concrètes (voire l'incapacité) à maîtriser de leurs processus : ainsi de réactions nucléaires (accidents de criticité) voire de certains processus biologiques (cancers). On peut modéliser sans pour autant maîtriser le réel correspondant. Ph. Kourilsky parle, ainsi, de *cascades amplificatrices* (*op.cit.*, pp. 130-131) qui doivent alors être pensées (sinon susceptibles d'être modélisées) en opposition à la notion de régulation.

Qu'entendre, enfin, par l'expression de « propagation systémique » ?
Dans le sens commun (y compris scientifique dans beaucoup de champs de recherche), elle renvoie à la propriété de propager à d'autres systèmes (ou à un système plus global) les acquis et les propriétés d'un système local (initial) mais aussi les virus et les défaillances de ce système local (initial).
Mais cet entendement renvoie-t-il à l'idée de processus finalement auto-régulables, aux cascades précédentes ou encore à des proliférations non maîtrisables, à la manière d'un rhizome[398] ? Derrière l'hypothèse de *processus rhizomatiques*, en effet, se profile l'idée d'une expansion non contrôlée ni contrôlable (une prolifération en réseau) alors que, du côté de l'autorégulation, la propagation systémique trouverait ses limites au sein du système.
Qu'il s'agisse des sciences physiques, des sciences sociales, économiques ou des sciences du vivant, cette multiplicité interne à l'idée de propagation systémique mérite d'être réfléchie[399].

---

[398] La notion de *rhizome* rend compte de phénomènes ou de processus se produisant de proche en proche, sans direction ni ordre préalable, dans une progression souvent qualifiée de « chaotique ». Elle est introduite par le philosophe G. Deleuze et le psychanalyste F. Guattari dans l'introduction à leur ouvrage commun *Mille plateaux* (1980, pp. 9-37).

[399] Au-delà, il faut souligner les apports liés aux approches stochastiques et probabilistes qui, dans des échelles de temps distinctes selon que sont concernées, par exemple, les évolutions climatiques ou les réactions nucléaires en chaîne, permettent d'appréhender de manière différente (sinon nouvelle) ces problématiques.

L'obsession de l'origine

Dans ses rapports au temps, une part notable de la pensée de la science moderne (notamment dans le champ de la physique) repose sur un principe de causalité qui fait d'un événement antérieur la cause du présent, ce qui implique la nécessité d'une connaissance de conditions initiales pour comprendre l'état d'un système et ses évolutions dans le temps. Initié par R. Descartes, ce principe venait en contradiction de l'hypothèse aristotélicienne qui distinguait plusieurs causalités, dont une causalité finale : une présence *en puissance* de l'état final dans l'état initial.

Mais ce principe de causalité instaure un vison logique du développement et de l'évolution : telle cause génère tels ou tels effets qui, eux-mêmes deviennent causes générant de nouveaux effets[400]... Ce dernier point nous conduit à la question de la compréhension « historique » d'un système en termes de « changements » d'état dans le temps. La capacité de modélisation d'un système ressortirait alors d'une explicitation de l'histoire de ses transformations (sa diachronie), jusqu'à introduire l'idée d'un certain déterminisme causal[401].

Or, deux obstacles sont apparus depuis le début du XXe siècle. Le premier de ces obstacles porte sur la difficulté à bien connaître les conditions initiales. Il faudrait en effet les connaître dans tous leurs détails pour envisager toute prédiction ou, au moins, toute prédétermination. Le phénomène de sensibilité aux conditions initiales, qui peut conduire à des effets notoirement différents, a notamment conduit H. Poincaré à s'interroger sur cette difficulté, tout particulièrement en lien avec la prédictibilité météorologique (Poincaré, 1908). Cette question se prolonge au travers de la notion « d'effet papillon » qui est l'essence même de la théorie du chaos : « *le battement d'ailes d'un papillon au Brésil peut-il provoquer une tornade au Texas ?* ». Cette dernière phrase, très évocatrice, était le titre d'une conférence du mathématicien et météorologiste Edward Lorenz en 1972[402].

Le second obstacle tient à l'*équifinalité*, mise en évidence par L. von Bertalanffy (*op.cit.* p. 38). Ce concept témoigne de la possibilité, pour certains processus, d'atteindre un même état final à partir de différents points de départ

---

400 Il conviendrait sans doute ici de tenter de relier cette question de l'origine au sens de causalités successives voire enchaînées à celle, plus philosophique et ontologique, de l'origine en tant que telle : d'où vient notre planète, d'où vient l'espèce (humaine) ; quelle est « notre origine » ?

401 En contrepoint à cela (sinon en opposition) s'opposent, dès la fin du XIXe siècle, les travaux qui vont envisager ce qui serait de l'ordre d'une permanence dans la diachronie historique. Ainsi, notamment, de celui de F. de Saussure qui envisage la langue sous l'angle d'un système (synchronique) de signes dans son *Cours de linguistique générale* (1916). Selon P. Bourdieu (*op.cit.*, p. 484), Saussure a ainsi *« libéré la linguistique de la question de l'origine des langues »*.

402 Conférence prononcée à l'*American Association for the Advancement of Science* et intitulée : « Predictability : Does the Flap of a Butterfly's Wings in Brazil Set off a Tornado in Texas ? ».

et selon des voies différentes. Après Bertalanffy, dans le champ de la biologie, J. Piaget note, dans le domaine de la psychologie, que cette notion ne peut pas concerner les systèmes fermés mais renvoie nécessairement aux systèmes ouverts : des systèmes se (re-)construisant (vers une stabilité indépendante du temps) à partir des interactions qu'ils entretiennent avec leur environnement (*op.cit.,* pp. 136-138 et 146).
Au-delà, le sociologue W. Buckley a proposé de compléter l'*équifinalité* par le concept de *multifinalité* qui décrit cette fois les cas où des conditions initiales similaires mènent à des états finaux différents (Buckley, 1967). Mis en évidence dans le domaine des sciences du vivant, ce concept a largement débordé de ce domaine, à commencer par la physique et la chimie (thermodynamique des systèmes hors équilibre) mais aussi la psychologie.

À cela s'ajoute l'enjeu d'une capitalisation d'états au fur et à mesure du temps : une sorte de sédimentation. L'épistémologue G. G. Granger nous invite ainsi à comprendre la « *flèche du temps, non seulement en tant que succession d'état ou d'évolution (continue) mais aussi comme « accumulation » : un état n'est pas seulement déterminé par un état antérieur mais par « une accumulation d'états antérieurs* » » (Granger, 1957, p. 40). Or cette proposition, concernant ici les sciences de l'homme n'est pas sans échos dans d'autres domaines de la connaissance scientifique. Pensons aux sciences du vivant (mécanismes de l'hérédité), aux sciences de la terre ou aux sciences historiques.

Ceci nous invite alors à considérer un système en regard de sa durée de vie : les échelles de temps, lesquelles, selon le regard que l'on porte sur lui (et sur elles), peuvent être de l'ordre de la « longue durée » aussi bien que de l'événement, de l'instantané. Et, comme en écho à cette distinction introduite par l'historien F. Braudel, Ph. Kourilsky (*op.cit.* pp. 159-160) nous permet de distinguer deux sortes de mémoires : une mémoire qu'il qualifie d'*innée* pour l'une et d'*adaptative* pour l'autre. La première renvoie à la persistance dans le temps de formes régulatrices. La seconde renvoie à la survivance de certains traits liés à une réponse (adaptative du système) localement située dans le temps (à certains moments).

Mais, surtout, il convient d'articuler ce qui est de l'ordre de la causalité à ce qui est ainsi de l'ordre de la mémoire : faut-il alors parler de causalité cumulative ou de récursivité ? Ceci ne nous renvoie-t-il pas, par exemple, à la modélisation les systèmes dynamiques en termes de systèmes *à mémoire* permettant à la fois l'acquisition et le rappel de connaissances.

2. Correspondances au réel

« *What we can learn from the machines is how our brain must differ from them* ». Cette phrase, cette sentence, a été énoncée par le médecin E. D. Adrian dans les années 1950[403] ! Ici s'entremêlent la question des correspondances éventuelles, mais potentiellement effectives, entre le fonctionnement de l'esprit humain et la capacité de la machine à le simuler (avant même l'apparition de l'espèce de paradigme de l'intelligence artificielle) et celle des représentations que l'on peut avoir de l'esprit humain à partir de modèles issus, pour la plupart, des connaissances scientifiques et de leurs mises en œuvre.

Prendre en compte l'espace (et le temps) ?

Autant les travaux inscrivant le temps dans les représentations des systèmes ont pu faire l'objet de nombreux et décisifs développements au travers, notamment, de modèles dynamiques, autant les travaux relatifs aux modalités inscrivant l'espace dans les représentations d'un système sont assez peu fréquents et, surtout, peu robustes. L'espace est le plus souvent envisagé comme un « support », voire une abstraction, mais, rarement comme un « territoire »[404] et, encore moins, comme un « terroir ». Ainsi, par exemple, même si la notion d'écosystème est nécessairement liée à un territoire, le flou reste une constante. De même, Ph. Kourilky insiste-t-il sur ce même flou concernant le « *territoire immunitaire* » du corps humain : « *les territoires immunitaires ne coïncident pas exactement avec la représentation que nous faisons habituellement du corps humain.* [...] *Ils n'ont pas les mêmes caractéristiques partout. De plus, ils sont dynamiques et évoluent au cours des réponses* » (Kourilsky, *op.cit.*, p. 254)[405]. Or, précise-t-il plus avant, les réactions biologiques passent pourtant par des chaînes d'évènements reposant sur « *le principe d'être présent, en bon état, au bon endroit, au bon moment* » (*ibid.*, p. 290).

Même si l'incorporation de la dimension spatiale dans les modèles de réseaux fait l'objet de nombreuses tentatives depuis plusieurs décennies au travers de modèles mathématiques – dont certains très sophistiqués (modèles hiérarchiques, modèles de flux – gravitaires le plus souvent –, modèles de réseaux dits « *small-world network* », réseaux dits « *scale-free network* »,

---

[403] E. D. Adrian était médecin (prix Nobel de médecine en 1937), mais son œuvre s'est constamment inscrite à l'interface de la médecine et de l'ingénierie.

[404] La prise en compte du temps et de l'espace se fait alors, très souvent, en termes de perturbations (ou d'aléas) locaux.

[405] Pour pallier ces imprécisions, Ph. Kourilsky a recours à la notion de « champ » (« *centré sur le site d'infection qui en constitue le foyer* ») en soulignant néanmoins que, si cette représentation ouvre la voie à de nouvelles questions apparaissant plus simples et plus pertinentes, la plupart d'entre elles sont encore aujourd'hui sans réponses (*op.cit.*, pp. 255-256).

modèles dits « multi-échelles », etc.) –, cette incorporation se limite le plus souvent à la mise en place de liens d'ordre topologique (centralité, éloignement, etc.) et d'indicateurs quantitatifs associés (temps, coûts, densité, etc.). Autrement dit, la prise en compte de l'espace, d'un territoire, ne parvient pas à quitter le champ de la cartographie et de la géométrie (topologie) associés à des indicateurs inscrits dans diverses métriques.

Peut-on (et comment), par exemple, rendre compte des rôles (éventuels) de l'éloignement, de la proximité, voire de la contiguïté dans les interactions[406] ? Comment rendre compte de la part de la spatialité dans la force et l'intensité de l'effet d'une partie sur une autre ? Faut-il prendre en considération le rôle éventuel de la grosseur (la taille) de la partie dans ces inférences[407] ?
Ces questions quittent le terrain philosophique du questionnement sur l'espace pour renvoyer aux modalités concrètes d'interaction avec l'espace : non pas, seulement, contextualiser un système en regard de l'espace dans lequel il s'inscrit ou s'active mais, bel et bien, prendre en compte la diversité de ses interactions avec l'espace ou *un* espace.

La première difficulté nous renvoie à l'abstraction de langages formels comme l'algèbre symbolique ou la logique formelle, langages utilisés dans la représentation des systèmes. Pour eux, comme avait pu le noter G. Boole à propos de l'algèbre symbolique, « *la validité des processus d'analyse ne dépend pas de l'interprétation des symboles qui sont employés, mais seulement des lois de leur combinaison* » (Boole, 1847, p. 3).
Autrement dit, point n'est besoin de définir explicitement ce que recouvre (ou à quoi correspond) chacun de ces symboles pour attester de leur validité. Ces langages formels « *ignorent les symboles « d'embrayage » sur une expérience vécue* » (J.-D. Robert, 1975, p. 10) et cet « embrayage » dépend du système d'axiomes (ou d'hypothèses) permettant de les interpréter : « *chaque système*

---

406 Ainsi la distinction entre système et module est-elle envisagée aussi bien dans le domaine de l'ingénierie industrielle que dans le champ de la biologie, qui différencie les liens de proximité (ou de contiguïté) entre parties d'un système : un tableau de bord d'une automobile est un *module* en ce qu'il rassemble en une même totalité spatiale des parties relativement disparates alors que le *système* (électrique par exemple) dudit véhicule se répartit indifféremment de toute proximité dans le véhicule. De son côté, Ph. Kourilsky expose la complexité des modules pluri-moléculaires et des modules pluricellulaires comme agrégats de molécules ou de cellules s'organisant *dans l'espace et dans le temps* (Kourilsky, 2014, pp. 122 *sq.*). Au-delà de ces exemples, la notion de *proxémie*, introduite par l'anthropologue E. Hall envisage la dimension socio-culturelle dans ces relations spatiales (Hall, 1978).

407 Ainsi de certains travaux sur l'*échelle* des phénomènes, que ce soit dans le domaine de la biologie (biomathématique, par exemple) ou des sciences de gestion pour lesquelles la question de la *taille* (des entreprises) reste une question importante sinon majeure. Ainsi, également, d'approches multi-échelles qui, par exemple, étudient les modalités de répartition d'une réponse immunitaire sur plusieurs échelles physiques interconnectées : échelle intra- cellulaire, échelle d'une cellule, échelle de la population de cellules…

d'interprétation qui ne modifie pas la vérité de la relation supposée est également admissible » (Boole, *ibid.*). Au-delà de l'algèbre symbolique couverte par ces propos, on peut aussi penser à la « science du droit » qui sépare ce qui est de l'ordre d'une logique juridique interne combinant raisonnements et enchaînements réglés d'énoncés (« *le droit, rien que le droit, tout le droit* » selon l'expression consacrée) de ce qui renvoie à son contexte social, moral et culturel permettant argumentaires et interprétations.

Face à ces langages, G. G. Granger oppose ce qu'il nomme « sciences empiriques » (sciences physiques, sciences du vivant, sciences de l'homme) pour lesquelles, justement, l'enjeu est de se rapprocher au mieux du réel : parvenir à un certain degré de *complétude*[408] : « *jusqu'à quel point la réalité qu'elles* [les représentations abstraites] *proposent est par elles presque totalement ou insuffisamment décrite* » (Granger, 2001, p. 139) ? Qu'en est-il en effet de ce degré de complétude lorsque, par exemple, L. von Bertalanffy note que l'inscription dans l'espace et le temps pourrait s'exprimer par des systèmes d'équations *intégro-différentielles* (*op.cit.*, pp. 54-55) ? Et ceci d'autant plus que cette question, qui apparaîtra peut-être ancienne, reste d'actualité au travers de travaux récents[409].
Mais ces questions, qui peuvent nous conduire jusqu'à des interrogations d'ordre philosophique (comme a pu en faire état, en son temps, le cercle de Vienne[410]), nous entraînent aussi vers ses inverses : dans quelles mesures ces correspondances recherchées avec le réel ne sont pas tributaires des seules possibilités (et outils) de mathématisation (et de modélisation) du réel ?

La seconde difficulté est liée à la fréquente représentation des systèmes en termes d'arborescence et de réseau qui se focalisent généralement sur des flux (de circulation) ou des fonctions, pour lesquels le caractère non spatial semble la règle.
En effet, parmi la diversité des possibilités de représentation de liens de dépendance ou d'interdépendance entre parties d'un système, l'arborescence est sans doute le modèle le plus présent et le plus commode, que ces arborescences soient simples (strictement hiérarchiques) ou plus complexes (en semi-treillis, bouclées, en réseau, etc.). Il faut néanmoins souligner que

---

408 Question que, de notre point de vue (et hors de toute incidence philosophique très importante), Gödel transpose dans le champ de la logique formelle autour de la réalité des objets mathématiques…

409 On retrouve en effet aujourd'hui l'examen de cette possibilité jusque dans les domaines de la biologie et… de la finance (Rascle, 1979 ; Voltchkova, 2010). Plus largement, la question est celle de savoir jusqu'où aller dans cette désincarnation des phénomènes pour les modéliser.

410 Le cercle de Vienne est un groupement informel de savants et de philosophes (dont R. Carnap et K. Gödel) se réunissant à Vienne à partir de 1923 autour du physicien et philosophe autrichien M. Schlick, en vue de développer une nouvelle philosophie de la science excluant toute considération métaphysique. Associées à cet enjeu philosophique, les travaux du cercle de Vienne ont porté sur l'unification formelle du langage de la physique et de la logique.

leurs formalismes masquent le plus souvent cette double inscription dans l'espace et dans le temps qui, selon les champs scientifiques et les objets de recherche, peuvent pourtant s'avérer essentiels – sinon déterminants. Ceci alors que H. A. Simon avait opposé le caractère spatial des arborescences physiques et biologiques en regard du caractère non nécessairement spatial des arborescences sociales : « *mon cousin reste mon cousin, qu'il habite à proximité ou dans un pays éloigné* » (Simon, 1991, p. 176). Mais, de son côté, Ph. Kourilsky évoque, dans ce domaine précis de la biologie, le caractère non spatial des représentations en termes de réseau : « *la représentation d'un système complexe sous forme de réseau est insuffisante. Elle peut même prêter à confusion car elle fait abstraction de l'espace et du temps* » (Kourilsky, *op.cit.*, p. 178).

Ne faudrait-il pas alors envisager de construire des opérateurs permettant d'*embrayer* le travail de modélisation (et, ainsi, le modèle *en construction*) sur le réel ?

Et cette possible construction d'opérateurs devrait s'entendre tout autant du côté de la « *représentation d'un réel présumé existant* » que du côté de « *la construction d'un réel qui n'existe pas encore* » (Le Moigne, 1991, p. 231). Aussi bien du côté de l'*observation* (de phénomènes) que de la *conception* (de modèles ou d'artefacts).

Deux ordres de construction d'opérateurs d'embrayage

Cette distinction entre situation d'observation (de phénomènes) et de conception (de modèles), introduite par J.-L. Le Moigne, est d'autant plus importante à relever qu'à notre connaissance seules deux tentatives de telles constructions d'opérateurs d'embrayage, respectivement relatives à chacune de ces deux orientations, ont été développées.

La première, relative à la construction d'un réel *qui n'existe pas encore*, est celle de la reconstruction conceptuelle de la notion empirique d'échelle dans le domaine de la conception architecturale. Ce travail, engagé par Philippe Boudon dès les années 1970, porte sur les opérations, à la fois cognitives et concrètes de mesure et de figuration permettant l'élaboration du projet d'architecture : un « modèle » à partir duquel se construira l'édifice. Le terme d'architecturologie (architecture + *logos*) désigne ce travail[411]. La notion d'échelle y est reconstruite comme un opérateur complexe associant trois opérations : le choix d'un « *support d'opération* » (choix d'entités en travail, parties, modules, d'une portion du réel, etc.), une opération de point de vue – de « *pertinence* » – (mise en œuvre de points de vue sur ces supports d'opération) et une opération de « *référenciation* » (référencement de l'entité en travail et de ce point de vue à une grandeur). Cet opérateur permet d'articuler le travail

[411] La préface de G. Engrand à l'ouvrage de Philippe Boudon (2002), qui retrace ce projet scientifique, est à ce titre particulièrement éclairante. Au-delà, l'ouvrage lui-même présente différentes facettes de mise en œuvre de ce triplet d'opérations ainsi qu'une bibliographie complète des principales publications associées à ce travail.

de conception du réel *qui n'existe pas encore* à un embrayage sur l'espace et, plus largement, sur le réel[412].
La seconde tentative qui, cette fois, s'inscrit dans la représentation d'un réel *présumé existant* concerne les micro-états de la physique quantique et est développée par la physicienne Mioara Mugur-Schächter. Le caractère inobservable de ces micro-états conduit M. Mugur-Schächter à introduire une triade (là encore) qui associe *a*) l'opération (physique, abstraite, mixte) par laquelle est introduite l'entité-objet de la description que l'on veut faire, *b*) la précision de cette entité-objet-de-la-description elle-même et, *c*) la 'vue', la grille de qualification retenue afin de qualifier cette entité[413]. Ce faisant, il devient possible de modéliser ces micro-états en tenant compte de l'existence d'un *point de vue* lié à un sujet et d'une *valeur* donnée (en correspondance à un réel présumé) à la partie considérée (l'*entité-objet*), valeur associée à ce point de vue[414].

Il faut par ailleurs noter que cette notion d'*embrayage*, au-delà des enjeux relatifs à l'espace, permet de soulever de manière plus générique la question de la correspondance avec *tout ce qui donne du sens* : l'inscription dans un « milieu » (social, économique, etc.), la prise en compte de spécifications locales dont la métrique ne renvoie pas spécialement à des « grandeurs » mais

[412] Il faut souligner ici que, si la notion d'échelle » fait l'objet de nombreux développements et questionnements dans de nombreux domaines (de la géographie à l'architecture en passant par l'art et la physique), cette notion n'y est généralement pas étudiée en tant qu'*opérateur* (d'embrayage) mais est le plus souvent envisagée comme un indicateur (de mesure), un paramètre voire une « contrainte ».

[413] Très précisément, M. Mugur-Schächter introduit deux opérateurs de description : le concept de "*découpeur*" et celui de "*regard-aspect*". Ces deux opérateurs introduisent, dans la description des phénomènes, l'existence d'un *point de vue* lié à un sujet et une "*valeur*" associée à ce qui est considéré de par ce point de vue. Un "découpeur" est un opérateur Δ défini sur un univers R (continuum d'objets physiques ou réels potentiellement objets d'examen) et produisant une entité η_Δ. L'entité η_Δ représente la portion du réel qui est ainsi prise en compte. Un "regard" ou, plus exactement un "*regard-aspect*" (noté $\Diamond/_g$) désigne ainsi un "opérateur d'investigation" sur l'ensemble de toutes les entités η_Δ concevables produites par les découpeurs précédents. Ce regard-aspect est un regard qui se trouve spécifié selon certains "aspects" par un indicateur *g* dans le symbole $\Diamond/_g$ et qui, lui-même peut prendre différentes "valeurs" notées k (valeurs g_k de l'aspect g). Ces opérateurs (et le système symbolique associé) sont construits dans le champ de la perception (description de phénomènes physiques ou réels) et non dans l'univers de la conception. Il s'agit donc d'une conceptualisation qui, parce qu'elle intègre une relativité du sujet observant, permet de (se) construire une *méthode de conception de modèles* tenant compte d'une constante reformulation des entités et de changements fréquents de points de vue. Elle vient s'ajouter (et s'articuler ?) aux problématiques relatives à l'indétermination (de vitesse et de position) des objets quantiques (sur ce principe d'indétermination, cf. *supra* IV.1).

[414] Au-delà de la mécanique quantique, ce travail s'attache à la possibilité de créer un cadre formalisé de conceptualisation qui puisse refléter « *pas à pas l'élaboration des relations cognitives entre l'homme et "le réel", tout en* normant *ces relations* » (Mugur-Schächter, 2006). Dès la parution de cet ouvrage, J.-P. Baquiast a su en proposer une présentation détaillée (Baquiast, 2006).

à des traits locaux, qu'ils soient sociaux, économiques, écologiques, etc. Par extension, plutôt que de parler d'espace (terme générique) ne faudrait-il pas alors parler de « lieux », de milieu (local) et, de ce fait de *spécificités*[415] ?

Correspondre, coïncider, convenir ?

Peut-on penser (et agir) sans modèle, sans avoir des références plus ou moins explicites, sinon formalisées ? Force est, ici, de penser à la célèbre métaphore de P. Watzlawick dans laquelle un capitaine de navire traverse un détroit maritime selon une route qui convient à la topographie du lieu sans pour autant lui correspondre : « *Par une nuit sombre et orageuse, un capitaine doit, sans balise ni rien qui puisse l'aider dans sa navigation, traverser un détroit qui ne figure sur aucune carte maritime. Dans cette situation, ou bien il échoue son bateau sur les rochers, ou bien il passe le détroit et retrouve la sécurité de la pleine mer. S'il perd à la fois le bateau et sa vie, son échec prouve que la route qu'il avait choisie n'était pas la bonne* [...] *Si, par contre, il traverse le détroit, son succès prouve simplement que, littéralement, son bateau n'est pas entré en collision avec la forme et la nature (autrement inconnue) de la voie navigable. Mais il ne le renseigne en rien sur le degré de sécurité ou de danger dans lequel il se trouvait à chaque moment de la traversée. Le capitaine a traversé le détroit comme un aveugle. La route choisie a convenu à la topographie inconnue, ce qui ne signifie pas qu'elle lui a correspondu...* » (Watzlawick, 1988, pp. 15-16). Ici le modèle (la carte) est absent mais, finalement, le chemin suivi a effectivement convenu. Cette situation, qui pouvait arriver dans les périodes de découverte de nouveaux continents, est-elle encore d'actualité ?

Les modèles ne font-ils pourtant pas, aujourd'hui, partie de nos références qui sont censées fournir une certaine représentation (une intelligibilité, voire une simulation) du réel permettant de se situer, d'agir, de penser[416] ? Et, simultanément, n'appréhende-t-on pas et ne percevons-nous pas le réel au travers de ces modèles ? Jusqu'où, alors, vont ces dépendances ?

Au-delà, jusqu'à quel point (et comment) les modèles peuvent-ils prétendre représenter le réel, même de manière fragmentaire ou dans leur autonomie au sein d'un système théorique ? Même si la tentation de représentation du réel existe, la carte (le modèle) n'est pas le territoire (le réel).

---

[415] Ph. Kourilsky va jusqu'à indiquer que ces paramètres de l'espace et du temps sont cruciaux pour « *appréhender convenablement des notions telles que la spécificité* » (*op.cit.*, p. 178).

[416] Dans son autobiographie, le physicien et prix Nobel (1949) japonais Hideki Yukuwa utilise cette même métaphore de la cartographie en qualifiant le chercheur comme « *un voyageur sans carte* ». Il va d'ailleurs jusqu'à intituler sa propre autobiographie « Le voyageur » : *Tabibito* (旅人) en japonais. Il précise néanmoins, après avoir parlé de ce *voyageur sans carte,* qu'il « *y a parfois des pistes laissées par les explorateurs qui les ont précédés. Si nous les suivons, atteindrons-nos notre destination, ou bien devons-nous ouvrir une voie entièrement différente ?* » (Yukuwa, 1985, p. 100, cité par C. Brezinski, 2007, p. 69).

Ceci, bien que, comme a pu le préciser Alfred Korzybski dès les années 1930, « a *map is not the territory it represents, but, if correct, it has a similar structure to the territory, which accounts for its usefulness* » (Korzybski, 1933, p. 58). Autrement dit, si la carte est bien en correspondance avec le territoire, cette correspondance est, comme l'a précisé J.-L. Le Moigne, « homomorphe » et non « isomorphe » au phénomène : seuls certains traits du réel sont accessibles au modèle[417]. S'il peut bel et bien y avoir correspondance, il n'y a pas coïncidence.

Pour se représenter la construction de telles correspondances, et tenir compte de la complexité inhérente aux phénomènes, Le Moigne avait introduit ce qu'il a dénommé « *systémographie* » : construction de modèles en correspondance homomorphe avec un phénomène appréhendé comme complexe (qu'il soit perçu ou recherché) et en correspondance isomorphe avec ce qu'il nomme un « *système général* », sorte de matrice de pensée et de filtre théorique qui, dans la saisie du phénomène par un modélisateur en vue de la construction du modèle, doit conduire le modélisateur à prendre en compte non seulement les fonctions et transformations du phénomène mais aussi son environnement et ses finalités (Le Moigne, 1977, 1990).
Et en précisant qu'avec cette « *homomorphie nécessairement partielle avec l'objet perçu à modéliser, nous avons rendu plus explicite le rôle discrétionnaire de l'observateur : c'est lui qui sélectionne les traits qui, par homomorphisme, dessineront le modèle* » (Le Moigne, 1977, p. 106). S'instaure donc un triptyque entre le modélisateur, les (ses) modèles et le phénomène (perçu ou recherché).
Ceci implique alors qu'« *il sera donc a priori toujours possible de concevoir et de construire bien des systémographies différentes du même objet, toutes homomorphes de cet objet et toutes isomorphes du Système Général* » (*ibid*, p. 79). Que le modèle convienne (ou non) dépendra alors, pour une large part, des finalités du modélisateur : une visée d'intelligibilité (de connaissance), d'action (d'opérations sur – ou via – le phénomène) ? Au-delà, enfin, cette modélisation « *peut — à la différence de la modélisation cartésienne — laisser divaguer l'imagination de l'observateur à sa guise, dès lors qu'il assure en permanence de la validité de ces deux correspondances : isomorphie avec le Système Général, homomorphie avec l'objet considéré* » (*ibid*., p. 104). Mais, de ce fait, ne sommes-nous pas acculés, en tant que modélisateur, à rendre le plus explicite possible notre pratique de modélisation et sa visée ?

---

[417] Dans le domaine de la biologie, tout en indiquant qu'il y était difficile de résister à donner « *une valeur de représentation* » à un modèle, G. Canguilhem avait d'ailleurs distingué, à la suite, ce qui est du côté de la fonction dans lequel « *le modèle tend à se présenter comme un simple simulateur qui reproduit une performance, mais par des moyens propres à lui* » de ce qui est du côté de la structure dans lequel « *il peut tout au plus se présenter comme un analogue* » (Canguilhem, 1971, pp. 305-318).

Un modèle peut-il, lui-même, faire office de système ?

Ce système général est présenté comme une « matrice de modélisation » pour le modélisateur. Mais la recherche d'isomorphie entre ce système général et le modèle peut susciter une certaine confusion entre système et modèle. En effet, le langage de la théorie des systèmes, combiné avec le formalisme logico-mathématique, peut conduire à « réinterpréter » le modèle *comme un système*, système lui-même isomorphe au système que le modèle ambitionne de représenter[418].
Or cette isomorphie n'est pas à considérer entre le modèle et le phénomène mais entre le modèle et ce que J.-L. Le Moigne désigne comme « *système général* », à savoir la matrice de pensée du modélisateur en regard du *concept* de système[419].
Au-delà, néanmoins, peut apparaître un possible jeu entre ce système général et le système de représentation du modélisateur, ses acquis, ses références et ses problématiques mais aussi son « projet de modélisation » (ses finalités).

Mais comment s'établissent ou se construisent ces correspondances homomorphes ? Comment l'enchaînement des signes constituant le modèle (signes symboliques, iconiques ou linguistiques) peut-il entrer en correspondance avec la matérialité du phénomène ? Et cela d'autant plus que cette matérialité peut aussi bien être d'ordre spatial (topologique ou physique) et/ou temporelle que de l'ordre de la signification. Mais quels opérateurs, par exemple, permettent de mettre en correspondance un enchaînement de propositions logiques avec une réalité matérielle ? Quelles sont les modalités d'un tel *embrayage* ?

---

[418] Ainsi, comme avait pu le noter Jean-Louis Le Moigne, « *les encyclopédistes du XVIIIe siècle parlaient volontiers de système pour désigner, à peu près, ce que nous entendons aujourd'hui par modèle scientifique ou technique* » (Le Moigne, 1987). Effectivement, l'article « système » de l'Encyclopédie Diderot commence par énoncer ce qu'on l'entend peu ou prou encore aujourd'hui pour définir la notion : « *Système, s. m. (Philos.) signifie en général un assemblage ou un enchaînement de principes & de conclusions : ou bien encore, le tout & l'ensemble d'une théorie dont les différentes parties sont liées entre elles, se suivent & dépendent les unes des autres* ». Par contre, la suite de l'article penche vers des représentations construites à partir du réel, des modèles : « *les expériences et les observations sont les matériaux du système. Aussi rien n'est-il plus dangereux en Physique, & plus capable de conduire à l'erreur, que de se hâter de faire des systèmes, sans avoir auparavant le nombre de matériaux nécessaires pour les construire* » (in art. « Système » de l'Encyclopédie Diderot, Vol XV, 1765, p. 778). De son côté, J.-L. Le Moigne rappelle aussi que H. Simon avait noté « *que, dans l'usage contemporain, le mot "modèle" est tout simplement un synonyme du mot "théorie"...* » (*op.cit.* 1987).

[419] Il faut également souligner que, dans le contexte d'homomorphie introduit par J.-L. Le Moigne, le phénomène (le réel à connaître ou à élaborer) n'est pas associé à un seul modèle mais à plusieurs modèles partiels (à commencer par ceux qui ont été élaborés successivement dans le temps selon les avancées de la connaissance). Et, « *par ses moyens propres* », comme le soulignait G. Canguilhem, chacun de ces modèles partiels peut correspondre à certaines caractéristiques ou propriétés (au moins) du phénomène mais sans, pour autant, que la réciproque soit vraie. Deux aspects questionnant sont alors soulevés qui nécessitent d'être distingués. Le premier d'entre eux porte sur la pluralité des modèles à l'instant t (modèles concurrents, complémentaires, etc.) tandis que le second porte sur la « *succession dans le temps, des modèles pour un même objet de recherches* » (Canguilhem, 1971, p. 316).

Qu'entendre par « embrayage » ?

La notion d'embrayage suppose une certaine problématisation et une instrumentation qui peut varier selon les champs dans lesquelles elle serait examinée, sciences formelles, sciences de la réalité empirique, sciences de l'homme et ce que l'on peut désigner aujourd'hui comme les « sciences de l'artificiel », pour reprendre quatre catégories introduites par G. G. Granger (2001). Si cette notion est notamment issue de la linguistique qui s'interroge sur des locutions internes au langage mais extérieures à toute localisation spatiale ou temporelle, elle a pu être reprise et réinterrogée dans divers contextes, du rapport de l'intention d'une action à son « embrayage » dans l'action elle-même au contexte de la correspondance entre une modélisation iconique (liée, en l'occurrence à l'architecture) et son « embrayage » avec un réel à venir : un bâtiment. Lorsque, par exemple, je dis à mon correspondant, au téléphone, « *je suis ici* », je n'indique pas « réellement » où je suis. Et lorsque je dessine un schéma ou un plan, quels opérateurs permettent de mettre en correspondance ce schéma ou ce plan avec une réalité spatiale existante ou à venir[420] ?

Les heuristiques de l'analogie

Se représenter, concrètement ou intellectuellement, un système : recourir, d'un côté, à des représentations existantes prises comme modèle ou, d'un autre côté, (se) fabriquer de nouvelles représentations, de nouveaux modèles ?

Le premier des deux versants passe par de la ressemblance (un élément antérieur pris pour modèle), pouvant aller jusqu'à l'imitation. Ainsi, par exemple, de nombreux modèles s'attachant à « imiter la nature », tant dans les domaines de l'art (d'Aristote à la « bio-inspiration » contemporaine[421]) que dans ceux de la science (le bio-mimétisme et la bionique, par exemple).

Imitation et apprentissage

Il convient de souligner qu'au-delà du caractère mimétique et souvent conventionnel de l'imitation, de nombreuses problématiques relatives à l'imitation se sont développées dans des champs aussi divers que la psychologie, la neurobiologie,

[420] Dans le champ de l'architecture cette discussion sur les opérateurs a conduit Ph. Boudon à distinguer le concept d'embrayage de celui d'échelle : « *Si l'on retient le terme d'espace représentatif défini par Poincaré, deux fonctions de représentation sont à distinguer : la fonction par laquelle l'espace est objet d'une représentation au sens mental, cognitif, du terme et une fonction par laquelle la représentation peut s'embrayer sur un réel et par là devenir réalité. Ces deux fonctions étant présentes dans l'usage du terme d'échelle, j'ai cru nécessaire par la suite de les distinguer* [...] *en qualifiant la seconde d'embrayage, réservant celui d'échelle à la première* » (Boudon, 2002).

[421] Sans oublier, parallèlement, la critique hégélienne relative aux relations entre l'art et la nature : « *d'une façon générale, il faut dire que l'art, quand il se borne à imiter, ne peut rivaliser avec la nature, et qu'il ressemble à un ver qui s'efforce en rampant d'imiter un éléphant* » (Hegel, *Esthétique*, 1835, Le livre de poche, 1997, p. 13).

l'anthropologie et, plus récemment, l'intelligence artificielle[422]. Celles-ci sont, le plus souvent, en lien avec la question de l'apprentissage.

Ainsi, au-delà des premiers travaux de J. Piaget en psychologie, l'intelligence artificielle, aujourd'hui, est directement confrontée à cette question. Pour D. Moga Sorin, par exemple, l'apprentissage par imitation est l'une des voies par laquelle un robot *autonome* pourrait apprendre : « *Un grand nombre d'algorithmes ayant recours à l'analyse combinatoire et à l'optimisation ont vu le jour. Dans la plupart des cas, apprendre à résoudre un problème donné revient à adapter un certain nombre de paramètres de manière à optimiser la fonction associée au comportement désiré. La difficulté réside alors dans la caractérisation de la fonction d'évaluation et dans le choix du modèle à optimiser* » (Sorin, 2000, p. 15). Il convient néanmoins, dans ce contexte, de distinguer deux situations. La première correspond à un problème bien posé. Dans ce cas, « *les résultats de ces techniques sont impressionnants et dépassent largement ce qu'un humain est capable de faire (jouer aux échecs par exemple)* ». Par contre, « *dans le cas d'un système laissé à lui-même dans un environnement a priori inconnu, un double problème apparaît : il faut à la fois identifier les nouvelles situations en tant que telles (créer ou gérer de nouvelles variables) et gérer l'explosion combinatoire des associations entre situations et actions possibles sachant que le signal de renforcement peut ne parvenir que longtemps après l'exécution des actions* ». Au-delà, précise-t-il encore, « *Les techniques d'apprentissage par renforcement permettant à un robot de "découvrir" par lui-même la solution à un problème donné ne pouvant être utilisées seules, le cadre de l'apprentissage par imitation s'impose* ».

De manière sous-jacente à la question de la ressemblance apparaît le potentiel heuristique de l'analogie qui peut, elle, s'inscrire dans une grande diversité d'approches : analogies de forme, analogies de fonction, analogies de structure, et ceci indépendamment des domaines dans lesquels ces analogies s'inscrivent. Toutes, par contre, conduisent à inférer les caractéristiques, sinon les propriétés, d'une entité à une autre. Ainsi peut-on considérer comme analogique le fonctionnement du cœur avec celui d'une pompe et des notions comme celle de bras, de rotule, etc. vont-elles permettre, pendant des siècles, des analogies entre certains fonctionnements de l'être humain et des artefacts mécaniques.

Au-delà, l'analogie fonctionne aussi bien entre un modèle et un système théorique ou encore entre modèles. Ainsi, la philosophe des sciences Marie Hesse a-t-elle pu préciser que l'analogie « *refer to some relation of similarity and/or difference between a model and the world or (less question beggong) between a model and some description of the world, or between one model and another* » (Hesse, 1966, p. 299).

[422] Cf., notamment, Jacqueline Nadel, Jean Decety (*ed.*), *Imiter pour découvrir l'humain, psychologie, neurobiologie, robotique et philosophie de l'esprit*, PUF, 2002.

Ainsi l'analogie entre chaleur et électricité a-t-elle pu traverser tout le XIXe siècle, portant à la fois sur les grandeurs (conductibilité *vs* température) et sur les relations (différences de tension *vs* différences de température). E. Bolmont a décrit l'évolution des soubassements de cette analogie au fil du XIXe siècle, apparue tant « *dans les phases de découverte et de justification d'une théorie* » (Bolmont, 2003). Dans le domaine de l'économie, B. Walliser a pu noter, de son côté, que « *l'analogie mécanique a permis d'importer en économie, tout d'abord la notion centrale d'équilibre entre agents suivie par les processus dynamiques non linéaires et leurs propriétés. De même, l'analogie biologique a fortement fécondé l'économie, d'abord par l'idée vague d'organisation maintenue par des flux puis, plus récemment, par les mécanismes d'évolution de nature lamarckienne* » (Walliser, 2001).
Dans ce contexte, la capacité à généraliser apparaît alors comme l'un des potentiels heuristiques de l'analogie : « *une même équation, celle de Laplace, se rencontre dans la théorie de l'attraction newtonienne, dans celle du mouvement des liquides, dans celle du potentiel électrique, dans celle du magnétisme, dans celle de la propagation de la chaleur et dans bien d'autres encore... Ainsi les analogies mathématiques, non seulement peuvent nous faire pressentir des analogies physiques, mais encore ne cessent pas d'être utiles, quand ces dernières font défaut* » (Poincaré, 1909, p. 146). Au-delà, l'analogie trouvée entre les équations de Boltzmann relatives à la thermodynamique et les équations mathématiques de Shannon relatives à la transmission de l'information et la notion d'entropie qui leur est associée, a conduit à de nombreuses fertilisations et généralisations dans de nombreux domaines[423].

Or, si l'on revient aux propos cités précédemment de Marie Hesse, il faut noter qu'elle nous indique que l'analogie nous renvoie aussi bien à des relations de *similarité* que de *différence*. Face à la relation de similarité, qu'elle dénomme analogie « positive », elle introduit en effet les notions d'analogie « négative » et d'analogie « neutre » (*ibid.*, p. 299-300). Par opposition à l'analogie « positive », l'analogie « négative » permet de mettre en lumière des éléments et relations reconnus totalement divergents. L'analogie dite « neutre », quant à elle, renvoie au constat d'une incapacité à définir des similarités ou des divergences. Ces deux derniers aspects de l'analogie ne peuvent-ils pas alors

---

423 Il semble cependant que l'usage du terme d'entropie, semblant caractériser à la fois la problématique de déperdition d'énergie et de déperdition d'information soit, pour Cl. Shannon, le fait d'un certain hasard : « *He borrowed "entropy" from thermodynamics because, as he told me once, Von Neumann told him, "Your mathematical formula is similar to one used in statistical mechanics. People do not really understand entropy so if you use it in an argument, you will win every time, hands down." Shannon regarded the use of entropy in information theory as representing an entirely different concept and felt it would not introduce confusion if he used it in information theory* » (in Myron Tribus, « Some Observations on Systems, Probability, Entropy and Management », 1999).

s'avérer tout aussi féconds pour, cette fois, questionner autant le réel que le théorique dans le processus d'élaboration ou de légitimation des modèles ?

Modèles a priori, modèles a posteriori

Face à la ressemblance et à l'analogie, l'autre versant permettant de se représenter le réel est celui de la fabrication de modèles pouvant correspondre au réel (ou le simuler) tant dans son identité (sa forme), que dans sa structure ou son fonctionnement. L'enjeu, ici, comme a pu l'exprimer J.-L. Le Moigne, « *n'est plus d'analyser, mais de* concevoir *des modèles* » (Le Moigne, 1977, p. 81). Mais comment s'élaborent, se construisent, des modèles ? Comment s'assurer de leur pertinence sinon de leur validité ?

Deux attitudes scientifiques, ici, sont souvent entremêlées. De la carte (modèle élaboré à partir du réel, donc « *a posteriori* ») au modèle abstrait ou « théorique » (un système d'équations, par exemple) supposé correspondre *a priori* avec le réel.

Cet *a priori* théorique (constitué d'hypothèses, d'idées directrices, etc.) reste néanmoins « situé » vis-à-vis du réel considéré : il est présupposé pertinent. Ainsi, il y a ce que le développement scientifique permet d'imaginer développer ou appliquer à partir d'autres modèles antérieurs considérés comme légitimes pour constituer un nouveau modèle mais il y a, également, le travail d'élaboration (de conception) d'un tel modèle : des allers et retours entre, d'une part, le modèle en travail et le réel et, d'autre part, les modalités internes au champ (scientifique) dans lequel s'inscrit et s'élabore le modèle.

Entre visée de correspondance au réel et travail interne au champ scientifique

Deux notions empiriques peuvent éclairer cette double activité et leur imbrication. La première d'entre elles est celle de « commutation ». Elle renvoie aux opérations de l'esprit permettant de passer du monde réel à l'espace de représentation (et au « langage ») propre au concepteur de modèles, au modélisateur. Or dans cet espace de représentation, les règles sont hétérogènes par rapport au réel. Le concepteur se met alors à « raisonner » (imaginer, explorer, problématiser, etc.) dans l'univers de références et de signes qui est le sien. Cette "commutation" est ainsi dans une sorte d'entre deux, entre le réel et le concepteur de modèles.

La seconde notion est celle de « transmutation » qui renvoie, cette fois, au travail qui est issu de cette commutation : travail sur des signes verbaux, symboliques et/ou iconiques propre au modélisateur-concepteur, qu'il s'agisse de schémas, de graphiques, de systèmes d'équations, de notes de calcul, d'élaboration de protocoles expérimentaux, etc. Ce travail, qui s'effectue dans l'univers de référence propre au concepteur (au modélisateur) peut apparaître éloigné du réel mais tend progressivement (avec des rétroactions, des dispersions, etc.) à se rapprocher sinon à représenter le réel[424].

S'il faut admettre que, dans le cas des modèles *a posteriori*, la validité du modèle tient implicitement à la validité de l'observation de la réalité qui permet sa construction, le plus souvent, néanmoins, des allers et retours s'effectuent entre ces représentations *a posteriori* et des représentations *a priori*. Par contre, la validité du modèle *a priori* passe par une confrontation au réel : des expériences ? Le chimiste M.-E. Chevreul a ainsi pu parler, dès la fin des années 1850, de *méthode a posteriori expérimentale* (sic) pour valider *a posteriori* la légitimité d'un *a priori* scientifique (hypothèse, raisonnement, idée directrice) : « *Un phénomène frappe vos sens ; vous l'observez avec l'intention d'en découvrir la cause, et pour cela, vous en supposez une dont vous cherchez la vérification en instituant une expérience. Le raisonnement suggéré par l'observation des phénomènes institue donc des expériences* [...] *et ce raisonnement constitue la méthode que j'appelle expérimentale, parce qu'en définitive l'expérience est le contrôle, le critérium de l'exactitude du raisonnement dans la recherche des causes ou de la vérité* » (Chevreul, 1856, p. 28). L'expérience est ici envisagée comme test d'un *a priori* scientifique et non à partir de son aspect sensible ou intuitif comme ce serait le cas avec l'empirisme[425]. Faisant référence explicitement à M.-E. Chevreul, l'*Introduction à l'étude de la médecine expérimentale* de Claude Bernard est ainsi qualifiée par G. Canguilhem de « *long plaidoyer pour le recours à l'idée dans la recherche, étant entendu qu'une idée scientifique est une idée directrice et non une idée fixe* » (Canguilhem, 1971, p. 233).

Au-delà, cette notion d'*a priori* suppose, plus généralement, non plus de savoir seulement si le modèle va coïncider avec la réalité mais d'examiner aussi, d'un point de vue questionnant, les correspondances possibles (ou impossibles) que le modèle permet d'établir avec la réalité : découvrir les questionnements que le modèle soulève dans sa confrontation à la réalité et, ce faisant, se remettre en question. Ainsi, par exemple, de l'analogie chaleur / électricité, initiée par G. Ohm puis Kirchhoff et reprise, approfondie, corrigée successivement par Thomson, Maxwell, etc., jusqu'à Poincaré et Duhem (Bolmont, 2003).

Le point essentiel, comme l'a dit le cristallographe Haüy, est sans doute que la théorie et la réalité "*finissent par se rencontrer*" mais, pour découvrir ce que

[424] Ces deux notions empiriques de commutation et de transmutation ont été introduites pour rendre compte du travail général de conception, qu'il s'agisse de conception de produits, de systèmes ou de services (Deshayes, 2006).

[425] Cette *a priori* scientifique peut aller jusqu'à prendre acte de l'aspect souvent « contre-intuitif » des théories scientifiques, notamment de la physique ou de la biologie.

ce modèle permet d'apprendre sur la réalité, la cohérence scientifique du modèle *a priori* ne serait-elle pas tout aussi essentielle et sans doute plus importante que sa capacité à représenter effectivement une réalité ?
Autrement dit, un modèle *a priori* serait un modèle dont le choix ou la construction procédera tout autant de sa capacité supposée de pouvoir permettre une représentation du réel que de sa capacité à questionner (de manière pertinente) la réalité, ce dernier point permettant corrections, ajustements, restructurations : « *Une bonne hypothèse n'est pas toujours celle qui conduit rapidement à sa confirmation, qui permet d'appliquer du premier coup la description d'un phénomène sur un schéma explicatif. C'est celle qui oblige le chercheur, du fait d'une discordance imprévue entre l'explication et la description, soit à corriger la description, soit à restructurer le schéma d'explication* » (G. Canguilhem, 1971, p. 315).

L'abstraction, entre science et réalité ?
Dans quelle mesure (et jusqu'à quel point) la modélisation, l'art de concevoir des modèles, a-t-elle recours à l'abstraction ? Est-ce une nécessité (scientifique) et/ou le résultat d'une tentation, d'une *tendance* de l'esprit humain comme le dit P. Valéry ? : « *La tendance de l'esprit humain est de concevoir les formes, les liaisons, les dépendances des parties sans égard ni à la matière ni à la grandeur. La géométrie pure vit de cette ignorance. Elle ne s'inquiète pas des unités de mesure, et se déclare vraie à toute échelle* » (Valéry, 1931).
De son côté, G. Bachelard, dans son « discours préliminaire » à *La formation de l'esprit scientifique* a pu qualifier l'abstraction de démarche « *alerte et conquérante* », « *normale et féconde de l'esprit scientifique* » entraînant « l*a pensée scientifique vers des "constructions" plus métaphoriques que réelles, vers des "espaces de configuration"* » (Bachelard, 1938, 1970, p. 5). Le réel, le concret, le sensible, l'expérience intuitive, par opposition à l'abstrait, y deviennent alors un « obstacle » proprement épistémologique pour la démarche scientifique.
Mais, face à ces propos à portée générale (et unitaire) sur l'esprit humain et scientifique, ne faut-il pourtant pas différencier les situations ? Selon que l'on parle d'un système d'équations, d'un système immunitaire, d'un système social, d'un système technique, les mêmes visées de correspondance au réel et les mêmes modalités d'abstraction sont-elles en jeu ?

Ainsi, G. G. Granger a-t-il distingué plusieurs ordres de *rapports de la science à la réalité*[426] (Granger, 2001) :

[426] Ce terme de « réalité » et ses rapports à la science sont, chez G. G. Granger, une question épistémologique majeure.

Le premier d'entre eux concerne les *sciences formelles* – telles les mathématiques ou la logique – qui soulèvent la question de la réalité de leurs entités sans que, pour autant, celles-ci correspondent nécessairement à une quelconque réalité. Cette question, d'ordre ontologique plus qu'épistémologique est formulée ainsi par J. Ladrière : « *quel est le type d'être que l'on peut et doit reconnaître aux entités mathématiques ?* » (Ladrière, 1966). Et cette question, comme de nombreuses questions ontologiques, suscite toujours discussions, essais et débats, tant de la part de mathématiciens que de philosophes !

Au-delà, néanmoins, se pose la question de la correspondance (éventuelle) des entités formelles au réel. Et cela d'autant plus au titre des correspondances de la géométrie élémentaire (euclidienne) et de la possibilité de relier les mathématiques à la physique (quantification d'entités mathématiques, par exemple)[427]. Par contre, la situation de ces correspondances est sans doute à envisager distinctement de celle pouvant exister du côté de certains « objets » mathématiques contemporains qui n'existent que par leur définition au sein d'une certaine axiomatique, elle-même auto-génératrice de nouveaux objets[428]. Ainsi, dans la construction de la connaissance mathématique « *il y a un moment critique où le rapport avec la perception est suspendu, et où la pensée mathématique commence à fonctionner selon son propre régime* ». À ce moment-là, ajoute J. Ladrière, « *la forme perceptive, qui crée entre les choses de même allure une parenté reconnaissable et qui nous permet de nous orienter dans la diversité du monde et de classer les choses selon leurs ressemblances, cède la place, de façon instantanée, discontinue, à une forme purement intelligible dont les signes ou les figures ne sont plus que des supports inessentiels* » (Ladrière, *op.cit.*, pp. 566-567). La manipulation des

---

[427] « *Que les mathématiques aient bien souvent dû leur progrès à des problèmes venus de la physique, c'est là aussi un fait historique patent qui nous oblige à reconnaître la solidarité étroite qui existe entre connaissance de la réalité physique et connaissance de la réalité mathématique* » (Ladrière, 1966, p. 572). Ainsi, par exemple, selon Ch. Mira, « *La démarche de Poincaré (cf. son livre "La science et l'hypothèse", Flammarion, 1914, Paris), celles de Ljapunov, des écoles de Gorki et Kiev, de Haag, de Vogel, du groupe de Toulouse en France, se situent dans le cadre d'une "théorie concrète", annoncée au 19ème siècle par Joseph Fourier (cf. § 5.1: "L'étude de la nature est la source la plus productive des découvertes mathématiques")* » (Mira, 2012, p. 15).

[428] Ainsi des exemples pris par J. Ladrière des structures topologiques ou de la notion de récursivité. J. Ladrière indique en effet, dans un premier temps, que « *dans le cas de la notion de récursivité : que l'on utilise la définition des fonctions récursives par systèmes d'équations permettant un calcul effectif des valeurs, ou par le formalisme de la conversion - X, ou par les méthodes de la logique combinatoire pure, ou par les machines de Turing, ou par la théorie des algorithmes, c'est toujours la même réalité que l'on vise. Sans doute il n'est pas possible de savoir à l'avance qu'il en est ainsi. Il n'y a pas une saisie pré-expressive, intuitive, immédiate, que l'on s'efforcerait de traduire aussi bien que possible par des moyens divers* ». Dès lors, ajoute J. Ladrière, « *c'est bien dans l'effort de délimitation, que traduit le processus de formalisation, que l'objet se découvre ; en ce sens la révélation de l'objet est contemporaine de sa définition* » (Ladrière, p. 555).

concepts et des entités mathématiques est ici au cœur du travail du mathématicien. Leurs éventuelles correspondances avec le réel se feraient-elles alors *a posteriori ?*

Le second ordre de rapports de la science à la réalité distingué par G. G. Granger est celui des *sciences de la réalité empirique* telles que la physique, la chimie ou, même, la biologie ; sciences qui cherchent à atteindre une réalité et dont les représentations (les modèles) soulèvent la question de leur (éventuelle) complétude en regard de cette réalité. L'abstraction, ici, permet de se dégager du réel pour mieux y revenir et le comprendre. Mais comment et avec quelle intensité les modèles peuvent correspondre au réel qu'ils s'attachent à représenter (ou à simuler) ? Et qu'en est-il lorsque ce réel n'est pas, lui-même appréhendable ni perceptible comme dans le cas, par exemple, de la physique quantique ? Ne parle-t-on pas, également, de « physique théorique » ? Dans tous les cas, au moins depuis le XVIIe siècle, la mathématisation sous-jacente à la représentation des états (les structures), des relations et du devenir (dynamiques, évolutions, transformations dans le temps) des phénomènes est au cœur des modèles. Ceci jusque, parfois, des degrés d'abstraction augmentant la « virtualité » du réel représenté (ou simulé) voire en introduisant des virtualités « irréalisables » (irréalistes)[429].

Les mathématiques ne se réduisent pas au nombre

Si, dans les problématiques de correspondance au réel, la physique est sans doute l'un des domaines scientifiques les plus concernés, elle *implique* (le mot est de J.-M. Levy-Leblond, 2012) une mathématique des grandeurs et, plus largement, une conceptualisation mathématique : « *aucun concept* (de la physique) *n'y échappe à une formulation mathématique* ».

Cette mathématisation peut aussi bien être d'ordre numérique (mesure des grandeurs) que passer par la logique symbolique ou algorithmique ou encore, plus généralement, par des systèmes d'équations, des plus simples aux plus sophistiquées.

Cependant, au-delà des nombres, de la logique et des systèmes d'équations, il y a aussi les configurations et les formes : « *pour parler des propriétés de symétrie des objets, on a recours à la notion de groupe – qui n'est pas une notion numérique. Les mathématiques ne se réduisent pas aux nombres* » (Levy-Leblond, *op.cit.*). Il faut ainsi rappeler que tous les champs de la connaissance concernés par cet enjeu d'une correspondance au réel ne sont pas nécessairement mathématisables : « *quand on*

[429] G. G. Granger cite, à ce sujet, le concept de transformation *réversible* rendant compte de systèmes thermodynamiques (*op.cit.* p. 234), concept qui n'a cependant pas de sens dans le réel. Dans le domaine de la biologie, G. Canguilhem avait pu noter, dans les années 60, qu'il y était très difficile de résister à donner « *une valeur de représentation* » à un modèle (Canguilhem, 1971). Or, ne doit-on pas, aujourd'hui, se demander si la complexité reconnue des phénomènes biologiques et la mathématisation de plus en plus accentuée des modèles qui leur sont associés (notamment dans le champ de la biologie moléculaire) ne conduit pas à restreindre la possibilité de leur donner toute possibilité ou valeur de représentation ?

parle du gène, par exemple, il n'y a pas de structure mathématique qui correspond à cette notion » (Levy-Leblond, p. 64).

Le troisième registre de rapports de la science à la réalité, toujours selon G. G. Granger, est celui des *sciences de l'homme et de la société* qui, malgré la même perspective d'atteindre un certain réel empirique (social ou économique, par exemple), sont confrontées à une virtualité qui n'est pas directement accessible au modélisateur : les comportements et le vécu des acteurs.

Malgré cet obstacle, de nombreux modèles quantitatifs (d'ordre le plus souvent statistique, voire probabiliste) se développent, tant en sociologie qu'en économie, démographie ou histoire, par exemple. Au-delà, quelques modèles renvoient de leur côté à une abstraction mathématique parfois sophistiquée, comme c'est, par exemple, le cas dans le domaine de la finance (les « *quants* ») ou de l'assurance (l'actuariat).

Mais ces modèles ne trouvent-ils pas leurs limites dès lors que le réel auquel renvoient les sciences de l'homme et de la société n'est pas réductible à ce qui est de l'ordre du seul mesurable : correspondre au réel, ce n'est pas seulement rendre concret (palpable, audible ou perceptible, etc. au sens de nos cinq sens) mais parvenir à donner du sens, de la signification : rendre « palpable » au sens de compréhensible[430].

Un concret abstrait ?

Ainsi, par exemple, de la réponse d'un étudiant après un exercice relevant pourtant des sciences formelles (les mathématiques) et très abstrait : « *c'était concret* » avait-il dit à son enseignant, qui l'avait interrogé sur la démarche qui l'avait amenée à la solution. Pour cet étudiant, cet exercice avait du sens, ou plutôt une représentation dans son imaginaire qui lui permettait de donner un sens au problème, de le comprendre, de l'appréhender, de le manipuler pour finalement voir la solution, ou plutôt le chemin clairsemé qui menait à la réponse. Cela correspondait à un réel qu'il s'était fabriqué dans son imaginaire. Cela lui permettait aussi de situer cet exercice en regard du reste du champ des mathématiques et, d'une certaine façon, de s'y situer lui-même.

L'abstraction en regard de la réalité humaine et sociale est ainsi moins du côté d'une abstraction propre à la construction de tels ou tels modèles que du côté

[430] L'exemple des sciences du langage, retenu comme exemplaire par G. G. Granger (*op.cit.*, pp. 202 *sq.*), peut l'illustrer : si les sons produits peuvent être décrits physiquement et physiologiquement, leur particularité tient cependant au fait que ce ne sont pas n'importe quels sons. Autrement dit, derrière les modèles pouvant relever des sciences physiques (de celui de Shannon Weaver, par exemple, aux modèles généralement probabilistes alimentant les systèmes de reconnaissance de la parole) la part signifiante nous échappe encore : la modélisation reste phonologique sur des bases acoustiques.

d'opérations de l'esprit par lesquelles des propriétés générales au fait humain ou social sont recherchées : sortir du contingent[431]. Une tendance de l'esprit humain, comme l'indiquait P. Valéry ?

Le quatrième registre proposé et étudié par G. G. Granger est celui des rapports entre sciences et le *réel technique*. Le réel technique dont il est question est appréhendé comme un *artefact* conçu et produit d'un *travail* en prolongement d'un savoir-faire ou d'un savoir mélangeant du technique et du scientifique. À partir de l'*Encyclopédie*, cependant, ce réel technique devient de plus en plus dépendant de l'avancée scientifique (et, en particulier, des mathématiques et de la physique) : des sciences *appliquées*. G. G. Granger prend notamment l'exemple de Huygens introduisant un parcours cycloïdal au mouvement d'un pendule pour obtenir une période d'oscillation constante quelle que soit l'amplitude, là où Galilée traitait l'oscillation circulaire d'un pendule comme une loi « naturelle ».
D'un autre côté, il faut aussi envisager que le réel technique suscite de la science. Ainsi, G. G. Granger souligne que « *l'esprit scientifique appliqué aux réalisations d'objets techniques peut susciter de nouvelles recherches et servir de point de départ à la création ou au développement de nouveaux objets scientifiques* » (Granger, 2001, p. 182). On peut ici penser à la machine à vapeur inexpliquée par la science au moment de sa réalisation (la thermodynamique encore balbutiante) alors qu'elle fonctionnait. On peut également penser aux renouvellements scientifiques suscités, aujourd'hui, par les technologies de l'information ou permises par ce que l'on appelle la « *big science* ».
Dès lors, à la différence de ce qui se passe dans les précédents registres, il y a ici un aller et retour constant entre sciences et réel technique.
Mais, dans ce contexte associant science et réel, ne conviendrait-il pas aussi d'étendre ce réel technique à *tout* artefact, qu'il soit technique ou non ? Ne faudrait-il pas, en conséquence, envisager, sans doute dans leur diversité, les relations entre les sciences et toute réalité produite, conçue, fut-elle technique, organisationnelle, architecturale, cinématographique, etc. ? Cela ne supposerait-il pas, alors, de s'inscrire pleinement dans l'hypothèse d'une science de la conception ou des « *sciences de l'artificiel* » initiées par H. Simon (1969, 1991) et ce au-delà de la seule approche en termes de « résolution de problème » et de « traitement de l'information »[432] ? Resterait

---

[431] Cet effort (sortir du contingent) n'est-il pas sans rappeler celui que les sciences formelles et les sciences de la réalité empirique ont pu connaître au XIXe siècle ?

[432] On rappellera que l'approche simonienne de la conception s'articule sur deux piliers. Le premier articule l'activité de conception aux processus dits de « résolution de problème » : « *trouver un itinéraire entre une situation de problème et sa solution et, d'autre part, trouver une voie menant d'une situation à la formulation d'un problème* » (Filippi, 2002). Le second de ces piliers fonde cette activité sur la notion de « traitement de l'information » (Simon, 1984, 1995). L. Sfez a néanmoins pointé les limites techniques de cette approche. D'une part, la

ainsi à penser l'éventuel impact de la réalisation d'objets artificiels (au sens large de toute réalité produite) sur la construction de telles « sciences de l'artificiel » dont l'objet n'est pas l'artefact lui-même mais le processus présidant à sa genèse, sciences dont le contenu reste encore très embryonnaire.

DERRIÈRE LE CONCEPT DE SYSTÈME, DES POSSIBLES ...

Dans le dernier chapitre de son *Introduction à la médecine expérimentale*, Claude Bernard énonce la sentence suivante : « *les systèmes ne sont point dans la nature, mais seulement dans l'esprit des hommes* » (p. 307). Certes, Cl. Bernard fait ici allusion aux systèmes philosophiques qui, selon lui, donnent à l'esprit du chercheur « *une sorte d'assurance trompeuse et une inflexibilité qui s'accorde mal avec la liberté et la souplesse que doit toujours garder l'expérimentateur dans ses recherches* ». S'opposerait ainsi une rigidité liée à l'idée de « système » (à l'esprit de système ?) à une souplesse et à une liberté, toutes deux nécessaires au chercheur. Mais cette rigidité affectée à la notion de système n'est-elle pas aussi, une certaine « vue de l'esprit » ?

1. Buts, intentions et autres finalités

L'irruption du modélisateur

Sur la base du concept de rétroaction, avec ce qui est souvent qualifié de seconde période de la cybernétique, est apparu le concept de *récursivité*. Il s'agissait alors de considérer que, si la rétroaction permet de penser les phénomènes de bouclage et peut conduire notamment à de la régulation et de l'autocontrôle, la récursivité permet d'aller au-delà en permettant de penser des phénomènes d'auto-*ré*-organisation : les effets produits par l'irruption d'un événement peuvent participer à une reconstruction ou/et à une évolution (voire une régénération) du système lui-même[433].

Or cette notion de récursivité a suscité de nouvelles conceptualisations, en particulier dans le domaine du vivant. Elle y a notamment donné la possibilité

---

résolution de problème lui apparaît comme une réduction des processus intellectuels aux seuls processus de décision et, d'autre part, du côté du traitement de l'information, il rappelle que « *la pensée n'est pas seulement un système de symboles physiques* » (Sfez, 1986). Prenons acte, néanmoins, que ces objections datent de la fin des années 1980 et que, depuis, l'intelligence artificielle permet certains progrès dans la prise en compte d'une certaine sémantique dans le traitement de l'information.

[433] Une telle formulation du concept de récursivité est extensive à partir de la « théorie de la récursion » développée dans le champ des mathématiques et de l'algorithmique : des fonctions auto-construites (et s'auto-construisant) à partir de fonctions antérieures. Autrement dit, une fonction (ou un algorithme) peut être envisagée comme fonction d'elle-même.

de comprendre (et d'expliciter) le caractère autoréférentiel de la « circularité biologique[434] ». Ainsi de l'introduction, par les biologistes et philosophes F. Varela et H. Maturana, du concept d'*autopoïèse* : « *I chose the word of autopoiesis as the name of the organiszations of living systems as discrete autonomous entities that existed as close networks of molecular production, claiming that autopoïesis was the necessary an sufficient condition for the constitution of living systems, and that they existed only as long as their autopoïetic organization was conserved* » (Maturana, 2002).
Et l'on retrouve aujourd'hui ce même concept dans plusieurs domaines scientifiques au-delà du seul contexte de la biologie, dont, par exemple, les sciences économiques autour de la notion « d'économie circulaire ».
Or H. von Foerster va étendre le champ de conceptualisation du concept de récursivité à l'interaction auto-*ré*-organisatrice entre le système et un observateur ou un modélisateur (von Foerster, 1960). Il va proposer « *une lecture épistémologique nouvelle du projet cybernétique. Alors que jusque-là, les chercheurs se sont contentés d'une cybernétique des systèmes observés (first-order cybernetics), von Foerster les invite à pratiquer plutôt une cybernétique des systèmes observants (second-order cybernetics), c'est-à-dire une approche qui ne peut plus exclure la pleine prise en compte de l'observateur inclus dans le processus d'observation* » (Proulx, 2003, p. 257).
Ce nouveau versant nous renvoie alors à second niveau de récursivité : un rapport d'ordre récursif entre le système *observé* et un « *système observant* ».
La recherche d'une neutralité de l'observateur (scientifique) vis-à-vis du phénomène, fondement de la science expérimentale (prolongé par la recherche d'objectivité dans l'observation et l'action), ne serait donc plus de mise. L'observateur, pour reprendre un néologisme d'E. Morin, devient « observ'acteur ».

Ce phénomène d'auto-*ré*-organisation s'étend par ailleurs, au point de remettre en cause les représentations de nos rapports au réel : « *in my reality, knowledge coevolves with the knower and not as an outside, objective representation* » (Varela, 1995)[435]. Il y a, ainsi, une coévolution du monde et de nos systèmes de pensée. Cette sentence peut apparaître d'ordre exclusivement philosophique mais, pourtant, elle implique un caractère

---

[434] Matteo Mossio et Leonardo Bich ont récemment dressé un panorama des enjeux conceptuels et concrets (en termes de modèles) de cette circularité biologique (Mossio, Birch, 2014).

[435] C'est ici la dualité du constructivisme, appréhendé, d'une part, comme étude des processus de reconstruction réorganisant (voire régénérant) la connaissance et soulevant, notamment, la question de l'apprentissage et/ou, d'autre part, comme matrice de pensée de nos rapports au monde. Cette dernière perspective peut aller jusqu'à un constructivisme qui considère que les choses du réel « *n'existent pas de manière indépendante de l'observateur qui les perçoit et qui s'en donne des représentations* ». Au sens de ce constructivisme, se désignant lui-même comme « radical » (expression utilisée dès 1981 par Ernst von Glasersfeld), le réel ne serait donc que virtualité.

autoréférentiel de la connaissance et exprime que notre propre pensée des concepts de système et de modèle est elle-même en coévolution avec le monde.
Autrement dit, la réalité, telle que nous la percevons, ne serait pas tant une réalité qu'une réalité « reconstruite » par l'esprit humain en interaction avec son environnement, une réalité constituée de modèles que l'on peut qualifier ici d'intellectuels ou de mentaux : des « matrices de pensée », elles-mêmes en évolution.

Cette « reconstruction » du réel rencontre directement la question des correspondances d'un modèle envers un réel. Elle conduit, en particulier, à l'obstacle, souvent rencontré mais généralement peu explicité, de la *réification* : traiter le modèle (ou le concept) comme s'il existait en tant que tel ou comme une entité matérielle tangible, lui donner un sens, une valeur voire une réalité. Certes, ce processus (mental) de réification est particulièrement actif dès lors que les modèles sont iconiques : schémas, organigrammes, cartes, plans, etc. Mais cette réification peut aussi concerner les concepts. Ainsi, par exemple, de celui dit « d'intelligence collective ». Les problématiques fondées sur ce concept ont en effet introduit la notion de « systèmes multi-agents » (ou multi-acteurs) notion qui, elle-même a produit divers modèles qui, pour la plupart, nous renvoient à l'idée d'une intelligence artificielle distribuée[436]. Or le recours à cette notion dans des domaines aussi variés que l'économie, les sciences de gestion, les sciences de la vie ou les sciences sociales s'appuie, le plus souvent sur ce que sa matérialisation permet de penser : une architecture distribuée dans laquelle les agents communiquant, échangeant, coopérant et négociant sont souvent considérés comme des entités limitées à ce que le génie logiciel permet de penser en termes d'autonomie, de raisonnement, de perception de l'environnement, d'échange et de communication. L'éventuelle puissance théorique sinon conceptuelle de la notion d'intelligence collective est alors limitée par ce qu'en offre sa matérialisation.
Au-delà, cette réification est également omniprésente dans nos rapports avec ce qui est aujourd'hui dénommé « réalité virtuelle » : les simulacres (et non plus les modèles) y sont considérés comme des objets ou des êtres réels. Ainsi, à la virtualisation du réel (sa reconstruction au travers de nos modèles et la production d'un « monde » virtuel) s'associerait une réification du virtuel.

Téléonomie vs téléologie(s) ?
Quelques jalons historiques paraissent ici nécessaires.

[436] J. Ferber avait pu noter, d'emblée, que ces notions renvoyaient, d'un côté, à la pensée des modalités « *d'auto-organisation qui ont lieu lorsque plusieurs entités autonomes interagissent* » et, d'un autre côté, « *aux artefacts distribués capables d'accomplir des tâches complexes par coopération et interaction* » (Ferber, 1995, p. 1).

La notion de téléologie, qui renvoie souvent à Aristote, exprime généralement l'idée que, parmi les différentes causes présidant à l'existence des choses et du monde, il y aurait une « cause finale » : une présence *en puissance* de l'état final dans l'état initial.
Cette notion, qui alimente surtout de nombreuses discussions d'ordre philosophique, s'exprime néanmoins dans certaines approches d'ordre scientifique au cours des siècles, malgré de nombreux soubresauts la mettant en question, à commencer, par exemple, par les hypothèses darwiniennes.

Il faut néanmoins attendre 1943 pour que, dans un article ayant fait date, E. Rosenblueth (physiologiste), N. Wiener (mathématicien) et J. Bigelow (ingénieur) distinguent ce qu'ils nomment, d'un côté, les comportements *intentionnels* d'un système (*purposeful*) et, d'un autre côté, des comportements non-intentionnels (*purposeless*). Ces derniers étant alors décrits comme « fortuits », non orientés vers un quelconque but (Rosenblueth et *al*, 1943).
Dans un premier temps, ils remarquaient que l'analyse fonctionnelle d'un système porte généralement sur l'organisation, la structure et les propriétés du système sans vraiment tenir compte de l'environnement dans lequel ce comportement s'inscrit, à commencer par ses (éventuels) buts, (ses (éventuelles) intentions et ses (éventuelles) finalités. Or, cette interaction avec l'environnement leur apparaît pourtant essentielle. Ainsi, par exemple, si un système technique comme un fusil est *finalisé* (au sens où il a été conçu pour faire quelque chose), son comportement n'est en aucun cas intentionnel. C'est le tireur et non le fusil qui est porteur de l'intention de tirer. Et ceci, même si pour une part, cette intention (de tirer) est liée aux possibilités offertes par la structure, l'organisation et les propriétés du fusil. Dans ce cas, l'intention est du seul ressort de l'individu, le système étant, en quelque sorte par nature, non-intentionnel[437].
Dans un second temps, ils abordent plus directement cette question de l'intentionnalité autour de la notion de « *comportements intentionnels à rétroaction* », qu'il s'agisse de dispositifs techniques (comme un servomécanisme) ou, au-delà, de comportements animaliers (comme celui du chat face à une souris). Tous sont orientés vers un certain but mais capables de s'adapter à des perturbations locales en maintenant l'objectif poursuivi (par rétroaction négative). Ces comportements intentionnels à rétroaction sont alors associés, par synonymie, à la notion de téléologie.

---

[437] On retrouve ici le schéma de l'extériorité de l'objet vis-à-vis du sujet, associé à la capacité humaine de lui donner un sens, de l'utiliser en relation avec cette intention, voire de le reconcevoir. Cette extériorité nous renvoie directement à la situation (héritée de l'objectivité scientifique) d'un observateur, d'un modélisateur et d'un expérimentateur extérieur vis-à-vis d'un objet ou d'un phénomène.

L'une des conséquences de cette approche est de dégager la notion de téléologie de celle de « cause finale » : « *ce concept de cause finale a conduit à opposer téléologie et déterminisme. Une discussion sur la causalité, le déterminisme et les causes finales sort du cadre de cet essai. On peut pourtant souligner que le caractère intentionnel, tel qu'il est défini ici, est complètement indépendant de toute causalité, initiale ou finale* » (*op.cit.*, p. 155).

En 1958, le biologiste C. S. Pittendrigh reprend cette distinction entre processus non-intentionnels et processus intentionnels (« *end-seeking non purposeful process* » ou des « *end-seeking purposeful process* »), mais en quittant le caractère « fortuit » des processus non-intentionnels pour proposer l'hypothèse de processus non-intentionnels *soutenus par un but (purpose)*. Il introduit (invente) alors ce faisant le terme de *téléonomie* pour les qualifier et les dégager totalement de la notion de téléologie (Pittendrigh, 1958). Il s'explique sur l'obligation qu'il a ressentie de nommer ces processus et de créer ce terme dans une lettre adressée à son collègue – également biologiste – Ernst Mayr en 1970, lettre que E. Mayr a publiée en 1988 dans son ouvrage *Toward a new philosophy of biology*.

Lettre de C. S. Pittendrigh du 26 février 1970 sur la notion de téléonomie adressée à Ernst Mayr

« *Vous m'avez interrogé sur le terme de 'téléonomie'. Vous avez raison de dire que j'ai introduit le terme en biologie et même que je l'ai inventé. Au cours de mes réflexions pour l'article que j'ai écrit pour le livre de A. Simpson et G. G Roe en 1958 (dans lequel le terme est introduit), j'ai été hanté par cette fameuse vieille plaisanterie d'Haldane selon laquelle « la téléologie est comme la maîtresse d'un biologiste : il ne peut pas vivre sans elle mais il ne veut pas être vu avec elle en public »*[438]*. Plus j'y pensais, plus je me suis rendu compte que tout cela n'avait pas vraiment de sens – que ce avec quoi le biologiste ne pouvait pas vivre n'était pas l'illégitimité de cette relation, mais la relation elle-même. La téléologie, dans sa signification aristotélicienne, a, bien entendu, la notion de fin comme cause immédiate, une cause « efficiente ». Et c'est précisément ce que le biologiste (avec tout l'arrière-fond de l'histoire des sciences depuis 1500 ans avant lui) ne peut accepter : cela est inacceptable dans un monde résolument mécaniste (dans lequel j'inclus évidemment la dimension probabiliste autant que celle strictement déterministe). Ce à quoi le biologiste ne pouvait échapper, c'était le fait clair – ou plutôt le fait fondamental – qu'il se devait (en tant que scientifique) expliquer : à savoir que les objets de l'analyse biologique sont des organisations (il les appelle des organismes) et qu'en tant que tels, sont finalisés. L''organisation est plus qu'une simple notion d'ordre car l'ordre n'a pas besoin de finalité alors que l'organisation est orientée vers une fin. [Je me souviens d'une superbe conversation avec John von Neumann dans laquelle nous*

[438] Phrase attribuée au généticien britannique J. B. S. Haldane, dans les années 1930 (Note des traducteurs).

avions exploré la différence entre la notion de « simple ordre » et celle « d'organisation » et de son insistance sur le fait (auquel je croyais déjà) que le concept d'organisation (tel qu'il est contextuellement défini dans son utilisation quotidienne) impliquait toujours la notion de « but » ou de finalité].
Je voulais un mot qui me permette (et à nous tous, biologistes) de décrire, d'insister ou simplement d'évoquer – sans offenser quiconque – cette finalité (parfaitement respectable) d'un système mécaniste. La notion de téléologie ne pouvait pas faire l'affaire, entraînant cette implication que la fin est causalement efficiente dans le fonctionnement ordinaire d'une machine. La téléonomie, je l'espère, permet d'éviter cette confusion qui plus est, de toute façon, inutile. Haldane était, en ce sens, dans l'erreur (sûrement un événement rare) : on peut vivre sans l'idée de téléologie.
Le nœud du problème, bien sûr, réside dans le fait de ne pas confondre le mécanisme général de l'évolution dans le temps et les mécanismes physiologiques de l'organisme qui, eux, peuvent s'abstraire d'une échelle de temps. La plus générale de toutes les « fins » ou « buts » biologiques est bien sûr la perpétuation par la reproduction. Cette fin [et toutes ses « fins » subsidiaires d'alimentation, de défense et de survie en général] est en quelque sorte « cause efficiente » pour la sélection naturelle, en provoquant un changement évolutif, mais ne s'autoproduit pas. En bref, nous avons commis l'erreur, dans le passé, de confondre la causalité liée aux origines historiques d'un système et la causalité dans le fonctionnement à l'instant t du système.
Vous m'avez demandé, dans votre lettre, pourquoi les personnes « informées » n'ont pas introduit cette distinction. Ils ne l'ont pas fait, à ma connaissance, sauf à me considérer comme l'un d'entre eux.
Il est aussi vrai que ma propre réflexion sur ce sujet a été très significativement alimentée par un article publié par Wiener et Bigelow sous le titre intrigant de « Machines à finalité »[439]. Cela montrait qu'à l'époque nouvelle de l'informatique, il était possible de concevoir et de construire des machines qui avaient des fins ou des buts sans impliquer que ces buts étaient la cause du fonctionnement immédiat de la machine ».
Citée in Mayr, 1988 (p. 63) [Traduit par les auteurs]

Ce terme de téléonomie, J. Monod le reprend explicitement dans son ouvrage *Le hasard et la nécessité* : d'un côté le hasard, évènement fortuit d'un processus et, d'un autre côté, simultanément, la nécessité, liée à l'existence de l'orientation de tels processus vers un (ou des) but(s).
Par contre, J. Monod parle de *projet* téléonomique et non de *processus* téléonomique comme en a parlé C. S. Pittendrigh : « *nous choisirons arbitrairement de définir le projet téléonomique essentiel comme consistant dans la transmission, d'une génération à l'autre, du contenu d'invariance caractéristique de l'espèce.* [...] *Il faut insister sur le fait qu'il ne s'agit pas seulement des activités liées à la reproduction proprement dite, mais de toutes*

439 S'agirait-il de l'article de A. Rosenblueth, N. Wiener et J. Bigelow J., intitulé « Comportement, intention et téléologie », paru en 1943 dans la revue *Philosophy of science*, t. X, Baltimore, USA ? (note des traducteurs)

celles qui contribuent, fût-ce très indirectement, à la survie et à la multiplication de l'espèce » (Monod, *op.cit.*, pp. 30 *sq.*). Un « projet » et non plus, seulement, un *process*.
Ce terme de projet est trop précis pour renvoyer à ce qui pourrait apparaître comme une erreur de transcription du terme de *process* utilisé par E. Rosenblueth, N. Wienner, J. Bigelow ainsi que par C. Pittendrigh. D'ailleurs, J. Monod lui-même relève la contradiction (épistémologique) entre cette idée de processus téléologique et l'idée de « projet », mais ceci sans, pour autant, l'approfondir autrement que par une interrogation se situant à un niveau philosophique : « *le problème central de la biologie, c'est cette contradiction elle-même, qu'il s'agit de résoudre si elle n'est qu'apparente ou de prouver radicalement insoluble si en vérité il en est bien ainsi* » (*op.cit.*, p. 38).

Ainsi, par l'introduction de la notion d'intention, la notion de téléologie s'est-elle d'abord particularisée hors de son appréciation philosophique (morale, éthique, idéologique) liée à l'hypothèse de l'existence d'une cause finale. Néanmoins, avec le terme de « projet », du moins tel qu'il est utilisé par J. Monod, l'hypothèse ressurgit d'une cause ultime (à teneur « naturelle » ou « philosophique ») rétroagissant sur nos comportements.

On peut comprendre l'enjeu de telles discussions philosophiques, allant, pour les époques récentes, des querelles autour du darwinisme à celles, aujourd'hui, autour du constructivisme, querelles qui tournent généralement autour du clivage entre, d'une part, l'hypothèse d'un certain déterminisme « téléonomique » des phénomènes naturels[440] autant que des machines artificielles créées et fabriquées par l'homme et, d'autre part, celle d'une capacité éventuelle d'intention de ces mêmes phénomènes naturels ou artificiels qui, « réglés par rétroaction » possèderaient des capacités d'auto-finalisation et non pas, seulement, d'auto-réorganisation.
Au-delà, se pose la question de l'écho de telles avancées dans d'autres domaines que la seule biologie : jusqu'où les travaux de recherche relatifs à nos systèmes sociaux, économiques, politiques, etc., vont-ils faire référence aux processus intentionnels rétroactifs, aux processus non-intentionnels soutenus par une logique de « programme » de type morphogénétique (héritée d'un certain passé dit structurel) ou bien faire la part au caractère fortuit de tels processus ?

[440] Ici la notion de « programme » (morphogénétique) devient essentielle. Avec cette notion, en effet, apparaît l'hypothèse que le vivant, via la cellule, est, d'un côté support de transmissions d'informations (supposant une source et des récepteurs) et, d'un autre côté, le support d'une « programmation » : un but vers lequel tendrait le système. Cette référence à un « programme » fut une transformation profonde dans l'approche du vivant, au même titre que l'atomisme a pu apparaître essentiel (et conflictuel) dans le domaine de la chimie au XIXe siècle.

Organisations et système : agents, acteurs, auteurs ?

Même si, pour la science des systèmes, les systèmes sont dits « organisés » (et même « organisant »), le terme d'organisation (parfois substitutif à celui de système[441]) nous renvoie plus directement aux systèmes sociaux : société, groupes (sociaux), entreprises, etc.

Mais quels en seraient les constituants ? (les éléments ?) Quelles relations d'interdépendance peut-il exister entre eux ? À quelles finalités (buts, intentions, etc.) peut-on renvoyer aussi bien le système lui-même que ses différents constituants ? Et selon quelles modalités génériques ou particulières ? Leurs dynamiques nous renvoient-elles aux mêmes enjeux théoriques et débats entre téléologie et téléonomie ? Peut-on en proposer des modèles descriptifs, explicatifs, prescriptifs ?

Autant de questions qui nous renvoient aussi bien aux concepts de la science des systèmes qu'aux concepts spécifiques des sciences sociales (et économiques).

J. L. Vullierme a pu reprendre la distinction entre téléonomie et téléologie en introduisant la notion de « délibération » : « *sont téléologiques les phénomènes orientés vers une fin qui est réellement le produit d'un choix délibéré (opéré par un être doté d'une faculté mentale) et téléonomiques les phénomènes orientés vers une fin, mais en l'absence de toute délibération* » (1989, p. 164).

Ici apparaît sans doute un point clef : quels qu'ils soient, les constituants d'un système social se caractérisent par leur faculté délibérative. De ce fait, l'hypothèse d'une stricte téléonomie, d'un strict déterminisme fait question, même si une certaine part de téléonomie et de déterminisme doit rester envisagée. La distinction opérée par M. Crozier et E. Friedberg (1977) entre la notion d'agent (d'une organisation) et celle d'acteur (*dans* une organisation) porte d'ailleurs sur ce point.

Ils insistent en effet sur la part de « marges de manœuvre » de l'acteur au sein d'une organisation en regard de l'agent qui est défini par ses fonctions et soumis au déterminisme (logique) du système dans lequel il s'inscrit. L'acteur est « partie prenante » du système. J. Ardoino a d'ailleurs pu préciser ces deux ordres. Le premier, dit-il, est « *celui du système pour lequel l'agent, partie des agencements, défini par ses fonctions, qui impliquent un modèle plus*

---

[441] Comme on a pu l'indiquer plus haut (*supra* II.3), J.-L. Vuillerme a pu préciser que, dans la traduction française du *Leviathan* de Th. Hobbes par F. Tricaud (1971), celui-ci a remplacé le terme de « système » par celui d'« organisation » (Vuillerme, 1989, *op.cit.*, p. 60). De son côté, E. Morin nous indique qu'il « *préfère* » le terme d'organisation à celui de système en ce qu'il « *permet de connecter et de relier les parties à un tout et de nous désemprisonner de connaissances fragmentaires* » (Morin, 1997). Rapelons aussi cette précision, citée plus haut, de C. S. Pitendigh : « *L'organisation est plus qu'une simple notion d'ordre car l'ordre n'a pas besoin de finalité alors que l'organisation est orientée vers une fin* ».

mécaniste, surtout référé à l'espace, ou à l'étendue, reste essentiellement agi par la finalisation ou par la détermination de l'ensemble ». Le second est « *celui d'une situation sociale, déjà quelque peu historique et temporelle parce que biologique, où l'acteur, pourvu de conscience et d'initiative, capable de stratégies, retrouve un degré d'intentionnalité propre restant néanmoins lié aux effets d'un déterminisme de champ, comme au poids des macrostructures. Du même coup, l'acteur est reconnu comme co-producteur de sens* » (Ardoino, 1993, p. 3).
La question se pose alors de la reconnaissance d'une possible dualité de ces deux ordres ou comme l'exprime J. Ardoino, d'une « *reconnaissance implicite d'une frontière entre* (ces) *deux ordres de représentations* » (*ibid.*).

Mais cette capacité de production (ou de co-production) de sens conduit alors le même J. Ardoino à introduire la notion d'*auteur* dans le diptyque « agent-acteur » : « *Pour les sociologues, l'invention de l'acteur (représenté différemment de l'agent) correspond à une réintégration du sujet dans leur épistémé. C'est déjà un progrès au niveau de la description et de l'analyse* [...]. *L'intérêt,* [...] *de la distinction, apparaît incontestable. Mais pourquoi s'arrêter en si bon chemin ? C'est d'un triptyque : agent-acteur-auteur qu'il est besoin, plus encore que du seul diptyque : agent-acteur. On peut en effet se sentir acteur dans une situation donnée et y assumer plus ou moins explicitement des rôles, sans s'y reconnaître en tant qu'auteur* [...] *Il (l'acteur) ajoute donc certainement plus ou moins à l'œuvre initiale mais il n'en devient pas l'origine (l'auteur) ou l'une des origines possibles* » (Ardoino, Lourau, 1994, pp. 30-31)[442].
N'en serait-il pas ainsi pour le chercheur, à la fois agent (d'une science « normale[443] »), acteur dans le système (scientifique et social) du monde de la recherche et auteur (éventuel) d'avancées, de remises en questions voire de ruptures, tout cela s'inscrivant dans un processus en constant renouvellement (un processus « sans fin » ?). Dès lors, la dynamique complexe d'un système social devrait plutôt s'explorer du côté des modalités d'intervention et des interdépendances autour de ce triptyque « agent-acteur-auteur » plutôt que de se concentrer sur l'identification et la définition de ses éléments ou de ses constituants. Dès lors, également, la question se pose moins d'une finalité d'ordre téléologique pour le système lui-même, le jeu acteur/auteur ayant l'opportunité de renouveler sans cesse telle ou telle finalité. Le système se construit et se réorganise du fait du jeu entre des parties prenantes qui, elles-mêmes, sont susceptibles de se renouveler (émergence, dans le temps, de nouveaux intervenants) et d'avoir des logiques contradictoires, tout ceci sans

---

[442] Cette réintroduction de l'auteur dans le diptyque « agent-acteur » s'inscrit en contrepoint de la thématique d'une certaine « disparition » voire « mort » de l'auteur ainsi que nous l'avons évoqué autour de R. Barthes et de B. Latour (Cf. *supra* III.4).
[443] Référence est ici faite à la notion introduite par T. Kuhn (cf. *supra*, II.3).

qu'il n'y ait, *a priori,* ni origine intentionnelle précise (même si chaque partie prenante peut avoir des intentions) ni assujettissement à un déterminisme structurel.

Jusqu'où peut-on parler de systèmes intelligents ?

S'il est une métaphore particulièrement active aujourd'hui, c'est sans doute celle qui concerne l'intelligence : des « systèmes intelligents », une « intelligence artificielle », une « intelligence distribuée », des « agents intelligents », etc.[444] ?

Au cœur des motivations qui les président, c'est la possibilité de représenter (modéliser), par un langage et des computations de symboles, des raisonnements humains.

Les bases théoriques ont été jetées dès les années 1950 par A. Newell, J. C. Shaw et H. A. Simon dans deux tentatives fondatrices autour de la thématique de « résolution de problème » : le « *Logic Theorist* » et le « GPS » (*General Problem Solver*). Le *Logic Theorist* portait essentiellement sur la possibilité de modéliser la « faculté de raisonner » en tant que telle : il « *cherche à résoudre un problème mais sans garantir la solution : en cela il prétend se rapprocher de la démarche même d'un mathématicien qui tâtonne à la recherche d'une solution, en essayant différents axiomes, différentes méthodes* » (Pomian, 1987, p.13). Le *GPS* qui s'est ensuivi, s'est focalisé, lui, sur la possibilité de trouver des solutions à un problème donné en mettant de côté la question de la modélisation du raisonnement.

Modéliser (ou simuler) l'intelligence, d'un côté, l'instrumenter, de l'autre. Mais une intelligence réduite aux seuls raisonnements dits de « résolution » (le *Logic Teorist* démontre mais, comme le fait remarquer J. Pomian, n'*invente* pas les théorèmes), eux-mêmes limités aux seuls raisonnements dits « rationnels ». Et ceci dans le paradigme du traitement de « symboles » qui, comme en témoigne un débat – court mais riche – entre L. Sfez, J.-L. Le Moigne et H. Simon lui-même, n'est pas sans soulever de multiples questions (Sfez, 1986, pp. 691-702).

[444] Rappelons d'emblée que le terme d'intelligence, tel qu'employé dans des expressions comme « intelligence artificielle » ou « systèmes intelligents » peut faire question. D'un côté, il peut renvoyer à notre propre idée de l'« intelligence humaine » mais, d'un autre côté, procédant notamment du monde anglo-saxon, il n'est pas sans évoquer autre chose que la notion de renseignement (d'information) : *intelligence.* On connaît bien sûr le célèbre *intelligence service* britannique, le service secret MI6 chargé du renseignement. Entre renseignement et intelligence, il y a pourtant un écart certain. Et cet écart peut vite conduire à une certaine confusion sur ce que l'on est en droit d'attendre de l'« intelligence artificielle ». De l'information et du traitement de l'information ainsi que des capacités adaptatives et d'apprentissage de ce traitement, certainement (et c'est déjà le cas). Mais de l'intelligence, au sens « humain » du terme, et dans toute sa complexité, sans doute pas…

Depuis ces prémisses, une grande partie de l'effort scientifique s'est construite autour des capacités scientifiques et techniques liées aux outils de mémorisation de données, d'apprentissage et de programmation mais, également, aux avancées de la connaissance relatives au fonctionnement de l'esprit humain. J.-L. Le Moigne a pu synthétiser, dès 1977, les étapes d'une évolution des possibilités et, surtout, des enjeux technologiques des sciences de l'information dans ce contexte. Il a notamment relevé les neuf étapes (niveaux ou strates selon d'autres auteurs) introduites par K. Boulding dans le *process* de transformation de « l'objet » en « système » (Boulding, 1956).

Neuf niveaux d'un système

Le premier niveau représente un objet, en tant que "système passif" : « *il se contente d'être et l'on peut, même artificiellement, en définir les contours* ».

Le deuxième niveau décrit un "système actif" : « *il est présumé faire quelque chose, agit et réagit en fonction des sollicitations de l'environnement* ».

Le troisième niveau formalise un "système régulé" : « *il dispose en principe d'une certaine forme de régularité dans son activité. Cela suppose un mécanisme interne qui assure la stabilité, quelles que soient les perturbations de l'environnement* ».

Le quatrième niveau définit un "système informé" : il est « *capable de mémoriser de l'information et de l'utiliser pour modifier son comportement. Il traite l'information, ne l'interprète pas et se contente d'exécuter des commandes programmées* ».

Le cinquième niveau s'intéresse au "système décideur" : le système est « *doté non seulement d'une capacité de traitement mais aussi capable d'interpréter des situations et de décider des actions à conduire. Il y a donc échange entre le système opérant et le système de décision ce qui donne à ce système un caractère déterministe* ». Ce niveau fait émerger la nécessité de modéliser ces systèmes, machines ou êtres vivants, avec deux sous-systèmes de représentation : le sous-système d'opération et le sous-système de décision. On pénètre alors dans la cybernétique.

Le sixième niveau est celui du "système mémorisateur" : « *il agit et élabore ses décisions en fonction d'informations qu'il stocke au cours de la prise en compte et du traitement d'événements provenant de l'extérieur* ». Cela implique que l'on dispose dès lors d'un sous-système supplémentaire, le système d'information qui mémorise les actions et les décisions pour que le système global ait un comportement intelligible.

Le septième niveau postule que le "système coordonne" ses décisions d'actions en fonction des situations qui se présentent dans des activités différenciées : « *dans ce cas, les processeurs décisionnels sont branchés directement sur les événements et agissent sur le système d'information pour déclencher des opérations : c'est le propre des systèmes informatisés classiques dont les capacités d'évolution sont limitées aux règles établies au départ* ».

Le huitième niveau est celui du "système intelligent" : « *il dispose d'une capacité d'imagination et élabore de ce fait de nouvelles formes d'action, conserve la trace des expériences passées et se fait comprendre. Son comportement est essentiellement heuristique* ».

Le neuvième niveau envisage qu'il y a conscience et que par conséquent le "système s'auto finalise" : « *on touche alors à l'humain qui seul peut transformer les finalités ou l'identité* ».

(D'après J.-L. Le Moigne, 1983, Chapitre 6, repris in Le Moigne, 1990, pp. 58-64. Nous avons volontairement substitué le terme de « système » à celui d'objet et à celui de phénomène, termes utilisés successivement par J.-L. Le Moigne dans les ouvrages de 1983 puis de 1990).

Ces références qui nous entraînent vers les années 1950 puis la fin des années 1970 pourront paraître quelque peu surannées, notamment devant les incroyables avancées, aujourd'hui, en matière de robotisation, de simulation et d'outils d'aide à la personne, d'assistance médicale, de prévisions météorologiques, etc. La connectivité, l'intelligence artificielle, l'univers du numérique sont autant de réalités et de perspectives qui s'en sont ensuivies.
Néanmoins, la *modélisation* de l'intelligence, la *simulation* de l'intelligence, l'*instrumentation* de l'intelligence restent trois axes distincts de recherche tout en étant, de fait, enchâssés. Tous, par ailleurs, restent inscrits dans le paradigme du « traitement de l'information » : le cerveau « traite des informations » (mémorisation, réception, émission, interprétation, apprentissage, etc.) selon des circuits (?) cognitifs qui nous renvoient aussi bien aux neurosciences qu'à la psychologie cognitive en lien avec les apports d'une informatique avancée.
Il reste que les huitième et neuvième niveaux évoqués par J.-L. Le Moigne supposeraient une capacité délibérative et d'auto-finalisation des systèmes artificiels, capacités qui viennent en écho de la distinction (déjà citée) opérée par J. Vullierme (1989, p. 164) entre téléonomie et téléologie : « *sont téléologiques les phénomènes orientés vers une fin qui est réellement le produit d'un choix délibéré (opéré par un être doté d'une faculté mentale) et téléonomiques les phénomènes orientés vers une fin, mais en l'absence de toute délibération* ».

Ainsi, face à des systèmes dits intelligents au sens où ils peuvent « *percevoir, analyser, décider, agir* » (comme le sont, par exemple, des véhicules autonomes pilotés en *deep learning*), la question est bien celle de notre capacité à rendre explicite leurs processus délibératifs, chose le plus souvent impossible aujourd'hui comme nous l'avons évoqué plus haut (*supra*, II. 3)

2. Circulations du concept de système

Emprunts et métaphores
Dans les rapports de la science au langage, il y a, comme le dit J.-M. Lévy-Leblond, « *cette illusion qu'au fond la langue, pour les sciences de la nature,*

n'est qu'un véhicule neutre qui n'a guère d'importance, et que seul compte, derrière la langue, le formalisme qui serait nécessaire et suffisant pour le travail scientifique » (Lévy-Leblond, 2013, p. 21). Il y a également cette idée d'une nécessité de précision terminologique devenant, par ailleurs, souvent incompréhensible pour le commun des mortels[445]. Néanmoins, comme le dit encore J.-M. Lévy-Leblond à propos des scientifiques eux-mêmes, « *cela a également l'avantage qu'ils ne sont pas d'emblée mal compris ! Le défaut des termes empruntés à la langue commune, tels force ou travail, est d'avoir des connotations usuelles tellement lourdes et prégnantes qu'elles peuvent complètement masquer ou brouiller leur sens scientifique* » (*op.cit.*, p.25). Or, malgré les multiples précisions apportées au concept de « système », du plus simple (des choses qui forment une *totalité*) à la notion de système *complexe* en passant par des « *ensembles d'éléments en interaction* », force est de reconnaître que sa polysémie et les métaphores qu'il côtoie ou véhicule sont assez peu souvent explorées.
Cette question du rapport de la science au langage – et à la langue (naturelle) – n'est-elle pas, d'ailleurs, rarement abordée et cela alors même que la conceptualisation et le développé de la science passent par un travail sur et avec la langue[446] ?

Ph. Kourilsky consacre un long paragraphe, dès l'introduction de son livre (*op.cit.,* 2014), aux questions de langage et à celles relatives à l'usage de la métaphore pour rendre compte de ce domaine particulier qu'est l'immunologie, dont il dit qu'il est effectivement doté d'un vocabulaire singulier et d'un abord difficile.
Il précise d'abord qu'il fait appel au vocabulaire de l'ingénierie au travers de termes comme ceux de « modularité » et de « robustesse ». Il s'en explique d'ailleurs très précisément : « *comment aborder l'étude des organismes vivants sans définir des sous-ensembles pertinents ? C'est la question de la modularité* », De son côté, la robustesse, également empruntée au vocabulaire de l'ingénierie, « *est la capacité du système de fonctionner convenablement*

---

[445] À propos de l'histoire de la construction du langage scientifique, J. Molino a pu parler d'une « *épopée de la pureté* », ajoutant que s'y associe « *une géographie de la pureté* [qui] *dispose les sciences selon un continuum allant des mathématiques aux sciences humaines : plus on s'éloigne du pôle formel, plus les disciplines font usage des modèles, des analogies, des métaphores* » (Molino, 1979).

[446] Ainsi, notamment, le concept de système ne se suffit pas à lui-même et doit être explicité hors du langage courant, tout comme les termes de « force » ou de « travail » évoqués par J.-M. Lévy-Leblond furent l'objet d'une conceptualisation les sortant du sens courant. Au-delà, dans les domaines des sciences humaines et sociales, ce travail sur et à partir de la langue naturelle est même au cœur de la construction conceptuelle, non pas pour en figer le sens à la manière des sciences formelles mais pour rendre intelligible leur caractère contingent, les glissements, les références, etc. On a pu évoquer plus haut que ce rapport à la langue (naturelle) accompagnait (sinon précédait) toute forme de conceptualisation et qu'il était par ailleurs central dans le champ des sciences humaines et sociales (*supra*, II.1 et III.2).

en dépit des évènements, souvent aléatoires, qui peuvent l'en empêcher » (*ibid.,* p. 15-16). Ici la métaphore a pour rôle de transmettre efficacement des connaissances par le biais de l'analogie.

Il justifie également le recours à une métaphore militaire pour parler de la lutte entre la vie et la survie. Même s'il indique que cette lutte est orientée vers « *la survie et non l'exécution systématique des ennemis et des traîtres* » (*op.cit.,* p. 17-18)[447], il pousse la métaphore jusqu'à décliner des « *lignes de défense* » immunitaires (*ibid.* pp. 23 *sq.*). Cette fois, comme a pu le montrer G. Lakoff de manière plus générale (1993), la métaphore affecte la manière d'appréhender un domaine, en l'occurrence l'immunologie, tant conceptuellement que pratiquement. Autrement dit, la métaphore acquiert potentiellement un rôle de modélisation. L'emprunt, dans le cas de Ph. Kourilsky, correspond à un recours nécessité par l'absence de notion ou de concept propre au champ de la biologie. L'appel au langage de l'ingénierie nous renvoie plus ou moins explicitement à des référents précis aux concepts qu'il souhaite préciser via des concepts ou notions fonctionnellement ou structurellement comparables. Néanmoins, pour lui, il s'agit d'*adapter* ce langage de l'ingénierie aux situations particulières du vivant. Ainsi redéfinit-il, en quelque sorte, les notions de modularité et de robustesse[448]. Et cette adaptation accompagne la science en train de se faire (ici l'immunologie) alors même que celle-ci est dans l'incapacité d'énoncer conceptuellement ce qu'elle désigne. Mais jusqu'où cette adaptation peut-elle se faire ? N'est-elle pas prise en tension entre ce que l'on pourrait appeler une « adaptation restreinte » qui verserait du côté de l'*application* stricte et une « adaptation floue » qui conduirait plutôt, à l'opposé, vers la *métaphore*.
Ainsi, certains emprunts peuvent aller jusqu'à libérer (susciter) des métaphores. Nous avons évoqué comment, par exemple, J. Vullierme (*op.cit.,* pp. 60-61) a pu noter que, dans l'édition française de 1971 du *Léviathan* de Hobbes, le traducteur (F. Tricaud) avait substitué le terme d'organisation à celui de système. Il ajoutait qu'il ne s'agissait pas vraiment d'un contresens, « *puisqu'un système se définit essentiellement* [...] *par son organisation* » mais il remarquait le risque que cet emprunt avait « *de laisser échapper un jeu de métaphores qui touche en réalité au centre de la pensée de Hobbes, d'occulter le fait que celui-ci est le premier théoricien moderne des systèmes, et que la science politique est fondamentalement une science des systèmes sociaux* ». Alors, système et/ou organisation ? L'organisation n'est-elle

[447] En cela, d'ailleurs, il se distingue de la plupart des usages d'une telle métaphore militaire dans le domaine médical qui, généralement, se centrent sur le seul « combat contre les microbes » : tuer l'ennemi....
[448] La définition qu'il apporte au terme de modularité, dans son glossaire de fin d'ouvrage, en témoigne (p. 307).

qu'une propriété d'un système ? Quels jeux de métaphores peuvent sous-tendre (et induire) la substitution de l'un de ces termes par l'autre ?

La métaphore, de son côté, est d'un ordre différent de celui de l'emprunt dans la mesure où elle renvoie à une visée explicative fondée sur l'analogie.
Avec la métaphore s'ouvre en effet tout un champ de possibles, de sous-entendus, d'éventuelles dérives, notamment laissées à l'appréciation de celui qui reçoit la métaphore. Et ceci même si Ph. Kourilsky, à propos de sa métaphore militaire, en limite certains contours en précisant, notamment, qu'elles « *ne posent problème que si elles transmettent une image incorrecte de celles qu'elles sont censées représenter* » (*ibid.*, p. 17). Néanmoins, malgré la possible pertinence de l'image liée à la métaphore, se crée une distance possible entre celui qui la forge (les motivations qui président au choix de telle métaphore) et le contexte d'interprétation de celui qui reçoit l'image[449].
Malgré ces possibles sous-entendus et autres dérives, il faut pourtant souligner l'usage et le rôle important de la métaphore dans le champ scientifique, que ce soit de manière implicite ou de façon délibérée. On peut penser à la métaphore du système des planètes pour décrire la structure atomique de la matière (Niels Bohr) aussi bien qu'à à la métaphore génétique actuelle autour, par exemple, de la notion d'algorithmes « génétiques » qui ne sont, finalement « *que des méthodes de calcul informatique qui utilisent la théorie de l'évolution métaphoriquement comme un principe statistique, pour optimiser des processus dans d'autres domaines que la biologie* » selon M.-H. Fries (Fries, 2011, pp. 68-69).

Ces métaphores sont introduites, le plus souvent, dans le cours de la constitution de la science, pour mieux caractériser un concept et/ou pour désigner un phénomène, un processus ou un élément ne préexistant pas dans le champ scientifique considéré ou dont la compréhension serait a priori jugée difficile. Elles peuvent aussi aller jusqu'à permettre (ou faciliter) certaines recompositions cognitives comme a pu le remarquer U. Eco : « *la buona metafora ha valore cognitivo, e lo ha per la sua capacità di riorganizzazione categoriale* » (Eco, 2005, pp. 257-290) [450].
Néanmoins, dans la plupart des cas, le passage de la métaphore à des schémas opératoires reste, selon l'expression de G. G. Granger, « *laborieux* » (Granger, 1984).

---

[449] On peut ici penser au modèle de Quastler sur la communication qui met en évidence, d'un côté, la part non reçue de ce qui est émis mais, également, d'un autre côté, une part « reçue » alors qu'elle n'a pas été émise (*supra* II. 4).
[450] Des philosophes et linguistes comme Richard Boyd et George Lakoff ont montré que la métaphore n'était pas seulement une figure de rhétorique mais pouvait jouer un rôle actif dans la formation du jugement autant que dans la production scientifique (*in* Ortony, 1993).

Inter, pluri, multi, trans… disciplinarité

Imaginons une réunion de travail entre chercheurs autour d'un objet de recherche commun comme, par exemple, le système endocrinien. L'un d'entre eux, biologiste, appréhendera un tel système comme un système fermé (spécialiste, par exemple, des mécanismes moléculaires déclenchés par les hormones), un autre l'appréhendera comme un système ouvert (spécialiste des perturbateurs endocriniens, par exemple), un troisième dans son versant téléonomique (spécialisé dans les mécanismes de stimulation), le quatrième sous l'angle de son évolution téléologique (spécialiste, par exemple, des mécanismes de régulation). D'autres participants, informaticiens ou neuropsychiatres pourront appréhender ce même système endocrinien sous l'angle de la bio-imagerie ou autour des réponses émotionnelles suscitées – ou subies – par ce système, etc.

Même si les biologistes, entre eux, pourront avoir une certaine convergence langagière, y aura-t-il, pour autant convergence conceptuelle ? Au-delà, dans leurs discussions avec l'informaticien et le neuropsychiatre auront-ils ne serait-ce qu'une telle convergence langagière ?

Pourtant, cette convergence langagière et/ou conceptuelle entre spécialistes de différents domaines peut conduire à des coopérations aux frontières entre ces spécialistes et, parfois, aller jusqu'à des reconstructions disciplinaires. On peut, ici, penser aux reconstructions associées aux couples qu'ont constitué, par exemple, la « chimie-physique », la « bio-chimie » ou « l'opto-électronique ».

Au-delà, la convocation de la philosophie (et de l'éthique) dans la recherche en biologie moléculaire ou celle de la biologie dans la science des matériaux (« nouveaux matériaux ») témoigne de la nécessité de penser nouvellement la biologie ou les matériaux en tenant compte d'un fort contexte d'interdépendances. Mais ne faut-il pas plutôt parler, à l'instar de D. Vinck, de différentes « pratiques locales » d'interdisciplinarité[451] selon les contextes et les champs disciplinaires concernés ?

Néanmoins, cette coopération devient réelle difficulté dès lors que le domaine concerné associe des disciplines n'ayant pas ce potentiel de convergence ou manquant de fondements scientifiques communs. Ainsi, D. Vinck l'avait noté autour d'un domaine ouvert comme le génie industriel : « *lorsqu'on réunit quelques collègues de différentes disciplines autour de la table, on découvre très rapidement à quel point la convergence conceptuelle et langagière est difficile à obtenir. La chose est si peu évidente que les chercheurs s'y épuisent et finissent par renoncer* » (Vinck, 2000)[452].

---

[451] D. Vinck en distingue quatre : la complémentarité, la circulation, la fusion et la confrontation (voir *supra*, II.2).

[452] L'expérience de D. Vinck s'appuie, pour une part, sur le « génie industriel » qui, pour l'*American Institute of Industrial Engineers*, « *englobe la conception, l'amélioration et l'installation de systèmes intégrés* ». Cela a pour conséquence cet avantage (ou cet inconvénient) de concerner (et de procéder de) différentes disciplines liées aux sciences de

Or, de plus en plus de domaines de recherche impliquent ce type de rencontres et réunions, sinon de programmes de recherche en tant que tels, qu'ils soient nationaux, européens ou internationaux et qu'il s'agisse de secteurs comme la santé, l'environnement ou l'espace.
François Kourilsky, alors directeur général du CNRS, avait fait de l'interdisciplinarité la thématique des assises nationales du CNRS en 1990. Il en précisait les contours dans son introduction : « *La recherche, pour avancer, doit se spécialiser à l'extrême et rompre la frontière de connaissances sur des fronts très précis, par des thèmes très étroits. Il faut savoir s'enfermer pour apprendre. Toutefois, pour comprendre, il faut ouvrir la réflexion. Bien des découvertes peuvent se faire aussi aux frontières entre disciplines. Enfin, c'est souvent chez le voisin que l'on trouvera la technique ou le concept qui pourront à un certain moment illuminer un problème* » (CNRS, 1990, p. 16). Apprendre d'un côté, comprendre de l'autre ?

Mais, faut-il parler de pluridisciplinarité, d'interdisciplinarité, voire de transdisciplinarité ? À quels niveaux ces échanges se situent-ils ? Autour des objets de recherche, des pratiques (expérimentales, modélisatrices ou encore d'observation), des modèles, des concepts ? À un niveau épistémologique de communication ? Et comment sortir de situations dans lesquelles, assez souvent, l'expérience de l'interdisciplinarité ou de la pluridisciplinarité se traduit par une certaine instrumentalisation d'une partie des savoirs par un savoir dominant ?

Pour F. Kourilsky (2002), l'interdisciplinarité relève de la « *faculté à relier* » les disciplines. Elle serait de plus en plus nécessaire dans la recherche dite « finalisée », *a contrario* de la recherche fondamentale pour laquelle l'exigence (voire l'enfermement) disciplinaire conserverait sa primauté. Nous aurions envie d'ajouter que l'interdisciplinarité se joue au moins à deux niveaux : celui, pragmatique, de l'échange (sinon du transfert) entre *concepts et modèles* relevant de champs ou disciplines diverses et celui, plus abstrait, du dialogue entre *matrices de pensées* (entre paradigmes) relatives à ces mêmes champs ou disciplines, jusqu'à un possible niveau épistémologique de communication.
De son côté, la pluridisciplinarité consisterait à aborder une question du point de vue de plusieurs disciplines, chacune conservant ses possibles spécificités.

La transdisciplinarité, enfin, renverrait selon J. Vullierme à la possibilité de concepts transversaux à plusieurs champs disciplinaires, tels, par exemple, ceux qui ont été travaillés par la cybernétique. J. Vullierme parle en effet de la systémique comme « *science transdisciplinaire des totalités organisées* »

l'ingénieur (génie mécanique, génie chimique, génie informatique, etc.) et de tenter d'y articuler les SHES (notamment les sciences sociales et les sciences de gestion).

(*op.cit.*, pp. 176 *sq.*). Avec E. Morin, la transdisciplinarité va bien au-delà en ce qu'elle invite à une véritable « *réforme de pensée* » et appelle même à une réforme de l'Université[453].

Interdisciplinarité, pluridisciplinarité, transdisciplinarité et enseignement

Lors du colloque du CNRS de 1990 sur l'interdisciplinarité dans la recherche, trois aspects liés à l'enseignement, à la préparation et à au vécu de l'interdisciplinarité, de la pluridisciplinarité voire de la transdisciplinarité ont été évoqués, bien que très marginalement.

Le premier nous renvoie à l'enseignement disciplinaire. Ainsi, Pierre-Gilles de Gennes a-t-il terminé sa conférence plénière en remarquant que « *les actions de recherche que nous menons sont quand même à la fois tributaires des enseignements et engendrent des actions d'enseignements importantes* [...] *Mais l'enseignement de culture générale* [...] *n'existe pratiquement pas. Il devrait figurer dans le génie chimique, mais celui-ci, en France, de nos jours, est beaucoup plus orienté vers des voies « procédés » que sur une réflexion de principe. Il devrait figurer dans la chimie-physique mais la chimie-physique, en région parisienne, est largement dominée par un sous-secteur qui est la physique quantique. Il devrait figurer dans la mécanique. Mais l'éducation des départements de mécanique est très loin de l'éducation des chimistes et des physiciens et il y a encore une difficulté de langage. Et le problème n'est pas résolu...* » (*in* CNRS 1990, p. 56)[454].
Ceci soulève la question du découpage disciplinaire, dès la formation initiale, sur lequel se bâtit la formation scientifique : peut-on (et doit-on), de manière non illusoire, imaginer une préformation scientifique de haut niveau fondée sur une perspective d'interdisciplinarité ?

Le second aspect a trait aux « aptitudes » à aborder de telles problématiques inter, pluri, trans… disciplinaires. Si l'aptitude à l'interdisciplinarité peut (voire doit) être un *objectif* du système éducatif (CNRS, 1990, p. 65) comment le permettre ? Cela ne suppose-t-il pas une préparation, voire une éducation à la mobilité (sinon à la souplesse) intellectuelle et une conscience épistémologique relative aux concepts, notions et autres catégories utilisées en recherche ?

Enfin, le troisième aspect, qui est d'ailleurs le seul à avoir été explicitement évoqué en conclusion du colloque, est situé au niveau postdoctoral : permettre, en laboratoire, l'expérience vécue d'une certaine interdisciplinarité (*ibid.,* 1990, p. 254).

On peut imaginer la complémentarité entre ces trois approches. Sans chercher à faire de l'interdisciplinarité un objectif en soi, force est néanmoins de constater que seul le

[453] Cf. E. Morin, « Réforme de pensée, transdisciplinarité, réforme de l'Université », in revue *Motivation*, n° 24, 1997.
[454] P.-G. de Gennes a plus largement développé ces difficultés dans sa réflexion ultérieure sur la recherche, l'éducation et l'enseignement dans les deuxième et troisième parties de son ouvrage *Les objets fragiles* (1994). Rappelons que P.-G. de Gennes fut non seulement un scientifique éminent (prix Nobel de physique en 1991) mais également, pendant une longue durée, un enseignant et un directeur d'école d'ingénieur (l'École de Physique Chimie de la ville de Paris).

troisième de ces aspects a finalement été retenu en conclusion du colloque du CNRS, laissant la porte ouverte aux seules bonnes volontés quant aux autres.

L'esprit du temps

Rares sont les exemples de mots de la langue dont la signification a pénétré, telle qu'elle, le champ scientifique. Le terme d'*ensemble*, par exemple, est entré dans le champ mathématique en fin du XIXe siècle (Cantor) et reconstruit à partir des axiomes de E. Zermelo (*supra* IV.1). Par contre, S. Catellin a fait remarquer que le mot « *serendipity* », issu de la fiction d'un conte persan, est le seul, à sa connaissance, ayant pénétré le monde de la science sans reconstruction formelle[455].

À l'inverse, de nombreux concepts scientifiques ont pénétré les domaines de l'art et de la littérature. Ainsi, par exemple, dans sa courte préface au premier volume des Rougon-Macquart, E. Zola se réclame explicitement de l'atmosphère scientifique de son temps : « *l'hérédité a ses lois comme la pesanteur. Je tâcherais de trouver et de suivre, en résolvant la double question des tempéraments et des milieux, le fil qui conduit mathématiquement d'un homme à un autre* ». Il revendique d'autant plus ce projet « scientifique » d'une « *histoire naturelle et sociale d'une famille* » en indiquant que ce premier volume doit « *s'appeler de son titre scientifique* : "*les origines*" » (Zola, 2004, pp. 7-8). Certes c'est un romancier qui parle, et non un « scientifique », mais cet exemple dénote néanmoins une certaine appropriation de la science qui s'inscrit dans un certain « esprit du temps ».

Cette appropriation de la science se rencontre-t-elle autour du concept, plus contemporain, de système ? De nombreux artistes contemporains s'en emparent et travaillent sur et autour du terme, notamment au travers des concepts qui lui sont aujourd'hui associés (émergence, autopoïèse, adaptation, auto-organisation, récursivité, etc.), certains allant même jusqu'à parler « d'œuvre-système »[456]. Mais cette influence de la science sur certains pans de la société[457] s'inscrit-elle aussi explicitement dans un esprit du temps comme cela avait pu être le cas pour E. Zola[458] ?

---

455 S. Catellin, « Sérendipité et réflexivité », in revue *Alliage* n° 70, 2012 (p. 74). Nous avons évoqué cette pénétration plus haut, dans le paragraphe consacré à la notion d'émergence.

456 Voir, par exemple, l'article de L. J. Lestocart, « *Épistémologie de la complexité et art contemporain* » (2007).

457 L'influence de la science sur l'art n'est pas propre à notre époque contemporaine mais une problématisation des liens (complexes) entre art et science sortirait du contexte de ce chapitre. Renvoyons néanmoins au texte de Pascal Rousseau (2003) qui retrace, pour la période 1800-1914, les différents liens ayant existé entre les avancées de la science et l'art.

458 Avec E. Zola et le courant littéraire et artistique du naturalisme, mais aussi au travers de l'influence d'un Schopenhauer ou d'un Auguste Comte, les « mécanismes » sociaux deviennent objets d'investigation voire de recherche. Par ses descriptions se voulant « objective » des réalités sociales les plus crues, ce courant littéraire a contribué à forger une représentation de la société fondée, en grande partie, sur la notion de déterminisme dont le concept d'hérédité (d'avant l'ère de la biologie et de la génétique) fait partie.

N'assistons-nous pas, plutôt, à une forme de banalisation d'un concept[459] ? Yves Barel n'a-t-il pas parlé, y compris à propos du monde scientifique, « *de la multitude de définitions de systèmes qui ont été proposées* » dont, ajoute-t-il, « *se dégage l'impression d'un incroyable laxisme et, pour tout dire, d'une désinvolture théorique assez peu sympathique. C'est vrai que l'analyse de système a pris l'habitude de désigner à peu près n'importe quoi sous le nom de système sans s'embarrasser d'aucun scrupule théorique* » (Barel, 1979, pp. 212-213) ? Au-delà de ce monde scientifique, dans le langage courant, quelle serait d'ailleurs l'appropriation de la science dans des expressions comme « *star système* », « *ça me tape sur le système* », « *anti-système* », « *je n'y peux rien, c'est le système* », voire « *système ferroviaire* » ou encore « *système culturel* » ?
Et ceci même si toutes ces expressions du langage courant traduisent (expriment) une certaine idée de système sinon une « présomption » de système : on pressent que des choses sont liées entre elles, qu'il y a une totalité, que cela converge vers quelque chose du fait de certaines interactions sinon sous forme volontairement organisée. Même si toutes ces choses n'agissent pas nécessairement de manière reliée et ne se mobilisent pas nécessairement ensemble vers un même but, elles sont perçues *in fine* (dans nos têtes) comme si elles « *faisaient système* ». Une sorte de *matrice de pensée* dont le sociologue D. Martuccelli en évoque le caractère collectif au sens de « *représentations confuses ou informelles* » constituant autant d'images ou de modèles prétendant à une grande cohérence (Martuccelli, 1999) ?
Mais, dans ce contexte, ne faut-il pas aussi parler d'une sorte d'effacement du contenu théorique (scientifique) et de la valeur conceptuelle des concepts au profit d'un sens empirique, lui-même tributaire d'un certain flou ? Si, aux XIXe et XXe siècles, ce fut le cas du concept de système, n'est-ce pas, aujourd'hui, par exemple, le cas des termes d'ADN, voire de « logiciel » ?

Diffuser ? Vulgariser ? Transmettre ?

La visée d'appropriation de la science par un public élargi passe, aujourd'hui par les multiples voies, relais et médias de diffusion et de vulgarisation scientifique plus que par l'influence de tel ou tel artiste ou auteur.
Cette visée de diffusion, qui remonte à la fin du XIXe siècle correspondait, à l'époque, à la perception, par certains, d'une « soif d'apprendre » et d'être « instruit » de la part du public. À cela s'associait, comme en témoigne l'éditorial de l'hebdomadaire « *La science populaire* » de 1880 (voir encadré *ci-après*), une vision « étendue » de l'idée de science et de ses approches[460].

[459] Le terme de « concept » ne fait-il pas aussi l'objet d'un processus d'appropriation du même ordre ? Ne parle-t-on pas d'un « concept » dans le langage courant pour désigner, par exemple, l'idée ou la représentation préliminaire (à visée le plus souvent novatrice) dans des domaines comme le design, la publicité ou l'automobile (un concept-car) ?
[460] On peut faire l'hypothèse que le contexte de « seconde révolution industrielle » des années 1870 et celui des changements profonds apportés à l'enseignement sous ce que l'on a pu appeler

Vulgarisation et diffusion de la science : éditorial du n°1 de l'hebdomadaire « La Science populaire », 1880

« Au lecteur,
Nous fondons aujourd'hui un journal d'un genre nouveau, répondant, croyons-nous, à de nouveaux besoins de l'esprit public, spécialement à cette soif d'apprendre qui a pénétré les masses, et qui est comme le signe distinctif de l'époque que nous traversons. Suivre un programme officiel, en apprendre et réciter toutes les parties comme un perroquet, en vue d'un diplôme quelconque, quitte à tout oublier le diplôme obtenu : il ne s'agit pas de cela.
Devenir un savant n'est pas non plus l'objet qu'on se propose : une semblable ambition exigerait le sacrifice d'une vie tout entière, et tout le monde n'a pas le moyen de faire ce sacrifice. Mais on désirerait avoir des notions vraies sur toutes choses, être instruit des phénomènes qui se produisent dans la nature et de leurs causes et averti de la marche constante du progrès des connaissances humaines, ainsi que des découvertes effectuées par nos hardis explorateurs dans toute l'étendue du monde connu ou inconnu.
C'est pour satisfaire à ces légitimes aspirations que la Science populaire est fondée. Prenant le mot « science » dans son acception la plus étendue, notre journal s'occupera avec une sollicitude toute particulière de ses applications aux arts et métiers, aux procédés de la grande industrie, à nos besoins journaliers les plus modestes comme à nos plus glorieuses entreprises ; mais il s'intéressera non moins activement aux découvertes géographiques ; il étudiera les mœurs, coutumes et institutions des différents peuples, et traitera de la culture de la terre et des eaux, de l'acclimatation, des procédés de chasse et de pêche, de l'histoire naturelle, de la médecine et des sciences qui s'y rattachent; en un mot de toute la série si nombreuse des connaissances utiles auxquelles on a tous les jours quelque chose à demander.
Ajoutons enfin qu'une large place y sera faite au côté curiosité, si fécond dans les sciences : c'est-à-dire qu'outre la science proprement dite et ses applications sérieuses, on y trouvera ses applications amusantes et récréatives, ses singularités, sans oublier celles, des sciences amusantes – voire des sciences occultes.
Le programme est vaste, et ce n'est pas en quelques numéros qu'il sera épuisé ; mais nous avons la confiance que le succès, répondant à nos efforts, nous permettra d'en remplir toutes les conditions ».
Le rédacteur en chef, Adolphe Bitard.

Cette démarche, souvent dite de « vulgarisation », s'est, depuis, profondément renouvelée et privilégie aujourd'hui trois perspectives complémentaires comme a pu le souligner Yves Michaud retraçant l'histoire de l'*Université de tous les savoirs* de 2000 à 2013[461].

« l'ère Jules Ferry » aient été partie prenante de ce mouvement de vulgarisation qui, au-delà du caractère « généraliste » de l'hebdomadaire cité, a mobilisé de nombreux scientifiques comme, par exemple, Camille Flammarion dans le domaine de l'astronomie.

461 L'Université de tous les savoirs (UTLS) est, au départ, un cycle de leçons magistrales données quotidiennement sur tous les aspects de la connaissance au Conservatoire des Arts et Métiers sur l'année 2000. Cette action, associant les ministères de la recherche et de la culture, avait pour but de célébrer le passage au XXIe siècle par une grande « encyclopédie vivante ».

La première est celle de « *réintroduire les sciences et les techniques dans la culture contemporaine, alors que celle-ci est plutôt conçue comme relevant du monde des symboles et des productions artistiques* ».
La seconde est de « *rétablir et de renforcer le lien entre monde de la connaissance et monde des gens ordinaires. Il y a une coupure facile à comprendre entre le monde de la recherche avancée et le public, lequel est, de plus, constitué de catégories d'individus très diverses. Cette coupure est, en bien des sens, normale compte tenu de la spécialisation et de la difficulté de la recherche mais elle peut être plus ou moins grande et dommageable* ».
La troisième, enfin, est de « *contribuer à améliorer les conditions du débat public sur les controverses scientifiques à fort impact social* » (Michaud, 2013).
Or, cette Université de tous les savoirs s'est arrêtée en 2013, jugée par son principal animateur, Y. Michaud, comme risquant de devenir de plus en plus « *en décalage avec notre temps* » face, notamment, au « *changement complet de mode de sélection de la connaissance dans ces nouvelles conditions de diffusion massive* ». Comme il le précise, aujourd'hui, « *on publie tout – et n'importe quoi – et l'on trie ensuite, ou plutôt ce sont les usagers et consommateurs qui ensuite trient pour eux et entre eux. La prescription ex cathedra existe toujours en termes de personnalités influentes ou à succès, mais elle n'opère plus dans la diffusion du savoir avec la force qu'elle avait et souvent elle n'opère plus du tout* ».
À cela s'adjoint une « *perte du sens de la généralité et le confinement dans l'hyperspécialisation et l'hyper-actualité. Chacun reste dans son coin avec sa spécialité et les problèmes du moment. Moyennant quoi, ce qui vient à manquer, ce sont l'espace et le temps de la réflexion, ce qui manque aussi c'est le point de vue transversal et transdisciplinaire* » (Michaud, 2013).

Ce contexte, qui renvoie la connaissance à la seule appropriation du savoir par des « *usagers et consommateurs* », n'est alors pas sans soulever aussi la question d'une possible « *illusion de la connaissance* » souvent articulée, par ailleurs, aux phénomènes de croyance et aux risques d'une appropriation d'idées et de représentations *sous-jacentes* aux savoirs et aux connaissances : des représentations (du monde) que le savoir scientifique véhiculerait et permettrait implicitement – au-delà du savoir lui-même ou de telle ou telle connaissance. Une sorte d'alter-culture scientifique[462] ?

Nous avons cependant évoqué plus haut la problématique de la « médiation »

Dans la foulée, une association s'est créée en 2001 avec comme objectifs d'organiser des conférences présentant à un large public la recherche contemporaine et de contribuer à la diffusion des savoirs vers le grand public francophone. Elle a cessé son activité en 2013.
[462] Nous empruntons ici l'expression d'alter-culture à Raphaël Liogier *in* « Une politique alterculturelle », in *La pensée de midi*, Actes Sud, 2005 (pp. 52-58).

d'Isabelle Stengers relative aux modalités relationnelles de la communauté scientifique avec le grand public. À cela s'ajoutait également ce que l'on appelle le mouvement de « la science citoyenne » que nous avions aussi évoqué en première partie de l'ouvrage (*supra*, I.1). Ces approches viennent, pour une part, lutter contre le caractère passif dans lequel le public est en quelque sorte maintenu au travers du thème de la vulgarisation scientifique ainsi qu'a pu le noter l'historienne des sciences B. Bensaude-Vincent : « *d'un côté, donc, on trouve des producteurs de savoir et, de l'autre, un public défini négativement par défaut de science plutôt que par ses qualités, ou même ses soucis, ou intérêts propres* » (Bensaude-Vincent, 2010). Avec ces mouvements, apparaît en effet la possibilité d'une contribution potentielle de chacun à une production scientifique, une possibilité renouvelée de partage des savoirs et la participation aux débats scientifiques, celle-ci pouvant aller jusqu'à une « *critique de science comme il y a une critique littéraire ou musicale* » (*op.cit.*, 2010, p. 6).
Dès 1996, constatant une « *différence majeure entre l'art et la science : l'existence et la reconnaissance de la fonction critique au sein du premier, son absence ou son insuffisance dans la seconde* », J.-M. Levy-Leblond distinguait trois fonctions pour une telle "critique de science" : « *une fonction productrice, interne, concernant les processus de production – qu'il s'agisse de découverte scientifique ou de création artistique –, une fonction médiatrice concernant les processus de médiation, de diffusion et une fonction politique concernant les processus de socialisation* » (Lévy-Leblond, 1996)[463].

Simultanément apparaît un autre volet plus rarement évoqué : celui de l'apport de ces médiations et autres formes de vulgarisation aux scientifiques eux-mêmes, à leur façon d'envisager les choses, de les clarifier voire de les (re-)problématiser. Car, comme l'exprime N. Beck dans son ouvrage *En finir avec les idées reçues sur la vulgarisation scientifique* (2007), « *de nombreux scientifiques pourront vous raconter comment la médiation leur a été d'un grand secours, leur apportant du recul sur leurs recherches, notamment grâce à une conception plus globale et contextualisée des problématiques scientifiques qui les préoccupent au quotidien* [...] *Nombreux sont ceux qui rapportent que participer à des activités de médiation les aident à garder la tête hors de l'eau, à prendre une certaine distance et à faire mûrir leur réflexion scientifique* [...] *Vulgariser implique d'avoir une vision intégrale de sa propre problématique de recherche, de préciser le contexte et les enjeux,*

[463] Pratiquement à la même période que J.-M. Lévy-Leblond et à propos de cette même différence entre art et science, P.-G. de Gennes prend une position radicalement contraire : « *Si certains ont pour profession d'être critique littéraire ou artistique, il n'existe heureusement pas de métier de critique scientifique* ». Et d'ajouter : « *Cette absence signifie quelque chose. Un artiste reste toute sa vie dans un état d'incertitude sur la valeur de son travail. Sous ce rapport-là, les sciences sont des métiers plus calmes On peut y juger plus sereinement de l'intérêt de ce qu'on fait* » (P.-G. de Gennes, 1994, p. 146).

de formuler de plusieurs façons les questions qu'on se pose, d'énoncer des hypothèses de travail et les conclusions que l'on tire des expériences réalisées » (Beck, 2017, p. 16).
Or cette prise de conscience d'une nécessité d'avoir « *une vision intégrale de sa propre problématique* » pour la vulgarisation et la médiation concerne aussi les enjeux de transmission et, en particulier, l'enseignement. Ainsi, par exemple, le chimiste Alain Fuchs explique ce qu'il appelle « *le passage de la transmission d'information à de la communication* » au cours sa propre évolution lorsque, de « simple chercheur », il devient « *confronté à la problématique de la communication dès lors que son travail commence à paraître et dès qu'il enseigne* » (Fuchs, 2018 p.57). La communication scientifique, entre scientifiques et vers un public d'étudiants, apparaît souvent comme « *un échange balisé d'information* » (Fuchs, *ibid.)* et, de ce fait, la transmission, par l'enseignement, nous renvoie souvent à ce que F. Jacob a pu appeler la « science de jour » – voire la science « froide » – (*op.cit.*, p. 239). La prise en compte, dans l'enseignement – et surtout dans l'enseignement supérieur – d'une problématique de la communication apparaît alors nécessaire en ce qu'elle suppose « *de préciser le contexte et les enjeux, de formuler de plusieurs façons les questions qu'on se pose, d'énoncer des hypothèses de travail et les conclusions que l'on tire des expériences réalisées* » (Beck, *ibid.).*

IV. 3.

Chercheur : un métier qu'on ne peut faire avec une seule tête

Chercheur : un métier qu'on ne peut faire avec une seule tête : Science de jour / science de nuit ; Entêtement et opportunisme ; Les bénéfices du doute (douter, redouter) ; Culture et mémoires d'invention versus Culture et mémoires de réserve.

Science de jour / science de nuit

> « *Une fois admise, une fois enseignée, la science est froide. Froide comme les techniques qui en découlent. Froide comme les manuels qui en décrivent le contenu ou les livres qui en rapportent l'histoire. La science en voie de se faire, elle, a deux aspects. Ce qu'on pourrait appeler science de jour et science de nuit* ».
>
> François Jacob, *Science de jour, science de nuit,* communication à l'académie des sciences morales et politiques, 26 janvier 1987[464].

[464] Ce texte est repris dans son ouvrage autobiographique *La statue intérieure (op.cit.,* p. 329-330). On trouvera une version légèrement différente de ce même texte dans « Le courage du chercheur » (2005, séance solennelle de rentrée de l'Institut de France, en hommage à Pierre Messmer).

La première opposition construite par F. Jacob dans cette communication à l'académie des sciences morales et politiques concerne non pas tant l'opposition *science de jour / science de nuit*, mais l'abîme qui sépare la pratique scientifique *en train de se faire*, de la science achevée, la science telle qu'elle est racontée, enseignée : sereine et certaine de ses vérités, apaisée, dogmatisée dans des résultats indiscutables. Il poursuit d'ailleurs ainsi : « *La science de jour met en jeu des raisonnements qui s'articulent comme des engrenages, des résultats qui ont la force de la certitude. On en admire la majestueuse ordonnance comme celle d'un tableau de Vinci ou d'une fugue de Bach. On s'y promène comme dans un jardin à la française. Consciente de sa démarche, fière de son passé, sûre de son avenir, la science de jour avance dans la lumière et la gloire* ». Le roman de l'histoire des sciences ne connaît que la science de jour. Il ne décrit de la posture scientifique que le « *jardin à la française* » : une *épinalerie* qui tient en moins d'une dizaine de mots, d'ailleurs peu distinctifs : rationalité – objectivité – rigueur – méthode[465] … Ce sont ces mots que Jacob résume lapidairement ci-dessus par l'image de la « froideur » de la science officielle.

« *Chacun peut raconter sa vie*, dit Aragon, *mais qui peut raconter sa tête* ? »[466]. Or ce que découvre Jacob dans les rapports entre chercheurs, et particulièrement dans ses rapports – pas toujours faciles – avec Jacques Monod, c'est l'emprise nécessaire de la passion, de l'engagement, de l'amitié, avec toute la subjectivité et le parti-pris que véhiculent à l'évidence ces termes qui vont bien au-delà de la seule mobilisation intellectuelle. « *Rien de grand ne se fait sans passion* » enseignait Hegel. Sans passion, donc sans émotion, sans ardeur.

Or – c'est Wladimir Jankélévitch qui nous rappelle cette évidence – « *on ne peut être ardent et raisonnable à la fois* »[467]. Et pourtant Dieu, paraît-il, « *vomit les tièdes* ». Pas d'autre solution que celle que préconise Soeren Kierkegaard : « *changer sans cesse sa méthode d'exploitation* »[468] : changer de posture, changer d'outils, de distance. Changer de tête. Et, tant qu'à changer d'outil, passer du marteau aux ciseaux à broder, et des ciseaux à broder au marteau (préconisations de Nietzsche) … Jacob décrit ces interminables discussions et disputes (tant philosophiques que scientifiques) avec Jacques Monod, dans un immeuble presque vide ; tantôt affrontements de subjectivités blessées, tantôt connivence et complicité d'amis qui se

---

465 Épinalerie plus souvent mêlée d'un panégyrique des qualités morales du savant : opiniâtreté, dévouement, altruisme qui interdit de compter son temps, souci du *bien commun*...

466 La citation exacte est : « *Chacun raconte sa vie à sa manière mais qui peut trouver moyen de raconter sa tête ? »*, in Aragon L., *Je n'ai jamais appris à écrire ou les Incipit*, Paris, Flammarion (Champs), 1981.

467 *in* V. Jankélévitch, *L'ironie*, (1936), Flammarion, 2011.

468 Søren Kierkegaard, *Ou bien... ou bien...*, édition Robert Laffont, Paris, 1993, p. 228.

comprennent à *demi-mot.* Nous avons plusieurs modes de mobilisation (convocation et mise en mouvement) de nos facultés et l'intelligence a plusieurs cordes à son arc[469].

« ***Le sens du possible*** ».

Poursuivant son propos, F. Jacob nous précise qu'à la différence de la science de jour, « *la science de nuit, au contraire, erre à l'aveugle. Elle hésite, trébuche, recule, transpire, se réveille en sursaut. Doutant de tout, elle se cherche, s'interroge, se reprend sans cesse. C'est une sorte d'atelier du possible où s'élabore ce qui deviendra le matériau de la science. Où les hypothèses restent sous forme de pressentiments vagues, de sensations brumeuses. Où les phénomènes ne sont encore qu'événements solitaires sans lien entre eux. Où les projets d'expérience ont à peine pris corps. Où la pensée chemine à travers des voies sinueuses, des ruelles tortueuses, le plus souvent sans issue* ».

Au-delà de l'engagement incoercible de la passion, de toute l'affectivité du chercheur, F. Jacob découvre, non sans surprise il nous semble, dans la genèse de la science, le rôle sans cesse occulté de l'imagination, de la conjecture, ou plutôt de cette forme de l'imagination que le romancier Robert Musil appelait « *le sens du possible* » qui ne s'oppose pas au « sens du réel » sans cesse encensé par le sens commun, mais qui en est le complément indispensable dans tout métier de création ou d'invention.

Celui qui a le sens du possible,

> « *Loin de redouter la réalité, la traite simplement comme une tâche et une invention perpétuelles.* [...] *un homme pour qui une chose réelle n'a pas plus d'importance qu'une chose pensée. C'est celui-là qui, pour la première fois, donne aux possibilités nouvelles leur sens et leur destination, c'est celui-là qui les éveille. Comme ses idées* [...] *ne sont que des réalités non encore nées, il faut naturellement qu'il ait le sens des réalités ; mais c'est le sens des réalités possibles* [...] ».
>
> Robert Musil, *L'homme sans qualité*, 2011[470].

Réécoutons François Jacob :

> « *Contrairement à ce que j'avais pu croire, la démarche scientifique ne constituait pas simplement à observer, à accumuler des données*

[469] Bachelard, pour sa part, en identifiait au moins trois : intelligence délibérative, intelligence polémique, intelligence architectonique. Modes de mobilisations intellectuelles contrastées qu'il faut savoir articuler, affronter, car ils ne sauraient fonctionner en même temps.

[470] Robert Musil, *L'homme sans qualités,* Éditions du Seuil, 1961, pp. 18-19. Soulignons que Musil avait une formation scientifique : élève ingénieur, il fut l'élève du physicien E. Mach.

expérimentales et à en tirer une théorie ? Elle commençait par l'invention d'un monde possible, ou d'un fragment de monde possible, pour le confronter, par l'expérimentation, au monde extérieur. Et c'était ce dialogue sans fin entre l'imagination et l'expérience qui permettait de se former une représentation toujours plus fine de ce qu'on appelle « la réalité ».

F. Jacob, *La statue intérieure,* Ed. O. Jacob, 1987, pp. 250- 251.

Le *lieu de la science de jour* c'est bien sûr le laboratoire : lieu de déploiement de la méthode – méthode analytique bien sûr, méthode scientifique, ces deux locutions fonctionnant comme des pléonasmes – ; lieu de la technique, de l'expérimentation...

Mais comment nommer, en marge du laboratoire, à la fois en amont et en aval de celui-ci, le lieu (les lieux ?) qui accueillent *la science de nuit ?* Nous sommes tentés de les appeler « ***élaboratoires*** » : lieux des interminables discussions et disputes (avec Monod, mais aussi bien d'autres : ses collègues, des stagiaires de passage), lieux de la conjecture, de l'errance, de l'*élaboration* hésitante, hasardeuse d'hypothèses. « *À la merci du hasard, l'esprit s'agite dans un labyrinthe, sous un déluge de messages, en quête d'un signe, d'un coup d'œil, d'un rapprochement imprévu. Comme un prisonnier dans sa cellule, il tourne en rond, cherche une issue, une lueur. Sans s'arrêter, il passe de l'espoir à la déconvenue, de l'exaltation à la mélancolie. Rien ne permet de dire que la science de nuit passe jamais au stade de jour. Que le prisonnier sortira de l'ombre cela survient, c'est de manière fortuite, comme un caprice à l'improviste, comme une génération spontanée. N'importe quoi, n'importe quand, comme la foudre. Ce qui guide l'esprit alors ce n'est pas la logique. C'est l'instinct, l'intuition. C'est le besoin d'y voir clair* »[471] .

Élaboratoires, pourquoi ce mot ? Parce qu'il nous semble parfaitement convenir, et parce que c'est le professeur Jacob lui-même même qui nous le souffle : « l'*atelier du possible où s'élabore ce qui deviendra le matériau de la science* ». « *Ce qui deviendra* » : ce qui n'est donc pas encore un « *matériau de la science* », pas encore directement assimilable par la rigueur scientifique, pas encore inscriptible dans un itinéraire qu'on puisse nommer méthode. « *Après le premier choc commence un dur combat avec les habitudes de pensée. Un conflit avec l'univers de concept qui règle nos raisonnements. Rien encore n'autorise à dire si l'hypothèse nouvelle dépassera sa forme première d'ébauche grossière pour s'affiner, se perfectionner. Si elle soutiendra l'épreuve de la logique. Si elle sera admise dans la science de jour* »[472]. Pourquoi enfin proposer ce terme « élaboratoires » au pluriel : parce que, s'il

---

[471] François Jacob, *Science de jour, science de nuit,* communication à l'académie des sciences morales et politiques, 26 janvier 1987.

[472] F. Jacob, ibid.

existe souvent des lieux dédiés aux discussions libres, on ne leur reconnait généralement pas de statuts de recherche à part entière.

Élaboration est un concept de physiologie désignant une activité physico-chimique (généralement inconsciente) qui consiste à sécréter les substances nécessaires à un être vivant à partir de ce qu'offre son milieu ; à porter jusqu'à maturation ces substances : la sève d'un arbre, la bile qu'élabore le foie par exemple... La pensée, dans ses processus d'émergence – « *à l'état naissant* » –, est aussi (d'abord ?) une sécrétion qui doit être portée à maturation, portée jusqu'à une forme **assimilable** à l'activité intellectuelle de la *science de jour, à la rigueur de la méthode, de l'analyse, de l'expérimentation...*[473].
Travail de pensée. « Conduire sa pensée ? » n'est pas si simple. La pensée est aussi une sécrétion. L'important serait d'utiliser au mieux cette sécrétion (récolter *tout* ce qu'elle apporte), plutôt que d'espérer la conduire. La pensée travaille (au sens où le bois, le béton travaillent). Penser comporte des dimensions passives, involontaires… Henri Miller conseille de se méfier de celui qui arrive toujours « là où il veut » : c'est peut-être un génie, mais il y a bien plus de chances pour que ce soit un faussaire ; c'est-à-dire qu'il a ignoré délibérément tout ce qui pouvait infléchir ou infirmer – ou même simplement retarder –, l'objet qu'il visait. Montaigne s'inquiète de ces penseurs qui toujours « *vont* », sans s'être jamais « *laissé emporter* ».

Être déçu en bien.
« *La science de nuit erre* […] **».** Le verbe errer, dont use ici F. Jacob, nous offre une formidable occasion de nous arrêter sur le mot méthode : le mot méthode est forgé par la philosophie grecque. Sa définition initiale l'oppose directement à l'*errance* : *hodos* signifie chemin. *Methodos* désignerait ainsi une stratégie de pensée, qui assurerait la maîtrise du discours philosophique : suivre un chemin, aller, au lieu d'être sans cesse dérouté, emporté[474]. Nous avons vu précédemment (*supra* II.1) que passer à la méthode scientifique suppose d'avoir construit un problème accessible à celle-ci ; d'en avoir fini avec les spéculations de *la science de nuit*, avec le « *sentiment d'être dans le vrai* », pour affronter la démonstration finale.

Cependant, le chemin, bien balisé, que l'on suit a aussi ses limites, ses remises en questions. On peut s'en éloigner, en sortir complétement même, et, comme

---

[473] La *création*, telle est la valeur des valeurs pour Nietzsche : « *il faut porter en soi un chaos pour pouvoir mettre au monde une étoile dansante* » (in *Ainsi parlait Zarathoustra*, prologue §.5).

[474] Le mot « Methodos » est forgé par la philosophie (Platon). Il nomme une manière de construire son discours (en particulier dans la discussion) : la dialectique. Mais, si le mot *Hodos* désigne certes le chemin, il dit également le fait de cheminer. D'être *« en chemin »*.

les Suisses disent, se sentir déçu en bien. « *On a été déçus en bien…* ». J'ai entendu maintes fois cette phrase en Suisse ; le soir, au bord d'un lac bien sûr. Il s'agissait de météo : les informations avaient annoncé de la pluie. Elle n'était pas tombée : il y avait donc déception. La déception, c'est, en langue française la non-satisfaction d'une attente. Mais en Français de France, il ne dit que déconvenue, désillusion, ou échec. Et les Suisses m'apprenaient qu'on peut être « déçu en bien » ! Je me demande si ce n'est pas cette révélation qui a commencé à saper ma foi dans la méthode.

Entêtement et opportunisme

Il n'y a qu'en morale qu'entêtement et opportunisme sont réputés se contredire. L'opposition entre l'entêtement (que la morale scolaire nomme persévérance) et l'opportunisme serait le péché par excellence. Il nous apparaît pourtant, au contraire, qu'un entêtement raisonné (raisonnable ?) devrait doter d'une confiance en soi qui permet de se saisir des occasions *qui se présentent*[475]. On peut alors voir deux axes qui se dessinent : celui de la capacité opportune sur la base de l'entêtement (« *J'ai une souche si forte en moi que je puis être d'une versatilité prodigieuse* » se félicite Nietzsche) et celui de la confiance en soi permettant à la fois l'entêtement et sa remise en question.
Ainsi, pour dire « confiance en soi », anglais et américains disposent de deux termes : *self-confidence*, qui traduit à peu près notre « confiance en soi », mais aussi *self-reliance*. Reliance signifie fiabilité : « confiance en sa fiabilité » mais aussi, par conséquent, en sa « faillibilité ». Reconnaître ce sur quoi l'on n'est pas sûr est aussi une marque de confiance en soi.

Opportunisme.
On peut trouver, dans les *Cahiers* de Paul Valéry, les traces entremêlées de ces différents registres de pensée : celui de l'entêtement (de la poursuite et de l'approfondissement), celui du questionnement (du doute) et celui du possible (de l'intuition)[476]. Avec ses *Cahiers*, Valéry, en quelque sorte, s'est fabriqué un *espace d'écriture* ouvert permettant cette dualité de l'entêtement, jour après jour, et de l'opportunisme, à chaque jour.
« *Tout savant est un opportuniste* », disait, de son côté, A. Einstein. P. Valéry, lui qui décrit le poète comme un « *chasseur foudroyant* », semble vouloir

[475] La locution « … *qui se présente* », si fréquemment employée, mériterait une étude…Elle semble évoquer un rendez-vous à accepter ou à refuser, à saisir.
[476] Ces *Cahiers* correspondent aux notes quasi quotidiennes qu'écrivit Paul Valéry de 1894 jusqu'à sa mort, en 1945. Elles couvrent plus de 30 000 pages dans 261 cahiers. Une édition en *fac-similé* a été publiée en 1957-61 par le CNRS. Le site web *http:/valery.item.ens.fr* donne accès à une *version* partielle du texte des *Cahiers*.

appliquer ce talent d'opportunisme à tout créateur. Et Kierkegaard nous semble aller encore plus loin au travers de la formule qui lui est attribuée et souvent reprise : « *Du possible, du possible, sinon j'étouffe !* »[477]. Ce sens du possible dont parlions plus haut en évoquant F. Jacob, allant lui-même jusqu'à parler d'un « *atelier du possible ou s'élabore ce qui deviendra le matériau de la science* ».

Cela suppose la disponibilité à la rencontre, à la surprise. Cet état de disponibilité et de réceptivité qu'est la « *passibilité* », jouissance de la pure réceptivité que vantait Lyotard[478]. Au-delà, le chercheur ne doit-il pas aller jusqu'à se mettre en situation de *guetter* l'altérité possible, d'en accepter les blessures, de s'en saisir pour capter de nouvelles pistes (capturer : « *capter, déverrouiller* » dit Gilles Deleuze[479]) ? « *L'imagination est un lieu où il pleut* » écrivait Italo Calvino en écho à Dante[480] ; peut-être une pluie qui doit être provoquée par l'attente, par l'expectation, par la multiplicité et la diversité des tentatives. Ouverture, curiosité, *intranquillité*, et vigilance à la fois.

Revenons à nouveau chez Nietzsche : « *le plus souvent, quand on dit « je pense », on devrait dire « il pense », comme on dit « il pleut »*[481]. Au moment où elle était énoncée, cette provocation (qui n'a pas pour seul objectif de tuer une seconde fois Descartes) ne devait pas être facilement entendue. Elle nous est plus audible aujourd'hui. On *sait* maintenant que tout travail de pensée conscient et délibéré met en œuvre un travail inconscient et involontaire de « pensée », mobilisation de zones importantes du cerveau, dont une toute

---

[477] G. Deleuze cite cette phrase en l'attribuant à un héros de Kierkegaard (sans citer la source exacte) dans l'appendice « Michel Tournier et le monde sans autrui » de son ouvrage *Logique du sens* (1969, p. 421).

[478] Lyotard J.-F., *L'Inhumain : causeries sur le temps*, Paris, Galilée, 1988.

[479] Dans le langage amical « j'ai capté » veut dire « j'ai compris » ... J'ai saisi, pourrait pourtant aussi bien se dire « j'ai été saisi par », ce qui n'est pourtant pas la *même chose*.

[480] Première phrase d'une conférence prévue à l'université d'Harvard sur le thème de la *Visibilité* : « *Ma conférence, ce soir, partira de cette constatation ; l'imagination est un lieu où il pleut...* ». La phrase s'inspire d'un vers de Dante : « *Poi piovve dentro a l'alta fantasia* » [Mais dans ma haute imagination tomba comme une pluie]. Cette conférence, prévue au sein d'un cycle de six n'a pas pu avoir lieu du fait du décès d'Italo Calvino quelques jours avant son voyage aux États-Unis. L'ensemble du cycle des six conférences a pu être édité en italien en 1988 et traduit en français sous le titre de *Leçons américaines, aide-mémoire pour le millénaire* (Seuil, 2001).

[481] Nous ne pouvons donner ici la référence exacte de ce propos de F. Nietzsche mais la métaphore du « il pleut » nous arrête. Nous aurons peut-être plus tard la nécessité de trouver les conditions exactes d'édition de cette citation, mais tant que nous sommes portés et travaillés par un mot, par une expression, qui nous obsède en tant que chercheur, il ne faut en aucun cas abandonner cet appel. Ajoutons cependant que cette métaphore se rencontre chez plusieurs philosophes, de D. Hume (*Traité de la nature humaine, 1740*) à F. Nietzsche en passant par W. James (*Psychology. Briefer course*, 1892). Dans *Par-delà le bien et le mal,* Nietzsche précise d'ailleurs : « *Une pensée vient quand « elle » veut, et non pas quand « je » veux* » (Chap. I, §. 17).

petite part semble utilisée. Des idées, des liaisons qui s'engendrent comme mécaniquement. Tel un auto-allumage... Ainsi, quand « *je pense* », « *ça pense* » ... Des idées, des images qui ne nous appartiennent pas, dont on ne sait si elles nous atteignent, s'il nous est possible de leur *prêter l'oreille ?* Faut-il parler, ici, d'opportunisme ?

Serendipity (à propos d'un mot à la mode)

Dès 1945, le sociologue américain Robert King Merton avait tenté de définir le terme de *serendipity*, et d'en faire saisir la pertinence dans le travail de recherche, en particulier dans la dimension théorique de ce travail.

> *« La « serendipity » se rapporte au fait assez courant d'observer une donnée inattendue, aberrante et capitale qui donne l'occasion de développer une nouvelle théorie ou d'étendre une théorie existante. Chacune de ces qualifications demande à être précisée.*
> *La donnée est avant tout inattendue. Une recherche orientée vers la vérification d'une hypothèse conduit fortuitement à une observation à laquelle on ne s'attendait pas et qui relève de théories étrangères à la recherche en cours.*
> *Deuxièmement, la donnée est aberrante, surprenante, parce qu'elle ne semble s'accorder ni avec la théorie généralement admise, ni avec les faits déjà établis. Dans les deux cas, la contradiction suscite la curiosité ; elle pousse le chercheur à « donner un sens au fait observé », à le faire entre dans un cadre de référence plus large* [...]
> *Troisièmement, en disant que le fait aberrant doit être capital, c'est-à-dire qu'il doit influer sur la théorie générale, nous pensons plus à ce que l'observateur voit dans le fait qu'au fait lui-même. Car pour tirer le général du particulier, l'observateur doit avoir une tournure d'esprit théorique ».*
>
> Robert K. Merton, *Éléments de méthode sociologique*, Paris, Plon, 1953, p. 44-45 (repris dans Bourcier & van Andel, *La sérendipité*, Hermann 2011, p. 43).

Merton distingue trois dimensions de l'expérience de *serendipity* :
1 – Se trouver devant « une donnée inattendue », soulignant donc un effet de surprise, d'étonnement.
2 – Estimer cette donnée aberrante au regard des hypothèses qui conduisaient l'expérimentation.
3 – Ce caractère aberrant doit nécessairement obliger (conduire ?) le chercheur à remanier le système théorique qui présidait aux choix antérieurs d'hypothèse et de méthode.

Si le premier constat de Merton semble s'inscrire comme une évidence dans toute pratique expérimentale, les deux conséquences qu'il en déduit, méritent d'être interrogées, ou plus précisément de réinterroger notre conception de la méthode expérimentale.

La *sérendipité* (le terme est désormais francisé) serait le produit fortuit du hasard, produisant de la chance ou de la malchance. Un bon ou un mauvais coup, qu'il convient de toute façon d'élucider, puisque le chemin initialement arrêté (la « *méthode* » donc) s'avère dès lors impraticable. Mais le terme de sérendipité ne désigne aujourd'hui que les coups de chance, dont la découverte de la pénicilline est aujourd'hui l'exemple éculé. La fécondité de la sérendipité ne saurait être le produit du seul hasard, il suppose de la curiosité, de la clairvoyance et de l'intuition : de la **sagacité.**
Étymologiquement, d'ailleurs, la sagacité désigne la finesse de l'odorat des êtres vivants, le flair. Pourquoi pas ? Nietzsche ne se vantait-il pas que « *tout son génie était dans ses narines* »[482] ? Saisir le fugace, l'inattendu, l'obstacle même comme aubaine, comme occasion… (le *Kairos* des Grecs). Saisir aussi le moment : affaire d'intuition et d'engagement.

Certes la rencontre accidentelle, l'imprévu sont cruciaux, mais tout aussi cruciale est la capacité d'accueillir la rencontre, d'y consentir, de la « saisir » comme aubaine : occasion de bifurcations, occasion de nouer d'autres alliances, de frayer d'autres accès.

Les bénéfices du doute

Douter / Redouter.
La justice – paraît-il – exige de toujours accorder aux prévenus « *le bénéfice du doute* ». Mon « *intime conviction* », ma certitude même, ne sauraient légitimer mon jugement si aucun élément réellement **probant** – c'est-à-dire « *faisant preuve* » – ne les étaye.

Certes, mais prenons garde : le verbe douter est un verbe douteux. Imaginons une conversation animée entre divers interlocuteurs : amis, collègues, ou simples « *connaissances* » comme dit le langage populaire. Un fait est rapporté, une opinion est émise qui bouscule très sérieusement les positions consensuelles. Vont se faire jour aussitôt deux postures antagoniques du mouvement – du *geste* – de douter : deux postures *à la fois* intellectuelles et affectives face à la différence, face à l'écart entre le familier et la nouveauté,

[482] Nietzsche F., *Ecce homo*, trad. J.-C. Hémery, Paris, Gallimard, 1974. (p.333).

face à une assertion *inattendue* qui heurte, voire contredit, une conviction ancienne, perturbe le consensus.

Deux postures, plus ou moins véhémentes, s'affrontent donc :
- *Protéger* le *déjà-là*, le *familier*, en soumettant immédiatement au jugement critique ce qui surprend, ou prétend contredire des idées auxquelles je (ou une majorité de l'équipe, ou la discipline concernée) tiens. Mobiliser tous les arguments qui pourraient fragiliser ou infirmer ce qui émerge (autrement dit, préserver tout ce qui paraît conforter le déjà-là). Il s'agit là d'une réaction strictement défensive, qui ne nous semble pas constituer un doute. Peut-on appeler cela *douter* ? Nous serions au contraire tentés d'user du verbe *redouter*.
- *Douter*, a *contrario*, ce serait accorder crédit à ce qui vient, à ce qui arrive, contre le « *déjà-là* », contre le « *déposé*[483] ». Miser sur ce qui étonne, dérange et « mobilise » presque au sens militaire de ce terme : rouvrir la guerre ; ce qui mobilise – remet en mouvement des éléments de notre pensée qui semblaient figés comme vérités acquises, ce qui perturbe les lignes déjà tracées par vos anticipations théoriques, par vos attentes. Surgissement de l'incertain, surgissement d'un nouveau *possible* ; il s'agit de jouer contre sa propre incrédulité, en transformant ses tentations en *tentatives*. Oser porter l'étonnement, la rencontre, sans offrir de prime aux certitudes installées. Pour un chercheur douter c'est *penser contre soi-même*, contre ses propres cadres de pensée ; contre la familiarité et l'immédiateté. Nous retrouvons ici le concept de *passibilité* énoncé par Jean-François Lyotard : « *se rendre passible* » à l'inquiétante étrangeté freudienne ; passible à la rencontre de la différence, à l'étonnement, à toute forme d'*écart*. Passibilité nécessaire pour *saisir*, enregistrer, cet écart, le penser comme un possible. Ce régime du doute constitue la forme principale de ce que nous avons appelé plus haut *le sens du précaire* (*supra*, II.1).

Tenter, tentatives et tentations.
Pour autant, le verbe douter ne doit pas être entendu comme une simple posture « d'hygiène intellectuelle », une auto-défense quasi morale, un scepticisme prudent. On ne doute qu'invité, sollicité par l'étonnement, par le caractère inattendu d'une rencontre. Pour douter il faut avoir des raisons effectives de douter. Douter n'est pas une prudence (un principe de précaution), c'est une position offensive : ne pas manquer de tester un possible, une opportunité jusqu'alors non envisagée.

On peut avoir de longs moments de sentiment « *d'être dans le vrai* » (Galilée) sans que ce « vrai » puisse être accrédité par des faits probants, des preuves.

---

[483] Au sens juridique de ce terme : un modèle ou un brevet « déposé ».

Oser récuser momentanément, mais radicalement (récuser ≠ réfuter) les opinions communes. S'astreindre – momentanément – à « *Ne plus voir comme... mais comme...* ». Être capable de briser l'immédiateté, l'évidence, de *travailler belliqueusement contre soi-même.* Comme une « conversion » expérimentale.

> « *La formule « être dans le vrai » rend compte à sa manière de cette situation inconfortable qui force à changer d'orientation, telle que Valéry l'évoque au passage dans ses Cahiers* :
> « *Être dans le vrai, c'est-à-dire être au point à partir duquel on ne peut plus que se tromper. Tout mouvement jettera dans le faux ; et l'on se devra mouvoir nécessairement* »
>
> (*in* P. Valéry, *Tel Quel*, Cahier B 1910, *Œuvres* t. II, Paris, Gallimard/Pléiade, 1960, p. 587).

> « *C'est se tenir comme on peut sur la corde raide, entre vrai et faux, à leur embranchement, où ils apparaissent provisoirement indissociables l'un de l'autre, ce qui soulève la question de savoir sous quelles conditions ils collaborent dans le cadre du processus qui les réunit* ».
>
> Pierre Macherey, « Songez à Galilée », in Textes du groupe d'études "*La philosophie au sens large*", Lille, juin 2020.

Avec G. Deleuze, il n'y a pas de jugement *a priori* : ne pas juger ce qui vous vient à partir de critères *a priori* : « supputer » (mot hybride qui évoque à la fois l'incertitude du soupçon et le calcul) ce que cela pourrait produire, l'essayer mentalement, imaginer des procédures qui le mettent à l'épreuve[484]. Construire le soupçon en tentatives ; tenter « *pour voir* », pour évaluer à partir des effets obtenus. Pour éprouver, dans le double sens de mettre à l'épreuve ce qui vous vient, et de *vous* mettre à l'épreuve de ce qui vous vient. Pas de « retenue à la source » dans la pensée : tout étonnement doit être transformé en *tentation* ; toute *tentation* doit être convertie en *tentatives*, en mise en œuvre pour se donner les moyens d'évaluer ce que cela pourrait produire.
C'est toujours penser à la fois, une idée, et un geste, ou une suite de gestes, d'opérations (une ou des opérations enchaînées), en escomptant des effets possibles. Une procédure nouvelle, non encore tentée, qui mette à l'épreuve l'idée. Il arrive d'ailleurs fréquemment que la tentation d'un geste possible – faire autrement, « *faire non plus comme...mais comme...* » – précède l'idée.

---

[484] Gilles Deleuze, « Pour en finir avec le jugement », in *Critique et clinique*, Ed de Minuit, Paris, 1993.

Ainsi « *on ne cherche pas des idées justes, on cherche juste des idées* », disait Deleuze en paraphrasant une célèbre phrase du cinéaste J.-L. Godard[485].

Selon Luigi Pareyson, toute création est invention d'un faire. Invention d'une manière iconoclaste ou simplement inédite de procéder (invention d'un geste non encore tenté, ou subversion d'un geste connu, voire d'un geste canonique de la discipline)[486].
Pour un créateur, un matériau n'a de sens que référé à des gestes techniques spécifiques. Il en va de même pour un scientifique, même si les « matériaux » sont, cette fois, d'ordre intellectuel comme le suggère I. Stengers à propos du paradigme kuhnien : « *un paradigme est d'abord et avant tout d'ordre pratique. Ce qui est transmis ce n'est pas une vision du monde mais une manière de faire, une manière non seulement de juger les phénomènes, de leur conférer une signification théorique mais aussi d'intervenir, de les soumettre à des mises en scène inédites, d'expliquer la moindre conséquence ou le moindre effet impliqué par la pratique en expérimentation* »[487]. Mais le choix présidant à de telles tentatives est très différent du choix raisonné que ferait un ingénieur à partir d'un inventaire des moyens et solutions qui sont à sa disposition. Une sélection sur des critères identifiés, nommés, pondérés. La tentative se donne à la fois comme idée d'un aboutissement possible et idée de process. On pourrait même parler de manière, comme pour un artiste. « Et *si au lieu de ..., je ... ?* ». La tentative émerge comme invitation à des gestes, tentation/ tentative d'essayer : *tentation de tenter*. Sans argumentation solide, sans trop de délibérations. C'est dans le faire que des procédures se trouveront, dans une sorte de dialectique : ce qu'on cherche, ce qu'on trouve, autrement dit ce qu'on rencontre *chemin faisant*.

On ne construit pas une recherche avec des briques, mais à partir de moellons de formes diverses que l'on trouve, déterre au fur et à mesure du cheminement. La brique trouve toujours place exactement là où l'on en a besoin. En revanche, qu'un moellon qui nous arrête par sa forme singulière que l'on trouve à l'instant *t,* puisse y trouver place est possible, mais peu probable. Le plus souvent, il eut été utile à l'instant *t-15, t-72, t-15 jours, t-6 mois...* Si l'on en revient au travail intellectuel, l'emploi judicieux d'une idée nouvelle peut

---

485 « *Ce n'est pas une image juste, c'est juste une image* », phrase prononcée par Jean-Luc Godard en 1967 au cours du montage de son film *Ici et Ailleurs* (https://www.pourlecinema.com/une-image-juste-juste-une-image/). G. Deleuze paraphrase cette phrase au cours de l'un de ses entretiens avec Claire Parnet (in *Dialogues*, 1996, p. 13)
486 Luigi Payerson, *Conversations sur l'esthétique*, 1954 (Trad. de l'italien par Gilles Tiberghien), Gallimard, Paris, 1992.
487 Isabelle Stengers, *L'invention des sciences modernes*, Paris, La Découverte, 1993.

obliger à réagencer toute une séquence de travail (voire à l'abandonner comme impasse[488]) et à rouvrir la problématisation initiale.

Ne pas se contenter d'ajouter ; ajouter c'est poursuivre. Le disciple ajoute augmente, complète. Il précise, formalise, mais ne commence pas. Commencer suppose de se séparer. En linguistique, nous l'avons dit et répété, « *être significatif, c'est être distinctif* » (Benveniste). Commencer, c'est donc se séparer, franchir une ligne de démarcation. « *Tout commence par une interruption* » a écrit Paul Valéry[489]. Le processus n'est pas une accumulation tranquille, il est discontinu. On avance par ruptures, par sauts.

Culture et mémoires d'invention / Culture et mémoires de réserve

Distinction assez énigmatique posée par Gilles Deleuze dans son *Abécédaire*[490]. C'est peut-être, justement, en ce qu'elle est énigmatique qu'elle doit nous intéresser, qu'elle donne à réfléchir, à penser. Pas du « prêt-à-penser » : elle oblige à un travail.

Qu'est-ce qu'une œuvre vraiment nouvelle ? Une hypothèse sinon une pensée originale ? Est-ce, pour reprendre une expression de Henri Michaux, déjà citée, une « *machine à faire des remous dans le passé* »[491] ? Ces *remous* dans le passé sont-ils de l'ordre d'une mémoire permettant l'invention ou, au contraire, d'une mémoire de réserve, formatant et censurant toute rencontre ?

L'écrivain Julien Gracq se demande pourquoi les critiques – la critique, selon l'expression courante – est-elle aussi peu avertie face à la nouveauté. Il y aurait à cela selon lui deux raisons.

> « *La première est qu'une œuvre réellement nouvelle est nouvelle non seulement par rapport aux œuvres précédentes mais aussi par rapport à la perspective de recherche que les œuvres précédentes dessinaient*

---

[488] Ainsi, pour le mathématicien C. Brezinski, « *il y a des moments, en particulier dans la recherche en mathématiques, où l'on ne "sent" pas une démonstration. On n'a pas envie de tenter de la faire, elle ne nous inspire pas* » (*op.cit.*, p. 65). Ce fait de « sentir » une possibilité d'impasse fait aussi partie du *sens du possible* dont nous parlions plus haut et nous ramène également au *flair* que nous venons également d'évoquer autour de la notion de sagacité.

[489] *in* Paul Valéry, *Mauvaises pensées et autres,* Gallimard, Paris (1942*),* recueil composé pour beaucoup de fragments (plus ou moins remaniés) tirés du chantier de réflexions quotidiennes que sont ses *Cahiers*.

[490] L'*Abécédaire* de Gilles Deleuze est un film documentaire de 25 entretiens réalisés sur la période 1988-1989 avec son ancienne étudiante et amie Claire Parnet. Découpé en vingt-cinq thèmes classés par ordre alphabétique de A à Z, Gilles Deleuze y aborde et développe successivement ses idées et concepts en relation à chacun de ces thèmes.

[491] In *Face aux verrous*, IX. « L'étranger parle » (1954), Gallimard, 1992.

> *aux yeux de la critique ou plutôt semblaient dessiner. C'est pourquoi en littérature, une œuvre neuve peut être, au sens précis du terme* réactionnaire. »
>
> Julien Gracq, *Préférences*, Éd. Corti, Paris, 1961, p. 74.

Il souligne ainsi le caractère fréquemment *réactionnaire* de la nouveauté artistique : par exemple l'œuvre de Stendhal en opposition à ses prédécesseurs romantiques. En fait, le drame du critique serait sa « longue-vue », ou plutôt le fait que cette longue-vue se révèle n'être qu'une boule de cristal. La critique artistique forge des perspectives à partir des promesses qu'elle croit pouvoir déceler dans les œuvres majeures d'une époque. Celles-ci annonceraient ce qui est à venir, telle des intégrales mathématiques, elles traceraient en creux, le devenir de la discipline, confondant ce qui lui apparaît licite avec ses possibles. L'histoire de la discipline, la fréquentation assidue des œuvres, semblent autoriser – légitimer – des nouveautés et en interdire d'autres, par le seul jeu des attentes. Il existerait donc, en littérature, une « armoire aux possibles » et la culture nous permettrait d'en prévoir le contenu. Il y aurait comme une propension des œuvres déjà-là, déjà adoubées, qui vectoriseraient l'époque, lui imprimant une flèche du temps, obligée (que d'ailleurs nombres d'artistes exploiteront).

> « *Si ouverts que le critique essaie de tenir les yeux, ils ne balaient jamais tout le champ du possible : ils sont orientés ; comme des politiciens qui savent à l'avance de quel côté l'histoire penche, ils savent à défaut de la faire, de quel côté la littérature a le devoir d'aller* ».
>
> Julien Gracq, *Préférences, ibid.*

Ce que nous nommons notre culture (au sens le plus général, comme au sens disciplinaire) ne désigne pas seulement le champ occupé (saturé) par le déjà-là, par ce que l'on connaît, ce que l'on fréquente. Notre culture, par le phénomène de la familiarité, règne aussi sur le hors-champ en gouvernant nos attentes, nos aspirations, plus encore, notre capacité de reconnaître, d'accepter ce qui apporte de réelles nouveautés. La culture suppose une familiarité qui préconstruit, formate, la légitimité (et l'illégitimité) de ce qui n'existe pas encore. Les possibles « à venir », ce que nous sommes capables d'accueillir. Ceci est évident en art[492] mais aussi en sciences. En marge d'un congrès

---

[492] C'est le cas, par exemple, des liens entre musique et société et, en particulier, de la situation de la musique dodécaphonique Ainsi le musicien et philosophe T. W Adorno oppose-t-il Schönberg et Stravinsky. Pour lui, chez le premier, la musique nous interpelle et nous parle de notre propre condition. Chez l'autre, un mythe originel voudrait nous rassurer et permettre l' « accès à la région d'un être absolument authentique ». (« Schönberg contre Stravinsky ; le progrès contre la réaction », in T. W. Adorno, *Philosophie de la nouvelle musique,* Paris,

Solvay qui réunit les sommités mondiales de la physique – il ne manque personne – Max Planck, qui est invité pour la première fois, est abordé par un journaliste scientifique qui lui fait remarquer que si la mécanique quantique semble désormais acceptée, elle n'a pas encore de place bien affirmée dans ces grands débats. « *Quand croyez-vous qu'elle y sera vraiment admise ?* » lui demande-t-il. Max Planck balaye d'un geste désabusé l'auguste assemblée, et s'éloigne en maugréant : « *quand ils seront tous morts !* ». Il réitérera à de nombreuses reprises…

Le sens du possible c'est simplement de ne pas croire à l'existence d'une « armoire aux possibles ». Il n'y a pas d'armoire aux possibles. Où, plutôt, il y a une armoire aux possibles, mais elle ne contient que ce qui est déjà en germe, en gestation dans le déjà-là de l'art, de la connaissance, ce que nous attendons et qui, certes, mérite d'être exhumé. Queues de comète qui ne sauraient faire, valoir, commencement. Il n'y a que des habitudes fossilisées (c'est ici un pléonasme) de réception qui, certes, nous guident, mais qui fonctionnent aussi comme des œillères.
Le romancier américain Henri Miller, homme de provocation s'il en est, a écrit que la première « vertu » à apprendre aux enfants c'est « l'ingratitude » ; ingratitude envers les parents, les maîtres, envers ceux qui vous ont apporté quelque chose, ingratitude pour ceux envers qui la morale nous enjoint de ressentir un sentiment de *dette*. La capacité d'ingratitude désigne une capacité d'abandon, un sens du précaire qui sonne pour lui quasiment comme un synonyme de liberté. Être portés par l'héritage, exploiter l'héritage certes, mais sans se laisser entraver par lui, quand se présente la possibilité ou la nécessité de *commencer,* de tenter *d'être un commencement : thinking out of the box* ; hors de l'armoire.
Mais il y a aussi des circonstances, des situations qui nous mettent entre ces deux extrêmes de manière hésitante, interrogative voire conflictuelle… Syndrome, aussi, du chercheur d'or : quand faut-il abandonner l'exploitation, pour reprendre l'exploration, pour rouvrir le champ d'étude, pour revenir à la tentative ?

Culture de réserve, comme une mémoire qui formaterait et censurerait toute rencontre, l'édulcore en la rabattant hâtivement, prématurément, sur le besoin de reconnaître, sur les attentes. Culture pleine de savoirs et pensées, qui se donnent comme achevées, comme certitudes, vérités inattaquables. En quelque sorte, culture de Familiarité. Selon R. Thom le paradigme survit bien au-delà de sa période de fécondité, et ce pour des raisons de pétrification des habitudes et de solidarités sociologiques.

Gallimard, 1962).

Culture d'invention comme une invitation à nouer des liens là où l'on nous donne à voir des entités séparées, et à disjoindre ce qui nous est donné comme solidaire. Greffer, découper, séparer, voir des questions là où d'autres n'en voient pas.

La culture est ambiguë : à la fois terreau primordial, nécessaire, mais puissance de censure. Adorno prend l'exemple de l'émergence de la musique dodécaphonique à Vienne. Selon lui, la musique dodécaphonique ne pouvait naître qu'à Vienne, la seule ville où il y avait une culture musicale suffisante pour qu'une innovation aussi radicale puisse être imaginée. Mais ce fut aussi l'une des villes où elle eut le plus de mal à se faire entendre ; parce qu'à Vienne, on pensait savoir reconnaître ce qui était de la musique, et donc ce qui n'en était pas. Il y a, pour paraphraser Charles Péguy, « *ceux pour qui aujourd'hui est le lendemain d'hier, et ceux pour qui aujourd'hui est la veille de demain* »[493].

---

[493] Ch. Péguy faisait référence à la distinction de H. Bergson entre le « *tout fait* » et le « *se faisant* » en ajoutant : « *C'est cette profonde et capitale idée bergsonienne que le présent, le passé, le futur, ne sont pas du temps seulement mais de l'être même. Qu'ils ne sont pas seulement chronologiques. Que le futur n'est pas seulement du passé pour plus tard. Que le passé n'est pas seulement de l'ancien futur, du futur de dedans le temps* », in « Note conjointe sur M. Descartes précédée de la note sur M. Bergson », *Œuvres complètes, 1873-1914*, NRF, 1924, vol IX, p. 280.

Index des figures et tableaux

IVe partie

Table des abréviations et sigles utilisés

ABG / ABG-intelli'agence : Association Bernard Grégory.
ADN : Acide DésoxyriboNucléique.
AI : Artificial Intelligence.
AMP : Assistance Médicale à la Procréation.
ANRT : Association Nationale Recherche Technologie.
ANVAR : Agence Nationale de Valorisation de la Recherche.
ANT : Actor Network Theory.
APEC : Association Pour l'Emploi des Cadres.
ATER : Attaché temporaire d'Enseignement et de Recherche.
BDI : Bourses de Doctorat pour Ingénieurs.
CEA : Commissariat à l'Énergie Atomique et aux Énergies Alternatives.
CEA Tech : Direction de la Recherche Technologique du CEA.
CENS : Centre Nantais de Sociologie.
CDEFI : Conférence des Directeurs des Écoles Françaises d'Ingénieur.
CGE : Conférence des Grandes Écoles.
CIFRE : Conventions Industrielles de Formation par la Recherche.
CIRET : Centre International d'Études et de Recherches Transdisciplinaires.
CNAM : Conservatoire National des Arts et Métiers.
CNN : Cable News Network.
CNRS : Centre National de la Recherche Scientifique.
CNU : Conseil National des Universités.
CPU : Conseil des Présidents d'Université.
CR : Chargé de recherche.
CREN : Centre de Recherche en Éducation de Nantes.
CTI : Commission du Titre d'Ingénieur.
DR : Directeur de recherche.
DRH : Directeur / Direction des Ressources Humaines.

EHESS : École des Hautes Études en Sciences Sociales.

ENS : École Normale Supérieure.

ESPCI Paris : École Supérieure de Physique et de Chimie Industrielle de la ville de Paris.

HdR : Habilitation à diriger des Recherches.

IA : Intelligence Artificielle.

IEEE : Institute of Electrical and Electronics Engineers.

INRIA : Institut National de Recherche en Informatique et en Automatique.

INSERM : Institut National de la Santé et de la Recherche Médicale.

MBA : Master of Business Administration

MdC : Maître de Conférences.

Medef : Mouvement des Entreprises de France.

MESRI / MESR : ministère de l'Enseignement Supérieur, de la Recherche et de l'Innovation.

MIT : Massachusetts Institute of Technology.

OCDE : Organisation de Coopération et de Développement Économique.

OGM : Organisme Génétiquement Modifié.

OVE : Observatoire de la Vie Étudiante.

PDG : Président directeur général.

PhD : Philosophiæ Doctor.

PIB : Produit Intérieur Brut

PMA : Procréation Médicalement Assistée.

PME : Petite et Moyenne Entreprises.

Post-Doc : Pour *Post-doctorant*, titulaire d'une thèse de doctorat engagé en contrat à durée déterminée dans un laboratoire de recherche extérieur à son laboratoire d'origine. Pour *Post-doctorat*, contrat d'emploi correspondant.

PRIMECA : Pôle de Ressources Informatiques pour la MÉCAnique.

PU : Professeur d'Université.

R&D : Recherche et Développement.

RH : Ressources Humaines.

SHS / SHES : Sciences Humaines et Sociales / Sciences Humaines, Économiques et Sociales.

SPI : Sciences Physiques pour l'Ingénieur.

TFE : Travail de Fin d'Études.

TP : Travaux Pratiques.

VAE : Validation des Acquis de l'Expérience.

Table des apartés

Index des notions

Sources et références bibliographiques

ACKOFF R. L., « A note on systems science », *Interfaces*, vol.2, n° 4, Paris, 1972 (pp. 40-41).

ADORNO T. W., *Philosophie der neuen musik,* Tübingen, 1949 (trad. Fr. Hans Hildenbrand et Alex Lindenberg, *Philosophie de la nouvelle musique,* Paris, Gallimard, 1962).

AKRICH M., RABEHARISOA V., « L'expertise profane dans les associations de patients, un outil de démocratie sanitaire », *Revue Santé publique*, 2012/1, vol 24 (pp. 69-74).

AL-KHWARIZMI, *Kitāb al-mukhtaṣar fī ḥisāb al-djabr wa-l-muqābala,* « Abrégé du calcul par la restauration et la comparaison », 813-833 apr. J.-C. (traduit et commenté par Roshdi RASHED, *Al-Khwārizmī : Le commencement de l'algèbre*, Blanchard, Paris, 2007).

ALAIN, « L'homme devant l'apparence », Paris, 1924, *in Propos sur la religion*, PUF, Paris, 1969 (pp. 201-203).

ALEMBERT J. (LE ROND d'.), « Imaginaire », article in R. DIDEROT, J. D'ALEMBERT, *L'encyclopédie*, Tome 8, p. 560, Paris, 1766.

ALEMBERT J. (LE ROND d'.), *Discours préliminaire de l'Encyclopédie*, Paris, 1751.

ALEXANDER CH., « A City Is Not a Tree *», in Architectural Forum*, Vol 122, n° 1, April 1965 (pp 58-62), (trad. Fr. Une ville n'est pas un arbre », in revue *Architecture, mouvement continuité*, n°1, Novembre 1967).

ALFERI P., *Chercher une phrase,* Christian Bourgois éditeur, Paris, 1991.

ALLEGRE Cl., *Dictionnaire amoureux de la science*, Plon, Paris, 2005.

ALTHUSSER L., *Philosophie et philosophie spontanée des savants*, Paris, 1967 (François Maspero éditeur, Paris, 1974).

ALTHUSSER L., *Initiation à la philosophie pour les non-philosophes,* PUF, Paris, 2014.

ALTHUSSER L., *Lire Le Capital*, T. 1., François Maspero éditeur, Paris, 1965.

AMEISEN J.-Cl., *Le suicide cellulaire ou la mort créatrice,* Seuil, Paris, 1999.

ANDREEWSKY E., DELORME R. (*ed.*), *Seconde Cybernétique et Complexité, Rencontres avec Heinz von Foerster*, L'Harmattan, coll. Ingenium, Paris, 2006.

ANDRONOV A., PONTRYAGIN L. S., « Systèmes grossiers », in *Doklady Akad. Nank.*, vol.14, n° 5, 1937.

APEC (ASSOCIATION POUR L'EMPLOI DES CADRES), *Les besoins en compétences dans les métiers de la recherche à l'horizon 2020*, Rapport d'étude du Cabinet Deloitte, Paris, 2010.

ARAGON L., *Je n'ai jamais appris à écrire ou les Incipit*, Paris, Flammarion (Champs), 1981.

ARDOINO J., LOURAU R., *Les pédagogies institutionnelles*, PUF, Paris 1994.

ARDOINO J., « L'approche multiréférentielle en formation et en sciences de l'éducation », in revue *Pratiques de formation (analyse)*, Université Paris VIII, n° 25-26, Paris, 1993.

ARDOINO J., « Les postures (ou impostures) respectives du chercheur, de l'expert et du consultant », in J. ARDOINO (ed.), *Les Avatars de l'éducation. Problématiques et notions en devenir*, Paris, PUF, 2000 (pp. 70-91).

ARISTOTE, *Organon*, *in* Oeuvres complètes, Flammarion, Paris, 2014.

ARNAUD B., *Raymond Queneau, La Pataphysique,* Éditions Alias, 2003.

ASSELAIN-MISSENARD CL., « Note de lecture de l'ouvrage de C. Villany, Théorème vivant », *in Bulletin de l'association des professeurs de mathématiques de l'enseignement*, APMEP – PLOT n° 41, 2013.

ATLAN H., *Entre le cristal et la fumée : essai sur l'organisation du vivant*, Seuil, Paris, 1979.

ATLAN H., *La fin du "tout génétique" ? Vers de nouveaux paradigmes en biologie*, INRA, Éditions Quæ, Versailles, 1999.

ATLAN H., *La philosophie dans l'éprouvette*, Bayard, Paris, 2010.

ATLAN H., Entretien, *in* émission *À main nue*, France Culture, 2001.

AVENIER M.-J. (*ed.*), *L'ingénierie des pratiques collectives, la cordée et le quatuor*, L'Harmattan, Paris, 2000.

AVILA A., « Entretien avec Charline Zeitoun », *Le journal du CNRS*, août 2014.

BACHELARD G., *Essai sur la connaissance approchée*, Vrin, Paris1927.

BACHELARD G., *La formation de l'esprit scientifique, Contribution à une psychanalyse de la connaissance objective*, Vrin, Paris, 1938.

BACHELARD G., *La philosophie du non*, PUF, Paris, 1940.

BADIOU A., HAERI G., *Éloge des mathématiques*, Flammarion, Paris, 2015.

BALIBAR E., *Lieux et noms de la vérité,* Éd. de l'Aube, Paris, 1994.

BALZAC H. de, *Le chef-d'œuvre inconnu*, 1831, in Études philosophiques, La comédie humaine, vol XIV, Houssiaux, Paris, 1874.

BAQUIAST J.-P., « Le constructivisme, modéliser pour comprendre, présentation de l'ouvrage de Jean-Louis Le Moigne », Publiscopie in revue *Automates intelligents, La revue mensuelle*, n° 53, Paris, 6 avril 2004.

BAQUIAST J.-P., « Sur le tissage des connaissances, présentation de l'ouvrage de M. Mugur-Schächter », Publiscopie in revue *Automates Intelligents, La revue mensuelle,* n° 74, Paris, 2006.

BARBIER J.-M., « Savoirs, connaissances, capacités, compétences : une question sociale et politique ? » in *The Conversation France*, Février 2018.

BAREL Y., *Le paradoxe et le système, essai sur le fantastique social*, Presses Universitaires de Grenoble, 1979.

BARTHES R., « La mort de l'auteur », in revue *Mantéia*, n° 5, Marseille, 1968 (repris dans R. BARTHES, *Le Bruissement de la langue. Essais critiques IV*, Paris, Seuil, 1984).

BATAILLE G., « L'informe », in Revue *Documents*, n° 7, Paris, 1929, (réédition en fac-similé, Éd. Jean-Michel Place, 1991).

BATESON G., « Comment penser sur un matériel ethnologique : quelques expériences », in *Vers une écologie de l'esprit*, Seuil, Paris, 1977.

BECK N., *En finir avec les idées reçues sur la vulgarisation scientifique*, Éditions Quæ, Versailles, 2017.

BECKETT S., *Cap au pire,* Éditions de Minuit, Paris, 1991.

BENDA J., *De quelques constantes de l'esprit humain*, Gallimard, Paris, 1947.

BENSAUDE-VINCENT B., « Mendeleïev : histoire d'une découverte », in M. SERRES (*ed.*), *Éléments d'histoire des sciences*, Bordas, Paris, 1991 (pp. 447-467).

BENSAUDE-VINCENT B., « Splendeur et décadence de la vulgarisation scientifique », in revue *Questions de communication*, Presses Universitaires de Lorraine, n° 17, 2010.

BENVENISTE J., *Problèmes de linguistique générale*, T2, Gallimard, Paris, 1974,

BERGSON H., *L'Évolution créatrice*, Alcan, Paris, 1907.

BERNARD Cl., *Introduction à la médecine expérimentale*, Baillière, Paris, 1865.

BERTALANFFY L. von, *General System Theory*, 1968, 1972 (2e ed.), (Trad. Fr., *Théorie générale des systèmes*, Dunod, Paris, 1973, 1993).

BERTALANFFY L. von, *Les problèmes de la vie, essai sur la pensée biologique moderne*, Berne, 1949 (trad. Fr. Michel Deutsch, Gallimard, Paris, 1961).

BERTHON M.-E., *Les grands concepts scientifiques et leur évolution*, Publication Universitaire, Paris, 2000.

BERTONI F., STARCK Ph., *Philippe Starck : l'architecture*, Mardaga, Paris, 1994.

BINET A., SIMON T., « 1904-1905, L'élaboration du premier test d'intelligence », in *L'Année Psychologique,* n° 11, Paris, 1905, (réédition in *L'élaboration du premier test d'intelligence. Œuvres choisies II*, L'Harmattan, 2004).

BITARD A., « Éditorial », in journal *La Science populaire*, n° 1, Paris, 1880.

BLITMAN S., « Écoles d'ingénieurs : comment elles vous forment (aussi) à la recherche », in Journal *L'Étudiant,* 30 avril 2013.

BOHM D. J., *Wholeness and the implicate order,* Routledge Ed. 1980 (trad. Fr., *La Plénitude de l'univers,* Éd. du Rocher, Paris, 1989).

BOLMONT E., « Évolution des analogies, l'exemple de l'analogie chaleur-électricité », in *Philosophia Scientiae*, T. 7, 2003 (pp. 115-146).

BONNEUIL CH., « Cultures épistémiques et engagement public des chercheurs dans la controverse OGM », in *Natures Sciences Sociétés,* n° 14, 2006 (pp. 257-268).

BOOLE G., *Investigation into the laws of thought, on which are founded the mathematical theories of logic and probabilities*, Walton and Marbely, Londres,1854.

BOOLE G., *The mathematical analysis of logic*, Cambridge, 1847 (Trad. Fr. Frédéric Gillot, *Algèbre et logique d'après les textes originaux de G. Boole et W. J. Jevons*, Blanchard, Paris, 1962).

BORGES J.-L., *L'auteur et autres textes*, Paris, Gallimard, 3e édition, 1982.

BOUDON Ph. (*ed.*), *De l'architecture à l'épistémologie, la question de l'échelle*, PUF, Paris, 1991.

BOUDON Ph., *Architecture et architecturologie, vol III : analyses et éléments de théorie*, AREA-DGRST, Paris, 1975.

BOUDON Ph., *Échelle(s)*, Éd. Économica, Paris, 2002.

BOUDON Ph., *Sur l'espace architectural*, Éd. Parenthèses, Paris, 1971.

BOUDON R., *La Logique du social. Introduction à l'analyse sociologique*, Hachette, Paris, 1979.

BOUISS O., « Dix principes pour penser dans un monde complexe », in *The conversation* 30/12/2018.

BOULDING K., « General systems theory, the skeleton of science », in *Management science*, Vol. 2, n° 3, USA, 1956 (pp. 197-208).

BOULEAU N. (*ed.*), *Dialogues autour de la création mathématique*, Association Laplace-Gauss, Université Pierre et Marie Curie, Paris, 1997.

Boulez P., *Le pays fertile, Paul Klee,* Gallimard, 1989.

Bourdieu P., *Esquisse pour une auto-analyse,* Éd. Raisons d'Agir, Paris, 2004.

Bourdieu P., Chamboredon J.-Cl., Passeron J.-Cl., *Le métier de sociologue, préalables épistémologiques*, 1968, Éd. de l'EHESS, Paris, 2006.

Bourdieu P., *Sur l'État, Cours au Collège de France, 1989-1992*, Seuil, Paris, 2012.

Bourcier D., Van Andel P. (*dir.*), *La sérendipité, le hasard heureux*, Hermann, 2011.

Bouveresse J., Wagner P. (*eds.*), *Mathématiques et expérience, l'empirisme logique à l'épreuve (1918-1940)*, Éd. O. Jacob, Paris, 2008.

Boyd R., « Metaphor and theory change: What is 'metaphor' a metaphor for ? », *in* A. Ortony (dir.), *Metaphor and Thought*, Cambridge University Press, USA, 1993 (pp. 481-532).

Bresson F., « Problèmes de la mathématisation en psychologie », in G. Canguilhem (*éd.*), *La mathématisation des doctrines informes*, Hermann, Paris, 1972 (pp. 135-149).

Brezinski C., *Comment l'esprit vient aux savants*, L'Harmattan, Paris, 2007.

Brezinski C., « Former nos étudiants à la recherche », in *Boletín de la Sociedad Española de Matemática Aplicada*, n° 7, Saragosse, Espagne, 1995 (pp. 33-39).

Buckley W., *Sociology and Modern Systems Theory*, Prentice Hall *inc*, Englewood Cliffs, New-Jersey, 1967.

Calvino I., *Leçons américaines, aide-mémoire pour le millénaire*, Seuil, Paris, 2001.

Calvino I., *Les villes invisibles*, Gallimard, Paris, 2013.

Canguilhem G. (*ed.*), *La mathématisation des doctrines informes*, Hermann, Paris, 1972.

Canguilhem G., « Modèles et analogies dans la découverte en biologie », in G. Canguilhem, *Études d'histoire et de philosophie des sciences*, Paris, Vrin, 1971 (pp. 305-318), paru initialement en anglais in A. C. Crombie (*ed.*), *Scientific change*, Henemann, Londres, 1963.

Cannon W. B., « Gains from Serendipity » in *The Way of Investigator. A Scientist's Experiences in Medical Research*, New York: W. W. Norton, 1945 (chap. VI).

Cardano G., *Artis magnae sive regulis algebraicus (ars magna)*, Nuremberg, 1545 (trad. Fr. par J. Peyroux, *Le grand art ou Les règles algébriques*, A. Blanchard, Paris, 2005).

CARNAP R., HAHN H., NEURATH O., *La Conception scientifique du monde : Le Cercle de Vienne*, Artur Wolf Verlag, Wien, 1929, (réédition en français in A. SOULEZ (*ed.*), *Manifeste du Cercle de Vienne et autres écrits*, PUF, Paris, 1985).

CASSEN B., *Quelles langues pour la science ?*, Éditions La Découverte, Paris, 1990.

CATELLIN S., « Sérendipité et réflexivité », in revue *Alliage*, n° 70, 2012 (pp. 74-84).

CDEFI (CONFERENCE DES DIRECTEURS DES ÉCOLES FRANÇAISES D'INGENIEUR), « La synergie Formation-Recherche en école d'ingénieurs », in *Perspectives ingénieur*, n° 1, juin 2019.

CGE (CONFERENCE DES GRANDES ÉCOLES), *Actes du Colloque* « Les sciences humaines et sociales dans les grandes Écoles », École des Arts et Métiers - ParisTech, Paris, 26 juin 2019.

CHAMAK B., « Dynamique d'un mouvement scientifique et intellectuel aux contours flous : les sciences cognitives (États-Unis, France) », in *Revue d'Histoire des Sciences Humaines*, n° 25, 2011 (pp. 13-33).

CHANGEUX J.-P., CONNES A., *Matière à pensée,* Éditions Odile Jacob, Paris, 2000.

CHAUBON J.-P., *Découvertes scientifiques et pensée politique au XIXème siècle*, PUF, Paris, 1981.

CHAUVIRE CH., SACKUR J., *Le vocabulaire de Wittgenstein*, Ellipses, Paris, 2003.

CHAZEL F., « Merton et la serendipity : à propos d'une publication récente », in *Revue d'Histoire des Sciences Humaines* n° 14, 2006 (pp. 209-217).

CHEVREUL M-E, *Lettres adressées à M. Villemain sur la méthode en général et sur la définition du mot "fait" : relativement aux sciences, aux lettres, aux beaux-arts, etc.,* Paris, Garnier Frères, 1856.

CICOUREL A., *Le raisonnement médical*, Seuil, Paris, 2002.

CITTON Y., *Lire, interpréter, actualiser. Pourquoi les études littéraires*, Éd. Amsterdam, Paris, 2017.

CLAEYS A., VIALATTE J.-S., *Les enjeux et les perspectives de l'épigénétique dans le domaine de la santé*, Rapport n° 33 pour l'Office Parlementaire d'Évaluation des Choix Scientifiques et Technologiques, Paris, 2016.

CLERK MAXWELL J., « On Governors », *Proceedings of the Royal Society of London,* Vol. 16, 1867-1868 (pp. 270-283).

CNRS, *Carrefour des sciences, l'interdisciplinarité*, Actes de la session plénière du Comité national du CNRS, Paris, PAPCOM, 1990.

COURTELINE G., *Œuvres complètes, Philosophie suivie de Pochades et Croquis*, François Bernouard éditeur, Paris, 1927.

CROZIER M., FRIEDBERG E., *L'acteur et le système*, Seuil, Paris, 1977.

CTI (COMMISSION DU TITRE D'INGENIEUR), *Analyses et Perspectives*, Document de la CTI, 2012, revu en 2014.

CURIE P., « Sur la symétrie dans les phénomènes physiques, symétrie d'un champ électrique et d'un champ magnétique », *Journal de Physique Théorique et Appliquée*, Vol 3, n° 1, Paris, 1894 (pp. 393-417).

DALLENBACH K. M., « A puzzle picture with a new principle of concealment », in *American Journal of Psychology*, 64/3, Univ. of Illinois Press, 1951 (pp. 431-433).

DARMON M., *Classes préparatoires, la fabrique d'une jeunesse dominante*, La Découverte, Paris, 2013.

DEDEKIND R., « *Stetigkeit und Irrationalzahlen* », Brunswick, 1872, (trad. Fr., Hourya Benis Sinaceur « Continuité et nombres irrationnels », in *La création des nombres*, Vrin, Paris, 2008, pp. 21-90).

DEDEKIND R., *Was sind und was sollen die Zahlen?,* Brunswick, 1888 (trad. Fr. de J. Milner et H. Sinaceur, *Que sont et que doivent être les nombres ?* Bibliothèque d'Ornicar, Seuil, Paris, 1978).

DELAHAYE J. P, « L'ensemble de tous les ensembles », in *Pour la Science*, n° 397, 2010.

DELAHAYE J. P., *Logique, informatique et paradoxes*, Paris, Belin, 1995.

DELATTRE P., *Système, structure, fonction, évolution. Essai d'analyse épistémologique*, 1971, Paris, Maloine, 1984.

DELEUZE G., PARNET CL., *Dialogues*, Paris, Flammarion (Champs), 1996.

DELEUZE G., « Pour en finir avec le jugement », in *Critique et clinique*, Éd. de Minuit, Paris, 1993.

DELEUZE G., *Abécédaire*, Entretiens avec Claire Parnet, Film documentaire, Réal. P.-A. Boutang, Éditions Montparnasse, Paris, 1988-1989.

DELEUZE G., GUATTARI F., *Mille Plateaux*, Éd. de Minuit, Paris, 1980.

DELEUZE G., *Pourparlers (1972-1990),* Éditions de Minuit, Paris, 1990.

DEMAILLY A., LE MOIGNE J.-L. (*ed.*), *Sciences de l'intelligence, sciences de l'artificiel, avec Herbert Simon*, Actes du Colloque de La Grande Motte, 1984, PUL, Lyon, 1986.

DEMOCRITE, *Fragments et témoignages, les atomes, l'âme, le bonheur*, VIe siècle av. J.C, (trad. Fr., M. Solovine, P.-M. Morel, Paris, Vrin, 2020).

DESANTI J.-T., « Infini – Mathématiques », *in Encyclopaedia Universalis,* t.8, 1968 (pp. 994-1000), réédité in DESANTI J.-T, *La philosophie* *silencieuse : ou, Critique des philosophies de la science* (Appendices), Paris, le Seuil, Paris, 1975.

DESCARTES R., *Discours sur la méthode. Pour bien conduire la raison et chercher la vérité dans les sciences,* Leyde, 1637 (Livre de Poche, Paris, 2000).

DESHAYES Ph., « Arguments pour une méta-modélisation », in L. BOT et M.-L. VITALI (*ed.*), *Modélisation et activités des ingénieurs*, L'Harmattan, Paris, 2011 (pp. 213-233).

DESHAYES Ph., « Les chemins de l'intelligence à l'œuvre du travail de conception », in B. YANOU, PH DESHAYES (*ed.*), *Intelligence et Innovation en Conception de Produits et Services,* L'Harmattan, Paris, 2006 (pp. 53-100).

DESHAYES Ph., ENGRAND G., « About the signature of collectively produced works: a world which stays in search of authors », in *Journal of World Congress on Communication and Arts*, vol 3, 2010 (pp. 4-7).

DESPRET V., STENGERS I., *Les faiseuses d'histoires. Que font les femmes à la pensée ?* Éd. La Découverte, Paris, 2011.

DETIENNE M., SAINTILLAN D., « Pythagore et pythagorisme », article de l'*Encyclopaedia Universalis* (édition électronique).

DIDI-HUBERMAN G., « La condition des images », in *L'expérience des images,* Éditions de l'INA, 2011.

DIDI-HUBERMAN G., *Devant l'image : question posée aux fins d'une histoire de l'art*, Éditions de Minuit, coll. « Critique », Paris, 1990.

DIDI-HUBERMAN G., *Essayer voir*, Éditions de Minuit, Paris, 2014.

DIEUDONNE J., *Abrégé d'histoire des mathématiques*, Hermann, Paris, 1978.

DIEUDONNE J., *Pour l'honneur de l'esprit humain*, Hachette, Paris, 1987.

DIOPHANTE D'ALEXANDRIE, *Les Arithmétiques,* IIIe siècle (?), (trad. Fr., *Les six livres d'arithmétique et le livre des nombres polygones,* Paris, A. Blanchard, 1959).

DREYFUS J., *Implications ou neutralité des méthodes statistiques appliquées aux sciences humaines : L'Analyse des correspondances*, CREDOC, Paris, 1975.

DUBUFFET J., *Bâtons rompus*, Éditions de Minuit, Paris, 1986,

DUMON A., LAUGIER A., « L'équation de réaction : approche historique et didactique de la modélisation de la transformation chimique », in *Bulletin de l'Union des Professeurs de physique et de chimie*, vol 98, 2004 (pp. 1131-1144).

DURAND A., « La Structure des révolutions scientifiques de Thomas Kuhn : réflexions sur un cinquantenaire », *Journée transversale de l'EPHE « Histoire : rythmes, cycles, périodes »*, Paris, INHA, 27 mai 2011.

ECO U., « Metafora e semiotica interpretativa », in A. M. LORUSSO (*ed.*), *Metafora e conoscenza. Da Aristotele al cognitivismo contemporaneo*, Milano, Bompiani, Italie, 2005.

ELLENBERG J., *L'art de ne pas dire n'importe quoi*, Éditions Cassini, Paris, 2017.

ENGRAND G., « D'une forme de pensée considérée comme une sécrétion urbaine », in *Les Cahiers de Philosophie* n° 17, Lille, 1993.

ENGRAND G., « L'invention de l'architecturologie », in PH. BOUDON, *Échelle(s)*, Éd. Économica, Paris, 2002 (pp. VII-XXXIII).

ERLICH M.-F., TARDIEU H., CAVAZZA M., *Les modèles mentaux, approche cognitive des représentations*, Masson, Paris, 1993.

EUCLIDE, *Éléments,* 300 ans avant JC, (trad. Fr., B Vitrac, 4 vol., PUF, Paris, 1990-2001).

FABRE M., « Deux sources de l'épistémologie des problèmes : Dewey et Bachelard », in *Les Sciences de l'éducation - Pour l'Ère nouvelle*, ADRESE-CIRNEF, Rouen, 2005/3, Vol. 38 (pp. 53-67).

FALLET E., « Les dommages à l'ADN et leur réparation », in *Planet-Vie*, 2014.

FAUGERAS F., *Recherche de signes de conscience chez des malades non communicants : une approche clinique et électrophysiologique*, Thèse de l'Université Pierre et Marie Curie, Paris, 2014.

FERBER J., *Les systèmes multi-agents, vers une intelligence collective*, Inter-Éditions, Paris, 1997.

FERGUSSON, *Engineering and the mind's eye,* MIT Press, N.Y., USA, 1994.

FEYERABEND P., « *Against method*: *Outline of an Anarchistic Theory of Knowledge* », New Left Books, 1975 (trad. Fr. *Contre la méthode : esquisse d'une théorie anarchiste de la connaissance*, Seuil, Paris, 1979).

FILIPPI M., « Les sciences de la conception. Enjeu scientifique du XXIe siècle », in *Journal Nature, sciences et société* (NSS), vol. 10, n° 4, 2002 (pp. 72-75).

FODOR J. A., *La modularité de l'esprit, essai sur la psychologie des facultés*, Éd. de Minuit, Paris, 1986.

FOERSTER H. von, « On Self-Organizing Systems and Their Environments », in *Self-Organizing Systems*, M. C. YOVITS et S. CAMERON (*ed.*), Pergamon Press, Londres, 1960 (pp. 31-50).

FORRESTER J. W., *Principe des systèmes,* PUL, Lyon, 1981.

FOUCAMBERT J., « Apprentissage et enseignement », in Revue *Communication et langages*, n° 32, 1976 (pp. 7-17).

FOUCAULT M., « Qu'est-ce qu'un auteur ? », in *Bulletin de la Société française de philosophie*, n° 3, 1969 (repris dans M. FOUCAULT, *Dits et écrits*, Tome I, Paris, Gallimard, Paris, 2001, pp. 817-849).

FOUCAULT M., « Nietzsche, Freud, Marx », *Cahiers du Royaumont 6*, Éditions de Minuit, Paris, 1967.

FOX KELLER E., *L'intuition du vivant, la vie et l'œuvre de Barbara McClintock*, Éd. Tierce, Paris, 1988 (Éd. or., *A feeling for organism. The life and work of Barbara McClintock*, Freeman, USA, 1983).

FRANCES J., « Conférence du troisième type à l'EHESS : des centraliens tentent de comprendre Isabelle Stengers », *in Carnets Zilsel*, OpenEdition, 13 février 2016.

FREUD S., *Das Unheilmliche*, revue Imago, vol V, Hugo Heller, Vienne, 1919 (trad. Fr., *L'inquiétante étrangeté et autres essais*, Gallimard, Paris, 1988).

FREUD S., *Contribution à l'histoire du mouvement psychanalytique*, trad. S. Jankélévitch, 1927 (in *Cinq leçons sur la psychanalyse*, Paris, Payot, 1973).

FRIEDMAN N., *The social nature of psychological research: The Psychological experiment as a social interaction*, Basic Books, NY, 1967.

FRIES M.-H., « De l'utilité des métaphores dans le style scientifique », in revue *Études de stylistique anglaise* n° 2, 2011 (pp. 57-76).

FUCHS A., « La problématique de la communication concerne tous les chercheurs et enseignants », Entretien avec D. WOLTON, *in* revue *Hermès*, n° 80, CNRS Éditions, janvier 2018 (pp. 56-62).

GABOR D., *Nobel lecture*, Stockholm, Suède, 1971.

GAUSS C. F., *Theoria residuorum biquadraticorum, Commentatio secunda,* Sumtibus Dieterichianis, Göttingae, 1832.

GAVARD-PERRET M.-L. (et *al.*), *Méthodologie de la recherche en sciences de gestion*, Pearson, Paris, 2012.

GENNES P.-G. de, BADOZ J., *Les objets fragiles*, Plon, Paris, 1994.

GENNES P.-G. de, Conférence plénière, *in Carrefour des sciences, l'interdisciplinarité*, Actes de la session plénière du Comité national du CNRS, Paris, PAPCOM, 1990.

GERGONNE J. D., « Essai sur la théorie des définitions », in *Annales de Mathématiques pures et appliquées,* vol 9, 1818-1819.

GLASERSFELD, E. (von), « Cybernetics, experience, and the concept of self », *in* M. N. OZER (dir.), *A cybernetic approach to the assessment of children: Toward a more humane use of human beings*, Westview Press, Boulder, USA, 1979 (p. 67-113).

GODELIER M., « Entretien avec Jean-François Bert », in *Le Portique*, Revue de philosophie et de sciences humaines, n° 19, 2007.

GODELIER M., *Rationalité et irrationalité en économie*, vol II, Maspero, Paris, 1969.

GODIN Ch., *La Totalité*, Tome 1, *De l'imaginaire au symbolique,* Champ Vallon, Ceyzerieu, 1988.

GODIN Ch., *La Totalité*, Tome 5, *La Totalité réalisée : Les Sciences*, Champ Vallon, Ceyzerieu, 2002.

GOETHE J. W., *Zur Farbenlehre. Didaktischer Teil,* Kürshners deutsche Nationalliteratur, vol 116, 1810 (trad Fr., *Le traité des Couleurs*, Éd. Triade, 2000).

GRACQ J., *Préférences*, Éd. Corti, Paris, 1961.

GRANGER G. G., « Épistémologie », article in *Encyclopaedia Universalis*, Paris,1995.

GRANGER G. G., « Événement et structure dans les sciences de l'homme », in *Cahiers de l'Institut des Sciences Économiques Appliquées* (ISEA), Paris, décembre 1957 (pp. 25-43).

GRANGER G. G., « Pour une épistémologie du travail scientifique », in J. HAMBURGER (*ed.*), *La philosophie des sciences aujourd'hui,* Paris, Gauthiers-Villars, 1984 (pp. 111-129).

GRANGER G. G., *Essai d'une philosophie du style*, Éd. O. Jacob, Paris, 1988 (Armand Colin, 1968).

GRANGER G. G., *Pour la connaissance philosophique*, Éd. O. Jacob, Paris, 1988.

GRANGER G. G., *Sciences et réalité*, Éd. O. Jacob, Paris, 2001.

GREGORY Cl., « Zen – Une pensée translogique ? », article de l'*Encyclopaedia Universalis*, 1968.

GROTHENDIECK A., *Récoltes et semailles, Réflexions et témoignage sur un passé de mathématicien, volumes 1 à 3*, Université des sciences et techniques du Languedoc et Centre national de la recherche scientifique, Montpellier, 1985.

GUILBAUD G. T. (entretien avec -), « La mathématique et le social », in *Gérer et comprendre,* n° 67, Paris, mars 2002.

GUILLAUMIN C., « La réflexivité comme compétence : enjeu des nouvelles ingénieries de la formation », in *Cahiers de sociolinguistique*, Presses universitaires de Rennes, n° 14, 2009/1 (pp. 85-101).

GUILLEMAIN B., « Comte Auguste », article de l'*Enclyclopaedia Universalis* (section *De la science à la philosophie*, sous-section *Une philosophie des sciences ?*), 1968.

GURVITCH G., « Le concept de structure sociale », *Cahiers Internationaux de Sociologie*, Vol. 19, Juillet-Décembre 1955 (pp. 3-44).

GUSDORF G., *De l'histoire des sciences à l'histoire de la pensée*, Payot, Paris, 1966.

HACKER A., « Is algebra necessary? », in *The New-York Times*, July 28, USA, 2012.

HADAMARD J., *Essai sur la Psychologie de l'invention dans le domaine mathématique,* Librairie scientifique, Albert Blanchard, Paris, 1959.

HALL E., *La dimension cachée*, Paris, Seuil, 1978 (*The Hidden Dimension*, Doubleday, NY, 1966).

HARARI Y. N., « The AI revolution », *Conférenc*e à la KUL, Université catholique de Leuven, campus de Kortrijk, Belgique, le 29/01/2020.

HEGEL G. W. F., *Aestheticam sive philosophiam artis, 1835-37* ((trad. Fr. *Esthétique*, Le livre de poche, Paris, 1997).

HERACLITE, *Fragments*, VIè siècle av. J.C. (PUF, Paris, 2011).

HESSE M. B., *Models and Analogies in Science*, Notre-Dame University Press, USA, 1966 (version initiale, Sheed and Ward, London, 1963).

HILDEBRANDT S., TROMBA A., *Mathématiques et formes optimales*, Belin, Paris, 1986.

HOBBES Th., *Leviathan*, Londres, 1651 (trad. Fr. F. Tricaud, Éd. Sirey, 1971, Dalloz, Paris, 1999).

HOFSTADTER D., « *Gödel Escher et Bach, les Brins d'une Guirlande Éternelle* », Dunod, Paris, 1979.

HUME D., *A Treatise of Human Nature: Being an Attempt to Introduce the Experimental Method of Reasoning into Moral Subjects*, 3 vol., Londres, 1739-1740 (trad. Fr., *Traité de la nature humaine*, Flammarion, 1995).

HYPPOLITE J., « Gaston Bachelard ou le romantisme de l'intelligence », in *Revue Philosophique de la France et de l'Étranger*, T. 144, PUF, Paris, 1954.

JACOB F., « Sciences de jour, sciences de nuit », Communication à *l'Académie des sciences morales et politiques*, Paris, janvier 1987.

JACOB F., « Un conquérant nommé Pasteur », in Journal *Le Monde*, 22/04/2013.

JACOB F., *La logique du vivant, une histoire de l'hérédité,* Gallimard, Paris, 1970.

JACOB F., *La statue intérieure*, Éd. O. Jacob, Paris, 1988.

JACOB F., *Le jeu des possibles, essai sur la diversité du vivant*, Fayard, Paris, 1981.

JACOBI Ch. G. J., *Lettre à Adrien-Marie Legendre*, 2 juillet 1830, in *Annales scientifiques de l'École normale*, Vol. 6, Elsevier, 1869.

JAMES W., *Psychology. Briefer course,* New York, 1892, (trad. Fr. *Abrégé de psychologie,* Marcel Rivière éditeur, Paris, 1909).

JANKÉLÉVITCH V., *L'ironie*, Alcan, 1936 (réédition, Flammarion, 2011).

JANKELEVITCH V., *Le je-ne-sais-quoi et le presque-rien*, PUF, 1957 (réédition enrichie, 3 vol., Seuil, Paris, 1980).

JEANNEROD M., « La création de l'Institut des sciences cognitives du CNRS (1992-1998) », in *La revue pour l'histoire du CNRS*, 10, CNRS Éditions, Paris, 2004.

JOURNAL LE MONDE, « Portrait de l'étudiant Européen », *Le Monde de l'Éducation*, 15 décembre 2011.

JOURNAL LE MONDE, « Doctorat et PhD, des valeurs sûres à l'international », *in* supplément *Le Monde Campus*, 07/03/2017.

JOURNAL LE MONDE, « Stress chronique, perfectionnisme : l' "épuisement académique", phénomène méconnu », *Le Monde Campus*, 16 novembre 2019.

JOURNAL LES ÉCHOS, « Le doctorat, enfin un passeport pour l'entreprise », 11/10/2018.

JULLIEN F., « La notion d'identité a-t-elle un sens ? », entretien avec E. KLEIN, in *la Conversation scientifique*, France Culture, 05/11/2016.

JULLIEN F., *Traité de l'efficacité*, Grasset, Paris, 1996.

KAHANE J.-P., « La passeggiata, battements d'aile au jardin du Luxembourg », entretien filmé dans le cadre du colloque *Qu'est-ce que la recherche en mathématique aujourd'hui ?*, Maubeuge, 2008.

KAHANE J.-P., « Le plaisir des mathématiques », in *Revue de la filière mathématiques*, RMS, 114-1, Eyrolles, Paris, 2004.

KANIZSA G., « Margini quasi-percettivi in campi con stimolazione omogenea », in *Rivista di Psicologia*, 49(1), 1955 (pp. 7–30).

KANT E., « Qu'est-ce que s'orienter dans la pensée *?* », in *Berlinische Monatsschrift*, 1786 (trad. Fr. in *Mélanges de logique*, Vrin, Paris, 2001).

KIEFFER B., « La maladie, la nuit », *Revue médicale Suisse,* n° 665, 2019 (p. 1784).

KIERKEGAARD S., *Enten – eller,* Copenhague, 1843 (trad. Fr. *Ou bien... ou bien...*, éditions Robert Laffont, Paris, 1993).

KLEIN E., : « La notion d'identité a-t-elle un sens ? » émission *La Conversation scientifique*, (entretien avec François Jullien), France Culture, 05/11/2016.

KNORR CETINA K. D., *Epistemic Cultures, how the sciences make knowledge*, 1999, Cambridge, Massachusetts, Harvard University Press, USA, 2003.

KNORR CETINA K. D., **REICHMANN W.**, « Epistemic cultures », in J. D. WRIGHT (ed.), *International Encyclopedia of the social & behavioral sciences*, Elsevier, USA, 2015 (pp. 873-880).

KOESTLER A., *Le Cri d'Archimède, essai sur la création artistique et industrielle et la découverte scientifique*, Calmann-Lévy, Paris, 1964.

KORZYBSKI A., *Science and Sanity: An Introduction to Non-Aristotelian Systems and General Semantics*, 1933, Institute of General Semantics, NY, USA, 1994.

KOSELLECK R., *Le futur passé*, Paris, éditions de l'École des Hautes Études en Sciences Sociales, Paris, 1990.

KOURILSKY F., *Ingénierie de l'interdisciplinarité, un nouvel esprit scientifique*, L'Harmattan, Paris, 2002.

KOURILSKY Ph., *Le jeu du hasard et de la complexité, la nouvelle science de l'immunologie*, Éd. O. Jacob, Paris, 2014.

KOYRE A., *Du monde clos à l'univers infini*, Gallimard, Paris, 1962.

KUHN TH. S., *The Structure of Scientific Revolutions*, University of Chicago Press, USA, 1962, 1970, (trad. Fr., *La structure des révolutions scientifiques*, Flammarion, Paris, 1972).

LABORIT H., *L'homme et la ville*, Flammarion, Paris, 1971.

LADRIERE J., « Objectivité et réalité en mathématiques », in *Revue Philosophique de Louvain*, Troisième série, tome 64, n° 84, 1966 (pp. 550-581).

LAKOFF, G., « The Contemporary Theory of Metaphor », *in* A. ORTONY (*ed.*), *Metaphor and Thought*, Cambridge University Press, USA, 1993.

LALANDE A., *Vocabulaire technique et critique de la philosophie*, 1902-1923, Paris, PUF, 1926.

LAPASSADE G. « L'observation participante », in *Revue Européenne d'ethnographie de l'éducation*, vol 1, n° 1, 2001 (pp. 9-26).

LATOUR B, WOOLGAR S., *Labory life. The social construction of scientific facts,* London, Beverly Hills, Sage Publications, 1979 (trad. Fr., *La Vie de laboratoire : la Production des faits scientifiques,* Éd. La Découverte, Paris, 2012).

LATOUR B., *Reassembling the social. An introduction to Actor-Network Theory*, Oxford, OUP, 2005.

LAVOISIER A. (et *al.*), *Méthode de nomenclature chimique*, Paris, Cuchet, 1787.

LE CORRE F., « Le vertige de l'exhaustivité », in revue *Études*, 4/2005 (Tome 402), Paris, 2005 (pp. 436-438).

LE MOIGNE J.-L., « L'échelle, cette correction capitale », in Ph. BOUDON (*ed.*), *De l'architecture à l'épistémologie, la question de l'échelle,* Paris, PUF, 1991.

Le Moigne J.-L., « Qu'est-ce qu'un modèle », in revue *Confrontations psychiatriques*, numéro spécial consacré aux Modèles, 1987.

Le Moigne J.-L., *La modélisation des systèmes complexes*, Paris, Dunod, 1990.

Le Moigne J.-L., *La théorie du système général, théorie de la modélisation*, 1977, PUF, Paris, 1990.

Le Moigne J.-L., *Les formalismes de la modélisation systémique*, Note de recherche du GRASCE, Université d'Aix Marseille III, 1993.

Le Moigne J.-L., « Note de lecture à propos du livre de Henri Pagels *Les Rêves de la Raison. L'ordinateur et les sciences de la Complexité* », Réseau Intelligence de la complexité, février 2003.

Lecourt D., *L'enseignement de la philosophie des sciences*, Rapport au ministre de l'Éducation nationale, de la Recherche et de la Technologie, ministère de l'Éducation nationale, de la recherche et de la technologie, Mission de la communication, Paris, 1999.

Leibniz G. W. (von), *Dissertatio de arte combinatoria*, Leipzig, 1666 (trad. Fr., Hachette, Paris, 2012).

Leibniz G. W. (von), *Nouveaux essais sur l'entendement humain*, 1705, parution posthume, 1765 (trad. Fr., Flammarion, Paris, 1990).

Leibniz G. W. (von), *Nova methodus pro maximis et minimis, itemque Tangentibus*, 1684-1686, (édition Fr., in *La naissance du calcul différentiel : 26 articles des Acta Eruditorum*, Vrin, Paris, 1995).

Lemerer B., *Les deux Moïses de Freud*, Éditions ERES, 2002.

Lestocart L. J., « Épistémologie de la complexité et art contemporain », in revue *PLASTIR*, n° 7, Paris, 2007.

Levy-Leblond J.-M., « Les mathématiques de/dans la physique », Entretien avec Fr. Balibar, *Collège international de Philosophie*, n° 74, 2012 (pp. 62-80).

Levy-Leblond J.-M., « La science au défi de la langue », in Revue *Synergies Europe*, n°8, 2013 (pp. 19-28).

Levy-Leblond J.-M., « Pour une critique de science », in *La pierre de touche. La science à l'épreuve…*, Gallimard, Paris, 1996.

Link W., Levinson R., « Make me a perfect murder », Téléfilm de la série *Columbo* (saison 7, épisode 3), 1978 (en Fr., « Meurtre parfait », 1980).

Liogier R., « Une politique alterculturelle », in revue *La pensée de midi*, Actes Sud, 2005 (pp. 52-58).

Liotta D., *Qu'est-ce qu'une reprise ? Deux études sur Foucault*, Transbordeurs, Marseille, 2007.

LOCKHART P., *A mathematician's lament*, Bellevue Literary Press, USA, 2009.

LORAUX P., *Les sous-mains de Marx,* Hachette, 1986.

LORENZ E., « Predictability: Does the Flap of a Butterfly's Wings in Brazil Set off a Tornado in Texas? », Conférence au 139e congrès de l'*American Association for the Advancement of Science*, 1972.

LOYOLA I., *Exercices spirituels*, 1548 (Seuil, Paris, 1982).

LUCAS M., « Origami : quelques techniques de conception pour l'art du pliage de papier, Une introduction à l'intelligence et à l'innovation en conception », *in* B. YANNOU, PH. DESHAYES (*ed.*), *Intelligence et innovation*, L'Harmattan, Paris, 2006 (pp. 15-51).

LUGAN J.-CL, *La systémique sociale,* Que sais-je ?, PUF, Paris, 2009.

LUHMANN N., *Essays on Self-reference*, Columbia University Press, USA, 1990.

LUHMANN N., *Politique et complexité : Les contributions de la théorie générale des systèmes*, Éd. du Cerf, Paris, 1999.

LYAPOUNOV A. M., *The general problem of the stability of motion*, University of Kharkov, Kharkov Mathematical Society, 1891 (trad. Fr., "Problème général de la stabilité du mouvement", in *Annales de la Faculté des Sciences de Toulouse*, n° 9, 1907, pp. 203-474).

LYOTARD J.-F., *Pérégrinations,* Galilée, 1990.

LYOTARD J.-F., *L'Inhumain : causeries sur le temps*, Éd. Galilée, Paris, 1988.

MACH E., *Die Mechanik in ihrer Entwicklung historisch-kritisch Dargellstellt*, Leipzig, 1883 (trad. Fr., *La mécanique, exposé critique et historique de son développement*, Hermann, Paris, 1906).

MACHADO A., *Proverbios y cantares*, 1912, El Pais, Madrid, 2003.

MACHEREY P., « Althusser et le concept de philosophie spontanée des savants », in Textes du groupe d'études « *La philosophie au sens large* », Lille, mai 2008.

MACHEREY P., « Songez à Galilée », in Textes du groupe d'études « *La philosophie au sens large* », Lille, juin 2020.

MACHEREY P., « Thomas S. Kuhn, La structure des révolutions scientifiques », in Texte du groupe d'études « *La philosophie au sens large* », Lille, mars 2008.

MACHEREY P., *S'orienter*, Éditions KIMÉ, 2017.

MAILLARD F., « La professionnalisation des diplômes : des définitions plurielles, une reconnaissance inégale », in Actes du colloque « *Ce que l'école fait aux individus* », CENS & CREN, Nantes, Octobre 2008.

MAILLLY L. (de), *Les aventures des trois princes de Serendip, suivi de Voyage en sérendipité*, Éd. Thierry Marchaise, Paris, 2011.

MARTUCCELLI D., *Sociologies de la modernité. L'itinéraire du XXe siècle*, Paris, Gallimard, 1999.

MASLOW A., *The Psychology of Science: a reconnaissance*, Harper and Row, NY, USA, 1966.

MASQUELET A.-CH., *Le raisonnement médical*, PUF, Que Sais-je ?, Paris, 2006.

MATISSE H., *Écrits et propos sur l'art*, textes de H. Matisse rassemblés et présentés par Dominique Fourcade, Hermann, Paris, 1972.

MATURANA H., « Autopoiesis, structural coupling and cognition: a history of these and other notions in the biology of cognition », in *Cybernetics and Human Knowing,* vol 9, n° 4, 2002 (pp. 5-34).

MATURANA H., VARELA F., *De máquinas y seres vivos : auto-poïesis, la organzación de lo vivo*, Santiago de Chile Editorial Universitaria, Chili, 1973.

MAYR E., « Teleological and Teleonomic: A New Analysis », *Boston Studies in the Philosophy of Science*, Volume XIV, USA, 1974 (pp. 91-117).

MAYR E., *Toward a new philosophy of biology, Observations of an evolutionist*, Harvard University press, Cambridge, 1988.

MERTON R. K., *Éléments de méthode sociologique*, Paris, Plon, 1953 (Dunod, 1997).

MERTON R. K., BARBER E., *The Travels and Adventures of Serendipity: A Study in Sociological Semantics and the Sociology of Science*, 1958 (Éd. posthume, Princeton University Press, 2004).

MESRI (MINISTERE DE L'ENSEIGNEMENT SUPERIEUR, DE LA RECHERCHE ET DE L'INNOVATION), *L'état de l'emploi scientifique en Franc*e, Rapport 2016, La documentation française, Paris, 2016.

MICHAUD Y., « L'Université de tous les savoirs à l'heure de Wikipédia, de Youtube et des Moocs », in revue *Esprit*, n° 11, novembre 2013 (pp. 96-107).

MICHAUX H., « L'étranger parle », in *Face aux verrous*, IX, 1954 (Gallimard, Paris, 1992).

MICHAUX H., *Poteaux d'angle,* Gallimard, Paris, 1981.

MIDLER CH., *L'auto qui n'existait pas*, Dunod, Paris, 2012.

MIJOLLA-MELLOR S. (de), « L'informe selon Pierre Fédida », *Recherches en psychanalyse*, 1/2005, n° 3 (pp. 163-166).

MINTZBERG H., *Structure et dynamique des organisations*, Éd d'Organisation, Paris, 1982.

MIRA Ch. « Les héritiers de Poincaré », in *Résumés des exposés de la 15e Rencontre du Non-Linéaire*, E. FALCON, C. JOSSERAND, M. LEFRANC, C.

LETELLIER (*eds.*), Institut Henri Poincaré, Paris, 2012 (pp. 1-18).

MOLINO J., « Métaphores, modèles et analogies dans les sciences » *in* revue *Langages*, n°54, 1979 (pp. 83-102).

MONOD J., *Le hasard et la nécessité, Essai sur la philosophie naturelle de la biologie moderne*, coll. Points, Seuil, Paris, 1970.

MORAND P., *L'homme pressé*, Gallimard, Paris, 1941.

MORIN E., « De la méthode : une démarche multidimensionnelle », *Appendice* in *Commune en France, la métamorphose de Plodemet*, Paris, Fayard, 1967 (pp. 278-287).

MORIN E., « Logique et contradiction », in Actes des *Ateliers sur la contradiction : une nouvelle force de développement en science et société*, Presses des Mines, Saint-Étienne, 2009.

MORIN E., « Réforme de pensée, transdisciplinarité, réforme de l'Université », in revue *Motivation*, n° 24, 1997.

MORIN E., « Sur l'interdisciplinarité », in *Bulletin interactif du centre international de recherche et études transdisciplinaire,* n° 2, Juin Paris, 1994.

MORIN E., « Théorie et méthode », in *Art press international, spécial philosophie*, n° 20, 1978.

MORIN E., *Introduction à la pensée complexe*, Seuil, Paris, 2014.

MORIN E., *La Méthode*, T. 1, *La nature de la nature*, Seuil, Paris, 1977.

MORIN E., *La Méthode,* T. 2, *La vie de la vie*, Seuil, Paris, 1980.

MORIN E., *La Méthode,* T. 3, *La connaissance de la connaissance*, Seuil, Paris, 1986.

MORIN E., LE MOIGNE J.-L., *L'intelligence de la complexité*, L'Harmattan, Paris, 1999.

MOSSIO M., BICH L., « La circularité biologique : concepts et modèles » *in* F. VARENNE et *al.*, *Modéliser simuler. Épistémologies et pratiques de la simulation*, tome 2, pp.137-170, Éd. Matériologiques, Paris, 2014.

MUGUR-SCHÄCHTER M., « Les leçons de la mécanique quantique : vers une épistémologie formalisée », in *Le Débat*, n° 94, Gallimard, Paris, mars-avril 1997 (pp. 169-192).

MUGUR-SCHÄCHTER M., *Sur le tissage des connaissances*, Hermès Science Publishing, Lavoisier, Paris-Londres, 2006.

MUSIL R., *Der Mann ohne Eigenschaften,* 1933 (trad Fr. par Ph. Jaccottet, J.-P. Cometti, M. Rocher-Jacquin, *L'homme sans qualités,* Points Seuil, Paris, 2011).

MUSSET A. de, « La quenouille de Barberine », in *Comédies et proverbes*, 1849 (NRF, Bibliothèque de la Pléiade n° 17, Paris, 1990).

NACCACHE L., *Le Chant du signe : Aventures et mésaventures de nos interprétations quotidiennes*, Odile Jacob, Paris, 2017.

NADEL J., DECETY J. (ed.), *Imiter pour découvrir l'humain, psychologie, neurobiologie, robotique et philosophie de l'esprit*, Paris, PUF, 2002.

NEWTON, *Philosophiae naturalis Principia Mathematica*, Londres, 1687 (Hachette Bnf, Paris, 2012).

NIETZSCHE F., *Aurore*, 1881 (Flammarion, Paris, 2012).

NIETZSCHE F., *Deuxième Considération inactuelle : De l'utilité et de l'inconvénient de l'histoire pour la vie,* Leipzig, 1874 (trad. Fr. Henri Albert, Éd. Les Échos du Maquis, 2000).

NIETZSCHE F., *Le gai savoir*, Leipzig, 1882 (Gallimard, Paris 1989).

NIETZSCHE F., *Par-delà le bien et le mal,* Leipzig, 1886 (Flammarion, Paris, 2000).

NIETZSCHE F., *Also sprach Zarathustra*, Leipzig, 1898 (trad Fr., Henri Albert, *Ainsi parlait Zarathoustra*, Mercure de France, 1901, Aubier, Paris, 1992).

NOGUEZ D., *Je n'ai rien vu à Kyoto*, Éd. du Rocher, 1997.

NORDMANN CH., *La fabrique de l'impuissance 2, l'école entre domination et émancipation,* Éditions Amsterdam, Paris, 2007.

OCDE (ORGANISATION DE COOPERATION ET DE DEVELOPPEMENT ÉCONOMIQUES), *Manuel d'Oslo,* Éditions OCDE, 2005.

OCDE (ORGANISATION DE COOPERATION ET DE DEVELOPPEMENT ÉCONOMIQUES), *Manuel de Frascati,* Éditions OCDE, 2016.

OCDE (ORGANISATION DE COOPERATION ET DE DEVELOPPEMENT ÉCONOMIQUES), *Regards sur l'éducation : Les indicateurs de l'OCDE*, Éditions OCDE, 2019.

ORTONY A. (dir.), *Metaphor and Thought*, Cambridge University Press, USA, 1993.

PAGELS H., *L'univers quantique, des quartz aux étoiles*, InterÉditions, Paris, 1995.

PAGELS H., *Les Rêves de la Raison. L'ordinateur et les sciences de la Complexité*, InterÉditions, Paris, 1990.

PASCAL B., *Pensées*, Paris, 1670 (Gallimard, Folio, Paris, 2004).

PAUGHAM S. (*dir.*), *L'enquête sociologique*, Paris, PUF, coll. « Quadrige », 2010.

PAYERSON L., *Conversations sur l'esthétique*, Turin, 1954 (Trad. de l'italien par Gilles Tiberghien, Gallimard, Paris, 1992).

PEGUY Ch., « Heureux les systématiques », 1905, *in Œuvres en prose complètes*, Gallimard, coll. Bibliothèque de la Pléiade, T. II, Paris, 1988 (pp. 223-310).

PEGUY CH., « Note conjointe sur M. Descartes précédée de la note sur M. Bergson », 1924, in *Œuvres complètes*, NRF, 1917-1944 (vol 9).

PEREC G., « Tentative d'épuisement d'un lieu parisien », in revue *Cause commune*, Paris, 1975 (réédition, Ch. Bourgois, Paris, 2008).

PEREC G., *Penser/Classer*, Hachette, Paris, 1985.

PERRIN J., VINCK D., *The role of design in the shaping of technology*, Proceedings from the COST A3 and COST A4 workshop, Lyon, 1995, Vol. 5, Union Européenne, 1996.

PERRY W. G., *Forms of intellectual and ethical development in the college years: A scheme*, New York, Holt, Rinehart, and Winston, 1970.

PIAGET J. (*ed.*), *Logique et connaissance scientifique*, Encyclopédie de la Pléiade, Paris, 1967.

PIAGET J., *Introduction à l'épistémologie génétique*, PUF, Paris, 1950.

PIAGET J., *Le structuralisme*, Que sais-je ?, PUF, Paris, (1968) 1972.

PICARD J.-F., *La république des savants*, Flammarion, Paris, 1990.

PITTENDRIGH C. S., « Lettre adressée le 26 février 1970 à Ernst Mayr », citée in E. MAYR, *Toward a new philosophy of biology, Observations of an evolutionist*, Harvard University press, Cambridge, 1988 (p. 63).

PITTENDRIGH C. S., « Adaptation, Natural selection and Behavior », in A. ROE, G. G. SIMPSON (*ed.*), *Behavior and Evolution*, New Haven, Yale University Press, USA, 1958, (pp. 390-416).

POINCARE H., « L'invention mathématique », Conférence à l'Institut Général Psychologique, Paris, 1908, (repris in *Science et Méthode*, Kime, Paris, 2011, Livre I, Chap. 3).

POINCARE H., *La science et l'hypothèse*, 1902 (Flammarion, Paris, 2017).

POINCARE H., *La valeur de la science*, 1909 (Flammarion, Paris, 1970).

POINCARE H., *Science et méthode*, 1908 (Kime, Paris, 2011).

POLIN R., *Le bonheur considéré comme l'un des beaux-arts*, PUF, Paris, 1965.

POMIAN J., « Aux origines de l'Intelligence Artificielle : H. A. Simon en père fondateur », in *Genèse de l'intelligence artificielle*, Quaderni, n° 1, Printemps 1987 (pp. 9-25).

PONS A., *Giambattista Vico, Vie de Giambattista Vico écrite par lui-même ; Lettres : La méthode des études de notre temps ; Présentation, traduction et notes par Alain Pons,* Grasset, Paris, 1981.

PONTALIS B., *L'amour des commencements,* Gallimard, Paris, 1986.

POPPER K., « Unended quest, an intellectual autobiography », in *The philosophy of K. Popper*, Schlipp (ed), La Salle, Illinois, USA, 1974 (trad. Fr., *La quête inachevée, une autobiographie intellectuelle*, Calmann-Lévy, Paris, 1981).

POPPER K., *Conjectures and refutations*: *The Growth of Scientific Knowledge*, Routledge & Kegan Paul, Londres, 1963 (trad. Fr., *Conjectures et Réfutations*, la *Croissance du savoir scientifique,* Payot, Paris, 1985).

PRIBRAM P., *Brain and behaviour*, Vol I-IV, Penguin Books, Londres, 1969.

PROULX S., « Heinz Von Foerster (1911–2002), Le père de la seconde cybernétique », *in* revue *Hermès*, CNRS Éditions, Paris, n° 37, 2003/3.

PROUST M., *Lettre à R. Fernandez*, 1919 (repris in *Correspondance*, édition de Philip Kolb, 21 volumes, Plon 1970-1973, Paris, t. XVIII (p. 380).

PROUVEAU D., « *Une histoire de la « systémologie générale » de Ludwig von Bertalanffy ; Généalogie, genèse, actualisation et postérité d'un projet herméneutique* », Thèse de l'EHESS, Paris, 2013.

QUASTLER H., « A primer on information theory », *Symposium on information theory in biology,* Pergamon press, NY, USA, 1956.

QUENEAU R., *Les œuvres complètes de Sally Mara*, Gallimard, Paris, 1962.

RABELAIS F., « Lettre de Gargantua à Pantagruel », *Pantagruel* (chap. 8), Paris, 1532.

RADMAN M. *Au-delà de nos limites biologiques,* Plon, Paris, 2011.

RASCLE, M., « Sur une équation intégro-différentielle non linéaire issue de la biologie », in *Journal of differential equations,* n° 32, Amsterdam, Elsevier, USA, 1979 (pp. 420-453).

REY A. (*ed.*), *Dictionnaire historique de la langue française*, Ed. Dictionnaires Le Robert, Paris, 1992.

RIMBAUD A., *Poésies – Une saison en enfer – Illuminations,* Gallimard, Paris, 1973.

RIVIERE T., *Carnets de thèse*, Paris, Seuil, 2015.

ROBERT J.-D., « Les positions épistémologiques de Gilles-Gaston Granger en sciences de l'homme », in revue *Laval théologique et philosophique*, Québec, n° 31 (3), 1975 (pp. 239–263).

ROBINSON-VALERY J. (*ed.*), *Fonctions de l'esprit, 13 savants redécouvrent Paul Valéry*, Hermann, Paris, 1983.

ROBINSON-VALERY J., STIMPSON B., *La bibliothèque de Valéry : traces de lectures, catalogue et corpus des notes marginales*, in Bibliothèques d'écrivains dirigée par Paolo d'IORIO et Daniel FERRER, CNRS Éditions, Paris, 2011.

ROBY C., *Place et fonction des SHS dans les Écoles d'ingénieurs en France : état des lieux, enjeux et perspectives épistémiques*, Thèse de l'Université de Rennes, 2014.

ROGALSKI M., « Les rapports entre local et global : mathématiques, rôle en physique élémentaire, questions didactiques », in L. VIENNOT (*ed.*), *Didactique, épistémologie et histoire des sciences*, PUF, Paris, 2008, (pp. 61-87).

ROSENBLUETH A., WIENER N., BIGELOW J., « Comportement, intention et téléologie », in *Les Études philosophiques*, n° 2, PUF, Paris, avril-juin 1961, pp. 147-156 (1943, in *Philosophy of science*, t. X, Baltimore, USA).

ROUSSEAU P., « Un langage universel, l'esthétique scientifique aux origines de l'abstraction », in *Aux origines de l'abstraction, 1800-1914*, Catalogue de la Réunion des musées nationaux, Paris, 2003 (pp. 18-33).

RUSSEL B., *Human knowledge, its scope and limits*, Londres, UK, 1948.

SAMEK W., WIEGAND T., MÜLLER K. R., *« Explainable Artificial Intelligence: Understanding, vizualizing and interpreting deep learning models »*, *in* ITU Journal, *ICT Discoveries*, Special Issue, n° 1, 13 Oct. 2017.

SAUSSURE F. de, *Cours de linguistique générale*, 1916 (Paris, Payot, 1995).

SAUVE J.-M., « Le principe de proportionnalité, protecteur des libertés », *Conférence* à l'Institut Portalis, Aix en Provence, mars 2017.

SCHLANGER J., *L'invention intellectuelle*, Fayard, Paris, 1983.

SCHLICK M., « Le tournant de la philosophie », 1930 (*in* LAUGIER S., WAGNER P., *ed.*, *Philosophie des sciences* - Tome 1 : *Expériences, théories et méthodes*, Vrin, Paris, 2004).

SCHMID A.-F., « La conjugaison de l'épistémologie et de l'éthique dans la création scientifique », in COUTELLEC L. (*ed.*), *De la démocratie dans les sciences*, Éd. Matériologiques, Paris, 2013 (pp. 347-352).

SCHRÖDINGER E., *Qu'est-ce que la vie ? De la physique à la philosophie,* Londres, 1944 (Seuil, Paris, 1993).

SENECHAL J.-F., *Le rôle social du chercheur en science,* Thèse de l'Université de Laval, Québec, 2012.

SFEZ L., « Postface, suivie d'un débat », in A. DEMAILLY, J.-L. LE MOIGNE, *Sciences de l'intelligence, science de l'artificiel, avec Herbert Simon*, Presses Universitaires de Lyon, 1986 (pp. 691-702).

SHANNON C. E., « A Mathematical Theory of Communication », in *Bell System Technical Journal*, vol 27, n° 3 et n° 4, juillet et octobre 1948, (repris in CL. SHANNON, W. WEAVER, *The Mathematical Theory of Communication*, Univ. of Illinois Press, 1963).

SIMENON G., *Maigret à New-York*, Presses de la Cité, Paris, 1947.

SIMENON G., *Maigret et le marchand de vin,* Presses de la Cité, Paris, 1970.

SIMENON G., *Un échec de Maigret,* Presses de la Cité, Paris, 1956.

SIMON H. A., « Les Nouvelles sciences : Comprendre les sciences de l'artificiel », in *Conférence aux débats de l'AFCET*, Paris, 1984.

SIMON H. A., « Problem Forming, Problem Finding and Problem Solving in Design », in COLLEN A., GASPARSKI W. W. (eds.), *Design and system, Praxiology*, Transaction Publishers, NY, 1995, (pp. 245-258).

SIMON H. A., *Models of bounded rationality*, MIT Press, USA, 1982.

SIMON H. A., *Sciences des systèmes, sciences de l'artificiel,* Dunod, Paris, Éd. augmentée, 1991 (MIT Press, 1969).

SIMONDON G., *Imagination et invention (1965-1966)*, Éditions de la Transparence, Paris, 2008.

SISMONDO S., « About Robert K. Merton & Elinor Barber, *The Travels and Adventures of Serendipity: A Study in Sociological Semantics and the Sociology of Science* », *Book review*, ISIS, Journal of History of science society, vol 95, n°3, University of Chicago Press, 2004 (p. 540).

SMUTS CH., *Holisme and evolution*, Macmillan & Co Ldt, Londres, 1926.

SORIN D. M., *Apprendre par imitation : une nouvelle voie d'apprentissage pour les robots autonomes*, Thèse de l'Université de Cergy-Pontoise, 2000.

SPERBER D., WILSON D., *La pertinence, communication et cognition,* Éd. de Minuit, Paris, 1989 (Harvard University Press, 1986).

STENGERS I., « Et si un jour les sciences devenaient civilisées… », Entretien in revue *La Recherche*, Septembre 2003 (pp. 67-70).

STENGERS I., *L'invention des sciences modernes*, Paris, La Découverte, 1993.

STENGERS I., SCHLANGER J., *Les concepts scientifiques, invention et pouvoir*, Paris, Éd. La Découverte, Paris, 1989.

STENGERS I., *Une autre science est possible ! Manifeste pour un ralentissement des sciences*, Paris, Éd. La Découverte, 2013.

STORER N. W., « The Hard Sciences and the Soft: Some Sociological Observations », *Bulletin of the Medical Library Association,* USA, 1967, Jan/ 55(1), (pp. 75–84).

STORER N. W., *The social system of science*, Holt, Rinehart and Winston, NY, USA, 1966.

TARDIF, M., « Socrate éducateur », 1996, in GAUTHIER C. et TARDIF M. (dir.), *La pédagogie. Théories et pratiques de l'Antiquité à nos jours*, Éd. Gauthier Clermont, Paris, 2005.

TAVIOT G. (Texte), **SEMPE J.-J.** (Dessins) et *al.*, *Le petit Nicolas en Thèse*, CERAG, 2007.

TCHERNONOG V., PROUTEAU L., *Le paysage associatif français - Mesures et évolutions*, Dalloz Juris Associations, Paris, 2019.

TESTART J., *Rêveries d'un chercheur solidaire*, La Ville Brûle, Paris, 2016.

THOM R., NOËL E., *Prédire n'est pas expliquer*, Flammarion Paris, 1993.

TISSERON M., « Plus facile à dire qu'à faire », in *Écrits*, juillet 2011.

TOURNIER M., *Vendredi ou les limbes du Pacifique,* Gallimard, Paris, 1967.

TRIBUS M., « Some Observations on Systems, Probability, Entropy and Management », Forum en ligne *The Elsmar Cove*, 31/10/1999.

TROUVE A., « Condorcet, Pestalozzi et la quête de la simplicité élémentaire », *Actes du congrès de l'Actualité de la recherche en éducation et en formation* (AREF), Université de Genève, septembre 2010.

TZARA T., *Sept manifestes dada*, 1924 (Pauvert, Paris, 1978).

VALERY P., « Préface », in M. LAMM, *Swedenborg*, Stock, 1936 (repris dans *Œuvres,* Tome 1, Bibliothèque de la Pléiade, n° 127, Gallimard, Paris, 1957).

VALERY P., *Cahiers*, Éditions du CNRS, fac-similé en 29 volumes, 1957-1961.

VALERY P., *Eupalinos ou l'Architecte*, La Nouvelle Revue française, n° 90, 1921 (Galimard, Paris, 1970).

VALERY P., *Introduction à la méthode de Léonard de Vinci,* 1894, (Gallimard, Paris, 1992).

VALERY P., *Mauvaises pensées et autres,* 1942 (Poche, Paris, 2016).

VALERY P., *Monsieur Teste*, 1919 (Gallimard, Paris, 1978).

VALERY P., *Tel quel,* 1941, 2 vol. (Gallimard, Paris, 1996).

VALERY, P., « Préface », in M. C. GHYKA, *Le Nombre d'or. Rites et rythmes pythagoriciens dans le développement de la civilisation occidentale*, 1931 (Gallimard, Paris, 1976).

VALERY, P., « Une conquête méthodique », in *New Review*, Londres 1897, repris sous le titre *La conquête allemande*, Mercure de France, Paris, 1915, puis sous le titre initial, NRF, 1925 (in *Variétés,* Gallimard, Folio, Paris, 1998).

VARELA F., « The Emergent Self » *in* J. BROCKMAN, *The third culture: beyond the scientific revolution*, Simon & Schuster, 1995 (Chap. 12).

VARELA, F. J., MATURANA, H. R., URIBE, R. B., « Autopoiesis: the organization of living systems, its characterization and a model », in *Biosystems* 5(4), USA, 1974 (pp. 187-196).

VARENE F. (et *al.*), *Modéliser & simuler. Épistémologies et pratiques de la modélisation et de la simulation*, T 2, Éd. Matériologiques, Paris, 2014.

VARENNE J., *Le Véda*, éd. Planète, 1967 (Réédition, Les Deux Océans, 2003).

VARGAS F., *Temps glaciaires,* Flammarion, Paris, 2015.

VATAN F., « L'aventure de la pensée », in *Revue de métaphysique et de morale*, 2013/3 n° 79, Paris, 2013.

VICO G., *La méthode des études de notre temps*, 1709 (trad. française A. Pons, Les Belles lettres, Paris, 2010).

VILLANI C., *Théorème vivant*, Grasset, Paris, 2012.

VINCENT J.-M., « La lecture symptômale chez Althusser », *in* S. LAZARUS (dir.), *Politique et philosophie dans l'oeuvre de Louis Althusser*, PUF, Paris, 1993 (repris dans la revue *Multitudes*, décembre 1993).

VINCK, D. *Pratiques de l'interdisciplinarité*, Presses Universitaires de Grenoble, Grenoble, 2000.

VIOLLET-LE-DUC E., *Histoire d'un dessinateur*, Hetzel, Paris, 1879 (Folio, Paris, 2020).

VOLTAIRE, « Esprit (philosophie et belles lettres) », in article « Esprit » de l'*Encyclopédie Diderot*, 1ère éd., Tome 5, 1751 (pp. 974-975).

VOLTCHKOVA E., *Équations integro-différentielles d'évolution : méthodes numériques et applications en finance,* Thèse de l'École Polytechnique, Paris, 2005.

VULLIERME J.-L., *Le concept de système politique*, PUF, Paris, 1989.

WAGNER P., « Carnap et le concept d'application. Qu'est-ce qui est appliqué et à quoi cela l'est-il ? », in J. BOUVERESSE et P. WAGNER, *Mathématiques et expérience, l'empirisme logique à l'épreuve (1918-1940)*, O. Jacob, Paris, 2008.

WALLISER B., « Quelle interdisciplinarité ? », in *Sciences de l'homme et de la société*, n° 61, CNRS, Paris, avril 2001.

WATZLAWICK P. (*ed.*), *L'invention de la réalité, contributions au constructivisme*, Seuil, Paris, 1988.

WEIL A., *De la métaphysique aux mathématiques*, Œuvres scientifiques vol.1 & 2., Springer, Paris, 1979.

WEIL A., *Souvenirs d'apprentissage*, Birkhäuser Libri, Bâle, 1991.

WHITEHEAD A. N., RUSSEL B., *Principia Mathematica*, 1910-1913 (Cambridge University Press, USA, 1967).

WINOGRAD T., FLORÈS F., *Understanding Computers and Cognition: a new foundation for design*, Ablex Publ Corp, USA, 1987.

WITTGENSTEIN L., *Philosophische Untersuchungen*, Oxford, Basil Blackwell, 1953 (trad. Fr. *Investigations philosophiques*, Gallimard, Paris, 2005).

WITTGENSTEIN L., *Logisch-Philosophische Abhandlung*, Vienne, 1921, (trad. Fr., G. G. Granger, *Tractatus logico-philosophicus*, Gallimard, Paris. 2001).

YUKUWA, H., *L'itinéraire intellectuel d'un physicien japonais*, (titre japonais, *Tabibito (旅人),* signifiant *« Le voyageur »* (traduit de l'édition anglaise, *The traveller*, par J.-M. Luccioni, F. Robert, Préface de L. Leprince-Ringuet, Belin, Paris, 1985).

ZADEH L., "Fuzzy sets," in revue *Information & Control*, n° 8, 1965 (pp. 338-353).

ZARCA B., « L'ethos professionnel des mathématiciens », in *Revue française de Sociologie*, Vol. 50, Paris, 2009.

ZEITOUN CH., « Avila, médaille Fields 2014 », in *Le journal du CNRS*, Paris, août 2014.

ZOLA E., *Les Rougon Macquart Histoire naturelle et sociale d'une famille sous le Second Empire*, T1, *Les origines (la fortune des Rougon)*, 1871 (Le livre de poche, Paris, 2004).

Table détaillée des matières

Notice des auteurs

Jean-Pierre Richard est né en 1956. Ingénieur Centrale Lille et DEA d'électronique de l'Université de Lille en 1979, Docteur en automatique 1981, Docteur ès sciences 1984 (Université de Lille). Enseignant depuis 40 ans, il est Professeur des Universités à Centrale Lille depuis 1989 et responsable de la filière-métier "Recherche" en dernière année de cette école d'ingénieurs, depuis sa création en 2003. C'est dans le cadre de cette filière qu'il a co-animé, avec les autres auteurs, le séminaire "*episteme*" dont il est question dans cet ouvrage. Chercheur en théorie du contrôle des systèmes dynamiques (autrement dit, en "automatique"), il mène ses travaux de recherche au sein de l'équipe-projet Valse, commune avec Inria, l'UMR CNRS 9189 CRIStAL (Centre de Recherche en Informatique, Signal et Automatique de Lille), l'Université de Lille et Centrale Lille. Il a été responsable de plusieurs équipes et groupes de recherche (au niveau local, régional ou national), est co-auteur de plus de 350 publications et a dirigé 34 thèses de doctorat. Son domaine personnel de recherche porte sur la théorie des systèmes dynamiques à retards et ses applications (systèmes en réseau, robotique télé-opérée, contrôle aérodynamique, etc.). Il a reçu plusieurs prix internationaux pour ces travaux ou pour des responsabilités dans des sociétés internationales. Parallèlement, il est intéressé par les domaines des arts (il a composé quelques musiques) et des pratiques traditionnelles de méditation. Le détail de ses contributions peut être trouvé sur http://researchers.lille.inria.fr/~jrichard/.

Philippe Deshayes, né en 1948, est ingénieur diplômé de Centrale Lille (anciennement IDN) en 1972 puis architecte DPLG (1975) et HdR (INPL, 1994). Il rejoint, dès 1974, le laboratoire LAREA, créé dans le contexte du programme national incitatif de recherche architecturale lancé en 1972, et centré sur la modélisation des opérations cognitives et figuratives de la conception architecturale. Parallèlement, il exerce une activité d'enseignement à Centrale Lille dès 1977 et à l'Université catholique de Louvain (1980-2000) dont il est aujourd'hui Professeur émérite. Il est également amené à prendre des responsabilités d'encadrement à Centrale Lille : directeur d'option de dernière année dès 1981 puis directeur des études (1982-1999), cette dernière activité le situant au carrefour de domaines scientifiques variés, des sciences physiques pour l'ingénieur aux sciences humaines, économiques et sociales. En 2000, il rejoint le groupe des écoles centrales comme Professeur et étend son activité de recherche jusque-là focalisée sur la conception architecturale aux interactions entre les versants cognitifs et les versants organisationnels du travail de conception de produits, systèmes et services (génie industriel), tout en recentrant son travail autour d'un questionnement transversal, principalement d'ordre épistémologique. Il devient, parallèlement, directeur des relations internationales de Centrale Lille puis, pour le groupe des écoles centrales, directeur de Centrale International (2003-2008). Depuis 2009, alors Professeur invité à l'École polytechnique de l'Université de Sao Paulo, il développe une coopération plus étroite avec diverses universités Brésiliennes. Il est l'auteur (et co-auteur) de multiples publications dans les domaines des sciences de la conception, de l'architecture et du génie industriel. Il co-anime le séminaire *episteme* depuis sa création, en 2003.

Augustin Mouze, né en 1973, a obtenu en 1997 à la fois le diplôme d'ingénieur de Centrale Lille, le DEA de mathématiques pures de l'Université de Lille et l'agrégation de mathématiques. Docteur en mathématiques en 2000 et Habilité à Diriger des Recherches (HDR) en 2009 (Université de Lille), enseignant-chercheur depuis 24 ans, il est Professeur des Universités à Centrale Lille depuis 2011 et a été responsable du département Mathématiques-Informatique de cet établissement de 2014 à 2019. Il mène ses travaux de recherche au sein de l'UMR CNRS 8524 Paul Painlevé, commun avec l'Université de Lille. Son domaine de recherche porte sur l'analyse mathématique (analyse réelle et complexe, dynamique linéaire). Il est l'auteur en particulier de plus de 30 articles de recherche en mathématiques dans des revues internationales à comité de lecture. Il co-anime depuis 2009 le séminaire *episteme* dont il est question dans cet ouvrage.

Gérard Engrand, né en 1943, a mené une triple carrière de chercheur, d'enseignant et d'administrateur à l'École Nationale Supérieure d'Architecture et du Paysage de Lille. Directeur de l'Établissement pendant 14 ans, il y est également le fondateur du laboratoire Conception et Enseignement de la Conception (CEC) où il a mené des recherches sur la conception architecturale et urbaine. Plus largement, son travail de recherche s'attache à mettre en relation des processus communs de conception et d'intelligence de travail chez des architectes, des artistes, des ingénieurs et des mathématiciens : une "poïétique comparée". Il a également participé à plusieurs projets d'architecture et d'urbanisme, notamment dans le cadre de la Fondation Européenne pour la Ville et l'Architecture (FEVA). Gérard Engrand a régulièrement enseigné à Centrale Lille, à l'École Nationale Supérieure d'Architecture de Paris-La Villette, à l'Université Catholique de Louvain (Belgique) et à l'École Polytechnique Fédérale de Lausanne (Suisse). Il co-anime le séminaire *episteme* depuis sa création en 2003.

Structures éditoriales du groupe L'Harmattan

L'Harmattan Italie
Via degli Artisti, 15
10124 Torino
harmattan.italia@gmail.com

L'Harmattan Hongrie
Kossuth l. u. 14-16.
1053 Budapest
harmattan@harmattan.hu

L'Harmattan Sénégal
10 VDN en face Mermoz
BP 45034 Dakar-Fann
senharmattan@gmail.com

L'Harmattan Cameroun
TSINGA/FECAFOOT
BP 11486 Yaoundé
inkoukam@gmail.com

L'Harmattan Burkina Faso
Achille Somé – tengnule@hotmail.fr

L'Harmattan Guinée
Almamya, rue KA 028 OKB Agency
BP 3470 Conakry
harmattanguinee@yahoo.fr

L'Harmattan RDC
185, avenue Nyangwe
Commune de Lingwala – Kinshasa
matangilamusadila@yahoo.fr

L'Harmattan Congo
67, boulevard Denis-Sassou-N'Guesso
BP 2874 Brazzaville
harmattan.congo@yahoo.fr

L'Harmattan Mali
ACI 2000 - Immeuble Mgr Jean Marie Cisse
Bureau 10
BP 145 Bamako-Mali
mali@harmattan.fr

L'Harmattan Togo
Djidjole – Lomé
Maison Amela
face EPP BATOME
ddamela@aol.com

L'Harmattan Côte d'Ivoire
Résidence Karl – Cité des Arts
Abidjan-Cocody
03 BP 1588 Abidjan
espace_harmattan.ci@hotmail.fr

Nos librairies en France

Librairie internationale
16, rue des Écoles
75005 Paris
librairie.internationale@harmattan.fr
01 40 46 79 11
www.librairieharmattan.com

Librairie des savoirs
21, rue des Écoles
75005 Paris
librairie.sh@harmattan.fr
01 46 34 13 71
www.librairieharmattansh.com

Librairie Le Lucernaire
53, rue Notre-Dame-des-Champs
75006 Paris
librairie@lucernaire.fr
01 42 22 67 13

www.ingramcontent.com/pod-product-compliance
Lightning Source LLC
LaVergne TN
LVHW021135061026
849535LV00002B/249
9782140261510